国际制造业先进技术译丛

先进钎焊技术与应用

[美] 杜森P. 萨古利奇 (Dušan P. Sekulić) 主编

李 红 叶 雷 译

机械工业出版社

写给中国读者的话

我很高兴看到我的书《Advances in Brazing: Science, Technology and Applications》翻译成中文出版。我们的祖先非常富有创造力,在五千年前就发明了钎焊工艺。几千年来,钎焊作为一种连接同种或异种材料的材料加工技术被应用于诸多行业中。经过长久的发展,钎焊技术取得了巨大的进步。

通过回顾已发表的研究成果,就可以发现钎焊研究的进展情况。在过去百余年间,工程数据库的核心期刊记录了超过13000份涉及钎焊的出版物,其中,在19世纪90年代,只登记了4份,而与之相比,在21世纪的前10余年里,相关出版物的数量增加了一千倍以上。人们对钎焊技术的兴趣在稳步提高,据统计,在过去的50年中,这种兴趣的提升率达到了600%。

更详尽的调查表明了一个有趣的事实,即越来越多进行钎焊研究工作的团队都是来自中国的相关专业人员。因此,我坚定地相信,将这本英文著作翻译成中文并出版,将有助于中国的相关研究人员加深对钎焊这门重要技术的理解,并推动该技术的发展。

针对目前和未来先进材料在诸多领域中的应用,通过深入理解钎焊过程中材料冶金和力学等行为,将有助于促进复杂工艺制造技术的运用。因此,以先进科学技术指导钎焊研究与应用,与依靠科技创新,驱动制造业升级的目标不谋而合。

Dušan P. Sekulić

美国肯塔基大学　教授

哈尔滨工业大学"千人计划专家"

于哈尔滨

译 者 序

　　钎焊是制造业中的关键技术之一。由于新材料发展的日新月异，可用于钎焊的材料种类不断扩大，对异种材料连接的需求也在逐步增加。随着焊接制造技术向高效化、自动化和高质量方向发展，对钎焊材料的品质和可靠性、钎料组成与母材、工艺方法之间的匹配性，以及降低生产成本和能源消耗等提出了较高的要求。在欧美等发达国家，钎焊材料向绿色环保、低成本和高品质、高可靠性等方向发展，钎焊技术也正朝着低温、无钎剂、高效和自动化的趋势发展，并在汽车、航空航天、机械、电子、民用等领域得到了广泛的应用，代表着先进制造技术的发展方向。目前我国钎焊行业在钎焊基础理论、新型材料的钎焊技术、钎焊技术高端产品的工业应用与世界发达国家还存在着较大的差距。

　　本书由美国、德国、法国、日本、中国、乌克兰等国国际钎焊领域知名大学和研究所的专家学者编著而成，书中凝聚了他们多年研究和实践工作的经验与精粹，汇集了世界钎焊领域近 10 年来的最新成就和前瞻性研究成果。全书共分为 3 个部分，第一部分包括 1~3 章，介绍了钎焊基础，涵盖了对钎焊润湿和基体界面活性、钎焊结构强度和可靠性的评价标准，以及钎焊过程宏观—微观多尺度系统模拟等最新理论研究成果，具有很强的科学性。第二部分包括 4-13 章，涵盖了应用广泛的工程材料、新型材料及金属-非金属异种材料的先进连接技术，涉及镍基高温合金和不锈钢、新型抗蠕变高温合金、金刚石和立方氮化硼（CBN）工具、新型 Ni-Al、Fe-Al 和 Ti-Al 金属间化合物的钎焊等新型钎焊技术。第三部分包括 14~16 章，是钎焊技术的工程应用，介绍了切削工具钎焊、钎涂技术、金属-非金属的电子封装技术、铝合金无钎剂钎焊新技术等，具有很强的工程应用价值。美国焊接学会钎焊专业委员会委员 Shapiro 博士评论该书"开创了钎焊技术的新领域，不仅丰富了钎焊科学研究的基础理论，并且介绍了钎焊关键工艺和技术发展趋势，更加具有实践上的指导意义"。

　　本书可作为材料科学与工程和机械工程等相关学科本科生和研究生的教材和参考书，也可供钎焊及相关领域科技工作者和工程师参考。

　　本书的翻译由北京工业大学李红副教授和北京航空材料研究院叶雷高级工程师完成。衷心感谢本书编者杜森 P. 萨古利奇（Dušan P. Sekulić）教授的信任，将这本书的翻译交给了译者。在翻译过程中也得到了编者诸多有益的建议和帮助。

　　译者承载着职业责任感，抱着学习的态度，不揣冒昧，以飨焊接业界同仁。翻译中难免有错误及不足之处，望读者不吝赐教与批评指正。

译　者

前　言

　　硬钎焊是一种通过使用 450℃ 以上的温度来影响钎料或镀层金属的相变过程以实现同种或异种材料之间的连接的焊接技术，该技术能够较好地保持被焊母材的完整性。按照这种命名方式，软钎焊则被定义为使用 450℃ 以下的温度来实现相似连接的工艺。事实上，这两种连接方式所涉及的物理和化学过程是极为相似的。两者最主要的区别是钎料的选择，选择不同的钎料会在加热、焊接、冷却过程中导致不同的现象。

　　钎焊在开始并不是作为一门科学，而是作为一门技术，也就是说，钎焊是通过实践和经验总结出来的学问和技艺。因此，钎焊技术是人类最古老的技术之一，其源头可追溯到人类文明的开端。正如苏美尔文明的大量遗址中所记录的那样，在公元前 3000 多年前，人类已经了解了一些金属的钎焊技术。相关的技术随后传播到埃及，之后到达中国和其他国家。随着现代实验技术的出现，相关的工艺过程已经达到非常高的水平。这可能在很大程度上得益于精密的实验仪器，如扫描电子显微镜、原子力显微镜、X 射线衍射分析仪等的使用。这些实验技术也得到了数值模拟工具开发的辅助，例如，超级计算机实现了相-场方法模拟。但是，钎焊科学是在不断发展的，所以钎焊科学与钎焊技术之间适当的联系仍然有待于探索。

　　本书旨在帮助渴望了解钎焊科学的钎焊领域的专业学者，使其不仅能够更加充分地理解钎焊过程的现象，而且能够熟悉该科学技术的发展和工业应用的实施。

　　在钎焊领域的技术文献中，虽然已有一些备受推崇和传播广泛的专题著作和手册（主要侧重于技术而对前沿方向的基本问题不够重视），但这些著作和手册都未能从钎焊母材和钎料体系的冶金行为、钎焊工艺优化，以及钎焊结构力学、热学和腐蚀行为等方面深入阐述各种技术问题。本书旨在通过提供对大量前沿钎焊主题进行深度研究的文献资料来填补这一空白。由多个或一个作者组成的十九个团队接受了主编的邀请，在选定的领域编写相关章节，作者可以按照自己的意愿编写相关主题。

　　除了提到的主要目的——编写钎焊领域的一本技术资料书籍，另一个动机是规范其内容。受邀作者来自不同国家，代表了钎焊领域最负盛名的世界级组织机构，包括国家实验室、机构、学术组织，以及工业企业的研发中心，同时也邀请了焊接领域的其他专家学者。就研究/技术的重点而言，研发的力度和兴趣、产业的需求、技术的进步，以及产业与研究机构的相互交流等情况都显著不同。例如，来自亚洲、欧洲或美洲的作者团队可能为未来进一步的研究提供更加多样化的资源，从而提供给其他研究中心的专业人士特有的机会，可以用更宽广和更深入的视角了解相关的信息。此外，来自不同研究中心的研究人员必将沿着侧重点不同但却相同或相似的当今热点主题方向开展研究。显而易见，不同主题的研究方法很难在某一位作者的论文或手册中概括和体现出来，因为通常需要提出权威的观点，并提供标准的研究方法。

本书分成三个部分：①钎焊基础（第 1~3 章）；②钎焊工艺（第 4~13 章）；③钎焊和钎焊材料应用（第 14~19 章）。显然，每个章节都包含这三个方面，因为在死板的框架中构建内容是没有任何意义的，因此，本书结构和内容的阐释将会是丰富多样的。

第一部分中的第 1 章由法国格勒诺布尔理工学院材料工艺科学与工程实验室的 Eustathopoulos 博士、Hodaj 教授和 Kozlova 博士编写，其中的润湿与黏附的基本概念中包含了对不同类型的固体润湿的解释，这些固体包括金属、非共价陶瓷和碳基陶瓷等，讨论了钎焊过程中非反应性和反应性体系润湿和铺展过程的热力学问题。在第 2 章中，美国航空航天局戈达德太空飞行中心的 Flom 博士提出了一种对钎焊结构的失效分析方法，这种有限元分析的工程方法基于 Tresca 和 Von Mises 提出的最大切应力屈服准则。随后，介绍了用于评估钎焊接头安全性的相互作用方程和 Coulomb-Mohr 失效准则。在第 3 章中，由来自美国肯塔基州列克星敦市肯塔基大学的 Sekulić 教授讨论了钎焊过程建模。该章对钎焊过程中的热循环建模、钎焊结构中热应力行为的建模，以及微观尺度下的现象（包括固态扩散、覆层/钎料熔化和毛细作用驱动的铺展，以及钎焊过程中的凝固过程等）的建模方法都进行了总结。

第二部分的首章，即第 4 章是由来自乌克兰基辅巴顿焊接研究所的 Khorunov 院士和 Maksymova 博士领导的团队编写的，内容包括钎焊高温合金用无硼钎料和 γ-TiAl 基金属间化合物钎焊用无铜钎料。其中，高镍基和 Ti-Al 基金属间化合物是耐热材料很好的例子。该章还讨论了发生在 Ni-Cr-Zr 系合金中的结构转变，而且列出了 Ti-Zr-Fe、Ti-Zr-Mn 系合金的熔点范围、浓度范围、结构特征和力学性能。论述了用于钎焊陶瓷切削材料的活性钎料合金的应用。在第 5 章中，美国 Metglas 公司的 Rabinkin 博士对高温钎焊提出了全面、系统的论述，并着重强调了钎料和钎焊工艺。对现有的钎料种类以及含磷的 Ni/Fe/Cr 基新型共晶合金钎料进行了概述。对添加 Ge 或 Zr/Hf/Cr 的镍基合金钎料也进行了论述。该章详细地讨论了钢和合金钎焊的显微组织、性能和最佳钎焊工艺。Rabinkin 博士带领的另一支团队，包括美国俄亥俄州钛钎焊公司的 Shapiro 博士和来自于列支敦士登 Listemann AG 公司的 Boretius 博士，编写了第 6 章。首先，重点解释了金刚石与立方氮化硼界面反应的本质，其次是金刚石在钎焊和退火过程中的石墨化问题，以及金属在金刚石和立方氮化硼上的润湿问题，最后探讨了钎焊工艺过程。中国哈尔滨工业大学的何鹏教授编写了本书的第 7 章和第 8 章，每章讲述一个主题：第 7 章为氧化物、碳化物、氮化物陶瓷及陶瓷基复合材料的钎焊；第 8 章为镍-铝、铁-铝和钛-铝金属间化合物的钎焊。第 7 章属于讲述陶瓷钎焊这一重要领域的一系列章节的一部分。陶瓷难以连接，钎焊被认为是少数可以有效连接陶瓷的技术。该章对陶瓷钎焊的每一个难点都提出了深入的思考。第 8 章研究了金属间化合物材料，如 Ni-Al、Fe-Al 和 Ti-Al 等的连接存在的问题，同时对每个体系的金属间化合物的物理性能进行了描述，其次是钎焊方法的介绍。之后的第 9 章和第 10 章涵盖了铝钎焊的研究，分别由乌克兰基辅巴顿焊接研究所的 Khorunov 院士、Sabadash 博士，以及美国厄巴纳 Creative Thermal Solutions 公司的赵博士和美国普莱森顿的 Woods 博士撰写。第 9 章是关于主要依靠活性钎剂的铝及铝合金和钢的钎焊。在第 10 章中，赵博士和 Woods 博士详细论述了大量使用氟铝酸钾钎剂在可控气氛环境下钎焊铝的研究。美国俄亥俄州威斯康星大学斯陶特分校的 Asthana 教授和美国克利夫兰的美国航空航天局格伦研究中心俄亥俄州航空航天研究所的 Singh 博士撰写的第 11 章中提到了使用活性金属钎料钎焊陶瓷基复合材料和金属。面对苛刻的使用要求，先进的陶瓷基复合材料表现出了巨大的潜力，但其组件的连接非常具有挑战性。该章对润湿和熔融金属渗透的问题进行了讨论。随后对 SiC-SiC、C-SiC、C-C 和 ZrB_2 基超高温陶瓷、氧化物、氮化物和硅基复合材料的钎焊进行了综述，并对界面的微观结构、力学和物理性能进行了详细的讨论。金属与陶瓷钎焊主题的最后一章（第 12 章）由 Hausner 博士和德国开姆尼茨工业大学材料科学与工程学院的 Wielage 教授编写。作者着重介绍了金属-陶瓷钎焊技术的现状。对于选择的材料系统的组合，提供了更详细的微观结构和力学性能。该章提供了陶瓷性能、标准钎焊工艺、金属化陶瓷钎焊、活性钎焊以及金属-陶瓷钎焊接头的力学性能信息，讨论了若干钎焊实例。本部分的最后一章即第 13 章专门介绍了金属和 C/C 复合材料的钎焊。日本东京工业大学的 Ikeshoji 博士首先介绍了 C/C 复合材料的性能，其次讨论了钎料的规格和推荐的钎料，最后探讨了钎焊工艺过程。

　　第三部分是钎焊和钎焊材料应用。第 14 章由德国多特蒙德工业大学材料工程学院 Tillmann 教授领衔的团队编写，团队成员还有 Elrefaey 博士和 Wojarski 博士。作者讨论了硬质合金（碳化钨和金属黏结剂）和高性能陶瓷与结构钢等基体的钎焊，用于制作切削工具；深入讨论了用于钎焊这种体系材料制作的切削工具的钎料。在第 15 章中，来自于德国埃斯林根 Innobraze 公司的 Krappitz 博士，对钎涂这种有趣的钎焊应用过程进行了讨论。通过这种技术可以在恶劣环境中工作的组件上制备功能涂层，钎涂的应用包括表面修复、磨损保护，以及防止腐蚀和氧化。在第 16 章中，美国新墨西哥州阿尔伯克基桑迪亚国家实验室的 C. A Walker 论述了金属-非金属钎焊在电子包装和电子元件结构上的应用。他强调，金属-非金属钎焊技术经受住了时间的考验，而且已证明该连接方法可用于制造高压、大电流设备和电力行业的绝缘子，为今天的材料工程师或设计师提供了利用最新工程材料特殊性能的机会。该章开篇列举了诸多功能性需求，并进一步讨论了如何选择钎焊工艺（包括钎料和基体）和进行夹具的设计。紧接着又论述了材料表面金属化的方法。结尾部分总结了钎焊方法和性能测试方法。在第 17 章中，意大利都灵理工大学材料科学与化学工程系的团队考虑将玻璃和玻璃-陶瓷钎料用于固体氧化物燃料电池的密封材料，以及用作碳化硅基材料的钎料。这个团队由 Salvo 教授领导，成员有 V. Casalegno 博士、S. Rizzo、Smeacetto 教授、A. Ventrella 和 Ferraris 教授。第一项应用是用作平面固体氧化物燃料电池的密封材料，这种材料要求在潮湿的环境中和在800℃环境使用时都保持热力学和热化学性能的稳定。第二项应用涉及核（核聚变和核裂变）设备中玻璃-陶瓷材料在碳化硅基材料钎焊中的应用和高温应用。钎焊的另外一个重要应用包括民用领域（如饮用水或食品工业）使用的金属材料钎焊的镍基钎料。在第 18 章中，德国开姆尼茨工业大学的 Wielage 教授和 Hoyer 博士对镍基材料列入无害材料名单的可能性做了详细研究，讨论了现行的相关规则和标准。铝薄板钎焊技术被大量应用于现代产品，如汽车、电力、化学和航空航天工业。在大多数情况下，大量产品需要使用传统钎剂钎焊。在第 19 章中，瑞典萨帕集团加拿大分公司的 Hawksworth 博士研究了一种新型的无钎剂铝薄板钎焊技术。该章讲述了需要使用钎剂和无钎剂钎焊材料/技术，并讨论了新材料的应用。同时分析了影响无钎剂钎焊的化学和冶金因素，随后讨论了新型自钎剂钎料。

如果没有各个领域审稿专家的参与和他们对不同内容技术完整性的审查，那么，整理本书不同主题、种类繁杂的章节的工作量将是难以想象的。所有的投稿都经过了审查。这里对审稿专家表示衷心的感谢，他们的一些观点将被纳入编辑文稿的最终版本。这些专家包括（按字母顺序列出，但不限于以下专家）：美国俄亥俄州威斯康星大学的 R. Asthana 教授，德国汉诺威 Solvay Fluor 公司的 P. Garcia 博士，美国列克星敦市肯塔基大学机械工程系的 H. Karaca 教授，德国汉诺威 Solvay Fluor 公司的 L. Orman 博士，美国列克星敦市肯塔基大学技术开发研究所的 A. Salazar 博士，美国俄亥俄州钛钎焊公司的 A. Shapiro 博士，德国汉诺威 Solvay Fluor 公司的 H. W. Swiderski 博士和美国列克星敦市肯塔基大学工程学院可持续制造研究所的 W. Liu。

感谢我在列克星敦市肯塔基大学工程学院实验室的学生，他（她）们在这项工作中给予了我巨大的支持，投入了巨大的热情。由于人员太多，不能一一列出他（她）们的名字，在此一并致谢。

Dušan P. Sekulić

杜森 P. 萨古利奇

目 录

第二部分 钎焊材料

第三部分　钎焊和钎焊材料应用

第一部分 钎焊基础

第 1 章 钎焊中的润湿过程

N. Eustathopoulos、F. Hodaj 和 O. Kozlova，格勒诺布尔理工学院，法国

【主要内容】 本章介绍了润湿和黏附的基本方程，论述了非反应液态金属和熔化氧化物在不同类型母材上的润湿角；简要描述了反应润湿的主要特征；定义了实际应用中的两种不同钎焊（毛细钎焊和夹层钎焊），同时介绍了毛细作用的热力学与动力学原理；阐述并论证了夹层钎焊接头形状随本征润湿角的变化。为揭示润湿对钎焊性和钎焊接头性能的影响，讨论了金属/陶瓷钎焊体系反应润湿及非反应润湿的三个实例。

1.1 引言

通常认为，如果液态钎料可以润湿待连接的固体母材，那么，即可通过钎焊方法实现连接。评定该条件最常用的标准是润湿角要小于 90°。本章的目的之一是在这种标准之外，提出一个更详细的关于润湿性与钎焊性关系的描述，详见 1.3 节。

座滴法是高温润湿试验中应用最广泛的技术。这种技术易操作且成本低，（试验中的钎料用量和基板尺寸都很小，典型的钎料用量为 100mg，基板尺寸为 15mm×15mm×1mm），而且已有成熟的工艺指导如何去做这些试验以获得重要的信息，从而可以避免产生错误的推论（Eustathopoulos 等，1999，2005）。最后，冷却后可以利用光学显微镜、扫描电镜和微区分析技术对试样中钎料与母材的反应情况进行表征。

座滴法能够提供很多关于钎焊工艺选择的非常有用的信息：钎焊方法、钎料类型和成分、钎焊时间、钎焊气氛等。本章 1.4 节通过分析讨论三个不同的金属与陶瓷钎焊实例，强调了润湿实验的特点。然而，座滴法试验和钎焊试验之间存在一些主要的区别，例如，尺寸对钎焊试验有一定的影响（而在座滴法试验中则没有影响），因为钎焊过程中母材/钎料界面单位接触面积上的钎料用量很少。另外，当钎焊两种不同材料 A 和 B时，从两种润湿试验（钎料/母材 A 和钎料/母材 B）中得到的信息虽然很重要，但却不充分，因为液态钎料与一种母材相互反应会影响到液态钎料与另一种母材的反应。这种现象将在 1.4 节中展示并解释。

1.2 节在简单回顾润湿与黏附的基本方程之后，给出了非反应性液态钎料和熔融氧

化物在不同母材（金属、离子共价陶瓷、碳基材料）上的润湿角，并通过比较固/液界面反应的相互作用力和在大块液态金属中的作用力对其进行解释。1.2 节也简要阐述和说明了反应润湿的主要特点。

1.2　液态金属和氧化物对固体母材的润湿

1.2.1　非反应润湿

用经典 Young（杨氏）方程［式（1-1a）］（Young，1805）和 Young-Dupré 方程［式（1-1b）］（Dupré，1869）描述非反应性液体润湿固体的行为

$$\cos\theta = \frac{\sigma_{SV} - \sigma_{SL}}{\sigma_{LV}} \tag{1-1a}$$

$$\cos\theta = \frac{W_a}{\sigma_{LV}} - 1 \tag{1-1b}$$

根据式（1-1b），非反应性液体与母材体系的本征润湿角 θ（图 1.1）是两种类型的力相互平衡的结果：①液相和固相之间产生的附着力，W_a 代表附着力做的功，它可以提高润湿能力；②与 W_a 作用方向相反，由液体表面能 σ_{LV} 产生的内聚力（液体内聚能等于 $2\sigma_{LV}$）。W_a 与固相（S）、液相（L）和气相（V）体系表面能的关系是 $W_a = \sigma_{SV} + \sigma_{LV} - \sigma_{SL}$（Dupré，1869）。

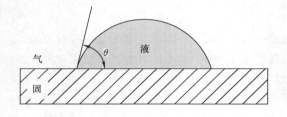

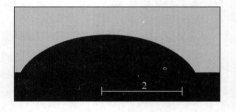

a) 固相(S)、液相(L)、气相(V)系统中润湿角的定义　　　　b) 900℃、高真空度下钢表面上的CuAg液滴

图 1.1　本征润湿角（Kozlova，2008）

液态金属具有高的表面能，低熔点金属如 Pb、Sn 和 In 的 σ_{LV} 接近 0.5J/m²；中等熔点的金属 Ag、Au、Cu，其 σ_{LV} 大约是 1J/m²；高熔点的金属如 Fe、Ni、Pt 或 Mo，其 σ_{LV} 则接近 2J/m²（Eustathopoulos 等，1999）。这些值比室温下液体的表面能大 1~2 个数量级，主要通过较弱的分子间相互作用（物理作用）实现键合，见表 1.1。根据式（1-1b），如果附着功接近液体内聚能 $2\sigma_{LV}$，就能观察到液态金属在母材表面上的良好润湿行为（润湿角接近零），但只有在界面反应形成强化学键（金属键）时才会出现这种情况。在这种情况下，无论液体和母材之间是否容易互溶，都可以形成很好的润湿。因为这种体系的界面可形成结合力很强的金属键。液态金属也可润湿半导体材料，如 Si、Ge、SiC（表 1.2），因为这些固体是共价化合物，其近表面都具有金属的特性。最后，液态金属还能润湿陶瓷材料，如过渡金属的碳化物、氮化物或硼化物等，因为这些

材料的结合能中很大一部分来自金属键。那些不能被液态金属润湿的母材主要是不同形态的碳、离子共价氧化合物和具有高带隙的共价陶瓷（如 BN、AlN 等）。在这些非润湿系统中，附着力来源于较小的范德华力。

表 1.1　一些典型低熔点液体在 20°时的表面能[1]和金属液体在熔点（括号内）时的表面能[2]

液体	$\sigma_{LV}/(mJ/m^2)$
戊烷	16
丙醇	24
苯	29
水	73
汞	500（-39）
金	1138（1063）
铁	1850（1536）
钨	2310（3380）

① Johnson and Dettre, 1993。

② Euststhopoulos 等, 1999。

需要强调的是，一些能被液态金属润湿的母材由于其表面存在润湿阻力，使得固体表面呈现出不润湿的现象（见 1.4 节）。例如，大多数具有部分金属特性的陶瓷（如过渡金属的硼化物、氮化物）易被氧化，氧化膜将导致润湿性变差。

表 1.2　非反应性液体金属在不同类型母材上的润湿性

基体类型	θ	润湿角实例
固态金属	$\theta \ll 90°$	Pb/Fe:40°
半导体材料	$\theta \ll 90°$	Sn/Ge:40° CuSi/SiC:30°~45°
金属陶瓷	$\theta \ll 90°$	AgCu/Ti$_3$SiC$_2$:10° Au/ZrB$_2$:25°
碳材料	$\theta \gg 90°$	Au/C:119°~135°
离子共价陶瓷	$\theta \gg 90°$	Cu/Al$_2$O$_3$,Cu/SiO$_2$:120°~140° Au/BN:135°~150°

注：润湿角数据来自综述性论文（Dezellus 和 Eustathopoulos, 2010），其中 CuSi/SiC 数据来自（Rado 和 Eustathopoulos, 2004）。

熔融氧化物不能润湿碳基固体（玻璃碳、石墨），其润湿角为 130°~140°，对应的附着功 W_a 接近 0.1J/m^2（表 1.3）。这些是典型的附着力来源于范德华力的体系（Eustathopoulos 等，1999）。

氧化物玻璃能够润湿金属母材如 Pt、Au、Cu 等（表 1.3）（$\theta<90°$），W_a 为 0.3~0.5J/m^2，接近于液态金属润湿氧化物母材体系的附着功的值。因此，在熔融氧化物润湿金属母材体系中和熔融金属润湿氧化物母材体系中观察到的不同润湿行为，不是由于附着功 W_a 不同，而是由于 σ_{LV} 不同导致的。例如，液态铜的 σ_{LV} 为 1.30J/m^2，而氧化物玻璃

的 σ_{LV} 只有 0.30~0.40J/m². 因此尽管 W_a 值低，非反应性玻璃由于其表面能较小，也可能润湿金属表面（Eustathopoulos 等，1999；Pech 等，2004）。可以通过对金属表面的氧化，促进界面氧化物-氧化物的相互反应，从而提高熔融氧化物在金属表面的润湿性。表 1.3 中熔融氧化物在氧化的和未氧化的铱表面的润湿结果相同，便印证了这一点。

表 1.3　熔融氧化物在不同母材上的润湿角

母材类型	θ	润湿角实例
固态金属	50°~80°	Soda-lime[①]/Pt:75°（Pech 等，2004） 2Bi₂O₃×3GeO₂/Ir:70°（Duffar 等，2010）
碳	≫90°	Soda-lime/C$_v$[②]:135°（Pech 等，2004）
固态氧化物	0°~30°	2Bi₂O₃×3GeO₂/IrO₂:0°（Duffar 等，2010）

① Soda-lime 是一种主要成分为 SiO_2、CaO 和 Na_2O 的普通玻璃。
② C_v 是玻璃碳。

　　非反应性体系中的液体铺展速率（在三相线中用 U 来表示）受粘滞性的流体控制，U 与瞬时润湿角 θ（de Gennes，1985）的幂函数关系如下

$$U \sim \theta^n \qquad (1\text{-}2a)$$

　　球形液滴的基圆半径为 R，铺展速率 U 通过 dR/dt 定义，而润湿角很容易表示成液滴体积和半径 R 的函数。则式（1-2a）则转化为

$$R^{3n+1} \sim t \qquad (1\text{-}2b)$$

　　以上建立的两个不同模型，得出的指数 n 的值不同。在第一个模型中，黏性损耗发生在大块液滴的情况下（$n=3$）（de Gennes，1985）；而在第二个模型中，黏性损耗主要发生在三相线附近的纳米尺度区域内（$n=2$）（Blake，1983）。无论 n 的值是多少，式（1-2a）和式（1-2b）都显示出短时间内的润湿速率是非常高的（即在大 θ 值时），随时间延长润湿速率大幅下降，这与试验结果一致（图 1.2；Pech 等，2004）。熔融的金属和半导体材料是黏度很低的液体，在接近熔点时其黏度只有几 mPa·s。这种类型液体的铺展时间 t_{spr}，即毫米尺度的液滴达到毛细现象平衡所需的时间，大约为 10ms（Naidich 等，1992；Protsenko

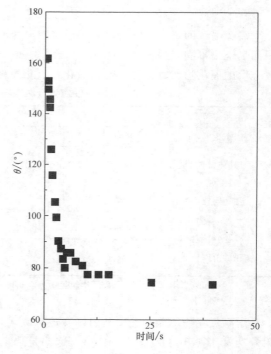

图 1.2　1200℃，He 气氛（$\eta = 10^2$ Pa·s）下 soda-lime 玻璃熔滴（$w_{Na_2O} = 13.4\%$，$w_{CaO} = 10.9\%$，$w_{Al_2O_3} = 1.6\%$，$w_{MgO} = 1.4\%$，SiO_2 余量）在钢上的润湿动力学性质（Pech 等，2004）

等，2010；Saiz 和 Tomsia，2004）。熔融玻璃的黏度通常比熔融金属大几个数量级。因此，氧化物的铺展时间 t_{spr} 能达到数十秒或几百秒甚至更长（图 1.2）。

1.2.2　反应润湿

　　液态金属与陶瓷界面反应将生成一种连续的新化合物层，其与液态金属的润湿性要好于液态金属与陶瓷的润湿性，因此有助于改善液态金属在陶瓷上的润湿性。反应润湿的热力学和动力学（Dezellush 和 Eustathopoulos，2010；Eustathopoulos，2005）概况如下：

　　1）在反应体系中，润湿角介于两种特征润湿角之间：初始润湿角 θ_0，它是非反应性陶瓷基体 S 上的润湿角（$\theta_0 = \theta_S$），如图 1.3a 所示；最终润湿角 θ_F，它是反应产物层 P 上的润湿角（$\theta_F = \theta_P$），如图 1.3c 所示。反应产物比原始基体的润湿性更好或更差的情况都是存在的。

　　2）金属/金属和金属/陶瓷反应体系的铺展时间 t_{spr} 的范围为 $10 \sim 10^4 s$，比非反应性金属的铺展时间 t_{spr}（$\approx 10^{-2} s$）大好几个数量级。因此，在给出的反应性体系中 $t(\theta_F) \gg t(\theta_0)$，这就说明反应阶段液体的铺展速率是不受其黏度限制的，而受靠近三相线的界面反应的影响，如图 1.3b 所示。

　　3）三相线上的界面反应速率，可能受两个阻碍反应进行的连续现象中一个较慢的现象控制，这两个连续现象是反应物到达（或离开）三相线的扩散传输以及在三相线的局部反应动力学。在受三相线局部反应控制的情况中，在较大的 θ 角范围内，反应速率和三相线的速率恒定而不随时间变化。图 1.4 所示为线性润湿的例子——液态 Al-Si 在玻璃碳上的润湿（Calderon 等，2010）。在快速反应的情况下，合金被反应性溶质稀释，其从液相向三相线的扩散速率受到限制，呈非线性铺展动力学行为（$R \sim t^{1/4}$）。例如，Cr 的原子百分数为 $1\% \sim 2\%$ 的铜液滴在玻璃碳上的润湿，在这个体系中，界面上形成的类金属碳化铬提高了润湿性（Hodaj 等，2007）。

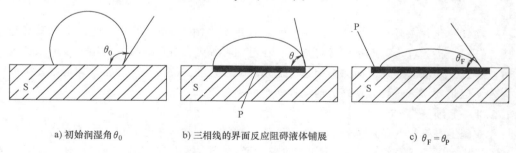

a) 初始润湿角 θ_0　　　　b) 三相线的界面反应阻碍液体铺展　　　　c) $\theta_F = \theta_P$

图 1.3　"反应产物控制"模型示意图

注：a）初始润湿角 θ_0 是在未反应的陶瓷基体表面 S 上的润湿角；b）在很短的时间，
在三相线处建立了一个准静态形状。

　　由于三相线前存在非润湿性的基体而阻碍了液体的铺展，其向前流动的唯一途径是通过横向生长的润湿反应产物层 P，直到宏观润湿角等于液体在反应产物上的平衡润湿角 θ_P，即最终润湿角 $\theta_F = \theta_P$（Eustathopoulos，2005）。

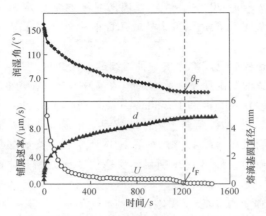

a) 1000℃高真空下,Al-Si熔滴在玻璃碳上的润湿角 θ、熔滴基
圆直径d及铺展速率U与时间的关系

b) 1000℃保温60min时Al-Si熔滴在玻璃碳C$_V$上的反应层界面

图 1.4　液态 Al-Si 在玻璃碳上的润湿

1.3　润湿与钎焊：总则

硬钎焊包括夹层钎焊（图 1.5a）和毛细钎焊（图 1.5b）两种类型。在夹层钎焊中，钎料直接放置于待连接的母材之间；在毛细钎焊中，钎料放置在间隙外，液态钎料可以通过浸润从间隙一侧向另一侧进行流动填充。这种方法可用于焊接几何形状复杂的焊件，但是要求钎料具有良好的润湿性和高的渗透率。

1.3.1　毛细钎焊

实施毛细钎焊的条件为钎焊接头由两块同种材料、均为单位宽度且在垂直方向上不发生反应的平行板形成（图 1.6），间隙宽度为 e，从底部向顶部间隙浸润（向上渗透）。

随着液面高度从 0 升至 z 时，系统的表面能变为 $2z(\sigma_{SL}-\sigma_{SV})$，根据杨氏方程，表面能等于 $-2z\sigma_{LV}\cos\theta$，其中 θ 为平衡状态润湿角。液面高度从 0 变为 z 时，克服重力需做的功为 $ze\rho g\dfrac{z}{2}$，这里 ρ 为液体密度，g 为重力加速度。总自由能的变化 ΔF 为

$$\Delta F = F(z) - F(z=0) = -2z\sigma_{LV}\cos\theta + ze\rho g\frac{z}{2} \tag{1-3}$$

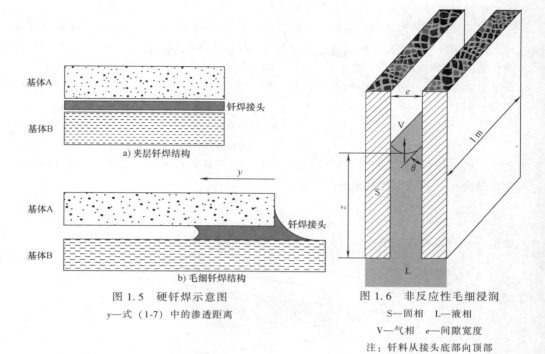

基体A

钎焊接头

基体B

a) 夹层钎焊结构

y

基体A

钎焊接头

基体B

b) 毛细钎焊结构

图 1.5　硬钎焊示意图

y—式 (1-7) 中的渗透距离

图 1.6　非反应性毛细浸润

S—固相　L—液相

V—气相　e—间隙宽度

注：钎料从接头底部向顶部
填充，箭头指示方向是
毛细作用力方向。

设 $d(\Delta F)/\mathrm{d}z=0$ 时，在毛细作用下液相上升达到平衡状态时的高度为 z_{eq}，可得到下列方程

$$\rho g z_{eq}-\frac{2\sigma_{LV}\cos\theta}{e}=0 \qquad (1\text{-}4a)$$

在式 (1-4a) 中，第一项是静压力 P_h，第二项是毛细作用力 P_c

$$P_c=\frac{2\sigma_{LV}\cos\theta}{e} \qquad (1\text{-}4b)$$

对于金属钎焊，取以下典型值：$\sigma_{LV}=1\mathrm{J/m^2}$，$\rho=5\times10^3\mathrm{kg/m^3}$，$e=20\mu m$ 且 $\theta=45°$ 时，$Z_{eq}=2\mathrm{m}$。钎焊的 z 值通常比 z_{eq} 值低得多，这意味着与毛细作用力相比，重力可以忽略不计。因此，施加到浸润液体的总压力 P 基本等于毛细作用力 [式 (1-4b)]。由此可知，当平衡润湿角 θ 小于极限润湿角 $\theta^*=90°$ 时，间隙浸润是可能发生的。此条件也适用于其他尺寸，唯一条件是与浸润液面垂直的间隙面必须是恒定的。图 1.7 所示

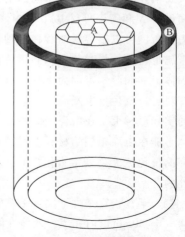

图 1.7　两个同轴圆柱体
（在 B 管中插入 A 棒）之间
形成恒定间隙层

为两个同轴圆柱体之间形成恒定间隙层的实例。

当不能满足间隙恒定的条件时，θ^* 将不再等于90°。例如，图1.8中的V形水平间隙，两个单位宽度的板之间形成一个夹角 φ，浸润不仅使得区域中的固/气表面被同等面积的固/液界面所替代，也使得液/气表面积增加。因此，这种情况下毛细作用力 P_c 是 y 的函数。对于图1.8中的几何形状，液/气表面曲率（垂直于图中方向上的曲率）为零，则 P_c 为

$$P_c = \frac{\sigma_{LV}}{|R|} = \frac{\sigma_{LV}\cos(\theta+\varphi/2)}{e_0+2y\tan(\varphi/2)} \tag{1-5}$$

式中，R 是曲率半径，如图1.8所示，$|R|=AO$。从该方程来看，如果平衡润湿角 θ 小于极限值 θ^*，则浸润将自发进行（即 $P_c>0$）

$$\varphi\theta<\theta^* = 90°-\frac{\varphi}{2} \tag{1-6}$$

如果 $\varphi=0$（即两块板平行），则式（1-6）变为 $\theta<\theta^*=90°$，符合预期。

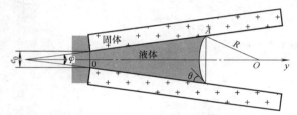

图1.8　液体在夹角为 φ 的V形毛细间隙中的浸润示意图
e_0—$y=0$ 时间隙入口处的间隙宽度

前述为两个同种母材间的毛细钎焊。当涉及两种不同材料 A 和 B 的钎焊时（如金属母材 A 和陶瓷母材 B），必须考虑液态钎料在两种母材上的润湿情况（图1.9）。从热力学角度可以很容易地解释这种情况，如果 $\theta_A+\theta_B<180°$，则自发浸润。当金属钎料在金属母材上钎焊时的典型润湿角 $\theta_A=30°$ 时，$\theta_B<150°$。非反应性液态金属在陶瓷或碳基固体上的润湿角范围为 $120°\sim150°$（表1.2），即接近但低于150°。这表明钎焊过程中钎料可以发生自发浸润。然而，对于润湿角 $\theta_B\geqslant90°$ 的非润湿性液体，在具有粗糙表面的实际母材上，在陶瓷表面的任意位置均无法形成真正的陶瓷材料/液体界面，因为液体不能在表面粗糙的材料上浸润。对于这种"复合润湿"，润湿角 θ_B 比表1.2给出的本征润湿角更大（通常大得多）（Eustathopoulos 等，1999），因此实际液体是非自发浸润性的。

为了在指定条件下实现毛细钎焊，钎料液体完全浸润间隙的过程必须在实际钎焊时间（5~30min）内完成。液体在间距为 e 的两块平行水平板之间形成的毛细间隙中的流动叫作层流。该液体在与间隙入口距离 y 处的流动速度 $U=dy/dt$，与压力梯度 P_c/y 成正比，与黏滞阻力 η/e^2 成反比（η 是动态黏度），则 $U=e\sigma_{Lv}\cos\theta/(6\eta y)$（Haon 等，2008）。$U$ 与距离 y 及时间 t 有关，由此可导出经典 Washburn 浸润抛物线方程

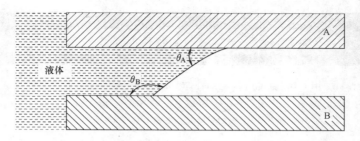

图 1.9　液体在两种母材平行板之间的毛细间隙浸润

（Washburn，1921）

$$y^2 = e\,\frac{\sigma_{LV}\cos\theta}{3\eta}t \tag{1-7}$$

对于形状更复杂的间隙，如果垂直于润湿面的间隙是恒定不变的，则式（1-7）也基本适用，几何形状只影响常数的大小。如果该间隙是垂直方向的，而且液体静压力与毛细作用力相比可以忽略不计，那么，计算总压力 p_t 时必须考虑浸润速率，这是一个更复杂的非恒定函数 $y(t)$（Eustathopoulos 等，1999；Milner，1958）。

图 1.10 所示为 $\theta = 45°$，$\sigma_{LV}/\eta = 250\text{m/s}$（液态金属和合金的典型值）时，浸润距离 y 与时间 t 之间的函数关系。当浸润距离 $y = 100\text{mm}$ 时，在间隙 e 为 $100\mu\text{m}$ 和 $10\mu\text{m}$ 两种情况下，浸润时间 t 分别为 2s 和 20s，这表明该浸润过程是非常迅速的。甚至当 $e = 1\mu\text{m}$（e 由两板的表面粗糙度值所决定，即两板表面紧密接触时，浸润时间也仅需几分钟）。这与实际钎焊时的情况相符合。但需要注意，因为熔融氧化物相对液态金属具有更高的粘度，所以浸润时间可能比上述计算得到的时间大几个数量级。影响毛细钎焊浸润时间的另一个因素是反应钎焊，反应钎焊中浸润过程不再受在间隙中流动的液体黏度的影响，而是受界面反应的影响。在这类浸润中，平均浸润速率等同于润湿速率，

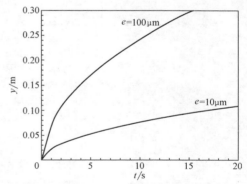

图 1.10　两块平行板形成的水平毛细间隙中，两种不同接头厚度情况下浸润距离 y 与时间 t 之间的函数关系（$\theta = 45°$，$\sigma_{LV}/\eta = 250\text{m/s}$）

只有几 $\mu\text{m/s}$（图 1.4a），因此，大多数钎焊的实际应用中并不包含毛细钎焊。

图 1.11 所示为 860℃ 时用非润湿性的 CuAg 共晶钎料毛细钎焊两种不锈钢的示例，图中显示接头在长度方向完全被钎料所填充。

1.3.2　夹层钎焊

夹层钎焊（图 1.5a）中，根据液态合金在母材上本征润湿角 θ 值的不同，可以观察到如下四种情况（Kozlova，2008）。

图 1.11 用 CuAg 共晶钎料毛细钎焊两种不锈钢接头横截面的背散射照片

注：钎料放置在接头的左侧。$T = 860℃$，$t = 20min$，

316L 钢和 304L 钢的具体成分见表 1-4（Kozlova，2008）。

1. $\theta \geqslant 90°$

在实际母材表面，表面粗糙度值为微米级，固有润湿角 $\theta \geqslant 90°$（通常为 $130°$ ~ $150°$）的液体与母材只有有限个接触点，从而导致了复合润湿（图 1.12a 的左图）（Eustathopoulos 等，1999）。在这种情况下，即使冷却过程中产生一个很小的压力，也会导致凝固的钎料脱落（未连接），如图 1.12a 的右图所示。

2. $\theta > 90°$

当润湿角小于一定值时，其值的大小取决于表面粗糙度和本征润湿角（Eustathopoulos 等，1999），复合润湿对应的形状不再稳定，钎料和母材在界面所有位置都能紧密地接触（图 1.12b 的左图），但依然存在润湿回缩的趋势，如图 1.12b 右图所示。起始于气孔和气泡等缺陷处的润湿回缩对接头力学性能不利。

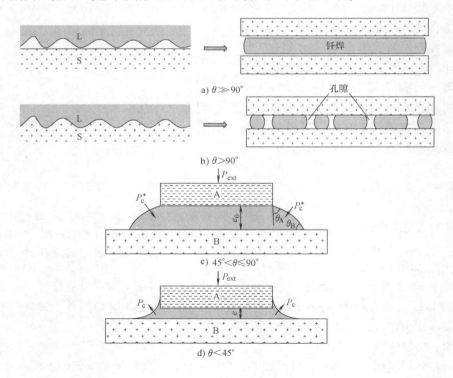

图 1.12 夹层钎焊的四种情况

3. 45°<θ≤90°

当 45°<θ≤90°时，可以观察到母材和钎料在界面接触且钎料填满间隙。如果施加给液体的外部压力 P_{ext} 与毛细作用力相比可以忽略，则液态钎料将留在间隙内（图 1.12c 和图 1.13）。

只有当外部压力大于图 1.12c 中弯曲液面处的压力极限值 P_c^* 时，液体才会流出间隙（在该处，在固体 A 侧面形成的弯曲液面的角度等于其在 A 上的平衡润湿角 θ_A）。P_c^* 是 σ_{LV}、θ_A、θ_B 和 e_0 的函数，很容易计算出来（Kozloza，2008）

$$P_c^* = \frac{\sigma_{LV}(\sin\theta_A - \cos\theta_B)}{e_0} \tag{1-8}$$

式（1-8）同样适用于同种材料的两块板，此时有

$$P_c^* = \frac{\sigma_{LV}(\sin\theta - \cos\theta)}{e_0} \tag{1-9}$$

图 1.13　高真空下两块钢板与共晶 CuAg 钎料的夹层钎焊（$T=800$℃，20min）
注：液态钎料留在间隙内；316L 钢和 304L 钢的成分见表 1.4（Kozlova，2008）。

容易证明，$\theta>45°$时 P_c^* 为正值。

当 $\sigma_{LV}=1$J/m²，$e_0=100\mu$m，$\theta=60°$时，$P_c^*=3600$Pa，P_{ext} 的最小值为上层母材自重所施加的压力。取 $\rho=5\times10^3$kg/m³，上层母材板厚 $h=10$mm 时，$P_{ext}=500$Pa。该值比阈值压力 P_c^* 低得多，这意味着该情况下，如果不施加一个额外的外部压力，则液态钎料就不能被挤出间隙。

4. θ<45°

正如之前的情况，母材和钎料之间的界面均紧密接触，钎料最终填满整个间隙，并在间隙外侧形成半月形钎角。事实上，这种情况下 P_c^* 是负值，因为外部压力和毛细作用力作用在同一方向上，从而导致接头的最终厚度减小（图 1.12d 和图 1.14）。

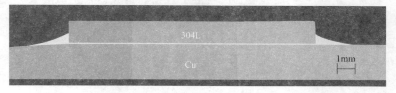

图 1.14　高真空下钢板和铜的夹层钎焊（$T=860$℃，20min）
注：接头厚度远小于 CuAg 钎料层的初始厚度，约为初始厚度的 1/5；
304L 钢的成分见表 1.4（Kozlova 等，2008）。

1.4 非反应性钎料及反应性钎料钎焊金属和陶瓷

1.4.1 CuAg 共晶钎料在不锈钢上的润湿

由于不锈钢（ss）被坚固、致密的氧化膜覆盖，因此其抗氧化性强。这层膜也阻碍了其与液态金属或合金的润湿与钎焊（Eustathopoulos 等，1999）。但是在高真空下加热超过一定温度时，就会产生良好的润湿（润湿角 $\theta \leqslant 90°$），从而使这些材料可以通过钎焊连接在一起（McGurran 和 Nicholas，1985；Ambrose 和 Nicholas，1996）。温度是一个重要的钎焊参数，因为过高的钎焊温度会影响钢自身或者与钢钎焊的金属的组织和性能。例如，用 CuAg 合金在 900℃ 以上钎焊不锈钢与铜时，会导致过量的 Cu 溶解于液态钎料（Kozlova，2008）。Kozlova 等人（2008）通过改变温度、真空度和钢的类型（表 1.4），全面研究了 CuAg 共晶钎料和 CuAg 基钎料在不锈钢上的润湿行为。

表 1.4 不锈钢中碳和钛的质量分数（Kozlova，2008）

钢种	$W_C(\%)$	$w_{Ti}(\%)$
316L	0.03	—
316	0.08	—
304L	0.03	—
321	0.08	0.40
316Ti	0.09	0.50

注：$w_{Cr} = 16\% \sim 20\%$；$w_{Ni} = 8\% \sim 14\%$；$w_{Mn} = 2\%$；$w_{Mo} = 0\% \sim 2\%$；$w_{Si} = 0.75\% \sim 1\%$；$w_P \approx 0.04\%$；$w_S \approx 0.03\%$；Fe 余量。

图 1.15（两个不同的高真空炉）和图 1.16（四种不同的钢）所示为座滴法的试验结果。在所有情况下，开始熔化时观察到的初始润湿角 θ_0 均远远大于 90°，并且在之后的 15min 内几乎没有任何变化。在达到一定温度 T_0 时，润湿角 θ 开始迅速减小并向着小于 90°的润湿角 θ_M 发展，润湿角-时间曲线的斜率发生变化。T_0 和 θ_M 的值都取决于炉中的真空度和钢的成分。之后在 860℃ 保温 30～40min，润湿角继续以很小的速率减小，达到 θ_F 后保持稳定不再变化。典型的贵金属/离子共价氧化物体系的润湿角范围为120°～140°，与氧化的钢表面的润湿角相同。相反地，典型的非反应性液态金属/固体金属母材体系的润湿角 $\theta_M \approx 30° \sim 60°$（表 1.2），这意味着从 θ_0 到 θ_M 的转变是由钢的脱氧决定的。最后，由 θ_M 到 θ_F 的铺展阶段与液态合金和钢界面发生的溶解有关（Kozlova 等，2008）。

如 Kozlova 等（2008）所述，钢在高真空下的脱氧是通过钢中残余的 C（不锈钢中碳的质量分数见表 1.4）通过晶界迅速扩散至钢表面，与钝化层中的氧化铬发生反应来实现的

$$3[C] + Cr_2O_3 \longrightarrow 3CO(g) + 2[Cr] \tag{1-10}$$

式中，符号 C 和 Cr 表示溶解入钢中的相应元素。在室温下与空气接触时，不锈钢表面会迅速生成一层致密的、纳米级厚度的氧化膜。当在炉中加热不锈钢时，氧化膜的厚度

将增加，这是因为钢中的 Cr 元素与炉内气氛中的氧发生反应所致。这种反应从开始加热至温度达到 T_0 的过程中一直在发生，由于 C 原子的有效扩散，通过反应式（1-10）促进了钢的脱氧。以上分析解释了炉内总压力轻微上升（从 $3 \times 10^{-5} \mathrm{Pa}$ 到 $9.7 \times 10^{-5} \mathrm{Pa}$）的原因，意味着残余氧分压的相对增加，这也造成了铺展开始的温度升高（约 50℃），如图 1.15 所示。由于形成了碳化钛，含 Ti 钢（321 钢和 316Ti 钢中 Ti 的含量较高，304 钢和 316L 钢中 Ti 的含量则很低，见表 1.4）中的 Ti 的含量显著减少了近两个数量级（Koalova 等，2008）。Ti 的减少会导致 T_0 增大以及最终润湿角增加 30°~40°（图 1.16）。

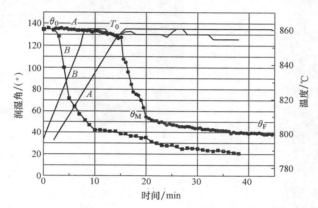

图 1.15　氧化铝炉（$P = 9.7 \times 10^{-5} \mathrm{Pa}$，$A$ 曲线）和金属炉（$P = 3 \times 10^{-5} \mathrm{Pa}$，$B$ 曲线）中通过座滴法获得的 CuAg 共晶钎料在 321 钢板上的润湿曲线的比较（Kozlova 等，2008）

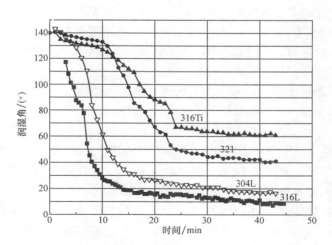

图 1.16　氧化铝炉中（$P = 9.7 \times 10^{-5} \mathrm{Pa}$）座滴法试验在温度上升到 860℃ 的过程中，CuAg 共晶钎料在四种不锈钢上的润湿曲线（Kozlova 等，2008）

上述结果表明，决定不锈钢在高真空下的钎焊性的主要因素有两个：炉内真空度；钢中形成碳化物的合金元素的含量。

1.4.2 熔融金属和熔融硅化物在 SiC 上的润湿

当将一小片高熔点金属（如镍）放在 SiC 上时，由于镍和 SiC 之间发生了剧烈的反应（图 1.17），从而影响了熔滴的形状。熔滴下形成的深坑说明，在该反应中，SiC 溶解到了镍中，而过量的碳则以石墨的形式在靠近界面处被析出（Rado 等，1999）

$$SiC(S) \longrightarrow [Si] + C_{gr}(S)$$
$$(1-11)$$

鉴于这种剧烈的反应，特别是形成了对力学性能不利的脆性石墨颗粒，因此使用镍（或任何其他高熔点金属）钎焊碳化硅是不可能的。

为了降低反应性，一种解决方案是使用中等熔点的金属，如银或金。采用这种方法时，1000℃ 左右时其与碳化硅的反应性将显著降低。然而，此时可观察到不润湿现象，润湿角远大于 90°（Naidich，1981）。这些结果

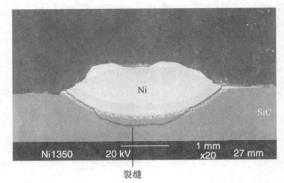

图 1.17　1350℃ 保温 15min 时 Ni/SiC
试样中 Ni 和 Si 的剧烈反应

注：因为 SiC 溶解在了 Ni 中，在远低于纯 Ni 的熔融温度
（1452℃）时发生了完全熔融，图中黑线是冷
却过程中产生的裂纹（Rado 等，1999）。

和表 1.2 中的结果明显不同，这也就表示液态金属不能润湿碳化硅等半导体材料。Rado 解决了这个问题，没有观察到液态金属不能润湿的 SiC 表面在 1100℃ 时发生了本质变化（Rado，1997；Rado 等，1999）。这是由于室温下，在空气中 SiC 表面迅速形成了一层黏附力较强的二氧化硅膜，并且由于炉内气氛中含有氧杂质，这层膜随着炉温的升高而增厚，进而阻碍了润湿，就像不锈钢表面的钝化层。

该二氧化硅膜可使用金属-硅合金替代纯金属的方法原位去除。实际上，硅可以与二氧化硅层发生反应，形成挥发性的一氧化硅

$$SiO_2(S) + [Si] \longrightarrow 2SiO(g) \qquad (1-12)$$

Cu-Si 合金体系在预氧化 SiC 上的润湿模型验证了这种 SiC 表面原位去膜的方法（Dezellus 等，2012），如图 1.18 所示。该体系的润湿过程分为两个阶段：第一阶段，Cu-Si 合金在被氧化的 SiC（即 SiO_2）上的润湿角迅速减小至 100°，并在一定时间内保持不变，在这段时间内，Cu-Si 合金在三相线附近与 SiO_2 发生反应以去除 SiC 表面的氧化膜，从而使得钎料合金和 SiC 基底直接接触；第二阶段，润湿继续进行，润湿角持续减小，直到其等于 Cu-Si 合金在 SiC 上的平衡润湿角。

上述机制对所有的金属-硅合金都是适用的。对于给定的系统，通过选择硅的浓度可以抑制石墨析出物的形成。用这种方法可以获得润湿性良好（这个体系的润湿角约为 20°）的非反应性硅化镍/碳化硅界面（Rado 等，1999），如图 1.19 所示。

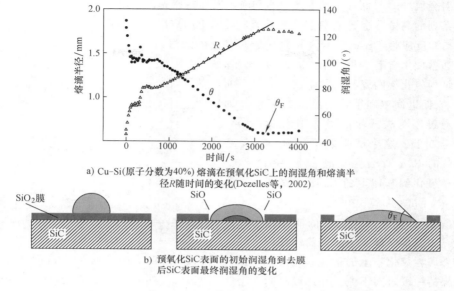

a) Cu-Si(原子分数为40%) 熔滴在预氧化SiC上的润湿角和熔滴半
径R随时间的变化(Dezelles等，2002)

b) 预氧化SiC表面的初始润湿角到去膜
后SiC表面最终润湿角的变化

图 1.18　Cu-Si 合金体系在预氧化 SiC 上的润湿模型

钎焊中去除氧化膜至关重要。因此，用金属-硅合金对碳化硅进行夹层钎焊时，由于 SiO 难以排出，碳化硅表面氧化膜的去除不是很有效。这导致钎缝中将产生大的空洞，对焊件的力学性能不利（图 1.20a）。在毛细钎焊结构中，情况则是相反的。此时，SiO 很容易在浸润前沿挥发，从而能将碳化硅表面的氧化膜全部去除，钎料可完全填充间隙（Koltsov，2005；Koltsov 等，2008），如图 1.20b 所示。

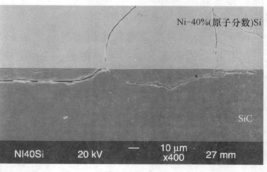

图 1.19　1350℃下保温 20min 时 Ni-Si（40%）/SiC 试样中 Ni$_2$Si 和 SiC 未发生反应（Rado 等，1999）

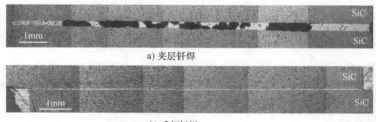

a) 夹层钎焊

b) 毛细钎焊

图 1.20　高真空下 1250℃保温 15min 时 Pr-Si 合金和 SiC 的钎焊
（Koltsov，2005；Koltsov 等，2008）

对金属/SiC 界面反应基本现象的准确认识（感谢先前引用的研究成果），已经促进了一系列的高熔点金属-硅钎料专利在材料技术上的应用（Gasse，1996）。

1.4.3 反应性 CuAgTi 合金在氧化铝陶瓷上的润湿

通常使用含有少量 Ti 的 CuAg 合金来钎焊氧化铝陶瓷与其他金属，因为 Ti 能促进润湿和结合。图 1.21 所示为通过座滴法试验证明了 Ti 能促进合金润湿，这个试验采用了 w_{Ti} = 1.75% 的 CuAgTi 合金，把一小块 Ti 放置于氧化铝基体上的 CuAg 合金的上方（Voytovych 等，2006）。

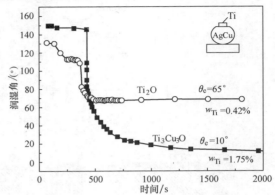

图 1.21 氢气气氛中两种不同成分的 CuAgTi 液滴（通过 AgCu 与纯 Ti 原位合成）在单晶氧化铝上的润湿角与时间的关系曲线（稳定阶段温度 900℃）（Voytovycn 等，2006）

CuAg 合金在氧化铝上的润湿角很大，未发生润湿，为典型的非反应性贵金属在氧化物上的熔融。大润湿角先保持一段时间不变，在这段时间内，Ti 会溶解并向金属/氧化物界面扩散。之后，润湿角迅速减小至 10°左右。

图 1.22 所示为合金在氧化铝上润湿之后的界面组织照片，反应界面由两层物质组成。层 Ⅱ 在靠近液态合金的一侧形成，为 Cu_3Ti_3O 化合物，也包括一些从氧化铝中分解出来的铝。这种 M_6O 型化合物由 Kelkar 和 Carim（1993）首先发现。靠近氧化铝陶瓷的亚微米层（层 Ⅰ）比较窄，为低价氧化物 Ti_2O。如 Voytovych 等（2006）所述，最终观察到的润湿角是液态合金润湿 Cu_3Ti_3O 后产生的。该体系中最终的小润湿角是由这种化合物的金属性质决定的。当 Ti 的质量分数由 1.75% 减少到 0.42% 时，只在界面上形成了低价氧化钛，因此观察到体系的平衡润湿角明显增

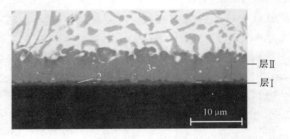

图 1.22 氢气气氛、900℃保温 30min 时 CuAgTi（w_{Ti} = 1.75%）/氧化铝界面组织照片（Voytovych 等，2006）
2—亚微米级的 Ti_2O 层 3—Cu_3Ti_3O 层

大。进一步减少 Ti 的含量时，合金中 Ti 的活性降低，观察到了更大的润湿角，这可能与界面反应的热力学行为有关。Kritsalis 等（1994）进行了 Ti 活性降低方面的研究，试验中钎料合金由 CuAg 变成了 NiPd。

事实上，Ni-Ti 和 Pd-Ti 的反应非常剧烈，Ti 与 Ni 混合物的偏摩尔熵为-187kJ/mol，在 Pd 中则为-255kJ/mol。Ti 含量相同时，其在 NiPd 中的活性比在 CuAg 共晶中要高出几个数量级，导致在界面上形成了高价氧化钛（如 Ti_3O_5、Ti_5O_9 等），相对应的润湿角

接近或大于 90°（图 1.23）。这些氧化物形成后，在冷却过程中就会产生应力，从而导致界面失效。因此，Ti 的活性较低对钎料的润湿和接头力学性能都是不利的（Kritsalis 等，1994）。

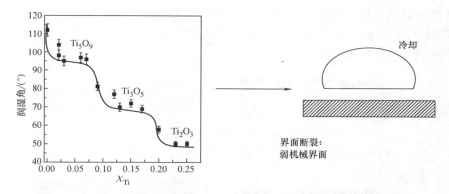

图 1.23　$T \approx 1300℃$ 时平衡润湿角随 Ti 在 NiPd 合金中摩尔分数的变化曲线

注：三段平稳阶段对应三种不同的氧化钛，无论在什么情况下，冷

却过程中产生的应力都将导致界面断裂（Kritsalis 等，1994）。

　　CuAgTi 合金在氧化铝上的平均铺展速率约为 5μm/s（Kozlova 等，2011）。因此，只有夹层钎焊可用于氧化铝反应性钎焊。反应性体系中钎焊和润湿试验的两个主要区别是：

　　1）钎焊中，界面上的单位液体体积（即参与反应的 Ti 含量）比座滴法试验中的体积（毫米级）低两个数量级，从而使钎焊中的尺寸效应得以发生。

　　2）当钎焊氧化铝陶瓷（或其他陶瓷）和金属 Me 系合金时，Me 和钎料的反应会影响接头的显微组织和界面的化学性质。因为在液体中扩散 100μm 仅需几秒，远远低于通常的钎焊时间（数分钟）。

　　尺寸效应对于合金在 Ti 中的稀释是非常明显的，在图 1.24b 所示的钎焊试验中，在钎焊初期，Ti 的初始含量足以形层成层 Ⅱ（Cu_3Ti_3O）。但是，在钎焊过程中，由于界面反应导致 Ti 的含量明显降低（座滴法试验中不会出现这种情况），层 Ⅱ 不能长期保持稳定。为了避免这种情况的出现，可选用含有 $w_{Ti} = 2\% \sim 3\%$ 的 Ti 合金进行钎焊。需要注意：所使用合金中 Ti 的质量分数不能超过 3%，否则会在接头处生成大块 Cu-Ti 金属间化合物，从而降低了焊件的力学性能（Kozlova，2008；Kozlova 等，2010）。

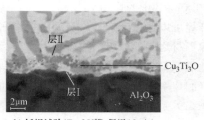

a）润湿试验　　　　　　　　　b）钎焊试验（$T \approx 850℃$，保温15min）

图 1.24　CuAgTi（$w_{Ti} = 0.80\%$）/氧化铝试样的微观组织

当用金属片（如 Cu-Ni 片）代替氧化铝片时，金属片中的 Ni 和 Cu 溶解入液态钎料，将会使接头的显微组织发生很大的变化，同时也会使氧化铝/钎料界面的反应性发生改变（图 1.25）。产生这种影响的主要原因是 Ni 与 Ti 之间剧烈的相互作用，这种剧烈的相互作用使得界面反应层的厚度大大减小（从 $2\mu m$ 减小到 200nm）。此外，与氧化铝/氧化铝接头中形成 Cu_3Ti_3O 型化合物不同，在 CuNi/氧化铝接头处生成了高价氧化钛，导致界面和实际接头的性能变差。

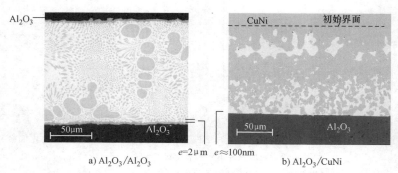

a) Al_2O_3/Al_2O_3　$e=2\mu m$　$e\approx100nm$　b) $Al_2O_3/CuNi$

图 1.25　CuAgTi 钎料 900℃/15min 钎焊接头界面组织（Valette 等，2005）

上述结果表明，钎焊金属与陶瓷时必须留出加工余量，这不仅是因为众所周知的两种类型母材的热力兼容性问题，还因为金属母材和钎料之间的反应能影响润湿过程和界面化学性质以及接头的成分和微观组织。

1.5　结论

一般情况下，液态的金属和合金可以很好地润湿表面洁净、未被氧化的金属母材（润湿角远小于 90°）。相反地，绝大部分低熔点和中等熔点的金属，如铅、锡、银、铜等，并不能润湿离子共价氧化物，如氧化铝、二氧化硅、氧化镁、氧化锆等以及碳基固体，而且与它们之间的结合也不牢固。这种非润湿性可以在非氧化物陶瓷（SiC、AlN、Si_3N_4）上观察到，因为这些非氧化物陶瓷的表面被坚固、致密的氧化膜所覆盖，从而阻止了钎料的润湿和钎焊。一些合金化元素在界面与陶瓷反应形成可被液态金属润湿的类金属反应产物，从而增强了润湿性和结合力。典型的例子就是 Ti 在 $CuAg/Al_2O_3$ 中以及 Cr 在 Cu/C_{gr} 中的作用。

钎焊可以通过液态钎料在间隙中浸润来实现连接（毛细钎焊），也可以通过直接放在待焊母材之间的钎料箔或者粉末熔融后实现连接（夹层钎焊）。只有当非反应性钎料很好地润湿母材时，才能够实现毛细钎焊（润湿角远小于 90°）。浸润由毛细作用力驱动，浸润速率由液体的黏度决定。它可由经典 Washburn 公式中的浸润距离与时间之间的抛物线关系来描述。原则上，夹层钎焊在润湿角接近 90° 时也可以实现。然而当润湿角小于 45° 时可以获得可靠的接头，通过简单的外观检查便可判断接头质量。

在 1.4 节中，为了说明润湿性和钎焊性之间的关系，列举了三种代表性钎焊实例，包括反应性钎焊和非反应性钎焊：

1）非反应性（或者弱反应性）CuAg 共晶钎料钎焊不锈钢。

2）金属-硅合金钎料钎焊 SiC。

3）反应性 CuAgTi 钎料钎焊氧化铝/Cu 以及氧化铝/Cu-Ni。

这些实例也展示了如何从简单的座滴法试验中获取信息，以帮助确定在特定体系中使用的钎料类型以及钎焊参数。

1.6 参考文献

Ambrose JC and Nicholas MG (1996), 'Wetting and spreading of nickel-phosphorus brazes: Detailed real time observations of spreading on iron-chromium substrates', *Mater Sci Technol*, 12, 72–80.

Blake TD (1993), 'Dynamic contact angles and wetting kinetics', in: *Wettability*, Ed. JC Berg, New York, Marcel Dekker Inc., ISBN 0-8247-9046-4, 251–309.

Calderon NR, Voytovych R, Narciso J and Eustathopoulos N (2010), 'Wetting dynamics versus interfacial reactivity of AlSi alloys on carbon', *J Mater Sci*, 45, 2150–2156.

de Gennes PG (1985), 'Wetting: statics and dynamics', *Rev Modern Phys*, 57, 827–863.

Dezellus O and Eustathopoulos N (2010), 'Fundamental issues of reactive wetting by liquid metals', *J Mater Sci*, 45, 4256–4264.

Dezellus O, Hodaj F, Rado C, Barbier JN and Eustathopoulos N (2002), 'Spreading of Cu-Si alloys on oxidized SiC in vacuum: experimental results and modelling', *Acta Mater*, 50, 979–991.

Duffar T, Bochu O and Dusserre P (2010), 'Effect of oxygen on the molten BGO/Ir wetting and sticking', *J Mater Sci*, 45, 2140–2143.

Dupré, A (1869), *Théorie Mécanique de la Chaleur*, Gauthier-Villars, Paris.

Eustathopoulos N (2005), 'Progress in understanding and modeling reactive wetting of metals on ceramics', *Current Opinion in Solid State and Materials Science*, 9, 152–160.

Eustathopoulos N, Drevet B and Nicholas N (1999), *Wettability at High Temperatures*, Pergamon Materials Series, Volume 3.

Eustathopoulos N, Sobczak N, Passerone A and Nogi K (2005), 'Measurement of contact angle and work of adhesion at high temperature', *J Mater Sci*, 40, 2271–2280.

Gasse A (1996), *Rôle des interfaces dans le brasage non réactif du SiC par les silicures de Co et de Cu*. PhD Thesis, Polytechnique Institute of Grenoble, France.

Haon C, Saqure H, Daniel M, Drevet B, Camel D, *et al.* (2008), 'The role of capillarity in the gravitational molding of metallic glass pieces', *Mater Sci Eng*, 495A, 215–221.

Hodaj F, Dezellus O, Barbier JN, Mortensen A and Eustathopoulos N (2007), 'Diffusion-limited reactive wetting: effect of interfacial reaction behind the advancing triple line', *J Mater Sci*, 42, 8071–8082.

Johnson RE and Dettre RH (1993), *Wettability*, Surfactant Science Series, Volume 49, Ed: JC Berg, New York, 1–74.

Kelkar GP and Carim AH (1993), 'Synthesis, properties, and ternary phase stability of M6X compounds in the Ti-Cu-O system', *J Am Cer Soc*, 76, 1815–1820.

Koltsov A (2005), *Physico-chimie du brasage de AlN: Mouillage et reactivité*, PhD Thesis, Polytechnique Institute of Grenoble, France.

Koltsov A, Hodaj F and Eustathopoulos N (2008), 'Brazing of AlN to SiC by a Pr silicide: Physicochemical aspects', *Mat Sci Eng A*, 495, 259–264.

Kozlova O (2008), *Brasage réactif Cu/acier inoxydable et Cu/alumina*, PhD Thesis, Polytechnique Institute of Grenoble, France.

Kozlova O, Voyvotych R, Devismes M-F and Eustathopoulos N (2008), 'Wetting and brazing of stainless steels by copper-silver eutectic', *Mat Sci Eng A*, 495, 96–101.

Kozlova O, Braccini M, Voytovych R, Eustathopoulos N, Martinetti P *et al.* (2010), 'Brazing copper to alumina using reactive CuAgTi alloys', *Acta Mater*, 58, 1252–1260.

Kozlova O, Voytovych R and Eustathopoulos N (2011), 'Initial stages of wetting of alumina by reactive CuAgTi alloys', *Scripta Mat*, 65, 13–16.

Kritsalis P, Drevet B, Valignat N and Eustathopoulos N (1994), 'Wetting transitions in reactive metal-oxide systems', *Scripta Mater*, 30, 1127–1132.

McGurran B and Nicholas MG (1985), 'A study of factors which affect wetting when brazing stainless steels to copper', *Brazing & Soldering*, 8, 43–48.

Milner DR (1958), 'A Survey of the Scientific Principles Related to Wetting and Spreading', *Brit Weld J*, 5, 90–105.

Naidich YV (1981), *Progress in Surface and Membrane Science*, vol. 14, ed. DA Cadenhead and JF Danielli, Academic Press, New York, 353–484.

Naidich YV, Sabuga W and Perevertailo V (1992), 'Temperature effect on kinetics of spreading and wetting in systems with different interactions at the contacting phases', *Adgeziya Raspl Pajka Mater*, 27, 23–34, in Russian.

Pech J, Braccini M, Mortensen A and Eustathopoulos E (2004), 'Wetting, interfacial interactions and sticking in glass/steel systems', *Mater Sci Eng A*, 384, 117–128.

Protsenko P, Garandet JP, Voytovych R and Eustathopoulos N (2010), 'Thermodynamics and kinetics of dissolutive wetting of Si by liquid Cu', *Acta Mater*, 28, 6565–6574.

Rado C (1997), *Contribution à l'étude du mouillage et de l'adhésion thermodynamique des métaux et alliages liquids sur le carbure de silicium*, PhD Thesis, Polytechnique Institute of Grenoble, France.

Rado C and Eustathopoulos N (2004), 'The role of surface chemistry on spreading kinetics of molten silicides on silicon carbide', *Interface Science*, 12, 85–92.

Rado C, Kalogeropoulou S and Eustathopoulos N (1999), 'Wetting and bonding of Ni-Si alloys on silicon carbide', *Acta Mater*, 47, 461–473.

Saiz E and Tomsia AP (2004), 'Atomic dynamics and Marangoni films during liquid-metal spreading', *Nat Mater*, 3, 903–909.

Valette C, Devismes M-F, Voytovych R and Eustathopoulos E (2005), 'Interfacial reactions in alumina/CuAgTi braze/CuNi system', *Scripta Mater*, 52, 1–6.

Voytovych R, Robaut F and Eustathopoulos N (2006), 'The relation between wetting and interfacial chemistry in the CuAgTi/alumina system', *Acta Mater*, 54, 2205–2214.

Washburn EW (1921), 'The dynamics of capillary flow', *Phys Rev*, 17, 273–283.

Young T (1805), 'An Essay on the Cohesion of Fluids', *Philosophical Transactions of the Royal Society of London*, 95, 65–87.

第2章 钎焊接头强度和安全裕度

Y. Flom，美国航空航天局戈达德太空飞行中心，美国

【主要内容】 对于结构工程师而言，尽管分析方法已有重大发展，钎焊结构设计者在确定钎焊组件的承载能力和预测失效方面仍遇到了很大的困难。本章将分析一些常用的工程工具如有限元分析（FEA）以及许多已建立的理论（Tresca、von Mises、最大主应力准则等）不适用于钎焊接头的原因。本章还将展示如何使用交互作用方程的经典方法和较少人知道的 Coulomb-Mohr 失效准则去评估钎焊接头的安全裕度（MS）。

2.1 引言

钎焊在现代制造业中具有极其重要的作用。航空、航天、汽车、电力、医疗等领域中的复杂结构设计和使用机制通常需要各种能在复杂多轴加载条件下工作的钎焊接头。

尽管钎焊技术及其应用取得了巨大进展，但在结构分析方面，对钎焊接头可靠性的研究仍然是不充分的。通常按照人们广泛接受的工程分析技术和失效标准来评估金属和复合结构的机械连接、焊接或粘接接头的承载能力（Blodgett，1963；Bruhn，1973；*Astronautic Structures Manual*，1975；Hart-Smith，1973；Shigley 和 Mischke，1989；Tong 和 Steven，1999）。然而，几乎没有评估或预测钎焊接头承载能力方面的工程实践信息。

因此，需要有一个简单的工程方法，可以让设计师和结构分析师去评估承受切应力和正应力的组合应力的钎焊接头强度的安全裕度。

本章回顾了通过常用的失效准则来预测钎焊接头失效所遇到的挑战，并基于失效评定图（FADs）的发展，提供了另一种方法。建立 FADs 的第一步是确定或发展钎焊接头的失效准则，能够满足以下条件的失效准则是最理想的：

1）应适用于任何钎焊接头形状。

2）应该较为保守地解释与钎焊工艺、接头性能及分析相关的许多不确定性。

3）应该足够简单易用，使设计人员和结构工程师觉得对实际应用有所帮助。

4）应该以明确定义的钎焊接头性能为基础，而且可以用一种相当简单、直观的方式来确定。

目前，本章仅限于钎焊组件静态加载方面的内容。随着知识的扩展，未来本章的修订和/或更新或许可以解决承受动载荷的钎焊接头的失效问题。

2.2 钎焊接头分析常用失效准则的适用性

2.2.1 最大正应力准则

当最大正应力达到材料的单轴抗拉强度时，可用该准则来预测失效（Dieter，1976；Dowling，1993）。此准则通常用于预测脆性材料的失效。它是现有的最简单的失效准则，可以表示为

$$\sigma_1 = \sigma_0 \tag{2-1}$$

式中，σ_1 是最大正应力，或者根据惯例称为第一主应力；σ_0 是从标准拉伸试验中得到的抗拉强度（ASTM E8/EBM-09，2009）。必须指出的是，在大多数的结构应用中，屈服被认为是一种失效形式。$\sigma_0 = P/A$，P 是拉伸试验确定的屈服载荷，A 是试样的原始横截面面积。工程界将屈服载荷定义为单轴拉伸试验中引起 0.2% 应变的载荷。正如所见，σ_0 是一个平均应力——这是下面即将讨论的一个重点。σ_0 常作为材料的力学性能（MMPDS-05，2010）或许用拉伸屈服应力用于结构设计。通常采用有限元分析（FEA）对整个结构或其部件的 σ_1 值进行计算。

尝试用该准则对钎焊接头进行失效评估会遇到很多复杂的问题。首先，"材料的单轴抗拉强度"不是为钎焊接头定义的。对于均匀的金属材料，单轴抗拉强度是该材料的力学性能，可以通过标准拉伸试验确定，如 ASTM，E8/EBM-09，2009。对接拉伸试样的单轴拉伸试验确定了钎焊接头的抗拉强度，而不是某一种具体材料——钎料或相邻母材的强度。显然，钎料和母材的性能与钎焊接头的整体强度密切相关。一个明确的事实是到目前为止，对接钎焊接头的抗拉强度超过了测试的块体钎料的抗拉强度（Brazing Handbook，2007；Rosen 和 Kassner，1993）。其次，当该准则应用于韧性的搭接剪切钎焊接头时，由于此类接头在发生失效之前有较大的塑性变形，这种行为与脆性行为有很大区别。因此，最大正应力准则可能只适用于单轴加载的对接接头，由于钎料的拘束，钎焊接头处于较高的三轴应力状态下，表现出准脆性断裂行为。

2.2.2 最大切应力和八面体应力准则

最大切应力准则和八面体应力准则是非常相似的。用最大切应力或 Tresca 准则预测失效，表现为屈服形式，当最大切应力 τ_{max} 在任意平面达到某一临界值 τ_0 时，表示为

$$\tau_{max} = \tau_0 \tag{2-2}$$

同样地，τ_0 是材料的抗剪强度，是材料的一种力学性能。τ_0 的测量并不像许用拉伸应力的测量那样简单。事实上，只有受纯扭转力的薄壁管可以直接测量 τ_0，而且不容易进行测量并获得相应的结果。更常见的方法是进行单轴拉伸试验并利用最大切应力和正应力之间的关系由 σ_0 计算出 τ_0。则式（2-2）可以写成

$$\tau_{max} = \frac{\sigma_1 - \sigma_3}{2} = \tau_0 \tag{2-3}$$

式中，σ_1 和 σ_3 是第一（最大值）和第三（最小值）正应力。在单轴拉伸试验中，$\sigma_3 = 0$ 且 $\sigma_1 = \sigma_0$。因此

$$\tau_{max} = \frac{\sigma_0}{2} = \tau_0 \ 或者 \ \tau_0 = \frac{\sigma_0}{2} \tag{2-4}$$

可以看到，根据最大切应力理论，τ_0 的最大值是 σ_0 的 50%。

最大八面体（von Mises）准则或最大畸变能理论预测失效时，八面体平面的切应力 τ_h 达到某一临界值 τ_{h0}（Dowling，1993），或

$$\tau_h = \tau_{h0} \tag{2-5}$$

式中，τ_{h0} 也是材料的一种力学性能，代表引起屈服的八面体切应力的临界值。八面体中的切应力可以用正应力表示如下（Dowling，1993）

$$\tau_h = \frac{1}{3}\sqrt{(\sigma_1 - \sigma_2)^2 + (\sigma_2 - \sigma_3)^2 + (\sigma_1 - \sigma_3)^2} \tag{2-6}$$

再一次将 von Mises 准则应用于单轴拉伸试验，$\sigma_1 = \sigma_0$ 且 $\sigma_2 = \sigma_3 = 0$，得到

$$\tau_h = \frac{1}{3}\sqrt{(\sigma_0)^2 + (\sigma_0)^2} = \tau_{h0} \tag{2-7}$$

式（2-7）中的 τ_{h0} 值也可以从单轴拉伸试验中获得

$$\tau_{h0} = \frac{\sqrt{2}}{3}\sigma_0 \tag{2-8}$$

因此，按照 von Mises 准则，$\tau_{h0} = 0.47\sigma_0$，而 Tresca 准则中的 $\tau_0 = 0.5\sigma_0$。

使用这些准则预测钎焊接头失效时存在几个问题。Tresca 和 von Mises 准则都是基本的屈服准则，通常用于预测均匀、各向同性的韧性金属材料开始屈服时的应力（Dieter，1976；Dowling，1993）。然而钎焊接头却远非各向同性，其物理和力学性能在很短的距离内（从毗邻接头的一侧母材到另一侧母材）发生了显著的变化。对于性能显著不同的异种材料的钎焊接头，情况将变得更加复杂。此外，钎焊接头屈服的概念尚不明确。对接接头拉伸试验以及搭接接头剪切试验表明，钎焊接头及母材的应力-应变行为在达到接头失效点时并无区别（Flom，2011；Spingarn 等，1983；Flom 和 Wang，2004），如图 2.1~图 2.3 所示。

成功的失效准则应适用于任何形状的钎焊接头。当对钎焊对接接头试样进行单轴拉伸试验时，母材的机械拘束使钎料层处于三轴拉应力状态。即使是如纯银这样的韧性钎料，约束度仍很高，以至于静水应力非常接近于单轴应力，这意味着正应力的值是非常相似的（Rosen 和 Kassner，1993）。在纯静水应力状态下（所有正应力相等），切应力和 von Mises 应力为 0，失效时不发生塑性变形。同样，在处于单轴拉伸状态的对接钎焊接头中，切应力和 von Mises 应力很小。因此，这些应力准则对于具有较高机械拘束的钎焊接头的适用性并不好，将导致失效预测值偏低。

假设搭接剪切接头中的母材和钎料都是韧性的，则剪切或畸变能量准则将更适合这类在失效前会发生较大塑性变形的接头。然而，由于搭接剪切接头内的切应力是非均匀分布的，切应力和 von Mises 应力的值可能非常高，特别是在接头两端（Flom 和 Wang，2004），如图 2.4 所示。试验结果表明，应力值可能是钎料强度的 2 倍或 3 倍。如果试图把最大 Von Mises 应力值与搭接剪切接头的失效行为关联起来，其数值将远远大于对

接钎焊试样的测量值，如图 2.5 所示。

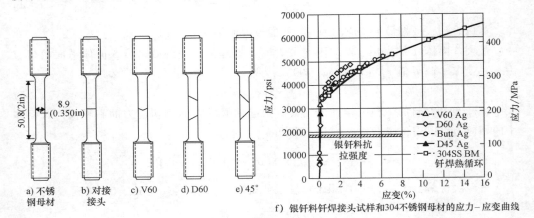

a) 不锈　　b) 对接　　c) V60　　d) D60　　e) 45°
钢母材　　　接头

f) 银钎料钎焊接头试样和304不锈钢母材的应力–应变曲线

图 2.1　不同接头形状的银钎料钎焊 304 不锈钢试样

注：接头和母材的应变硬化率非常相似（转载于 Flom, 2011）。

　　由于钎焊接头的几何形状变化很大，von Mises 准则并不是一个很好的接头失效准则。此外，估算钎焊接头中的 von Mises 应力的主要困难在于对钎焊接头中钎料层弹性模量和屈服强度性能的认知。如果没有这方面的数据，即使可以使用有限元分析计算钎料层内的 von Mises 应力，其结果也非常有限。

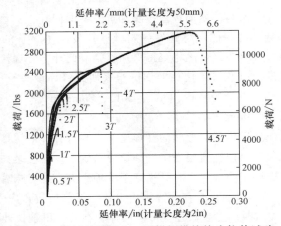

图 2.2　银钎料钎焊 347 不锈钢搭接接头拉伸试验

注：搭接长度从 0.5T 逐渐变化为 4.5T（T 是母材厚度）时，接头载荷与延伸率的关系曲线如图所示；对于不同的搭接长度，应变硬化率基本相同，这表明钎焊接头的塑性变形在很大程度上与母材的塑性变形重叠（Flom 和 Wang, 2004），转载得到 *Welding Journal* 许可。

2.2.3　交互作用方程

　　交互作用方程可用来预测承受复合载荷的结构的失效（Shanley 和 Ryder, 1937）。这些方程中包括最大切应力和最大正应力，并以应力比的形式表示。最简单的常用交互

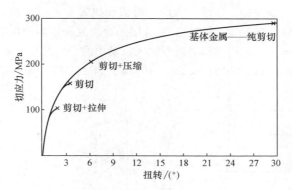

图 2.3　AWS BNi-8 钎料钎焊 Incoloy 800

合金试样 650℃ 热扭转试验

注：钎焊接头的变形行为与母材非常相似

（Sandia 国家试验室提供；Spingarn 等，1983）。

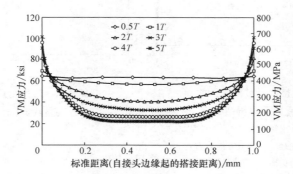

图 2.4　测试至失效的 347 不锈钢/银钎料搭接

剪切接头的 von Mises （有效） 应力分布

注：自接头边缘起的搭接距离与应力的关系如图所示；搭接长度为

0.5T~5T，T 为母材厚度；值得注意的是，许多地方，尤其是接头

边缘的应力，超过了目前块体银的极限强度，约为 35ksi （250MPa）

（Flom 和 Wang，2004；转载得到 *Welding Journal* 许可）。

作用方程可以写为 （Peery 和 Azar，1982）

$$R_\sigma^m + R_\tau^n = 1 \qquad (2\text{-}9)$$

式中，R_σ 和 R_τ 分别是正应力比和切应力比；指数 m、n 由试验确定。典型的试验结果如图 2.6 所示。通过计算接头中一些特殊点处的最大正应力和最大切应力，并分别除以各自的许用拉伸应力和许用切应力来确定应力比，如

$$R_\sigma = \frac{\sigma_1}{\sigma_0} \text{ 和 } R_\tau = \frac{\tau_{max}}{\tau_\sigma} \qquad (2\text{-}10)$$

经过多年的发展，交互作用方程逐渐成为非常全面和有效的方程，经过了不同的结

构形状和负载条件（如拉伸、压缩、弯曲、剪切和扭转）的试验验证（Blodgett，1963；*Engineering Stress Memo Manual*，2008）。在有限元分析成为结构分析中的标准工具之前，这些交互作用方程被成功地用于预测航空航天领域中的金属结构失效（*Astronautic Structures Manual*，1975；Bruhn，1973；Sarafin，1998），表 2.1 所列为一些实例（*Astronautic Structures Manual*，1975）。

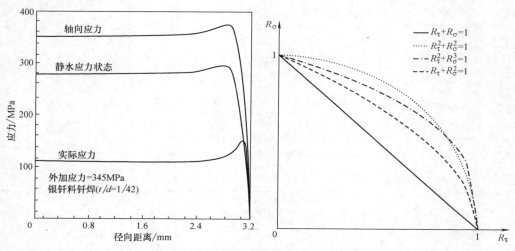

图 2.5　银钎料钎焊对接接头的
应力分布有限元分析结果

注：宽高比为 1/42 或约为 0.024，大多数结
构钎焊接头的宽高比较小，为 0.008 左右；此
类接头的轴向应力比图中所示的更接近静
水应力状态（Rosen 和 Kassner，1993）；转
载得到 ASM 国际的许可，并保留所有权利。

图 2.6　几种交互作用方程
注：直线代表最保守的情况。

表 2.1　常用交互作用方程

荷载组合	交互作用方程	安全裕度（MS）
正应力和弯曲应力	$R_\sigma + R_b = 1$	$\dfrac{1}{R_\sigma + R_b} - 1$
正应力和切应力	$R_\sigma^2 + R_\tau^2 = 1$	$\dfrac{1}{\sqrt{R_\sigma^2 + R_\tau^2}} - 1$
弯曲、扭转和压缩	$R_b^2 + R_\tau^2 = (1 - R_c)^2$	$\dfrac{1}{R_c + \sqrt{R_b^2 + R_\tau^2}} - 1$
弯曲和扭转	$R_b + R_\tau = 1$	$\dfrac{1}{R_b + R_\tau} - 1$

Engineering Stress Memo Manual（2008）中汇总了相当全面的交互作用方程。除了其巨大的实用价值，交互作用方程还有一个有趣的特征，可能对钎焊接头的研究非常有

用：交互作用方程中的应力并没有要求作用在同一个平面上，因此非常适用于均质金属材料的结构分析。研究这些交互作用方程能否适用于钎焊接头的失效预测非常有意义。初步结果表明，交互作用方程可用于一些母材/钎料组合失效预测应力的保守下限评估（Flom，2011；Flom 等，2011）。

2.2.4　Coulomb-Mohr 失效准则

Coulomb-Mohr 准则规定，当正应力和切应力的组合应力达到一个临界值时（Dowling，1993），断裂将发生在一个给定的平面上。这是一个非常有趣的准则，当讨论钎焊接头在钎焊面上的失效时，非常值得考虑应用该准则。Coulomb-Mohr 失效准则的形式非常简单，就是假设正应力和切应力呈线性关系

$$\tau+\mu\sigma=c \tag{2-11}$$

式中，μ 和 c 是材料的特定参数。在本章的后面，将会详细讨论这个准则。由 Christensen（2004）提出的改良的 Coulomb-Mohr 准则，更好地显示了均质材料试验结果的相关性，提供了一个更普适的失效条件形式，考虑到了静水应力（膨胀）和扭转（von Mises）应力的组合效应。然而，该准则实际应用于分析钎焊接头时还是相当受限的，因为需要详细的钎焊接头有限元分析结果，而这反过来依赖于钎料层力学性能方面的知识。

2.2.5　适用性评估（FFS）方法

适用性评估方法首先应用于焊接行业，现在已广泛用于关键焊接结构（包括不连续结构）分析（Dowling 和 Townley，1975；Webster 和 Bannister，2000；Gordon，1993；API，2007）。新的或现有焊接结构的评估基于其能否在给定的载荷和环境条件下安全地服役。使用一定数量的力学性能测试和分析技术，对含有缺陷的特定焊件建立一个安全服役区，构建失效评定图（FADs）来定义该安全服役区。为了构建 FADs，基于含有缺陷的焊接接头的静强度和断裂力学特性，焊接行业采用了一个具体的失效准则。图 2.7 所示为一个焊接接头的 FADs 实例。

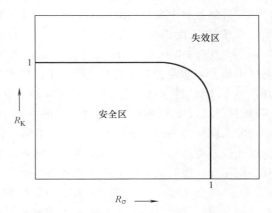

图 2.7　焊接行业使用的一个 FADs 实例
注：纵轴代表抵抗脆性断裂的力，水平轴代表抵抗塑性失稳的力（Gordon，1993）；转载得到 ASM 国际的许可，并保留所有权。

用断裂韧性和塑性失稳应力之比绘制 FADs（Gordon，1993）。纵轴 $R_K=K_1/K_{mat}$，水平轴 $R\sigma=\sigma/\sigma_{pc}$。式中，$K_1$ 是承受载荷的接头缺陷处的应力强度；K_{mat} 是材料的断裂韧性；σ 是所施加的应力；σ_{pc} 是给定焊接构件的塑性失稳应力。有学者尝试用这种基于断裂韧性和塑性失稳应力的 FADs 来描述钎焊接头的性能（Leinenbach 等，2007）。

在使用基于断裂韧性和塑性失稳应力的失效准则预测钎焊接头失效时存在几个问

题。首先，钎焊接头断裂韧性的概念尚不是很明确。对于由两个母材（同种或异种材料）和一层与母材金属冶金性能不同的薄钎料层组成的钎焊接头，材料的断裂韧性概念尚不清楚。这是因为，裂纹扩展所需的能量应超过裂纹抗力，这是创建新的裂纹面所需的能量。而每种材料都有自己的表面能（这是一种物理性质），如果裂纹通过钎料传播，则创建新的裂纹面所需的能量将不同于在母材中创建新的裂纹面所需的能量；如果裂纹通过母材/钎料界面传播，则所需能量又将有所不同。最后，如果裂纹沿着母材、钎料以及界面区蔓延，那么，创建新裂纹面所需的能量将更难界定。如果对钎焊接头的断裂韧性没有一个公认的定义，就更无法测试钎焊接头的断裂韧性了，尤其是在涉及讨论断裂韧性测试的有效性时。类似的问题同样存在于试图定义和/或测量钎焊接头的塑性失稳应力时。可见，目前试图将断裂韧性和塑性失稳应力合并成钎焊接头的失效准则是有问题的，特别是在实际应用时。

2.3 发展失效评定图（FADs）的另一种方法

在尽可能满足引言中所提出条件的情况下，考虑使用 Coulomb-Mohr 准则评估钎焊接头。首先将钎焊接头视为一个整体，而不是尝试研究接头的某一区域，因为接头局部区域受钎焊过程中复杂的冶金反应影响，具有明显不同的材料特性。后者是很多研究者研究接头力学性能时采用的传统方法（Flom 和 Wang，2004；Rose 和 Kassner，1990；Tolle 等，1995；Wen-Chun Jiang 等，2008）。正如本章前面所述，钎料层力学性能的不容易获得或者不能通过常规的方法来测定。钎料力学性能的评价是非常具有挑战性的难题。一个狭窄的铸态钎料层通常由很多相组成，受钎缝间隙尺寸、母材的稀释以及钎料/母材界面可能形成的金属间化合物的影响。即使钎料层由单相纯金属组成，其性能也可能与同样为铸态的块体纯金属明显不同，如图 2.8 所示（Rosen 和 Kassner，1990）。共晶相以及更多相的存在使情况变得更复杂。例如，用镍基钎料（AWS BNi2）钎焊的接头组织和性能取决于接头尺寸和钎焊热循环（*Brazing Handbook*，2007；Lugscheider 和 Partz，1983）。因此，通过测试块体钎料的性能或者通过一些计算材料性能的专业软件，尝试评估接头钎料层的力学性能，得到的结果可能并不可靠（Wen-Chun Jiang 等，2008）。其他检测钎料层性能的方法基于带钎缝的微型试样性能测试结果（Leinenbach 等，2007），这种方法也存在一些问题，因为钎焊接头的高宽比肯定比典型的结构接头要大得多，而典型的钎缝间隙与接头尺寸（直径或宽度）之比小于 0.005。所以，钎料层内部的拘束水平和三向应力状态与实际接头相比有很大不同，使用这种微型试样可能得到与实际不符的塑性和应力-应变响应。因此，应该评估整个钎焊接头的力学性能，而不是尝试预测某钎料层的性能，这也更符合 FFS 方法。

如果在钎焊接头上应用 Coulomb-Mohr 准则，则式（2-11）中的常量 μ 和 c 代表系统性能，而不是钎料层的材料性能。因为目的是建立一个适用于任何接头形状的接头失效准则，所以从两种最基本的接头形式开始创建：搭接和对接钎焊接头。

当接头承受纯剪切载荷时，作用于钎焊平面的正应力为零。严格意义上讲，单轴加

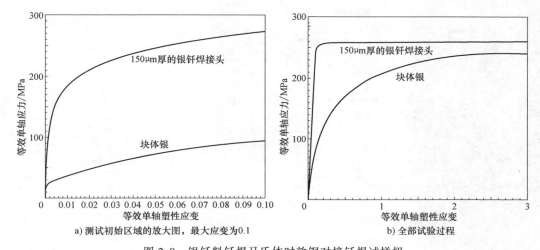

a) 测试初始区域的放大图，最大应变为0.1　　　b) 全部试验过程

图 2.8　银钎料钎焊马氏体时效钢对接钎焊试样扭

转试验的等效单轴应力-应变曲线

注：块体银和钎焊接头中的银钎料层的应变硬化率显著不同（转载得到

Rosen 和 Kassner 的许可，1990；版权所有美国真空协会，1990）。

载的搭接剪切钎焊接头并不是纯剪切状态。因此，试验测量的结果是平均切应力。在这种情况下，切应力在搭接区域内的分布是不均匀的，并且忽略了在接头末端的剥离效应（AWS，2008）。所以实际上，标准搭接剪切接头的正应力同样被忽略了。如果 $\sigma = 0$，那么搭接接头的 Coulomb-Mohr 准则的表达式为

$$\tau = c \tag{2-12}$$

常数 c 可被解释为搭接接头的平均抗剪强度，那么

$$\tau = c = \tau_0 \tag{2-13}$$

式中，τ_0 是抗剪强度或搭接剪切钎焊接头的许用强度。有趣的是，对于韧性的搭接剪切接头，式（2-13）采用了在 2.2.2 节讨论的 Tresca 准则的形式。钎焊工业中使用很多不同类型的搭接剪切钎焊接头测试试样，图 2.9 所示为其中一部分试样。其中一些接头比其他接头更接近于纯剪切状态，问题是哪种搭接剪切形式更适合测量许用抗剪强度。Peaslee（1976）详细论述了这个问题。事实证明，单搭接接头试样非常适合测量接头的平均抗剪强度，并且任何通过设计钎焊试样和测试夹具，以期消除和降低剥离效应以及试验过程中试样弯曲的影响都收效甚微。显然，搭接剪切接头的行为主要由剪切控制，导致产生了大量的塑性变形。测试任何类型的钎焊试样时，垂直分应力的影响均被试验的分散性掩盖了。

　　另一方面，当在单轴载荷条件下进行对接钎焊接头的拉伸试验时，钎焊平面内的切应力基本上为零，实际可以忽略。因此，假设 $\tau = 0$ 且 $c = \tau_0$ 时，用于对接钎焊接头的 Coulomb-Mohr 准则可以写为

$$\mu\sigma = \tau_0 \text{ 或者 } \sigma = \frac{\tau_0}{\mu} \tag{2-14}$$

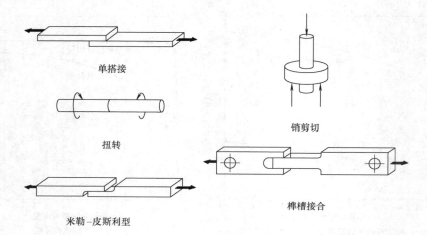

单搭接

扭转

米勒−皮斯利型

销剪切

榫槽接合

图 2.9　几种钎焊剪切试样

注：单搭接接头试样已被用于各种测量钎焊接头抗剪强度的研究；
试样偏心率对平均抗剪强度的影响远小于试验分散性以及钎焊工艺
本身变化带来的影响（*Brazing Handbook*，2007），因此，Peaslee
所描述的单搭接接头（1976）是测量钎焊接头抗剪强度的标准试样。

当测试标准对接钎焊试样到接头失效时，可以获得最大抗拉强度（AWS C3.2，2008）或者许用抗拉强度 σ_0。需要注意，σ_0 对某一具体的母材/钎料组合是常数，它是由标准对接钎焊试样决定的，这与任何金属材料的性能测试没有区别。因此，对接接头或者在钎焊平面内主要承受正应力的任何钎焊接头，当最大正应力 $\sigma = \sigma_0$ 时，接头将失效。对于这样的情况，式（2-14）可写成

$$\sigma = \frac{\tau_0}{\mu} = \sigma_0 \quad \text{或者} \quad \mu = \frac{\tau_0}{\sigma_0} \tag{2-15}$$

现定义常数 μ 为钎焊接头的许用抗剪强度与许用拉伸强度之比，τ_0 和 σ_0 不是具体材料的性能参数，而是形成钎焊接头或结构的一批材料在两种极端条件下的性能：①承受单轴载荷的对接接头，其约束度最高；②承受单轴载荷的搭接剪切接头，其韧性最高。代入式（2-15）中的 μ 和 c，并除以 τ_0，则 Coulomb-Mohr 准则可以写为

$$\tau + \frac{\tau_0}{\sigma_0}\sigma = \tau_0 \quad \text{或者} \quad \frac{\tau}{\tau_0} + \frac{\sigma}{\sigma_0} = 1 \tag{2-16}$$

可见，对于钎焊接头承受切应力的情况，当 $\sigma = 0$ 时，式（2-16）可以简化为搭接剪切接头失效准则，即 $\tau = \tau_0$。同样，在钎焊接头承受正应力（$\tau = 0$）的情况下，如对接钎焊接头，式（2-16）可简化为承受单轴拉伸载荷的对接接头失效准则，即 $\sigma = \sigma_0$。

用式（2-10）和式（2-11），同样的公式可以写成应力比 R_σ 和 R_τ 的形式

$$R_\sigma + R_\tau = 1 \tag{2-17}$$

可知，当指数 m 和 n 都等于 1 时，式（2-17）和式（2-9）是相同的。换句话说，式（2-17）也许代表着一种最保守的交互作用方程，这种方程在图 2.6 中表现为直线。

对许多承受多轴载荷的钎焊接头系统进行测试，看式（2-17）是否可以保守预测各种几何形状的钎焊接头的失效情况（Spingarn 等，1983；Flom，2011；Flom 等，2009、2011）。表 2.2 所列为这些研究所采用的母材/钎料组合。

对每一组母材/钎料接头，采用标准搭接和对接接头试样测定其抗拉强度 σ_0 和抗剪强度 τ_0。除了标准钎焊试样外，为了表征钎焊接头的拉应力和切应力的组合状态，设计了更复杂的（验证）试样，使用同种钎焊工艺和同样的试验温度。有关验证试样的具体描述见表 2.2 中列出的文献。为方便起见，所有的试验结果均以应力比的形式展现，并绘制在同一张图中，如图 2.10 所示。

表 2.2　一些母材/钎料组合的接头性能测试的试验报道

母材	钎料	试验温度	资料来源
Incoloy 800	AWS BNi-8	650℃	Spingarn 等，1983 年
Albemet 162	AWS BAlSi-4	RT	Flom 等，2009 年
304 不锈钢	AWS BAg8	RT	Flom，2011 年
304 不锈钢	纯 Ag	RT	Flom，2011 年
Ti-6Al-4V	Al 1100	RT	Flom 等，2011 年

注：RT—室温。

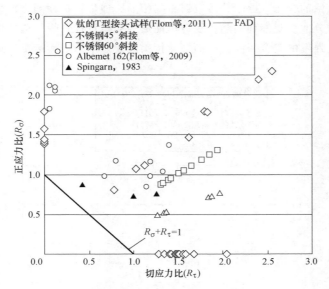

图 2.10　以前研究绘制的应力比数据

注：通过 $R_\sigma + R_\tau = 1$ 定义的 FAD 线可用于非常保守地评估
引起接头失效的组合应力下限；分别以切应力和正应力为坐标轴绘制
了钛搭接剪切和对接钎焊试样的应力比（Flom 等，2011）。

由图 2.10 可见，依据式（2-17）绘制的失效评定图是对钎焊接头失效非常保守的下限评估。众所周知，钎焊工艺的变化会极大地影响钎焊接头的强度（*Brazing*

Handbook，2007），很难全面地考虑到所有的工艺变化和它们对钎焊接头性能的影响，伴随着很大的不确定性。为了减少这种不确定性和提高评估水平，采用以下步骤进行数据分析和绘制图 2.10 所示的失效评定图：

1）使用钎焊试样的 FEA 整体有限元模型，计算分布于接头中钎焊平面的有限单元的最大正应力和最大切应力。此时假设最大正应力和最大切应力都作用在钎焊平面上。

2）假设最大正应力和最大切应力都分布于钎焊平面内相同的有限单元中，即使它们的实际位置可能不同。

当分析图 2.10 中的试验结果时，会发现两个有趣的现象：一个是所有代表特定接头尺寸的数据点都沿着相同的趋势线排列，如图 2.11 所示；另一个是无论采用何种母材/钎料组合得到的钎焊接头，甚至是在不同的测试温度下，代表接头失效的应力比都落在了同一趋势线上。这些现象能借助于莫尔圆加以解释，如图 2.12 中的楔形接头。然而，这并不能充分、合理地解释在钛的 T 形接头试样中也出现类似趋势线的原因（图 2.10 和图 2.11）。在写本书时，人们对于 T 形接头试样出现的趋势线还没有给出严谨的解释，图中观察到的明显的数据分散性，最有可能是钎焊试验（即使用标准试验方法 AWS C3.1，1965）结果固有的分散性。例如，图 2.10 所示的搭接剪切和对接接头试样的试验结果，落在每个轴上的数据点也非常分散，导致这种分散的最可能的原因是钎焊接头内部质量的变化。由于分散或误差的传递，理论上在检测更加复杂的接头试样时会产生更大的分散。观察到的趋势线有可能成为初步设计钎焊结构的重要工具，有助于评估钎焊接头强度的安全裕度，从而预测接头失效。本章后面给出了运用这种工具的一个实例。

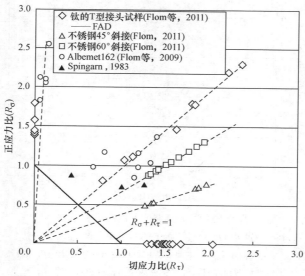

图 2.11 与图 2.10 对应添加的趋势线（虚线）

注：每一条趋势线与一种特定的钎焊接头形状有关，也可以称其为钎焊接头线，线上数据点所在位置表示一个特定的应力组合。

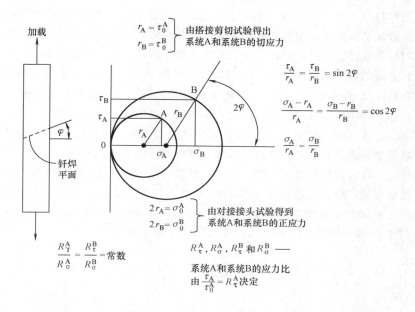

图 2.12　莫尔圆代表受单轴拉伸的楔形接头钎焊平面的应力状态

注：小圆代表母材/钎料组合的楔形接头，表示为系统 A；大圆代表一个相同角度的楔形接头，但由比系统 A 强度更高的系统 B 制备。按照以上的命名，通过简单的几何观测可以看到，楔形接头 A 的切应力与正应力之比与接头 B 的应力比相同。这说明了一个试验现象，即由不同母材/钎料制备的相同楔形接头的应力比落在同一趋势线上。

这些发现带来了下面的 Coulomb-Mohr 失效评定图在工程上的简单应用：

1）通过检测标准钎焊接头试样（AWS C3.2，2008）和构建 FAD 线来确定许用抗拉强度与抗剪强度。

2）用有限元分析确定小载荷下作用在接头钎焊平面上的最大正应力和最大切应力。这种施加在接头上的载荷应与设计载荷一致。这些应力用来确定构建趋势线的坐标点。

3）将坐标原点与步骤 2）中确定的点连成一条趋势线（也称钎焊接头线），如图 2.13 所示。

4）FAD 线和钎焊接头线的截距对应于安全裕度为零的条件，或者说是失效条件的保守下限。

5）制作少量的（2 个或 3 个）等同于或者仿真实际接头形状的试样，并在相同载荷的情况下检测其失效情况。这一步能帮助确定导致接头失效的最大正应力和最大切应力的实际值。根据这些失效应力的组合定义失效位置坐标点，并绘制和验证钎焊接头线。如果得不到使接头失效的实际应力，那么这一步便可以忽略。

可以证明，钎焊接头线在设计钎焊组件时是非常有利的。假设钎焊结构是用贵重且难以使用的材料（如铍）制成的，如果不能得到已有的许用拉伸强度和剪切强度数据，则测试一定数量的标准搭接剪切和对接钎焊试样是非常有必要的。试样的数量取决于要求的严格和保守程度，有时需要制订一个方案来确定所需试样的数量，例如，可以建立 A 基准或 B 基准的许用值（MMPDS-05，2010）。如图 2.14 所示，要求越严格，说明安全应力组合的区域（安全区）越小。需要强调的是，标准钎焊试样应使用同一种钎焊工艺制得，并且所使用的材料也必须是同一家供应商提供的。在完成上述步骤 1）并构建了 FAD 线后，钎焊结构设计者就可以根据具体的接头尺寸来确定钎焊接头线或趋势线。为了确定趋势线，需要对假设的钎焊接头进行简单的有限元分析，这一接头应是比较容易表征的，且应使用比较常用的母材/钎料组合，如用 1100 铝合金钎料钎焊钛母材。假设观察到的钎焊接头趋势线（图 2.10 和图 2.11）在之后的研究中是有效的，那么，应将最大正应力和最大切应力之比定义为构建钎焊接头线的坐标点，就如前文步骤 2）和步骤 3）描述的那样，然后就能估计出安全裕度（MS）为

$$\frac{OB}{OA} - 1 \qquad\qquad (2\text{-}18)$$

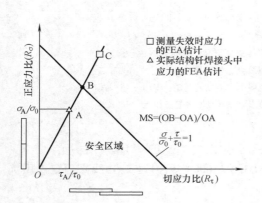

图 2.13 构建钎焊接头线和确定
钎焊接头安全裕度的过程

注：安全区域表示安全的应力组合。

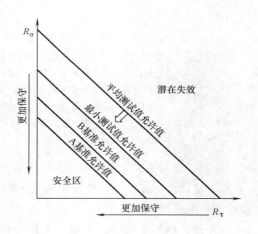

图 2.14 根据不同标准的统计要求确定 σ_0 和 τ_0

注：更加保守或者严苛的许用强度将导致更小的安全区。该图表明，FAD 的相对位置取决于许用强度的相对值。例如，如果测试的平均抗拉强度 σ_0 和抗剪强度 τ_0 分别是 "B" 基准中对应的许用应力 λ 和 τ 的两倍，很容易看到最右侧直线呈 $R_\tau + R_\sigma = 1$ 的线性关系，代表测试平均值。而从外向内的第三条直线呈 $R_\tau + R_\sigma = 0.5$ 的线性关系，代表 "B" 基准的许用值。

这一几何过程可用数学表达式表示为

$$\frac{1}{R_\sigma + R_b} \tag{2-19}$$

式（2-19）和表 2.1 中最后一列的方程是相同的。通过改变钎焊接头尺寸和/或设计（如改变楔形接头的角度），可以看到这一变化对接头安全裕度的影响。然后可以通过改变钎焊接头设计来获得理想的安全裕度。

显然，在钎焊行业认可这种简单的评估方法之前，需要测试大量的母材/钎料接头组合。这只是我们的观点，但是本章介绍的初步结果令人非常鼓舞，可能会使业界产生足够的兴趣，并在其他钎焊接头体系中进行更多的研究。

在确定钎焊接头的抗剪强度时，需要注意以下问题：由于随着搭接长度的增加，搭接钎焊接头的平均抗剪强度下降（*Brazing Handbook*，2007；AWS C3.2，2008）。因此，当搭接剪切试样的搭接长度比较小时（小于 $2T$，其中 T 是母材厚度），可以得到一个相当大的抗剪强度值，这是韧性钎料钎焊接头的典型行为。然而在实际中，为了实现钎焊接头的全负荷能力，基于几何结构制造的搭接剪切接头，实际搭接长度为 $4T$ 甚至更大。当接头强度等于母材强度时，就认为实现了钎焊接头的全负荷能力或满强度。当搭接长度为 $4T$ 或更大时，就会出现这样的情况（*Brazing Handbook*，2007）。因此，短搭接长度试样的测试结果可能导致抗剪强度值虚高。基于这种情况，应当测试一系列搭接长度（典型的如 $1T \sim 5T$）的搭接剪切试样，以确定最低的而不是最高的平均抗剪强度或许用强度，如 AWS C3.2（2008）所述。

2.4　总结

1. 基于 Coulomb-Mohr 失效准则建立的失效评定图（FADs）为保守评估钎焊接头安全裕度提供了一个简单的工程工具。

2. 为了更好地了解和验证钎焊接头强度趋势线的行为，还需要开展大量的工作。

2.5　致谢

感谢 NASA 戈达德航天飞行中心的同事们，很多人为本章的撰写做了大量工作，恕不能在此一一列举姓名。

2.6　参考文献

ASTM, E8/E8M-09 (2009), *Standard Test methods for Tension Testing of Metallic Materials*.

Astronautic Structures Manual (1975), NASA TM X-73305, MSFC Vol. 1, pt 1.

AWS C3.1-63 (1963), *Establishment of a Standard Test for Brazed Joints,* A Committee Report, American Welding Society (AWS).

AWS C3.2M/C3.2:2008 (2008), *Standard Method for Evaluating the Strength of Brazed Joints*, American Welding Society (AWS).

Blodgett, O.W. (1963), *Design of Weldments*, The James F. Lincoln Arc Welding Foundation, Cleveland, Ohio.

Brazing Handbook (2007), 5th ed., American Welding Society.

Bruhn, E.F. (1973), *Analysis and Design of Flight Vehicle Structures*, Jacobs Publishing.

Christensen, R.M. (2004), A Two-property Yield, Failure (fracture) Criterion for Homogeneous, Isotropic Materials, *J. Eng. Materials and Technology*, 126: 45–52.

Dieter, G.E. (1976), *Mechanical Metallurgy*, 2nd ed., McGraw-Hill.

Dowling, N.E. (1993), *Mechanical Behavior of Materials, Engineering Methods for Deformation, Fracture, and Fatigue*, Prentice Hall.

Dowling, A.R. and Townley, C.H. (1975), The Effect of Defects on Structural Failure: A Two-criteria Approach, *Int. J. Pres. Ves. and Piping*, 3, Applied Science Publishers Ltd, England.

Engineering Stress Memo Manual (2008), Lockheed Martin Co.

API (2007), *Fitness-for-service Engineering Assessment Procedure*, American Petroleum Institute, API 579-1/ASME FFS-1.

Flom, Y. (2011), *Failure Assessment Diagram for Brazed 304 Stainless Steel Joints*, NASA/TM-2011-215876.

Flom, Y. and Wang, L. (2004), Flaw Tolerance in Lap Shear Brazed Joints – Part 1, *Welding Journal*, 83(1): 32-s–38-s.

Flom, Y., Wang, L., Powell, M.M., Soffa, M.A. and Rommel, M.L. (2009), Evaluating Margins of Safety in Brazed Joints, *Welding Journal*, 88(10): 31–37.

Flom, Y., Jones, J.S., Powell, M.M. and Puckett, D.F. (2011), *Failure Assessment Diagrams for Titanium Brazed Joints*, NASA/TM-2011-215882.

Gordon, J.R. (1993), *Fitness-for-Service Assessment of Welded Structures*, ASM Handbook, Vol. 6, 10th ed., pp. 1108–1116.

Hart-Smith, L.J. (1973), *Adhesive-Bonded Double-Lap Joints*, NASA CR-112235.

Leinenbach, C., Lehmann, H., Schindler, H.J., Dűbendorf and Schweiz (2007), *Mechanisches Verhalten und Fehlerempfindlichkeit von Hartlötverbindungen*, Carl Hanser Verlag, Műnchen, MP Materials Testing, 49.

Lugscheider, E.F. and Partz, K.D. (1983), High Temperature Brazing of Stainless Steel with Nickel-based Filler Metals, BNi-2, BNi-5 and BNi-7, *Welding Journal*, 62(6): 160-s–164-s.

MMPDS-05 (2010), *Metallic Materials Properties Development and Standardization (MMPDS)*, prepared by Battelle Memorial Institute under contract with Federal Aviation Administration.

Peaslee, R.L. (1976), The Brazing Test Specimen – Which One?, *Welding Journal*, 55(10): 850–858.

Peery, D.J. and Azar, J.J. (1982), *Aircraft Structures*, 2nd ed., McGraw-Hill.

Rosen, R.S. and Kassner, M.E. (1990), Diffusion Welding of Silver Interlayers Coated onto Base Metals by Planar-magnetron Sputtering, *J. Vac. Sci. Technol. A*, 8(1).

Rosen, R.S. and Kassner, M.E. (1993), *Mechanical Properties of Soft-Interlayer Solid State Welds*, ASM Handbook, 10th ed., Vol. 6, pp.165–172.

Sarafin, T.P. (1998), *Spacecraft Structures and Mechanisms, From Concept to Launch*, Kluwer Academic Publishers.

Shanley, F.R. and Ryder, E.I. (1937), Stress Ratios, *Aviat. Mag.*, June.

Shigley, J.E. and Mischke, C.R. (1989), *Mechanical Engineering Design*, McGraw-Hill.

Spingarn, J.R., Kawahara, W.A. and Napolitano, L.M. Jr (1983), *Shear Strength of a Nickel-Based Brazement at 923 K*, Sandia Report SAND82-8037.

Tolle, M.C., Kassner, M.E., Cerri, E. and Rosen, R.S. (1995), Mechanical Behavior and Microstructure of Au-Ni Brazes, *Metallurgical and Materials Transactions A*, 26A: 941–948.

Tong, L. and Steven, G.P. (1999), *Analysis and Design of Structural Bonded Joints*, Kluwer Academic Publishers.

Webster, S. and Bannister, A. (2000), Structural Integrity Assessment Procedure for Europe-of the SINTAP Programme Overview, *Engineering Fracture Mechanics*, 67: 481–514, Elsevier Science Ltd.

Wen-Chun Jiang, Jian-Ming Gong, Hu Chen and S.T. Tu (2008), Finite Element Analysis of the Effect of Brazed Residual Stress on Creep for Stainless Steel Plate-Fin Structure, *ASME, Journal of Pressure Vessel Technology*, 130.

第 3 章 钎焊过程中系列现象的模拟

D. P. Sekulić，肯塔基大学，美国

【主要内容】 钎焊过程中的现象是一系列非常复杂的、在空间分布的瞬态物理和化学过程，受多个参数影响，一直难以对这些现象实现可靠的模拟。本章阐述了在钎焊三大领域深入进行的模拟研究的进展：①钎焊的加热/冷却过程；②钎焊组件的热/力耦合行为；③接头区的微观尺度现象，主要与扩散传质行为有关。此外，本章还阐明了模拟钎焊过程的重要性，其对焊接行业发展的贡献将不断增加。

3.1 引言

钎焊具有悠久的历史，并在不断向更高级的应用领域发展，包括更广泛的材料选择以及在更严格的工艺条件下满足更复杂的设计要求（Shapiro 和 Sekulić，2008）。毫无疑问，钎焊是最古老和最发达的制造工艺之一。然而为适应新的应用需求，钎焊技术正面临多重挑战。想要成功应用钎焊技术，必须对钎焊过程中与元素行为有关的系列现象进行深入的了解。因此，钎焊作为一项科学研究，其发展变得越来越重要，越来越复杂。

历史上，钎焊技术都是基于良好的经验和技巧，并经常使用"先做后看"的经验方法（Davies 和 Roberts，2000）。试错法已经成为一种标准化的方法，而引入预测、分析和数值模拟工具的速度则十分缓慢。

因此，必须清楚地认识到，对这一领域的研究及对其相关技术的应用需要有以科学为依据的预测。这些年来，人们对材料加工及冶金方面已有了详细和深入的认识。然而，模拟和科学预测（与经验试错完全相反）往往受限于商用数值模拟工具的应用，这些工具更适合对钎焊工艺结果进行工程分析，而不侧重于揭示/描述所涉及的基本现象的演变过程。即模拟通常以预测工艺流程的总体结果为目标。

上面提到的模拟尝试已经取得了不同程度的成功，这取决于对所调研的相关研究领域的认识深度，并往往具有学科边界模糊以及精确度和复杂度不同的特点。

本章讨论的第一个模拟的研究方向主要是宏观尺度上钎焊结构力学响应的问题。通常是指使用数值模拟工具预测工艺结果和/或钎焊后组件的机械/热（热疲劳）应力状态。一个典型的例子是对钎焊组件残余应力状态的模拟。第二个是进行与钎焊参数的要求直接相关的模拟，例如，整个组件温度的空间分布情况，包括装配和/或工艺环境，其目的是理解组件结构或其部件的传热过程，以及确定热处理过程将带来的结果，包括试图优化钎焊过程（近净成形制造）的整体性，减少由物理量（如温度）的非均匀性带来的问题，但没有深入探讨相关物理现象和微/纳米尺度过程的复杂性。第三个模拟，

主要集中在微观层面，虽然不排除考虑钎焊组件及其在工程系统中与其他部件相互作用的整体性，但模拟工作主要集中考虑个体现象，或多或少地会将各部件彼此割裂开。例如，将固体材料加热至固相线/液相线温度以上的加热速率会导致组织变化/相变（例如初始状态为固态，随后引起/影响熔化、表面张力驱动的流动、凝固等）。因此，应当仔细阐释在较小的物理尺度范围内这些变化的影响。更具体地说，无论是在熔化还是凝固过程中，钎料的相变都与平衡稳态有所区别，即在固态或液态下发生的扩散将导致各种组织变化。问题是如何预测凝固过程中固相的生长和微观组织的形成。钎料的铺展、表面张力驱动的熔融介质（钎料、覆层、钎剂）的流动等都会对钎焊工艺结果（如接头成形）产生影响，问题是如何考虑这些因素并证实给定设计的钎缝间隙的毛细作用。对于复杂的材料体系，还没有关于其微观组织生长动力学的可靠预测。此外，事实上不同尺度的材料/组织行为截然不同，其演化过程多是耦合进行的。所以合适的模拟方法最终必须考虑特定问题的多重相关性。

宏观尺度上的模拟得到了更广泛的实施，并经常被应用在工业领域，这主要得益于宏观尺度上处理/预测可靠性结果的数值模拟工具的良好发展。此外，宏观尺度模拟对于实时控制工艺过程非常重要。人们对日益增多的微观和纳米尺度上的现象的理解往往处于很基础的水平，而且对钎焊过程中复杂相互作用的研究更多依靠的是经验而不是数值模拟预测和分析。

除了获取经验数据之外，通常不需要深入探讨钎焊过程模拟的研究方向，是否能够顺利地进行模拟取决于对宏观尺度、钎焊参数和微观尺度相关复杂现象的基本认识，尤其是对于解决许多最先进的技术问题来说更是如此。

本章通过对相关文献资料的回顾来阐述三个代表性领域的模拟。重点将不是对主题的深入研究，而是广泛地论证一系列典型的案例。

3.2 钎焊系统模拟

图 3.1 为一个执行钎焊任务的材料工艺系统示意图。为了清楚起见，研究一个系统时只包括几个主要组成部分：①炉体（加热区）系统（图 3.1a、b）；②钎焊组件子系统（图 3.1c）；③接头区（图 3.1d），与接头完整性有关的扩散和相变现象发生在该区。

研究重点是每个子系统的模拟过程以及对整个系统的模拟。可以肯定的是，针对大量已使用的不同钎焊方法和材料体系，建立一个普遍适用的模型是不可能的。这里将阐述可用于模拟一些有趣现象的方法，以便从广度和深度上对这些现象进行理解和认识。建议读者自己搜索可用的资源进行更详细的了解。

假设在图 3.1a、b 所示的设备中，一个焊接组件（或多个组件，见图 3.1c）中的两个或多个铝装配面需要被钎焊。在保护气氛下按照设定的工艺温度曲线进行钎焊，使钎料覆层熔化及凝固，并沿着装配面的界面形成冶金接头（图 3.1d）。显然，焊接组件需经历复杂的加热/冷却热循环过程，空间温度场通过下述三种形式建立：①加热元件

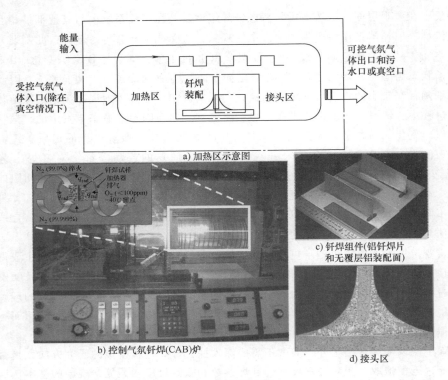

图 3.1　钎焊炉系统

和焊接组件之间的热区空间的辐射；②保护气体（通常是高纯氮气）和焊接组件表面之间的对流；③焊接组件、夹具以及与夹具接触的加热元件之间的传导。当然，可以采用不同的加热方法（局部激光加热、感应加热、炉中加热等），但为了简单起见，这里仅讨论使用辐射对流钎焊炉的情况。这个过程本质上是瞬态的，并将导致在任何时间点焊接组件的温度场都是非均匀的。钎焊技术力争做到使装配面和钎料之间的局部连接区域的温度尽可能均匀，保温足够长的时间，使钎料可以从固相转变为液相，并在随后的冷却和凝固过程中同样保持温度场均匀，以降低由残余应力引起的材料热变形，特别是对异种材料进行连接时。此外，在大多数情况下（特别是非真空钎焊），必须在待焊面上使用钎剂以去除氧化膜，实现液态钎料的良好润湿。钎料/覆层材料的相变情况（熔化和随后的凝固）取决于工艺温度曲线。同时，表面张力驱动金属流动填充待焊面之间的毛细间隙，并伴随着固态扩散、界面化学反应、液态金属沿晶界渗透、母材溶解进入液相以及受系统状态和演变条件影响形成新的微观组织等行为。虽然可控气氛钎焊（CAB）技术经过多年的发展已经成为一种非常先进和成熟的技术，但其涉及一系列复杂的工艺流程，伴随着传热、传质现象和多种材料的组织变化，因此很难准确地用理论模拟对其进行描述。然而在引入大量的假设条件后，建立可控的物理场及对其状态的不确定性进行控制，还是有可能成功地预测出钎焊结果。下面简要讨论几个模拟实例。

3.2.1　加热区模拟

一个很好的整体钎焊系统模拟实例是模拟钎焊炉工作。这种系统的热模型非常重要。正如 Hosking 等（2000）强调的那样，一般情况下，该模型必须考虑所有三种传热机制：①对流传热（真空钎焊除外）；②包含焊接组件及相应夹具（或多个焊接组件同时钎焊）的封闭空间里的复杂热辐射；③显著瞬态条件下焊接组件中所有三维（或至少一个二维）部件之间的热传导以及相变现象的影响。图 3.2 所示为一台分层式钎焊炉及其内部包含钎焊组件的有限元的离散分布情况。

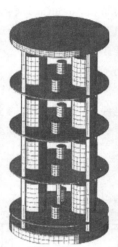

图 3.2　高温钎焊炉和有限元网格（Hosking，2003；Burchett，2003）

必须明确，这是一个复杂的共轭传热和流体流动问题，如果没有详细的数值用于建模，则无法实现对钎焊炉的可靠模拟。在这个例子中，Hosking 等（2000）在氢气钎焊炉中用尺寸简单的 Mo、氧化铝和可伐合金™试棒进行了一系列的试验和数值模拟。用 50Au-50Cu 钎料钎焊同种母材（Mo）和异种母材（氧化铝和可伐合金），升温至 800℃ 左右时进行第一次保温，最高温度为 950~970℃，测得的数据包括各部分的温度和炉温。对氢气流和传热的模拟包括采用 Galerkin 有限元代码进行二维轴对称的流体流动模拟（GOMA：Schunk 等，1996、1997）、非线性的热传导算法 COYOTE（Gartling 等，1994、2010）以及采用并行算法的三维瞬态有限元代码等方法。最终，钎焊炉模拟考虑了包括负载和炉腔（包括辅助内部支承结构）在内的辐射传热耦合形式，氢气平流以及外部损失不在模拟范围之内。图 3.2 所示为负载试棒的有限元网格（装有小尺寸和大尺寸的单体试棒的 Mo 工作架模型；Hosking 等，2000）。

对炉中 Mo 试片的温度曲线进行模拟，初始阶段的特点是预测温度值滞后于测量温度值。但在更高温度下，两种温度的差别出现反转，并最终在峰值温度时减小到零。在淬火期间，特别是在较低温度下，测量值比预测值的降温速度快（Hosking 等，2000）。对负载配置和材料选择（使用氧化铝和 Fe-29Ni-17Co[⊖]）影响的研究证明，如预期的一

　⊖　牌号中的数字为该元素的质量分数，下同。

样，热容量大和热扩散率低的材料对于瞬时的温度变化不敏感，在不控温淬火条件下，其在冷却过程的低温阶段表现为预测偏差较大（Hosking 等，2000）。而且很明显，加热区支承结构对测试材料的温度变化有干扰，导致工件中形成了非预期的温度梯度。同样，认为加热区内也形成了温度梯度。最后，部件和加热区壁/结构之间热辐射率的差异导致了温度曲线的大幅变化。

Dempsey 等人（2003）使用其开发的有限元模拟工具确定炉内环境的温度响应（Hosking 等，2000），采用统计试验设计（Box 等，1978）绘制高电压组件炉中钎焊的工艺窗口，模拟了铜和 50Au-50Cu 钎料的钎焊过程，并对可伐合金和钼夹具进行了模拟。该研究获得的一项关键成果是所需的试验次数显著减少。

3.2.2 连续钎焊炉模拟

上面讨论的例子是一个由原位空间分布的固定加热元件施加瞬态温度变化的分层式钎焊炉。在连续式钎焊炉中，一系列钎焊组件需要依次通过多区腔室/马弗炉管。在这种情况下，钎焊组件可以经受类似的工艺温度曲线，由于不同区域的温度不同，从而由预设速度的传送带引导钎焊组件通过不同区域来实现升温和冷却过程。在图 3.3 所示的系统中，仅显示了三个加热区和两个冷却区（未显示热除油阶段和钎剂作用阶段）。

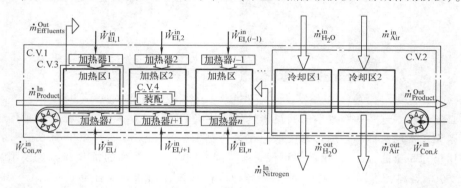

图 3.3　连续式钎焊炉（Sekulic, 2011）

图 3.4 所示为用连续式 CAB 炉（图 3.3）钎焊的紧凑式热交换器心部的一组温差数据。显而易见，虽然已经对实际使用的 12 个加热区进行微调以使峰值温度时的局部温差保持在约 5K 以内，但加热和冷却过程中局部温差仍可能增加至 35K（见图 3.4 中长对角线上的位置 4、5、1 和 8）。将温差降至 5K 以下是一项艰巨的任务，要求对钎焊过程中结构复杂的钎焊组件的瞬态温度变化情况非常了解。可以使用计算流体动力学（CFD）结构化网格编码，如 CFD2000（1999）或 Ansys Fluent（2011）来模拟钎焊组件的行为。数值模拟的细节程度取决于最小长度尺度（10^{-4} m）和钎焊组件总长度尺度（10^{0} m），这可能会导致模型尺寸非常大，具有 $10^{10} \sim 10^{12}$ 个节点，甚至可能超出一些超级计算机的运算能力。但是，若假定结构模型由多个尺寸不同但性能均匀的空间组成，则可以解决上述问题。据 Sekulic 等（2003）的报道，假设一个复合传热结构的瞬时共轭辐射传导（对流）行为可以通过使用一个多区固态模型在时间上进行模拟（在预设

的误差范围内），则可以使复杂的模拟问题得到简化，前提是每个区域的有效热物理性能均可以被表征。如何实施这种简化见本章后面的彩色插图 I。

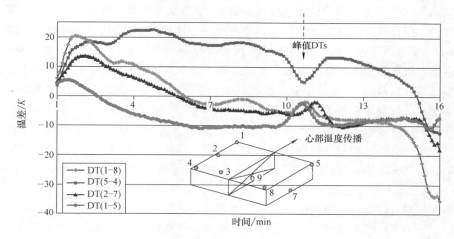

图 3.4 连续式 CAB 炉钎焊过程中铝多孔组件内的温差分布
（Sekulic，2009；Sekulic 等，2003）

最糟糕的情况是组件心部和头部区域的集总热阻均匀分布（见彩图 I 中的 a 和 c）。如果被模拟的每个区域在空间上都具有不同特性，但都集中在一个区域（彩图 I 中的 b），那么，可以获得较准确地对复杂钎焊组件关键区域内钎焊条件的预测结果。按照相同的逻辑，可以有选择性地在更小的空间尺度内进一步优化模型。

彩图 II 所示为 Al 试样在典型升温过程中瞬时温度的变化情况，该图有助于更好地理解非均匀钎焊组件在钎焊过程中温度分布变化的复杂性（Sekulic 等，2001）。

注意：头部区域存在较大的温度梯度（彩图 II）。温度场演变的最关键部分在于峰值钎焊温度（虽然已对本领域实现了很好的模拟，但仍未达到预期效果），其特点是来自实际测量的数据表明，温差小于 10K（较大质量的管部件与较小质量的翅片部件之间的局部温差）。

Ratts（2000）进行了 CAB 炉辐射模拟。该研究预测了一个容纳钎焊热交换器的区域［面积约为 0.5m×0.5m×0.4m（厚度）］的温差为 10~20℃。模拟结果对组件材料的热辐射率非常敏感，即材料的选择可能会极大地影响钎焊物体对温度的响应。虽然有限差分计算程序中使用的节点数量相对较少，但预测结果与试验结果非常吻合。

3.3 钎焊结构残余应力的有限元分析

首先从钎焊过程冷却阶段形成的残余应力的数值模拟开始讨论。通常对钎焊组件使用多维度、非线性的热/力耦合分析应力-应变是很方便的。但会遇到一个问题，典型的例子是钎焊热物理性能差异很大的异种材料，最简单的就是陶瓷-金属钎焊的情况。接下来将简要总结针对上述问题开展的一系列研究工作。

用弹性材料模型来模拟钎焊组件的多轴应力状态几乎是不可能的。在某些情况下，使用此方法的第一个假设就是简单的几何尺寸结构。例如，一个简单的板形结构的双轴应力状态（三个弹性无穷大的板连接在一起），不包括端部和边缘效应，可以依据基本弯曲理论，用弹性分析模型来模拟（即界面上的金属被拉伸，陶瓷被压缩）（Iancu 等，1990）。已证明类似的分析模型可用于不同金属材料钎焊的模拟。例如，使用 AgCu 钎料钎焊铜、奥氏体型不锈钢或镍基合金以及铁素体型不锈钢的钎焊，均可以确保实现模拟（Bing 等，1994）。然而对于整个数值模拟，必须有更复杂的参数，特别是在同时包含与温度相关的弹塑性行为时（Williamson 等，1993）。在该模拟中，开展了对 Al_2O_3-Ni 材料系统的梯度界面和非梯度界面的残余应力的研究。梯度区由一系列复合中间层组成，每一层具有不同的材料特性。在这个模型中，假定 Ni 和 Al_2O_3-Ni 的反应产物是弹塑性的，包括 von Mises 屈服条件和各向同性硬化，而认为纯 Al_2O_3 为弹性的。假定 Ni 和 Al_2O_3 的热胀系数沿着冷却路径线性减小。

异种材料钎焊设计参数的数量巨大，包括几何形状和尺寸、钎焊工艺温度曲线、材料特性、压力负载和毛细间隙等。这些参数的设计虽然是不受限制的，但通过对钎焊结果产生影响的一些因素进行模拟，也有助于实现合理的设计。这种分析可以通过数值模拟来进行。例如，Gong 等（2009）采用四边形单元网格，对使用 Ni-Cr-B 钎料（BNi-2）钎焊热交换器组件的不锈钢（AISI SS304）板/翅直接进行了有限元模拟。模拟的假设条件是热胀系数、泊松比、杨氏模量和屈服强度均与温度相关，并假定所有材料为各向同性和弹塑性的。模拟的残余应力包括纵向、横向应力和剪应力。这一研究可以提供各种设计参数对钎焊质量产生影响的详细结果。

对于金属-陶瓷钎焊组件，为了使从钎焊温度冷却到室温时，由金属-陶瓷部件的热失配造成的陶瓷部件表面的拉伸应力降至最低，对残余应力场的深刻理解是非常有必要的。如果考虑与温度相关的材料的弹塑性性能，则这种有限元模拟计算揭示残余应力场将会是非常准确的。这种模拟还可以以假设材料具有不变的应变速率的塑性模型特征（Pintschovius 等，1994）为基础。在这项研究中，使用 Ag-Cu-Ti 钎料钎焊钢与陶瓷（Si_3N_4、ZrO_2、Y_2O_3），构建该数值模型，以便让每一个数值迭代步骤都反映由弹性应变、热应变和塑性应变综合作用导致的总应变的增加。通过应用胡克定律、与温度相关的热胀系数以及塑性变形条件下的屈服定律，对这些作用的影响进行模拟。假定陶瓷材料为弹性材料，而钢和钎料呈各向同性并处于理想的弹塑性状态（符合 von Mises 屈服准则和 Prandtl-Reuss 屈服定律）。采用有线元求解钎焊过程温度场的集中热容矩阵方法，模拟和试验结果对比表明，如果冷却到室温时没有考虑钢母材的塑性变形，则残余应力将被严重高估。此外，模拟预测的应力过高，原因可能是所选择材料的性能参数有问题。

Wang 等人（1996）成功地模拟了 Ag-Cu-Ti 钎料真空钎焊球墨铸铁（球状石墨分布在珠光体和铁素体基体上）与稳定氧化锆（包括部分氧化镁稳定剂，含有立方、四方和单斜晶型）的过程（轴对称的圆柱形试样）。钎焊规范为真空中在 850℃ 保温 20min，并以 10℃/min 的速度冷却（Hammond 等，1988）。假设两种母材的热膨胀为各向同性，且铁和钎料为弹塑性（von Miese 屈服强度和各向同性硬化）。再次将铁和钎料的杨氏模量、泊松比、热胀系数、屈服强度和抗拉强度视为与温度相关，而氧化锆被视为是弹性的。中子衍射数据证实了残余应变分布的模型预测，其中铸铁的吻合度最高。在预测大的应力集中时，由于空间分辨率的限制，不能对模型进行有效性检查，这同样适用于钎料中的应变-应力场。

以 Cu 和/或 Mo 做中间层，用 Ag-Cu-Ti 钎料在 850℃ 的真空条件下活性钎焊加入 $Y_2 O_3$ 的 Si_3N_4 与不锈钢 (SS316)，将产生残余热应力，可以使用商业软件对该残余应力进行三维有限元弹塑性模拟 (Kim 等, 2001)。最大残余应力产生在 Si_3N_4 母材内靠近与 Cu 中间层相邻界面的位置。模拟可以确定中间层的最佳厚度以使残余应力最小，并控制 Cu 向钎料中的溶解量。由于 Mo 和钢的热胀系数相差较大，使得使用 Mo 作为中间层时，该层中的残余应力较大。因此，可能在 Si_3N_4 或 Mo 层中发生断裂，这取决于 Mo 中间层的厚度。这些结论与试验数据吻合得很好 (Kim 等, 2001)。

再次强调，采用陶瓷和金属组合的目的是利用两种材料的优点 (即陶瓷的耐蚀性、耐磨性以及金属稳定的强度)，但这会导致一系列的设计问题，例如陶瓷的脆性以及热胀系数差异较大 (如前所述)，最终将导致需要采用复杂的连接技术。设计时需要考虑热胀系数不匹配的影响，还需要模拟钎焊组件在达到峰值钎焊温度后的行为。如前面所强调的，最常用的分析工具是有限元数值模拟。需要注意的是，这种方法一直是通过一系列简化假设来实施的，因此所得到的残余应力的预测结果将不可避免地存在一定误差。例如，对添加 Cu 和 Ti 中间层，用 Ni 或 Ni-Cr 箔钎料瞬间液相钎焊 Al_2O_3 与钢 (SS304) 的过程进行分析，探索模型是否能够有效预测接头强度变化趋势及接头区域内的应力分布 (Zhang 等, 2002)。施加应力的结果表现为裂纹或者产生于钎料/金属界面并贯穿钎料与陶瓷，或者产生于陶瓷内部。不管应力-应变场的数值模拟预测结果和试验手段测量的实际应力之间是否有明显差别，都能够合理预测这种裂纹。另一项研究 (Heikinheimo 和 Saarenheimo, 2000) 对 Ti (ASTM 2 级)/氧化铝圆柱形钎焊试样的残余热应力进行了数值模拟。钎料箔是 59Ag-27.25Cu-12.5In-Ti，钎焊过程为在 750℃ 下保温 15min，然后经 100min 冷却至室温，模拟的钎焊过程和上述一致，但冷却时间是其一半或者 3 倍。该研究使用商业有限元程序 Abaqus (Abaqus, 1998)，蠕变和塑性变形是相互独立的，模拟基于 von Mises 屈服函数和各向同性应变硬化的弹塑性模型。得出的结论是，可靠预测残余热应力需要考虑蠕变的影响。

金属与陶瓷的钎焊模拟精度取决于钎焊材料模型。Neisen 和 Stephens (2000) 提出了一种钎料合金粘塑性行为的模拟方法。即用 82Au-15.1Ni-0.7Mo-2.1V 和 62.2Ag-36.2Cu-1.6Ti 钎料钎焊氧化铝陶瓷管与可伐合金盘，假设氧化铝陶瓷是具有确定杨氏模量和泊松比的线弹性材料，而金属是性能与温度相关的弹塑性的材料。通过双曲正弦动力学方程模拟与温度相关的非弹性应变率，采用随动强化模型，钎料为粘塑性的 (Miller, 1976; Bammann, 1990; Freed 和 Walker, 1993)。这种模拟可以深入了解钎料合金成分的变化对钎焊过程中应力状态的影响 (当温度升高以及使用较高强度的钎料合金时，陶瓷中会产生很高的应力)。Neilsen 等 (2003) 在研究 AgCu 共晶钎料 (72Ag-28Cu) 时使用了同样的方法。已证明该模型具有非常强的捕获单轴压缩行为以及初级和次级蠕变的能力。Neilsen 等 （2003） 还进行了 AgCu 共晶钎料钎焊陶瓷与金属的模拟，装配面两侧的母材分别为 Al_2O_3 和 Fe-Ni-Co 棒 （假定二者均为弹性材料），并用活性钎料 （63Ag-35.25Cu-1.75Ti） 进行对比模拟。结果表明，活性钎料产生的峰值应力较低 （活性钎料在高于 450℃时的蠕变更容易），但同时也产生了更高的残余应力，在低于 450℃时，其应力值比 AgCu 共晶钎料更高 （Neilsen 等，2003）。

可以用镍网支承的 Cu 做钎料，在 1100℃的氢气气氛中，钎焊硬质合金 [WC-（Ti，Ta，Nb）C，Co] 与碳钢、低合金 Cr-Mo 钢和 Ni-Cr-Mo 工具钢，但在冷却过程会产生残余应力。如果假设硬质合金为与温度无关的线弹性材料，而钢为与温度相关的弹塑性材料，Cu 的热胀系数也与温度相关 （同样也是弹塑性材料），则这种钎焊组件的行为可以用有限元模型进行数值模拟。可以肯定，预测的应力场 （Pintschovius 等，1999） 与现有的经验证据 [中子分析 （Bing 等，1996） 和 X 射线应力分析] 能够很好地吻合。需要注意的是，对于该组件，仅在钢与硬质合金的界面附近检测到了相对较高的残余应力值。很显然，残余应力状态受钢较大的热收缩率及弹塑性变形 （与硬质合金相比）的影响 （Pintschovius 等，1999）。钎焊组件的形貌、三维有限元网格和在正交坐标系中三个方向上残余应力分布图如彩图Ⅲ（Pintschovius，2011；Pintschovius 等，1999） 所示。图中 Ck45 指的是碳钢，而图底部的是工具钢，两种钢用 Cu 与 WC 硬质合金 （热胀系数最小）钎焊在一起。

图 3.5 所示为钎焊组件及其在主平面上的变形示意图。可见，残余应力从界面处迅速减小 （$0 \sim 5 \times 10^{-3}$m 之间的区域）。

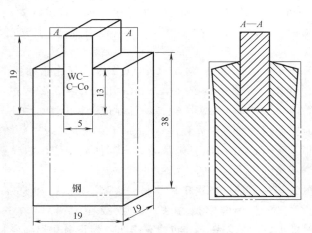

图 3.5　钎焊组件及其在主平面上的变形示意图

注：根据 Pintschovius 等人 1999 发表的结果重绘和修改。

影响陶瓷-金属系统应力状态最重要的因素是钎料再凝固时的弹塑性响应。因此，正如前面所讨论的那样，如果想得到准确的模拟效果，模拟时只能将钎料作为异种金属接头的一部分，而不能视其为弹性材料。在上述几篇模拟文献报道中，假设陶瓷为弹性材料，但必须假设金属或/和钎料都是弹塑性的，才能获得令人满意的结果。因此，钎焊陶瓷-金属组件力学性能的模拟需要真实的热-力学性能数据，并且必须假设参与介质具有适当的弹塑性（Galli 等，2009）。在这项研究中，在真空中用 Ag-Cu-Ti 钎料钎焊 Si_3N_4/TiN 和钢接头，并进行试验分析和数值模拟分析。假设钢和陶瓷在弹性范围内（但力学性能与温度相关），而认为钎料合金为弹塑性材料（服从 von Mises 屈服准则），则研究结果表明，试验方法测定的陶瓷组件中的正应力和三维有限元模拟结果吻合良好。

　　Park 等（2002）采用数值模拟和试验研究的方法，建立了陶瓷-金属接头系统中多个钎料层（韧性中间层）强度特性评价的模型框架。该例中，采用多层中间层+钎料钎焊 Si_3N_4 与 Inconel 718 合金，分析了应变和性能之间的关系，有限元模拟比传统算法的效率提高了一个数量级。模拟的目的是在分析残余应力和在钎焊前建立中间层叠放顺序的设计标准。采用 Ni 箔和 W 箔做中间层以及 Ag-Cu-Ti 钎料，在 880℃ 下对形状相对简单的轴对称圆盘形母材进行真空钎焊。虽然低屈服应力的中间层降低了母材的应变能，但在母材应变能降低和中间层的塑性变形之间有一个平衡。升温速度为 8℃/min，缓慢冷却速度为 2℃/min。在这项研究中，假设两个装配面母材和中间层为与温度相关的弹塑性材料。有限元模拟结果表明，添加多层中间层有助于减小陶瓷部件的应变能。

　　该项研究分析了多层中间层（铜、可伐合金、钼和钨）对 Si_3N_4-钢钎焊接头热应力的影响，并采用 Ag-Cu-Ti 钎料真空钎焊，同时进行有限元计算（Zhou 等，1991）。结果表明，加入低屈服强度和高塑性的中间层的接头比采用低热胀系数和高屈服强度的中间层具有更小的热应力和更高的强度。模拟的假设条件为：在钎焊后的冷却过程中，中间层的性能（如弹性模量、屈服强度、应变硬化率和热胀系数）与温度相关，而钢母材、中间层和钎料具有塑性流动行为。结果表明，中间层（高塑性和低屈服强度）的适当选择对热应力具有决定性的影响。同样，中间层厚度地影响热应力大小。

　　因为钎角区中存在性能差异显著的不同物相，对接头区域的非均匀力学性能有影响。所以不仅要考虑母材和钎料之间的宏观拉应力，还要考虑接头微观组织中的拉应力（Wielage 等，2000）。因此，必须了解不同物相的力学性能。为此，Wielage 等人（2000）使用 Ag-Cu-Ti 和 Ag-Cu-In-Ti 钎料分别钎焊了镍钴钢、低碳钢、氮化硅、氧化铝和氧化锆，并对沿界面生成的多层物相进行了试验表征。此外，可以添加具有强化性能的材料，在周围区域（如氧化铝、Ag-Cu-Ti 钎料和石墨纤维之间的反应区）形成更多物相。可以使用纳米和/或微米压痕技术来确定各物相的力学性能级别。

3.4　微观尺度的钎焊现象模拟

　　最具挑战性的、最复杂的钎焊模拟是微观尺度层级的模拟，这要求对钎焊技术有很透彻的理解。事实上，人们对微米和/或纳米级水平的物理和化学现象的认识最少，而这些现象构成了大量的基础和应用科学研究领域，包括材料科学、物理和化学的各个领域。显然，限于篇幅，本章不可能对该重要领域进行全面阐述，而只能选择作者多年来在实验室工作中研究的一些主题进行讨论。

　　下面将简要地讨论几个模拟特征：①接头的形成；②覆层/钎料的熔融及残余物的

形成；③熔融钎料的铺展；④凝固。钎焊领域的多名研究者对上述每个现象都开展过详细的研究，并且有大量的相关文献。

3.4.1 接头形成模拟

再次强调，一个典型的钎焊过程开始于对固态材料的加热。固相经加热发生了显著变化，包括化学反应（有或无钎剂），但最重要的是扩散过程（例如，穿过界面的覆层和母材内部之间的元素迁移，反之亦然；润湿过程中，在固态母材上的三相线移动及其相关现象；固相晶界迁移等）。例如，氧化膜被破坏后，在达到覆层/钎料的熔点时，表面张力驱动熔融金属进入毛细间隙，从而形成接头。随后，界面以及母材和钎料中的复杂的反应机制往往会导致金属间化合物和有关化学反应产物的形成。

图 3.6 所示为一种典型钎焊接头，Mo 和 Mo-Re 之间形成连接，钎料是掺有 3% Mo-Ni 纳米颗粒（<100nm）的 Mo-Ni 微粒，在 H_2 和 N_2 气氛中加热到 1350℃ 进行钎焊（Busbaher 等，2010）。液态金属凝固后形成的钎角形貌为平衡自由表面。之所以会形成这种典型自由表面的"弹性曲线"，是因为熔融金属建立了具有自由表面最小势能的平衡形貌（Sekulic，2001；Zellmer 等，2001）。

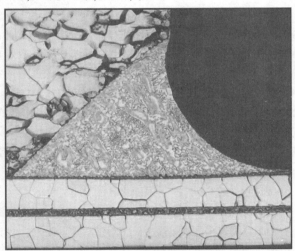

图 3.6 Mo 和 Mo-Re 装配面之间的 Mo-Ni 钎角（Busbaher 等，2010）

对该形貌建模需要满足下述公式（Sekulic，2001；Zellmer 等，2001）

$$\min(E_p) = \min(E_s + E_g + E_w) \tag{3-1}$$

服从

$$\int_V dV = V_{joint} \tag{3-2}$$

式中，E_p、E_s、E_g、E_w 分别是总势能、熔融金属表面自由能、重力势能和润湿表面张力能（熔融金属-固态母材）；V_{joint} 是工程应用中具体的接头大小，需要确保获得完整的力学性能和热性能。容易得出结论，设计任务需要钎角体积（如钎角质量，包括其外形和性能）的具体值，还需要再凝固相和整体钎角的完整力学性能的全部表征参数。

输入参数后，可以优化接头形状 [式 (3-1)]，从而满足约束条件。有关数值模拟的详细分析见相关文献 (Sekulic，2001；Zellmer 等，2001)。

在特定的钎焊条件下，如果没有经验数据，则确定钎角的实际质量/体积是很困难 (实际上是不可能) 的。并非所有的钎料都能留在接头区，例如，采用传统制造方法——先进的 CAB 技术，钎焊一个典型的紧凑式铝热交换器的翅片-管接头。当代设计通常使用带覆层的钎焊板作为钎料来源，熔融液体在表面张力的驱动下填充翅片表面和管之间的间隙。对于已知的覆层厚度，如果待焊面的几何尺寸是已知的，则钎料熔化后的质量等于每个相同形状接头的质量之和。这个看上去很简单的答案实际上是错的。因为无论是在熔化之前，还是熔化之后，硅均是从覆层扩散到心部，使得临近界面的覆层中的硅含量减少，这将导致原位生成残留物的产生，以至于实际上只有一部分熔融覆层/钎料在表面张力的驱动下开始迁移，最终到达接头区。这个数量，如果已知的话，将与式 (3-2) 中的约束值成正比，并且随后任何对钎角尺寸的模拟和/或预测都将变得可行。基于这种考虑，预测铝钎焊接头的钎角形貌也将成为可能 (Sekulic 等，2004)。

根据质量守恒定律，钎焊板接头区域的熔融覆层的质量 M_{joint} 为

$$m_{joint} = m_{clad} - m_{residue} = m_{clad} - (m_{depleted} + m_{solid\ solution} + \sum m_i)$$ (3-3)

式中，m_{clad} 是钎焊板被加热前的覆层质量；$m_{residue}$ 是在加热到钎焊温度后，没有熔化为液体的残余固态金属的质量，它包括由于 Si 扩散而导致的临近界面覆层中的硅元素损耗质量 (Gao 等，2002) $m_{depleted}$，覆层熔化后原位生成的固溶相部分的质量，$m_{solid\ solution}$，以及由一些辅助现象 (如受表面张力驱动的流动金属的黏性) 导致的被困在原位的部分金属的质量 $\sum m_i$。显然，可以通过应用 Si 扩散到心部的菲克定律以及假设 (或不假设) 平衡相图的有效性，对 Si 的消耗过程以及原位生成固溶相的过程进行模拟 (Sekulic 等，2004)。

图 3.7 所示为接头形状的模拟结果。根据对覆层参与钎焊程度的不同假设，对一组非正交装配面的钎焊接头进行模拟。假设平衡熔化 (杠杆定律) 条件或非平衡熔化条件 (Sekulic 等，2004；Zhao 和 Sekulic，2006) 均有效。模拟覆层的扩散控制熔化行为时，假设覆层是具有特定晶粒尺寸的基体，初始硅含量与加热前是相同的。硅含量的变化遵循菲克扩散定律。覆层温度上升后发生相变，形成液相并使得固相从糊状区中分离出来。形成的液相受表面张力作用的驱动，这一过程一直持续到剩余固态晶粒的浓度达到固相线并形成残留物。遵循相应的初始条件和边界条件，允许使用相应的硅元素扩散微分方程进行简化模拟 (Zhao 和 Sekulic，2006)。针对不同的初始覆层厚度，图 3.8 所示为用这种方法预测的残留物厚度的比较。

在模拟瞬时液相 (TLP) 扩散连接时，描述钎焊扩散过程模型的重要性是显而易见的。例如，使用 BNi-2 钎料钎焊镍基高温合金 (Inconel 625 和 718、SS410) 时 (Arafin 等，2006)，因为有大量晶界析出，需要考虑在母材溶解和液相均匀化过程中，溶质原子沿晶界向母材中的扩散。Arafin 等 (2006) 的研究成功预测了等温凝固时间。

3.4.2　表面张力驱动流动的模拟

如本书第 1 章所述，已对钎焊母材润湿过程中表面张力驱动熔融金属的流动行为进

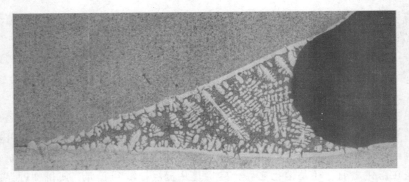

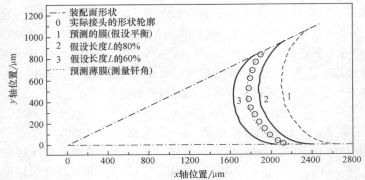

图 3.7　钎角尺寸/形状的模拟（Sekulic 等，2004）

L—参与表面张力驱动流动的假定覆层的长度

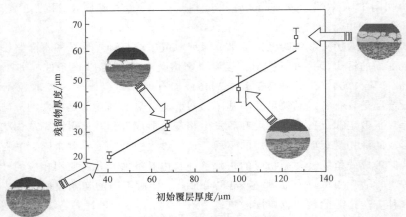

图 3.8　残留物厚度的比较（Zhao 和 Sekulic，2006）

注：基于 AA3003/AA4343 钎焊板钎焊过程受扩散控制的覆层熔化行为模型；

峰值钎焊温度为 605℃，保温 2min，钎焊气氛为超高纯 N_2。

行了广泛的模拟，这里不再赘述。这足以说明，钎焊时熔融覆层或钎料的铺展通常是反应润湿，并在粗糙表面扩散，润湿铺展形貌随空间和时间的变化而改变。钎焊中的两种主要情况是：①钎料熔滴在光滑母材上的铺展，此时以 Tanner's 型定律建模（三相线移动与时间的关系，Tanner，1979）；②钎料在毛细间隙和/或粗糙表面母材中的铺展，此时以 Washburn 型幂律建模（Washburn，1921）。在一般情况下，r^n 与 t 为幂律关系，式中，n 可以取不等于 2 的任意值（$n=2$ 时为典型的非反应性润湿）；r 是三相线位置；t 是时间。例如，当 $n \gg 1$ 时，模拟结果与 Al-Si 钎料熔滴在铝母材上的反应润湿情况吻合良好（Zhao 和 Sekulic，2008）。当 n 接近于 1 时，无论母材的表面粗糙度值是多少（表面粗糙度值对界面反应以及金属间化合物的形成有显著影响），都符合 Ag-Cu-Ti 基钎料在 TiAl 上的铺展情况（Li 等，2011）。此外，如果液态金属基本不铺展或未发生界面反应，则三相线处的润湿动力学将遵循 $n=2$ 的情况，如钎料在 Sn-Cu 金属间化合物上的铺展（Liu 和 Sekulic，2011）。在许多情况下，钎焊过程中熔融金属的铺展可以采用幂律的形式模拟。

对钎焊过程中液态金属铺展动力学的模拟，如高温钎焊中液态银的铺展以及 SiO_2-CaO-Al_2O_3-TiO_2 玻璃在钼上的近似非反应性铺展已经得到广泛研究（Saiz 和 Tomsia，2006）。已有人使用 Hoffman-Voinov-Tanner 定律模拟了低温体系（Kistler，1993）。许多作者已经讨论过高温铺展，如 Eustathopoulos 等（1999）。已经有人使用半经验模型（Meier 等，1998）和热力学（Kritsalis 等，1991；Delannay 等，1987）方法对活性钎料在陶瓷母材上的铺展动力学进行了模拟。润湿速度可能受界面产物生长速度的约束。在金属-陶瓷高温钎焊过程中存在一个有趣的问题，即固溶度和三相线区域微观形貌的变化造成了"隆起"的外观（Saiz 等，1998）。

假设铺展速度由界面反应产物数量的变化速度决定，使用铺展动力学的半经验模型分析 Cu-Ti 合金（$w_{Ti}=1\% \sim 20\%$）在多晶氧化铝母材上的润湿性（Meier 等，1998），通过模拟界面被反应产物覆盖的比例来表示反应产物数量的变化速度。很难确定以下两个因素对铺展是否有影响：①陶瓷和钎料之间形成的界面反应相的吉布斯自由能的大小；②反应产物的电子结构（Kritsalis 等，1991）。有人也研究了在固-液界面之外形成连续反应层的可能性（Landry 等，1997），通过建立溶解过程和铺展速率的耦合关系，对母材和钎料界面的溶解进行了模拟（Warren 等，1998）。尽管对熔融金属在固体表面润湿机制的认识有了显著进步，但在某些情况下，对反应润湿的复杂数值模拟还是会超出人们对液体系统的认知范围。对非反应润湿的模拟则相对较容易（Braun 等，1995）。

3.4.3 接头凝固的模拟

最后，简单介绍一下钎焊过程的最后阶段——钎料凝固的模拟。这个过程也被人们广泛研究，但很少能得到可靠的模拟结果。要了解它的复杂性，可以考虑典型铝钎焊中再凝固的过冷 Al-Si 钎料中 α 相枝晶的形成过程（Sekulic 等，2005a、2005b）。在图 3.9 中，可以看到再凝固 Al-Si 钎料中的典型 α 相枝晶群，其成分接近共晶成分的亚共晶合金。枝晶的数量取决于初始硅浓度、凝固条件以及过冷度。

对枝晶形成的模拟（图 3.9）基于一系列假设：①熔融金属为化学惰性的、在过冷条件下存在的二元非共晶合金（只凝固成固溶体）；②常压下该体系是非等温两相；③忽略对流；④所有性能都是恒定的；⑤液体中的溶质扩散不遵循菲克扩散定律，但其在固体中的急冷过程忽略不计。整套控制方程包括能量方程、质量平衡方程、菲克扩散定律（考虑到溶质扩散通量的驰豫）和固体体积的变化（Sekulic 等，2005a）。该计算模型可用来解决非等温模型中传热和传质在物理尺度上的显著差异问题（Galenko 和 Krivilyov，2000；Sekulic 等，2005b）。图 3.10 所示为凝固组织模拟结果，要完成该模拟需要很长的计算时间和相当大的计算机内存（配备 8 个 440MHz 的 PA-RISC 8500 处理器以及 8GB 内存的 HP N-4000 超级计算机）。

比较图 3.9 和图 3.10 可以发现，淬火温度较低时形成的枝晶数量较少，而淬火温度较高时形成的枝晶群较密集。由此可以得出结论，除了凝固开始时的熔体状态参数及其在相图中的位置，影响铝钎焊过程凝固模式变化的主要参数是钎焊过程中二元合金成分的过冷度。

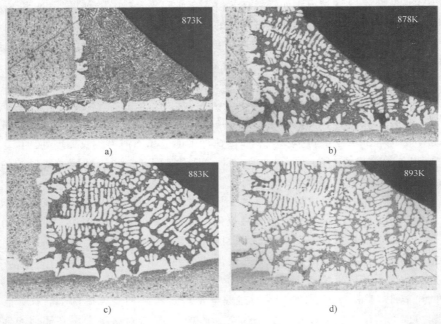

图 3.9　AA3003 铝合金钎缝再凝固 AA4343 钎料内的 α 相枝晶群（Sekulic 等，2005）

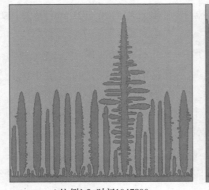

a) 比例1:2 时间1047800　　　　b) 比例1:2 时间805400

图 3.10　凝固组织模拟结果

注：熔体中形成 Al+Si 固溶体相，淬火温度为 873K（图 a）、883K（图 b）。

通过相场模型，可以成功地模拟凝固过程中的组织演变（Apel and Böttger，2012）。有人曾对 Ag-Cu-O 合金的活性气体钎焊进行了这一有趣的模拟研究，模拟钎料中的组织演变，却不考虑任何界面反应（设置陶瓷和钢侧为无通量边界条件）。用参变量建模，但给出固定的仿真润湿角（20°为润湿性良好，90°为润湿性较差，160°为不润湿）。从 1423K 开始模拟，以 0.17K/s 的速度降温，初始形核状态是随机的，以时间顺序模拟了形核后的 Ag-8Cu+O 两相熔体。冷却过程中，在 1232K 时，CuO 是第一个出现的固相（将形核过冷度作为一个输入参数）。复杂的相变顺序模型包括一个离子液体两相体系，紧接着是偏晶和共晶反应，进而产生了由面心立方的 Ag（固溶体）和 CuO 组成的固态两相组织。这个模型展示了（有相关试验数据）CuO 相的过冷形核以及相变过程中有限的氧交换（Apel 和 Böttger，2012）。

数值优化技术也被应用于不需要深入了解物理过程的模拟中。一个结合经验方法的计算机辅助合金设计优化实例，是钎焊高铝含量的镍基高温合金 TLP 的钎料成分的设计（Nishimoto 和 Saida，2000）。在有限的数据库基础上，通过多目标、多维度的数学程序来优化并确定关键影响因素（如熔点、硬度、关键中间层厚度以及接头中间层中的孔洞率）。模拟结果表明，Ni-3.5%Cr-3.5%B-3%Ti 钎料优于 MBF-80 钎料。

3.5　总结

本章的主要目的是综述与钎焊现象有关的各种模拟方法。最常见的是模拟钎焊组件和加热区（包括钎焊组件）在钎焊热循环的升温及冷却过程中的热力学行为和热行为。微观尺度过程涉及复杂的元素传质和相变现象，对其模拟比较困难，而这一领域的进一步发展将面临持续的挑战。

3.6　参考文献

ABAQUS Theory Manual (1998) V. 5.8, Hibbit Karson Sorensen, Inc. RI.

Ansys (2011) http://www.ansys.com/Products/Simulation+Technology/Fluid+Dynamics/ANSYS+FLUENT, accessed October 2011.

Apel, M. and Böttger, B. (2012) Phase field simulations of microstructure formation in an Ag-CU-O brazing filler under reactive air brazing conditions, IBSC 2012, *Proceedings of the 5th International Brazing and Soldering Conference*, 22–25 April 2012 (R. Gourley and C. Walker, Eds), ASM International, pp. 458–464.

Arafin, M.A., Medrai, M., Turner, D.P. and Bocher, P. (2006) *Thermodynamic modeling and experimental investigation of brazed joints used in aerospace industry*, IBSC 2006, ASM and AWS, ASM International, Materials Park, OH, pp. 189–196.

Bammann, D.J. (1990) Modeling temperature and strain rate dependent large deformations of metals, *Appl. Mech. Rev.*, Vol. 43, No. 5s, pp. 312–319.

Bing, K., Eigenmann, B., Scholtes, B. and Macherauch, E. (1994) Brazing Residual Stresses in Components of Different Metallic Materials, *Materials Science and Engineering*, Vol. A174, pp. 95–101.

Bing, K., Pintschovius, L., Eigenmann, B. and Macherauch, E. (1996) Combination of X-Ray and neutron diffraction, hole drilling and FE-calculations for the determination of the residual stress state in brazed joints of steel and cemented carbide, *Proc. of the 4th European Conf. on Residual Stresses* (S. Denis, Ed.), ECRS 4: 4th European Conf. on Residual Stresses, Cluny, France, 4–6 June 1996. Proc. Vol.2, S.627–636.

Box, G., Hunter, W. and Hunter, S. (1978) *Statistics for Experimenters*, Wiley & Sons, NY.

Braun, R.J., Murray, B.T., Boettinger, W.J. and McFadden, G.B. (1995) Lubrication theory for reaction spreading of a thin drop, *Phys. Fluids*, Vol. 7, pp. 1797–1810.

Burchett, S.N. (2003) *Computational Modeling of Joining Processes*, SECA SOFC Seal Meeting, 8–9 July 2003, http://www.netl.doe.gov/publications/proceedings/03/seca-seal/Burchett.pdf, accessed October 2011.

Busbaher, D., Liu, W. and Sekulic, D.P. (2010) High Temperature Brazing using Nano-Particles Doped Filler Metal for Dispenser Cathode Application, *IEEE Int. Vacuum Electronics Conference*, 11 IVEC 2010, Monterey, CA, 18–20 May 2010, pp. 151–152.

CFD 2000 (1999) Adaptive Research (A Division of Simunet Corporation), CFD 2000 v. 3.3 – User's Guide Supplement, Alhambra, CA, http://www.adaptive-research.com/cfd2000_software.htm, accessed July 2012.

Davies, D.R. and Roberts, P.M. (2000) *Best practice brazing by process auditing: The European experience*, Advanced Brazing and Soldering Technologies (IBSC 2000), ASM & AWS, Miami, FL and Materials Park, OH, pp. 367–388.

Delannay, F., Froyen, L. and Deruyttere, A. (1987) Review: The wetting of solids by molten metals and its relation to the preparation of metal-matrix composites, *J. Mater. Sci*, Vol. 22, pp. 1–16.

Dempsey, J.F., Dykhuizen, R.C., Crowder, S.V., Dudley, E.C. and Hosking, F.M. (2003) *Braze process characterization using thermal analysis modeling and statistical design of experiments*, IBSC 2003, ASM & AWS, Miami, FL and Materials Park, OH, CD Edition, Paper 10.7.

Eustathopoulos, N., Nicholas, M.G. and Drevet, B. (1999) *Wettability at high temperatures*, Pergamon, New York.

Freed, A.D. and Walker, K.P. (1993) Viscoplasticity with creep and plasticity bounds, *Int. J. Plasticity*, Vol. 9, No. 2, pp. 213–242.

Galenko, P.K. and Krivilyov, M.D. (2000) Modeling of crystal pattern formation in isothermal undercooled alloys, *Modelling Simul. Mater. Sci. Eng.*, Vol. 8, pp. 81–94.

Galli, M., Botsis, J., Jamczaak-Rusch, J., Maier, G. and Welzel, U. (2009) Characterization of the residual stresses and strength of ceramic-metal braze joints, *Journal of Engineering Materials and Technology*, ASME, Vol. 131, pp. 021004-1-8.

Gao, F., Zhao, H., Sekulic, D.P., Qian, Y. and Walker, L. (2002) Solid state Si diffusion and joint formation involving aluminum brazing sheet, *Materials Science and Engineering*, A337, pp. 228–235.

Gartling, D.K. and Hogan, R.E. (1994) A Finite Element Computer Program for Nonlinear Heat Conduction Problems, Part I (Theoretical Background) and Part II (User's Manual), Sandia Report, Part I, SAND94-1173, Part II SAND94-1179.

Gartling, D.K., Hogan, R.E. and Glass, M.W. (2010) COYOTE – A Finite Element Computer Program for Nonlinear Heat Conduction Problems Part I – Theoretical Background; SAND2009-4926.

Gong, J., Jiang, W., Fan, Q., Chen, H. and Tu, S.T. (2009) Finite element modeling of brazed residual stress and its influence factor analysis for stainless steel plate-fin structure, *Journal of Materials Processing Technology*, Vol. 209, pp. 1635–1643.

Hammond, J.P., David, S.A. and Santella, M.L. (1988) Brazing ceramic oxides to metals at low temperatures, *Welding Journal*, Research Supplement, Vol. 67, 10, pp. 227s–232s.

Heikinheimo, L.S.K. and Saarenheimo, A. (2000) Numerical simulation of thermal residual stresses in a brazed alumina to titanium joint, *International Brazing and Soldering Conference Proceedings*, IBSC 2000, American Welding Society and ASM International, Miami, FL, Materials Park, OH, USA.

Hosking, F.M. (2003) *Sandia Brazing Research and Modelling Capabilities*, SECA SOFC Seal Meeting, 8–9 July 2003, http://www.netl.doe.gov/publications/proceedings/03/seca-seal/Hosking.pdf, accessed October 2011.

Hosking, F.M., Gianoulakis, S.E., Givler, R.C. and Schunk, R.P. (2000) Thermal & Fluid Flow Brazing Simulation, in *Advanced Brazing and Soldering Technologies*, IBSC 2000, American Welding Society and ASM International, Miami, FL, and Materials Park, OH, pp. 389–397.

Iancu, O.T., Muntz, D., Eigenmann, B., Scholtes, B. and Macherauh, E. (1990) Residual Stress State of Brazed Ceramic/Metal Compounds, Determined by Analytical Methods and X-ray Residual Stress Measurements, *Journal of American Ceramic Society*, Vol. 73, 5, pp. 1144–1149.

Kim, T.-W., Chang, H.W.I.-S. and Park, S.-W. (2001) Re-distribution of thermal residual stress in a brazed Si$_3$N$_4$/stainless steel joint using laminated interlayers, *Journal of Materials Science Letters*, Vol. 20, pp. 973–976.

Kistler, S.F. (1993) Hydrodynamics of wetting, in *Wettability* (J.C. Berg, Ed.), Marcel Dekker, NY, pp. 311–429.

Kritsalis, P., Coudurier, L. and Eustathopoulos, N. (1991) Contribution to the study of reactive wetting in the CuTi/Al2O3 system, *J. Mater. Sci.*, Vol. 26, pp. 3400–3408.

Landry, K., Rado, C., Voitovich, R. and Eustathopoulos, N. (1997) Mechanism of reactive wetting: The question of triple line configuration, *Acta Mater.*, Vol. 46, pp. 3079–3085.

Laurent, V., Chatain, D. and Eustathopoulos, N. (1987) Wettability of SiC by aluminium and Al-Si alloys, *J. Mater. Sci.*, Vol. 22, pp. 244–250.

Li, Y., Liu, W., Sekulic, D.P. and He, P. (2012) Reactive wetting of AgCuTi filler metal on the TiAl-based alloy substrate, *Applied Surface Science*, Vol. 250, pp. 343–348.

Liu, W. and Sekulic, D.P. (2011) Capillary driven molten metal flow over topographically complex substrates, *Langmuir*, Vol. 27, pp. 6720–6730.

Meier, A., Chidambaram, P.R. and Edwards, G.R. (1998) Modeling of the spreading kinetics of reactive brazing alloys on ceramic substrates: Copper-titanium alloys on polycrystalline alumina, *Acta Mater.*, Vol. 46, 12, pp. 4453–4467.

Miller, A. (1976) An inelastic constitutive model for monotonic, cyclic, and creep deformation, Part 1 – Equations Development and Analytical Procedures, *J. Engr. Mater. Tech*, Vol. 98, 2, pp. 97–105.

Neilsen, M.K. and Stephens, J.J. (2000) *Residual stress in metal-to-ceramic braze joints: Advanced braze alloy constitutive model*, IBSC 2000, American Welding Society and ASM International, Miami, FL, and Materials Park, OH, pp. 411–418.

Neilsen, M.K., Stephens, J.J. and Gieske, J.H. (2003) *A viscoplastic model for the eutectic silver-copper alloy*, IBSC 2003, American Welding Society and ASM, Miami, FL and Materials Park, OH, CD Edition, Paper 9.5, p. 9.

Nishimoto, K. and Saida, K. (2000) *Computer-aided alloy design of insert metal for transient liquid phase bonding*, IBSC 2000, American Welding Society and ASM International, Miami, FL and Materials Park, OH, pp. 398–405.

Park, J.-W., Mendez, P.F. and Eagar, T.W. (2002) Strain energy distribution in ceramic-to-metal joints, *Acta Materialia*, Vol. 50, pp. 883–899.

Pintschovius, L. (2011) Personal communication, Karlsruhe Institute of Technology.

Pintschovius, L., Pyka, N., Kussmaul, R., Munz, D., Eigenmann, B., *et al.* (1994) Experimental and theoretical investigation of the residual stress distribution in brazed ceramic-steel components, *Materials Science and Engineering*, Vol. A177, pp. 55–61.

Pintschovius, L., Schreieck, B. and Eigenmann, B. (1999) Neutron, X-ray, and finite element stress analysis on brazed components of steel and cemented carbide, *Textures and Microstructures*, Vol. 33, pp. 263–278.

Ratts, E. (2000) A Study of the Radiant Heat Exchange within a Controlled-Atmosphere Furnace, *Heat Transfer Engineering*, Vol. 21, pp. 55–64.

Saiz, E. and Tomsia, A.P. (2006) *Kinetics of High Temperature Spreading*, IBSC 2006, ASM International, Materials Park, OH, pp. 203–206.

Saiz, E., Tomsia, A.P. and Cannon, R.M. (1998) Ridging effects on wetting and spreading of liquids on solids, *Acta Mater.*, Vol. 46, 7, pp. 2349–2361.

Schunk, P.R., Sackinger, P.A., Rao, R.R., Chen, K.S. and Cairncross, R.A. (1996) *GOMA – A Full-Newton Finite Element Program for Free and Moving Boundary Problems with Coupled Fluid/Solid Momentum, Energy, Mass, and Chemical Species Transport: Users Guide*, Sandia Technical Report SAND95-2937, January 1996.

Schunk, P.R., Sackinger, P.A., Rao, R.R., Chen, K.S., Cairncross, R.A., *et al.* (1997) *GOMA 2.0 User's Guide*, Sandia Technical Report SAND97-2404.

Sekulic, D.P. (2001) Molten aluminum equilibrium membrane formed during controlled atmosphere brazing, *Int. J. of Eng. Science A*, Vol. 39, pp. 229–241.

Sekulic, D.P. (2009) An Entropy Generation Metric for Non-energy Systems Assessments, *Energy*, Vol. 34, pp. 587–592.

Sekulic, D.P. (2011) Energy and Exergy: Does one need both concepts for the study of resources use? Chapter 2 in *Thermodynamics and the Destruction of resources* (B. Bakshi, T. Gutowski and D.P. Sekulic, Eds), 2011, Cambridge University Press, Cambridge, UK, New York, USA, pp. 45–86.

Sekulic, D.P., Salazar, A.J., Gao, F., Rosen, J.S. and Hutchins, H.F. (2001) Transient Behavior of Compact Heat Transfer Surface during Brazing, *Experimental Heat Transfer, Fluid Mechanics and Thermodynamics*, Vol. 1 (G.P. Celate, P. Di Marko, A. Goulas and A. Mariani, Eds), Edizioni ETS, Pisa, pp. 803–808.

Sekulic, D.P., Salazar, A.J., Gao, F., Rosen, J.S. and Hutchins, H.F. (2003) Local Transient Behavior of a Compact Heat Exchanger Core During Brazing. Equivalent Zonal (EZ) Approach, *Int. J. of Heat Exchangers*, Vol. 4, pp. 91–108.

Sekulic, D.P., Gao, F., Zhao, H., Zellmer, B. and Qian, Y.Y. (2004) Prediction of the fillet mass and topology of aluminum brazed joints, *Welding Journal – Research Supplement*, Vol. 83, 3, pp. 102s–110s.

Sekulic, D.P., Galenko, P.K., Krivilyov, M.D., Walker, L. and Gao, F. (2005a) Dendritic growth in Al-Si alloys during brazing. Part 1: Experimental Evidence and Kinetics, *Int. J. of Heat Mass Transfer*, Vol. 48, pp. 2372–2384.

Sekulic, D.P., Galenko, P.K., Krivilyov, M.D., Walker, L. and Gao, F. (2005b) Dendritic growth in Al-Si alloys during brazing. Part 2: Computational Modeling, *Int. J. of Heat Mass Transfer*, Vol. 48, pp. 2385–2396.

Shapiro, A. and Sekulic, D.P. (2008) A New Approach to Quantitative Evaluation of a Design for Brazed Structures, *Welding Journal, Research Supplement*, Vol. 87, pp. s-1–s-10.

Tanner, S.H. (1979) The spreading of silicone oil drops on horizontal surfaces, *J. Phys. D: Appl. Phys.*, Vol. 12, pp. 1473–1484.

Wang, X.L., Hubbard, C.R., Spooner, S., David, S.A., Rabin, B.H., *et al.* (1996) Mapping of the residual stress distribution in a brazed zirconia-iron joint, *Materials Science and Engineering*, A211, pp. 45–53.

Warren, J.A., Boettinger, W.J. and Roosen, A.R. (1998) Modeling reactive wetting, *Acta Mater.*, Vol. 46, pp. 3247–3264.

Washburn, E.W. (1921) The dynamics of capillary flow, *Phys. Rev.*, Vol. 17, pp. 273–283.

Wielage, B., Klose, H., Martinez, L. and Schüler, H. (2000) *Determination of mechanical characteristic values for brazed ceramic-metal joints*, IBSC 2000, American Welding Society and ASM International, Miami, FL and Materials Park, OH, pp. 406–410.

Williamson, R.L., Rabin, B.H. and Drake, J.T. (1993) Finite Element Analysis of Thermal Residual Stresses at Graded Ceramic-metal interfaces. Part I. Model Description and Geometrical Effects, *J. Appl. Phys.*, Vol. 74, 2, pp. 1310–1320.

Zellmer, B.P., Nigro, N. and Sekulic, D.P. (2001) Numerical modeling and experimental verification of the formation of 2D and 3D brazed joints, *Modelling Simul. Mater. Sci. Eng.*, Vol. 9, pp. 339–355.

Zhang, J.X., Chandel, R.S., Chen, Y.Z. and Seow, H.P. (2002) Effect of residual stress on the strength of an alumina-steel joint by partial transient liquid phase (PTLP) brazing, *Journal of Materials Processing Technology*, Vol. 122, pp. 220–225.

Zhao, H. and Sekulic, D.P. (2006) Diffusion-controlled melting and re-solidification of metal micro layers on a reactive substrate, *Heat and Mass Transfer*, Vol. 42, pp. 464–469.

Zhao, H. and Sekulic, D.P. (2008) Wetting of a hypo-eutectic Al-Si system, *Materials Letters*, Vol. 62, pp. 2241–2244.

Zhou, Y., Bao, F.H., Ren, J.L. and North, T.H. (1991) Interlayer selection and thermal stresses in brazed Si_3N_4–steel joints, *Materials Science and Technology*, Vol. 7, pp. 863–867.

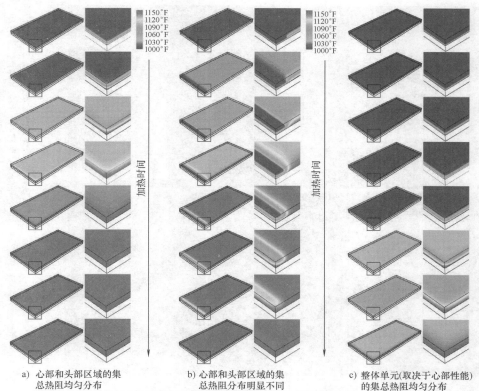

　　a) 心部和头部区域的集　　　　　b) 心部和头部区域的集　　　　c) 整体单元(取决于心部性能)
　　　总热阻均匀分布　　　　　　　　　总热阻分布明显不同　　　　　　的集总热阻均匀分布

图 I　最后加热阶段的温度分布简化模型（铝热交换器 CAB 钎焊）
注：图 c 与图 a 和图 b 相比，局部温度梯度急剧下降。

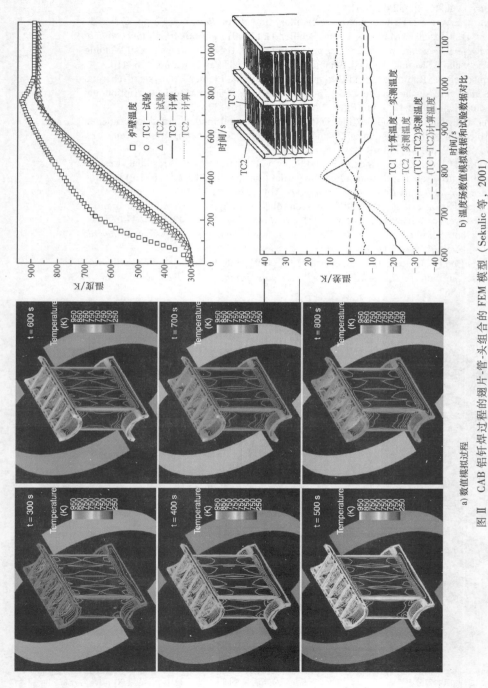

a) 数值模拟过程

b) 温度场数值模拟数据和试验数据对比

图 II　CAB 铝钎焊过程的翅片-管-头组合的 FEM 模型（Sekulic 等，2001）

注：温度轮廓线从 5K 开始分离，组合峰值温度为 878K，加热区峰值温度为 936K，计算模型含 66460 个单元（CPU 时间：HP N-4000 集群配置，模拟加热时间 1150s 的运算时间为 72h；使用了拥有 8 个 440MHz 的 PA-RISC-8500 处理器以及 8GB 内存的 HP N-4000 超级计算机）。

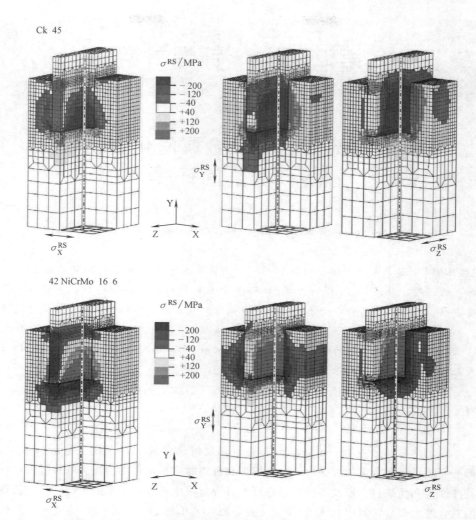

图Ⅲ　三个坐标轴方向上的镶嵌硬质合金与碳钢或工具钢钎焊接头
的残余应力分布图（Pintschovius 等，1999）

第二部分　钎焊材料

第4章　高温合金及金属间化合物合金（γ-TiAl）的钎焊

V. F. Khorunov 和 S. V. Maksymova，巴顿焊接研究所，乌克兰

【主要内容】　本章主要介绍了耐热材料——高镍基和 γ-TiAl 基金属间化合物合金钎焊时存在的问题。采用 Ni-Cr-B 和 Ni-Cr-B-Si 合金系钎料对镍基合金进行扩散钎焊，钎缝强度不够，而基于这两种合金系的复合钎料的钎焊效果良好。作为含 B、Si 钎料的替代品，Ni-Cr-Zr 合金系钎料不会在接头界面处形成硬脆相。Ti-Zr 合金系钎料最适用于 γ-TiAl 基金属间化合物合金的钎焊，其中 Ti-Zr-Fe 和 Ti-Zr-Mn 合金系钎料具有较好的钎焊接头组织和力学性能，有很好的应用前景。

4.1　引言

　　本章包括两部分内容，第一部分主要研究超耐热合金（高温合金）的钎焊问题。本部分简述了高温合金的焊接性，包括熔焊和钎焊时容易出现的问题、钎焊过程中钎料的特殊性能和优缺点，以及不同钎料在真空钎焊过程中所表现出来的关键特征。值得注意的是，绝大部分钎料中加入 Si 和 B（联合加入或单独加入）作为降熔元素，但作者认为这并不总是合理的。

　　本部分研究了一类不同成分体系的钎焊高温合金用钎料，其用元素周期表中的 IV 族和 V 族元素作为降熔元素；给出了富 Ni 的 Ni-Cr-Zr 合金系中共晶转变单变线和一个三元共晶系，以及在整个浓度范围内合金相成分的研究结果。展示了使用这些推荐钎料真空钎焊高温合金的接头组织和性能结果，介绍了使用这些体系的钎料（包括一种复合材料）进行电弧钎焊的试验研究结果。

　　第二部分研究了采用不同方法制备的 γ-TiAl 基金属间化合物合金的组织特性，开展了钎焊 TiAl 合金用钎料合金体系的研究，绘制了 Ti-Zr-Fe 和 Ti-Zr-Mn 合金系的液相面，确定了适合作为钎料的合金成分范围。对用成熟钎料和新钎料真空钎焊的钎缝组织进行了研究，给出了钎焊接头的室温、高温强度以及持久寿命数据。结果表明，Ti-Zr-Fe 和 Ti-Zr-Mn 系钎料具有很好的发展潜力，接头组织和力学性能均与母材接近。

4.2　镍基高温合金的钎焊

在许多商用耐热材料中，用于制造燃气涡轮发动机热端部件尤其是涡轮叶片的合金，最具吸引力，行业中称其为高温合金。一些专著中描述了这类合金的性质。目前，在大多数情况下，这类合金都是高镍（部分为高钴）合金，它们的组织由固溶体、碳化物和金属间化合物强化相（γ′相沉淀强化）组成，合金具有良好的高温性能，合金表面会形成铬、铝、钛等金属的氧化物。弥散强化合金、单晶合金和共晶合金的出现，以及含铼的合金，为燃气涡轮发动机的升级提供了很大的可能性。苏联时期研制的典型合金见表 4.1。

表 4.1　苏联时期研制的一些高强镍基合金

合金	Co	Cr	C	Fe	Al	Nb	Ti	W	Mo	其他元素
ZhS32	8~10.5	4.3~5.6	0.12~0.18		5.6~5.3	1.4~1.8		7.8~9.5	0.8~1.4	4Ta,3.5~4.5Re
ZhS26	8~10	4.3~5.6	0.13~0.18		5.5~6.2	1.4~1.8	0.8~1.2	10.9~12.5	0.8~1.4	0.8~1.2V
ZhS36	8~9	3.5~4.5	0.015	1	5.5~6.2	0.7~1.5	0.7~1.5	11~12.5	1~2.2	0.1Ta,1.6~2.3Re
ZhS6U	9~10.5	8~9.5	0.13~0.2	1	5.1~6	0.6~1.2	2~2.9	9.5~11	1.2~2.4	
ZhS6F	6~10.5	4~7	0.12~0.19		5.1~5.6	1.2~1.7	0.8~1.5	11~13	0.8~1.5	
TsNK7	8~9.5	14~15	0.08~0.1	1	3.4~4.5		3.4~4.4	6.2~7.5	0.2~0.6	0.3Mn,0.3Si
ChS70-VI	11	15.7	0.1		2.7	0.2	4.7	5.5	1.5	
EP539		17~19	0.05		3~4.0		2~3.0	2.5~4	5~7.0	
ChS104	11.2	21		0.5	2.5	0.25	3.5	3.5	0.6	0.3Mn,0.3Si 0.06~0.1B
VZhL-12U	12.5	8.5~10.5	0.14~0.2	—	5.0~5.5	0.5~1.0	4.2~4.7	1.0~1.8	2.7~3.4	—

4.2.1　高温合金的焊接性

众所周知，叶片和其他部件在铸造或服役过程中会产生缺陷，需要进行修复。高γ′相含量镍基合金的低塑性对焊接来说是一个严重的问题。这类合金的焊接性通常与铝和钛的总含量有关，因为它们是影响 γ′相数量的主要因素。图 4.1 所示为将这类合金分为可焊接合金和不可焊接合金两类。此图不同于人们目前熟悉的版本，因为它还展示了苏联开发的镍基高温合金数据。从图中可以看到，大多数当代的高温合金是不可焊的。因此，正如 Wu Xiaowei 指出，只有当局部热输入可以限制应变时，才可以用熔焊修复微小缺陷，所以钎焊是连接高温合金的关键方法。

4.2.2　常规钎焊技术

高温合金的钎焊也是一项挑战。当选择钎焊方法和钎料时，应首先去除母材表面所

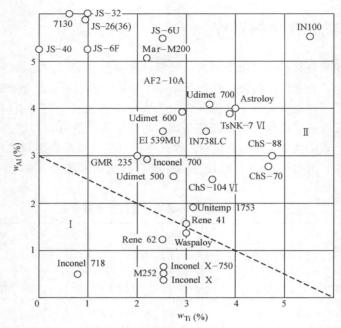

图 4.1 高温合金的焊接性取决于合金中铝和钛的总含量

覆盖的氧化物膜（氧化铬、氧化铝、氧化钛等），以实现润湿；其次，钎焊接头的性能要接近于母材。

在世界各地的研究中，通常通过采用传统的 Ni-Cr-B 或 Ni-Cr-Si-B 合金系钎料，在真空或中性气氛中钎焊来解决去除氧化物膜的问题。众所周知，上述合金体系的钎料是为不锈钢钎焊研发的，并没有考虑高温合金的结构特性和强度特性。因此，在普通钎焊条件下使用这些钎料没有得到很好的效果：在焊缝中心形成了脆硬的富硅共晶相，而活跃的硼元素扩散到母材中，在晶界处形成了硼化物相。为此，学者们对一种被称为扩散钎焊的技术及其应用进行了大量的研究。该方法的主要目的是通过在钎焊温度下保温较长时间，得到力学性能和微观组织与母材相匹配的钎焊接头。该方法很早就被提出，目前仍在持续研究中。

研究结果表明，当用该方法进行修复时，存在许多局限因素。首先，长时间的高温会对工件产生影响，可能会导致母材的一些基本性能发生恶化；其次，这种方法在经济上是不合理的。因此，研究者们自然要努力寻找减小保温时间的方法。通过减小钎料厚度和对结合面加压，可以在一定程度上缩短保温时间。

4.2.3 高温合金钎焊技术的创新

1. 非晶合金

随着 Ni-Cr-Si-B 系非晶合金的发展，人们对高温合金钎焊技术的期望得到了很大提高。1981，联合讯号公司（美国）获得了"成分均匀，有塑性的钎料箔"的专利，该箔的厚度为 0.025～0.06mm。该公司在专利权范围中列举了许多可以被制成非晶态的合金。参考文献 ［17］ 和 ［19］ 详细介绍了这些材料的应用实例和特性。表 4.2 所列为美国和苏联（以及俄罗斯）研制的这类合金。

但从不同作者的研究结果看，用非晶态箔钎料进行钎焊并不能减少保温时间，以获得组织和性能较好的接头。例如，在 1230℃下用 Ni-Cr-B 系合金箔钎焊一种单晶高温合金并保温 8h，焊缝的断裂韧性与母材相比非常低。作者解释这是由于硼原子在母材的亚晶界中析出造成的。

2. 复合钎料

通过使用复合钎料，可以使钎焊时间大大减少。

复合钎料中含有一种合适的钎料和填充金属颗粒，填充金属颗粒的熔点高于钎焊温度。溶入钎料的填充金属颗粒增加了熔体的黏度，使熔体能填满较大间隙（无毛细作用），在凝固过程中，该颗粒作为异质形核质点。

表 4.2　非晶态镍基钎料

钎料	化学成分（质量分数，%）（Ni 余量）						$T_s/T_1, T_b/℃$
	Cr	Si	B	Fe	C	其他	
MBF 10/10A Metglas	13~15	4~5	2.75~3.5	4~5	<0.06	—	970/1040
MBF 15/15A Metglas	12~14	4~5	2.5~3.2	3.5~5	<0.03	—	
MBF 30/30A Metglas		4~5	2.75~3.5	≤0.5	0.06	—	980/1040foil
MBF 80/80A Metglas	14.5~16		3.17~4.2		<0.06	—	$T_b=1175$
STEMET 1301	7	4.6	3.1	3	—	—	$T_1=980$, $T_b=1010~1177$
STEMET 1311	0.4	4	4	5	—	16Co	$T_1=985$, $T_b=1020~1050$
MIFI-AMETO MBF-50 Metglas	19	7.3	1.5		—	—	1030/1126
MBF51 Metglas	15	7.25	1.4		—	—	
VPr 11 VIAM	14~16	4~5	1.8~3.2	3~5	0.3~1.0	0.1~1Al	980/1050
VPr24 VIAM	6~7	2.5~3.0	0.2~0.3	—	—	1Ti; 10~12Nb; 8.5~9.5W; 1.6~2.0Mo; 4~5Al	1150/1190 $T_b=1200~1220$
VPr 27 VIAM （Ni-Cr-Al-B）	—	—	—	—	—	—	1030/1080 $T_b=1150~1200$
VPr 42 VIAM （Ni-Cr-Si-B）	—	—	—	—	—	—	1050/1070

不同研究者使用复合钎料高温真空钎焊方法修复燃气涡轮发动机部件，获得了化学成分、物理和力学性能与母材相近的钎缝。特别地，许多文章中考虑了不同牌号高温合金（表 4.1）在真空扩散钎焊时的技术特性，涉及多种研究方法，综合分析了加入 B 或同时加入 B 和 Si 作为降熔元素的复合钎料的钎焊结果。第一类钎料是由 40% 的钎料（Ni-9$^{\ominus}$-Co-14Cr-3.5Al-2.5B）和 60% 的填充金属（Rene-142 合金粉末）组成的。为了减少钎

　㊀　书中无特别说明时，均为质量分数。

料中的硼含量，第二类钎料中增加了 15%~25% 的含硅共晶钎料（Ni-12Si）。人们研究了直接钎焊和热处理后的接头的组织和物相，测试了接头的室温、高温力学性能和持久寿命。钎焊规范为 1210~1230℃ 下保温 15~20min，随后进行了一个两段式真空热处理过程。

由于焊缝不同部位的组织不同，含硼钎料的焊缝具有显微硬度分散的特点。硼扩散入母材的深度可达 300μm。

对 40%（Ni-9Co-14Cr-3.5Al-2.5B）+ 60% Rene-142 成分的含硼钎料的钎焊接头试样进行耐久试验发现，接头组织发生了很大变化，例如，在高温下钎缝中的共晶成分熔化，硼向母材中扩散。55min 后，硼元素向两边的母材均已经渗透了 1~2mm。

采用 20%（Ni-9Co-14Cr-4Al-2.5B）+ 20%（Ni-12Si）+ 60% Rene-142 成分的钎料，以 100~800μm 的钎缝间隙钎焊 ZhS6U 合金，形成了 γ′ 相弥散强化的接头组织。体积分数为 54%~59% 的强化相分布于接头的各个区域，包括钎缝、扩散区和母材。硼扩散到母材的深度不超过 70 μm。此外，研究发现，钎缝中析出了细小的碳化物以及 Ni_3B 相，绝大部分 B 化物为 Ni_3B 相而不是 CrB 相。

当使用含硅的钎料时，在接头持久强度试验中，钎缝和扩散区的组织没有发生较大变化，焊缝的尺寸没有变化；在 900℃，16h 或者更长的保温时间下，硅扩散到母材的深度不超过 50μm。接头的室温抗拉强度与母材接近，见表 4.3。含硼（无硅）钎料和含硼、硅钎料接头的强度差异如图 4.2 所示。

表 4.3　复合钎料钎焊镍基高温合金接头抗拉强度（$T_{试验} = 20℃$）

基体	钎料	拉伸强度/MPa
ChS70-VI	#1+60%Rene-142	732.5
	40%#1+20%HC12+60%Rene-142	778.0
VZhL-12U	#1+60%Rene-142	721.0
	40%#1+20%HC12+60%Rene-142	873.0
ZhS26VI	#1+60%Rene-142	692.0
	40%#1+20%HC12+60%Rene-142	718.5
ZhS26NK	#1+60%Rene-142	766.0
	40%#1+20%HC12+60%Rene-142	875.0

注：#1 为 Ni-9Co-14Cr-3.5Al-2.5B。

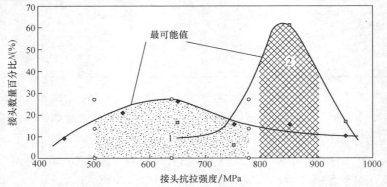

图 4.2　用含硼钎料钎焊 VZhL-12U 合金的接头抗拉强度统计曲线

1—无硅　2—含硅

　　世界各地的试验分析表明，使用含硼和硅的钎料在钎焊时会遇到一些严重的困难，主要是指硼沿母材晶界扩散，可以在真空钎焊时采用特殊技术来避免这种现象，从而获得性能与母材相近的接头。然而应当认识到，该领域采用此思路由来已久，可以通过发展先进钎焊工艺并研制可以替代硼硅成分的新型钎料来改进。

　　替代含硼硅钎料的研发工作已经进行了数年。元素周期表中的 IV 族和 V 族元素，如锆、铪、钛、钒和镍，被用作新一代钎料的降熔元素。例如，VPr 24 钎料中用铌和硅作为降熔元素（表 4.2）。硼的危害被降至最低，效果最好的是 Ni-Cr-Zr 共晶合金钎料。同时，人们也进行了 Ni-Cr-Hf 合金系钎料的研究，并对 Ni-Cr-Zr 三元合金系中的一个富 Ni 区的合金组织进行了详细研究，确定了 1220℃ 下相图中的一个四相平衡包晶转变区（$Ni_7Zr_2 L = Ni + Ni_5Zr$），以及共晶转变单变线的位置（$Ni + Ni_5Zr$ 和 $Ni + Ni_7Zr_2$）和一个三元共晶系。Khorunov 等人对这些不同的高镍合金的相组成、硬度和熔点进行了研究。在研发过程中，人们发现 Zr 的原子分数为 8.8% 的共晶合金钎料效果最好。图 4.3 所示该类合金在 Cr 含量（原子百分数）变化时合金熔点和相成分的变化情况。应当指出，二元共晶合金 $Ni + Ni_5Zr$ 加入合金化元素 Cr 后固相线温度增加得不是很多。同时，锆的原子百分数为 8.8% 的合金中，共晶组织的显微硬度发生了明显改变。例如，二元共晶 $γ$-$Ni + Ni_5Zr$ 组织的显微硬度为 5300~5700MPa。但随着合金组织中出现了低硬度的金属间

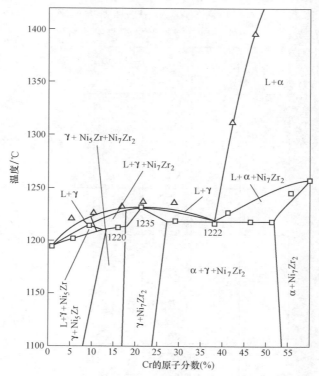

图 4.3　Ni-Cr-Zr 三元合金（Zr 的原子分数为 8.8%）在不同温度下的相图

化合物 Ni_7Zr_2，显微硬度值将大幅减小（2000~3000MPa）。通过调整钎料成分，可以使钎缝硬度接近于母材。也就是说，在这种情况下，可以克服含硼硅钎料的高脆性和高硬度的致命缺点。此外，Cr 含量增加时，合金的液相线温度几乎没有变化，这对钎料成分的选择是很重要的。

在该研究体系中发现很多合金具有合适的熔点，适宜用作钎料钎焊高温合金。应当指出的是，虽然高镍合金中 Cr、Al、Ti 及其他元素的含量很高，在金属表面形成了强氧化膜，但所研究钎料的 Zr 含量很高，而 Zr 是一种活性元素，在真空环境下可以在高镍合金的表面实现良好的润湿和黏附。该类钎料可以用于毛细钎焊和非毛细钎焊。

3. 毛细钎焊

有人使用三种不同 Cr 含量的 Ni-Cr-Zr 系合金钎料进行镍基高温合金的毛细钎焊试验，对钎料在被钎焊表面的铺展能力，接头的耐蚀性、组织及其室温、高温力学性能进行了研究，并与使用传统的 Ni-Cr-Al-B 系合金钎料 VPr27 的钎焊结果进行了比较。

试验结果表明，钎料性能受 Cr 含量的影响很大。例如，钎料的铺展面积随着 Cr 含量的增加而减小，如图 4.4 所示。只有在使用低 Cr 含量的钎料（Ni-4.7Cr-14.7Zr）时，才可以在 20~30μm 宽的间隙中形成固溶体结构。使用高 Cr 含量（15%和24.4%）的钎料时，焊缝将形成共晶组织。钎焊温度下保温时间的增加会导致母材的沿晶界腐蚀。这可以通过 Zr 原子比 B 原子大，并且 Zr 在 Ni 中的溶解度低来解释。由上述因素可知，使用这类钎料，尤其高 Cr 含量的钎料进行扩散钎焊是不适宜的。

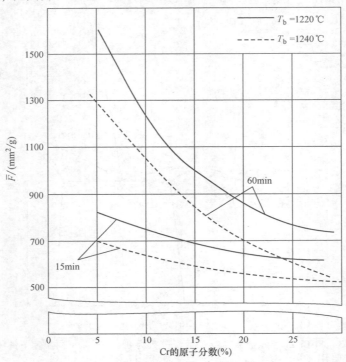

图 4.4　不同 Zr 含量的 Ni-Cr-Zr 系钎料的铺展性

为研究钎焊接头的性能，使用不同的钎料和焊接参数对 ZhS6U 合金进行了钎焊。使用 Ni-Cr-Zr 系和 VPr27 钎料，钎焊温度分别为 1220℃ 和 1160℃，保温时间均为 15min，随后进行 4h 的 900℃ 均匀化退火。钎焊间隙为 0.2mm。接头横截面的显微硬度分布情况如图 4.5 所示。当使用 VPr27 钎料时，共晶组织的显微硬度为 8600～8700MPa，是母材硬度（4300～4400MPa）的 2 倍。此外，扩散区的显微硬度也高达 6500～6600MPa。使用 Ni-Cr-Zr 系钎料获得的钎焊接头，其显微硬度的分布情况则完全不同，如图 4.5 所示。沿着焊缝中心线，不同成分的钎料凝固后形成的共晶组织的显微硬度和母材相当（钎料 Ni-4.7Cr-14.2Zr）或者低于母材（钎料 Ni-15Cr-14.7Zr 和 Ni-24.4Cr-14.6Zr）；钎焊接头扩散区的显微硬度和母材相当。

用不同的 Ni-Cr-Zr 系钎料进行钎焊，虽然焊缝组织有所区别，但是钎焊接头的抗拉强度相当，见表 4.4。同时，通过扫描电子显微镜观察断裂面，发现断裂形貌存在较大的差异。固溶体组织焊缝的断裂特点是韧性断裂（图 4.6 a），而有共晶组织的接头则含有脆性沿晶断裂区（图 4.6b、c）。在 900℃ 的试验温度下，对采用 Ni-24.4Cr-14.6Zr 钎料钎焊的接头的抗拉强度最高（表 4.4）。

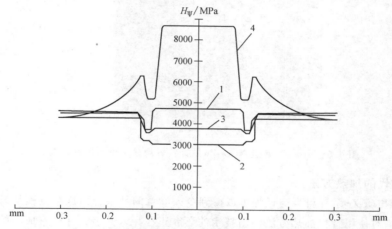

图 4.5 用不同钎料钎焊 ZhS6U 合金的接头横截面显微硬度分布情况

1—Ni-4.7Cr-14.2Zr 2—Ni-15Cr-14.7Zr

3—Ni-24.4Cr-14.6Zr 4—VPr27

表 4.4 ZhS6U 钎焊对接接头的抗拉强度

牌号或合金成分	对接头抗拉强度（室温）/MPa	对接头抗拉强度（900℃时）/MPa
Ni-4.7Cr-14.2Zr	860…932/896	482…524/500
Ni-15Cr-14.7Zr	888…936/912	360…440/390
Ni-24.4Cr-14.6Zr	859…909/884	545…750/676
VPr 27	850…880/865	Unstable results

毛细钎焊主要用于制造一些新产品，如制造组合式叶片，通过特制的插入件等来替

换部分有缺陷的叶片。然而毛细钎焊用于修复叶片的能力是有限的。最常见的缺陷是裂纹和气孔等，出现这些情况时需要堆覆大量的钎料。所以毛细钎焊是不适用的。有充分的理由认为，用复合钎料进行钎焊修复的效率更高。然而，人们对这方面的研究还不够充分。

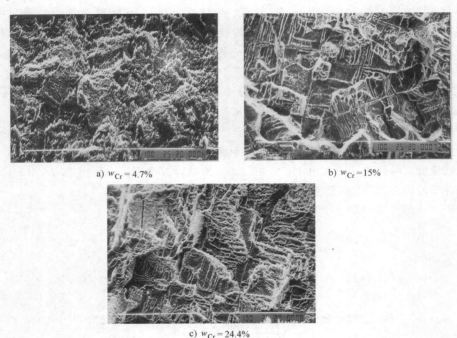

a) $w_{Cr} = 4.7\%$ b) $w_{Cr} = 15\%$

c) $w_{Cr} = 24.4\%$

图 4.6 不同 Cr 含量 Ni-Cr-Zr 系钎料钎焊接头试样的断裂特征

4. 替代的加热方法

使用 Ni-Cr-Zr 系钎料真空钎焊可以得到令人满意的结果，但这个过程是昂贵且复杂的。为此，对使用替代加热方法的新技术的研究正在深入开展，并已有成功的结果被报道（用空心阴极、光束电弧放电等）。最有吸引力的方法是钨极氩弧（TIG）和微等离子体加热方法。采用铸态钎料和复合钎料，在预热或不预热的条件下进行钎焊，母材为 ZhS6U 合金。

众所周知，这类合金不能使用熔焊的方法进行焊接。研究发现，通过在母材上设置熔池，然后用 Ni-Cr-Zr 系钎料进行焊接，如预期的那样，会在熔合区产生热裂纹，裂纹沿着母材的晶界扩展，如图 4.7a 所示。然而，当采用母材不熔化，仅被熔化的钎料润湿的电弧钎焊时，接头的热裂纹敏感性降低，而且所有的裂纹都被钎料所填充，如图 4.7b 所示。最有可能的情况是，在焊缝金属凝固温度以上形成裂纹，而更多的液态钎料沿着母材的晶界渗入裂纹。

通过使用粉状复合钎料（低熔点组分如 Ni-Cr-Zr 系合金和高熔点组分如高温合金 ZhS26U 的粉末混合物）可以进一步降低对熔合区金属的热影响。在这种情况下，复合钎料中低熔点组分和高熔点组分的比例很关键。一方面，高熔点组分的含量越高，熔敷金属的性能就越好；但是，另一方面，低熔点组分的含量不应该太低，因为它对母材具有良好的润湿性，同时如果存在热裂纹，低熔点组分还可以对其进行修复。采用最佳的低熔点组分和高熔点组分的配比，将可以避免热裂纹的产生和使熔敷金属具有均匀的细化组织，如图 4.7c 所示，这将有利于后续热处理。

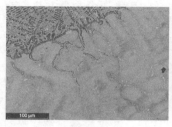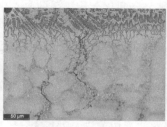

a) 母材熔化　　　　　b) 母材不熔化（×350）　　　　c) 使用一种复合钎料（×200）

图 4.7　钎焊接头界面组织（使用一种 Ni-Cr-Zr 铸态钎料）

能谱分析表明，钎缝成分类似于耐热合金（表 4.5）。应该强调的是，该合金具有高含量的 Al（$w_{Al} = 5.5\%$）和 Ti（$w_{Ti} = 2.9\%$），$w_{Zr} = 1.9\%$。钎缝主要由不同浓度的固溶体（枝晶和枝晶间的金属）组成，Zr 含量低（$w_{Zr} = 0.2\%$）。此外，细小的碳化物沿晶界析出。

表 4.5　用复合钎料进行电弧钎焊的钎缝成分不均匀性

低熔点成分与高熔点成分的比例	相结构	元素含量（质量分数，%）（Ni 基）							
		Co	Zr	Cr	Ti	Al	W	Mo	Nb
1:2	常规	8.4	1.9	4.8	2.9	5.5	8.2	1.5	1.0
	枝晶	9.9	0.2	5.9	2.3	4.9	9.6	0.8	1.0
1:3	枝晶间的金属	7.8	0.2	4.3	4.0	5.9	7.0	0.2	1.4
	常规	7.9	0.7	3.6	3.1	6.0	9.2	0.8	1.3

当然，通过适当的热处理可以从根本上改变钎缝组织（形成细小的 γ′相）。熔敷金属中 Zr 的平均质量分数约为 0.7%，而热处理后其质量分数几乎是不固定的。在电弧钎焊状态和热处理后，接头中 Al 和 Ti 的含量依然很高。

这项研究的研究者提出，在电弧钎焊时提供最小的热输入，防止在焊缝区形成液态中间层以及在低于母材熔点很多的情况下确保母材润湿，结果表明，这是一种非常有效的消除热裂纹的方法。在这种情况下，钎焊参数和新体系钎料的独有特点将发挥重要的作用，例如，Ni-Cr-Zr 系钎料与 Ni-Cr-B-Si 系钎料相比具有高黏附活性、高韧性和低硬度。应当强调的是，使用复合钎料的钎焊效果最好，而不是铸态钎料，因为前者可以调整熔敷金属的成分。此外，熔敷金属的化学成分几乎不受缺陷大小的影响。

4.3　钛铝金属间化合物的钎焊

金属间化合物合金（IM）是一种真正可替代耐热合金的材料。钛基金属间化合物合金是一种先进材料，因为它具有以下特有性能：

1）在很高的温度下仍能保持高强度，而且，一些钛基金属间化合物合金的强度将随温度的增加而增加。

2）和具有相似特点的无序晶体结构合金相比，随着温度的增加，金属间化合物合金弹性模量的降低并不显著。

3）在相同的温度下，钛基金属间化合物合金的自扩散系数比无序合金低几个数量级，这表明有序结构的合金可以获得非常低的蠕变速率。

4）合金中轻元素（铝、硼）的存在使合金密度降低，这对飞机和火箭工程来说是一个重要的特性。

不同成分的二元 Ti-Al 系合金，因金属的化学性质和金属原子的电子结构有很大不同，形成了一系列化合物，如 Ti_3Al（α_2 相）、TiAl（β 相）和 $TiAl_3$（α 相）。由于它们具有低比重特性，受到了研究者的密切关注。近年来，γ-TiAl 基合金作为高温结构材料引起了人们相当大的兴趣，其在不使用涂层时也具有较高的耐热性，可以应用在航空航天工程领域制造轻质压缩机和涡轮机，最重要的是，它扩大了非气冷涡轮机叶片的应用领域。

钛铝金属间化合物在其熔点（约为 1450℃）温度下，仍保留其有序结构。由于铝含量高，钛铝金属间化合物具有较低的密度（$3.8g/cm^3$），用这种材料制造构件对减重非常有利。

Ti-Al 系合金的力学性能取决于合金中铝的含量。塑性最大的合金不是单相 γ-TiAl 合金，而是 Al 的原子百分数为 46%~48% 的 Ti-Al 系合金，这是一种两相（$\alpha_2+\gamma$）合金，α_2 相是 Ti_3Al 金属间化合物。α_2 相的体积分数为 10%~15% 时，该合金的塑性最好。完全的层状粗晶组织合金（α_2 片层在 γ 基体里）具有最大的高、低温抗蠕变性能。

在大多数情况下，对于永久性连接，传统的焊接方法（采用高的热输入进行加热）或大变形的连接方法是不可接受的，因为可能产生裂纹或受到所制造结构几何尺寸的限制。钎焊是连接金属间化合物合金时可以采用的方法，它不会引起母材的熔化。钎焊过程可以避免在接头中形成很高的残余应力以及产生裂纹。因此，它不会给接头的组织状态带来不利影响，并保留了母材的力学性能。

4.3.1 钎料

当前，有大量致力于金属间化合物合金钎焊的研究。可用钎料的范围很广，并且只有一种连接方法，即真空扩散钎焊。纯铜钎料和复合钎料（母材和铜粉的混合物）被用于钎焊 Ti-48Al-2Cr-2Nb 合金，人们详细研究了铜与母材润湿和相互扩散反应的过程。另外，研究结果表明，在 1150℃ 下钎焊并保温 10min，然后在 1350℃ 下热处理 1h，钎焊接头中出现了类似于母材的层状结构，但钎焊接头的强度远远低于母材，只有 350MPa。

铝箔、银箔以及 Cu-Ni、Ti-Cu-Ni、Cu-Ni/Ti/Cu-Ni、Al/Ti/Al，已被用作钎焊 45XD 合金的钎料。基于获得的结果，研究者认为银、铝和 Cu-Ni 钎料不适合钎焊 45XD 合金。根据研究者的观点，其他几种钎料可以得到令人满意的结果，于是研究者给出了最佳的钎料厚度，并且在钎焊后进行了适当的热处理。最有趣的结果是使用 $10\mu m$ Al$/30\mu m$ Ti$/10\mu m$ Al 复合钎料箔，钎焊规范为 900℃ 下保温 1h，加压 20MPa 并随后进行 1350℃、1h 的热处理时，得到了一个完全为层片状组织的接头，但未见接头强度的相关报道。与此同时，如此高的温度可能会引起母材内部的不良变化，从而导致其性能的恶化。

Shiue 等人用已知的 BAg-8 钎料钎焊 γ-TiAl，该钎料实际上是 Ag-Cu 共晶合金。他们发现，银对于母材来说是惰性的，而铜与 TiAl 发生了剧烈的相互作用，形成一个较大的反应层。观察钎焊温度为 950℃ 时的钎焊界面，发现了两种金属间化合物相 AlCuTi 和 AlCu$_2$Ti 的生长，并且随着钎焊温度和保温时间的增加，AlCuTi 相的生长速度更快。当钎焊温度为 950℃，保温时间为 60s 时，钎焊接头强度为 343MPa。随着保温时间的延长，AlCuTi 相的大量生长导致了接头强度的显著下降。所以，这种焊接工艺的发展潜力是值得怀疑的。

据报道，$w_{Si} = 11\% \sim 13\%$ 的 BAlSi-4 可用作钎料。目前尚不清楚试验的依据是什么，正如所预期的那样，在焊缝中出现了含硅金属间化合物（稳定的 Al$_{12}$Si$_3$Ti$_5$），导致接头在低载荷（最大 56.2MPa）下发生了脆性断裂。

在一项研究中，通过在氩气气氛中机械研磨 TiH$_2$-50% Ni 粉末，完成了粉末钎料的收集和制备。人们研究了研磨工艺对 γ-TiAl 真空钎焊接头的显微组织和抗剪强度的影响，结果发现，通过研磨使粉末粒度变小后，钎焊温度会下降。当钎焊规范为 1140℃、15min 时，可以获得较合理的接头，但粉末需要研磨 120min 后才能使用。当钎焊温度升高到 1180℃ 时，接头达到最高抗剪强度，室温强度为 256MPa，800℃ 强度为 207MPa。当钎焊温度升高到 1200℃ 时，会导致母材严重烧蚀，接头强度下降。

Simoes 等人进行了一项有趣的试验。他们通过磁控溅射方法制备了薄膜形式的 NiAl 钎料。通过温度或压力的激发，薄膜发生放热反应，可以作为独立热源。溅射层单层厚度分别为 5mm、14mm 和 30nm，真空钎焊规范为 900℃ 下保温 30min 及 60min。使用 14nm 和 30nm 厚的单层溅射层，得到了无缺陷的接头。使用 5nm 厚的单层溅射层时，在钎缝中检测到了孔隙和裂纹。使用单层为 14nm 厚的 NiAl 钎料层，在温度为 900℃、压力为 5MPa、焊接时间为 60min 的条件下，得到的钎焊接头抗剪强度最高（314MPa）。

在钎焊 γ-TiAl 时，虽然可用的钎料有很多种，但在提高接头的均匀性和强度方面，多组分钛基钎料是最有效的。以下元素被用于降低钛合金的熔点：Ag、Cu、Ni、Pd、Mn、Be、Fe、Co 等。但应该强调的是，TiAl 金属间化合物合金的工作温度很高，由于对耐热性的要求，使用 Ag、Cu 和 Al 基钎料是不合适的。另外，由于其高毒性和对钛合金塑性的不利影响，Be 的应用受到了限制。例如，基于 Ti-Cu-Ni、Ti-Zr-Cu-Ni 和其他钎焊钛合金的钎料体系得到了广泛的应用。它们的使用形式为急冷态薄带或混合粉末（表 4.6）。

基于相图分析可知，用元素周期表中的 IV 族元素作为降熔元素（如 V、C、Mn、Fe、Co、Ni）研发 Ti-Zr 系钎料是可行的。特别是 Ti-Zr-Mn 系和 Ti-Zr-Fe 系合金钎料很有发展前途，因为在二元合金系 Ti-Mn、Ti-Fe、Zr-Mn 和 Zr-Fe 的 β（Ti）或 β（Zr）固溶体与富 Ti 或富 Zr 的金属间化合物之间，存在着共晶熔化温度相对较低的低熔点共晶，其共晶熔化温度分别为 1180℃、1085℃、1135℃和 928℃。

在 Ti-Zr 系中，存在着结构相同的 TiMn₂ 和 ZrMn₂ 化合物，以及一连续系列的固溶体和带最低点的液相面，说明存在一个较低固相线温度的组成区，其温度比 Ti-Zr-Mn 三元合金系中限定二元系共晶温度低。研究时标出了限定二元系中富 Ti 和富 Zr 共晶多温截面的一些连接点，证实 Ti-Zr-Mn 系中存在着一个宽的 β（Ti，Zr）+（Ti，Zr）Mn₂ 两相区。

表 4.6　钎焊 Ti 基合金的钎料

钎料	成分(质量分数,%)	钎焊温度/℃	熔点/℃	
			固相线	液相线
TiBraze375	Ti-37.5Zr-15Cu-10Ni	850～880	825	835
TiBraze240	Ti-24Zr-16Cu-16Ni-Mo	890～920	835	850
TiBraze260	Ti-26Zr-14Cu-14Ni-0.5Mo	880～920	840	860
TiBraze200	Ti-20Zr-20Cu-20Ni	870～900	848	856
TiBraze15-15	Ti-15Cu-15Ni	980～1050	902	950
TiBraze15-25	Ti-15Cu-25Ni	930～950	901	915
TiBraze70Ag	Ag-27Cu-(4-5)Ti	850～900	780	800
STEMET1201	Ti-12Ni-12Zr-24Cu	900～1000	830	955
STEMET1202	Ti-12Ni-12Zr-22Cu-1.5Be-0.8V	850～950	748	857
STEMET1203	Ti-50Cu	1000～1050	950	990
STEMET1204	Cu-28Ti	1000～1100	—	875
STEMET1406	Zr-11Ti-14Ni-13Cu	900	770	833
STEMET1409	Zr-11Ti-14Ni-12Cu-2Nb-1.5Be	750～859	685	767
VPr16	Ti-(22-24)Cu-(8.5-9.5)Ni-(12-13.5)Zr	920～970	880	890
VPr28	Ti-16.5Cu-15.5Ni-23Zr	850～870	830	840

在试验和文献资料的基础上，用单纯形优化法绘制了 Ti-Zr-Fe 和 Ti-Zr-Mn 三元系合金的液相面。观察发现，在共晶区域中包含了具有最低熔点的化合物，在此基础上研制三元系的 TiAl 合金钎料是很有希望的。

试验用钎料有 Ti-Zr-Fe、Ti-Zr-Mn、Ti-Zr-Cr、Ti-Hf-Fe 和 Ti-Zr-Cu-Ni（表 4.7），母材有钛铝合金 47XD（Ti-45Al-2Nb-2Mn-0.8TiB₂）和 48-2-2（Ti-47Al-2Nb-2Cr）（图 4.8a、b）。这些钛铝合金含有相同原子分数的 Al，即 48%～49%，但它们的组织形貌在一定程度上却有所不同。沿着合金 47XD 的主要组织-有序 γ 相（TiAl）的边界发现了亮层状 α₂ 相（Ti₃Al）（图 4.8a）。此外，在层状结构的背景中发现了 1μm 宽，最长 30μm 的针状硼化物。能谱分析结果显示，硼的原子分数达到了 66.67%～71.02%（表 4.8，图 4.8a）。应当指出，47XD 合金是由粉末冶金方法生产的，其特点是存在孔隙，导致其钎焊过程更为复杂。TiAl 合金 48-2-2 由电子束重熔方法制得，在初始状态不含有层状结构。在合金中会看到弥散的 α₂ 相（白色的）颗粒，其铬的原子分数有所增加

（6.7%～9.3%）（图 4.8b）。合金 48-2-2 是一种典型的钛铝合金，它的特点是室温塑性（延伸率约为 2.5%）比 TiAl（延伸率约为 0.5%）高。

表 4.7　钎料的化学成分和熔化温度范围

钎料	化学成分（质量分数，%）								熔化温度/℃
	Ti	Zr	Fe	Mn	Cu	Ni	Cr	Hf	
1	45	30	—	—	—	—	25	—	1150～1180
2	45	—	25	—	—	—	—	30	1030～1070
3	45	30	25	—	—	—	—	—	940～970
4	45	30	—	25	—	—	—	—	1040～1090
5	52	12	—	—	24	12	—	—	890～910
6	45	24	—	—	16	15	—	—	820～850

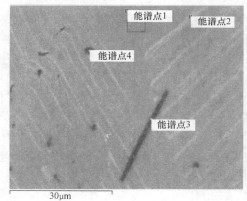

a) 47XD合金

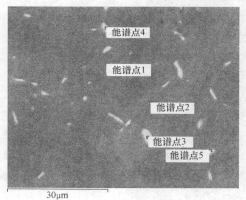

b) 48-2-2合金

图 4.8　钛铝合金母材的微观组织

表 4.8　母材中组织的化学成分

（EDS）能谱点编号		化学成分（原子分数，%）					
		Ti	Al	Mn	Cr	Nb	B
47XD	1	48.00	48.65	1.51	—	1.85	0.00
	2	53.25	42.74	1.94	—	2.07	0.00
	3	22.52	5.54	0.18	—	0.74	71.02
	4	25.18	7.04	0.29	—	0.82	66.67
48-2-2	1	48.89	47.70	—	1.8	1.61	—
	2	49.36	47.54	—	1.57	1.52	—
	3	54.49	34.33	—	9.31	1.87	—
	4	52.87	38.47	—	6.7	1.96	—
	5	51.22	43.36	—	3.72	1.7	—

在采用辐射加热的真空炉中（1.33×10⁻³ Pa）钎焊搭接接头，用于制备金相试样，将铸态钎料放在钎缝间隙附近，采用毛细钎焊方法。此外，将50μm厚的快淬薄带钎料放置于对接接头钎缝间隙中，用于制备力学性能试验试样。采用1∶1∶1的氢氟酸、硝酸和甘油作为金相腐蚀液。

4.3.2 钎焊温度和保温时间

选择铝的原子分数为45%～47%的钛铝合金的钎焊温度范围时，不仅需考虑钎料的液相线温度（T_L），也要考虑母材的化学成分，以及与钎料可能形成的金属间化合物的相。为了激活扩散过程和避免Fe-Al、Mn-Al化合物的形成，应在1250℃下进行钎焊，该温度与母材的热处理温度一致，并选择1150℃、1180℃和1200℃三种钎焊温度作为对比。钎焊温度下的保温时间是5min、15min和60min。最长的保温时间用于确保完成扩散过程，获得化学成分均匀的钎缝、圆角和母材区。

使用一种商业非晶态Ti-Zr-Cu-Ni系钎料（表4.7中序号5）在1250℃（保温5min）钎焊钛铝合金，尽管装配试样时没有预留间隙，形成的焊缝仍然较宽（120～200μm），并且化学成分明显不均匀。沿着钎缝的中心线形成了一条20～30μm宽的连续带状共晶组织，圆角中也有共晶组织（图4.9b），这种共晶组织促进了裂纹的萌生和扩展（图4.9a、b），将导致钎焊接头的力学性能恶化。

对焊缝成分不均匀性的能谱分析结果表明，当使用商用钎料（表4.7中序号5）钎焊，保温5min时，钎缝中铝的质量分数为21%～31%。位于焊缝中心线的钛基共晶成分包含5.8%的Zr，12.9%的Cu和7.8%的Ni。经检测，焊缝中存在含铝量最高的Ti-31Al-1.5Zr-2.6Cu-0.5Ni-3.8Nb-1.7Mn晶粒，它以光滑平面形式结晶，并在晶粒边缘存在着白亮相，但由于其尺寸较小，无法检测其成分（图4.9c）。

使用6号（表4.7）钎料钎焊时（钎焊温度为1250℃，保温时间为5min），钎缝圆角的共晶成分由两相组成（质量分数）：白亮相（Ti-23Al-18Zr-11Cu-16Ni-2Nb）和灰暗相（Ti-21Al-5.4Zr-1.8Cu-2.7Ni-2.3Nb）。在截面金相试样的中心部分看到，除共晶组织外，两种相（即白亮相Ti-23Al-1.8Zr-5.9Cu-4.4Ni-6.3Nb和灰暗相Ti-33.7Al-1.9Zr-0.8Cu-0.6Ni-3.7Nb-1.5Mn）也在钎缝处凝固，但是两相中钎料元素的质量分数要低得多。

保温时间增加至15min对钎缝组织的形成几乎没有任何影响。进一步延长保温时间至60min，将导致钎缝和圆角中钎料元素质量分数的降低，而微观组织的数量保持不变。金相组织分析表明，当使用5号和6号商用钎料（表4.7）时，正如所料，钎缝组织的形成和反应的交互作用在许多方面具有相同的特征。钎缝金属形成了典型的区域凝固区和沿钎缝中心线的共晶区。

使用2号钎料（表4.7）钎焊（钎焊温度为1250℃，保温时间分别为5min和15min）时，钎缝同样凝固，并沿钎缝中心线形成了连续的带状共晶区。保温时间增加至60min后，钎缝中不再形成共晶区（图4.10a），而是形成了一个两相凝固区，即富Al的α_2相和γ相，钎料和母材中其他元素的含量均较低。钎缝圆角的组织（图4.10b、c）是不均匀的，由两个区域组成：外部区域，包括粗大、白亮的Hf基相Ti-49.8Hf-

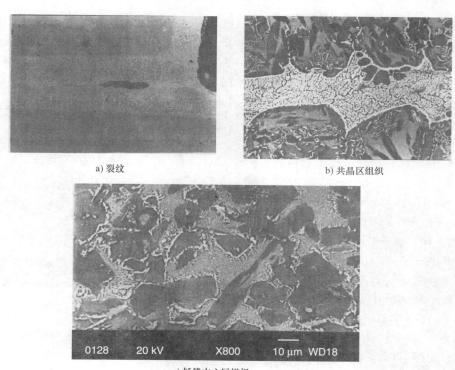

a) 裂纹

b) 共晶区组织

c) 钎缝中心区组织

图 4.9　商用钎料 Ti-12Zr-24Cu-12Ni（质量分数）的钎焊接头组织

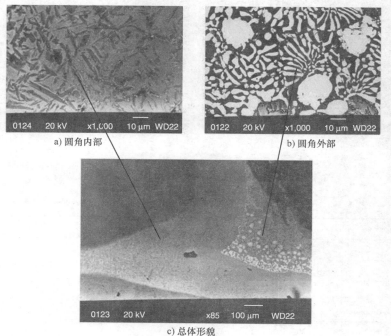

a) 圆角内部

b) 圆角外部

c) 总体形貌

图 4.10　Ti-30Hf-25Fe 钎料钎焊接头圆角区域的凝固

17Fe-13Al-0.9Nb-0.1Mn（质量分数），灰色的钛基相 Ti-（17.2～25.3）Hf-6.2Fe-16.8Al-2.5Nb 和层片状共晶组织，共晶组织最后凝固并被挤出到圆角的外部区域（图4.10c）；邻接母材的圆角内部区域（图4.10c），其组织形貌与外部区域不同，和钎缝组织则比较接近，Al 的质量分数增加到 22.2%，Hf 的质量分数减小到 9.6%。在离圆角较远的钎缝中，Al 的质量分数进一步增加为 27.7%，而 Hf 的质量分数进一步降低至 3.9%。钎缝组织由两个富 Al 相组成，没有共晶组织（图4.11）。

使用 Ti-Zr-Cr 系钎料钎焊得到了非常相似的结果。钎焊温度为1180℃，即使保温时间很短（5min），钎缝中也形成了 γ-TiAl 和 Ti_3Al 相（表4.9，图4.12a）。与钎缝相邻的母材中的 Al 的原子分数和钎缝中的灰黑色相（TiAl 相）大致相同

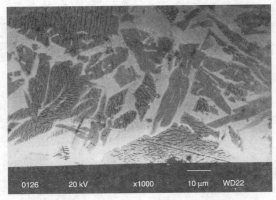

图 4.11 Ti-30Hf-25Fe 钎料钎缝组织

（42.14%～43.55%）。钎缝圆角也包括两个区域。当使用 Ti-Hf-Fe 系钎料钎焊时，在圆角的外部区域将形成富 Zr 的共晶组织（图4.12b）。

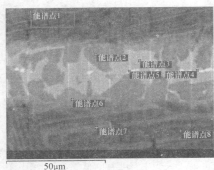

a) 钎缝组织

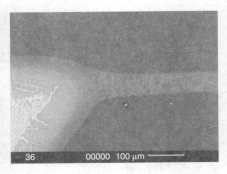

b) 圆角组织

图 4.12 一种 Ti-Zr-Cr 系钎料的钎缝组织和圆角组织

表 4.9 一种 Ti-Zr-Cr 系钎料钎焊接头的化学成分（原子分数,%）

扫描区（能谱点）	Al	Ti	Cr	Mn	Zr	Nb
1	42.14	55.21	—	0.71	—	1.94
2	43.55	49.14	1.43	0.54	3.60	1.75
3	32.20	56.83	4.45	1.70	2.83	2.00
4	32.64	52.07	2.51	0.63	10.97	1.17
5	33.40	51.68	2.50	0.55	10.82	1.05

（续）

扫描区（能谱点）	Al	Ti	Cr	Mn	Zr	Nb
6	37.55	55.71	1.69	0.80	2.21	2.04
7	37.96	58.72	—	1.12	—	2.19
8	43.88	53.09	—	0.94	—	2.09

　　使用 Ti-Zr-Fe 系钎料（表 4.7 中的 3 号钎料）（钎焊温度为 1200℃，保温时间为 30min 和 60min）钎焊钛铝合金 47XD，形成约 100μm 宽的两相组织钎缝（图 4.13a、b）。Al 的原子分数为 45% 的 γ- TiAl 相的晶粒在母材表面和钎缝中心部分形核（图 4.13a），在母材表面形核的 γ- TiAl 相向钎缝深处生长，同时保留了母材的片晶状取向。Al 的原子分数约为 30% 的 Ti_3Al 相在钎缝中的贫 Al 区凝固后形成。钎缝圆角组织具有区域凝固的特征。外部区域主要是共晶组织，使其不同于圆角内部区域和钎缝组织，这是共晶钎料的特点。在钎焊温度 1200℃ 下将保温时间延长到 90min，也会导致钎缝中两相组织的形成：主相为 Ti-43Al-2Nb-1.2Fe-1.43Zr；此外，还存在大量的 Ti-32Al-1.4Zr-3.4Fe 相。钎缝宽度保持不变，即约为 100μm。但未能成功避免在圆角组织中形成共晶区。将钎焊温度升高到 1250℃，保温 60min，在钎缝和圆角组织中形成了两种相（γ-TiAl 相和 Ti_3Al 相），而没有出现共晶组织（图 4.14a~d）。Al 在 γ-TiAl 中的原子分数是 43%，在 α_2 相（Ti_3Al 相）中的原子分数是 31%。

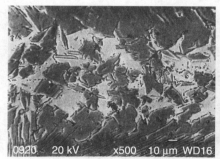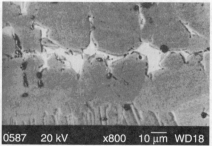

a) 钎焊温度为1200℃，保温时间为30min　　　　b) 钎焊温度为1200℃，保温时间为60min

图 4.13　用铸态钎料 Ti-30Zr-25Fe（原子分数,%）钎焊得到的接头

　　用一种 Ti-Zr-Mn 系钎料（表 4.7 中的 4 号钎料）钎焊 47XD 合金，邻近母材的钎缝区域中形成了层片状组织。一些区域的晶粒与母材金属生长，形成"连生结晶"（图 4.15）。接头界面处组织的化学成分与母材几乎相同。

　　当钎焊温度为 1250℃，保温时间为 60min 时，钎焊由电子束重熔方法制备的铸态钛铝合金 48-2-2，形成了具有类似特征的钎缝组织（图 4.16 和图 4.17）。

　　采用 Ti-Zr-Mn 系钎料钎焊的钎缝组织由两相组成：主要相是 Al 的原子分数为 45.67% 的 TiAl 相；另一个相是 Al 的原子分数降至 31.9% 的 α_2 相（Ti_3Al），在室温下，该相中 Al 的原子分数为 22%~35%。能谱分析结果显示，母材和钎料中的合金化元素在这两种相中所占的原子分数均很低。应当指出的是，这些相的化学成分均匀一致，与

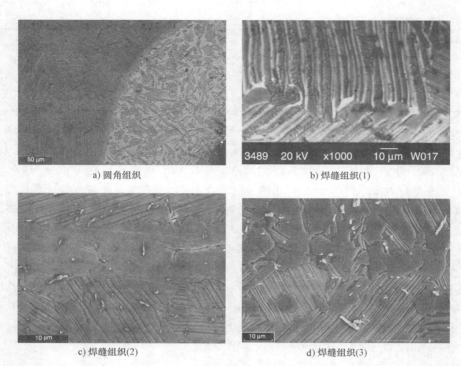

a) 圆角组织　　　　　　　　　　　b) 焊缝组织(1)

c) 焊缝组织(2)　　　　　　　　　　d) 焊缝组织(3)

图 4.14　用铸态钎料 Ti-Zr-Fe 钎焊钛铝合金 47XD 的接头组织
（钎焊温度为 1250℃，保温时间为 60min）

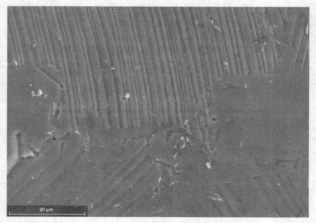

图 4.15　用 4 号（表 4.7）铸态钎料钎焊 47XD 合金得到的接头组织

其所在的钎缝位置无关。

　　众所周知，铸造合金 Ti-47Al-2Nb-2Cr 在 1250℃进行热处理时将形成层状结构。选择最佳的钎焊参数，经高温加热后的母材（48-2-2）会形成一种 α_2 和 γ 相交替的层状结构（图 4.17a）。因此，在已有研究的基础上发展起来的铸造钛铝合金 Ti-47Al-2Nb-2Cr 钎焊技术，允

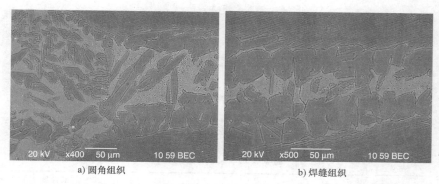

a) 圆角组织　　　　　　　　　　　　　b) 焊缝组织

图 4.16　用一种铸态 Ti-Zr-Mn 系钎料钎焊 48-2-2 合金得到的接头组织

许将钎焊热循环与热处理制度相结合。同样，由于层状结构使得接头具有最优的力学性能，没有必要再对母材进行热处理。TiAl 相的数量取决于由于毛细作用力使钎料渗透到钎缝中的深度，钎料渗透得越深，钎缝中 TiAl 相的含量就越高（图 4.17b）。

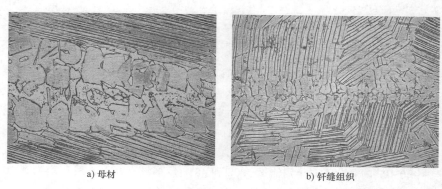

a) 母材　　　　　　　　　　　　　b) 钎缝组织

图 4.17　用 Ti-Zr-Mn 系钎料钎焊 48-2-2 合金的钎缝（×500）

　　扫描电镜和能谱分析结果表明，钎缝的化学成分和组织与初始状态的钎料显著不同。扩散发生在固态母材和液态钎料的相邻界面上，尤其导致了母材和钎缝中 Al 元素浓度的平衡。当使用 Ti-Zr 系钎料时，在钎焊温度下延长保温时间，钎缝中的 Zr 含量将降低，这是由 Ti 与 Zr 的互溶性引起的。圆角比钎缝含有更多的液态钎料，钎料与母材的接触界面越小，扩散过程越不充分。因此，圆角中的 Zr 含量比钎缝中更高。

　　从对接钎焊接头中切取标准力学性能试样（图 4.18），用于测试接头的室温和高温（700℃）力学性能，测试结果见表 4.10。对室温抗拉强度的分析结果表明，使用 5 号商业钎料（表 4.7）Ti-12Zr-24Cu-12Ni 钎焊钛铝合金 47XD 得到的接头强度最小，这是由钎缝的组织特征造成的。钎缝中的共晶组织将钎缝划分成不同区域并促使裂纹产生。用试验钎料 Ti-30Zr-25Fe 和 Ti-30Zr-25Mn（质量分数，%）钎焊时，得到了最好的结果，钎焊接头强度与母材相等，钎缝组织与母材相近。对于表 4.10 中的所有钎料来说，700℃时的接头抗拉强度基本处于同一水平，强度范围为 280～316MPa。

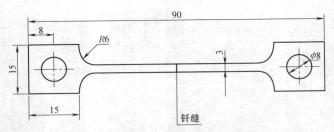

图 4.18   拉伸试样和持久试样示意图（对接试样）

表 4.10   钎焊接头的性能

合金编号	化学成分（质量分数,%）	强度/MPa		在 700℃下试样断裂所需时间/h（不同应力条件）	
		20℃	700℃	140MPa	200MPa
1	Ti-30Zr-25Cr	490	315	216	—
2	Ti-30Hf-25Fe	592	280	480	—
3	Ti-30Zr-25Fe	651	284	483 *	499 *
4	Ti-30Zr-25Mn	693	316	500 *	300 *
5	Ti-12Zr-24Cu-12Ni	574	300		
6	Ti-24Zr-16Cu-15Ni	468	—		

注：* 表示试样进行持久试验时未断裂。

　　尽可能接近服役条件的接头持久性能测试，是检验钎焊接头耐热性的一个重要测试。对 γ-TiAl（47XD）合金的钎焊接头进行持久性能测试时发现，在测试温度为 700℃、测试应力为 140MPa 的条件下，Ti-Zr-Cr 系钎料的钎焊接头的持久寿命最低，耐热性最差。测试时间达到 216h 后，试样在钎缝处断裂。Ti-Hf-Fe 钎料钎焊接头则需要更长的测试时间（480h）。应该强调的是，使用 Ti-Zr-Mn 和 Ti-Zr-Fe 钎料得到的钎焊接头（表 4.5），在客户指定的 140MPa 的载荷下，分别测试 500h 和 483h 后都没有断裂；载荷增加到 200MPa，分别测试 300h 和 499h 后也没有发生断裂，停止试验，移走试样（表 4.10）。

　　可见，基于现有研究基础研发的钎料，钎焊 γ-TiAl 合金得到的接头组织和性能与母材接近。以此结果为基础，可以采用上述钎料制造新型先进钛铝合金关键钎焊构件并将其应用于不同领域。

4.4   结论

　　1. 本章研究了 Ni-Cr-Zr 系合金中的富 Ni 合金。确定了包晶位置、共晶转变单变线的位置和三元共晶的成分。在所研究的浓度范围内绘制了合金的液相面，确定了可用于钎焊镍基高温合金的理想的钎料合金成分范围。

　　2. 在含有一定量的铬的合金组织中，发现了韧性的金属间化合物 Ni_7Zr_2，而不是硬脆的金属间化合物 Ni_5Zr，从而导致了共晶组织硬度的下降，这使得真空钎焊钎缝的硬度与母材相近成为可能。

　　3. 采用复合黏附活性钎料并用电弧加热钎焊镍基高温合金的方法引起了人们的特

别关注，电弧加热为调节钎缝成分和热输入创造了条件。

4. 本章研究了 Ti-Zr-Fe 和 Ti-Zr-Mn 系合金的组织和熔化温度范围，绘制了这些合金系的液相面，确定了钎焊钛铝合金 Ti-45Al-2Nb-2Mn+0.8% TiB$_2$（体积分数）的钎料合金的成分范围。

5. 以 Ti-Zr-Fe 和 Ti-Zr-Mn 系合金为基的钎料是一种黏附活性钎料，用它来焊接钛铝合金可以形成致密、无缺陷，且不含共晶成分的钎缝。这种钎料使钎缝形成与母材组织接近的（TiAl+Ti$_3$Al）两相成为可能，接头的室温和 700℃ 抗拉强度分别为 651 ~ 693MPa 和 284 ~ 316MPa，与母材性能接近。测试温度为 700℃，预设载荷分别为 140MPa 和 200MPa 时，持久寿命分别是 483h 和 500h，试样没有发生断裂。

4.5　发展趋势

在许多商用耐热合金中，高温合金因常用于制造燃气涡轮发动机的热端部件以及涡轮叶片而备受关注。目前，在大多数的情况下，这类合金是镍基高温合金。

应用这类合金的重要挑战之一是零部件修复技术和焊接材料的研发，这就如同制造这些零部件的一部分一样。钎焊高温合金时宜采用 Ni-Cr-Si-B、Ni-Cr-Co-B、Ni-W-Co-B、Ni-Cr-Al-B 和 Ni-Cr-Al-Si-B 系钎料（M. M. Shvarts，*Handbook*），其中，硼和硅是主要降熔元素。在许多研究报道中，使用以上钎料进行真空扩散钎焊，需要很长的焊接时间才能获得好的接头性能，这是不经济的。使用复合钎料钎焊则更为高效。在这种情况下，钎料用作低温相，被焊母材的粉末用作高温相。在人们可接受的焊接时间内，所形成的接头性能与母材接近。在未来一段时间内，这一技术将得到日益广泛的应用。然而，硼沿晶界扩散的问题仍是应用这类钎料时需要考虑的问题，对替代钎料的研究也将持续下去。

毫无疑问，将元素周期表中的Ⅳ族和Ⅴ族元素（如 Ti、Zr、Hf、Nb、Ta）作为降熔元素的新的钎料系统将投入使用；高 Nb 含量的钎料，如 VPr24，已用于商用，这是一种 W、Co 含量很高，且含有一定量的 Al 和 Ti，而 B 含量较低（0.25% ~ 0.35 %）的合金。Ni-Cr-Zr 系钎料尚未得到广泛应用，但这类钎料能采用真空和电弧加热，而电弧加热钎焊将成为一个特别的研究领域。

在约 700℃ 的工作温度下，金属间化合物合金是一种真正的替代材料。它们的使用扩大了无需冷却的叶片的应用领域，并且在没有涂层时也可保证具有高耐热性。此外，在高的工作温度下，其性能改变并不明显，并且由于比重低而具有很多优点。目前，镍基合金和钛铝合金被认为是最有应用前途的。比重小、熔点高、综合力学性能好的 γ-TiAl 合金受到了人们的广泛关注。分析相关文献资料可知，这些合金主要的连接方法是扩散钎焊。因此，可以推断，不推荐采用 Ag 基、Cu 基和 Al 基钎料连接钛铝合金。否则，即使接头中形成了类似于母材的层状组织，其力学性能也将比母材差很多。

到目前为止，钛基钎料，特别是 Ti-Zr 系钎料的钎焊获得了最佳的接头组织和力学性能。这些钎料的钎缝中形成了层状组织，并且这些钎料接头的室温强度和 700℃ 强度都比较相近。应该强调的是，已经获得了理想的接头持久寿命的测试结果。

连接 γ-TiAl 的一个非常有趣的方法是使用金属箔：Al/Ti/Al 或 Ti、Al 交替叠层的纳米结构多层薄膜。到目前为止，还没有获得高的接头强度，但总的来说这一研究领域是有希望的。作者认为另一个有前途的领域是应用 Ni-Al 系纳米结构多层薄膜的自蔓延放热反应，此时获得的接头强度大约是母材的一半。

最后应当指出的是，对钛铝合金钎焊技术的研究仍处于初期阶段，需继续扩大对这一领域的研究。

4.6   参考文献

Paton, B.E., Stroganov, G.B., Kishkin, S.T. *et al. Heat resistance of casting nickel alloys and their protection from oxidation.* Kiev: Naukova Dumka, 1967. 256 pp.

Shalin, R.E., Svetlov, I.L., Kachanov, E.B. *et al. Single crystals of nickel superalloys.* Moscow: Mashinostroyeniye, 1997. 336 pp.

Casting superalloys. *S.T. Kishkin's Effect: Collected Scien.-Techn. Articles.* Ed. by E.N. Kablov. Moscow: Nauka, 2006. 272 pp.

Superalloys 2. *Heat-resistant materials for aerospace and industrial power units.* Ed. by C.T. Sims, N.S. Stoloff and W.K. Hagel. Transl. from English. In 2 books: Book 1. Ed. by R.E. Shalin. Moscow: Metallurgiya, 1995. 384 pp.

Superalloys 2. *Heat-resistant materials for aerospace and industrial power units.* Ed. by C.T. Sims, N.S. Stoloff and W.K. Hagel. Transl. from English. In 2 books: Book 2. Ed. by R.E. Shalin. Moscow: Metallurgiya, 1995. 384 pp.

Kablov, E.N. Cast Blades of Gas Turbine Engines. *Alloys, Technologies, Coatings* Moscow: MISiS, 2001. 632 pp.

Janke, B. High-Temperature Electron Beam Welding of the Nickel-Base Superalloy IN-738 LC. *Welding Journal* (1982) 11:343s–347s.

Xiaowei Wu, Chandel, R.S. and Hang Li. Evaluation of transient liquid phase bonding between nickel-based superalloys. *Journal of Materials Science* (2001) 36:1539–1546.

Arafin, M.A., Medrai, M., Turner, D.P. and Bocher, P. Transit liquid phase bonding of Inconel 718 and Inconel 625 with BNi-2: Modeling and experimental investigations. *Mater Sci and Eng: A* (2007) 447(1/2):125–133.

Ohsasa, K., Shinmura, T. and Narita, T. Numerical modeling of the transient liquid phase bonding process of Ni using Ni-B-Cr ternary filler metal. *J of Phase Equilibria* (1999) 20(3):199–206.

Chaturvedi, M.C., Ojo, O.A. and Richards, N.L. Diffusion brazing of cast Inconel 738 superalloy. *Advances in Technol: Materials and Materials Proc* (2004) 2(6):206–213.

Saha, R.K. and Khan, T.I. Effect of bonding variables on TLP bonding of oxide dispersion strengthened superalloy. *J Mater Sci* (2007) 42:9187–9193.

Liu, J.D., Jin, T., Zhao, N.R. *et al.* Effect of transient liquid phase (TLP) bonding on the ductility of a Ni-base single crystal superalloy in a stress rupture test. *Materials Characterization* (2008) 59:68–73.

Xiaowei Wu, Chandel, R.S., Hang Li *et al.* Induction brazing of Inconel 718 to Inconel X-750 using Ni–Cr–Si–B amorphous foil. *Journal of Materials Processing Technology* (2000) 104:34–43.

Mattheij, J.H.G. Role of brazing in repair of superalloy components – advantages and limitations. *Mater Sci Technol* (1996) 11(8):608–612.

Duvall, D.S., Owezarsks, W.A. and Paulonis, D.F. TLP bonding: a new method for jointing heat resistant alloys. *Welding J* (1974) 4:203–214.

Rabinkin, A. Brazing with (NiCoCr)-B-Si amorphous brazing filler metals: alloys, processing, joint structure, properties, application. *Sci and Technol of Welding and Joining* (2004) 9(3):181–199.

Khorunov, V.F. *Principles of brazing of thin-walled structures of high-alloy steels.* Kiev: Naukova Dumka, 2008. 240 pp.

Rabinkin, A., Wenski, E. and Ribaudo, A. Brazing Stainless Steel Using a New MBF-Series of Ni–Cr–B-Si Amorphous Brazing Foils. *Welding Journal* (1998) 2: 66s–75s.

Wu, X.W., Chandel, R.S., Seow, H.P. and Li, H. Wide gap brazing of stainless steel to nickel-based superalloy. *Journal of Materials Processing Technology* (2001) 113: 215–221.

Belyavin, A.F., Kurenkova, V.V., Malashenko, I.S. *et al.* Strength and microstructure of brazed joints on alloy JS6U produced by using boron- and boron-silicon-bearing filler metals. *Advances in Special Electrometallurgy* (2010) 2:40–51.

Kurenkova, V.V., Malashenko, I.S., Trokhimchenko, V.V. *et al.* Tensile strength of brazed joints on nickel alloy VJL12U at 20 and 950°C temperatures. *Advances in Special Electrometallurgy* (2006) 3: 30–40.

Malashenko, I.S., Kurenkova, V.V., Onoprienko, E.V. *et al.* Mechanical properties and structure of brazed joints on casting nickel alloy JS26VI. Part 1. *Advances in Special Electrometallurgy* (2007) 1:25–32.

Kurenkova, V.V., Onoprienko, E.V., Malashenko, I.S. *et al.* Mechanical properties and structure of brazed joints on casting nickel alloy JS26VI. Part 2. *Advances in Special Electrometallurgy* (2007) 2:23–34.

Kurenkova, V.V., Onoprienko, E.V., Malashenko, I.S. *et al.* Structure and strength properties of brazed joints on casting nickel alloy JS26NK. Part II. *Advances in Special Electrometallurgy* (2008) 1:26–35.

Henhoeffer, T., Huang, X., Yand, S., Au, P. and Nagy, D. Microstructure and high temperature tensile properties of wide gap brazed cobalt based superalloy X-40. *Materials Science and Technology* (2010) 26:4.

Khorunov, V.F., Ivanchenko, V.G. and Kvasnitskyy, V.V. *Investigation of Ni–Cr–Zr and Ni-Cr-Hf Alloys.* Hart- und Hochtemperaturloten und Diffusionsschweißen Vortrage und Posterbeitrage des 5. Intern. Kolloq. in Aachen: 59–61. Düsseldorf: DVS-Verl., 1998.

Khorunov,V.F., Maksymova, S.V. and Ivanchenko, V.G. Development of filler metals for brazing heat-resistant nickel – and titanium-base alloys. *The Paton Welding Journal* (2004) 9:26–31.

Khorunov, V.F., Maksimova, S.V. and Zvolinskii, I.V. Brazing alloys based on the Ni–Cr–Zr system for brazing creep-resisting nickel alloys *Welding International* (2010) 24(6):462–464.

Lyakishev, N.P. (Ed.) *Constitutional diagrams of binary metal systems: Handbook in 3 volumes.* Vol. 3, Book 1. Moscow: Mashinostroyeniye, 1999. pp. 672–675.

Massalski, T.B. *Binary Alloy Phase Diagrams*, 2nd edition. Metals Park, Ohio: ASM International, 1990.

Khorunov, V.F. Problems of brazing of metallic materials. In *Current Problems of Modern Materials Science.* In 2 volumes. Vol. 1. Kiev: Akademperiodika Publishing House, 2008. pp. 260–284.

Hua-Ping Hiong, Bo Cheng, Wei Mao *et al.* High-temperature brazing of alloy based on intermetallic Ti_3Al. *Transactions of National University of Shipbuilding (NUK)* (2009) 4 (427):43–49. Mykolaiv: NUK.

Ivanov, V.I. and Yasinsky, K.K. The efficiency of using superalloys based on intermetallic Ti_3Al and TiAl for operation at temperatures of 600–800°C in aerospace engineering. *Tekhnologiya Lyogkikh Splavov* (1996) 3:7–12.

Lukianychev, C.Yu., Shakhanova, G.V., Smirnova, T.R. and Goryunova, G.V. Structure and properties of semi-finished products of alloy Ti-48Al-2Nb-2Cr based on intermetallic TiAl, produced by the shaped casting method. *Tekhnologiya Lyogkikh Splavov* (1996) 3:16–19.

Kablov, E.N. VIAM – heart of the aviation materials science. *Vestnik Vozdushnogo Flota* (2003) 4:6.

Grinberg, B.A. and Ivanov, M.A. *Intermetallics: microstructure and deformation behaviour*. Ekaterinburg: UrO RAN, 2002. 360 pp.

Bannykh, O.A., Povarova, K.B., Braslavskaya, G.S. *et al.* Mechanical properties of cast alloys γ-TiAl. *Metallovedenie i Termicheskaya Obrabotka Metallov* (1996) 4:11–14.

Gale, W.F., Wen, X., Shen, Y., Xu, Y. and Fergus, J.W. Diffusion brazing of titanium aluminide. Wettability, microstructural development and mechanical properties. *International Brazing & Soldering Conference Proceedings*. 2–5 April 2000, Albuquerque, New Mexico, pp. 42–49.

Xu, Q., Chaturvedi, M.C., Richards, N.L. and Goel, N. Diffusion brazing of a TiAl alloy. *International Brazing & Soldering Conference Proceedings*. 2–5 April 2000, Albuquerque, New Mexico, pp. 57–64.

Shiue, R.K., Wu, S.K. and Chen, S.Y. Infrared brazing of TiAl intermetallic using BAg-8 braze alloy. *Acta Materialia* (2003) 51:1991–2004.

Shiue, R.K., Wu, S.K. and Chen, S.Y. Infrared brazing of TiAl using Al-based braze alloys. *Intermetallics* (2003) 11:661–671.

Peng He, Duo Liu, Erjing Shang and Ming Wang. Effect of mechanical milling on Ni–TiH$_2$ powder alloy filler metal for brazing TiAl intermetallic alloy: The microstructure and joint's properties. *Materials Characterization* (2009) 60:30–35.

Simoes, S., Viana, F., Vieira, M.F., Ventzke, V., Kocak, M. *et al.* Diffusion bonding of TiAl using Ni/Al multilayers. Springer Science+Business Media, LLC 2010, *Mater Sci* (2010) 45:4351–4357.

Kalin, B.A., Sevryukov, O.N., Fedotov, V.T., Plyushchev, A.N. and Yaikin, A.P. New amorphous filler metals for brazing of titanium and its alloys. *Svarochnoye Proizvodstvo* (2001) 3:37–39.

Schwartz, M.M. *Brazing*. Metals Park, Ohio 44073: ASM International, 1987. 455 pp.

Muller, H. and Breme, J. Brazing of Titanium with New Biocompatible Brazing Filler Alloys. *Titanium 99: Science and Technology* (1999). pp. 1758–1765.

Maksymova, S.V., Khorunov, V.F. and Ivanchenko, V.G. Brazing of intermetallic alloy of 48-2-2 grade by using filler metal of the Ti–Zr–Mn system. *Svarochnoye Proizvodstvo* (2011) 3:21–27.

Khorunov, V.F., Maksymova, S.V. and Zelinskaya, G.M. Investigation of structure and phase composition of alloys based on the Ti–Zr–Fe system. *Avtomaticheskaya Svarka* (2010) 9(689):14–19.

Ilyin, A.A., Kolachev, B.A. and Polkin, I.S. Titanium alloys. Composition, structure, properties. Ilyin, A.A. *Handbook*. Moscow: VILS – MATI, 2009. 520 pp.

Maksymova, S.V. Formation of brazed joints on titanium aluminide. *Avtomaticheskaya Svarka* (2009) 3:7–13.

Court, S.A., Lofvander, I.P.A., Loretto, M.H. *et al.* Plastic Deformation of Ti3Al. *Philos Magazine A* (1990) 61(1):109–139.

Khorunov, V.F., Maksymova, S.V. and Ivanchenko, V.G. Production of brazed joints on gamma titanium aluminide and investigation of their properties. *Adgezia Rasplavov i Paika Materialov* (2004) 37:100–108.

第5章 高温钎焊：钎料及工艺

A. Rabinkin，Metglas 公司，美国

【主要内容】 本章介绍和评价了高温钎焊技术在过去几十年中取得的进步；描述了不同牌号的母材在高温下的成分和组织特性；给出了钎料体系的分类，包括一些新的钎料成分；介绍了根据母材与钎料的相图，以及母材与钎料间相互作用的钎焊冶金学背景，选择最佳钎料的方法；介绍了钎料预置形式、接头加压、焊后热处理等工艺方法，以及快速凝固非晶态箔带钎料；阐述了对钎焊冶金过程中接头形成的现代观点以及对钎焊机理的理解。在本章最后，列举了一些最新的应用实例，特别是在航空航天、汽车领域以及节能环保方面的应用实例。

5.1 引言

作为第二次世界大战期间及之后大量冶金技术研究中的一部分，钎料（BFM）技术发生了质的飞跃。这一发展得益于喷气式飞机、原子武器以及能源系统的快速发展。这种技术进步的取得是由于材料性能要求的不断提高，特别是耐高温、抗强氧化/强腐蚀性的要求。上述因果关系是合乎逻辑的，例如，在1947年R. Peaslee发现了Ni/Cr-B-Si硬面合金的另一个用途，他尝试将其作为一种钎料来钎焊最新发展起来的喷气式飞机的涡轮盘（Peaslee，2006）。这些硬面合金之前被用于增加螺旋桨飞机中齿轮的耐磨性。在接下来的10~20年，人们开发了几十种新型和改性钎料，可用于钎焊所有牌号的钢及合金。这方面的主要成就大部分来自于美国和德国。

对高温钎焊技术最全面的综述是由H. Pattee在1980年撰写的。同年，E. Lugscheider和K. Gundlfinger出版了一本著作，对所有已知的钢、镍基合金母材钎焊接头的力学性能进行了综述（Lugscheider和Gundlfinger，1980）。但自那以后，几乎没有新的钎焊理论、重要的钎料成分以及创新的钎焊技术出现。从积极的方面来说，人们对钎焊机理的科学认识已经很完备了，钎焊技术已被大量应用于新的工业领域。

本章并不试图对这几十年中钎焊领域的技术进行全面、详尽的综述，而仅展示了有限的、针对高温领域应用的钎焊技术。钛合金的钎焊连接可以参见Shapiro和Rabinkin在2003年的研究工作，复合材料和陶瓷材料不在本章的讨论范围中。本章中大部分的实例都来源于作者曾经参与的一些工作，并且都与实际工业应用紧密相关。

本章首先简要描述了选择最佳钎料成分和钎焊规范进行钎焊时，需要考虑的基本的金属冶金特性。然后给出了一些成熟的钎料牌号信息，其中包括一些最新的钎料成分，这些最新的钎料包括两类合金成分。第一类是Ni/Fe/Cr基共晶合金钎料，其中磷在非

金属元素中所占比例最大。在这些高磷钎料中，硼和硅作为非金属所发挥的作用很小，例如降低钎料的熔化温度、提高钎料的润湿性等。接着简要介绍了第二类加入 Ge 或 Zr/Hf/Cr 的共晶镍基合金钎料，这类钎料大部分用于钎焊修复发动机叶片，必须在高温下服役。本章主要针对钢、高温合金钎焊接头的微观组织和性能，以及最佳的钎焊工艺进行了介绍。依次介绍了单相铁素体型不锈钢、奥氏体型不锈钢和多相高温合金，随后对接头形成的冶金过程进行了论述和展望，最后介绍了近年来钎焊技术在一些先进工业领域中的应用情况。

5.2　高温钎焊中的母材特征

从冶金学的观点来看，当代高温钢和高温合金母材大致分为两类：第一类包括具有体心立方和面心立方固溶体晶体结构的不锈钢；第二类包括含有复杂多相组织的高温合金。虽然两类母材中的合金成分有很大区别，但是向 Fe、Ni、Co 基合金中添加的合金化元素都使得母材组织稳定，并且/或者保持体心立方（α）或面心立方（γ）结构，或者在高温下具有较高的强度和良好的抗氧化性，特别是 Cr、Ti、Al 的加入是基于后者的原因。高温合金常常需要在高温、高应力条件下长时间服役。因此，选择其钎焊工艺和钎料成分时，必须保证钎焊完成后高温合金能够保持复杂的组织以及优良的性能。即需要保持如下组织：Ni 基高温合金中的 γ′相析出强化相或 Co 基高温合金中的固溶强化相。有一点特别重要，那就是钎料中的硼含量要尽可能低，因为铬硼化物可能会在母材晶界上析出而导致合金变脆。高温合金中加入的难熔金属元素，如 W、Mo 等，均稳定地固溶于铬硼化合物中，因此其并不能阻止脆性效应。

5.3　高温钎焊用钎料

目前，所有的钎料根据其性质大致分为两类，即共晶体合金钎料和固溶体钎料（表 5.1）。经过多年的讨论，2010 年国际标准化组织发布了钎料的国际标准。在这些标准（ISO/FDIS 17672）中，所有的钎料被分成四类，每一类钎料的合金成分都包含一种主要金属元素。例如，根据这些标准，在 Ni、Co 基合金中，Ni 和/或 Co 是主要组分，而这也适用于 Au、Pd 以及 Ag 系列。这些新的钎料标准包括了多个国家的标准，特别是美国的 AWS A5.8/A5.8m（2004），以及德国、英国以及其他国家的标准，只是牌号不同而已。例如，AWS 标准中的 BNi-2 钎料被称为 Ni 620。

表 5.1　钎焊温度高于 900℃的钎焊钢及高温合金用的商用及研制钎料

合金系		合金组织类型	主要合金元素	形式	钎焊温度/℃	服役温度/℃
过渡元素——非金属元素系	Ni/Fe/Co-（B）-（Si）-（C）-（P）	共晶	Cr、Mo、W、Ti、Al	粉末、膏状、带、快速凝固箔带	950~1200	≤1200
	Ni/Pd-（Si）-（B）	共晶	Cr、Co、W、Mo	粉末、膏状、带、快速凝固箔带	900~1000	400~800

（续）

合金系		合金组织类型	主要合金元素	形式	钎焊温度/℃	服役温度/℃
过渡元素——金属元素系	Ni-(20~23)Ge	共晶	—	粉末、膏状	≈1200	>1200
	Ni/Zr/Hf	共晶	Cr	粉末、膏状	1200~1250	>1150
贵金属系	Au/Pd/Ag	固溶体	Cu、Ni、Cr	粉末、箔带、线材	900~1300	≤1200

5.3.1　共晶合金钎料

共晶合金钎料的成分包括一些过渡金属，如镍、铁、钴、铬等，以及一些非金属元素，包括硅、硼、磷以及碳，这些非金属元素最重要的作用是降低钎料的熔化温度。同时，它们也是化学性质活泼的元素，能够与氧发生剧烈反应而导致其含量锐减，从而能够清除不锈钢和高温合金表面上不是特别厚的氧化层，这就是不需要进行特殊处理就可以清除这些金属表面自然形成的氧化层的原因。氧化层通常是非常薄的，其厚度大约只有几百个埃，然而相对较厚（几十微米，即几千个埃）的液态金属膜可以溶解这些氧化层。另外，由于氧化层固有的低表面张力特性，能够降低钎料的表面张力。

根据 ISO/FDIS 17672 标准，表 5.2 中列出了一系列 Ni、Co 基合金钎料。这些材料通常呈晶体状态，比较脆，采用传统的冶金工艺不能连续制造诸如箔状、线材等形态的钎料，而只能制成粉末状或其他衍生形状的钎料。快速凝固技术（详见后续介绍）的出现解决了这一难题，成功地将许多这类合金制造成了韧性很好的箔状钎料。Metglas 公司开发和生产的 Metglas 箔状钎料在工业领域非常有名。幸运的是，这些韧性箔状钎料的成分是公开的，但没有关于其制造方法及材料原子结构（晶态或非晶态）的具体介绍。

Ni、Co 基钎料中含有非金属元素 B、Si。尽管这些钎料已经成功应用了很长时间，但 B 元素对钎焊接头强度的作用仍然存在争议（见 5.3.5 节）。

5.3.2　固溶体钎料

固溶体钎料以 Ag、Au 和 Pd 为基体，以金为基体元素时，有时会加入一些 Pd、Ni 和 Cu。固溶体钎料具有很宽的熔化温度范围，而且其延展性非常好，可以加工成箔状或线状（表 5.3 和表 5.4）。其最显著的特征是具有超强的抗氧化能力和耐蚀性。但是，由于钎焊接头的高温强度较低、贵金属元素成本高，固溶体钎料的应用受到了限制。

5.3.3　新钎料的发展

在最近十年，以一些已知钎料成分为基础发展起来的高磷钎料已经出现在国际市场上。这些钎料以磷作为主要非金属元素，添加到（Ni、Cr、Fe）基体中（Sjodin 等，2005；Rassmus 和 Sjodin，2006；Rangaswamy 和 Fortuna，2008；Hartmann 和 Nuetzel，2009）。

表 5.2　国际标准 ISO/FDIS 17672: 2010（E）——Ni、Co 类: Ni、Co 基钎料

代号		Ni	Co（最大）	Cr	Si	B	Fe	C	P	W	Cu	Mn	Mo	Nb	近似熔化温度/℃ 固相线	液相线
Ni-Cr-B	Ni600	余量	0.10	13.0/15.0	4.0/5.0	2.75/3.50	4.0/5.0	0.60/0.90	-/0.02	—	—	—	—	—	980	1060
	Ni610	余量	0.10	13.0/15.0	4.0/5.0	2.75/3.50	4.0/5.0	-/0.06	-/0.02	—	—	—	—	—	980	1070
	Ni612	余量	0.10	13.5/16.5	—	3.25/4.0	-/1.5	-/0.06	-/0.02	—	—	—	—	—	1055	1055
	Ni620	余量	0.10	6.0/8.0	4.0/5.0	2.75/3.50	2.5/3.5	-/0.06	-/0.02	—	—	—	—	—	970	1000
	Ni630	余量	0.10	—	4.0/5.0	2.75/3.50	-/0.5	-/0.06	-/0.02	—	—	—	—	—	980	1040
Ni-Si-B	Ni631	余量	0.10	—	3.0/4.0	1.50/2.20	-/1.5	-/0.06	-/0.02	—	—	—	—	—	980	1070
	Ni650	余量	0.10	18.5/19.5	9.75/10.50	-/0.03	—	-/0.06	-/0.02	—	—	—	—	—	1080	1135
Ni-Cr-Si	Ni655	余量	0.10	21.0/23.0	6.0/7.0	-/0.01	—	-/0.16	3.5/4.5	—	—	—	—	—	960	1079
	Ni660	余量	0.10	18.5/19.5	7.0/7.5	1.0/1.5	-/0.5	-/0.10	-/0.02	—	—	—	—	—	1065	1150
	Ni661	余量	1.0	14.5/15.5	7.0/7.5	1.1/1.6	-/1.0	-/0.06	-/0.02	—	—	—	—	—	1030	1125
Ni-W-Cr	Ni670	余量	0.10	10.0/13.0	3.0/4.0	2.0/3.0	2.5/4.5	0.40/0.55	-/0.02	15.0/17.0	—	—	—	—	970	1105
	Ni671	余量	0.10	9.0/11.75	3.35/4.25	2.2/3.1	2.5/4.0	0.30/0.50	-/0.02	11.5/12.75	—	—	—	—	970	1095

成分（质量分数,%）

合金系	牌号															
Ni-P	Ni700	余量	0.10	—	—	—	—	-/0.06	10.0/12.0	—	—	—	—	—	875	875
	Ni710	余量	0.10	13.0/15.0	-/0.10	-/0.02	-/0.2	-/0.06	9.7/10.5	—	0.04（最大）	—	—	—	890	890
	Ni720	余量	0.10	24.0/26.0	-/0.10	-/0.02	-/0.2	-/0.06	9.0/11.0	—	—	—	—	—	880	950
Ni-Mn-Si-Cu	Ni800	余量	0.10	—	6.0/8.0	—	—	-/0.06	-/0.02	—	4.0/5.0	21.5/24.5	—	—	980	1010
Ni-Cr-B-Si-Cu-Mo-Nb	Ni810	余量	0.10	7.0/9.0	3.8/4.8	2.75/3.50	-/0.4	-/0.06	-/0.02	—	2.0/3.0	—	1.5/2.5	1.5/2.5	970	1080
Co-Ni-S-W	Co900	16.0/18.0	余量	18.0/20.0	7.5/8.5	0.70/0.90	-/1.0	0.35/0.45	-/0.02	3.5/4.5	—	—	—	—	1120	1150

注：
1. 所有合金系中杂质的最大质量分数（%）：Al0.05；Cd0.010；Pb0.025；S0.02；Se0.005；Ti0.05；Zr0.05。
2. 如含有表中未列出的其他元素，应确定这些元素的含量。
3. 其他元素的总质量分数不得超过 0.50%。
4. "/"前后分别为质量分数的最小值和最大值。

表 5.3　国际标准 ISO/FDIS 17672: 2010 (E)——Pd 类：Pd 系钎料

代号	成分（质量分数，%）						近似熔化温度/℃	
	Ag	Cu	Pd	Mn	Ni	Co	固相线	液相线
Pd287	67.0/69.0	26.0/27.0	4.5/5.5	—	—	—	805	810
Pd288	94.5/95.5	—	4.5/5.5	—	—	—	970	1010
Pd387	57.0/59.0	31.0/32.0	9.5/10.5	—	—	—	825	850
Pd388	67.0/68.0	22.0/23.0	9.5/10.5	—	—	—	830	860
Pd481	64.5/65.5	19.5/20.5	14.5/15.5	—	—	—	850	900
Pd483	—	81.5/82.5	17.5/18.5	—	—	—	1080	1090
Pd484	51.5/52.5	27.5/28.5	19.5/20.5	—	—	—	875	900
Pd485	74.5/75.5	—	19.5/20.5	4.5/5.5	—	—	1000	1120
Pd496	—	—	20.5/21.5	30.5/31.5	47.0/49.0	—	1120	1120
Pd587	53.0/55.0	20.5/21.5	24.5/25.5	—	—	—	900	950
Pd597	73.0/75.0	—	32.0/33.5	2.5/3.5	—	—	1180	1200
Pd647	—	—	59.5/60.5	—	39.5/40.5	—	1235	1235
Pd657	—	—	64.0/66.0	—	-/0.06	34.0/36.0	1235	1252

注：1. 对于 Pd287、Pd288、Pd387、Pd388、Pd481、Pd483、Pd484、Pd587 和 Pd657 合金系，最大杂质质量分数（%）：Al0.0010，P0.008，Ti0.002，Zr0.002，所有杂质的总质量分数=0.15%。

2. 对于 Pd485 和 Pd597 合金系，最大杂质质量分数（%）：Al0.010，Ti0.01，Zr0.01，所有杂质的总质量分数=0.30%。

3. "/" 前后分别为质量分数的最小值和最大值。

表5.4　国际标准 ISO/FDIS 17672：2010 （E）——Au类：Au系钎料

代号	成分（质量分数，%）						近似熔化温度/℃	
	Au	Cu	Ni	Pd	Ag	其他	固相线	液相线
Au295	29.5/30.5	69.5/70.5	—	—	—	—	995	1020
Au300	29.5/30.5	—	35.5/36.5	33.5/34.5	—	—	1135	1165
Au351	34.5/35.5	61.0/63.0	2.5/3.5	—	—	—	975	1030
Au354	34.5/35.5	64.5/65.5	—	—	—	—	990	1010
Au375	37.0/38.0	62.0/63.0	—	—	—	—	980	1000
Au503	49.5/50.5	49.5/50.5	—	—	—	—	955	970
Au507	49.5/50.5	—	24.5/25.5	24.0/26.0	—	Co~0.06	1100	1120
Au625	62.0/63.0	37.0/38.0	—	—	—	—	930	940
Au700	69.5/70.5	—	21.5/22.5	7.5/8.5	—	—	1005	1045
Au752	74.5/75.5	—	24.5/25.5	—	—	—	950	990
Au755	74.5/75.5	11.5/13.5	—	—	12.0/13.0	—	880	895
Au800	79.5/80.5	19.5/20.5	—	—	—	—	890	890
Au801	79.5/80.5	18.5/19.5	17.5/18.5	—	—	Fe0.5/1.5	905	910
Au827	81.5/82.5	—	—	—	—	—	950	950
Au927	91.0/93.0	—	—	7.0/9.0	—	—	1200	1240

注：1. 所有金系中杂质的最大质量分数（%）：Al0.0010，Cd0.010，P0.008，Pb0.025，Ti：0.002，Zr0.002，所有杂质的总质量分数=0.15%。
2. "/"前后分别为质量分数的最小值和最大值。

众所周知，P 比 B 和 Si 更能够降低合金的熔化温度。例如，在 Ni-B 合金中，B 的原子分数每增加 1%，合金的熔化温度就降低 21℃；而在 Ni-P 合金中，每增加原子分数为 1% 的 P，合金的熔化温度则降低 31℃。用 P 部分或者完全替代 B 和 Si，可以使 Fe、Cr、Mo 的含量增加而熔化温度则保持在 1150~1200℃。因而，这些合金中能够溶入更多的 Cr，从而增强了耐蚀性，而且具有两方面的经济优势：①在不增加熔化温度的情况下，可以用 Fe 代替部分 Ni 使成本降低；②由于熔化温度低，这些钎料可以在保护气氛网带炉中制造而不需要使用真空炉，降低了生产成本。一些含磷成分的钎料也可以被铸造成具有韧性的非晶态箔带。这些产品是由 Metglas 公司（Sexton and DeCristofaro，1979）和 Vacuumschmeltze 公司生产的。

最近，人们对镍基合金中添加 Ge 或者 Zr/Hf/Cr 的共晶合金钎料非常感兴趣（Zheng，1990；Khorunov 和 Peshcherin，1998；Khorunov 等，2001；Lugscheider 等，2001；Kvasnitski 等，2002；Dinkel 等，2008；Cretegny 等，2009）。这些合金大部分用于修复高温服役的发动机叶片。

Ni-(20~23) Ge 合金被用作一种扩散钎焊单晶高温合金的新型钎料（Dinkel 等，2008）。Ge 已经被证实可以作为一种新的降熔元素。在整个钎焊过程中，Ge 也能够促进 γ/γ′ 相组织的形成。更重要的是原始单晶组织的取向被保留，母材和接头的晶体取向一致。但是，含 Ge 钎料扩散钎焊所需的时间比含 B 钎料大幅增加。

Ni-Zr/Hf 合金的熔化温度很高，焊接接头的强度高、耐蚀性及抗氧化性好。它们的共晶组织由镍基基体相以及由 Ni、Zr、Hf、Cr 形成的不同金属间化合物相组成。与 Ni-B-Si 系钎料中的金属间化合物相比，这些金属间化合物的硬度较低而塑性很好（Khorunov 等，2001）。这类钎料的另一个优点是在整个接头横截面中，不同相的显微硬度变化很小。到目前为止，Ni-Zr/Hf 合金（Hf 的质量分数为 25%）已经被用于大间隙钎焊修复叶片（Cretegny 等，2009）。

5.3.4 钎料形态和预置形式

在高温钎焊过去 40 年的发展历史中（Rabinkin 和 Liebermann，1993；Rabinkin，2004），毫不夸张地说，采用快速凝固技术制造非晶态韧性钎料是一个主要的进步（Sexton and DeCristofaro，1979）。实际上，从通常的晶体结构角度来看，大部分含有非金属的钎料脆性较大，不能制成如箔带、线材等形态，而只能制成粉末状或其衍生形态。自从 Sexton 和 DeCristofaro 发现了可以用快速凝固技术制造柔性的非晶态箔带钎料，在过去的 30 年里，这种新的钎料已被广泛应用。知名的非晶态钎料有 Metglas 钎料（MBF）。如今，它们已是美国 AWS 钎料标准中的基本内容之一，每年的市场销售额达到了所有 Ni/B/Si 系钎料全部销售额的 1/4。

快速凝固非晶态钎料和微晶态钎料最大的优势，就是它们具有良好的韧性和塑性。因为如 MBF 这种塑性良好的非晶态钎料箔带可以预置在间隙中，与膏状钎料相比，并不需要大间隙即可获得填缝良好的钎焊接头。与粉末状钎料以及粘带钎料相比，MBF 非晶态箔带钎料的一个特殊优点就是它具有良好的流动性（DeCristofaro 和 Bose，1986）。

气体雾化制备的钎料粉体的总表面积非常大，从而导致表面氧化物总量也非常大。这些氧化物在一定程度上会阻碍粉体熔化进入钎焊熔池中。MBF 箔带钎料熔化后的流动性比其他任何粉状形态都要好。使用非晶态箔带钎料的钎缝间隙较小，有利于保持母材的性能，这是因为使用 MBF 箔带钎料时，钎料的用量很小，从而减少了对母材的溶蚀。同样地，由于钎缝间隙较窄，形成了较好的接头组织，只含有极少量对接头性能不利的共晶组织。自动化装配待焊部件和预置钎料很容易实现，因此，MBF 箔带钎料的工业化应用毫无困难。从经济性观点来看，接头区域单位面积的 MBF 箔带钎料用量，只有粉状或膏状钎料的一半甚至三分之一。

通过"丝网印刷"法和"轧带"法预置钎料粉是工业领域中应对 MBF 非晶态箔带钎料挑战的一种新举措，可用于大面积钎焊。人们专门研发了一些新的钎料成分用于大批量产品，如热交换器的生产。（Sjodin 等，2015；Rassmus 和 Sjodin，2006）。

在"丝网印刷"法中，混有粘结剂的钎料粉通过多开口的网板铺展并黏附在波纹板热交换器的板片表面，然后将局部焊点覆有钎料的波纹板叠加起来再进行钎焊，钎料粉覆盖的位置形成多层钎缝的接头。"轧带"法同样也是将混有粘结剂的钎料粉预铺在待焊区域。这两种工艺都可以将更多的钎料粉置入钎缝，并增加每一个钎缝的接头横截面积。因此，热交换器的内部承压能力也得到了提高。"轧带"法也可实现自动化铺粉（Schmoor 等，2006；Schnee 等，2004；Koch 和 Schmoor，1998）。两种工艺都已经在工业生产中得到应用，但受到了粉状钎料自身缺陷的制约。

5.3.5　有关硼元素的争论

从 Ni-B-Si 钎料用于钎焊的第一天起，就遭到了一些人的强烈反对，因为当时的研究者根据硼在钢中的作用类推，认为硼是一种有害杂质。此后，虽然人们对硼的认识有了重大改变，但仍存在禁止使用硼元素的一些说明。同时，如 5.3.1 节所述，硼对钎料的性能有非常积极的作用，硼的存在降低了液态金属的表面张力，而且大大增加了润湿性和流动性，还能够提高母材向钎料的溶解度。更重要的是，硼是 Ni-B-Si 钎料非晶化的必需元素。除了硅以外，钎料中至少需要加入 1.4%（质量分数）的硼，才能够使其在快速凝固过程中保持液态原子结构。

另外，硼会在固体母材中快速扩散，从而减少了硼在接头中的含量，其在接头共晶组织中形成铬硼化合物。而且硼的快速扩散促进了接头的等温凝固。因此，在使用含硅和硼的 BFM 钎料时，经过较长时间的钎焊过程，接头中硼元素的浓度将由于扩散而降低，从而形成以具有一定塑性、高强度的（Ni、Cr、Si）固溶体组织为基体相的接头（Rabinkin，2006），其强度与母材相近。如果 BFM 钎料中不含硅，如 BNi-9（Ni-15Cr-3.75B）粉状钎料或箔带钎料（MBF-80），将会实现理想的钎焊目标，即钎缝最小甚至消失。另一方面，硼很难溶入具有面心立方结构的 γ 相组织的高合金钢母材晶粒中，它将在母材晶界上析出，从而增加了母材脆性断裂的可能。同时，硼消耗了母材晶界区上的铬元素，形成了 Cr_xB_y 化合物，从而影响母材的抗氧化性和耐蚀性。这些不利的影响可以通过优化热处理工艺和钎料合金成分（仅添加质量分数为 1.3%~1.5%的硼）来消除。

同时，值得一提的是，高硼含量（平均质量分数大于 2%）的 300B 系列钎料已被成功用于核反应堆中奥氏体型不锈钢管道的钎焊，这里需要利用硼元素较高的中子吸收能力（AST A 887-89）。这是一个很好的应用实例，只要处置得当，就不必担心产生大量铬硼化物的问题。

5.4 耐高温材料的钎焊

本节将按母材合金成分和冶金组织的复杂性讨论钎焊工艺、接头组织和性能，依次为 AISI 400 系列 Fe-Cr 基铁素体型不锈钢、AISI 300 系列奥氏体型不锈钢、多合金元素的高温合金以及单晶高温合金。将重点结合钎焊热循环条件阐述接头力学性能和组织的关系。在本节的最后，将介绍瞬间液相扩散 TLP 连接工艺以及接头加压装配方面的内容，钎焊过程对接头加压是获得高质量接头的有效工艺。

5.4.1 AISI 400 系列 Fe-Cr 基铁素体型不锈钢

1. 用 BNi-2、BNi-3（MBF-20、MBF-30）钎料钎焊 AISI 409 不锈钢

Rabinkin 和 Murzyn（1987 年）、Rabinkin（1989 年）分别用 BNi-2 和 BNi-3 箔带钎料和膏状钎料进行了钎焊接头力学性能以及微观组织的对比研究。

上述研究按 AWS C3.2M 标准测试了钎焊接头的力学性能。钎焊规范为 1055℃下保温 10min，使用五种不同的保护气氛：100% 的 H_2、H_2：N_2 为 1：1、H_2：N_2 为 1：3、H_2：Ar 为 1：1 和 100% 的 Ar。当保护气氛的冰点较低时（约 -40℃），所有试样的钎焊性和润湿性是最好的。钎焊接头的强度超过了 409 不锈钢的屈服强度 $\sigma_{0.2}$，即 BNi-2（MBF-20）钎料所得接头强度为 263 MPa（38.2 ksi），BNi-3（MBF-30）钎料所得接头强度为 221 MPa（32 ksi）。用类似 BNi-2 及 BNi-3 钎料成分的膏状钎料钎焊所得接头的抗剪强度较低，分别为 221MPa 和 197MPa。MBF-20、MBF-30 钎料钎焊所得接头的质量和强度接近于真空钎焊接头。最重要的是，实践结果证明了在高生产率和低成本的网带炉及半连续钎焊炉（相对真空炉）中应用 BNi 系列箔带钎料（MBF）的可能性。

所有 MBF 钎料接头的微观组织，包括接头内部及界面附近的组织都未受保护气氛成分的影响。接头组织主要由（Ni、Cr、Fe）固溶体基体（图 5.1 白色箭头）和细小的（Ni、Cr）$_{1-x}Si_x + Cr_3B$ 共晶组织（图 5.1 黑色箭头）组成。尽管钎焊时间很短，硼向母材强烈扩散形成了类似珠光体的组织。图 5.1 也证明了使钎角最小的重要性，因为大

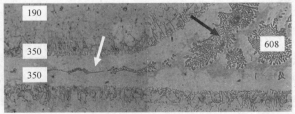

图 5.1 用 BNi-2（MBF-20）箔带钎料钎焊 409 不锈钢的接头微观组织

注：在冰点为 -40℃，比例为 1：1 的 N_2/H_2 保护气氛下施焊，钎焊规范为 1055℃保温 10min；显示数字是接头局部区域的维氏硬度（kg/mm^2），黑色箭头代表细小的共晶组织，白色箭头代表固溶体基体。

量的脆性共晶组织会在那里形成。使用 BNi（MBF）箔带钎料钎焊，钎缝宽度与预置钎料的宽度相同，但使用膏状钎料钎焊时，接头中生成了大量的 Cr_3B 相，可能导致接头强度降低。

2. 用 BNi-2（MBF-20）钎料钎焊 AISI 430、AISI 436 不锈钢

Rabinkin 深入开展了板/翅结构接头形式的钎焊研究（Rabinkin，2000），其设计形状类似于工业用发动机热交换器，用 $100\mu m$ 和 $50\mu m$ 厚的 UNS436 不锈钢薄片制造。选用厚度分别为 $25\mu m$、$37\mu m$ 和 $50\mu m$ 的 BNi-2（MBF-20）箔带钎料并将其预置在不锈钢薄片中。选择不同的厚度是为了研究最佳的钎料和母材的匹配。在每一个试样顶部都放置一个金属或者石墨块加压，将这些承受沿重力方向载荷的试样放置在真空炉中，钎焊规范为 1060℃，保温 30min。

金相观察结果显示，所有接头中间部分的钎缝厚度是相同的，与使用的非晶态钎料厚度无关，比较 $25\mu m$ 和 $50\mu m$ 厚的箔带钎料的钎焊接头可以证明这一点，如图 5.2a 和 b 所示。出现这种现象是由于钎焊过程中钎缝间隙不固定。实际上，部分过量的液态 BNi-2（MBF-20）钎料被从毛细间隙中挤出后进入钎角，液态钎料不断被挤出，直到钎缝各个面的表面张力与施加在试样上的载荷平衡。过量的液态 MBF-20 钎料，特别是 $50\mu m$ 厚的钎料，从钎缝流出形成大的钎角，并且部分钎料爬升至翅片的垂直面上。如图 5.2b 所示，初始厚度大的钎料形成较大的钎角和较大的接头横截面积。大的钎角成形良好，没有图 5.2a 所示的类似孔洞的细窄的凝固收缩缺陷。用 BNi-2（MBF-20）和 BNi-3（MBF-30）钎料钎焊 409 不锈钢的接头质量非常好。$50\mu m$ 厚钎料钎焊接头的力学性能完全取决于母材翅片的强度（断裂发生在母材翅片上），而与钎焊过程无关。

Mayazawa 等人也研究了用 BNi-2（MBF-20）箔带钎料钎焊 430 不锈钢和 436 不锈钢所得接头的组织和力学性能（Mayazawa 等，2000）。研究发现，在以（Ni、Si）固溶体为基体的接头中心区域有一条链状的脆性铬硼化合物，在接头附近区域也观察到了大量细长的网状硼化物。一些铬碳化合物也与 Cr_xB_y 相共同出现。接头失效模式为在接头中心区域发生脆性断裂，这是因为钎焊时间短，生成了大量的脆性共晶相。

如果钎焊温度在 1050～1150℃之间，保温时间在 10min 左右，则无论钎焊何种母材，接头抗剪强度都在 200MPa 左右。这一结果在某些方面与钎焊 409 不锈钢及 439 不锈钢的结果类似（Rabinkin，2000）。

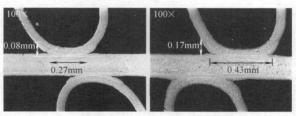

a) 箔带钎料厚度为25μm　　　　b) 箔带钎料厚度为50μm

图 5.2　用 BNi-2（MBF-20）箔带钎料钎焊 436 不锈钢板/翅结构的接头微观组织

注：尽管两种厚度钎料的钎缝厚度相同，$50\mu m$ 厚钎料所得接头的横截面积比 $25\mu m$ 厚钎料所得接头要大，接头更宽，钎角也更高。因此，$50\mu m$ 厚钎料所得接头的强度明显更高。

3. FeCr 合金钢/BNi-5a（MBF-50）钎料钎焊接头

成分为 Fe-20Cr-5Al-稀土氧化物的 FeCr 合金钢，是一种有高抗氧化性的铁素体型不锈钢，可在 1200℃ 高温和高腐蚀性环境下服役。其基体为单相 α 基 Fe-Cr 固溶体，铝的质量分数为 5%，添加铝的作用主要是增加耐蚀性。这种 α 相和体心立方结构的 α-Fe 相似，其晶格密度比 γ 相小（Villars 等，1995a）。硼原子在 α 相中的扩散速度比在奥氏体型不锈钢中快（Wang 等，1995）。合金中存在原子半径比 Fe、Ni 和 Cr 大的 Al 元素，使得 FeCr 合金钢的点阵密度甚至比纯铁还要小。因此，当铬硼化合物在晶内析出时，更容易进入 α 相。这与钎焊具有面心立方结构 γ 相的不锈钢（如 300 系列不锈钢）的情况正好相反（见 5.4.2 节）。同样，这也使 α 相更容易接受硼原子快速的晶间扩散。这些特点决定了铬硼化合物经常在母材晶粒内部离散析出。

Leone 等对 BNi-5a（MBF-50）钎料钎焊 FeCr 合金钢进行了研究（Leone 等，2006）。母材为 Sandvik 公司生产的 50μm 厚的波纹板和平板，钎料为 25μm 厚的 BNi-5a（MBF-50）箔带，图 5.3a 所示为接头横截面宏观照片。试样所用的材料及尺寸与汽车排气管中的标准金属催化器中的内芯一样。钎焊热循环如下（真空度约为 1.33×10^{-5} Pa）：

1）加热到 950℃，保温 15min。

2）加热到 1175℃，保温 15min。

3）关闭电源，在真空状态下降温到 200℃。

4）在氮气的保护下冷却到 25℃。

接头的主要特征是母材和钎料的厚度略有不同，这涉及钎焊过程中的整个接头横截面。无论是在钎角附近还是在远离钎角的区域，钎料与母材的反应都很剧烈，液态钎料的厚度大于原始母材的厚度。因此，多达 80% 的母材都已被溶解。接头横截面的宏观形貌如图 5.3a 所示，图 5.3b 所示为接头局部区域的高倍形貌。接头组织与 304LN/BNi-5b（MBF-51）接头组织明显不同。首先，在接头间隙最窄的地方都存在共晶组织，析出的铬硼化合物呈现为大尺寸的离散分布的长条光面块体，以及一些小尺寸的数量不一的圆形颗粒形式。后者在钎缝中靠近接头界面的区域以规则的"链状"形式析出。母材晶界上甚至接头反应区中都未发现硼化物。母材溶解量很大且溶解速度不均匀，导致形成了"波浪形"的界面（图 5.3b 中的②和④）。在一些地方，液态钎料渗透并溶入母材形成细窄的向母材外表面伸展的通道。冶金反应包括铬与硼从液态金属中析出，并形成铬硼化物。同时，还有部分从母材中扩散出来的镍、铬、硅和铁，在接头中形成了一种以固溶相为基体的共晶组织。在低温下，一些镍元素和大部分硅元素会和大尺寸的 Cr_xB_y 发生反应形成化合物，Cr_xB_y 相在高温下首先以具有共晶成分的初生相形式生成（图 5.3b 中的③）。没有发现具有明确边界的硅化物晶粒。

用 BNi-5a（MBF-50）钎料钎焊 FeCr 合金钢所得接头中，最值得注意的是，一些"亚微米级"的细小立方 Ni_xAl_y 相在所有母材与钎料接触的区域中析出（图 5.3b 中的④）。这些颗粒的成分只有镍和铝。它们形成一排或者一列，而且或多或少地平行于接头界面。它们的形成是钎料中镍原子的扩散以及同时与母材中（Fe、Cr、Ni）β 固溶体

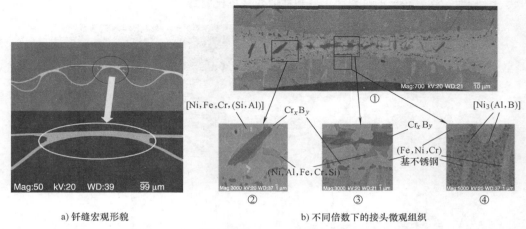

a) 钎缝宏观形貌　　　　　　　　b) 不同倍数下的接头微观组织

图 5.3　FeCr 合金钢/BNi-5a（MBF-50）接头组织

相中的铝发生反应的结果。这种反应通常会形成 NiAl 或 Ni_3Al 金属间化合物。由 Al-Ni-Fe 和 Al-Ni-Cr 三元相图可以发现，只有这些金属间化合物能在 1150℃（接近钎焊温度）左右形成。两种化合物的生成焓都比较大，分别是 118.5J/mol 和 153.2J/mol（Kubaschewski 和 Alcock，1978）。

Ni_xAl_y 颗粒的尺寸与镍原子的扩散情况有关：大尺寸的 Ni_xAl_y 颗粒分布在钎料与母材的界面附近，小尺寸的 Ni_xAl_y 颗粒在离界面较远处生成。通常来说，这种新的微观组织非常类似于典型高温合金组织中的 γ' 析出强化相，二者的本质区别在于，钎缝的基体组织是体心立方结构，而绝大多数高温合金组织是立方 γ' 相在面心立方的 Ni/Co 基体相上析出，使材料具有好的高温持久性能。

Ni_xAl_y 析出相对 BNi-5a（MBF-50）钎料钎焊 FeCr 合金钢的接头性能非常重要。虽然母材溶蚀严重，但实际上钎焊形成的接头具有非常好的析出强化特性。对钎焊试件进行剪切试验，发现接头具有很高的强度。在发动机排气管这种高腐蚀性环境下工作多年，接头强度仍然超过部件所承受的载荷。这种接头能够长期在高腐蚀性的发动机排气管中服役，这点已经通过发动机钎焊部件的实际工业应用得到了证明。

5.4.2　AISI 300 系列奥氏体型不锈钢

1. AISI 304 不锈钢/BNi-5b（MBF-51）钎料钎焊接头

Leone 等用 BNi-5b（MBF-51）钎料在 1172℃，保温 10min 的焊接规范下钎焊 304LN 不锈钢翅/板接头（Leone 等，2006）。研究详细分析了接头组织，发现钎料在母材上具有良好的润湿性以及较小的润湿角（$\theta \to 0°$），而且所有接头内部区域都没有气孔（图 5.4）。整个接头可以划分为四个区域：①厚度约为几十微米的接头中央区域；②临近界面的母材区域；③未受钎焊过程影响的母材区域；④钎角区，由接头中心区域朝外向两个方向增长，厚度明显变大。测量结果表明，母材的溶蚀深度并不大，在接头中心区域是 5~10μm，在靠近钎角区为 10~20μm。液态母材在钎角区中所占比例比在钎缝区中高，这与母材的接触面积大小有关。因此，钎角中溶入了大量母材，甚至未达到饱和状态。同时，在钎角区的钎料中，硼和硅的含量也比较高。

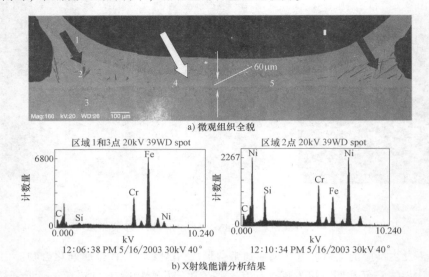

a) 微观组织全貌

b) X射线能谱分析结果

图 5.4　304LN 不锈钢/BNi-5b（MBF-51）U 形翅/板接头微观组织全貌及 X 射线能谱分析结果

注：能谱测量位置为图中相应数字标记的位置。

在最长的接头内部区域和界面区域只观察到（Ni、Cr、Si、Fe）固溶体基体和 Cr_xB_y 铬硼化合物，如图 5.4 所示。后者大部分在临近界面的母材区域中析出。接头基体相中 Ni、Si、Cr 元素的浓度均匀，Fe 元素的含量从接头界面到接头中央呈平滑下降的趋势。有趣的是，在钎缝及母材中都没有发现析出的镍硅化合物相。在 316L 不锈钢/BNi-5b（MBF-51）钎料接头中也发现了以上相同物相（Rabinkin 等，1998）。

接头界面明显地将钎料凝固区和大块母材分隔开（图 5.5b）。接头周围甚至钎角周围的母材组织并没有太大区别。接头中心区域上方的母材可分为三个连续组织区域。第一个区域靠近连接界面，宽度为 5~8μm，包括在原始晶粒内部形成的细长的铬硼化合物（图 5.5b），这种结构类似于碳钢中的珠光体。第二个区域宽 50~80μm，铬硼化物在母材晶界处以离散、细长、岛状颗粒形式析出（图 5.5c 中箭头所示），硼化物甚至在孪晶界中也大量析出（图 5.5d 中箭头所示），但并没有在大块的母材晶粒中出现。这种情况类似于许多用含 B 的 BNi 系列钎料钎焊不锈钢的情况（Rabinkin 等，1998）。

在靠近界面处的第二个区域，硼化物像一个完整的外壳包裹在晶界表面（图 5.5c）。因为在 300 系列不锈钢中，硼化物只会在晶界和孪晶界中析出（Rabinkin 等，1998；Heikinheimo 等，2001），它们的宽度不超过 2~3μm。在离界面更远的地方，硼化物只在部分晶界上形成（图 5.5a 中箭头所示）。从距离界面 80μm 的位置开始，几乎没有发现硼化物。因此，从第三个区域（图 5.5b 上方）往外，母材几乎不受钎料反应的影响。

母材组织对接头厚度的低敏感性主要是由较短钎焊时间下的扩散行为特性所致。液态钎料和固态母材发生冶金反应时，界面处会有很大的元素（如硼、硅、铁、镍等）

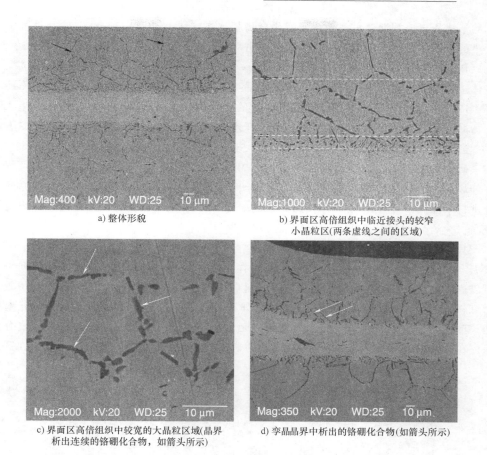

a) 整体形貌

b) 界面区高倍组织中临近接头的较窄
小晶粒区(两条虚线之间的区域)

c) 界面区高倍组织中较宽的大晶粒区域(晶界
析出连续的铬硼化合物,如箭头所示)

d) 孪晶晶界中析出的铬硼化合物(如箭头所示)

图 5.5 304LN 不锈钢/BNi-5b（MBF-51）钎料翅/板结构接头组织

浓度梯度，而母材区和钎料区的铬元素浓度差别不是很大。同时，由于硅元素的影响，钎料中硼元素的活性降低。因此，在较大驱动力的作用下，硼扩散到 304LN 不锈钢母材中并在晶界上形成铬硼化合物。而且由于硼的扩散速度比硅高两个数量级，比镍和铁要大得多（Karson and Norden，1998），它能够快速地穿过接头界面，均匀扩散进入不锈钢母材中，使液态钎料区的硼元素浓度降低，同时在 304LN 不锈钢母材中形成铬硼化合物。

硼元素浓度的降低程度与钎缝中液态钎料的体积（接头厚度）成反比。10min 的钎焊时间对改变 $50\sim70\mu m$ 厚的接头区域中镍、铬、铁和硅元素重新分配的效果并不是特别明显。只有一定数量的硼扩散到母材中，因此，接头中形成了单一的硼含量较低的（Ni、Cr、Fe、Si）固溶体相。如图 5.4 所示，在钎缝宽度不超过 $60\sim80\mu m$ 时，很明显接头中没有二次相。单相（Ni、Cr、Fe、Si）固溶体组织的接头强度较高，塑性也较好（Rabinkin 等，1998）。

在接头宽度超过 $70\sim80\mu m$ 的区域，随着液态相的冷却，铬硼化合物以细长状共晶相的形式析出，并混合另一种金属间化合物相（图 5.4）。200~250μm 宽的钎角区中有大量的共晶组织，其中硼和硅的含量都很高（图 5.4）。共晶组织包括（Ni、Cr、Si、Fe）固溶体基体、析出的铬硼化合物以及一些富硅及富镍区域，并与富硅区域混合。整体接头组织与铸锭凝固过程中心部的结晶组织类似。根据有关文献的报道（Karlson 等，1988），硼在晶界处析出不会导致大量的脆化发生。另一方面，大的片状、棒状硼化物晶体出现在钎角中，特别是那些穿过钎角表面的硼化物，可能成为一种裂纹源。

2. AISI 316L 不锈钢/BNi-5b（MBF-51）钎料钎焊接头

研究者用 25μm 和 50μm 厚的 BNi-5b（MBF-51）箔带钎料，在多种钎焊热循环制度下钎焊 316L 不锈钢，然后对接头力学性能、耐蚀性以及微观组织和最佳钎焊热循环制度进行了深入研究（Rabinkin 等，1998）。因为 BNi-5b 是低硼高铬钎料，因此钎焊温度较高，大约为 1175℃。

316L 奥氏体型不锈钢与 BNi-5b（MBF-51）钎料相互作用形成的接头主要由一种（Ni、Fe、Cr、Si）固溶体相组成，其中还有一些小晶面结构的铬硼化合物。下列情况可以避免生成这些铬硼化合物：接头中钎料量很少，例如钎料很薄，或者虽然使用较厚的钎料，但钎焊时间较长或者进行焊后热处理（图 5.6a、c），这主要是因为硼元素完全扩散到了母材中。另一方面，大部分硅元素作为（Ni、Fe、Cr）固溶体相的成分而保留在钎缝中（图 5.6c）。需要再次强调的是，硼在密排 γ 相中的溶解度很低。在钎焊

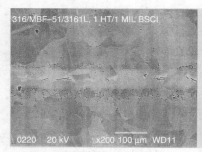

a) 25μm 厚箔带钎料，短时间钎焊　　　　　b) 50μm 厚箔带钎料，短时间钎焊

c) 50μm 厚箔带钎料，长时间钎焊+焊后退火

图 5.6　316/BNi-5b（MBF-51）钎焊接头 SEM 照片（一）

注：当接头中硼含量较少和/或钎焊时间较长时，将形成强度、塑性均较好的单相组织接头。

过程中，当硼扩散到奥氏体型不锈钢母材中后，将在母材的晶界处析出。"与其他析出元素不同，硼不会造成钢的晶界脆性"（Karlson 和 Norden，1988），这一观点在钎焊中也得到了认可。从图 5.5 中可以清楚地看到，当硼含量较低时，在晶体内部没有 Cr_xB_y 相析出，铬硼化合物在距界面 30~50μm 的 316L 母材区域的晶界处析出，而且如果在高温下的时间足够长，铬硼化合物会凝固成圆形。由于硼的质量分数较低（1.5%），BNi-5b（MBF-51）钎料钎焊 316L 不锈钢的接头组织较好，塑性和强度也较好。当钎焊时间超过 1h 后，可以获得强度和塑性都很好的接头组织，接头中将没有任何共晶组织，如图 5.7 所示。建议设计板/翅或板/板结构时要避免形成大的接头区域，特别是宽度超过 150μm 的大钎角。此外，强烈建议钎缝间隙不能超过 50~70μm。同样地，使用 BNi-5b 钎料钎焊 300 号不锈钢时，焊后退火处理可大大提高钎焊接头的塑性和最大应力准则失效值（Rabinkin 等，1998）。未来值得考虑对这些钎焊接头进行类似的二次热处理。

研究者测试了接头的抗拉强度（采用 AWS C3.2M/C3.2：2001 标准）和疲劳性能。当使用 25μm 厚的箔带钎料，钎焊时间为 30min 时，接头的抗拉强度超过 300MPa（43.7ksi）。钎焊时间不变，钎料厚度为 50μm 时，接头中形成共晶组织（图 5.6b）。钎焊时间增加后，接头组织与 25μm 厚钎料的接头组织类似，接头强度和塑性也相近。需要注意的是，两种情况下的接头强度都高于 316L 不锈钢母材的屈服强度。接头断裂发生在靠近钎角的母材区，而不在钎缝区。接头断裂起始于钎角区的裂纹，因为这里有大量的脆性共晶相。已知大的钎角区中会有大量的铬硼化合物存在，使这里成为裂纹源。因此，好的接头形状应该避免产生这种钎角。这些裂纹沿着靠近界面的母材扩展，因硼元素扩散到母材中而形成了铬硼化合物。此外，研究还获得了离散的工业热交换器破裂压力数据，热交换器为用 BNi-5b（MBF-51）钎料钎焊的 316L 不锈钢板/板结构。选择合适的钎焊热循环制度，可以把破裂压力提高 2~3 倍。目前，用 316L 不锈钢钎焊的热交换器的最大承压能力为 12~14MPa（120~140atm）。

图 5.7 316/BNi-5b（MBF-51）钎焊接头 SEM 照片（二）

注：使用 50μm 厚的箔带钎料，钎焊时间超过 60min，将形成强度、塑性良好的单相组织接头。

5.4.3 高温合金钎焊

高温合金母材大部分被用于制造航空涡轮发动机和地面燃气轮机的关键部件，需要在高温高压环境中长期服役。Ni 基和 Co 基高温合金常用于航空发动机和工业燃气轮机领域，其中，Ni 基高温合金用于制造先进发动机的转子叶片和定子叶片，而 Co 基高温合金则更多用在定子叶片上。Ni 基高温合金是 γ' 相析出强化合金，而且其在高温下

（合金熔化温度的75%）的力学性能非常好。Co基高温合金是固溶强化合金，与Ni基高温合金相比，其力学性能要差一些。为了保护这些在高温下服役的先进发动机部件，通常会在这些部件表面涂上一层氧化物热障涂层。

为了保证钎焊后的母材仍保持良好的组织和力学性能，选择合适的钎焊条件和钎料成分非常重要。首先，应保留Ni基高温合金中的γ′析出强化相以及Co基高温合金中的固溶强化相；其次，严格控制钎料中的B含量非常重要，因为B可能会导致铬硼化合物在母材晶界处析出而引起脆化。许多文献中报道了这类接头在不同钎焊条件下的力学性能及相应微观组织的深入研究结果（Rabinkin 2000；Heikinheimo 和 Miglietti，2000；Heikinheimo 等，2001；Nishimoto 等，1995、1998）。本节将介绍获得与母材力学性能相当或接近的钎焊接头的理想工艺条件。需要注意的是，文献中用于试验的非晶态钎料成分中的硼含量最低，约为1.4%（质量分数）。如5.3.5节中所述，这个含量是钎料合金非晶化的成分极限值，该成分含量的钎料合金仍旧可以制成非晶箔带。

1. BNi-2（MBF-20）及BNi-5b（MBF-51）钎料钎焊Inconel 625高温合金

作者参与了Hughes-Treitler公司应用于航空航天领域的Inconel 625高温合金板/翅热交换器的钎焊工作，获得了理想的钎焊工艺（Rabinkin，2000）。这种热交换器的外框强度很高，能够提供远远超过实际服役压力的总体单位强度。而且为了获得性能良好的板/翅钎焊接头，唯一的目标就是提高接头的塑性，并避免气孔和裂纹的产生。

制造该热交换器所用的材料有厚度分别为1mm和0.2mm的两种板材，125μm厚的翅片以及37μm厚的BNi-5b（MBF-51）箔带钎料。BNi-2和BNi-5粉状钎料被用作替代钎料。所有钎料的钎焊热循环都包括缓慢的升温和降温阶段，并在1155℃下保温较长时间（90min）进行钎焊。选择上述工艺是为了防止焊件由于冷却时高的热应力而导致开裂。热应力的产生是由于部件尺寸较大以及各部分零件的尺寸不同。钎焊接头组织为单相组织，类似于AISI 300系列的接头，没有裂纹产生（图5.8）。只有少量的共晶相在钎角区或其附近形成（图5.8中白色箭头所示）。此外，在界面处析出的铬硼化合物在长时间保温和高温下呈圆形，对接头性能较为有利。用膏状钎料钎焊所得的接头会出现很明显的气孔和接头不致密的现象。

图5.8　Inconel 625/BNi-5b（MBF-51）真空钎焊接头SEM照片（1155℃/90min）

2. BNi-5b（MBF-53）钎料钎焊Inconel 738、Inconel 939高温合金

Inconel 738/MBF-53钎焊接头组织良好、均匀，主要是（Ni、Cr）基固溶体相及少量离散分布的（Cr、W）$_x$B$_y$相（图5-9）（Heikinheimo 和 Miglietti，2000；Heikinheimo

等，2001）。

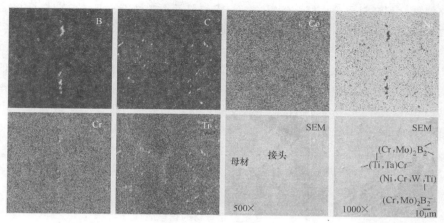

图 5.9　Inconel 738/BNi-5b（MBF-53）钎焊接头组织和元素面分布图

（钎焊规范为 1170℃/15min，焊后退火规范为 1070℃/6h）

这种硼化物的成分包含了母材和钎料中的所有金属元素。小而离散的圆形硼化物与 $(Ti、Ta)_xC_y$ 一起，在界面附近很窄区域内的母材晶界处析出。

IN939/MBF-53 接头几乎看不出钎缝，整个接头区域呈现完全再结晶组织（图 5.10）。接头中央区域有少量离散分布的细条状 Cr_xB_y。镍、铬和可能出现的硅元素均匀地分布在整个接头内。在接头附近 $60 \sim 70\mu m$ 宽的母材晶界上析出了很小的硼化物，尺寸较小的 $(Ti、Ta、Nb)_xC_y$ 在母材晶粒内部生成。

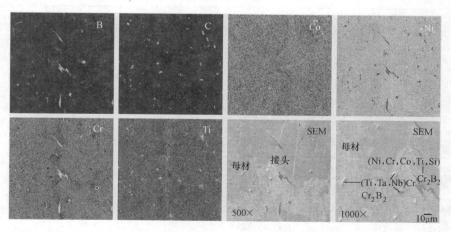

图 5.10　IN939/BNi-5b（MBF-53）钎焊接头组织和元素面分布图

（钎焊规范为 1170℃/15min，焊后退火规范为 1070℃/6h）

3. X40 和 X45 钎焊接头

采用 BNi-9、BNi-5b 以及 Co 基非晶合金钎料钎焊 Co 基高温合金（X40、X45）和 Ni 基高温合金（IN738、IN939），经常用于制造能源行业中的燃气轮机（Heikinheimo

和 Miglietti，2000；Heikinheimo 等，2001）。表 5.5 和表 5.6 引用自上述文献，展示了其所研究的母材和钎料成分。接头情况、钎焊参数以及力学性能（表 5.7）详见相关文献（Heikinheimo 等，2001）。钎焊在高真空环境中进行，1170～1200℃ 下的真空度为 10^{-6} mbar。

X45/BNi-5b（MBF-53）接头有一个很窄（约 25μm）的熔化区，接头中心部分呈典型的不连续线状共晶组织，主要由（Ni、Cr、Mo）硅化物相和 $W_x(SiC)_y$ 碳化硅相组成，共晶相在（Ni、Cr、W、Si）固溶相基体内析出。大部分的硼会扩散到母材中，并在钎缝周围的母材晶界上形成一些尺寸较大的 $(Cr，W)_xB_y$，从而对接头性能带来不利影响。而小的硼化物在远离接头的母材晶界处析出，该区域中还有一些内生的 $(Cr，W)_xC_y$，但后者在母材晶粒内部析出。长时间的焊后退火处理并不能使硼化物的尺寸变小。

表 5.5　高温合金母材的化学成分

合金	成分（质量分数，%）														
	C	Co	Cr	Ni	Mo	Al	W	Ta	Nb	Ti	Fe	Si	Mn	Zr	B
X45	0.18	余量	26.1	10.6	0.38	0.01	6.7	—	—	—	0.93	0.95	0.37	—	—
X40	0.5	余量	25.5	10.5	—	—	7.5	—	—	—	—	0.75	0.75	—	—
IN738	0.17	8.5	16	余量	1.7	3.4	2.6	1.7	0.9	3.4	—	—	—	0.1	0.01
IN939	0.15	19.0	22.5	余量	—	1.9	2.0	1.4	—	3.7	<0.2	<0.2	—	0.1	0.01

表 5.6　MBF 系列非晶态钎料的化学成分、厚度及熔化温度（Heikinheimo 等，2001）

合金	厚度/μm	成分（质量分数，%）							固相线 /℃	液相线 /℃
		Ni	Co	Cr	Si	B	W	Mo		
MBF-100	37	—	余量	21	1.6	2.15	4.5	—	1136	1163
MBF-101	46	—	余量	20	4.5	1.70	4.5	—	1091	1143
BNi-5b（MBF-53）	25*	余量	—	15	6.5	1.35	—	5	1038	1127

注：* 代表预置两层总厚度为 50μm 的箔状钎料。

表 5.7　不同非晶态钎料钎焊 X40 合金所得接头的抗拉强度

钎料	抗拉强度/MPa			屈服强度/MPa			伸长率（%）		
	25℃	540℃	650℃	25℃	540℃	650℃	25℃	540℃	650℃
MBF-100	717	531	497	499	257	246	6.5	14	11
MBF-101	711	522	474	487	242	236	5	10	7.5
MBF-103	653	508	448	465	223	201	4	8.5	6
MBF-104	655	501	446	460	222	203	4	8	6
X40 母材	725	535	496	502	257	244	7	14	10

研究测试了接头的抗拉强度和抗剪强度，相关结果如图 5.11 所示。X40 合金的室

温抗拉强度为 725MPa，650℃时抗拉强度为 496MPa。接头在室温下的伸长率为 5%～6.5%，母材的伸长率为 7%，而 650℃时接头的伸长率是 7.5%～11%，母材的伸长率是 10%（具体内容见相关文献）。

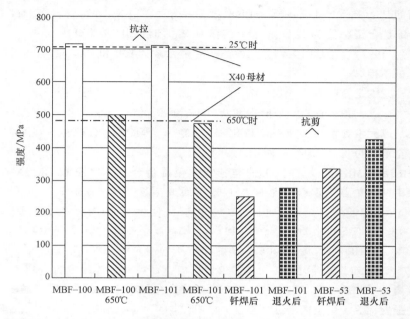

图 5.11　BNi-5b（MBF-53）及 MBF-100 系列 Co 基非晶态钎料钎焊 X40 合金
所得接头在室温（25℃）和 650℃时的抗拉强度和抗剪强度

注：Co 基钎料还未实现工业应用。

5.4.4　瞬间液相（TLP）连接和钎焊过程中的接头加压

1. TLP 方法

凡是以获得成分尽可能接近母材的接头为目的的焊接方法都应当考虑。此外，当采用 TLP 连接方法制造在高温环境中工作的大型发动机部件时，通常采用对接头加压的措施。原则上讲，TLP 方法只是一种延长了钎焊和退火时间的钎焊方法，其结果是导致钎缝消失，这是由于固态扩散过程使得所有元素的浓度在整个接头区域达到了平衡。近些年，TLP 方法由于被成功地用于制造关键且昂贵的航空涡轮发动机和固定式涡轮发动机部件而引起了人们的关注（Gale 和 Butts，2004；Saha 和 Khan，2006；Arafin 等，2007）。

这种进步得益于人们对现代钎焊理论的新认识（Cambell 和 Boettinger，2000；Cambell 和 Kattner，2002）。近几年人们提出了不同的涉及多相合金系统的 TLP 模型（MacDonald 和 Eager，1998；Sinclair 等，2000），可以用于指导制造商进行 TLP 焊接，生产出性能优良的产品。同时，关于多相 Ni-Al-B 合金和其他复杂合金 TLP 连接的研究结果已经发表（Cambell 和 Boettinger，2000）。

在 K. Nishmoto 团队关于 TLP 研究结果的多篇论文中，有一点特别值得关注：关于不同钎料形成的接头共晶区完全溶解所需的时间，试验和理论研究结果完全不同。例如，基于扩散原理，这种行为与降熔元素，如硼、锗的本质特性有着直接的关系。因此，用 BNi-9（MBF-80）钎料在 1160℃下钎焊 CMSX-2 高温合金，接头共晶区完全溶解所需的时间是 2.8h（Nishimoto 等，1998）。另一方面，用 Ni-23Ge 钎料在 1160℃下钎焊 Rene N5 高温合金，接头共晶区完全溶解所需的时间比前者至少要高一个数量级（Dinkel 等，1997）。这是因为作为一种替代降熔元素（Yeh 和 Chuang，1997），锗的扩散速度远低于硼。

值得注意的是，BNi-9（MBF-80）非晶箔带钎料的 TLP 连接已经被成功地应用于许多领域。实际上，预置钎料箔带形式可以 100% 覆盖钎缝截面；由于钎料很薄，接头单位面积中的硼元素含量很少（Saha 和 Khan，2006）。因此，在合理的热处理时间内，钎料可以完全溶入母材（Nishimoto 等，1998）。

2. BNi-9（MBF-80）钎料 TLP 连接单晶高温合金 CMSX-2 和 CMSX-4

接头由两种单晶高温合金母材 TLP 连接而成，两母材之间有轻微的晶粒取向差（Nishimoto 等，1998）。试验中用到两种单晶合金母材：CMSX-2（Ni-8.0Cr-4.6Co-0.6Mo-8.0W-1.0Ti-5.6Al-6.0Ta）和 CMSX-4（Ni-6.5Cr-9.0Co-0.6Mo-6.0W-1.0Ti-5.6Al-6.5Ta-3.0Re-0.1Hf）。钎料为 40μm 厚的 BNi-9（MBF-80）箔带，真空钎焊规范为 1100~1275℃/5.5h，钎焊时对接头施加少量压力。钎料和钎焊规范与常规 TLP 工艺一致。试验测试了 1250℃真空钎焊 CMSX-2 合金接头在 650~900℃时的抗拉强度，所有接头的抗拉强度都等于甚至高于母材强度。接头伸长率和断面收缩率也等于或者略低于母材。最重要的是，Nishimoto 团队能够使 BNi-9（MBF-80）钎料成分完全溶入 CMSX-2 母材，使得接头完全看不出焊缝，从而实现了接头两侧母材单晶组织的连续性。Nishimoto 等人研究了母材和钎料的成分，以及焊接温度和焊接时间的影响，确定了 TLP 动力学的基本参数，并用了一个非常简单的模型来描绘其过程（具体细节见 Nishimoto 等，1995、1998）。

3. 钎焊时对接头加压

钎焊过程中对接头施加几个兆帕的压力就能够显著改善接头组织和提高接头的力学性能，其对接头性能的积极作用近些年屡见报道（Rabinkin 和 Pounds，1998；Khorunov 和 Peshcherin，1998；Kvasnitski 等，2002；Lugscheider 等，1989；Yeh 和 Chuang，1997）。加压的目的和 TLP 一样，就是使得接头成分尽可能接近母材。此外，接头加压已应用于 TLP 连接过程，用于制造在高温下工作的大型涡轮发动机部件。

加压工艺已被广泛应用于许多领域中产品的批量制造，如多晶金刚石钻头、钎缝横截面积达 $1m^2$ 的固定式涡轮发动机喷油器以及航空发动机叶片（Khorunov 和 Peshcherin，1998）。如今，液压装置作为钎焊炉的一部分，能够在 1200℃的钎焊温度下对大尺寸工件加载到 1200t。另一个重要的例子就是大间隙钎焊大尺寸的气体管道（Lugscheider 等，1989）。加压与完全覆盖钎缝的钎料实现了完美的配合。因此，非晶态箔带钎料形式是最佳的选择。

接头加压的效果可以用"挤出"模式来解释（Rabinkin 和 Pounds，1988）。该模式认为接头组织的变化是因为在钎料开始熔化时，施加在接头上的压力将液态钎料挤出形成部分液相，导致钎料成分发生改变。从相图成分可知，被挤出的液相部分总是富类金属元素的，对接头施压可直接挤出该部分液相。因此，凝固后的接头中金属间化合物相的数量减少，而固溶体基体的比例增加。即加压使得接头形成一个以固溶体基体为主的良好组织。结果表明，适当的压力可使接头强度提高一倍甚至更多，并且接头的伸长率也得到了显著提高（Rabinkin 和 Pounds，1988；Yeh 和 Chuang，1997）。例如，当采用 Ni/Zr/Hf 合金钎料并对接头施加 8~12MPa 的压力时，可获得含有少量共晶组织的良好接头组织，接头强度也比较高（Khorunov 和 Peshcherin，1998；Kvasnitski 等，2002）。

5.5　接头形成的冶金过程

首先，有必要对接头形成的冶金过程的基本步骤做简要说明。本说明是以这些年来许多技术文献中的大量试验数据积累为基础的，因此非常可靠。在钎焊热循环过程中，一旦钎料达到共晶温度/成分而形成液相，母材即开始溶解。溶解过程的持续时间不超过几十秒，这是因为液相中的金属元素如 Co、Ni、Cr、W 等的浓度已经饱和。例如，采用 BNi-9（MBF-80）钎料在 1250℃ 下钎焊 CMSX-2 合金，这个过程在 10s 内即可完成（Nishimoto 等，1998；Wang 等，1995）。尽管 BNi-9 钎料的钎焊温度要低于 1170℃，因为 BNi 系其他钎料中的硼含量比 BNi-9（MBF-80）低，钎焊接头中母材的溶解过程更快。接下来是浓度平衡阶段，涉及整个接头区域，包括等温凝固过程以及焊后退火过程（如有）。这一阶段的传质与固态金属扩散过程的特性——元素扩散速度有关。硼的扩散速度与所有涉及的金属元素及硅元素相比，是最快的。由于硼的原子半径小，它的扩散速度比铬、硅等元素高三个数量级（Kucera 等，1984；Wang 等，1995）。另一方面，由于硼与金属晶格的间隙原子或置换原子都有很大的错配度，其在所有高合金化材料中的晶内溶解度都很低。例如，1125℃ 时硼在 316 不锈钢中的溶解度是 90ppm（1ppm = 1mg/kg），而 900℃ 时的溶解度是 30ppm（Karson 和 Norden，1988；Karson 等，1988）。其结果是，硼在晶界和孪晶界中的扩散效率很高（Karson 等，1988），因为在晶界和孪晶界，硼降低了松散堆积的界面区域的界面自由能，并与 Fe、Cr 和 Mo 发生反应（Karson 和 Norden，1988）。它们的反应产物是多金属硼化物和碳硼化物，假如被钎焊的材料中含碳的话，则会生成如 $(Cr, Fe, Mo)_x B_y$ 及 $M_{23}(B, C)_6$ 的化合物相（Kucera 等，1984）。

形成这些硼化物的强大驱动力是高的吉布斯自由能：Cr_3B_4 为 295.9kJ/mol，Cr_3B_5 为 242.7kJ/mol（Kubaschewski 等，1993）。由于硼化物的形成，晶界附近晶粒区域中 Cr 元素的浓度降低，众所周知，这将导致钎焊接头的耐蚀性降低。Si 的扩散速度慢得多，如果界面附近母材中有硅化物生成的话，则生成时间也很长。有时，Si 作为（Ni，Co，Cr）基固溶体基体中的替代元素，将完全保留在最终形成的接头固溶体相中（Rabinkin 等，1998）。当实施长时间钎焊和/或焊后退火工艺时，硼扩散到母材深处而使得界面处的硼化物数量变少。同时，硼化物相的形状变圆并相互凝聚，从而改善了钎焊接头的力学性能。当对 IN939 接头（图 5.10）和 316 不锈钢接头（图 5.6c）进行焊后退火时，如果时间足够长，则钎缝几乎看不见，类似于 TLP 焊接接头（Rabinkin 等，1998）。接头的力学性能，特别是接头的塑性将显著提高（Nishimoto 等，1995；Heikinheimo 和 Miglietti，2000）。

在现有的分析研究中，通过研究母材及钎料元素中的二元及多元相图的内在关联，进而研究钎焊过程。近几十年来，研究者们开展了大量多元相图的热力学评估，例如，直接尝试将这些数据与 TLP 参数相关联（Cambell 和 Boettinger，2000；Cambell 和 Kattner，2002）。由于评估的复杂性，计算结果与试验结果还是有差别的（Cambell 和 Boettinger，2000）。此外，文献资料中没有超过包含四种或五种主合金元素的相图，而现在高温合金钎焊过程的冶金反应至少涉及五种或六种主元素。然而，即使是对现有的二元、三元相图进行简单的分析，也可以对揭示接头组织的形成过程以及阐明一些物相的形成原因提供有效的指导。此外，这是确定获得接头组织及性能的最佳工艺条件的最有效方法（Lugscheider 和 Sicking，1998）。

因此，当研究如钎缝中过渡金属硼化物的形成问题时，值得考虑采用对二元、三元相图进行分析的方法。Cr 溶于（Ti，Mo，W）固溶体，并且其浓度范围很宽（Villars 等，1995c），它们的硼化物也是如此。这就很容易解释为什么含有这些元素的高温合金用 Ni/Co-B-Si 钎料钎焊时，接头中会形成成分复杂的铬硼化物（Cr，Mo，W，Ti）$_x$B$_y$（Heikinheimo 等，2001）。

同理，二元和三元相图显示，Si 大量溶解于（Ni，Cr）γ 相，而形成（Ni，Cr，Si）固溶体。这与 B 形成了鲜明的对比，实际上 B 在 Cr 和 Ni 中几乎不能固溶。当用含硼钎料钎焊时，会在母材晶界处形成一系列硼化物。Cr$_x$B$_y$ 化合物中 B 的比例随着钎料中 B 浓度的增加而增加。

一个更令人印象深刻的证明合金相图和接头组织间紧密联系的例子，是用 BNi-5a（MBF-50）钎料钎焊 FeCr 合金所得的接头（Leone 等，2006）。这些极不寻常的接头的强化机制来自于 Ni$_x$Al$_y$ 析出相强化，Ni$_x$Al$_y$ 颗粒相是由从钎料中扩散出来的 Ni 原子与同时从母材中的（Fe，Cr，Al）β 固溶相中扩散出来的 Al 原子发生反应而形成的。根据 Al-Ni-Fe 和 Al-Ni-Cr 三元相图可知，此反应最有可能形成 NiAl 或 Ni$_3$Al 金属间化合物相（Viilar 等，1995b）。在 1150℃（接近钎焊温度）下只可能生成这些化合物，实际上已在 FeCr 合金钎焊接头中发现了这些化合物（Leone 等，2006）。

因此，不仅可以预测，实际上从（Ni/Cr）-Si-B 钎料钎焊 Ni/Fe/Cr 基母材的接头组织中也观察到了以下现象：

1）复杂的铬/过渡金属的硼化物在母材热影响区以及接头的固溶体基体中均会形成，但不存在镍硼化物。

2）接头组织对原始钎料的硅元素浓度具有高敏感性：当硅元素浓度较低时，接头中的（Ni，Si）固溶体基体可以获得高强高韧的接头性能（Rabinkin 等，1998）。这可能是由于原始钎料中的 Si 元素浓度较低或/和钎焊时间足够长的缘故。因此，所有的硅元素都能溶入钎缝中的固溶体基体中而不形成硅化物。

窄间隙钎焊可以得到类似的结果，这是因为单位体积钎缝中的 B+Si 的浓度很小，其在 B 和 Si 扩散入母材后则变得更小。结果是有限的 "B+Si" 的浓度有利于接头中形成共晶组织。因此，为避免接头中形成含 B 和 Si 的金属间化合物相，强烈建议使用窄间隙钎焊方法。

3）如果钎料中不含硼，为了降低钎料的液相线熔化温度 T_{Liq}，通常需要提高硅的含量。硅在母材中的扩散速度相对较慢，甚至需要经过很长的钎焊时间，接头中才能形成硅化物。

4）接头中央区域（接头单位横截面积上的 B 和 Si 含量较低）和钎角区域的组织成分有明显的差异。这是因为在一般的钎焊时间条件下，钎角区单位横截面积中的非金属元素太多而无法完全扩散入母材。这使得钎角区通常成为应力诱发裂纹源，裂纹源在大的金属间化合物附近。

5）最佳的钎焊时间和钎焊温度不仅使得组织成分得到改善、共晶区的金属间化合物数量增加，同时也改善了在母材晶界处析出的铬硼化物的形态，这使得接头的力学性能得到了很大提升（Rabinkinet 等，1998）。

5.6 工业应用

起初，高温/高氧化工作环境下的钎焊主要应用于航空航天领域，如焊接飞机结构件、尾喷管、推力反向器、涡轮叶片和密封件（Assembly Eng.，1980；Irving，1998；Yeaple，1986；Rabinkin 和 Liebermann，1993）。它也被用在许多其他对结构力学性能要求较高以及工作条件特殊的航空航天领域，如航天器上的蜂窝结构部件、隔热屏、鱼雷壳体、导弹翼和发动机尾喷管收敛调节片。发动机辅助部件，如发动机舱、热交换器、多孔密封件、耐磨垫、密封罩区段、扩散器、盘、波纹状内腔空心叶片、双层结构、加强筋和支承框等在过去和现在都广泛使用粉状和箔带状 Ni 基钎料钎焊。所有这些部件都有严格的尺寸公差要求以及高的比强度、比刚度要求，需要解决其内应力问题。使用 18μm 厚的 Ni 基箔带钎料钎焊航空航天领域中的蜂窝结构，对母材的溶蚀作用小（图 5.12）。由于精确控制了接头所需的钎料用量，接头组织均匀，强度高。

近年来，人们越来越重视节能环保问题，促使钎焊在航空航天领域以外的很多行业得到了越来越多的应用。钎焊技术已被用于生产许多工业领域及公共事业中用的板式热交换器，如燃料电池、热泵、催化式尾气净化器、天然气和柴油内燃机等。下面列出了钎焊应用增长速度最快的工业领域中的一些例子，其购买钎料以及钎焊最终产品的资金以每年百分之几十的速度在增长。

一个例子是标准化钎焊板/板和板/翅式热交换器，板/翅结构由大量的金属平板/波纹板交替叠加组成，采用多层钎焊使这些板相互接触并密封。在这些板里面形成了一个结构复杂的通道系统，由冷热两路独立的液体通道子系统组成。液体和/或气体介质通过这些子系统流动并进行热交换，从而可以节省能源（图 5.13）。通常，这些钎焊的热交换器密封性非常好，高效节能，强度高，非常适合在高温、高压条件下工作。由于钎焊面积非常大，相比粉状钎料，使用均匀、纯净的非晶态金属箔带钎料可以形成组织性能更均匀的接头。

a) V2500-CAN发动机点火器

b) V2500-CAN发动机尾喷管

c) 波音727飞机喷嘴组件

d) 典型的嵌板结构

图 5.12　采用 BNi-2（MBF-20/AMS 4777 标准）箔带钎料钎焊波音
727 飞机以及 V2500 发动机中的 Inconel 合金蜂窝结构部件

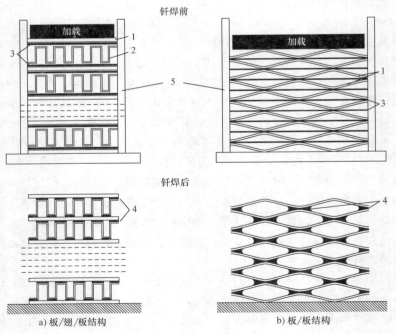

图 5.13　采用非晶态箔带钎料钎焊的热交换器示意图

1—板形母材　2—翅形母材　3—箔带钎料　4—接头　5—壳体

非晶态钎料与粉状钎料相比还有其他优点，如可以实现自动装配，将多层板和钎料预置到一个封装壳体中。为了实现上述应用，非晶态箔带钎料的产量已达到数吨。与粉状钎料需要使用有机粘结剂相比，在焊前装配箔带钎料钎焊这种结构复杂的热交换器不会产生环境污染。用非晶态箔带钎料钎焊的热交换器零件的尺寸迅速增大，如图5.14a、b 所示。这些发展连同钎焊技术的进步，使镍基非晶态箔带钎料在有高耐蚀性要求的新领域中的应用快速增长。新型高铬箔带钎料还提供了一个用钎焊结构的热交换器取代价格更贵的组装结构板/衬垫式热交换器的机会，因为其具有高的强度和优异的耐蚀性。

目前，不锈钢热交换器的生产数量为每年几百至几千件，用于化工、制药、食品加工和医疗行业，以及燃料电池及冰箱行业。后者发布了有关全氯氟烃的生产禁令，因为使用全氯氟烃会破坏大气臭氧层，这大大增加了使用非腐蚀性的不含铜的钎料钎焊不锈钢的需要，它能够承受热交换器的替代使用介质，如氨。

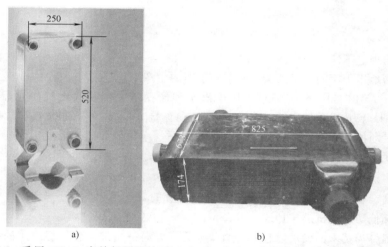

图 5.14　采用 200mm 宽并行预置的 BNi-5b（MBF-51）钎料钎焊的两个大型热交换器
注：每个热交换器由 50 个交替叠加的板/板部件钎焊而成，冷、热介质的流动方向正好相反。

上述钎焊技术已被应用于污染治理，提高了汽车、摩托车、工程车辆发动机的工作效率，并在采矿、船舶等行业中取得了同样显著的效果。图 5.15 所示为三维钎焊结构实例（Rabinkin，2009），它是一台现代柴油机的钎焊辅助单元的流程示意图及实物照片，这些单元包括金属催化剂载体（MCS）、废气再循环冷却器（EGRC）、油冷却器（OC）和柴油机微粒过滤器（DPF）。采用钎焊技术，减少了柴油和天然气发动机对环境的影响，调节了燃油/空气混合物的温度，从而提高了柴油机的整体工作效率。

钎焊技术正大量应用于间壁式热交换器的生产过程中，该热交换器清洁柴油发动机的废气，同时预热进入柴油机气缸内的空气。今天柴油发动机正在迅速取代燃气汽车发动机，特别是在欧洲，每年以柴油为动力的汽车的产量超过了所有汽车总产量的 50%。配备了 EGRC 单元的汽车柴油发动机的数量超过了 1000 万台。预计不久，同样的趋势

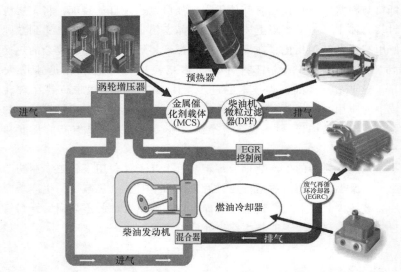

图 5.15　现代柴油发动机中叠层薄壁钎焊零件的典型应用

将在美国出现。不同 Cr 含量的 BNi-2、BNi-3、BNi-5a、BNi-5b 和 BNi-9 箔带钎料都经过试验并成功地用于不同类型的柴油轿车和卡车的生产中。

　　BNi-5a（MBF-50）箔带钎料也用于汽车和摩托车中催化式尾气净化器的耐高温 FeCr 合金钢蜂窝内芯和（Fe，Cr）基钢外筒的连接（Leone 等，2006），现在，其用于大型船用发动机的频率也越来越高。这种汽车尾气净化器如图 5.15 左上方所示。尽管 Fe-Cr-Al 内芯表面的 Al 含量很高，BNi-5a（MBF-50）钎料仍可以润湿并连接内芯及不锈钢外筒，这是由于前面所述的氧化物溶解入液态 MBF-50 钎料所致。

　　利用高合金化的粉状钎料钎焊修复价值昂贵的发动机涡轮叶片上的裂纹和磨损缺陷，大幅降低了发动机的维护成本（Kennedy 等，1998）。

　　在高温钎焊技术的发展过程中，当前努力的方向是精细调整钎焊应用的具体需求。在这方面，非晶态箔带钎料以数百吨的用量广泛应用于汽车制造领域，已经证明了在不久的将来，这一领域将以平稳甚至更快的速度迅速发展。

5.7　参考文献

Arafin M., Medraj M., Turner D. and Bocher P. (2007), Transient liquid phase bonding of Inconel 718 and Inconel 625 with BNi-2: Modeling and experimental investigations, *Mat. Sci. Eng.*, A 447, pp. 125–133.

Assembly Eng. (1980), No. 3, *Air Space*, pp. 25–27.

AWS (2004), AWS A5.8/A5.8M:2004, *Specification for Filler Metals for Brazing and Braze Welding.*

AWS C3.2M/C3.2:2001, *Standard method for evaluating the strength of braze joints.*

AST A 887–89, *Borated stainless steel plate, sheet, and strip for nuclear application.*

Cambell C. and Boettinger W. (2000), TLP bonding in the Ni-Al-B system, *Met. Mat.*

Trans. A, Vol. 31A, pp. 2835–2847.

Cambell C.E. and Kattner U. (2002), Assessment of the Cr-B system and extrapolation to the Ni-Al-Cr-B quaternary system, *Calphad*, 26, No. 3, pp. 477–490.

Cretegny L. *et al.* (2009), *Brazing alloys compositions and methods*. US Patent Appl. Publ. US 2009/0159645 A1.

DeCristofaro N. and Bose D. (1986), *Int. Conf. Rap. Sol. Mat.*, San Diego, ASM-AIME, pp. 415–424.

Dinkel M., Heinz P. and Pyczak F. (2008), New boron and silicon free single crystal-diffusion brazing alloys, TMS, *Superalloys*, pp. 211–220.

Gale W. and Butts D. (2004), Transient liquid phase bonding, *Sci. Tech. Weld. Join.*, Vol. 9, pp. 283–298.

Hartmann T. and Nuetzel D. (2009), New amorphous brazing foils for exhaust gas applications, *Proc. 4th International Brazing and Soldering Conference*, Orlando, AWS, pp. 110–118.

Heikinheimo L. and Miglietti W. (2000), Brazing of Co-based superalloy gas turbine vanes using novel amorphous filler metals, *Proc. IBSC 2000*, AWS-AMS, pp. 468–475.

Heikinheimo L., Miglietti W., Leone E., Kipsnis J. and Rabinkin A. (2001), Brazing of Co- and Ni-based superalloys using new amorphous brazing filler metals, LÖT 02001, pp. 30–34.

Irving B. (1998), Brazing and soldering: Facing new challenges, *Weld. J.*, N10, Appl., pp. 33–37.

Karlson L., Norden H. and Odelius H. (1988), Non-Equilibrium Grain Boundary Segregation Of Boron In Austenitic Stainless Steel. Large Scale Segregation Behavior-I, *Acta Metal.*, Vol. 36, No. 1, pp. 1–12.

Karlson L. and Norden H. (1988), Non-equilibrium grain boundary segregation of boron in austenitic stainless steel – I. Large Scale Segregation Behavior- IV, *Acta Metall.*, Vol. 36, No. 1, pp. 35–48.

Kennedy A., Cuthbert J. and Pappas C. (1998), Prolongation of service life of superalloy components of aero gas turbines by cost effective repair technology, LÖT 1998, *DVS* 192, pp. 1–4.

Khorunov V. and Peshcherin E. (1998), Brazing of nickel alloys, *DVS* 192, pp. 276–278.

Khorunov V., Maksimova S., Samokhin S. and Ivanchenko V. (2001), Brazing filler metals containing Zr and Hf as depressants, *Trans. JWRI*, Vol. 30, Special issue, pp. 419–424.

Koch J. and Schmoor H. (1998), BrazeSkin-application of nickel-based filler metals, *DVS* 192, pp. 231–233.

Kubaschewski O. and Alcock C. (1978), *Metallurgical Thermochemistry*, Univ. Toronto, 5th Ed., pp. 300–301.

Kubaschewski L., Alcock C. and Spencer P. (1993), *Materials Thermochemistry*, 6th Ed., Pergamon Press, Oxford, UK.

Kucera J., Buchal A., Rek A. and Stransky K. (1984), Redistribuce boru v okoli pajenych spoju typu Ni-B (Boron redistribution in joints brazed with Ni-B), *Kovove Materialy*, Vol. 22, No. 3, pp. 250–262.

Kvasnitski V., Timchenko V., Ivachenko V. and Khorunov V. (2002), Effect of depressant elements on properties of Ni-based filler metals and superalloys, *Adh. Met. and Braz.*, Vol. 35, pp. 129–139.

Leone E., Rabinkin A. and Sarna B. (2006), Microstructure of thin-gauge austenitic and ferritic stainless steels brazed using Metglas® amorphous foils, *Weld. World*, 50, N1, pp. 3–15.

Lugscheider E. and Gundlfinger K. (1980), Mechanical properties of brazed joints – Literature review 1950–1980, *Mat. Sci. Div.*, Working Document, Aachen University.

Lugscheider E. and Sicking R. (1998), Dissolution behavior of tungsten carbides in NiCrBSi-alloys, *DVS* 192, LÖT 1998, pp. 252–225.

Lugscheider E., Schittny T. and Harmoy E. (1989), Wide gap brazing of off shore oil field pipes, *DVS* 125, LÖT 1989, pp. 10–15.

Lugscheider E., Humm S. and Buschke I. (2001), Investigation of the chemical and mechanical-technological behavior of chromium bearing Ni-Hf-filler metals, *DVS* 212, LÖT 2001, pp. 367–370.

MacDonald W. and Eagar T. (1998), Transient liquid phase bonding, *Metall. Mater. Trans. A*, 29A, pp. 315–325.

Myazawa Y., Nanjyo T., Miyamoto Y., Ariga T. and Inoe J. (2000), Brazing of stainless steel by nickel based brazing filler metals, *Proc. IBSC 2000*, ASM-AWS, pp. 147–152.

Nishimoto K., Saida K., Kim D., Asai S. and Nakao Y. (1995), Transient liquid phase bonding of Ni-base single crystal superalloy, CMSX-2, *ISIJ, Int.*, 35, N10, pp. 1298–1306.

Nishimoto K., Saida K., Asai S., Furukaawa Y. and Nakao Y. (1998), Bonding phenomena and joint properties of transient liquid phase bonding of Ni-base single crystal superalloy, *Weld. World*, Vol. 41, No. 2, pp. 48–58.

Pattee H. (1980), High-temperature brazing, *Source Book on Brazing and Brazing Technology*, ASM, pp. 17–63.

Peaslee R. (2006), Interview with a legend, *IBSC2006*, AWS, San Antonio.

Rabinkin A. (1989), New Applications for Rapidly Solidified Brazing Foils, *Weld. J.*, No. 10, 68, pp. 39–46.

Rabinkin A. (2000), Optimization of brazing technology, structural integrity, and performance of multi-channeled, three dimensional metallic structures, *Proc. of the Int. Braz. Sold. Con.*, 2000, Albuquerque AWS/ASM, pp. 437–444.

Rabinkin A. (2004), Overview: Brazing with (NiCoCr)-B-Si amorphous alloys brazing filler metals: Processing, Joint Structure, Properties, Applications, *Sci. Tech. Weld. Join.*, Vol. 9, No. 3, pp. 181–199.

Rabinkin A. (2006), Amorphous brazing foil at age of maturity, *Proc. 3rd International Brazing and Soldering Conference*, AWS/ASM, San Antonio, pp. 148–154.

Rabinkin A. (2009), New brazing development in the automotive industry, *Proc. 4th IBSC*, Orlando, pp. 380–386.

Rabinkin A. and Liebermann H. (1993), *Rapidly Solidified Alloys: Processes, structures and properties, and applications*, Marcel-Dekker, pp. 691–726.

Rabinkin A. and Murzyn P. (1987), *Abstracts of 18th Int. AWS Braz. Conf.*, Chicago, pp. 265–266.

Rabinkin A. and Pounds S. (1988), Effects of load on brazing with METGLAS® MBF-2005 filler metal, *Weld. J*, Vol. 67, No. 5, pp. 33–43.

Rabinkin A., Wenski E. and Ribado A. (1998), Brazing stainless steel using a new MBF-series of Ni-Cr-B-Si amorphous foil, *Weld. J.*, Vol. 77, No. 2, pp. 66s–75s.

Rangaswamy S. and Fortuna D. (2008), Novel high chromium containing braze filler metals for heat exchanger application, *DVS* 243, pp. 12–16.

Rassmus J. and Sjodin P. (2006), Joining Aspects of Large Plate Heat Exchangers in Stainless Steel, *Proceedings of the 3rd International Brazing and Soldering Conference*, ASM and AWS, San Antonio, pp. 357–362.

Saha R. and Khan T. (2006), TLP Diffusion bonding of a ODS nickel alloy, *Azojomo*, 2 (July), pp. 1–15.

Sexton P. and DeCristofaro N. (1979), US Patent No. 4, 148,973.

Schmoor H., Schnee D. and Koch J. (2006), New selective application methods for brazing pastes, *IBSC2006 Proc.*, pp. 373–376.

Schnee D., Koch J., Schmoor H. and Weber W. (2004), Technique for brazing paste applications, *DVS* 231, pp. 21–23.

Shapiro A. and Rabinkin A. (2003), State-of-the-Art of Titanium-Based Brazing Filler Metals, *Weld. J.*, Oct. 2003, pp. 36–43.

Sinclair C., Purdy G. and Morral J. (2000), TPL Bonding in two-phase ternary systems,

Metal. Mater. Trans. A, 31A, pp. 1187–1192.

Sjodin P., Wolfe C. and Wilhelmesson B. (2005), A novel type of all-stainless steel plate heat exchangers, *Proc. of 5th Int. Conf. on Enhanced, Compact, and Ultra-Compact Heat Exchangers; Sci. Eng. and Techn.*, Eds. R.K. Shah *et al.*, NJ, USA, pp. 215–220.

Villars P., Prince A. and Okamoto H. (1995a), *Handbook of Ternary Alloy Phase Diagrams*, ASM, 3, pp. 3105–3118.

Villars P., Prince A. and Okamoto H. (1995b), *Handbook of Ternary Alloy Phase Diagrams*, ASM, 3, pp. 3156 and 3538.

Villars P., Prince A. and Okimoto H. (1995c), *Handbook of Ternary Phase Diagrams*, ASM, 7, pp. 9066.

Wang W., Zhang S. and He X. (1995), Diffusion of boron in alloys, *Acta Metal. & Mat.*, 43, pp. 1693–1699.

Yeaple F. (1986), Design News, *Air*, pp. 25–26.

Yeh M. and Chuang T. (1997), Effects of applied pressure on the brazing superplastic INCONEL 718 superalloy, *Met. Mat. Trans.*, 28A, pp. 1367–1377.

Zheng Y. (1990), Microstructure and performance of Ni-Hf brazing filler metals, *Acta Met. Sinica*, B, No. 10, 3B-P, pp. 335–340.

第6章 金刚石和立方氮化硼的钎焊

A. Rabinkin，Metglas 公司，美国

A. E. Shapiro，俄亥俄州钛钎焊公司，美国

M. Boretius，Listemann AG 公司，列支敦士登

【主要内容】 在过去50年里，金刚石和立方氮化硼（CBN）在许多方面的应用，使得一场工业革命悄然发生。金刚石具有独特的性质，金刚石与其他材料的钎焊，与传统钎焊相比截然不同。本章讲述了金刚石和立方氮化硼的性质，它们与金属的润湿性、相互作用及相应影响因素，以及金刚石和立方氮化硼接头的实际应用；阐述并讨论了金刚石和立方氮化硼与不同金属包括硬质合金钎焊接头的性能；最后，列举了一些应用实例。

6.1 引言

几千年来，人们一直认为金刚石是非常稀有的物质。它的独特性能（Gauthier，1998）几百年来一直吸引着人们，首先它是最昂贵的石头，其次它是一种具有很多优点的材料，被用于制造许多工具。然而，直到20世纪中叶，金刚石在许多工业领域里的应用才出现爆炸式的增长。金刚石是促进现代文明发展的关键因素之一，这是由许多方面的原因造成的。例如，加工机械零部件的效率和精度得到了大幅提高；可以在较硬的地质条件下钻探，拓展了油井的开发；提高了制造计算机芯片的半导体元件的切削加工能力；使新材料，如新型塑料和石墨复合材料的机械化处理成为可能，这些材料采用传统工具加工比较困难。

制造新工具的重要性应当引起人们的足够重视，因为虽然近净成形铸造技术得到迅速发展，但是大部分构件还是要用机械加工的方法制造。除钻孔外，车削、铣削加工所用刀具的切削刃尺寸需要严格控制，对切削刃没有严格要求的磨削加工也逐渐得到了应用。高速切削加工硬化钢时可以使用少量的切削液甚至可以不使用切削液，已经导致了工具概念的全新发展，这涉及新的切削材料和磨削材料。这些材料在与工件直接接触时，必须能承受极高的机械应力，并且在极高的热载荷和强化学腐蚀条件下仍能保持成分的稳定性。

在这方面，金刚石存在一个本质性的缺陷：它不能用于钢铁以及合金的机械加工，因为这会造成灾难性的破坏，下面将详细介绍其原因。与金刚石相比，立方碳化硼（CBN）是一种超硬材料，它可以用于机加工钢铁和铁基合金，以及其他一些不能使用金刚石的重要领域。此外，它的热稳定性和耐蚀性都优于金刚石。

因此，本章将金刚石和立方氮化硼放在一起介绍是合理的。立方氮化硼在很多方面

与金刚石相似，但是它不能像金刚石那样在自然界中找到。立方氮化硼的历史比金刚石短得多，它是在高温高压下人工合成的金刚石产品，并且已被成功应用。1957 年，Robert H. Wentorf（GE 公司科学家，该公司的科学家团队开发了金刚石的合成技术）第一次合成了立方氮化硼（Wentorf, 1957），并被 GE 公司以 Borazon 为商标推广到市场上，立方氮化硼在那时比黄金还贵。在 19 世纪 60 年代，立方氮化硼开始了大规模的商业化生产（Greenville-Wells, 1957；General Electrci, 2011）。

机械连接方法，或者冶金连接方法，是将金刚石和立方氮化硼用于制造工具和有效应用于工业领域的关键步骤。本章只介绍冶金连接方法，主要是钎焊技术。全面考虑金刚石独特的物理化学性能对了解其连接特性是必要的，在此对其做简要说明，主要强调金刚石和立方氮化硼与钎料中的诸多元素，特别是金属元素的相互作用。

6.2 金刚石和立方氮化硼（CBN）的物理性质

6.2.1 金刚石

以下五种形式的金刚石可被用作极坚硬的磨削和切削工具的材料：天然的单晶金刚石（Prelas 等，1998）；合成的单晶金刚石；高温高压条件下烧结的聚晶金刚石（PCDs）；化学气相沉积（CVD）制成的厚度达到 1mm 的金刚石片化学气相沉积（CVD）制成的厚度小于 $50\mu m$ 的金刚石薄层/膜。

这些金刚石的物理化学性能见表 6.1。CVD 法制作的金刚石片为厚 1mm、直径为 150mm 的圆片。激光切割金刚石后与硬质合金或氮化硅钎焊。金刚石薄层在氮化硅、碳化硅和 WC-Co（钴的质量分数小于 6%）硬质合金的表面成核和沉积，用来制作刀具。

表 6.1 金刚石的物理化学性能

性能	单位	天然单晶	合成单晶	固态聚晶金刚石 PCD*	分层 PCD*	CVD 金刚石薄膜
密度	lb/in³ g/cm³	0.127 3.52	0.115~0.127 3.20~3.52	0.123 3.43	0.148 4.12	0.065~0.127 1.80~3.51
横向断裂强度	ksi GPa	2380~4700 16.4~32.4	3130~4700 21.6~32.4	217 1.5	174 1.2	188 1.3
压缩强度	ksi GPa	1260~2390 8.7~16.5	650~840 4.5~5.8	681 4.7	1102 7.6	2320 16.0
挠曲强度	ksi MPa	152 1050	116~203 800~1400	217 1500	58 400	—
弹性模量	ksi GPa	150724 1040	115940~134060 800~925	134058 925	112464 776	77680~171014 536~1180
泊松比	—	0.07	0.20	0.086	0.07	
努氏硬度	ksi GPa	8260~15070 57~104	7826~12170 54~84	7250 50	7250~10870 50~75	12320~14500 85~100

（续）

性能	单位	天然单晶	合成单晶	固态聚晶金刚石 PCD*	分层 PCD*	CVD 金刚石薄膜
断裂韧度	ksi·in$^{1/2}$ MPa·m$^{1/2}$	3.09 3.40	5.45~97.3 6.0~10.7	6.27 6.90	8.01 8.80	5.90 6.50
热导率	Btu/(ft·h·°F) W/(m·K)	580~1160 1000~2000	580~1160 1000~2000	69 120	323 560	434~867 750~1500
热胀系数	10^{-6}F^{-1} 10^{-6}K^{-1}	1.14~2.73 2.0~4.8	1.14~2.73 2.0~4.8	2.16 3.8	2.39 4.2	2.10 3.7

注：*表示应用于采矿工具的热稳定烧结聚晶金刚石。

通常也可按杂质和第二相的存在形式对金刚石进行分类。大多数天然金刚石属于Ⅰa类型，包含 0.1%的氮原子，其以小的聚合物形式存在。大多数合成的金刚石属于Ⅰb类，并且含有离散的氮原子。Ⅱa类金刚石中没有氮原子，并且其光学性能和热学性能都得到了提高。非常纯净的蓝色金刚石是Ⅱb型的，它因含有少量的硼元素而呈半导体特性。

在所有材料当中，金刚石在室温下的硬度和热导率（铜的 5 倍）最高。这两个独特的性能结合起来，使金刚石成为最强的磨削和切削材料。金刚石不但可以切削待加工材料，还可以迅速地移除切削界面上的热量，因而可以抗热冲击（Gauthier，1998）。

脆性是金刚石的少数缺点之一，其断裂受四个（111）晶面的影响。但是，同时期出现的烧结和气相沉积技术使多晶金刚石具有足够的韧性，能够满足大多数工业生产应用的需要。

既然钎焊过程涉及加热，那么，金刚石在环境温度/压力条件下处于介稳态这一点很重要。天然单晶金刚石的石墨化过程是一个回归到热力学稳定的碳结构的过程，开始时的环境温度和气氛为 1600℃（2910°F）/纯净惰性气体，然后为 1500℃（2732°F）/5×10^{-4}Pa（5×10^{-6}torr）真空度。氧气有利于促进金刚石石墨化，因此，当温度下降至 1200℃（2192°F），真空度为 1×10^{-2}Pa（1×10^{-4}torr），甚至在普通大气压下的空气中，只要 1000℃（1832°F）（Naidich 等，1977），即可实现金刚石的石墨化。

金刚石中如果不含硼和金属杂质，它就是绝缘材料。

6.2.2　立方氮化硼

氮化硼是一种由相同数量的氮原子和硼原子组成的化合物，它的六边形晶体结构（h-BN）和石墨相似。在所有的氮化硼同质异构体中，六方氮化硼是最稳定和最柔软的材料，它因此被用作固体润滑剂和化妆品的添加剂。由于氮原子和硼原子具有强烈的原子间结合力，氮化硼有着出众的化学稳定性，但这将降低其对液态金属的润湿性。六方氮化硼也可以用作钎焊和烧结过程中的阻流材料。

各种等级的聚晶立方氮化硼以及其他被广泛使用的切削材料的基本物理性质的比较见表 6.2。

立方氮化硼的晶格形状和金刚石相似。它的硬度仅次于金刚石，但热稳定性和化学稳定性要比金刚石好。例如，六方氮化硼在 1000℃ 的空气中、1400℃ 的真空中以及 2800℃ 的惰性气氛下都不会分解。

立方氮化硼的热稳定性可归纳如下：

1）在空气或氧气中，立方氮化硼的抗氧化能力可达 1300℃，因为其表面会形成一层薄的 B_2O_3 保护层，可阻止氧化的进一步发生。此外在 1400℃ 下，立方氮化硼也不会转变为六方结构。

2）在 1525℃ 的氮气中停留 12h 后，一些立方氮化硼会转变为六方氮化硼。

3）在 1×10^{-5} Pa 的真空度下，立方氮化硼在 1500～1600℃ 开始转变为六方氮化硼（Spriggs，2002）。

4）和一些传统的硬质材料如碳化硅和氧化铝相比，立方氮化硼除了在室温下硬度更高外，还能在很宽的温度范围内保持硬度。

表 6.2 不同切削材料的性能（Diamantschneidstoffe，2011）

性能	Al_2O_3	Al_2O_3/TiC	硬质合金 K10	PCD	PCBN1 级	PCBN2 级	PCBN3 级
密度/（g/cm³）	3.91	4.28	14.7	4.12	3.43	3.52	4.28
努氏硬度/GPa	16	17	17	50	32	30	28
弹性模量/GPa	380	395	590	780	690	650	610
抗压强度/GPa	4.0	4.5	4.4	7.5	2.8	3.8	3.5
断裂韧度/（MPa·m$^{1/2}$）	2.34	2.9	10.5	8.8	6.5	5.9	4.9
抗弯强度/MPa	650	600	1600	1260	660	700	280
热胀系数/（$10^{-6}K^{-1}$）	8.5	7.8	5.4	4.2	4.9	4.6	4.7
热导率/[W/（m·K）]	8.4	9.0	100	550	110	90	55

注：PCD 是指用 $w_{Co} = 10\%$ WC 硬质合金切割的聚晶金刚石。

6.3 金刚石和金属的相互作用

6.3.1 相互作用的本质

金刚石与金属的相互作用以及金刚石/金属的接头界面组织取决于碳原子和金属原子之间的结合特性。这种特性也由金刚石的晶面取向所决定。金刚石中的碳原子与金属及金属化合物发生反应并主要形成碳化物。晶面取向的重要影响之一是不同晶面指数的金刚石具有不同的润湿性。这种相互作用的详细分析见相关文献（Naidich 等，1988）和（Rabinkin，1981）。

根据已经建立的合金相图，由于碳是相图中的一种元素，能够很好地描述在金刚石和金属的相互作用的影响下，在金刚石/钎料（FM）界面以及界面以外区域反应形成的可能物相，也可帮助预测在界面处出现的金属碳化物的类型。实际上，任何金属或合金与金刚石的相互作用都取决于它们是否会形成稳定的碳化物。重要的过渡金属元素形成碳化物的自由能各不相同，见表 6.3。第二个重要因素就是碳在液态钎料和固体母材中的溶解度，这与温度和压力有关。

表 6.3　一些金属形成碳化物的标准自由能 Δ*F*

单位：kcal/（g·atom）

最大标准自由能 Δ*F*	金属及其碳化物							
	Ni	Co	Fe	Cr	Nb	Ta	Ti	Zr
	Ni_3C	CO_2C	FeC	CrC	NbC	TaC	TiC	ZrC
1200K 时	1.525	0.5	−0.09	−5.34	n/d	−18.45	−20.15	−20.35
1300K 时	1.475	0.4	−1.62	−5.32		−18.4	−20.00	−20.15
$\partial(\Delta F)/\partial T$ 代号	<0	<0	>0	<0	n/d	~0	<0	<0

注：ΔFkcal/g·atom＝ΔFkcal/[mole/（$x+y$）]，x 和 y 来自于碳化物通式 Me_xC_y。

在实际应用中，例如从钎焊的观点来看，只有元素周期表中的ⅣA 和ⅡB 族元素值得考虑。根据金刚石和元素间的相互作用的类型来看，它们又可以分为三类。第一类包含非过渡元素，它们和碳不形成任何化合物，如金、银、铜、锌、铝等。大部分ⅠB 族元素和金刚石的原子结合能很低，因此，碳在液态钎料和固体母材中的溶解度很低，相应的相图中，碳在这些固态金属中的溶解不明显。第二类金属中包含可形成碳化物的过渡金属，如钒、钽、铬等。第三类包含ⅧA 族过渡金属，它不仅包括镍和钴，还包括铂元素所在族的所有元素。Ⅷ族的元素和部分Ⅶ族元素的液态钎料可以溶解金刚石，但是不形成碳化物。

6.3.2　金刚石和主要的金属及合金的相互作用

必须强调的是，金刚石最重要的特点之一就是它不溶解于任何材料，实际上，对于任何元素都是这样。另一方面，金刚石中的碳原子可溶解于金属并和/或金属反应形成多种金属碳化物。在这方面，金刚石和金属的相互作用是单向的，所有接头的形成，包括形态、相组成、接头应力，都发生在金刚石表面之外的金属或合金里。

在 1981 年，Rabinkin 发现金刚石和石墨的溶解速率实际上是相同的，金刚石稍微快一点，这很可能是因为在适当的温度下，碳从金刚石扩散到金属基体中时，是通过金刚石直接溶解的方式进行的，而没有经历转化为石墨的中间过程。这种溶解起始于金刚石晶体的晶角、晶棱、结晶缺陷和位错等处。对于铁、钴和铁基化合物，溶解沿着金刚石晶体面逐步发生。然而，这种溶解的选择性随着金属基体碳化物形成能力的增加而急剧下降。因此，对于所有类型的金刚石晶面和晶棱，所形成的 Zr、Nb、Ta 的碳化物的厚度都一样（图 6.1）。

可以根据相对于金刚石的溶解速率，将所有金属大致分为两类：碳化物和非碳化物。非碳化物形式金属的溶解度依赖于在一定温度和压力下碳在金属中的溶解度，溶解度越高，碳的扩散速率越高，那么，金刚石的溶解速率也就越高。对于碳化物形式的元素，如果碳的溶解度很低，那么，溶解速率几乎和金属/金刚石界面处碳化物的形成速率一样。因此，如前所述，碳化物可以保护金刚石，因为碳穿过碳化物薄层的扩散速率

是极低的。当碳的溶解度很高
时，在碳化物形成以及碳从金
属/碳化物界面扩散到金属固溶
体中的阶段之间，金刚石的溶解
速率达到平衡。

　　由于金刚石的溶解度只和碳
在金属中的溶解过程以及金属与
碳化物之间的毛细作用有关，某
些金属元素和碳元素在金属和碳
化物中的扩散参数值得研究，见
表 6.4。这些数据清晰地说明了
金属元素和碳元素在金属和碳化

图 6.1　800℃/5h 真空烧结金刚石与铌，
在金刚石表面形成的碳化物薄层

注：薄层的形态与金属基体形貌以及金刚石晶面指数都无关；
铌碳化物带沿着晶粒扩展，呈完全润湿特征。

物中的溶解速率存在巨大的差异：在碳化物中的扩散系数是 $10^{-5} \sim 10^{-4}$ 量级，比在金属
中的扩散系数小得多。另一方面，碳化物薄层在钎料和母材中溶解的稳定性在一定程度
上也取决于碳元素在两种材料中的溶解度。在金刚石所有的溶解情况中，溶解过程的决
定因素依然是碳在所有母材原始相和新生成相之间的扩散过程以及相应的扩散速率。

　　溶解的碳也许会在金属基体中析出并形成小的碳化物颗粒。通常这个过程能够产生
强烈的弥散强化作用，这已经在大部分金属基体中被观察到。

　　在烧结过程中，对金刚石/金属进行氮气保护气氛下的钎焊和退火，都降低了金刚
石的溶解速率，因为降低了碳在 γ-Fe 中的活性，这点已通过对真空和氮气氛围中的退
火样品进行检测获得了验证（Rabinkin，1981）。

表 6.4　C 在不同金属中以及 C 和金属在不同碳化物中的扩散参数

材料	温度/℃	扩散激活能 $Q/(\text{kJ/mol})$		扩散系数 $D_0/(\text{cm}^2/\text{s})$		参考文献
		金属*	C	金属*	C	
Ni	700~1365	267~280(Ni)	167	0.4~1.3(Ni)	0.9~2.5	[1]
α-Fe γ-Fe	900~1050	249(Fe) 280(Fe)	80.3 135	5.8(Fe) 1.3	0.167~0.006 0.1	[2]
Nb			139 113		0.004~0.015	[3]
NbC		531(Nb)	393	0.11(Nb)	0.11	[3]
α-Ti β-Ti			182 203		5.06 1.08	[1]
TiC		737(Ti)	399	4×10^{-4}(Ti)	7	[3]
ZrC		720(Zr)	460	1×10^{-3}(Zr)	14	[3]

注：1. 带 " ＊ " 号的金属是指括号中的元素。

　　2. 参考文献 ［1］Smigelskas（1962）；［2］Krishtal（1970）；［3］Andrievsky 和 Umansky（1977）。

6.3.3 金刚石表面的碳化物形态

根据相关文献（Naidich 等，1988），Ⅳ族到Ⅵ族的过渡元素以及硅和硼可以与碳形成强化学键，生成成分非常稳定的碳化物层。众所周知，Me-C（即体心立方的 Zr、Ti、Ta、Nb 元素与 C 元素）相图证实了碳化物 Me_xC_y 的存在。图 6.2a 为特别重要的 Ti-C 和 Zr-C 系统中的碳化物形成示意图；而图 6.2b 所示为金刚石和金属在超过 1000℃ 的温度下发生反应时，金刚石/金属界面处的碳浓度分布曲线。接头中的碳化物是通过反应扩散过程形成的。

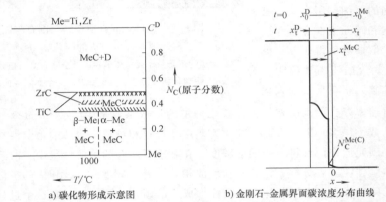

a) 碳化物形成示意图   b) 金刚石-金属界面碳浓度分布曲线

图 6.2 Ti-C、Zr-C 局部相图中的碳化物形成示意图以及金刚石-金属界面碳浓度分布曲线

t—时间 x^D—$t=0$ 和 $t=t$ 时金刚石的位置 x^{Me}—$t=0$ 和 $t=t$ 时界面处金属的位置

$N_C^{Me(C)}$—C 浓度 C^D—金刚石中的 C 浓度（$C^D=1$）

Zr、Ta、Nb、316L 不锈钢以及 Inconel 合金与 C 在金刚石表面形成的碳化物层的形貌与金刚石的表面形貌是一样的。这些碳化物层都非常均匀地覆盖在金刚石的所有晶面上（图 6.3）。金刚石与钛的碳化物的表面形貌不如与 Zr、Ta、Nb 形成的碳化物。

金刚石和碳化物的界面结合强度在很大程度上也取决于它们的晶格外延关系有多接近。这种关系取决于两者晶格之间原子位置的错配度，当错配度最小时，金刚石和碳化物的界面结合强度将达到最大值。此外，由于不同晶面上的原子半径不同，不同晶面上

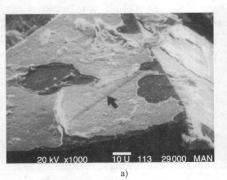
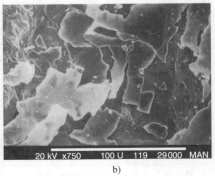

a)   b)

图 6.3 1000℃/5h 下在 Zr 粉中真空烧结金刚石时在表面外延生长的碳化物薄层

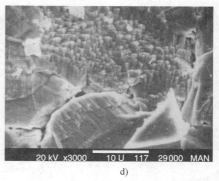

c)　　　　　　　　　　　　　　　　　　d)

图 6.3　1000℃/5h 下在 Zr 粉中真空烧结金刚石时在表面外延生长的碳化物薄层（续）
注：碳化物薄层均匀地覆盖在所有晶面上，甚至是原始晶体生长的台阶上（图 a、c 中箭头所示）；长时间的退火会导致碳化物过度生长，从而引起金刚石（图 b）和金属基体的损失（图 d）；裂纹产生于金刚石/ZrC 以及 ZrC/Zr 的界面处。

的金刚石-碳化物的结合强度也不同。

为了理解导致上述现象的可能原因，非常值得研究金刚石以及有着 B1 结构的 Zr、Ti、Ta、Nb 碳化物的结构模型和晶格参数。图 6.4 所示为 MeC（B1）碳化物 $(100)_{MeC}$ 和 $(110)_{MeC}$ 晶面投影以及金刚石 $(100)_D$ 和 $(110)_D$ 晶面投影的叠加情况。图中也呈现了金属 $(110)_{Me}$ 晶面投影以及还在研究中的四种碳化物和金属的晶格间距差值的问题。

值得注意的是，人们发现当金刚石 $(100)_D$ 晶面和碳化物 $(110)_{MeC}$ 晶面平行时，金刚石 $(100)_D$ 晶面和碳化物 (111) 晶面的结构模型和晶格常数一致。特别是 Yamazaki 等人通过计算发现了金刚石和 V_4C_3 碳化物之间的晶格情况为：界面处金刚石为 (111) 面、碳化物为 (111) 面 $[111]$ 晶向指数时，二者的原子排列最紧密，结合强度最高（图 6.5）（Yamazaki 等，2009）。

金刚石和碳化物的晶格间距差异 V 的大小将影响碳化物能否外延生长。对于 ZrC，V 值不能超过 7%；对于 TiC，V 则不能超过 14%。因此，当碳原子能够溶解到金刚石表面时，将可能原位生成外延生长的碳化物薄层。另一方面，就石墨-金属而言，V 值非常大，因此没有合适的取向关系，这也许就是各种碳化物具有不同润湿行为的原因。值得注意的是，在四种碳化物（ZrC、NbC、TaC 和 TiC）中，金刚石-TiC 晶格间距的允许差值 V 最大。这就解释了为什么在所有碳化物中，TiC 与金刚石的结合力最差。因此在钎焊之前，在金刚石上涂覆一层钛并不是最好的选择。

在碳化物的形成过程中，有些重要的细节值得注意。首先，在不同金属和金刚石形成碳化物的过程中，体积发生变化是不利的。此外，金属原子和碳原子的扩散能力不同。因此，传质并不能保证体积的连续性，这导致在碳化物薄层和界面区域中形成了气孔。如图 6-6c 所示，在铬、锆等的碳化物中观察到了气孔（Rabinkin，1982）。在固态下退火时，金刚石表面可能会生成外延碳化物薄层，这不仅会在 Zr、Ta、Nb、Ti 金属中出现，也可能在包含这些元素的合金粉末中出现，这对于烧结金刚石/金属复合材料的工具来说非常重要。

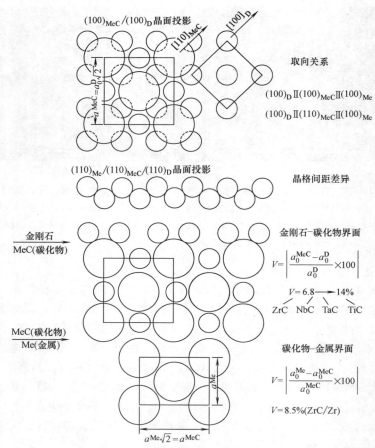

图 6.4　金刚石、一些体心立方结构的过渡元素以及它们之间形成的碳化物
（B1 结构）的晶格示意图，以及金刚石（100)$_D$晶面和碳化物（100)$_{MeC}$晶面
可能的晶格外延关系和晶格间距差值（Rabinkin，1982）

　　然而，在普遍认可的理论中，任何晶体缺陷，如晶棱、晶角、位错、晶体生长台阶等，都是金刚石和金属相互反应开始的地方。但是最有趣的现象是，当金属与碳的结合力变强时，金刚石和金属反应选择性的敏感程度随之降低。特别地，在金刚石与 Ni、Co 和 Fe 烧结时，金刚石与金属的反应在缺陷处或存在台阶、凹陷等不平整表面处首先开始和进行。就 Zr、Nb、Ta 而言，虽然相同的缺陷在金刚石中也存在，但均匀、完整的碳化物薄层会在各种晶面上形成。Nb（图 6.1）和 Zr（图 6.3a、

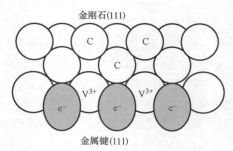

图 6.5　1080K 温度下，V 原子与金刚石
反应形成 NaCl 晶体结构类型的 V_4C_3
化合物示意图（Yamazaki 等，2009）

c）与金刚石反应的微观照片显示，厚度均匀的碳化物薄层出现于晶体生长台阶处。这说明溶解过程是均匀一致的，以至于在连接过程中，大部分晶体都保持了它们的原有形貌。

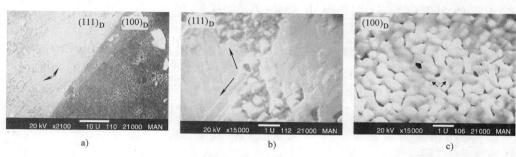

图 6.6　1000℃/5h 真空退火金刚石/铬时金刚石表面的润湿性以及碳化物的形成

注：碳化物薄层与金刚石表面很好地结合，其形貌重复（111）和（100）晶面的三角晶系和正方晶系特征（如图 a、b、c 中的细箭头所示）；在过度生长的碳化物中发现了明显的气孔（图 c 中的粗箭头所示）；碳化物薄层与铬基体的结合情况不好。

与由合金元素形成的碳化物不同，合金与金刚石生成碳化物薄层的反应温度更低。

6.3.4　碳化物薄层与金刚石和金属基体的结合情况

当碳化物的厚度很小（0.1~0.5μm）时，金刚石和碳化物界面处的原子结合强度高且有规律，导致碳化物与金刚石表面结合良好。

碳化物层/金属基体界面中的钒含量比金刚石/碳化物界面处更高，结果是在界面处产生强大的应力，并随后形成裂纹。实际上，在对低温烧结的金刚石-金属复合物钎焊接头进行剪切试验时，断裂发生在金属和碳化物界面处，使得碳化物薄层附着于金刚石表面，如图 6.1 所示。随着温度的升高，碳化物生成得更多，相应地伴随着应力的迅速增加。因此，碳化物层发生破坏，裂纹出现在金刚石/碳化物界面上（图 6.3a）以及碳化物/金属界面上（图 6.3d）。

无论是在真空还是氮气氛围中进行热处理和钎焊之后，接头中均会出现细小、规则的气孔，这也许是碳化物层脆化的另一个原因（图 6.7）。对于那些在金刚石中没有形成碳

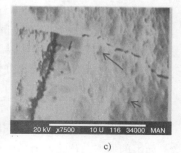

图 6.7　在 N_2 的保护下以 1000℃/5h 的条件烧结金刚石/316L 不锈钢粉末时形成碳氮化物薄层

注：由于薄层的过度生长，使得其与金刚石以及金属基体的结合都不好（图 a、b）；薄层中产生的细小、规则的气孔导致了接头脆性（图 c 中的箭头）。

化物的元素（Ni、Co、Fe），原因在于它们对碳的吸附能力差，润湿通常不会发生，导致裂纹容易沿着金刚石和金属的界面产生，在剪切试验后，金刚石变得干净且透明。

6.4 热处理和钎焊过程中金刚石的石墨化

在真空中，金刚石的石墨化进程从很高的温度或是对其无促进作用的中等温度开始。对于纯天然的金刚石颗粒，这一温度约为 1500℃甚至更高（Davies 和 Evans，1972）。在 1000℃下的真空中，研究者观察了金刚石和金属的复合物，如镍和金刚石、钴和金刚石、铁和金刚石的石墨化（Rabinkin，1981）。金刚石的石墨化不能逆转，因此，在焊接金刚石时应设法避免其石墨化。观察中还发现，氮气作为退火处理的保护气氛会延迟石墨化进程。

不同金刚石晶面发生石墨化所需的激活能大不相同，如果想要通过石墨化促进扩散过程，那么扩散速率将强烈地依赖于结晶取向。烧结后的金刚石/金属复合物微观组织清楚地显示出，在金刚石与金属接触的不同晶面上生成了富碳的球形区，将金刚石单晶包覆了起来。此外，强碳化物形成元素使得在不同的晶面上生成均匀的碳化物层，如图 6.6a、b 所示。通过直接测量不同晶向上的碳原子浓度，可以认为各方向上的碳化物生成行为相同（Rabinkin，1981）。这些结果显示，在宏观尺度上，碳的溶解和扩散速率受单晶金刚石晶面指数的影响很小。

6.5 金属及其合金对金刚石的润湿

Naidich 等人发现金刚石和其他元素的润湿角直接由它们之间相互作用的特性所决定，这与不同种类原子在金刚石表面上的黏附作用有密切关系（Naidich 等，1988）。他们还证明润湿性或黏附功 W 与金属-碳化合物体系的生成焓有关。基于碳化物生成焓的基本热力学数据，表 6.3 展示了不同金属对金刚石的润湿能力按顺序为 Ni、Co、Fe、Cr、Nb、Ta、Ti、Zr，其中 Ni 的黏附能力最低，而 Zr 的黏附能力最高。需要强调的是，在本研究中的任何温度、压力和环境条件下，Ni 和 Co 对金刚石都不润湿。

元素周期表中ⅠB 族的非过渡元素在液态下仅通过物理作用和金刚石产生相互作用，因此有非常大的润湿角 θ_c，例如，Cu、Ag、Au、Ga、Sn 等元素及其合金的 θ_c 为 120°~150°。对形成碳化物的过渡金属而言，金刚石的润湿通过瞬时生成的碳化物薄层进行，因为事实上，金属原子在界面处倾向于形成强烈的化学键。可见，和金刚石接触的金属层具有异于基体的性质和结构。可见，由于实际上瞬时发生的金刚石/金属化学结合，对过渡金属而言使用"润湿"这个词是有条件的。值得一提的是，金刚石晶体中的碳原子结构与所形成的碳化物越相近，润湿性就越好，润湿角也就越小，通过观察到的金刚石（111）晶面上的润湿角比金刚石（100）晶面上的小这一事实证明了这一点（Naidich 等，1988）。

在金刚石/金属的退火或烧结过程中，固态金属润湿金刚石是很重要的，因为金属-金刚石的化学键仅存于接头界面处。润湿通过金属蒸气的冷凝发生，最开始形成小的金属液滴，这些金属液滴在烧结后会生长完整的薄层（Rabinkin，1982）。同时也注意到，很多含碳化物形成元素的合金开始润湿的温度比相应的金属元素在金刚石表面开始润湿的温度还低。1982 年，当进行含铬合金及纯铬润湿金刚石的研究时，Rabinkin 观察到一个有趣的现象（Rabinkin，1982）：在低温下（大约 900℃）碳化铬出现在有凹坑的表面（金刚石表面并不润湿，保持纯净），看起来像具有高表面张力的小液滴（图 6.8b）；但只有在温度升高到 1000℃ 时，金刚石表面才被润湿或形成碳化物（图 6.9）。

当使用 N$_2$ 保护退火时，氮有助于钢铁母材的润湿（在 900℃ 开始）。然而，对于 Nb、Zr 和 Inconel 合金，氮实质上会阻碍润湿和碳化物的形成。

316L 合金也是以高表面张力的液滴形式润湿金刚石的，这在某种程度上与纯铬相似（图 6.8b）。

a) 金刚石-铬的相互作用　　　　　　b) 碳化物开始在有凹坑的表面形成

图 6.8　900℃/5h 真空下金刚石-铬的相互作用及碳化物开始在有凹坑的表面形成

图 6.9　1000℃/5h 烧结金刚石/316L 复合物

注：所有的金刚石晶面上都形成了附着良好、形状均匀的碳化铬薄层（箭头所示）。

6.6　立方氮化硼（CBN）的润湿

由于立方氮化硼的化学性质稳定，为了达到一定程度的润湿，有必要预先给立方氮化硼涂覆上含有氮元素或硼元素的材料或者在钎料中加入这些材料作为活性元素。研究者 Chattopadhyay 和 Hintermanm（1993a）还报道了将钛元素添加到银铜共晶钎料中的润湿效果。因此，当用 $w_{Ti}=8\%$ 的银铜钎料在900℃氩气保护气氛中钎焊30s时，在立方氮化硼颗粒上呈现了完美的润湿性。Naidich 和 Adamovskyi 在 2006 年研究了立方氮化硼表面的纯金属及合金的润湿性和黏附功，结果见表6.5。在铜锡合金钎料中添加 10%~15%（质量分数）的钛是非常有效的，可使润湿角减小至 30°左右（图6.10）。

与金刚石的钎焊相比，在正常使用范围内的钎焊温度下，铬作为影响润湿性的元素，其作用并不是十分显著。甚至在1100℃的高温下，Ni/Cr/P 钎料（BNi-7）和立方氮化硼之间也没有发生反应。换用 Cr 的质量分数高达25%的钎料（Nicrobra 51）后，也未发现润湿性有任何提高（Chattopadhyay 和 Hintermanm，1993a）。

表6.5　（2~3）×10⁻³Pa 真空条件下纯金属及合金在 CBN 表面的润湿角（θ）和黏附功（W_A）

金属或合金	CBN 基体		
	熔点/℃	$\theta/(°)$	$W_A/(mJ/m^2)$
Cu	1100	137	360
Ag	1000	146	160
Sn	1100	137	115
Pb	700	124	190
Sn+1.5%Ti	800	30	930
Cu+10%Sn	950	136	290
Cu+20%Sn	950	135	200
（Cu+10%Sn）+10%Ti	950	28	1800
（Cu+20%Sn）+15%Ti	950	21	1820

注：元素符号前的数字为其质量分数。

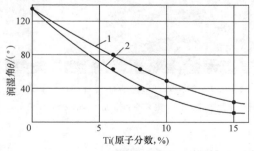

图6.10　（2~3）×10⁻³Pa 真空条件下 950℃时 CuSnTi 钎料在 CBN
表面的润湿性（Naidich 和 Adamovskyi，2006）
1—Cu+10%Sn 的钎料　2—Cu+20%Sn 的钎料

6.7　金刚石钎焊用钎料和钎焊技术

钎焊金刚石的钎料可分为两类：第一类为不与碳形成化学键的合金；第二类为包含碳化物形成元素，如钛、锆、铬、硼和硅的化学活性合金。第二类的活性合金现在通常被用作钎焊金刚石和金属、陶瓷或金属陶瓷的钎料。钎焊温度低于 1100℃ 的活性钎料（ABAs）能够很好地阻止金刚石的石墨化。

常用钎料见表 6.6，其中包括适合钎焊金刚石（磨粒态和致密的聚晶态）与金属或硬质合金基体（常用作金刚石工具载体）的 ABAs 钎料。大量的金刚石钎焊技术被应用于工业实践中，其工艺和设备几乎和陶瓷钎焊（特别是氮化硼）相同。下面具体阐述钎焊金刚石的工艺及材料。通常，金刚石的钎焊技术包括金刚石颗粒和钎料的准备及使用、金刚石的金属化、阻止金刚石石墨化和/或脆性金属间化合物生成的钎焊温度的选择等。每次考虑钎焊技术时，首先必须分析金刚石材料的特性，设计合理的试验，以便选择合适的钎料和钎焊工艺。

如果金刚石颗粒之间的间隙接近或大于金刚石晶体的平均尺寸，则对于磨具的钎焊，使用 Ni-Cr-Si-B 或 Ti-Zr-Cu-Ni 钎料比 Ag-Cu-Ti 或 Cu-Sn-Ti 钎料能够得到更好的耐磨性和耐久性。另一方面，有韧性的 Ag-Cu-Ti 或 Cu-Sn-Ti 钎料能够更好地降低金刚石和基体之间的热应力，特别是将金属与尺寸相对较大的金刚石聚晶片或嵌块钎焊到一起时（Shapiro，2007）。

本质上，钎焊接头的强度不但与接头设计和钎料的选择有关，还与钎焊温度和保温时间有关，这些都会影响钎料与金刚石及母材之间的反应。因此，合适的真空钎焊热循环对获得高的接头强度也很重要。

例如，用 Ag-Cu-Ti 钎料真空钎焊 0.5mm 厚、直径为 50mm 的金刚石聚晶片和硬质合金 WC-6Co，钎焊温度为 880~920℃，保温时间为 20min 时，可达到的最高接头强度为 120~130MPa；而当钎焊温度高于 920℃ 时，由于在界面处生成了厚的脆性碳化物层，导致接头强度下降了 25%。钎焊保温时间为 3min 时，由于金刚石聚晶片润湿不充分，使得接头强度下降到 50MPa（Dos Santos 和 Casanova，2004）。

实验性活性钎料 Cu-Sn-Ti 系合金是最值得期待的。这些合金通常包含 10%~15%（质量分数）的钛作为活性元素，和银基活性钎料相比，其钛含量明显较高。与 Ag-Cu-Ti 系钎料相比，Cu-Sn-Ti 系钎料在液态时具有更高的活性，在固态时则具有更好的塑性。

使用 Cu-10Sn-15Ti 钎料钎焊粒度为 150~180μm 的单层金刚石颗粒制作刀具的实例，能够说明这种钎料的工业应用潜力。该刀具用 AISI 1045 钢作为基体，在 880℃ 真空中钎焊或者是用 CO_2 激光束加热工具表面而成（Huang 等，2004）。具体工序如下：在钎焊或用 450W 的激光束加热（10s）之前，将体积分数为 10% 的金刚石颗粒和体积分数为 90% 的 Cu-10Sn-15Ti 粉末的混合物熔覆在 1.5mm 厚的钢基体上，激光束的有效直径为 7mm。保护气体氩气的流速为 100cm³/s，它可以阻止金刚石颗粒和钎料的氧化。在

表 6.6　钎焊金刚石与金属、陶瓷和硬质合金的商业钎料

钎料	成分(质量分数,%)	固相线/℃	液相线/℃	钎焊温度/℃
BNi-2(Amdry 770)	Ni-(6-8)Cr-(4-5)Si-3B-3Fe	971	999	1010~1177
BNi-3(Amdry 780)	Ni-(4-5)Si-(2.8-3.5)B	982	1038	1010~1177
BNi-7	Ni-(13-15)Cr-10P	888	888	927~1093
BNi-10	Ni-(10-13)Cr-3.5Si-2.5B	970	1105	1149~1200
Nicrobraz LM	Ni-7Cr-3Fe-4.5Si-3B	970	1000	1010~1170
Metglas MBF-1002①	Ni-32.2Pd-8.6Cr-2.7B-0.9Fe	900	1010	1020~1060
Metglas MBF-1011①	Pd-40Ni-5Co-4.5Mo-5Si	847	895	900~950
Nicro-B™	Ni-15.2Cr-4B	1048	1091	1100~1140
Cusil® ABA	Ag-35.2Cu-1.75Ti	780	815	830~850
Incusil® ABA	Ag-27Cu-12.5In-1.25Ti	605	715	740~750
Ticusil®	Ag-26.7Cu-4.5Ti	780	900	920~960
BrazeTec® CB10	Ag-25.2Cu-10Ti	780	805	850~950
TiBraze® 375	Ti-37.5Zr-15Cu-10Ni	825	835	850~900
TiBraze® 200	Ti-20Zr-20Cu-20Ni	848	856	870~900
TiBraze® 1200	Ni-27Ti-10Al	1140	1180	1180~1220
CuSnTi(non-commercial alloy)	Cu-(20-25)Sn-(15-20)Ti	860	890	890~950
TiBraze® Al-600②	Al-12Si-0.8Fe-0.3Cu	577	580	650~720
TiBraze® Al-665②	Al-2.5Mg-0.2Si-0.4Fe-0.2Cr	610	645	700~720
BAg-34③	Ag-(31-33)Cu-(26-30)Zn-2Sn	649	721	721~843

① 钎焊硬质合金基体和金刚石颗粒与碳化物基体烧结制成的硬质合金。
② 钎焊表面沉积 Ti 或 Mn 薄膜的金刚石。
③ 在空气中用钎剂钎焊。

真空钎焊温度下保温 5min 后，在金刚石颗粒上生成了连续的 TiC 层，而激光加热仅能生成离散的岛状 TiC。

Cu-Sn-Ti 钎料中钛的质量分数为 5%～20%，本质上会影响钎焊温度和金刚石钎焊接头的强度（Klotz 等，2008）。因此，Cu-14.4Sn-10.2Ti-1.5Zr（质量分数，%）钎料的液相线温度为 925℃，而 Cu-25Sn-15Ti 钎料则为 1110℃。由于钛的含量高，熔化的钎料总是会和金刚石发生反应，在金刚石表面生成不同厚度的 TiC 层：Cu-15Sn-20Ti 钎料为 50～100nm；Cu-25Sn-15Ti 钎料为 100～250nm；Cu-14.4Sn-10.2Ti-1.5Zr 钎料为 150～300nm。这些碳化物层是由两种类型的 TiC 组成的复杂组织：第一种类型是在金刚石表面迅速形成的具有立方形态的 TiC；第二种是柱状形态的 TiC。在 930℃ 下钎焊 100min 后，观察到这种 "立方+柱状" 碳化钛层的厚度达到最大值，约为 600nm。

用钒替代钛作为银铜基钎料中的活性元素最近取得了令人满意的成果。钒加入量不超过 1%（质量分数）的 Ag-27.8Cu 共晶钎料钎焊金刚石的接头抗剪强度稳定，超过 200MPa（Yamazaki 和 Suzumura，2006）。这是因为银和碳化钒晶体的晶格错配度很小。对金刚石与接头之间的界面微观组织进行研究发现，银晶粒在金刚石表面形成的碳化钒上生长。X 射线衍射（X-ray diffraction，XRD）结果表明，不同类型的碳化钒 V_2C、V_4C_3 和 V_8C_7 都在金刚石表面形成，并且因为银在岛状 V_4C_3 碳化物上的凝固效果更好，所以 V_4C_3 有利于使钎料更好地黏附在金刚石上。

如前所述，对接头完整性不利的重要因素之一就是在金刚石表面形成石墨。使用 Ni-12Cr-4Fe-3Si-2.5B 钎料在 970℃ 下真空钎焊金刚石颗粒时，有时可观察到石墨化过程。金刚石表面的石墨层是钎缝组织中强度最弱的相。同时，碳化铬层也在石墨层和金属基体的界面处生成，而石墨化的速度比碳化铬的生长速度更快（Huang 等，2004）。

为了阻止石墨化，可以通过化学气相沉积（CVD）或物理气相沉积（PVD）技术在金刚石表面镀一层钛、铬或锰。1～3μm 厚的锰或钛涂层减小了铝基钎料的润湿角，如 TiBrazeAl-600 钎料的润湿角为 25°～40°，而没有涂层时，润湿角为 75°～90°（表 6.7）。在 700～750℃ 下使用铝钎料低温钎焊，可以使金刚石钻头的寿命提高一倍，原因是其阻止了接头应力的产生和金刚石的石墨化。其他低温钎料如 Al-2.5Mg-0.3Cr 或 Al-4.2Cu-1.5Mg-0.5Si 也适用于沉积了钛涂层的金刚石颗粒与镍基合金或钛基合金的钎焊（Shapiro 和 Flom，2010）。-40～50 目的单晶金刚石颗粒和沉积了钛涂层的金刚石颗粒可以使用类似于 AWS BAg-22 的焊丝和成分为 42%KF+23%KBF$_4$+35%B$_2$O$_3$ 或 25% KBF$_4$ +5%K$_2$CO$_3$+70% 硼砂（质量分数）的钎剂，与高速工具钢的圆形锯齿刀片或嵌入式 WC-Co 硬质合金刀具进行火焰钎焊。

表 6.7　一些纯金属和钎料在真空中对金刚石的润湿角

液态金属	温度/℃	润湿角 θ/(°)
Tin	800	130
Sn-2.9%Ti	800	40
Sn-2.9%Ti	1100	7

（续）

液态金属	温度/℃	润湿角 θ/(°)
Silver	1100	120
Ag-28%Cu	850	120
Ag-27%Cu-1%Ti	850	15
Ag-26%Cu-2%Ti	850	12
Ag-34.5%Cu-1.5Ti	810	45
Ag-34.5%Cu-1.5Ti	850	18
Copper	1150	140
Cu-20%Sn-2%Ti	1150	35
Cu-20%Sn-7%Ti	1150	5
Cu-1%Cr	1150	30
Cu-4%Cr	1150	5
Cu-40%Mn	1100	30
Ag-30%Mn	1100	20

注：摘自 Naidich 等，1988；Palavra 等，2001。

通过磁控溅射方法将 Cr-W-Cu 多层复合膜沉积到金刚石聚晶片上，可以有效减少金属-金刚石钎焊接头中的残余热应力。0.12μm 厚的铜层可以促进钎料 CuSi1-ABA®（Ag-35.2Cu-1.75Ti）的润湿，在钎焊前将这种钎料放置在金属化的金刚石表面和 Ni 或 Fe-42Ni 合金基体之间。0.02μm 厚的铬层和 0.03μm 厚的钨层的热胀系数介于金刚石和镍之间，用于缓释应力（PetKie，2003）。本研究中，焊件被放在气氛为氩气和氮气的混合气体或含有 4% 氢气的氮气的炉中，在 825℃ 下钎焊 5~10min。采用剥离法测试接头的结合力，结果发现结合力很高。此外，当使用 50μm 厚的铜箔作为钎料在 1100℃ 下钎焊具有相同涂层的金刚石聚晶片时，接头强度得到了提高，在室温和 800℃ 之间进行四次热循环后没有发现分层现象。

另一种情况中发现，用含有活性金属钛的钎料（如 Cusil-ABA®）钎焊金刚石和钢，接头的显微组织中包含五种不同的物相层：①直接与钢结合的两种中间层 L1 和 L2；②在接头中间的富铜和富银的两种固溶体层；③在金刚石界面处的 50~100nm 厚的 TiC 金属间化合物反应层（Buhl 等，2010）。中间层 L1 是（Fe，Cr，Ni）$_2$Ti 相，而中间层 L2 则是（Fe，Ni，Cu）Ti 相。在这种情况下，钎焊接头的最终厚度随着钎焊温度和保温时间的增加而减小：850℃ 保温 10min，接头的最终厚度为 36μm；而 910℃ 保温 30min，其厚度为 15μm。这可以通过液态钎料的黏度随着钎焊温度的增加而降低来解释。这意味着后面一种情况的脆性中间层的厚度占接头总厚度的比例更高，这将影响接头的抗剪强度。当用更低的温度钎焊时将出现韧性断裂；而在更高的温度下钎焊时，断裂会发生在脆性中间层。残余应力和钎焊参数基本无关，却显著影响接头的显微组织及抗剪强度。基于这个原因，在较低温度（830℃）下钎焊并保温 10min 可以获得最好的接头性能（即低的残余应力），抗剪强度高达 390MPa。

值得一提的是，虽然碳化物的生成会在金刚石和金属钎焊接头之间形成很强的化学结合力，但另一方面，这个反应可能会降解金刚石的表面，金刚石的冲击强度在钎焊后也可能会下降。为了消除碳化物生成反应的不利影响，建议钎焊前在金刚石表面预置金属薄层。例如，预置 $10\mu m$ 厚的铜涂层能给钎料提供良好的润湿性，而不会降解金刚石的表面，液态钎料可以很好地黏附在金刚石颗粒周围而不降低冲击强度（Sung 和 Sung，2009）。在金刚石表面预置钛涂层对 Ni-Cr 钎料钎焊的有利影响也已经得到实验证明。在磨削过程中包覆钛涂层的金刚石磨粒时出现的裂纹不会破坏金刚石晶粒（Shao 等，2008）。

在金刚石颗粒上预置铜层也可以采用化学镀技术，例如，使用 80g/L 的钾钠酸盐，20g/L 的硫酸铜和 pH 值为 12.8 的甲醛水溶液（Yakubovsky 等，2010）。预先在 50 ~ 80℃ 下的 20% 的活性氯化钯或钯和氯化锡的混合溶液中处理金刚石粉末，为了在金刚石的表面预置铜薄层，还需要添加 1g/L 的铁氰化钾 K_3［Fe（CN）$_6$］和 0.01g/L 的硫代硫酸钠 $Na_2S_2O_3$ 稳定剂，0.01g/L 的阳离子表面活性剂，3g/L 的 $NiCl_2$ 黏结剂以及 3g/L 的 Na_2CO_3 催化剂，并在室温下持续缓慢搅动溶液 6~20min。

6.8　金刚石接头的力学性能测试

金刚石/金刚石以及金刚石/金属的钎焊接头不能通过标准力学性能测试方法直接测试，因为钎焊的金刚石颗粒或嵌块都比较小。需要采用间接方法表征接头的力学性能和评估接头质量。例如，研究者对表面钎焊了金刚石颗粒的钢板进行三点弯曲测试，给出了采用不同钎料（BNi-2、BNi-3 和 BNi-6）在不同温度下钎焊的接头力学行为的统计学数据（Tillmann 等，2008）。弯曲性能测试试样是钎焊了尺寸为 300~400μm 金刚石颗粒的 Fe-Cr 钢板，钎焊金刚石颗粒位于弯曲测试时产生最大变形的区域。测试后仍残留于钎焊金属层中的金刚石颗粒的数量是表征接头强度的一个数据，它取决于钎焊温度、保温时间和弯曲角。有裂纹的金刚石可算作完整的。使用 BNi-2 钎料，在 1005~1080℃ 下保温 10~15min 得到的接头呈现出较好的结果：几乎 100% 的金刚石颗粒都是完整的，而钎焊温度更低时只有 50% 的金刚石颗粒是完整的。BNi-6 钎料则表现出相反的行为：钎焊温度升至超过 1000℃ 时接头质量较差，1100℃ 时有 55% 的金刚石颗粒是完整的。用添加了 3%~5% 铬的 BNi-6 钎料钎焊金刚石时，表现出了良好的润湿性和较高的接头质量，在 950~1000℃ 时只需保温 5min 即可获得 96% 的完整金刚石颗粒。

研究者测试了不同钎料与 CVD 表面处理的金刚石的界面结合强度（Hsien 和 Lin，2009）。钎料为九种 BNi 系钎料，包括经常使用的 BNi-2、BNi-7，以及铜基和银基钎料。Cu-10Sn-15Ti 钎料和一种特别的银基 ABA 钎料钎焊接头的最高弯曲强度为 280~400MPa。钎焊界面的强度比接头内部的强度要高。含有降熔元素 B、P 的 BNi 系钎料因其中的 Ni 元素导致了金刚石的催化降解，促进了 sp^2 型碳键的形成，结果是接头强度很低，只有 80~120MPa。

弯曲性能试验结果仅提供了实际应用状态下金刚石磨具力学行为的有限信息。为了检测金刚石-钢或金刚石-硬质合金工具的磨损性能，可以进行销-盘式性能测试（Tillmann 等，2008）。将试样垂直安装在一个手柄上，使其与旋转的钢或待摩擦的物体相接触。在达到一定的运行时间或轨迹间距之后停止试验，测量待磨物的质量损失以及消耗掉的金刚石颗粒的质量。这个测试可以得到磨损率的值，换言之，就是可以得到金刚石和钢钎焊接头的耐磨性。

这两种测试（三点弯曲和销-盘式测试）可以从应用的角度对金刚石或氮化硼钎焊接头质量做出正确的评估。镍基钎料钎焊试样与银基钎料钎焊试样对比，金刚石颗粒具有更高的磨损率，并且待磨物的质量损失更多。用 BNi-6 钎料钎焊的磨具比用 BNi-2 钎料钎焊的磨具磨削陶瓷时去除的陶瓷质量更大。但因为 BNi-2 钎料比 BNi-6 钎料的显微硬度更高，所以 BNi-2 钎料具有更好的耐磨性。

6.9 立方氮化硼（CBN）的钎焊

大部分磨具都是通过将立方氮化硼磨粒钎焊在钢或硬质合金材质的工具基体上制成的。硬质合金因其更高的硬度和较小的变形，对高温连接工艺（如钎焊）十分有利，因而是较佳的选择。硬质合金的膨胀行为和立方氮化硼完美配合，导致钎焊件的残余应力极低。

钎焊立方氮化硼磨粒的方法有两种。第一种方法是用常规钎料来钎焊被镍或钛之类的金属包覆后的磨粒，这种方法非常经济可行。镍作为镀层材料非常适合于电镀连接，而钛适合于钎焊。钎焊包覆有钛的磨粒，由于在高温下钛和立方氮化硼界面间的化学反应，使得磨粒与钎料之间的结合强度更高。Chattopadhyay 和 Hintermann（1993b）证实了利用 CVD 技术制备的 TiC 涂层也能够充分促进标准镍基钎料的润湿。

第二种方法称为"活性钎焊"，这意味着需要使用含有能和 BN 反应的元素（如 Ti 和 Zr）的活性钎料。如今工业上用于钎焊立方氮化硼和工具基体的所有钎料中都含有这些元素。活性钎料箔带都是 AgCuTi 系钎料，而膏状钎料则是 AgCuTi 或 CuSnTi 粉末配合适当的粘结剂制成的。在生产这些钎料的过程中，钛以纯金属或钛氢化物的形式加入钎料的主成分中。CuSnTi 钎料比 AgCuTi 钎料更便宜，耐磨性也更好，是用立方氮化硼磨粒制作磨具的重要钎料。

影响立方氮化硼钎焊磨具可靠性的重要因素之一就是接头的耐磨性，这依赖于所用膏状钎料中黏结剂的特性和数量。在这方面，Elsener 等于 2005 年报道了加入硝酸纤维素粘结剂的有利影响。事实上，残余黏结剂和石墨将与 CuSnTi 钎料中的 Ti 发生反应，形成纳米级的碳化钛颗粒，并因此增强了接头的耐蚀性。

Shiue 等（1997 年）曾尝试通过在 AgCuTi 和 CuSnTi 钎料中添加如 TiC、SiC、WC 等硬质材料粉末或 Mo、W 金属的方法来提高接头的耐磨性。据他们报道，通过添加这些块状硬质颗粒，极大地提高了钎料的耐磨性。该项研究的磨损测试结果表明，添加 TiC 的效果比添加其他材料的粉末都要好。

立方氮化硼的另一个主要应用是生产刀具，其生产的刀具可用于切削珠光体铸铁、含铬和镍的合金、高强钢、铁基粉末金属件、表面硬化合金和高温合金（Diamond

Innovations，2004）。有人已成功开发了压制
了聚晶立方氮化硼的切削刃，这些压制件既
可以作为"硬质材料基体+PCBN"三明治结
构的工具部件，也可以作为 100% CBN 压制
成形的块体。为了只在需要发挥其优良性能
的领域使用这些压制件并降低工具成本，一
般通过线切割或激光切割的方法从压制件上
切除 PCBN 的尖端，然后将其钎焊到金属工
具基体上。在图 6.11 所示的刀具中，立方氮
化硼刀片已被钎焊到硬质合金基体上
（Boretius 和 Klose，1999；Boretius，2001）。

图 6.11　真空钎焊有两个 PCBN
刀片的可转位刀具

PCBN 的润湿性应与 CBN 颗粒相当。这意
味着，在用常规钎料钎焊之前，需要在 PCBN
表面预处理活性金属涂层，或者使用活性钎
料。AgCuTi 和 CuSnTi 钎料再次被应用于活性钎焊，使用 CuSnTi 钎料钎焊 PCBN 刀头与金属
基体的结合强度比使用 AgCuTi 钎料高。

从钎焊的观点来看，可以采用常规的钎焊硬质合金的方法制造以硬质合金为基体的
三明治结构形式的可转位刀具部件。这种情况下，经常使用银基钎料配合火焰钎焊和感
应钎焊，也可采用真空钎焊的方法。尽管硬质材料和 PCBN 之间热胀系数的差异很小，
但也应尽可能选择较低的钎焊温度，以避免 PCBN 层从硬质材料基体中分离。

图 6.12a 所示为在硬质合金基体上真空钎焊 PCBN 刀片的可转位刀具。接头处形成的

a) 真空钎焊的CBN可转位刀具

b) 钎焊接头微观组织(1)

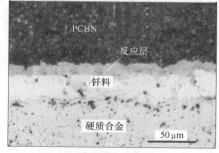

c) 钎焊接头微观组织(2)

图 6.12　真空钎焊的 PCBN 可转位刀具以及钎焊接头微观组织
（使用 CuSnTi 钎料，钎焊温度约为 950℃）

反应层（图 6.12b、c）与用活性钎料钎焊的陶瓷-金属接头类似（Boretius 等，2006）。

6.10 钎焊立方氮化硼（CBN）产品

粗大的立方氮化硼颗粒通常用于磨削，而由 $1\sim10\mu m$ 大小的 CBN 颗粒组成的 PCBN 和陶瓷基体烧结在一起用于切削。PCBN 也可制成包含硬质合金基体的三明治结构形式或压制成形的块体形式。PCBN 通常用于钢、灰铸铁和硬铸铁的粗加工和精加工，也可用于烧结铁和粉末冶金制品的精密车削。

6.10.1 可转位刀具

活性钎焊是连接无涂层的固体立方氮化硼刀片与刀具基体的最值得期待的方法。由于钎料和立方氮化硼表面发生化学反应，从而能够得到高强度的接头。使用固体立方氮化硼可使钎料的选择更加灵活，即使使用像 CuSnTi 这样的高熔点钎料，对立方氮化硼的性质也没有不利影响，同时还保证了刀具具有高的工作温度。此外，CuSnTi 钎料比 AgCuTi 钎料的耐磨性更好。CuSnTi 钎料的性能使钎焊刀具特别适合在高温、高载荷，如干燥、高速、难加工的条件下进行切削。通过将立方氮化硼刀头钎焊到刀具基体上，可以很容易地增加切削刃的数量。图 6.13 所示为具有水平（图 a~图 c）和垂直（图 d~图 h）接头外形的可转位刀具系列（Becker，2011）。

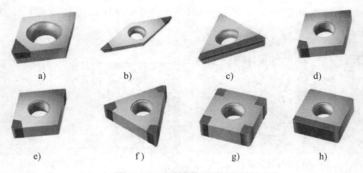

图 6.13 可转位刀具系列

6.10.2 由立方氮化硼或金刚石磨粒制作的磨具

单层磨粒的工具主要采用电镀技术生产。磨粒镶嵌在镍合金基体上，仅仅通过机械方式固定。磨粒的出刃部分不超过其直径平均值的 40%~50%。在磨削操作过程中，基体的耐磨性导致磨粒更早地剥离，使磨具的工作寿命缩短。真空钎焊金刚石或立方氮化硼磨粒的磨具是合适的替代产品。通过选择不同钎焊钎料和母材的组合以及合适的钎焊参数，可以控制化学反应和结合强度。

为了获得高的去除率和长的寿命，必须实现以下两个设计目标：

1）磨粒出刃能够保证充分的切削深度。

2）间隙能够有效转移切屑并避免磨具堵塞。

最近，Burghard 等开发了一项磨粒分布可控的新技术（Burghard 等，2002）。采用这项技术，可事先设计好磨粒出刃值及间隙大小，然后通过真空钎焊制作磨具（图 6.14）。

整个生产过程分为三个步骤：

1）清理并准备用于钎焊金刚石磨粒的磨具表面（图 6.14a）。

2）在磨具表面设置粘结位置，并将金刚石磨粒撒布到涂有粘结剂的刀具表面（图 6.14b）。

3）钎焊（图 6-14c）。

其中步骤 2）是最具创新性的一步。在该步骤中，使用一个特殊的配胶系统使胶滴"喷射"到工具表面（图 6.15），之后在表面撒布磨粒使其停留在有胶的位置，最后喷刷膏状钎料覆盖这些磨粒。控制钎料的用量，可使钎焊后磨粒的嵌入程度达到设计状态。

图 6-14c 所示方法的步骤如下：

① 清理和准备用于钎焊金刚石磨粒的磨具表面。

② 在磨具表面设置待胶粘区并将金刚石磨粒撒布到涂有黏结剂的磨具表面。

③ 用钎料进行钎焊。

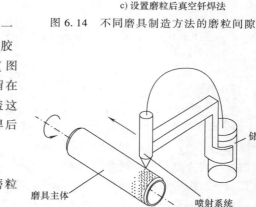

a）电镀法

■ 与a相比金刚石片间距增加

b）撒布磨粒后真空钎焊法

■ 与b相比金刚石片间距增加

c）设置磨粒后真空钎焊法

图 6.14　不同磨具制造方法的磨粒间隙

图 6.15　新的磨粒布置技术示意图
（Burghard 等，2005）

图 6.16a 所示为一个撒布了立方氮化硼 B107 磨粒的 ϕ11mm×50mm 的磨具表面，图 6.16b 为真空钎焊后的图片；图 6.16c 所示为覆有立方氮化硼 B126 磨粒的磨具成品，其尺寸为 ϕ12mm×50mm（Burghard 等，2005）。

为了比较新型立方氮化硼磨具和采用电镀技术制造的磨具的性能，测试了两者在实

a）撒布了立方氮化硼B107磨粒的磨具表面　　b）钎焊后的表面　　c）覆有立方氮化硼B126磨粒的磨具成品

图 6.16　磨具实例

际生产过程中的性能。和电镀磨具相比，真空钎焊磨具的工作时间减少了33%。更重要的是，真空钎焊磨具的使用寿命得到了提高（图6.17）。例如，电镀磨具大概能加工2000个部件，而真空钎焊磨具能加工20000个相同的部件。

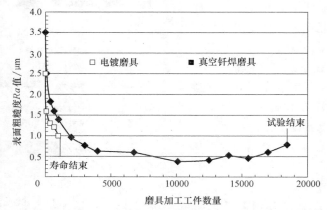

图6.17　使用电镀磨具和真空钎焊磨具加工工件的数量对比（Boretius等，2006）

6.11　结论

1. 金刚石可与许多金属发生剧烈反应并溶入其中，特别是所有过渡金属都可以和碳原子以化学键的方式结合形成碳化物。铜、金、银等非过渡金属以及其他不能和碳原子结合的金属在金刚石上的润湿性较差。

重要的是，由于金刚石独特的晶体结构，没有原子能够溶入其中。因此，所有接头都在金刚石晶体外面形成，并受金刚石/金属界面反应过程的控制。

2. 在钎焊温度下，碳从金刚石向金属基体扩散的过程是直接通过金刚石的溶解发生的，而没有石墨化的中间阶段。

3. 一旦碳化物薄层（厚度小于1μm）在金刚石表面生成，金刚石的溶解速率将迅速降低，因为与碳原子在所有钎料和母材中的溶解速率相比，碳原子通过碳化物晶格的溶解速率非常低。

4. 当碳化物层的厚度非常小（0.1~0.5μm）时，在金刚石/碳化物界面形成的强烈而有规律的原子键将导致碳化物良好地吸附在金刚石表面。随着温度和/或反应时间的增加，碳化物层变得更厚。这种生长伴随着接头应力的增加，因此碳化物层被破坏，裂纹既会在金刚石/金属界面处产生，也会在碳化物/金属界面处产生。

5. 钎焊参数和钎料的选择在很大程度上依赖于金刚石的晶体特征和物理性质，正如选择钎料成分的关键元素——碳化物形成元素一样。用含锆、钒元素的钎料钎焊，可以得到强度最高、质量最好的金刚石/金属钎焊接头。

6. 真空钎焊时，含有如Cr、Nb、Ta、V、Ti、Zr等强碳化物形成元素的活性钎料可以在金刚石和立方氮化硼上实现良好的润湿。这些元素在银基、铜基、镍基钎料中有同样的效果。

　　7. Cu-20Sn-10Ti 等不含银的高熔点钎料对立方氮化硼的性质并未产生不利影响，还可以保证高的工作温度。此外，CuSnTi 钎料比 AgCuTi 钎料有更好的耐磨性。

6.12　参考文献

Andrievsky P, Umansky Ja (1977), *Phazy Vnedrenia* (*Interstitial Phases*), Nauka, Moscow, p. 191.

Boretius M (2001), 'Vacuum brazed diamond and CBN-tools', *Proceedings of 6th Int. Conference Brazing, High Temperature Brazing and Diffusion Welding*, Aachen, Germany, pp. 73–75.

Boretius M, Klose H (1999), 'Vacuum brazed diamond and CBN tools', *Proceedings of EPMA Int. Workshop on Diamond Tool Production*, Turin, Italy, pp. 143–149.

Boretius M, Sonderegger M, Kuntzmann B (2006), 'Vacuum brazing of hard materials including cBN and diamond', *Proceedings of European Conference on Hard Materials and Diamond Tooling*, Ghent, Belgium.

Becker Diamantwerkzeuge GmbH (2011), *Main product catalogue*, Puchheim, Germany.

Buhl S, Leinenbach C, Spolenak R, Wegener K (2010), 'Influence of brazing parameters on microstructure, residual stresses, and shear strength of diamond-metal joints', *Journal of Materials Science*, Vol. 45, 4358–4368.

Burghard G, Zigerlig B, Boretius M (2002), 'Spanen mit definiert angeordneten Diamant-oder cBN Körnern', *Industrie Diamanten Rundschau (IDR)* 36, No. 2, 116–120.

Burghard G, Boretius M, Zigerlig B (Listemann AG) (2005), *Method of making an abrasive tool*, European Patent EP 1 208 945 8.

Chattopadhyay A K, Hintermann H E (1993a), 'On brazing of cubic boron nitride abrasive crystals to steel substrate with alloys containing Cr or Ti', *Journal of Materials Science*, Vol. 28, No. 21, 5887–5893.

Chattopadhyay A K, Hintermann H E (1993b), 'On improved bonding of TiC-coated CBN grits in nickel-based matrix', *CIRP Annals – Manufacturing Technology*, Vol. 42, Issue 1, 413–416

Davies G, Evans T (1972), *Proc. Roy. Soc.*, A328, 413–427.

Davis R J, ed. (1995), 'Ultrahard Materials', in *Tool Materials, ASM Specialty Handbook*, Materials Park, Ohio: ASM International, pp. 85–100.

Diamantschneidstoffe (2011), *Physikalische Eigenschaften verschiedener Schneidstoffe*. Available from: www.diamantschneidstoffe.de (Accessed July 2011).

Diamond Innovations (2004), Product information: *BZN* Compacts – Tool Blanks and Inserts – Machining of Ferrous Materials*, Worthington, USA.

Dos Santos S I, Casanova C A (2004), 'Evaluation of Adhesion Strength of Diamond Films Brazed on K-10 Type Hard Metal', *Materials Research*, Vol. 7(2), 293–297.

Elsener H R, Klotz U E, Khalid F A, Piazza D, Kiser M (2005), 'The role of binder content on microstructure and properties of a Cu-based active filler metal for diamond and cBN', *Advanced Engineering Materials*, Vol. 7, No. 5, 375–379.

Gauthier M (1998), *Engineered Materials Handbook, ASM, Testing of Ceramics*, pp. 967–968.

General Electric (2011), *Dedicated to Science & Research*. Available from: www.ge.com/innovation/timeline/eras/science_and_research.html (Accessed July 2011).

Greenville-Wells J (1957), 'Harder than diamond?', *The New Scientist*, 16–18.

Hsien Y-C, Lin S-T (2009), 'Interfacial bonding strength between brazing alloys and CVD diamond', *J Mat Eng Per*, Vol. 18, No. 3, 312–318.

Huang S-F, Tsai H-L, Lin S-T (2004), 'Effects of Brazing Route and Brazing Alloy on the Interfacial Structure between Diamond and Bonding Matrix', *Materials Chemistry and Physics*, Vol. 84 (2–3), 251–258.

Klotz U E, Liu C, Khalid F A, Elsner H R (2008), 'Influence of brazing parameters and alloy compositions on interface morphology of brazed diamonds', *Materials Science and Engineering*, A495, 275–270.

Krishtal M (1970), *Diffusion Processes in Iron Alloys*, 2, P.S.T. Jerusalem, Israel.

Naidich Y V, Kolesnichenko G A, Lavrinenko I A and Motsak Y F (1977), *Brazing and metallization of ultrahard tool materials*, Kiev, Naukova Dumka.

Naidich Y V, Umanski B P, Lavrinenko I A (1988), 'Strength of diamond/metal contact and diamond brazing' (Russian), Kiev, Naukova Dumka, pp. 1–136.

Naidich Y V, Adamovskyi A A (2006), 'Brazing of cubic boron nitride base superhard materials', *Proceeding of 3rd Int. Brazing and Soldering Conference*, 24–26 April, San Antonio/USA, pp. 133–135.

Palavra A, Fernandes A J S, Serra C, Costa F M, Rocha L A, *et al.* (2001), 'Wettability studies of reactive brazing alloys on CVD diamond plates', *Diamond and Related Materials*, Vol. 10, 775–780.

Petkie R (2003), *Brazeable Metallization for Diamond Components*, US Patent 6,531,226.

Prelas M, Popovichi G, Bigelow L K (1998), *Handbook of Industrial Diamonds and Diamond Films*, New York, Marcel Dekker, pp. 1135–1144.

Rabinkin A (1981), 'Diamond Interaction with Various Metals and Alloys under Different Environmental Conditions', *8th AIRAPT Conference on High Pressure in Research and Industry*, Uppsala, 1, pp. 361–364.

Rabinkin A (1982), 'The stability of diamond in contact with various metals under different temperatures, pressures, and environmental conditions', *ManLabs Report*, 12-11281, 1–135.

Shao H-M, Wang J-B, Sun H (2008), 'Experimental research on vacuum brazing of Ti-coated diamond', *Superhard Material Engineering*, Vol. 20, No. 8, 7–10.

Shapiro A E (2007), 'Diamonds', Chapter 36 of the *AWS Brazing Handbook*, 5th edition, American Welding Society, Miami, FL, pp. 623–636.

Shapiro A E, Flom Y A (2010), 'Characterization of low-melting brazing foils of Al-Mg, Al-Ag-Cu, and Al-Cu-Si alloys designed for joining titanium', *DVS-Berichte*, Vol. 263, 13–16.

Shiue R K, Buljan S T, Eagar T W (1997), 'Abrasion resistant active braze alloys for metal single layer technology', *Science and Technology of Welding and Joining*, Vol. 2, No. 2, 71–78.

Smigelskas C (1962), *Metal Reference Book*, Butterworths, v. 2.

Spriggs G E (2002), ed. by Beiss P, Ruthardt R, Warlimont H, '13.5 Properties of diamond and cubic boron nitride', *Landolt-Börnstein Group VIII Advanced Materials and Technologies Numerical Data and Functional Relationships in Science and Technology, Volume 2A2: Powder Metallurgy Data. Refractory, Hard and Intermetallic Materials*, Berlin: Springer, pp. 118–139, ISBN 978-3-540-42961-6.

Sung J C, Sung M (2009), 'The brazing of diamonds', *Int. Journal of Refractory Metals & Hard Materials*, Vol. 27, 382–393.

Tillmann W, Osmanda A M, Yurchenko S, Boretius M H (2008), 'Properties of nickel-based joints between diamond and steel for diamond grinding tools', *Welding and Cutting*, Vol. 7, No. 4, 228–235.

Wang L, Li M, Jia Q, Zhang H, Dong H (2009), 'Study on brazing diamond compact and cemented carbide', *Zhongguo Jixie Gongcheng*, Vol. 20, No. 3, 365–369.

Wentorf R (1957), 'Cubic Form of Boron Nitride', *J. Chem. Phys.*, Vol. 26, 956.

Yakubovsky S V, Kulbitsky L V, Sudnik L V, Gurbo N M, Budeyko N L, *et al.* (2010), 'Effect of stabilizing agents on formation of copper-titanium dioxide coating onto the surface of diamond powder' (in Russian), *Trans. of National Academy of Sciences of Belorussia, Chemical Sciences*, No. 3, 107–111.

Yamazaki T, Suzumura A (2006), 'Reaction products at brazed interface between Ag-Cu-V filler metal and diamond (111)', *J. Materials Science*, Vol. 41, 6409–6416.

Yamazaki T, Uzumura A, Ikeshogji T-T, Ishiguro T (2009), 'Role of valence electrons of vanadium carbide in metallization of diamond surface', in *Proc. Int. Braz. Sold Conf.*, Orlando, FL, pp. 291–295.

第 7 章　氧化物、碳化物、氮化物陶瓷及陶瓷基复合材料的钎焊

何鹏，哈尔滨工业大学，中国

【主要内容】陶瓷是一种通过将天然或合成化合物制成一定形状再进行高温烧结而制成的无机非金属材料。目前，工程陶瓷的塑性和耐冲击性较差，限制了其未来的应用。由于化学性能和热胀系数上的巨大差异，金属与陶瓷及复合材料的焊接具有很大的挑战性。解决这些问题需要采用过程复杂和成本昂贵的工艺，同样限制了其应用。本章讨论了陶瓷钎焊中存在的问题及相应的解决措施，对氧化物、氮化物、碳化物陶瓷和 C/C 复合材料的钎焊进行了详细介绍。

7.1　引言

陶瓷是一种通过将天然或合成化合物制成一定形状再进行高温烧结而制成的无机非金属材料。陶瓷家族包括氧化物、碳化物、氮化物和陶瓷基复合材料等。目前，工程陶瓷因其优良的热稳定性、耐蚀性和耐磨性，已经被发展为高性能结构材料而得到广泛应用。然而，工程陶瓷较差的塑性和耐冲击性限制了其未来的应用。将陶瓷和韧性较高的材料如金属焊接在一起，制备高性能结构件是一种拓宽陶瓷应用范围的方式。然而，陶瓷中很强的离子/共价键导致其具有低的热导率和弱的抗热振性。这意味着加热陶瓷时很容易形成裂纹。而且很多陶瓷是绝缘体，或者具有很低的电导率。因此，传统的焊接方式不适用于陶瓷的焊接。钎焊被认为是焊接陶瓷最有效的方法之一。

7.2　钎焊陶瓷的困难及其解决措施

由于陶瓷具有稳定的离子/共价键以及其他特殊的物理和化学性能，在钎焊过程中与钎料不相容。一方面，钎料不能润湿陶瓷；陶瓷和熔化钎料之间很难实现原子间的冶金结合；另一方面，陶瓷和钎料的热胀系数（CTE）不同，导致钎缝中存在较大的应力梯度，使得钎焊接头中存在应力集中和残余应力，从而降低了接头的力学性能。

提高钎料的润湿性是解决陶瓷钎焊问题的一个有效方法。陶瓷钎焊的机理就是润湿，它分为两类，即不反应润湿和反应润湿。即不反应润湿的主要驱动力是范德华力和分散力。在这种情况下，熔化的钎料可以很快在陶瓷表面铺展开来。钎料在陶瓷表面的润湿性与陶瓷晶粒取向和钎料中的合金元素种类有关。在反应润湿中，润湿能力取决于润湿时间、钎料中的合金元素和反应温度。通常来说，提高反应温度，延长钎焊时间和

在钎料中添加合金元素都可以改善润湿性。随着附着力的增大，润湿角减小，表面润湿能力随之增加。

提升陶瓷表面润湿性的方法主要有两种：间接钎焊和反应钎焊。

间接钎焊过程包括两个步骤：陶瓷表面金属化和陶瓷钎焊。在陶瓷表面形成金属薄膜后，便可以用常规钎焊方法实现连接。在反应钎焊过程中，用一些活性合金元素对钎料进行改性。在陶瓷和活性元素之间发生化学反应形成稳定的梯度反应层，通过该反应层来实现待焊金属母材与陶瓷的连接。解决陶瓷和钎料或陶瓷和金属基体间物理性能不匹配问题的方式有两种。一种是在陶瓷和钎料之间放置中间层，中间层有以下类型：柔性中间层，刚性缓冲层，软/硬双层中间层。

中间层有助于缓解接头组织在冷却过程中形成的残余热应力。残余热应力可通过中间层的弹性变形或者塑性变形得到释放。然而，由于柔性中间层的热胀系数较高，与陶瓷表面不匹配，接头中容易产生残余应力。刚性中间层通常有高的弹性系数和低的热胀系数，与陶瓷更为接近，故接头的残余应力相对较小。软/硬双层中间层的作用方式有两种：软的中间层与陶瓷表面连接，硬的中间层与金属表面连接，减小了接头残余应力，从而使接头的力学性能得到显著提升。

另一种解决陶瓷表面和钎料间物理性能不匹配问题的方式是将高杨氏模量和低热胀系数的陶瓷颗粒、硬金属颗粒和纤维添加到钎料中形成复合钎料。这样陶瓷和钎料之间便具有接近的物理性能（高的弹性模量和低的热胀系数），同时复合钎料中添加的成分可使接头强韧化，从而降低了接头残余应力并改善了焊接质量。

7.3　氧化物陶瓷的钎焊

氧化物陶瓷包括 Al_2O_3、SiO_2、ZrO_2 和 BeO 陶瓷，被广泛应用于工业生产。氧化物陶瓷是典型的可以与具有高热胀系数、高耐蚀性和高导电性的金属，如 Al、Cu、Ni、Au、Ti 及其合金以及不锈钢等连接的陶瓷材料。

图 7.1 所示为 Al_2O_3 陶瓷与 5A05 铝合金的钎焊过程，5A05 铝合金的成分组成为：0.5%Si，0.5%Fe，0.1%Cu，0.3%~0.6%Mn，4.8%~5.5%Mg，0.2%Zn 和 92.6%~93.6%Al（质量分数）。将活性金属粉放置于 Al_2O_3 表面，然后置于真空炉中加热后，会在 Al_2O_3 表面形成活性金属层，包括反应层和金属化层。最终，金属化层被用作中间层扩散钎焊 Al_2O_3 和 5A05 铝合金。下面对这一过程进行详细讨论。

将 TiH_2+AgCu+B 的混合合金粉末涂在 Al_2O_3 陶瓷表面（图 7.1a），由于混合粉末中包含活性较高的 Ti 元素，可以与 Al_2O_3 发生反应从而实现连接，如图 7.1b 所示。在陶瓷一侧，将形成一个成分为 Al_2O_3/Ti_3Cu_3O/Ag(s.s.)+Cu(S.S.)+TiB+Ti-Cu 的连续致密反应层，如图 7.1c 所示。这个反应层可用作 Al_2O_3 和 5A05 扩散焊的中间层，如图 7.1d 所示。钎焊接头如图 7.1e 所示。图 7.2a、b 所示为接头中成分组成为 Al_2O_3/Ti_3Cu_3O/Al_3Ti/α-Al+θ-Al_2Cu+ξ-Ag_2Al+TiB/5A05。钎料成分、活性金属化反应温度和时间对界面微观结构的形成有很大影响，进而导致了不同的接头性能。如果 Ti_3Cu_3O 层太薄或者不连续，则很难形成致密的钎焊界面。同理，如果 Ti_3Cu_3O 层太厚，界面中则会出现较多缺陷从而削弱接头性能。

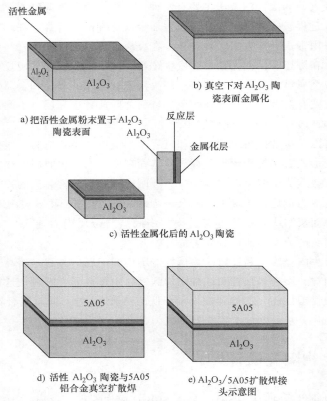

图 7.1 Al_2O_3 陶瓷的表面金属化及其与 5A05 铝合金的钎焊过程示意图

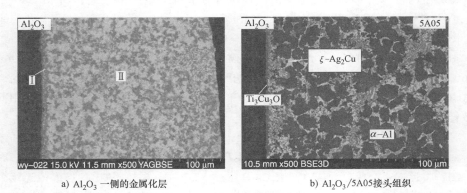

a) Al_2O_3 一侧的金属化层   b) Al_2O_3/5A05接头组织

图 7.2 Al_2O_3/5A05 接头界面微观组织

活性金属化层中原位生成的 TiB 具有低的热胀系数和高的弹性模量，可降低接头残余应力，提高接头气密性和接头强度。在扩散钎焊过程中，应严格控制 5A05 合金的溶解量。如果溶解量过小，则不能有效去除铝合金表面的氧化物薄膜，会阻碍钎焊过程；如果溶解量过大，则会导致接头被过度腐蚀。

Al_2O_3/Al_2O_3 和 Al_2O_3/Ti-6Al-4V 合金可用 Ag-Cu-Ti+B 复合钎料直接钎焊，如图 7.3 和图 7.4 所示。Al_2O_3/Al_2O_3 接头和 Al_2O_3/Ti-6Al-4V 接头的显微组织分别如图 7.3 和图 7.4 所示。图 7.3b 和图 7.4b 分别是图 7.3a 和图 7.4a 中 A 区域的放大图像。可通过添加 Ti 元素来提高钎料对 Al_2O_3 表面的润湿能力。钎焊过程中原位生成的 TiB 晶须具有较低的热胀系数，与陶瓷较为接近，可减小接头中的残余应力从而提高接头的抗剪强度。图 7.3 和图 7.4 表明，接头界面处呈现良好结合，没有发现裂纹。从图 7.3b 和图 7.4b 中可以看到，TiB 晶须随机分布于焊接接头中，对接头具有弥散强化作用。

SiO_2 玻璃-陶瓷是一种多孔材料，它具有高的耐热性，好的耐冲击性，可调节的热胀性能，高的耐蚀性、热稳定性和超高温黏度等优越性能。在航天工业中，将其与 Ti-6Al-4V 合金焊接应用于发动机舱的生产。AgCu/Ni 化合物是焊接 SiO_2 与 Ti-6Al-4V 合金常用的钎料之一。图 7.5 展示了典型的 SiO_2/Ti-6Al-4V 焊接接头的微观结构，图 7.5a 所示为 $SiO_2/AgCu/Ni$ 与 Ti-6Al-4V 合金接头的微观组织，图 7.5b 所示为钎料和 SiO_2 之间的界面组织以及 SiO_2 的电子衍射图像。接头成分包括：

1）Ti-6Al-4V 合金。

2）针尖状的 α-Ti/Ti（s. s.）+Ti_2（Cu，Ni）+Ti_2（Ni，Cu）过共晶组织。

3）Ti（s. s.）+Ti_2（Cu，Ni）+Ti_2（Ni，Cu）过共晶组织。

4）Ti_2（Ni，Cu）+Ti_2（Cu，Ni）化合物。

5）Ti（s. s.）+Ti_2（Cu，Ni）+Ti_2（Ni，Cu）过共晶组织。

6）Ti_4O_7+$TiSi_2$。

7）SiO_2。

在 970℃下保温 10min 的钎焊接头抗剪强度达到了 110MPa。裂纹在 SiO_2 母材中产生。

Ti 元素在 Ti-6Al-4V 合金的钎焊过程中有着重要的作用。Ti 可以与中间层金属反应形成液相共晶，这种共晶成分对 SiO_2 表面润湿性良好，可在陶瓷表面迅速铺展开来，并且与陶瓷反应形成具有一定厚度的反应层，从而实现陶瓷和钎料之间可靠的冶金结合。

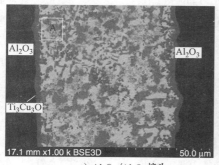
a）Al_2O_3/Al_2O_3 接头

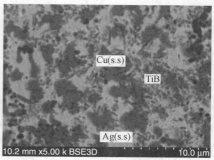
b）A 区域放大图

图 7.3　Al_2O_3/Al_2O_3 接头的微观组织

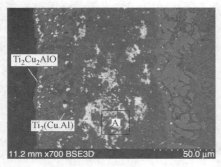
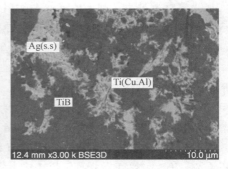

a) Al_2O_3/Ti-6Al-4V 接头   b) A区域放大图

图 7.4 Al_2O_3/Ti-6Al-4V 接头的微观组织

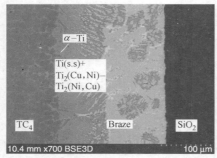

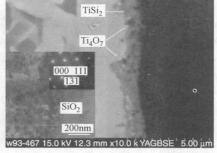

a) $SiO_2/AgCu/Ni$ 与 Ti-6Al-4V 接头   b) SiO_2和钎缝界面以及SiO_2电子衍射图像

图 7.5 SiO_2 与 $AgCu/Ni$ 与 Ti-6Al-4V 接头的微观组织

由于 Ni 在 Ti 中的扩散系数远大于 Ti 在 Ni 中的扩散系数，所以液相共晶主要是由 Ti-6Al-4V 形成的。熔化的 Ti-6Al-4V 合金的厚度可以通过 Ti 在液态钎料中的浓度计算出来

$$0.9SX\rho_{Ti\text{-}6Al\text{-}4V} = 48C_SV[\,1\text{-}\exp(\,\text{-}KSt/V) + 48C_AV\,]$$

$$K(T) = 6.936\times10^{-7}T - 0.0006299$$

$$C_A(T) = 1.988\times10^{-4}T - 0.1377083 \qquad\qquad (7\text{-}1)$$

式中，S 是 Ti-6Al-4V 合金和液态钎料的接触面积；X 是熔化的 Ti-6Al-4V 合金的厚度；$\rho_{Ti\text{-}6Al\text{-}4V}$ 是 Ti-6Al-4V 合金的密度；C_S 是 Ti 在液态钎料中的饱和溶解度；V 是液态钎料的体积；K 是溶解速率常数；t 是保温时间；T 是钎焊温度；$C_A(T)$ 是达到钎焊温度刚开始保温时 Ti 在液态钎料中的浓度。

ZrO_2陶瓷化合物及由 ZrO_2 及其他金属（包括 Au、Ni、Pt 和 Ti 等）制得的化合物，在电子产品中得到了广泛应用。Ag 基和 Cu 基钎料中由于包含很多活性元素，如 Ag-Cu-Ti，Cu-Sn-Ti，Cu-Ga-Ti，Cu-Sn-Pb-Ti 等钎料，而被广泛应用于真空钎焊中。ZrO_2/可锻铸铁以 Cu-Ga-Ti 为钎料在 1150℃ 下钎焊并保温 10min 和以 Cu-Sn-Pb-Ti 为钎料在 950℃ 下钎焊，得到的接头抗剪强度分别是（277±37）MPa 和（156±25）MPa。

7.4　氮化物陶瓷的钎焊

氮化物陶瓷的性能十分优异，如高强度、超高硬度、高耐热振性、高耐磨性、高耐蚀性及自润滑性。在广泛应用的陶瓷材料中，Si_3N_4、BN、AlN 等被认为是最先进的高温工程陶瓷。由于 Si_3N_4 在工业生产中的广泛使用，使得 Si_3N_4 陶瓷与 Fe、Ni、Co、Cu、W、Mo、Ta、Nb、Cr、V、Ti 及其合金、不锈钢以及 TiAl 合金的连接成为研究热点。众所周知，Si_3N_4 陶瓷具有典型的共价键结构，Si-N 之间的连接键非常牢固。因此，钎料对 Si_3N_4 陶瓷表面的润湿性很差。为了获得可靠的 Si_3N_4 陶瓷接头，首先必须解决润湿的问题。目前，针对含 Ti 钎料在 Si_3N_4 陶瓷表面的润湿性问题，已经开展了很多研究。

Nomura 等研究了 Ag-Cu-Ti/Si_3N_4 润湿界面的微观组织，图 7.6 所示为其界面微观组织 TEM 图片。Luz 和 Ribeiro 用座滴法对比了不同成分的 Ti-Cu 合金在 Si_3N_4 陶瓷表面的润湿行为。结果表明，Ti 在钎料中的含量是影响钎料在 Si_3N_4 表面润湿性的关键因素。影响润湿性的界面化学反应有

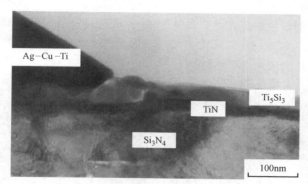

图 7.6　Ag-Cu-Ti/Si_3N_4 接头 TEM 照片

$$Si_3N_4 + 4Ti \Longleftrightarrow 4TiN + 3Si \tag{7-2}$$
$$\Delta G = -139kJ/mol(1100K)$$
$$Si_3N_4 + 5Ti \Longleftrightarrow Ti_5Si_3 + 2N_2 \tag{7-3}$$
$$\Delta G = -42kJ/mol(1100K)$$

与其他金属相比，Si_3N_4 陶瓷的线膨胀系数较低，约为 $(2～3)×10^{-6}/℃$。这意味着需要采取一些措施来缓解接头中的应力。一种有效的方法是采用柔性金属作为中间层来缓解热胀系数不匹配的问题，例如，采用 Cu、Al 和 Ag 或者多层金属作为中间层。另一种方法是将具有低热胀系数的材料添加到钎料中去，成分优化后的复合钎料有利于释放接头中存在的残余应力。

图 7.7 所示为 Si_3N_4/Cu 界面的微观组织和线扫描结果。界面实现了良好的连接，铜箔作为中间层具有显著的缓冲作用。Si_3N_4/Cu 界面由两种化合物组成：TiN 和 Ti_5Si_3。对接头部位进行四点弯曲试验，结果表明接头最大弯曲强度接近 160MPa。Ti 箔、Nb 箔和 Ni 箔等其他纯金属箔也可被用作钎焊 Si_3N_4 陶瓷的中间层。

Ag-Cu-Ti+Mo 复合钎料被用来钎焊 Si_3N_4 和 42CrMo 钢，焊接温度为 900℃，保温

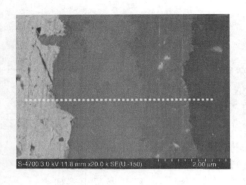

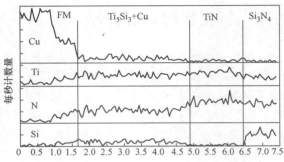

a) 1025℃钎焊保温1min钎焊接头Si₃N₄和
Cu中间层的界面背散射图像

b) 图a中所观察的反应层的低压高分辨率
FE-SEM线扫描结果

图 7.7　Si₃N₄/Cu 界面的微观组织和线扫描结果

10min。Mo 有很低的热胀系数，约为 5.1×10^{-6}/℃，它可以降低钎料的热胀系数，改善 Si₃N₄ 和 42CrMo 钢的钎焊性。有研究表明，Mo 含量对接头微观结构和接头抗弯强度有显著影响，如图 7.8 和图 7.9 所示。Si₃N₄ 一侧的连续反应层由 TiN 和 Ti₅Si₃ 组成，反应层的厚度随 Mo 含量的增加而减小。

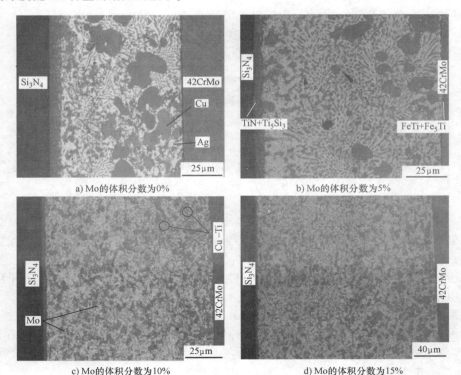

a) Mo的体积分数为0%

b) Mo的体积分数为5%

c) Mo的体积分数为10%

d) Mo的体积分数为15%

图 7.8　不同 Mo 含量复合钎料钎焊 Si₃N₄/42CrMo 接头的显微组织

当 Mo 的体积分数接近 10% 时，接头的抗弯强度达到了最大值，为 587.3MPa，是 Mo 的体积分数为 0% 时的 4 倍。Ag-Cu-Ti+SiC_p、Cu-Pd-Ti、Au-Ni-V、Au-Ni-Pd-V 和 Cu-Zn-Ti 也可以被用于钎焊 Si_3N_4。

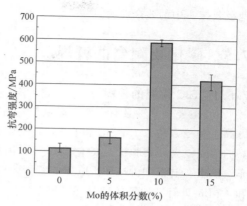

图 7.9　Mo 含量对接头抗弯强度的影响

AlN 是一种无毒的陶瓷，它与 BeO 陶瓷具有相似的热导率，因此被当作 BeO 陶瓷的替代材料，可用在微电子和微波真空管上。活性钎料可以直接钎焊 AiN（不需要对陶瓷进行金属化处理）。图 7.10 所示用 AgCuZr 钎料钎焊（1100℃/60min）AiN/Cu 所得接头的显微组织。另外，可以通过钎焊实现 AiN 陶瓷与 FeNi 合金和 Pt 的连接。

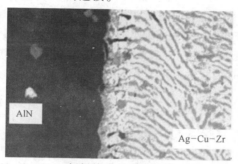

图 7.10　AlN/Ag-Cu-2%Zr 钎焊接头的显微组织（T=1100℃，t=60min）

目前，陶瓷金属化被广泛应用于陶瓷的钎焊。然而，传统的金属化过程在 AlN 表面很难实施。为了提高钎料在 AlN 表面的润湿性，可在钎料中添加活性元素，如 Ti、Zr 和 Hf。目前为止，最常见的金属化的方法包括 Ti-Ag-Cu 方法、活性 Mo-Mn 方法和化学镀层法。Norton 等人用 TiH_2 和 ZrH_2 来金属化 AlN 表面，然后用 Ag-22Cu-22Zn 钎料实现连接。可以观察到，在接头的 AlN 一侧形成了 Ti_2N、Ti_3Al 和 Zr_2N。

用上述方法不能消除因金属层和 AlN 表面物理性能不匹配而导致的接头残余应力。Shirzadi 在钎焊 AlN 与金属时用泡沫金属作为中间层，如图 7.11 所示。泡沫金属能有效

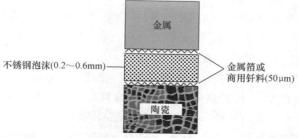

图 7.11　采用不锈钢泡沫作为柔性中间层的接头结构（未按实际比例绘制）

地吸收接头中的残余应力。

7.5 碳化物陶瓷的钎焊

7.5.1 SiC 陶瓷的钎焊

　　SiC 陶瓷是一种具有金刚石晶格结构的共价化合物，其晶体结构包括立方晶系、六方晶系和菱方晶系。α-SiC 和 β-SiC 是最常见的晶系。这些晶格结构使得 SiC 陶瓷有很高的熔点、高硬度和优良的化学惰性，因此，SiC 陶瓷被广泛应用于石油、化工、汽车、航空、航天、机械和微电子等行业。SiC 陶瓷钎焊选用的钎料主要有 Cu-Ti、Ni-Ti 和 Ag-Cu-Ti 钎料，新的钎料和钎焊方法也在不断探索中。

　　SiC 陶瓷和可伐合金的连接选用了一种以 Ni-56Si 为钎料，Mo 为中间层的复合钎焊技术。首先用瞬间液相（TLP）连接技术将 Mo 箔焊接在可伐合金一侧，然后用 Ni-Si 作为钎料与 SiC 实现钎焊。因为 Mo 的热胀系数（0~100℃ 时为 $5\times10^{-6}/℃$）与 SiC（0~100℃ 时为 $3\times10^{-6}/℃$）相近，可以有效缓解在钎焊过程中由于热胀系数不匹配造成的残余应力。液态 Ni-Si 钎料在 SiC 表面铺展润湿，在 400s 内达到平衡，此时的润湿角是 23°。在 1300℃ 下，当纯 Ni 接触 SiC 表面时，一些 Si 将被溶解在液态 Ni 中，并且 C 将被沉淀析出。当 Si 和 SiC 之间达到化学平衡时，Si 的溶解将停止。根据图 7.12 所示的 Ni-Si-C 的三元相图可知，当 $x_{Si}=0.4$ 时，Si 在 Ni 中达到饱和，不会继续与 SiC 表面反应。在 Si 的原子分数超过 40% 时，将会阻止 SiC 和 Ni 之间的反应，生成的脆性相 C 将减少。添加一层 Mo 可以提高含 C 液相的稳定性。这是因为 Mo 原子扩散到液相中，富集在 SiC 表面，降低了 Si 的化学活性，进而降低了 C 的溶解度。图 7.13a 所示为采用 TLP 方法钎焊的 Mo/可伐合金接头的微观组织，在接头界面上形成了薄液相层，其主要成分为 29% Fe、9% Co、14% Ni 和 48% Mo（原子分数）。

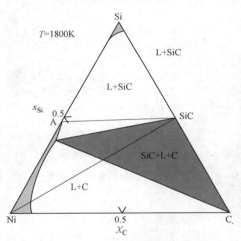

图 7.12　1800K 下的 Ni-Si-C 三元相图

　　图 7.13b 表明在 Mo 层和可伐合金之间存在较宽的扩散区域，Mo 原子通过较长的扩散通道扩散到可伐合金中。然而，在可伐合金中没有元素扩散到 Mo 层。在较长的保温时间下，界面处形成了大量的共晶组织。

　　陶瓷前驱体聚合物（聚甲基硅倍半氧烷-MK）也能加入钎料中钎焊 SiC 陶瓷。通过干法球磨 1h，将前驱体与 Al 粉混合，然后将混合物与异丙醇进一步混合，形成糊状粉末钎料。在钎焊开始之前，在 SiC 表面预涂糊状粉末钎料。钎焊过程中 Si 原子与有机材料发生反应，生成的玻璃状 Si-O-C 抑制了 Al 与 SiC 之间的反应，这意味着用 MK 钎料

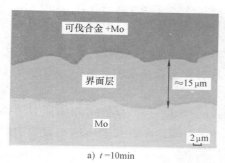

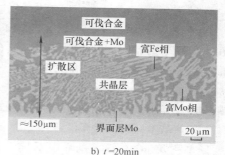

a) $t=10$min　　　　　　　　　b) $t=20$min

图 7.13　不同保温时间下 1350℃钎焊的 Mo/可伐合金接头 SEM 照片

钎焊的接头界面有一层很薄的反应层。而新形成的玻璃状 Si-O-C 将抑制液态 Al 的流动，从而将引起接头微孔的出现。可以，添加太多的 MK 会导致微孔过多，将导致接头强度降低。

Si 扩散到钎料中的同时，Al 原子也扩散到 SiC 中来取代 Si 原子。用体积分数为 20%的 MK 钎料在 1200℃下钎焊，保温 30min，接头的最大抗弯强度为 206MPa。延长钎焊时间，形成脆性相 Al_4C_3 的可能性将增加。

Ni 基合金、Fe 基合金和 Pt 基合金等高熔点合金与 SiC 陶瓷会发生很剧烈的反应，形成一系列块状碳化物。人们已经研究出了一些过渡金属（如 Co、Pd、Pt）硅化物高熔点钎料体系，在这些合金中 Si 的存在可以有效抑制合金和 SiC 陶瓷之间的反应，从而提高钎料的润湿性和钎缝的高温抗氧化性。然而，由于熔点高（高于 1300℃），这些硅化物并不适用于钎焊。因此，低熔点合金，如 $MnSi_2$-Si 共晶（1150℃）和 $PrSi_2$-Si 共晶（1212℃），被用来代替高熔点化合物以降低钎焊温度：

SiC 的形成可以表示为

$$Si(l)+C(s)\rightarrow SiC(s) \tag{7-4}$$

反应式（7-4）的热力学平衡可以表示为

$$\Delta_f G_{SiC}^o = \overline{\Delta G_{Si}^{xs}}+RT\ln x_{Si}^l \tag{7-5}$$

式中，x_{Si}^l 是 Si 在 $PrSi_2$-Si 共晶中的摩尔分数；R 和 T 分别是气体常数和绝对温度。反应式（7-4）中的吉布斯自由能在 1250℃下为 -56.389J/mol。

Pr-Si 合金中 Si 的部分过剩吉布斯自由能可以用一个通用公式近似地估算出来，公式中包括能量交换函数（λ）

$$\overline{\Delta G_{Si}^{xs}} = \lambda(1-x_{Si})^2 \tag{7-6}$$

λ 可以通过液相 Pr-83%Si（原子分数）、Si 和 $PrSi_2$ 在 1212℃时的三相热力学平衡方程计算出来

$$2Si(s)+Pr(l)\rightarrow PrSi_2(s) \tag{7-7}$$

平衡反应条件为

$$\lambda = \frac{\Delta G_4^0 - RT\ln x_{Pr}}{(1-x_{Pr})^2} \qquad (7-8)$$

在式（7-8）中，$x_{Pr}=0.17$ 是反应式（7-7）的标准吉布斯自由能，可以从标准 $PrSi_2$ 形成焓（-184.5kJ/mol）中估算出来。在吉布斯自由能的计算中，熵的有效值不足10%，可以忽略。用这种方法估算的 λ 大约是-225kJ/mol。同时，用形成焓以及 $PrSi_2$ 和 $PrSi$ 的熔点计算得到的 λ 分别是-222kJ/mol 和-260kJ/mol。用不同方法计算得到的三个 λ 值基本一致。计算得到的 x_{Si} 为 0.53~0.57，比 Si 在 Pr-83%Si 合金中的含量低很多。这表明 SiC 在钎焊过程中不与 Pr-83%Si 合金发生反应。图 7.14 所示为 1250℃下钎焊时，Pr-83%Si 合金在 SiC 表面的润湿性，可以看到，PS 钎料和 SiC 表面形成了致密的连接。PS 合金主要由 Si 晶体和 Si-PrSi$_2$ 共晶组成，在界面中没有发现反应层，这与上面的热力学分析一致。可以发现，液滴在 SiC 表面铺展仅用了 200s，比其他钎料快上千倍（假设钎料不与基体发生反应）。SiC 陶瓷表面通常存在厚度约为几纳米的氧化物薄层。

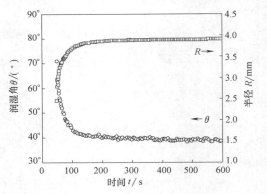

图 7.14　1250℃高真空（1×10^{-4}Pa）下，Pr-83%Si 合金在 SiC 基体上的润湿角 θ 和液滴半径 R 随时间变化的关系曲线

注：认为 $t=0$ 时熔化开始。

铺展过程由氧化物薄层的还原反应来控制。气态 SiO 主要是通过 Si 和 SiO$_2$ 之间的反应生成的，其反应式为

$$(Si)+<SiO_2>\rightarrow 2SiO \qquad (7-9)$$

在高真空条件下，气态 SiO 蒸发得很快，从而实现了快速铺展。

7.5.2　C/SiC 复合材料的钎焊

C/SiC 复合材料兼具碳纤维和 SiC 化合物的优点，具有一些独特的性能，如低密度、高力学性能、高硬度、高热稳定性、高耐烧蚀性、高抗冲刷性能和高硬度。C/SiC 陶瓷基复合材料已经被用在航天、军工和其他工业领域中，然而这种材料的焊接仍然存在一些问题：

1）由于碳纤维和基体复合方法不同，C/SiC 陶瓷基复合材料的种类丰富且各向异性，因此很难确定 C/SiC 的基本性能。

2）2C/SiC 复合材料的弹性模量和热胀系数比金属高，容易导致钎焊后的接头中产生残余应力；在 C/SiC 复合材料中，因碳纤维和 SiC 基体的热胀系数不匹配所引起的内部应力也不容忽视。

3）由于 C/SiC 复合材料的化学结构与金属不同，C/SiC 复合材料和金属之间的化学兼容性较差。

C/SiC 复合材料主要的焊接方法包括钎焊和扩散焊。TiZrNiCu 箔和 Ni 箔可用作钎料钎焊 C/SiC 复合材料和 Ti-6Al-4V 合金。图 7.15a 中可以看到 900℃下钎焊保温 10min 的接头界面由三个反应层组成：第一层为靠近接头的 C/SiC 一侧的不连续的灰白色反应层；第二层位于接头中间部位，大量黑色相分布于灰色相基体上；第三层由黑色条纹相和一些块状白色相组成。接头显微组织包括：C/SiC 化合物/Ti_5Si_3+TiC+ZrC/Ti_2Cu+TiCu+CuZr/[Ti(s.s.)+(Ti_2Cu+TiCu+CuZr)]/Ti-6Al-4V。在高达 960℃的钎焊温度下，不同元素间的反应将更加剧烈，接头显微组织与图 7.15a 所示一致，如图 7.15b 所示。TiZrNiCu 层被黑色条形骨状 Ti（s.s.）所代替。Ti_2Cu、TiCu 和 CuZr 化合物通过 α-Ti 晶界被渗透到 Ti-6Al-4V 合金中，β-Ti 和 Ti_2Cu/α-Ti 共晶在温度高于 790℃时形成。在更高的钎焊温度下，β-Ti 组织的生长速率比 α-Ti 高得多。900℃下保温 10min 得到的钎焊接接头显微组织为 C/SiC 化合物/TiC/[TiCu+Ti_2Cu+CuZr)+Ti(s.s.)]/Ti(s.s.)/Ti-6Al-4V。

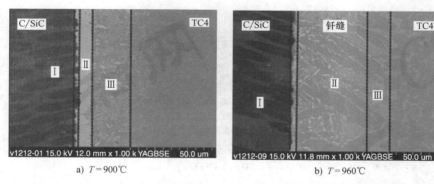

a) $T = 900$℃   b) $T = 960$℃

图 7.15 用 TiZrNiCu 钎料在不同温度下钎焊 C/SiC 与 TC4 的接头微观组织

Ag-Cu-Ti 钎料也可用于 C/SiC 和 Ti-6Al-4V 合金的焊接。在 900℃下钎焊保温 5min 可以获得最高的接头强度。接头界面处形成了金属化合物，如图 7.16 所示。在钎焊过程中，Ti 原子可以扩散到 SiC 中形成 Ti_3SiC_2+TiC/Ti_2Cu+Ti_5Si_3（图 7.16b）。接头中 Ti-6Al-4V 一侧生成的组织为 Ti_3Cu_4/TiCu/Ti_2Cu/Ti_2Cu+Ti（图 7.16c）。C/SiC 化合物/Ag-Cu-Ti/Ti-6Al-4V 合金接头的界面演化可以使用如下反应式阐释：

Ti 原子和 SiC 反应生成 TiC 和 Si

$$SiC+Ti \rightarrow TiC+Si \tag{7-10}$$

在 SiC 基体界面上形成了 TiC 化合物，并向液相内部生长。然后 Ti 和 Si 与 TiC 反应生成 Ti_3SiC_2

$$Ti+Si+2TiC \rightarrow Ti_3SiC_2 \tag{7-11}$$

这些 Ti_3SiC_2 化合物覆盖在 SiC 基体表面，形成一个反应层。除了与 Ti 和 TiC 发生反应，式（7-10）所示反应生成的 Si 原子在浓度梯度的驱动下将进一步与 Ti 发生如下反应

$$3Si+5Ti \rightarrow Ti_5Si_3 \tag{7-12}$$

在接头的 Ti-6Al-4V 合金一侧，Ti 元素从 Ti-6Al-4V 合金中持续扩散至液相合金中，

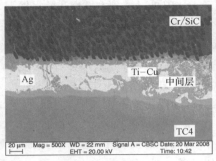

a) 接头总体形貌

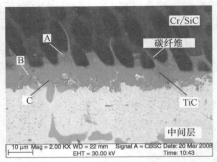

b) C/SiC侧反应界面

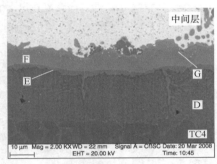

c) TC4侧反应界面

图 7.16　用 Ag-Cu-Ti 钎料钎焊 C/SiC 与 TC4 的接头 SEM 照片

A—Ti_3SiC_2　B—Ti_5Si_3　C—Ti_2Cu　D—Ti_2Cu+Ti　E—Ti_2Cu　F—TiCu　G—Ti_3Cu_4

并与 Cu 发生反应。因为 Ag-Cu 共晶中的 Cu 原子逐渐耗尽，在接头中生成富 Ag 相。XRD 分析表明，中间层和 Ti-6Al-4V 合金的界面中有 Ti_3Cu_4、TiCu、Ti_2Cu 和 $Ti+Ti_2Cu$ 生成。

7.6　碳/碳（C/C）复合材料的钎焊

碳/碳（C/C）复合材料是由碳纤维和基体相（如焦炭、烧结炭和石墨）组成的，具有密度低、力学性能高、热稳定性好、电导率和热导率高、热胀系数小、断裂韧性和耐磨性好等特点。C/C 复合材料是先进航空产业中重要的耐热结构材料。然而，C/C 复合材料的制备耗时、成本高。通过钎焊的方法连接 C/C 复合材料和金属构件，得到完整的复合结构，是克服以上不足的首选解决方案。但是，C/C 复合材料在钎焊中存在以下问题：

1）C/C 复合材料的热胀系数比大部分金属都要小，因此，在冷却过程中接头中会形成残余应力，容易出现裂纹甚至会导致断裂。

2）很多钎料在钎焊过程中很难在 C/C 复合材料表面铺展。

3）钎焊过程中会释放大量的气体，导致接头出现气孔。

4）C/C 复合材料中包含一定数量的气孔，这将消耗一部分钎料，从而影响接头强度。

5）C/C 复合材料在环境温度高于 673K 时会发生氧化。因此，焊接过程需要在真空或者惰性气体的保护下完成。

6）一些纤维和基体碎片在轮廓磨削过程中会残留在 C/C 复合材料里面，容易对接头产生不利影响。

C/C 复合材料和 Ti-6Al-4V 合金的钎焊可以选用 TiZrNiCu 钎料，Cu 与 Mo 为中间缓释层。如图 7.17 所示，将 TiZrNiCu 钎料置于中间层之间。TiZrNiCu 钎料被直接用于连接 C/C 复合材料和 Ti-6Al-4V 合金时（图 7.17a），接头界面微观组织为 C/C 复合材料/TiC/$(Ti,Zr)_2(Cu,Ni)$/Ti（s.s.）+$(Ti,Zr)_2(Cu,Ni)$/Ti-6Al-4V，接头的抗剪强度小于 5MPa，剪切破坏主要发生于 C/C 复合材料和 TiC 之间的区域。当用单层的 Mo 做中间层时（图 7.17b），界面微观组织为 Mo/$(Ti,Zr)_2(Cu,Ni)$+Ti 化合物/碳/碳（C/C）复合材料。单层的 Mo 做中间层可以缓解残余应力，但效果不明显，此时接头的抗剪强度为 6MPa。

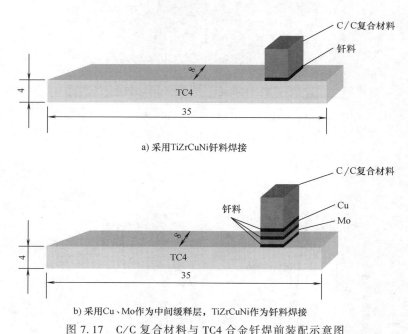

a) 采用 TiZrCuNi 钎料焊接

b) 采用 Cu、Mo 作为中间缓释层，TiZrCuNi 作为钎料焊接

图 7.17　C/C 复合材料与 TC4 合金钎焊前装配示意图

当选用 0.3mm 的 Cu/0.1mm Mo 作为中间层时，随着钎焊温度和保温时间的增加，接头的抗剪强度随之增加。在 1173K 下保温 300s，可以获得接头的最大抗剪强度（21MPa）。此时，界面组织是 Cu/$Cu_{51}Zr_{14}$/Cu（s.s.）+Ti$(Cu,Ni)_2$/TiC/C/C 复合材料。断口分析表明，当 C/C 复合材料中的碳纤维轴向与接头界面平行时，断裂通常发生在 C/C 材料中。当碳纤维垂直于接头界面时，断裂通常发生在 C/C 复合材料和钎料

中的 TiC 层中。

钎焊 C/C 复合材料和 Ti-6Al-4V 合金时，也可选用添加 SiC 颗粒进行强化的 Ag-26.7Cu-4.6Ti（质量分数）钎料。将平均粒度为 4.6μm 的 SiC 颗粒与钎料粉末均匀地混合，图 7.18 和图 7.19 所示为 SiC 颗粒和钎料的反应过程。SiC 颗粒被一个由 Ti、C 和 Si 组成的黑色新相包围，推断黑色相为 Ti-Si-C 化合物。钎料中的 SiC 颗粒越多，就会有越多的 Ti 原子被消耗掉并形成黑色相，C/C 复合材料表面上形成的 TiC/TiCu 反应层就越薄。当 SiC 的体积分数增加到 15% 时，接头强度达到最高值。添加过多的 SiC 颗粒将导致接头中产生气孔。

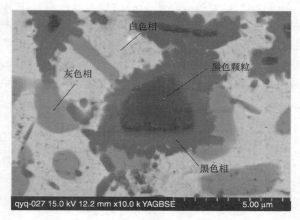

图 7.18　采用 Ag-Cu-Ti-15%SiC（体积分数）颗粒钎料钎焊
C/C 复合材料与 Ti-6Al-4V 的接头微观组织

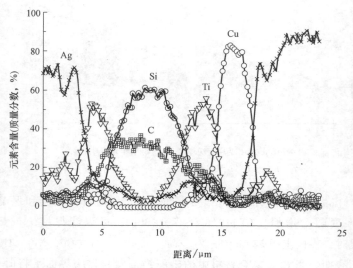

图 7.19　含 SiC 颗粒的钎料中的主要元素浓度分布

通过在硼改性酚醛树脂中添加 B_4C 和 SiO_2 粉末作为钎料，可实现对 C/C 复合材料和 C/SiC 的反应钎焊。首先，B_4C 粉末、SiO_2 粉末和硼改性酚醛树脂均匀混合形成耐高温黏结剂，然后将这种黏结剂粘在 C/C 复合材料表面。接下来把样品置于烘箱中，在 20kPa、200℃下保温 2h，获得的接头抗剪强度为 12.4MPa，约为 C/C 基体强度的 82.6%。接头界面的显微组织如图 7.20 所示，可以发现，硼改性酚醛树脂连续分布于 B_4C 颗粒周围，黏结剂可以对基体中暴露出的孔进行填充，有利于提高接头强度。黏结剂主要由 B_4C、SiO_2 和硼改性酚醛树脂组成，添加 B_4C 可减少接头界面处的体积收缩，也有助于提高接头性能。

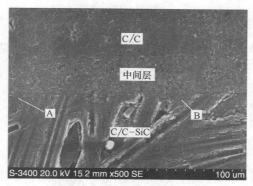

图 7.20　在优化工艺参数（200℃/2h，20kPa）下的 C/C 与 C/C-SiC 接头的 SEM 照片
注：箭头处表示渗入母材暴露孔中的黏结剂。

钎焊后的接头也可以通过热处理进行强化。在真空炉中将试样在 1000℃、1100℃、1200℃、1300℃和 1400℃下分别处理 30min，并随炉冷却到室温。图 7-21 所示为不同热处理温度下接头的力学性能，在 1200℃下进行热处理得到的接头强度最高。

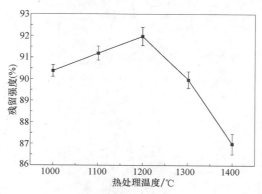

图 7.21　真空下采用不同热处理温度（均保温 30 min）对接头强度的影响

在热处理过程中，一部分 B_4C 被氧化。如图 7.22 和图 7.23 所示，B_4C 中 B-C 键的结合能比较低，为 188eV；BC_2O 中 B-C 键的结合能为 190eV；最高结合能为 193eV 时表明出现了氧气。非晶态 B_2O_3 中的 B-C 键具有较高的结合能。B_4C 在高温下被氧化生成

B_2O_3，然后 B_2O_3 熔化变成玻璃相。由于 B 以 B_2O_3 玻璃相的形式存在，B_{1s} 的结合能升高。从图 7.22 中还可以看出，由于高温导致了硼改性酚醛树脂的分解和碳化，B-C 键中 B_{1s} 的峰值强度随着温度（1000~1200℃）的升高而减小。分解出来的含氧化合物与 B_4C 发生反应，导致 B-C 键的强度降低。B_2O_3 的数量将随着温度的升高而增加。当温度升高到 1200℃ 时，有机基体被完全碳化，将形成强度更高的非晶碳。此外，1200℃ 时 SiO_2 将与 B_2O_3 反应形成硼硅酸玻璃，这阻止了 B_2O_3 的蒸发，从而抑制了 SiO_2 和 B_2O_3 反应形成非晶碳。当温度升高到 1400℃ 时，B-C 键的强度增加，同时 B_2O_3 键的强度降低。这说明在此温度下，C 和 B_2O_3 之间发生了如下反应

$$2B_2O_3(l) + 7C(s) = B_4C(s) + 6CO(g) \tag{7-13}$$

反应将会消耗非晶碳，破坏非晶碳的完整结构。因此，1400℃ 时接头强度反而会降低。

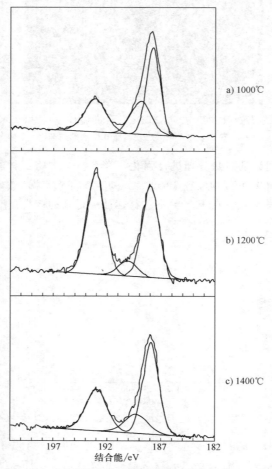

图 7.22　不同温度下黏结剂热解产物的 XPS B_{1s} 谱图

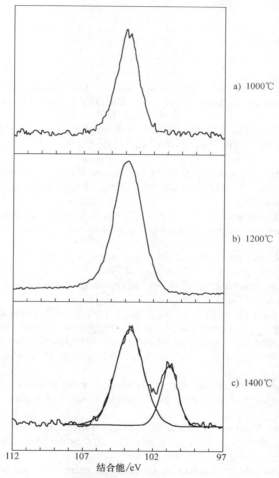

图 7.23　不同温度下黏结剂热解产物的 XPS Si_{2p} 谱图

7.7　结论

　　由于化学性能上的差异和热胀系数的不匹配，陶瓷或陶瓷基复合材料和金属的焊接是一个巨大的挑战。本章讨论了氧化物、碳化物、氮化物陶瓷和陶瓷基复合材料的钎焊。在常规真空钎焊中，通过在钎料中添加强化元素或者放置中间层来缓解由于热胀系数不匹配导致的接头残余应力。强化相的含量和分布以及钎料和中间层之间的反应在很大程度上决定了接头的性能。其他钎焊方法，如陶瓷先驱体聚合物钎焊或者有机反应钎焊，通过形成化学性能和陶瓷或者陶瓷基复合材料相似的共价化合物来获得稳定的接头。然而，这些方法由于成本较高、工艺较为复杂，限制了其应用。通过本章的内容，希望能够促进陶瓷和陶瓷基复合材料钎焊技术的进步，从而加快陶瓷材料和陶瓷基复合材料的工程化应用进度。

7.8 参考文献

Yin, W. 2009. *Research on mechanism of alumina ceramic active metallization and diffusion brazing with 5A05 alloy*. Harbin Institute of Technology. Dissertation for the Doctoral Degree.

Yang, M. X., Lin, T. S. and He, P. 2011. Microstructure evolution of Al_2O_3/Al_2O_3 joint brazed with Ag-Cu-Ti+B+TiH_2 composite filler. *Ceramics International*, 38(1), 289–294.

Yang, M. X., Lin, T. S., He, P. and Huang, Y. D. 2011. *In situ* synthesis of TiB whisker reinforcements in the joints of Al_2O_3/TC4 during brazing. *Materials Science and Engineering: A*, 528, 3520–3525.

Duo, L. 2009. *Technology and mechanism of brazing SiO_2 ceramic to TC4 alloy using AgCu/Ni composite interlayer*. Harbin Institute of Technology. Dissertation for the Doctoral Degree.

Nomura, M., Iwamoto, C. and Tanaka, S. I. 1999. Nanostructure of wetting triple line in a Ag-Cu-Ti/Si_3N_4 reactive system. *Acta Materialia*, 47, 407–413.

Luz, A. P. and Ribeiro, S. 2008. Wetting behavior of silicon nitride ceramics by Ti-Cu alloys. *Ceramics International*, 34, 305–309.

Brochu, M., Pugh, M. D. and Drew, R. A. L. 2004. Brazing silicon nitride to an iron-based intermetallic using a copper interlayer. *Ceramics International*, 30, 901–910.

Lemus-Ruiz, J., León-Patiño, C. A. and Aguilar-Reyes, E. A. 2006. Interface behavior during the self-joining of Si_3N_4 using a Nb-foil interlayer. *Scripta Materialia*, 54, 1339–1343.

Osendi, M. I., De Pablos, A. and Miranzo, P. 2001. Microstructure and mechanical strength of Si_3N_4/Ni solid state bonded interfaces. *Materials Science and Engineering: A*, 308, 53–59.

Liu, C. F., Zhang, J., Zhou, Y., Meng, Q. C. and Naka, M. 2008. Effect of Ti content on microstructure and strength of Si_3N_4/Si_3N_4 joints brazed with Cu-Pd-Ti filler metals. *Materials Science and Engineering: A*, 491, 483–487.

Zhang, J. and Sun, Y. 2010. Microstructural and mechanical characterization of the Si_3N_4/Si_3N_4 joint brazed using Au-Ni-V filler alloys. *Journal of the European Ceramic Society*, 30, 751–757.

Sun, Y., Zhang, J., Geng, Y. P., Ikeuchi, K. and Shibayanagi, T. 2011. Microstructure and mechanical properties of an Si_3N_4/Si_3N_4 joint brazed with Au-Ni-Pd-V filler alloy. *Scripta Materialia*, 64, 414–417.

Zhang, J., Zhang, X. M., Zhou, Y., Naka, M. and Svetlana, A. 2008. Interfacial microstructure of Si_3N_4/Si_3N_4 brazing joint with Cu-Zn-Ti filler alloy. *Materials Science and Engineering: A*, 495, 271–275.

He, Y. M., Zhang, J., Sun, Y. and Liu, C.F. 2010. Microstructure and mechanical properties of the Si3N4/42CrMo steel joints brazed with Ag-Cu-Ti + Mo composite filler. *Journal of the European Ceramic Society*, 30(15), 3245–3251.

Norton, M. G., Kajda, J. M. and Steele, B. C. H. 1990. Brazing of aluminum nitride substrates. *Journal of Materials Research*, 5, 2172–2176.

Shirzadi, A. A., Zhu, Y. and Bhadeshia, H. K. D. H. 2008. Joining ceramics to metals using metallic foam. *Materials Science and Engineering: A*, 496, 501–506.

Liu, G. W., Valenza, F., Muolo, M. L. and Passerone, A. 2010. SiC/SiC and SiC/Kovar joining by Ni-Si and Mo interlayers. *Journal of Materials Science*, 45, 4299–4307.

Lee, D. H., Jang, H. W., Kim, D. J., Chun, D. I. and Kim, Y. S. 2009. Joining of RBSiC using a preceramic polymer with Al. *Journal of Ceramic Processing Research*, 10, 263–265.

Koltsov, A., Hodaj, F. and Eustathopoulos, N. 2008. Brazing of AlN to SiC by a Pr silicide: Physicochemical aspects. *Materials Science and Engineering: A*, 495, 259–264.

Dong, Z. H. 2008. *Brazing of C/SiC composite to TC4 alloys*. Harbin Institute of Technology. Dissertation for the Doctoral Degree.

Xiong, J. H., Huang, J. H., Zhang, H. and Zhao, X. K. 2010. Brazing of carbon fiber reinforced SiC composite and TC4 using Ag-Cu-Ti active brazing alloy. *Materials Science and Engineering: A – Structural Materials Properties Microstructure and Processing*, 527, 1096–1101.

Qin, Y. Q. 2007. *Study on microstructure and mechanical properties of C/C composite TC4 brazed joint*. Harbin Institute of Technology. Dissertation for the Doctoral Degree.

Qin Y. Q. and Yu, Z. S. 2010. Joining of C/C composite to TC4 using SiC particle-reinforced brazing alloy. *Materials Characterization*, 61, 635–639.

Li, S. J., Chen, X. F. and Chen, Z. J. 2010. The effect of high temperature heat-treatment on the strength of C/C to C/C-SiC joints. *Carbon*, 48, 3042–3049.

第8章 镍-铝、铁-铝和钛-铝金属间化合物的钎焊

何鹏，哈尔滨工业大学，中国

【主要内容】 金属间化合物具有包括金属光泽、导电性和导热性在内的许多金属特征。近年来，有序的金属间化合物结构材料已经成为许多研究机构关注的焦点。本章从钎焊方法、接头微观组织和力学性能等角度介绍了 Ni-Al、Fe-Al、Ti-Al 金属间化合物的物理性能和钎焊性，对 Ti-Al 金属间化合物钎焊涉及的各种钎料的适应性进行了讨论，并将这三种金属间化合物和传统材料的钎焊进行了对比。

8.1 引言

金属间化合物是由两种金属元素或者一种金属和一种非金属元素以整数比（化学计量）合成的化合物。金属间化合物有许多金属特征，如金属光泽、导电性和导热性等。尽管混合了其他的化学物质，金属间化合物依旧保持了结构的稳定性，并且在相图中显示为有序的固溶体。

由元素 A 和 B 组成的金属间化合物，其化学式通常写成 AB、A_2B 和 A_3B。也有一些特殊的结构，如 A_5B_3 或 A_7B_6。现有的 A_5B_3 或者 A_7B_6 金属间化合物包括 Mo_5Si_3、Ti_5Si_3、Nb_6Fe_1 和 W_6Co_1 等。金属间化合物也可以由三种或三种以上的元素组成，因此，金属间化合物的家族是非常庞大的。

最近，有序金属间化合物结构材料已经成为许多研究机构关注的焦点。对 Ni-Al、Fe-Al 和 Ti-Al 体系中的 A_3B 和 AB 型金属间化合物的研究已经取得了重大进展。表 8-1 所列为一些重要金属间化合物的物理性能。

表 8.1 一些重要金属间化合物的物理性能

金属间化合物		结构	弹性模量/GPa	熔点/℃	有序化温度/℃	密度/(g/cm³)
Ti-Al	Ti_3Al	DO19	110~145	1600	1100	4.20
	TiAl	L10	176	1460	1460	3.90
Ni-Al	Ni_3Al	L12	178	1390	1390	7.50
	NiAl	B2	293	1638	1638	5.86
Fe-Al	Fe_3Al	DO3	140	1540	540	6.72
	FeAl	B2	259	1250~1400	1250~1400	5.56

8.2   Ni-Al 系金属间化合物的物理性能和钎焊性能

8.2.1   Ni-Al 系金属间化合物的物理性能

Ni-Al 系金属间化合物有许多种，包括 Ni_3Al、Al_3Ni_2、Ni_5Al_3、Ni_3Al 和 NiAl。近年来的研究主要集中于 Ni_3Al 和 NiAl。

Ni_3Al 具有有序的面心立方 L12 超晶体结构。Ni_3Al 的多晶体是非常脆的，这在很大程度上限制了它的应用。然而，最近的研究表明，增加微量元素，如 Mn、Zr、Cr、Pd、B 等能够显著提高 Ni_3Al 的塑性。通过微合金化可使其获得更好的室温塑性及高温力学性能。通过改进的 Ni_3Al 已经成功地在民用和军用领域得到应用。

NiAl 作为 Hume Rotheryβ 相的电子化合物，具有有序的体心立方 B2 超晶体结构。NiAl 结构的稳定性在于其价电子数与原子数之比是 3/2。单相 NiAl 合金中存在不同的 Ni、Al 原子数之比，Ni 原子所占比例为 45% ~ 60%。NiAl 合金的熔点是 1638℃。通常来讲，NiAl 合金具有较高的熔点和较好的抗氧化性。然而，由于其晶体结构中缺乏足够独立的滑移系，室温下呈现低塑性，非常脆。而且 NiAl 合金氧化后容易在表面生成连续的氧化铝薄膜，从而影响其焊接性。因此，通常采用钎焊的方法将 NiAl 合金构件与镍基合金连接在一起。

8.2.2   Ni-Al 系金属间化合物的钎焊

Co 基合金对 Ni_3Al 金属间化合物有很好的润湿性。如图 8.1 所示，采用 Co 基钎料可以得到致密且连续的 Ni_3Al 金属间化合物钎焊接头。在图 8.1a 中，物相 1 和 2 表示由不同碳化物、硼化物、硅化物组成的两种不同化合物，物相 3 为硼化物 M_3B_2。元素 M 可以是 Cr、W、Mo、Ni 或 Co。在图 8.1b 中，物相 1 为富 W、Mo 的碳化物 M_6C，物相 2 为富 Cr 的 M_3B_2，物相 3 为 Ni-Co 基固溶体。在图 8.1c 中，白色区域中的物相 1 为 W_3B_2，钎缝处的物相 2 为 Ni-Co 基固溶体。

通常在钎料中添加元素 Si 或 B 来降低钎料的熔点。然而，这会导致钎焊接头中形成多种脆性的硅硼化合物，从而降低接头可靠性。由于 Si 原子的原子半径更大，在液相中的扩散速率较低，Si 对钎焊接头形成过程的影响比 B 更大。当钎焊温度较高时，Si 原子或 B 原子的扩散速率也会增加。当降熔元素的含量较低时，能够获得具有均匀结构和稳定力学性能的钎焊接头。

表 8.2 所列为用不同类型的 Co 基钎料钎焊 Ni_3Al 基合金接头的持久寿命。持久试验在 900℃、160MPa 条件下完成。

表 8.2 Ni_3Al 基合金钎焊接头的持久寿命

钎料	钎焊规范	持久寿命(900℃,160MPa/h)
Co45CrNiWBSi	1180℃/4h	7 ~ 23
N300E(Co-Cr-Ni-W-B)	1180℃/4h	61 ~ 73
Co45CrNiWB	1220℃/4h	110 ~ 142

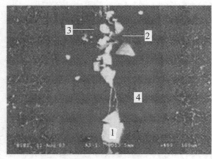
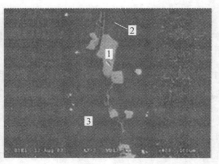

a) Co45CrNiWBSi(1180℃/4h)　　　　　b) N300E(1180℃/4h)

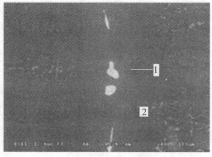

c) Co45CrNiWB(1220℃/4h)

图 8.1　采用不同 Co 基钎料钎焊 Ni_3Al 接头的显微结构

在钎焊 NiAl 时，可以用纯铜箔做中间层，钎焊过程由扩散到基体中的铜和溶解到熔化钎料中的铝所控制。通过等温凝固过程可以获得较好的接头。在不同的保温时间下，NiAl/Cu/Ni 接头的微观组织如图 8.2 所示，图 8.2 中的 a~e 分别是 NiAl、γ' 沉淀相、γ/γ' 相、β-NiAl 和 Ni 基体相。

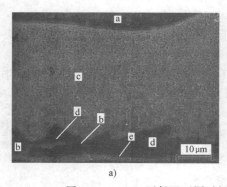
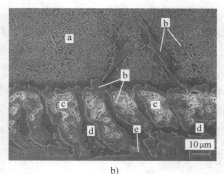

a)　　　　　　　　　　　　b)

图 8.2　1150℃下保温不同时间的 NiAl/Cu/Ni 接头的微观组织

在 NiAl/Cu/Ni 系统中，微观组织的特征主要是由铝和铜的比例来决定的。由于 Cu 原子扩散进基体的速度很慢，而 Al 原子穿过接头的速度很快，会形成贯穿整个接头并具有重复性的微观组织。NiAl 基体中 Al 原子的消耗会导致 $L1_0$ 型马氏体的形成。反之，

Al 原子从 NiAl 到 Ni 中的扩散会导致大量的 γ′ 沉淀相析出。在界面处靠近 Ni 基体一侧 β 相的形成会导致更多的 Al 富集。当纯铜箔被由 Cu 和 NiAl 组成的复合中间层所替代时，其等温凝固时间将显著减少。

镍基合金通常也被选作钎焊 NiAl 和 Ni-Al 合金的钎料，由于钎焊过程中液相和固相之间有限的相互扩散，在很短的时间内钎焊接头中就会形成大量共晶组织。在较长的保温时间下，NiAl 开始从母材向液态钎料中溶解，液态钎料中 Al 元素的含量逐渐增加。随着 Al 的增加，共晶组织慢慢溶解。然而，由于许多 Al 原子已经扩散进入液态钎料，NiAl 母材靠近钎缝一侧会形成 Al 耗尽区。

8.3　Fe-Al 金属间化合物的物理性能和钎焊性能

8.3.1　Fe-Al 金属间化合物的物理性能

Fe-Al 合金具有高的弹性模量、高的熔点和高的比强度。当 Al 含量低时，Fe-Al 合金将表现出强烈的环境脆化；反之，当 Al 含量高时，由于晶界之间微弱的键合力，Fe-Al 合金将表现出明显的低塑性和高脆性。

在所有的 Fe-Al 合金中，Fe_3Al 是最有应用价值的工程材料。Fe_3Al 具有有序的单晶 DO3 超晶体结构，其晶界常数为 0.578nm。它也有高的弹性模量、高的熔点和低密度。典型 Fe_3Al 金属间化合物的化学成分和力学性能见表 8.3。

表 8.3　典型 Fe_3Al 金属间化合物的化学成分和力学性能

合金	抗拉强度 /MPa	屈服强度 /MPa	伸长率 （%）	洛氏硬度 （HRC）	弹性模量 /GPa
Fe-Al27	483	831	2.8	—	—
Fe-Al28-Cr1	455	75	2	29	140

8.3.2　Fe-Al 金属间化合物的钎焊

火焰钎焊、真空钎焊和红外钎焊等方法均可用于 Fe_3Al 金属间化合物的钎焊，采用真空钎焊和红外钎焊更容易得到高质量的钎焊接头。然而在火焰钎焊时，接头中往往会形成微裂纹、气孔和夹渣等缺陷，钎焊过程中较快的加热和冷却速率是产生这些缺陷的原因。

1. Fe_3Al 合金的真空钎焊

许多钎料都适用于 Fe_3Al 合金的真空钎焊，包括纯铝箔、铜基钎料、银基钎料和镍基钎料。当选择纯铝箔真空钎焊 Fe_3Al 合金时，接头中会出现扩散反应区，并且会形成硬且脆的 Fe_2Al_5 相。在高温下进行长时间扩散处理能够改进接头的力学性能。热处理可使接头组织均匀化，能够减少甚至消除脆硬的金属间化合物相。当选用铜基钎料进行真空钎焊时，铜的晶间扩散发生在 Fe_3Al 一侧区域内。BNi-2 是钎焊 Fe_3Al 的最佳钎料之一，在高温下用 BNi-2 钎料得到的钎焊接头具有相对较高的硬度、高的强度和良好的力学性能。采用 BNi-2 钎料真空钎焊得到的 Fe_3Al 合金/18-8 型不锈钢接头如图 8.3 所示。

用 Ni 基钎料钎焊 Fe_3Al 金属间化合物时，钎料和母材金属之间将发生剧烈的扩散反应，在钢和镍基合金之间形成很强的冶金结合，母材为 18-8 型不锈钢时尤为明显。进一步的扩散热处理减少了脆硬相的生成，使组织更为均匀。

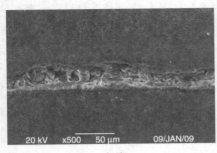 

a) 钎缝　　　　　　　　　　　　　　　　　　b) 钎缝区域局部放大图

图 8.3　BNi-2 钎料真空钎焊 Fe_3Al 合金/18-8 型不锈钢接头

2. Fe_3Al 合金的红外钎焊

铝箔、铜基钎料、银基钎料和镍基钎料等均可用于 Fe_3Al 金属间化合物的红外钎焊。当选用铝箔时，Fe_3Al 会很快溶于熔化的钎料中。同时，铝箔中的铝也向母材中溶解。在不同的钎焊温度和时间下，接头中会生成 $FeAl$-$FeAl_2$ 的共晶组织和 $FeAl_3$、Fe_2Al_5、$FeAl_2$ 和 $FeAl$ 等化合物，如图 8.4 所示。提高钎焊温度或延长保温时间加剧了元素之间的相互扩散，使得钎焊界面变得模糊，钎缝结构从 Fe_2Al_5 相向 $FeAl$ 相和 $FeAl$-$FeAl_2$ 的共晶组织逐渐转变。最终，钎缝和母材之间的界面消失，钎缝组织均为 $FeAl$ 相。

当用 Cu 基钎料红外钎焊 Fe_3Al 金属间化合物时，钎缝处将形成 b10 马氏体和富铜相。在较高的钎焊温度或更长的保温时间下，Fe_3Al 金属间化合物逐渐向钎缝中溶解，钎缝中的 Al 含量显著增加，从而促进了 b10 马氏体的形成，如图 8.5 所示。

如果选用银箔作为钎料来钎焊 Fe_3Al 金属间化合物，钎缝中将生成含铝的富银相。在这种情况下，钎焊时间对接头抗剪强度的影响可忽略不计。选用 BAg72Cu28 钎焊 Fe_3Al 金属间化合物时，钎缝组织主要为 Ag-Cu 共晶相，如图 8.6 所示。由于没有脆性化合物生成，接头具有良好的塑性。

当用 BNi-2 钎料钎焊 Fe_3Al 金属间化合物时，钎缝中可观察到 $(Ni, Fe)_3Al$、$(Ni, Fe)_3(Si, Al)$、$(Fe, Ni, Cr)_3B$ 和 BCr 等过渡相。在 1000℃ 下经过长时间均匀化处理后，先前形成的 $(Ni, Fe)_3Al$ 和 $(Ni, Fe)_3(Si, Al)$ 将转变成 $(Ni, Fe)_2Al$ 和 $(Ni, Fe)_2(Si, Al)$。同时，$(Fe, Ni, Cr)_3B$ 相的数量将显著减少。时间足够长的均匀化处理能够获得具有单一相的接头，如图 8.7 所示。在很高的钎焊温度下，母材（图 8.7 中的物相 1）的主要成分为溶有少量 Ni 的 Fe_3Al 基固溶体，在 Fe_3Al/BNi-2 钎料界面处可观察到连续的层状物相 2。钎缝中心含有三种不同的化合物相，物相 5 为小黑点状的铬硼相。通过对比 Fe、Ni、Si 和 Al 的化学计量比，可以确定钎缝中心的灰色物相 3 是 $(Fe, Ni)_3(Si, Al)$，条纹状的深灰色物相中（图 8.7 中的物相 4）含有 B、Cr、Fe、Ni 元素。

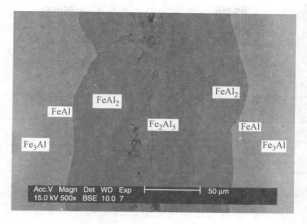

图 8.4　1050℃/180s 红外钎焊 $Fe_3Al/Al/Fe_3Al$ 的接头 SEM 照片

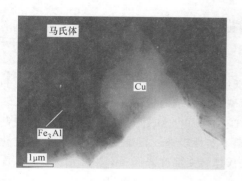

图 8.5　1100℃/300s 条件下用 Cu 箔红外钎
　　　 焊 Fe_3Al 的接头 TEM 照片

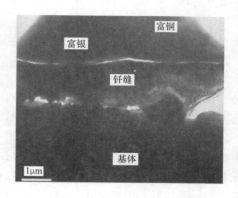

图 8.6　BAg-8 钎料红外钎焊（1123K/300s）
　　　 接头中 Fe_3Al 相的 TEM 照片

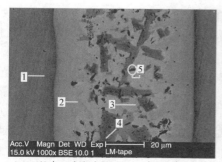

a) 1150℃/240s 钎焊条件下 $Fe_3Al/BNi-2/Fe_3Al$
　接头的 SEM 照片

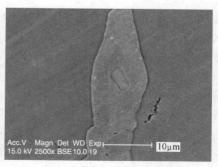

b) 1000℃均匀化处理72h 后的图像

图 8.7　均匀化处理的结果

用不同钎料红外钎焊 Fe_3Al 合金的钎焊工艺及接头强度见表 8.4。

表 8.4   用不同钎料红外钎焊 Fe_3Al 合金的钎焊工艺及接头强度

钎　　料	钎焊规范	抗剪强度/MPa
Cu 箔（50μm）	1100℃，300s	291
BAg-8	800℃，600s	181
Al 箔（100μm）	700～1200℃，15～240s	—
BNi-2	1150℃，2～240s	—

与传统的炉中钎焊相比，红外钎焊的热循环过程非常短，因此限制了钎料和母材金属之间的相互扩散。后续的均匀化处理可促进母材和钎缝元素的相互扩散，当钎料中含有 B 元素时，由于 B 元素相对较高的扩散速率会产生柯肯达尔效应，从而导致接头中发生不对称的扩散或物质迁移。

8.4   Ti-Al 金属间化合物的物理性能和钎焊性能

8.4.1   Ti-Al 金属间化合物的特点

Ti-Al 金属间化合物有一些优秀的特征：低密度、高弹性模量、良好的抗氧化性和高温强度。因此，它非常适合用作航空航天领域的高温结构材料。

Ti-Al 金属间化合物主要包括 γ-TiAl、$α_2$-Ti_3Al 和 θ-$TiAl_3$，可以通过合金化和控制组织成分提高其室温塑性。例如，Ti_3Al 在室温下塑性较差，很难变形，随着 β 稳定化元素的增加（如 Nb、V 和 Mo 等），Ti_3Al 的马氏体转变温度降低，$α_2$ 相细化、滑移长度随之减小的同时，生成了 $α_2$+β 相，Ti_3Al 的塑性和力学性能显著提高。

Ti-Al 金属间化合物的力学性能受其微观组织的影响。过度添加合金元素会使 Ti-Al 金属间化合物具有很低的线膨胀系数，钎焊异种材料时容易在接头内部产生较大的残余应力。

在熔焊过程中，接头组成较为复杂，且容易导致脆性金属间化合物和热裂纹的出现。因此，通常采用钎焊和扩散焊的方法实现 Ti-Al 金属间化合物与异种材料的连接。

8.4.2   Ti-Al 金属间化合物的焊接

目前，用于 Ti-Al 金属间化合物的连接技术包括熔焊（弧焊、电子束焊和激光焊），固相焊（摩擦焊、扩散焊、自蔓延高温合成反应焊接等）和钎焊（真空钎焊、感应钎焊和红外钎焊等）等焊接方法。Ti-Al 金属间化合物的熔焊存在两个主要问题：一是焊缝区容易出现热裂纹；二是热影响区的微观组织与母材不同，从而影响了接头强度。因此，熔焊 Ti-Al 金属间化合物的焊接性较差，而且接头强度不稳定。采用固相焊方法，能够避免熔化和凝固过程中缺陷的产生，但在摩擦焊过程中，基体结构在锻造力的作用下很容易开裂。钎焊时，钎料可以使接头应力得到缓解，通过优化钎焊工艺可以有效控制脆性金属间化合物相的数量及其在接头中的分布情况。总而言之，钎焊很适用于 Ti-

Al 金属间化合物的焊接。

8.5 Ti-Al 金属间化合物的钎焊

表 8.5 所列为钎焊 Ti-Al 金属间化合物的常用钎料、钎焊参数及接头强度。采用 Ti
基、Ag 基和 Al 基钎料可以得到较好的钎焊接头。

表 8.5 钎焊 Ti-Al 金属间化合物的常用钎料、钎焊参数及接头强度

钎料(质量分数,%)		Ti-Al 金属间化合物 (原子分数,%)	钎焊参数		接头力学性能 /MPa	参考 文献
			钎焊温度/℃	保温时间/s		
Ti 基	Ti-15Cu-15Ni	Ti$_{50}$Al$_{50}$	1100~1200	30~60,18~60	—	10,11
		Ti-47Al-2Cr-2Nb	980,1000	600	—	12,13
		Ti-48Al-2Cr-2Nb	1100~1200	30~60	抗剪强度 322	14
		Ti-48Al-2Cr-2Nb	950	480~2400	抗拉强度 295	15
		Ti-48Al-2Cr-2Nb	1040,1000	600,1800	抗剪强度 220	16
	Ti-33Ni	Ti-47Al-2Cr-2Nb	1100~1200	600	—	17
	Ti-50Ni	Ti-43Al-9V-0.3Y	1140~1200	900	抗剪强度 256, 207(600℃)	18
	Ti-Zr35-Ni15-Cu15	TiAl	950~1100	600~3600	抗剪强度 248	19
Ag 基	BAg-8	Ti$_{50}$Al$_{50}$	900~1150	15~180	抗剪强度 343	20
	纯 Ag	Ti$_{50}$Al$_{50}$	1000~1100	15~180	抗剪强度 385	21
	Ag-Cu eutectic	Ti-48Al-2Cr-2Nb	850~1000	300~3600	抗拉强度 225	22
	Ag34Cu16Zn	Ti-48Al-2Cr-2Nb	850~900	300~3600	抗拉强度 210	22
Al 基	63Ag-35.2Cu-1.8Ti	Ti-47Al-2Cr-2Nb	750	600		23
	Al 箔	Ti$_{50}$Al$_{50}$	800~900	15~300	抗剪强度 63.9	24
		Ti-48Al	900		抗拉强度 220	25
	BAlSi-4	Ti$_{50}$Al$_{50}$	800,900	120~300	抗剪强度 86.2	26
其他	Zr65Al7.5Cu27	Ti-48Al-2Cr-2Nb	950	1200		27

8.5.1 采用 Ag 基钎料钎焊 Ti-Al 金属间化合物

采用纯 Ag 作为钎料，通过红外钎焊可成功实现 Ti-Al 金属间化合物的连接，钎焊
工艺为 1000~1100 ℃下保温 30~180s。反应层中生成三种物相：Ti（Al，Ag）、Ti$_3$（Al，
Ag）和富 Ag 相。钎焊过程中，部分 TiAl 母材向银钎料中溶解。由于 Al 在 Ag 中的溶解
度高于 Ti 在 Ag 中的溶解度，因此，更多的 Al 原子被消耗，界面上出现富 Ti 区，生成
Ti$_3$（Al，Ag）相。

采用纯银钎料得到的钎焊接头具有高的抗剪强度。当钎焊温度为 1050℃时，剪切
试样断裂均发生在 TiAl 母材一侧。1100℃下保温 60s 能获得最高抗剪强度，为 385MPa。

剪切试样断裂发生在钎缝处。

Ag-28Cu 共晶也能用于 Ti-Al 金属间化合物的红外钎焊。在 950～1150℃下保温 15～180s 得到的 TiAl/Ag-28Cu/TiAl 钎焊接头的微观组织如图 8.8 所示，Cu 原子代替 Ag 原子与 TiAl 母材发生反应形成连续反应层。当钎焊温度为 950℃时，钎缝处生成 AlCuTi 和 AlCu$_2$Ti。在更高的温度和更长的保温时间下，AlCuTi 的生长速率明显高于 AlCu$_2$Ti 的生长速率。然而，过量的 AlCuTi 会导致接头强度的下降。950℃下保温 60s 得到的接头抗剪强度可达 343MPa。

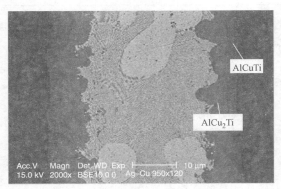

图 8.8　950℃/120s 钎焊条件下的 TiAl/Ag-28Cu/TiAl 接头微观组织

8.5.2　采用 Al 基钎料钎焊 Ti-Al 金属间化合物

纯 Al 箔和 BAlSi-4 钎料经常被用于钎焊 Ti-Al 金属间化合物。选用纯 Al 箔进行钎焊时，钎缝中会形成稳定的脆性相 TiAl$_3$，从而导致接头较脆。选用 BAlSi-4 钎料时，钎缝中形成 Al$_{12}$Si$_3$Ti$_5$，接头的最大抗剪强度为 86.2MPa。

8.5.3　采用 Ti 基钎料钎焊 Ti-Al 金属间化合物

钎焊 Ti-Al 金属间化合物时，采用 Al 基钎料得到的钎焊接头抗剪强度比用 Ag 基钎料得到的接头要低，但是，Ag 基钎料钎焊接头的工作温度通常低于 400℃。采用 Ti 基钎料得到的钎焊接头具有更高的工作温度，应用更为广泛。常用 Ti 基钎料包括 Ti-Cu-Ni、Ti-Zr-Ni-Cu 和 Ti-Ni 等。

采用 Ti-15Cu-15Ni 钎料在 1100～1200℃下保温 30～60s，可实现 Ti-48Al-2Cr-2Nb 合金和 Ti50Al50 铸造合金的红外钎焊。据文献报道，钎缝界面的微观组织主要受 Al、Ti 的溶解和扩散所控制，TiAl 母材中的 Nb 和 Cr 元素对反应层中的两相柱状区和连续 α$_2$ 相反应区的生成有一定影响。

在等温凝固和固相扩散阶段，接头界面处形成多层微观组织。界面微观组织及其形成机制由钎焊温度、保温时间及母材类型所决定。

1150℃下保温 30s，接头界面的微观组织为 γ-TiAl/α-Ti/α+β/β-Ti 和残留钎料。在同样的钎焊温度下保温 60s，界面微观组织为 γ-TiAl/α-Ti/α$_2$-Ti$_3$Al/β-Ti 和残留钎料。

如图 8.9 所示，界面微观组织随保温时间的变化而变化，可分为以下五个阶段：

①形成 β-Ti 层；②形成柱状 α+β 相；③α₂ 相形核；④形成富 Alα 相；⑤形成 α₂ 相。

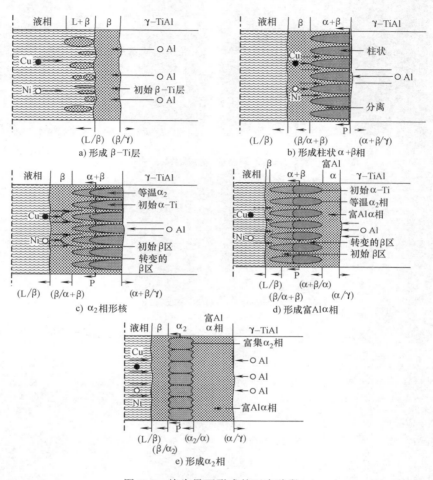

图 8.9 接头界面形成的五个阶段

采用 TiH₂-50Ni 钎料在不同钎焊温度下保温 900s 得到的 Ti-Al 金属间化合物钎焊接头界面微观组织如图 8.10 所示，TiH₂-50Ni 钎料经机械球磨 28800s 制备得到。接头组织包括扩散层和钎缝区域，其中扩散层由 Ti₃Al+ TiAl 片层相形成，钎缝区为 Al₃Ti、Ni₄Ti₃和 Ti₃Al。在更高的钎焊温度和更长的保温时间下，扩散层中的 Ti₃Al 逐渐转变为 TiAl，扩散层组织变细且均匀化。

采用 TiH₂-30Ni 钎料得到的钎焊接头界面组织与 TiH₂-50Ni 钎料相似，现有研究表明，球磨时间对钎料熔点有显著影响。在保温 900s 的情况下，未经球磨的钎料在 1180℃时完全熔化，球磨 7200s 后钎料在 1140℃时开始熔化，球磨时间为 28800s 的钎料在 1150℃时开始熔化。不同的粉末颗粒尺寸、研磨过程中晶格畸变能量和相位变化所引起的表面能的差异，被认为是导致熔点发生变化的原因。

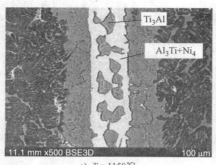

a) $T = 1150℃$

b) $T = 1180℃$

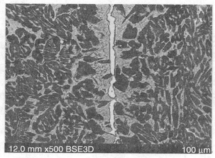

c) $T = 1200℃$

图 8.10 采用 TiH_2-50Ni 钎料时不同钎焊温度对钎缝组织的影响
（球磨 480min，保温 5min）

对接头进行热处理可改变其微观组织。当钎焊工艺为 900℃/1200s 时，接头经过 1200℃/3600s 的热处理后，钎缝处的组织将得到细化（与扩散层更加类似），如图 8.11 所示。

钎料经球磨后可提高接头的抗剪强度。在 1150℃ 的钎焊温度下，未经球磨的 TiH_2-50Ni 钎料获得的接头最大抗剪强度为 186MPa（$t = 1800s$）；经过 7200s 球磨的接头最大抗剪强度为 244MPa（$t = 300s$）；经过 28800s 的球磨后，接头的最大抗剪强度是 276MPa（$t = 600s$），同时 800℃ 下的高温抗剪强度达 211MPa，断裂主要发生在钎缝中的 $Al_3Ti + Ni_4Ti_3$ 相处。

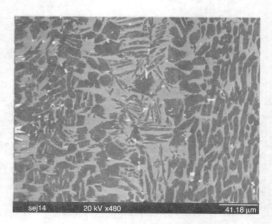

图 8.11 1200℃ 下保温 60min 热处理后的接头微观组织（1200℃/15min）

8.5.4 Ti-Al 金属间化合物与钢的钎焊

对 Ti-Al 涡轮叶片与钢轴承杆进行钎焊，所制成的涡轮发动机转子可提高发动机的起动速度，减少排放量，从而大幅提高热效率。因此，近年来 Ti-Al 金属间化合物和钢的钎焊成为研究热点。表 8.6 所列为钎焊 Ti-Al 金属间化合物与钢的常用钎料、钎焊参数及接头强度。其中，银基钎料较为常用，其接头具有较高的力学性能。

图 8.12a、b 所示分别为采用 63Ag-35.2Cu-1.8Ti 和 70Ti-15Cu-15Ni（质量分数）钎料感应钎焊得到的 Ti-Al 金属间化合物/AISI4340 钢接头界面微观组织，可以发现，Ti-Cu-Ni 和钢之间的反应更为剧烈。采用 Ti-Cu-Ni 钎料时，在钎焊界面生成 TiC 反应层，导致钎焊接头强度降低。用 Ag-Cu-Ti 钎料钎焊得到的接头，其抗剪强度在室温下达到了 320MPa，在 500℃ 下可达到 310MPa，高于用 Ti-Cu-Ni 钎料得到的钎焊接头的抗剪强度。

选用 Ag-Cu 作为钎料时，界面处将生成硬而脆的 Al-Cu-Ti 相。当金属间化合物层达到一定厚度时，在外力的作用下容易出现裂纹而影响接头强度。如果反应层保持在合适的厚度，则分散的颗粒状和块状金属间化合物会提高接头强度。

表 8.6　钎焊 Ti-Al 金属间化合物与钢的常用钎料、钎焊参数及接头强度

钎料（质量分数,%）		Ti-Al 金属间化合物（原子分数,%）	钢	钎焊参数		力学性能 /MPa	参考文献
				钎焊温度/℃	保温时间/s		
Ti 基	Ti-15Cu-15Ni	Ti33.5Al1.0Nb0.5Cr0.5Si	AISI4340	1075	30	抗拉强度 260,[210 (500℃)]	20
Ag 基	B-Ag72Cu	Ti-46.5Al-5Nb	42CrMo	870	1200	—	21
	Ag-Cu-Ti	Ti-47Al-2Cr-2Nb	40Cr	900	600	抗拉强度 426	22,23
	Ag-Cu plated with Ti	TiAl	AISI4140	800	60	抗拉强度 294	24
	Ag-Cu-Ti	Ti-46.5Al-2.5V-1Cr	40Cr	870～910	300	抗拉强度 267	25
	Ag-Cu35.2-Ti1.8	Ti-47.5Al-2.5V-1Cr Ti-48Al-2Cr-2Nb	35CrMo	850～970	60～600	320	26
	CUSIL-ABA （63Ag-35.2Cu-1.8Ti）	Ti-47Al-2Cr-2Nb	AISI4340	845	30	抗拉强度 320, [310 (500℃)]	20
	Ag-Cu-Ni-Li	TiAl	35CrMo	850～970	60～600	抗拉强度 324	27
	Ag-Cu-Ti	TiAl	42CrMo	850～1000	2～25	抗拉强度 347 抗剪强度 229, [186 (400℃)]	28

a) Ag–Cu–Ti   b) Ti–Cu–Ni

图 8.12 采用不同钎料得到的钎焊接头

可以采用 Ag-35.2Cu-1.8Ti（质量分数）钎料实现 Ti-Al 金属间化合物和 42CrMo 钢的钎焊。把 Ti 箔置于两片 Ag-Cu 箔之间，用复合轧制法制备钎料，熔点为 790~830℃。钎焊过程如图 8.13 所示，靠近 TiAl 一侧生成的 $AlCu_2Ti$ 化合物被打碎，随后在液相的推动下，破碎的颗粒弥散分布于钎缝中。

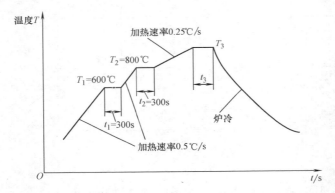

图 8.13 采用 Ag-35.2Cu-1.8Ti 钎焊 Ti-Al 金属间
化合物/42CrMo 钢的温度曲线

钎焊温度为 800℃，保温 300s。从开始熔化到保温结束，钎料与母材 TiAl 反应生成 $AlCu_2Ti$ 相，该阶段的界面结构如图 8.14a 所示。温度为 800~900℃ 时，TiAl 与 Ag 发生反应，生成的液相位于 TiAl 和 $AlCu_2Ti$ 金属间化合物的边界处，如图 8.14b 所示。随着温度的提高，$AlCu_2Ti$ 层被打碎进入钎缝中，如图 8.14c 所示。继续加热会使组织进一步均匀化，钎缝中生成分散的金属间化合物颗粒相，如图 8.14d 所示，靠近 TiAl 母材一侧形成 Al-Cu-Ti 化合物反应层。

如图 8.15 所示，通过控制界面反应可以获得典型的接头微观组织。从图中可以看出，该反应区包括三个不同的区域，分别标记为 A、B 和 C。A 区由至少两种连续反应层组成；B 区包含三种物相，即白色基体中分散着一些共晶相和不规则的灰色块状相、条状相；C 区是与钢相邻的连续分布的薄反应层。

如图 8.16 所示，反应层 A 主要包括 Ti、Al、Cu 等元素，而 C 层主要为 C 和 Ti。B

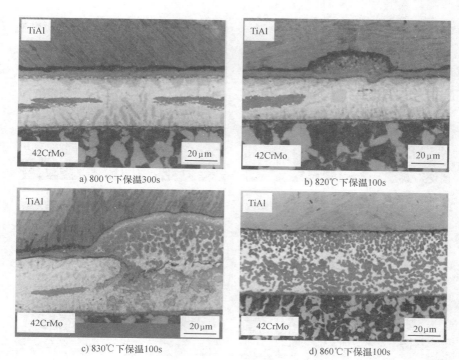

a) 800℃下保温300s

b) 820℃下保温100s

c) 830℃下保温100s

d) 860℃下保温100s

图 8.14　不同阶段的接头界面

层中黑色块状相和不规则条状相的主要元素为 Ti、Al 和 Cu，白色基体为富 Ag 相。结合图 8.17 所示的 X 射线衍射结果，接头界面处的微观组织为：

1）靠近 TiAl 一侧的反应层包括 $Ti_3Al+AlCuTi$ 和 $AlCu_2Ti$ 反应层。

2）钎缝中央由 Ag（s.s.）、Ag-Cu 共晶以及不规则 $AlCu_2Ti$ 组成。

3）TiC 反应层位于 42CrMo 钢一侧。

力学性能测试结果表明，室温抗拉强度、高温抗拉强度（400℃）、室温抗弯强度、高温抗弯强度（400℃）、室温抗剪强度和高温抗剪强度（400℃）分别为 347MPa、270MPa、501MPa、351MPa、229MPa 和 186MPa。

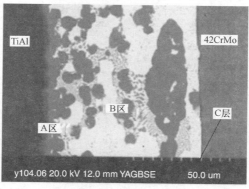

图 8.15　钎焊温度为 900℃，保温时间为 300s 的典型接头界面

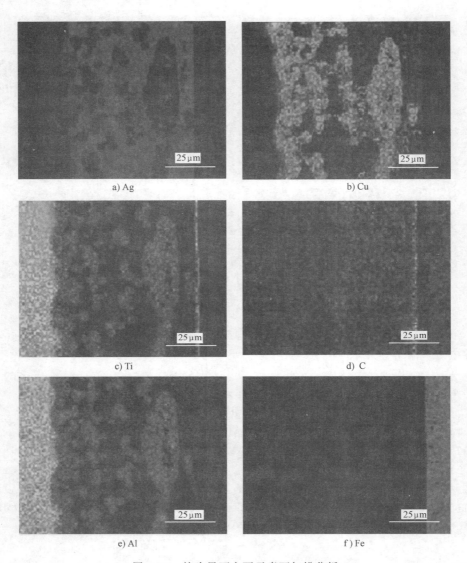

图 8.16 接头界面主要元素面扫描分析

8.5.5 Ti-Al 金属间化合物与陶瓷的钎焊

陶瓷具有许多优良的特性，如耐高温、耐腐蚀和良好的耐磨性，被广泛用作高温结构材料。钎焊有望被用于 Ti-Al 系金属间化合物与陶瓷的连接，以获得具有上述优异性能的复合构件。鉴于目前大多数研究集中在 Ti-Al 与 SiC 的钎焊，今后的研究应着眼于 Ti-Al 系金属间化合物与陶瓷的连接。

钎焊 Ti-Al 与 SiC 时经常选用 Ag-27Cu-4.5Ti 质量分数，%钎料，接头中生成四种不同的扩散反应层。在靠近 Ti-Al 一侧的反应层中，钎料中的 Cu 原子不断向 Ti-Al 母材扩散生成 Ti-Al-Cu，该反应层是液相凝固所形成的，其组成和厚度受保温时间的影响。当

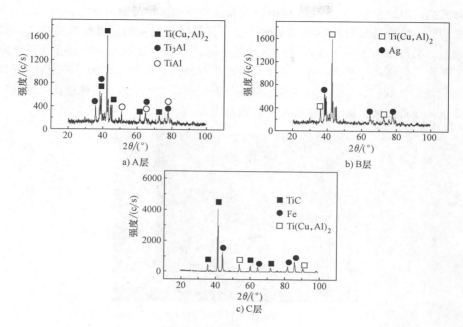

图 8.17　界面层 XRD 分析

保温时间从 600s 增加至 2400s 时，Ti 的含量降低，Cu 的含量增加，反应层厚度从 8μm 增加到 15μm。靠近 SiC 一侧的反应层是由 Ti、Cu、Si 等元素形成的化合物层，其成分和厚度也随保温时间的变化而变化。当保温时间从 600s 增加至 2400s 时，Ti 的原子分数从 32% 增加到 51%，而 Si 的原子分数从 29% 减少到 13%，反应层厚度从 0.4μm 增加到 2.9μm。

　　形成的富 Ag 和富 Cu 微观组织在凝固过程中会发生偏析。因此，钎缝中间存在两个反应层。保温时间对反应层的成分没有明显影响，增加保温时间会导致接头的抗剪强度略微降低，600s 保温时间下得到的接头最大抗剪强度为 173MPa。

8.5.6　Ti-Al 金属间化合物与 C/SiC 复合材料的钎焊

　　C/SiC 复合材料具有密度小、耐高温、强度大和耐热冲击等特点，并且不易被腐蚀或发生断裂，因此被广泛应用于航空航天、武器制造和其他工业中。

　　Ti-Al 金属间化合物和 C/SiC 复合材料制成的复合构件具有很好的高温性能，因此获得可靠的 TiAl 和 C/SiC 复合材料钎焊接头的方法值得深入研究。

　　图 8.18 所示为采用 Ag-72Cu 钎料在 900℃/600s 条件下得到的 TiAl/C/SiC 钎焊接头，靠近 TiAl 一侧为 β-Ti+AlCuTi 相。钎缝中央包括灰色 $AlCu_2Ti$ 相、白色 Ag（s.s.）相和一些富 Cu 相。C/SiC 一侧为 TiSi 和 TiC。TiAl 的溶解量是决定界面微观组织的主要因素，随着 TiAl 溶解量的增加，在钎缝处将形成更多的 Al-Cu-Ti 化合物。与此同时，Ag 基固溶体的含量减少，靠近 TiC 化合物一侧的反应层厚度也随之减小。

　　TiC 反应层和 C/SiC 复合材料是接头中的薄弱区域，可以通过控制 TiC 反应层的厚度来降低热应力。在 900℃下保持 600s 可使接头抗剪强度提高到 85MPa。

采用 Ag-Cu 钎料得到的 TiAl 和 C/SiC 复合材料钎焊接头的室温性能良好，但高温性能很差。采用 TiNi 钎料可获得较好的高温性能，但是 TiAl 和 C/SiC 复合材料线膨胀系数不匹配的问题较为严重，将导致接头中产生很高的残余应力。为了解决这个问题，可将 B 元素添加到钎料中。钎焊过程中将在钎缝中形成 TiB 晶须，它能够在母材与钎缝之间形成一个过渡区，从而减小接头中的残余应力。

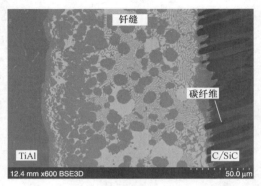

图 8.18　采用 Ag-72Cu 作为钎料的 TiAl/C/SiC 接头组织

图 8.19a 所示为采用 Ti-Ni-B 钎料得到的接头界面微观组织，该界面分为三层，长条纹状的 TiB 晶须（图 8.19b）分散于层 Ⅱ 中，从 TiAl 一侧到 C/SiC 一侧的微观结构依次为：$\beta/\beta+\tau_3/\beta+\tau_3+TiB/\tau_3/TiC$。在 1180℃下保温 10min 能够获得最高的室温和高温（600℃）抗剪强度，分别是 99MPa 和 63MPa。

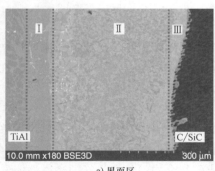 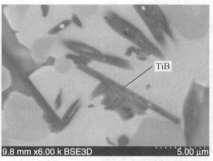

a) 界面区　　　　　　　　　　　　　　　　b) 局部放大的钎缝区

图 8.19　用 Ti-Ni-B 钎料钎焊的 TiAl 和 C/SiC 接头

8.5.7　Ti-Al 金属间化合物与 C/C 复合材料的钎焊

C/C 复合材料有许多优异的性能，包括低密度、低摩擦阻力、高导热性、高的耐热冲击性和良好的抗疲劳性能，甚至在 2000℃的高温下仍表现良好，被认为是理想的高温结构材料。

采用 C/C 和 TiAl 制造的火箭发动机喷管在显著减重的同时能够获得优异的高温性

能，因此对这两种材料连接技术的研究迫在眉睫。

图 8.20 所示为采用 Ag-26.7Cu-4.6Ti（质量分数，%）钎焊的 Ti-Al 金属间化合物和 C/C 复合材料接头界面微观组织。在 TiAl 和钎缝之间已经生成 Ti_3Al 相、AlCuTi 相和灰色的 $AlCu_2Ti$ 相。Cu 和 TiAl 之间发生了剧烈的反应，导致 Cu 原子被大量消耗，Ag 原子被推到 C/C 侧，从而在钎缝处形成白色的 Ag（s.s.）相。在靠近 C/C 一侧同时生成不规则的 TiC 反应层。

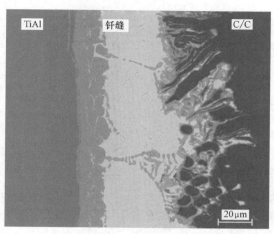

图 8.20　920℃/60s 条件下 C/C/Ag-Cu-Ti/TiAl 钎焊接头的界面微观组织

非平直的 C/C 复合材料表面可以解决钎缝中由于热胀系数不匹配导致的残余应力问题。两种接头界面形式如图 8.21 所示。钎焊后，从钎缝到 C/C 复合材料的元素渗透距离从 300μm 增加到 600μm。接头抗剪强度的对比曲线如图 8.22 所示，非平直的接头形式可以增加接头面积，减小残余应力，从而显著提高接头抗剪强度。

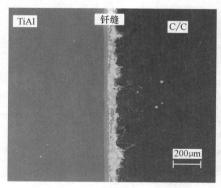

a) 平直界面

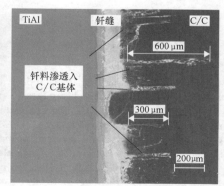

b) 非平直界面

图 8.21　不同界面形式下的 C/C 复合材料/TiAl 钎焊接头

当选用 Ag-Cu-Ti 作为钎料时，C/C 复合材料和 TiAl 接头在室温下性能良好，但是高温性能较差。当选用 Ti-Cu-Ni 作为钎料时，接头的高温性能得到提升，980℃/600s 条件下钎焊得到的接头如图 8.23 所示，钎缝中没有观察到裂纹和孔隙。

Ⅰ区中的主要相是 Al(Cu, Ni) Ti+Ti$_3$Al，Ⅱ区为 Ti(Cu, Ni) +Al(Cu, Ni)$_2$Ti，Ⅲ区为 TiC+Al$_2$(Cu, Ni)Ti$_3$C。在 980℃下保温 10min，接头的平均室温抗剪强度为 18MPa，600℃时的抗剪强度为 22MPa。可见，采用 Ti-Cu-Ni 钎料进行钎焊可明显提高接头的高温性能。

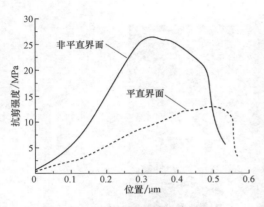

图 8.22 平直界面和非平直界面的
抗剪强度曲线

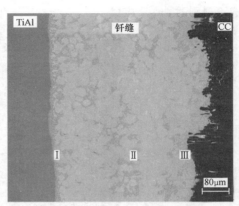

图 8.23 CC/Ti-Ni-Cu/TiAl 钎焊接头
($T = 980℃$，$t = 600s$)

8.6 总结

本章从钎焊方法、钎料、接头微观组织及相应的力学性能等方面介绍了 Ni-Al、Fe-Al 和 Ti-Al 金属间化合物的钎焊技术，同时也对这三种金属间化合物与传统材料的钎焊做了大量对比。

8.7 参考文献

Zang Y. G., Han Y. F., Chen G. L., Guo J. T. and Wan X. J. 2001. *Structural Intermetallics*, National Defence Industry Press. 2–17.

Li Y. J., Wang J. and Liu P. 2003. *Welding and Application of Different Difficult Welding Metal*, Chemical Industry Press. 12, 212–232.

Mao W., Li X. H. and Ye L. 2006. Vacuum Brazing of a Directionally Solidified Ni3 Al-Base Superalloy IC6A. *Journal of Aeronautical Materials*, 3(26), 103–105.

Abdo Z. A. M., Guan Y. and Gale W. F. 1999. *Joining of NiAl to Nickel-based Alloys by Transient Liquid Phase Bonding*, Materials Research Society. 941–947.

Zhang T. 2009. *The Experimental Research on Brazing Process of Fe3Al and High Temperature Heat-resistant Alloy*. Master's Thesis. Hefei University of Technology. 3, 34–36.

Shiue R. K., Wu S. K. and Lee Y. L. 2005. Transient microstructural evolution of infrared brazed Fe$_x$Al intermetallics using aluminum foil. *Intermetallics*, 13, 818–826.

Li Y., Shiue R. K., Wu S. K. and Wu L. M. 2010. Infrared brazing Fe3Al intermetallics using the Cu filler metal. *Intermetallics*, 18, 422–428.

Shiue R. K., Li Y., Wu S. K. and Wu L. M. 2010. Infrared Brazing Fe3Al Using Ag-Based Filler Metals. *Metallurgical and Materials Transactions A*, 41, 2836–2843.

Lee Y. L., Shiue R. K. and Wu S. K. 2003. The microstructural evolution of infrared brazed Fe3Al by BNi-2 braze alloy. *Intermetallics*, 11, 187–195.

Lee S. J., Wu S. K. and Lin R. Y. 1998. Infrared Joining of TiAl intermetallics using Ti-15Cu-15Ni Foil-I. The Microstructure Morphologies of Joint Interfaces. *Acta Materialia*, 46(4), 1283–1295.

Lee S. J., Wu S. K. and Lin R. Y. 1998. Infrared joining of TiAl intermetallics using Ti-15Cu-15Ni Foil-II. The Microstructural Evolution at High Temperature. *Acta Materialia*, 46(4), 1297–1305.

Guedes A., Pinto A. M. P., Vieira M. F. and Viana F. 2003. The influence of the processing temperature on the microstructure of γ-TiAl joints brazed with a Ti-15Cu-15Ni alloy. *Materials Science Forum*, 426–432(5), 4159–4164.

Guedes A., Pinto A. M. P., Vieira M. F. and Viana F. 2003. Joining Ti-47Al-2Cr-2Nb with a Ti/(Cu,Ni)/Ti clad-laminated braze alloy. *Journal of Materials Science*, 38(11), 2409–2414.

Lee S. J. and Wu S. K. 1999. Infrared joining strength and interfacial microstructures of Ti–48Al–2Nb–2Cr intermetallics using Ti–15Cu–15Ni foil. *Intermetallics*, 7(1), 11–21.

Ming H., Hui K. and Ping Q. 2004. Ti-15Cu-15Ni vacuum brazing TiAl alloys. *Aeronautical Manufacturing Technology*, 4, 22–24.

Wang Y. F., Wang C. S., Gao Q., Dong C., Huo S. B. and Wang J. J. 2004. Brazing of a TiAl-based alloy with Zr56Al7.5Cu27.5 amorphous ribbon. *Transactions of the China welding institution*, 25(2), 111–114.

Guedes, Pinto A. M. P., Viera M. F. and Viana F. 2004. Joining Ti-47Al-2Cr-2Nb with a Ti-Ni braze alloy. *Materials Science Forum*, 455–456(6), 880–884.

He P., Liu D., Shang E. *et al.* 2009. Effect of mechanical milling on Ni-TiH$_2$ powder alloy filler metal for brazing TiAl intermetallic alloy: The microstructure and joint's properties. *Materials Characterization*, 60, 30–35.

Liu D. 2006. *Study on connecting of directional-organization TiAl alloys*. Harbin Institute of Technology. Dissertation for the Master Degree.

Shiue R. K., Wu S. K. and Chen S. Y. 2003. Infrared brazing of TiAl intermetallic using BAg-8 braze alloy. *Acta Materialia*, 51(7), 1991–2004.

Shiue R. K., Wu S. K. and Chen S. Y. 2004. Infrared brazing of TiAl intermetallic using pure silver. *Intermetallics*, 12(7–9), 929–936.

Yan P. 2002. *Study on vacuum brazing of TiAl intermetallics*. Harbin Institute of Technology. Dissertation for the Master Degree.

Guedes A., Pinto A. M. P., Viera M. F., Ramos A. S. and Vieira M. T. 2002. Microstructural characterisation of γ-TiAi joints. *Key Engineering Materials*, 230–232(9–11), 27–30.

Shiue R. K., Wu S. K. and Chen S. Y. 2003. Infrared brazing of TiAl using Al-based braze alloys [J]. *Intermetallics*, 11(7), 661–671.

Uenishi K., Qumi H. and Kobayashi K. F. 1995. Joining of intermetallic compound TiAl by using Al filler metal. *Zeitschrift fuer Metallkunde*, 86(4), 270–274.

Shiue R. K., Wu S. K. and Chen S. Y. 2003. Infrared brazing of TiAl using Al-based braze alloys. *Intermetallics*, 11, 661–671.

Wang Y. F., Wang C. S, Gao Q. *et al.* 2004. Amorphous brazing of TiAl alloy. *Welding Technology*, 25(2), 111–114.

Noda T., Shimizu T., Okabe M. and Iikubo T. 1997. Joining of TiAl and steels by induction brazing. *Materials Science and Engineering: A*, 239–240(1–2), 613–618.

Gao Q., Guo J. T., Liu W. and Zhang J. S. 2003. Study on interface and formation mechanism of diffusion brazing TiAl alloys to 42CrMo. *Journal of Aeronautical Materials*, 23(S1), 52–54.

Zhang K., Wu L. H., Lou S. N. and Ruan H. 2002. Diffusion brazing TiAl to 40Cr. *Welding*, 4, 35–38.

Xue X. H., Wu L. H. and Mao J. F. 2003. Vacuum brazing of TiAl alloy to 40Cr steel. *Journal of Aeronautical Materials*, 23(S1), 136–138.

Ja-Myeong Koo, Won-Bae Lee and Myoung-Gyun Kim. 2005. Induction brazing of γ-TiAl to alloy steel AISI 4140 using filler metal of eutectic Ag-Cu alloy coated with Ti film. *Materials Transactions*, 46(2), 303–308.

Li Y. L., He P., Feng J. C. *et al.* 2005. Analysis on interface and mechanical performance of induction brazing TiAl/40Cr joint. *Mechanical Engineering Journal*, 41(10), 93–96.

He P., Feng J. C. and Xu W. 2006. Mechanical property of induction brazing TiAl-based intermetallics to steel 35CrMo using AgCuTi filler metal. *Materials Science and Engineering A*, (418), 45–52.

He P., Feng J. C. and Xu W. 2005. Mechanical property and fracture characteristic of induction brazed joints of TiAl-based intermetallics to steel 35CrMo with Ag–Cu–Ni–Li filler. *Materials Science and Engineering A*, (412), 214–221.

Li Y. L. 2007. *Study on brazing mechanism and technology of TiAl/AgCuTi/42CrMo*. Harbin Institute of Technology. Dissertation for the Doctoral Degree.

Liu H. J., Li Z. R., Feng J. C. *et al.* 1993. Vacuum brazing of SiC ceramics and TiAl alloys. *Welding*, 3, 7–10.

Yang Z. W. 2010. *Study on mechanism of in situ reaction assisted brazing of C/SiC composites to TiAl alloy*. Harbin Institute of Technology. Dissertation for the Master Degree.

Wang H. Q. 2010. *Study on brazing and self-propagating reaction joining of C/C Composites and TiAl alloy*. Harbin Institute of Technology. Dissertation for the Master Degree.

第 9 章 铝-铝及铝-钢的钎焊

V. F. Khorunov 和 O. M. Sabadash，巴顿焊接研究所，乌克兰

E. O. Paton Electric Welding Institute，Ukraine

【主要内容】 本章主要讨论用活性钎剂钎焊铝-铝及铝-钢的问题。K、Al、Si/F 熔盐系高温钎剂在钎焊过程中可提高钎料的润湿性，有助于更好地发挥毛细作用。铝与铝的钎焊可以直接通过活性钎剂实现连接，而不需要钎料。铝与铝的钎焊接头强度可以达到与母材等强，铝与钢的接头在经过热循环测试后仍可以保持其原有强度。活性钎剂可用在炉中钎焊、感应钎焊及电弧钎焊等焊接方法中。以多元醇为基体，包括含氮基金属四氟硼酸盐的低温钎剂，可以改善铝与铝钎焊接头的成形情况。

9.1 引言

本章分为三部分。第一部分是关于使用活性氟化物钎剂高温钎焊铝合金的问题。该部分研究了 K、Al、Si/F 三元盐系活性钎剂的发展情况，发现稳定的混合盐成分受 KF-K_3AlF_6-K_3SiF_7 三元成分的限制，这种混合盐在其他成分区域不稳定，会生成 SiF_4 气体；计算了自由能随温度的变化情况。研究表明，K_2SiF_6 具有两种作用：它既能破坏 Al_2O_3，又能降低硅元素与铝的界面相互作用。试验证明，铝可以与硅形成合金，而该合金可以作为钎料使用。该部分还介绍了通过钎剂 FAF540（KF-AlF_3-K_2SiF_6-$KZnF_3$ 盐系）而不加钎料钎焊铝合金的过程。

第二部分主要介绍使用钎剂 FAF540 对铝与不锈钢及镀锌钢进行感应钎焊、电弧钎焊的特性，包括时间-温度工艺条件对形成金属间化合物过渡层的影响。通过铝合金 1050（或 3003）与 12Kh18N10T 钢钎焊接头的热循环测试试验，展示了接头在高温及超低温环境下的服役性能。结果表明，铝合金/镀锌钢可以使用钎料通过电弧钎焊实现连接，接头处形成的金属间化合物过渡层的厚度小于 $3\mu m$。

第三部分介绍了四氟硼酸盐类物质［如 L·HBF_4 和 Me2L $(BF_4)_2$，其中 L 是配体，如氮基］，它在以高沸醇（如丙三醇、三乙醇酸）为基体的低温钎剂中表现出与其他组分不同的热稳定性。在钎焊过程中可形成一种复合的金属涂层，这将充分提高铝合金与钎料的润湿性。这种四氟硼酸盐的熔化和分解温度可以根据配体及金属的改变而发生变化。该部分还介绍了使用低温钎剂对铝合金进行电阻钎焊和火焰钎焊的经验。

9.2 活性钎剂钎焊铝及铝合金

不同盐系的高温钎剂主要分为两类：氯化物-氟化物基钎剂，它具有腐蚀性，需要强制清洗；氟化物基钎剂，它没有腐蚀性。应当指出，现代钎焊铝及其合金的方法都是基于无腐蚀性钎剂真空钎焊（在多数情况下），以及完全取代了真空钎焊的高生产率钎焊，即在保护性气氛（氮气、氩气、氦气）中使用没有腐蚀性的氟化物钎剂进行钎焊。

在由钎剂（离子熔体）、钎料（金属熔体）以及铝母材组成的钎焊系统中，无腐蚀性氟化物钎剂的盐系成分主要有元素周期表中的主族 I A、II A 和 III A（AlF_3）元素，它可以分为非活性钎剂（熔体会破坏 Al_2O_3 膜，钎焊过程中需要使用钎料）和活性钎剂（铝与这种钎剂的相互作用会使氧化物遭到破坏，同时发生铝热反应使钎剂中的某些元素发生分解并通过接触反应熔化，进而与铝形成低熔点合金，该合金可以作为钎料填充钎缝）。

在与铝不发生相互作用的无腐蚀性钎剂中，最值得提及的是由 KF-AlF_3 盐系中的共晶成分组成的 NOCOLOK™ 钎剂。它是氟铝酸钾混合物，其在 585~610℃ 的钎焊温度下开始熔化后，就强烈破坏氧化膜。它的共晶点温度为（560±2）℃，包含 45% 的 AlF_3（摩尔百分数）。例如，对汽车散热器进行钎焊时，使用 NOCOLOK 钎剂在纯氮气氛围的连续加热炉中的生产率是在真空炉中钎焊的 1.3 倍，并且成本较低。NOCOLOK-SIL 是由 NOCOLOK 粉末和细硅砂组成的，可以在没有钎料的情况下作为活性钎剂使用。

由一种或两种氟化物组成的钎剂，如硅、锌、锗的氟化物，具有较好的润湿性，可以显著提高钎料的润湿性以及在固态金属（铝）和离子熔体（钎剂）界面中的毛细作用，这使得活性钎剂有更广泛的发展前景。所有这些降熔元素与铝形成熔点低于 580℃ 的二元或多元合金（表 9.1），并且具有较好的耐蚀性。

表 9.1 Al-Me（Me=Si、Ge、Zn）二元合金及 Al-Si-Ge 三元合金的单变量反应

体系	点	温度/℃	反应式	液相中的元素(质量分数，%)		
				1	2	3
Al-Si	E	577	L→Al+Si	77.5	12.5	—
Al-Ge	E	424	L→Al+Ge	46	54	—
Al-Zn	E	382	L→Al+Zn	5.5	94.5	—
Al-Si-Ge	单变量	578→424	L⇔（Al）+（SiGe）	—	12.7	53

相关专利文献给出了在 600~620℃ 下钎焊铝的方法，它不用钎料，而使用 KF-AlF_3 盐系钎剂，这种钎剂由氟铝酸盐 $KAlF_4$ 和 K_2AlF_5 组成，并包含质量分数为 6%~50% 的氟硅酸钾或 5%~50% 的氟锌酸钾和氟锌酸铯。人们对含有这些元素的氟化物熔盐的相平衡和物理化学性质的研究较少。

Andreiko 等研究了 K、Al、Si/F 三元系中 KF-K_2SiF_6-AlF_3 三相区的化学反应和熔化特性，对其进行了热分析、X 射线相分析和化学分析，如图 9.1 所示。

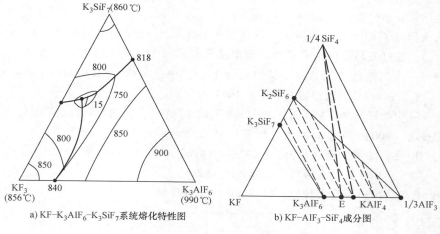

a) KF–K₃AlF₆–K₃SiF₇系统熔化特性图

b) KF–AlF₃–SiF₄成分图

图 9.1　KF-K₂SiF₆-AlF₃ 三相区分析

　　从根据试验结果绘制的图形可以看到，当 $AlF_3+K_3AlF_6$ 比例很大时，随着加热过程中化学反应的进行，产生了大量的质量损失。反应约在 550℃时开始，在 580~590℃时达到峰值，伴随着大量的吸热过程。

　　人们研究了 K_3SiF_7-K_3AlF_6-AlF_3 混合物出现质量损失的原因。由图 9.2 和图 9.3 可知，这种质量损失取决于过量的 AlF_3 与 K_3SiF_7 的比例。图 9.2 表明反应通过反应式（9-1）进行，过量的 AlF_3 充分参与反应并形成最终产物 SiF_4 和 K_3AlF_6

$$K_3SiF_7+AlF_3 = K_3AlF_6+SiF_4 \tag{9-1}$$

　　因此，所有包含过量的 AlF_3（相对于 K_3AlF_6 来讲）的混合组分在 KF-AlF₃-K₃AlF₆三元系统中都是以不稳定状态存在的，在熔化过程中，随着时间的延长将逐渐转变为二元

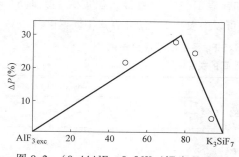

图 9.2　（0.44AlF₃+0.56K₃AlF₆）-K₃SiF₇ 混合物在 900℃下的实际质量损失（点）和按式 9-2 计算的质量损失（直线）

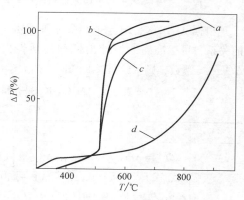

图 9.3　图 9.2 中的混合物（K₃SiF₇ 的质量分数不同）进行式（9-1）所示反应的程度（加热速度为 12℃/min）
a—3%　b—54.4%　c—73.1%　d——88%

混合物，如 $K_3AlF_6\text{-}AlF_3$（AlF_3 过量的情况下）或者 $K_3AlF_6\text{-}K_3SiF_7$。换言之，体系中那些稳定的混合组分都位于 $KF\text{-}K_3SiF_7\text{-}K_3AlF_6$ 三元体系中。

有人研究了 $KF\text{-}K_3SiF_7\text{-}K_3AlF_6$ 三元体系的熔度图。已知两个二元系统（$KF\text{-}K_2SiF_6$ 和 $KF\text{-}AlF_3$），通过差热分析仪记录的冷却曲线研究第三个二元系统 $K_3SiF_7\text{-}K_3AlF_6$。数据表明这是一个简单的二元共晶，其中包含 19%（摩尔分数）的 K_3AlF_6（质量分数为 18%），熔点是 817℃。固相的 K_3SiF_7 在 760℃ 发生多晶转变。

图 9.4 中的钎剂是添加了 K_2SiF_6 和 $KZnF_3$ 的 $KF\text{-}AlF_3$，钎剂与钎料的质量比为 1∶1，钎焊温度为（600±5）℃。试验条件如下：

1）He 气，1050 铝合金母材：a：K_2SiF_6+$KZnF_3$；b：K_2SiF_6。

2）空气，3033 铝合金母材：c：K_2SiF_6+$KZnF_3$。

3）空气，1050 铝合金母材：d：K_2SiF_6+$KZnF_3$；e：K_2SiF_6。

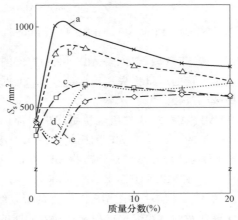

图 9.4　Al-12Si 钎料（0.17g）在铝合金表面的铺展面积（S_s）

根据 $Al_2O_3\text{-}K$、Al、Si/F 系统和 $Al\text{-}K$、Al、Si/F 系统的反应自由能（G）与温度之间的关系，可以准确地估计出钎剂的活性。例如，假定热容的差异与温度无关，即 $\Delta C = \Delta C_{298,15}$ ＝常数，则 $KF\text{-}AlF_3\text{-}K_2SiF_6$ 的热力学参数可以由表 9.2 中的计算式 1 计算得出。

表 9.2　$Al_2O_3\text{-}K_2SiF_6$ 和 $Al\text{-}K_2SiF_6$ 系统的反应自由能
（ΔG）与温度之间的关系

序号	反应式及计算式	$\Delta G_{900℃}/(\text{kJ/mol})$
1	$\Delta G(T)=\Delta H_{298,15}-T\Delta S_{298,15}+\Delta C_{298,15}\left[(T-298)-T\ln\dfrac{T}{298}\right]$	
2	$2Al_2O_3+3K_2SiF_6\rightarrow 2K_3AlF_6+2AlF_3+3SiO_2$ $\Delta G_1(T)=-437-0.0404T-0.0318[(T-298)-T\ln(T/298)]$	−1237
3	$4Al+3K_2SiF_6\rightarrow 2K_3AlF_6+2AlF_3+3Si$ $\Delta G_2(T)=-1207-0.0418T-0.0449[(T-298)-T\ln(T/298)]$	−464

注：含 Al 和含 Si 的固态化合物的热力学数据来源于 JANAF。

从表 9.2 中的反应式可以看出，K_2SiF_6 在反应式 2 和反应式 3 中有两个作用：它可以破坏氧化铝膜（反应式 2），并可能与铝发生铝热还原反应生成硅与一种二元氟化物 AlF_3（反应式 3）。这两个过程几乎都能完成反应并生成相应的反应产物。

图 9.4 所示为在惰性气氛及活性气氛下加热到 615℃ 时，铝硅钎料在经过化学处理的铝合金 1050（99.5%Al）和 3003（Al-1.6Mn）表面的润湿情况。

研究发现，钎料在 1050 铝合金表面的润湿铺展在很大程度上依赖于熔盐中 K_2SiF_6 和 $KZnF_3$ 的含量以及钎焊过程所处的气体氛围的活性。在 580~630℃ 温度范围内，与铝接触的 $KF-AlF_3-K_2SiF_6$ 熔盐和 $KF-AlF_3-KZnF_3$ 熔盐系统通过式（9-2）和式（9-3）将硅和锌从复合氟化物中置换出来，之后沉积在母材表面形成低熔点的 Al-Si-Zn 三元合金薄层（图 9.5）。

$$3K_2SiF_6+4Al \rightarrow 3Si+3KAlF_4+K_3AlF_6 \tag{9-2}$$

$$6KZnF_3+4Al \rightarrow 6Zn+3KAlF_4+K_3AlF_6 \tag{9-3}$$

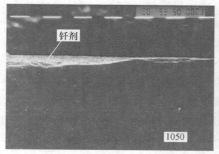
a) 流布末端区域

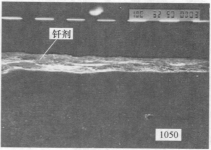
b) 流布中间区域

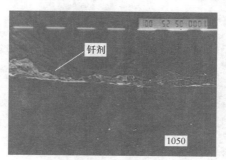
c) 流布起始区域

图 9.5　$KF-AlF_3-10K_2SiF_6$ 熔盐体系活性钎剂在 1050 铝合金试样表面铺展后的微观组织

从 Al-12Si 钎料（质量为 0.2g）在薄层上的流动情况看添加 $KF-AlF_3-K_2SiF_6$ 钎剂的钎料熔滴边界的平均运动速度是添加 $KF-AlF_3$ 共晶成分钎剂的 1.5~2.2 倍。然而，在尝试确定影响初始阶段的流动速度的因素时却失败了，这是由于钎料复杂的特性以及其在熔盐层上的铺展时间较短。测得凝固后的钎料在 1050 铝合金与 3003 铝合金上的润湿角分别为 1°~4° 和 2°~6°。

钎料在 570~630℃ 温度范围内，由于毛细作用会填充到金属间隙内形成接头。这个过程可以分为四个部分：①熔盐熔化、扩展并填入钎缝中（575℃ 以上）；②与熔盐发生化学反应进而破坏表面的氧化膜（585℃ 以上）；③铝热反应使硅含量降低，硅与母材发生接触熔化形成 Al-Si 钎料熔体（585℃以上）；④母材表面及钎缝间隙中钎料成分的扩散（595℃以上）。锌含量以相似的方式降低，见式（9-3）。选择熔盐成分时，应考虑能够提供特定的钎剂熔化范围，以及可以消除钎缝区中的 SiF_4 等问题。

被焊母材表面预处理的方法都很相似，钎焊接头质量在很大程度上受钎焊气氛（如活性的空气，惰性的氦气、氮气或氩气）、温度和时间的影响。含有氟硅酸钾和氟锌酸钾的钎剂在保护性气氛中比在空气中具有更长时间的活性。例如，KF-AlF_3-10K_2SiF_6 钎剂在空气中的活性可维持 60s，比在氦气中少了将近 1.5 倍。研究表明，钎焊过程中空气中的水分极大地破坏了 KF-AlF_3 氟化物熔盐系统，这可以用式（9-4）说明

$$2AlF_3 + 3H_2O = 6HF + Al_2O_3 \qquad (9-4)$$

可以采用添加更多钎剂和缩短钎焊时间的方法来减少水分的消极作用。

对非平衡凝固状态下铝合金钎焊接头的微观组织进行分析，表明共晶组织具有下列特性（图 9.6）。

采用钎料焊接得到的接头（图 9.6a），其特征是焊缝中形成了大量的共晶相，它们存在于铝基 α 固溶体的柱状树枝晶之间。1050 铝合金侧的钎缝边界相对平滑，铝基固溶体和共晶相中的硅含量（表 9.3）趋于平衡。在没有使用钎料的接头中形成了数量相对较少的层片状共晶相（图 9.6b）。共晶相聚集在铝基 α 固溶体晶粒之间，钎缝的边界处具有一个很明显的堆积。钎缝微观组织中硅的质量分数由 0.4% 上升到 13%，发生了巨大的变化（表 9.3），这取决于活性剂（K_2SiF_6）的数量以及被置换出来的 Si 原子的数量。钎焊时从氟化物中置换出来的 Zn 元素富集于铝基 α 固溶体中，在微观组织中测得其质量分数为 6%~9%。

a) Al-12Si钎料+(KF-AlF_3-10K_2SiF_6)系钎剂   b) 不加钎料

图 9.6　1050 铝合金钎焊接头的微观组织

（钎焊温度 $T = 600℃ \pm 3℃$，保温时间 $t = 30~40s$）

KF-AlF_3-K_2SiF_6 系钎剂的活性很高，液态熔盐可以填充零间隙和不规则间隙的钎缝进而形成接头，如同用钎料填充至接触面的所有位置。

FAF540 钎剂就是基于上述研究结果而开发出来的。这种钎剂与 NOCOLOK 钎剂相比具有更高的活性，并且有助于钎料在空气和氮气氛围中的铺展，铺展面积分别提高了 1.5 倍和 1.7 倍。这种钎剂可以使用或者不用钎料来钎焊铝及其合金（1×××系、3×××系、6060、6063、6005）。1050 铝合金对接钎焊接头和搭接钎焊接头具有与母材相等的

表 9.3　铝合金钎焊接头微观组织成分（质量分数）分析　（%）

Al	Si	K	F
99.48~86.45	0.4~13.5	0~0.01	0,微量

注：1050 铝合金钎剂，600℃/60s。

强度，3003 铝合金接头在标准剪切试验下的抗剪强度达到了母材的 0.85~0.9 倍。而且这种钎剂及其残渣对母材没有腐蚀性。

　　例如，可以在纯氮气氛围下的贯通式炉中，不添加钎料，用 FAF540 钎剂直接高温钎焊由 1050A 铝合金制造的板式散热器（图 9.7a 和图 9.8），以及用 0.3mm 厚的钎料片

a) 板式散热器(由单层1mm厚的1050A铝合金板叠加钎焊制成，不添加钎料)　　b) 3003铝合金缝隙天线的组件(钎焊组件厚度为0.3～4mm，添加粉状钎料)

图 9.7　使用 FAF540 钎剂钎焊的铝合金部件

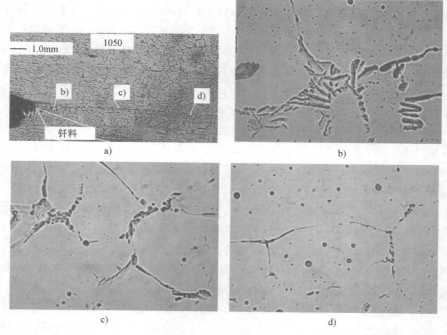

图 9.8　采用 FAF540 活性钎剂钎焊板式散热器（图 9.7a）的接头部分区域的宏观和微观组织

钎焊 3003 铝合金 (Al-1.6Mn) 制造的超高频率的无线电通信缝隙天线 (图 9.7b)。

活性钎剂为发展新钎焊技术提供了很好的基础，特别是它拓展了铝及其合金钎焊不锈钢接头的温度应用范围 ($-196 \sim 300℃$)。

9.3 铝和不锈钢的钎焊

在结构中使用不同性能的材料可以解决一个重要问题：在降低结构重量的同时，保证其在不同类型负载下工作时的性能和可靠性有所增加。异种材料中，铝和镀锌钢或不锈钢的钎焊接头是最常见的接头种类，例如，汽车中的薄板结构、冷却装置中管的过渡段和双金属制件中均含有这类接头，它们在处于不同温度区间的交变载荷作用下工作。如果施加于被连接材料的外部条件不是特别苛刻，则接头可以满足相应的质量要求，即低于铝合金固相线的钎焊温度和在工件上施加一个微小压力用于产生毛细间隙。钢的润湿以及液态钎料填充毛细间隙产生了一层活性的金属间化合物层，它对钎焊接头的性能有很大影响。脆性过渡层的化学成分和厚度取决于许多因素，如钎焊材料的成分（钎料和活性钎剂）、钎焊温度和保温时间等。不同类型的铝与不锈钢或者镀锌钢钎焊接头可以用 Al-Si 系钎料高温钎焊，其接头具有高的强度和良好的耐蚀性。

在温度范围为 $576 \sim 630℃$ 的 Al-Fe-Si 三元系统中的富 Al 区（平衡状态下的铝固溶体）内，可以发现不同成分的金属间化合物相，如 $FeAl_3$、$FeAlSi_5$ 及 Fe_2AlSi_8。

在非平衡状态下钎焊时，钢与熔化的 Al-Si 钎料相互作用时，会在钢表面形成一个脆性的金属间化合物过渡层，它会阻碍甚至阻止钎料的流动铺展。实际上，抑制界面脆性过渡相生长的方法之一是引入液态或固态的第二相，它可以减缓由于固溶体和三元金属间化合物相的形成而引起的元素相互扩散。熔化相或固体相性能的任何改变，例如，将硅加入铝、铬、镍中，将硅、镁加入钢中，以及沉积铝或锌涂层，都会极大地改变液相和固相界面的反应特性，使得界面处的表面能发生变化，从而遵循铺展速率和活性扩散过程的规律。当然，在温度接近铝合金的固相线温度时，也有必要限制液态钎料和母材相互作用的时间，因为此时脆性过渡层的厚度会快速增加。

采用以 KF-AlF_3 共晶成分为基体的无腐蚀性钎剂，可以提高 Al-Si 钎料的毛细作用及铝与不锈钢钎焊接头的性能。例如，在感应钎焊双金属器件的工艺过程中使用 NOCOLOK 钎剂，可以在相对较短的钎焊时间里（小于 2min）钎焊大面积的钢-铝接头。根据 Roulin 等的研究，当钎焊温度为 600℃ 时，增加保温时间会导致脆性过渡层长大，从而造成 1100 铝合金和 304 不锈钢钎焊接头的强度显著下降。

对金属熔体进行改性，如加入氟锌酸钾，其在钎焊时会被 Al 还原成 K、Al、Si/F 盐系活性钎剂，从而提高了 Al-Si 钎料的毛细作用能力。$KZnF_3$ 和 K_2SiF_6 与 Al 和 Al/Si 反应生成 Zn 和 Si，造成接头中 Zn 和 Si 的含量很高。

例如，当使用轧制的 Al-12Si 钎料和 KF-AlF_3-(3~30)K_2SiF_6 系钎剂钎焊 12Kh18N10T 钢时，在其界面处形成了一层成分复杂的 Fe-Al-Si 系难熔薄层，它会阻碍钎料在钢表面的铺展（图 9.9）。

在 600~620℃ 温度范围内使用 KF-AlF$_3$-K$_2$SiF$_6$-KZnF$_3$ 熔盐系 FAF540 钎剂，提高了 Al-12Si 钎料在钢表面的铺展能力，这是由于 Al 与 KZnF$_3$ 发生反应置换出 Zn 元素的缘故。Al-钎剂界面的放热反应［见式 (9-4)］增加了界面处 Zn 元素的浓度，使得液态反应层的流动性增加，从而提高了 Al 钎料的毛细作用能力。当使用粉末钎剂 FAF540 和粉末铝硅钎料 AKD12 (Al-12Si) 钎焊时，它们的质量比应该在 40∶60~60∶40 之间。

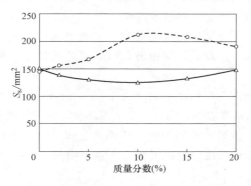

图 9.9　Al-12Si 钎料在 12Kh18N10T 不锈钢表面的铺展
面积 (S_s) 取决于 (45KF-55AlF$_3$) 钎剂中添加的
K$_2$SiF$_6$ (△) 和 KZnF$_3$ (○) 的含量

使用粉末钎料钎焊 1050 铝合金和耐蚀钢得到的接头组织和成分是不均匀的 (图 9.10)。在钢一侧有一个 8~10μm 厚的 FeAlSi$_5$-(4.4Cr+0.4Ni) 金属间化合物过渡层，紧挨着该层的是一层厚度为 20~26μm 的铝基 α 固溶体相，以及一个骨架状的 Al-Si 共晶层 (图 9.10，表 9.4)。值得注意的是，单独使用钎料或钎剂钎焊的焊缝组织特点不同：使用钎料钎焊时，在过渡区形成了厚度为 8~12μm 的金属间化合物层；而单独使用钎剂钎焊时，该层的厚度仅为 3~8μm (图 9.11)。

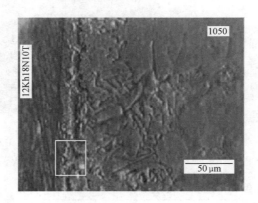

图 9.10　1050 铝合金与 12Kh18N10T 不锈钢钎焊接头的微观组织
注：FAF540 钎剂和 AKD12 (Al-12Si) 粉状钎料的质量比为 1∶1；钎焊温度为 (605±5)℃。

表 9.4　过渡层的微区元素成分（质量分数）定量分析　　　　　（%）

元素符号	Al	Si	Ti	Cr	Mn	Fe	Ni
过渡层	52.8	0.51	0.56	8.44	0.14	33.89	3.66

注：钎焊规范为 12Kh18N10T/1050，610℃，40s。

3003 铝合金与 12Kh18N10T 钢的钎焊接头在过渡区有一不均匀的金属间化合物层（图 9.12，表 9.5），钢中没有发现组织转变。

从不锈钢和铝合金钎焊接头的 X 射线光谱显微分析中看到，过渡区含有从钢中扩散来的铬、镍和钛元素，以及从钎剂中转化而来的硅元素。锌元素存在于铝基 α 固溶体中。

使用粉末钎剂（钎剂与钎料的质量比为 1∶1）在 600~610℃ 温度下钎焊力学性能标准试样（图 9.13），结果表明，经过焊后热循环试验的钎焊接头强度与未经焊后热循环试验的钎焊接头强度值相差不到 10%。热循环过程中温度的长时间影响并未使接头中金属间化合物过渡层的宽度发生很大变化（宽度增加了 3%~5%），因此，钎焊接头强度的变化不大。

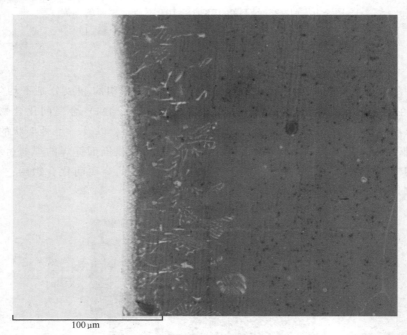

100μm

图 9.11　1050 铝合金（黑色）与 12Kh18N10T 不锈钢钎焊接头的微观组织（不用钎料，
单独使用 FAF540 钎剂，钎焊温度为 605℃±5℃）

表 9.5　过渡层微区元素成分（质量分数）定量分析　　　　　（%）

元素符号	Al	Si	Ti	Cr	Mn	Fe	Ni
过渡层	77.4	5.72	0.5	1.73	7.25	7.2	0.2

注：钎焊规范为 12Kh18N10T/3003，610℃，45s。

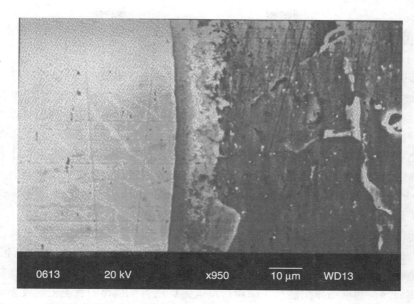

图 9.12　用添加了质量分数为 15%（K_2SiF_6 和 $KZnF_3$）的 K，Al，Si/F 系活性钎剂
和 Al-12Si 钎料钎焊 3003s 铝合金（黑色）和 12Kh18N10T 不锈
钢所得接头的微观组织（金相腐蚀液：凯勒试剂）

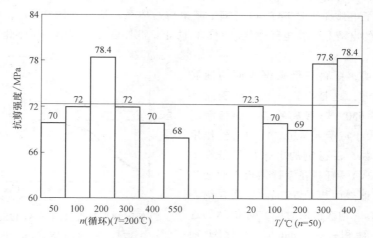

图 9.13　经过不同焊后热循环（加热-水冷）制度的 1050 铝合金和
12Kh18N10T 不锈钢搭接钎焊接头的抗剪强度

上述结果已被应用于开发由计算机控制的，在氩气的保护下使用钎剂感应钎焊钢-铝管过渡段（TSATP）的工艺过程。通过在 40 个标准大气压下进行 40 次热循环（液氮中冷却至 -196℃，温水中加热至 35℃），来检测 3003 铝合金和 12Kh18N10T 不锈钢 TSATPs 钎焊接头的强度及气密性。

9.4   使用钎剂电弧钎焊铝与镀锌钢

电弧钎焊技术的发展及其应用领域的拓展依赖于轻量化的钢-铝薄板钎焊结构件的发展，大多数情况下，用于覆有锌、铝涂层的高强度超低碳钢（IF 钢）与铝合金的钎焊。其中一个应用实例是汽车结构中采用电弧钎焊可实现汽车减重，从而可以节省可观的燃料，提高汽车的使用寿命，减少对环境的不利影响。目前，电弧钎焊技术存在的重要问题之一是如何使用弧压反馈装置和低热输入焊接设备来提高薄壁结构件中双金属接头的质量。两种金属可以用熔钎焊技术实现连接，其中铝是半熔化状态，而钢表面被钎料润湿。这种情况下为了避免凝固裂纹的形成，焊接熔池中脆性相的比例应该不超过10%（质量分数）。

采用电弧钎焊技术焊接铝-钢结构越来越被人们所接受。钎焊温度低于铝合金固相线温度，这样可保证被钎焊母材的变形程度远远低于熔焊方法。不同形式的铝-钢薄板接头（T 形、搭接、对接）通常采用 Al-Si 系钎料钎焊，用 KF-AlF$_3$ 系无腐蚀性钎剂提高铝钎料的润湿性和毛细作用能力。采用约束电弧焊或者 TIG 焊的直流工艺及手动或自动填丝模式可以实现活性钎剂的电弧钎焊。

电弧加热过程中，钎料铺展的动力学特性取决于界面处钎剂和熔化金属之间复杂的化学反应。

通过观察分析高纯氩气氛围下 Al-12Si 钎料在 1050 铝合金和 08Yu 镀锌钢上的铺展情况，研究了电弧加热时 FAF540 钎剂中基本熔盐体系的活性（图 9.14），确定了电弧钎焊温度下的电流和维持电弧燃烧时间，以防止钢试样表面局部铝涂层熔化或对锌涂层造成破坏。

研究表明，钎料在低碳钢表面的铺展性能得到提升，这是由钎剂和试样表面被加热到 600～630℃时形成的熔化的锌涂层（熔化温度大于或等于 420℃）的活性作用引起的。例如，在稳定的电弧加热条件下（DC25A，12V），钎料在镀锌钢板表面加热 5s 后的最大铺展面积是 540mm^2；而在铝表面要加热 14s（约 3 倍的时间）才能达到近似相等的面积——560mm^2。活性钎剂 FAF540 在电弧钎焊中主要有以下几个作用：①积极破坏并清除母材和钎料上的氧化物；②促进钎料在铝合金和镀锌钢表面的润湿；③通过在铝表面形成 Al-Si 低熔点合金来提高钎料的铺展效果。

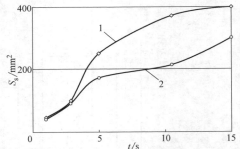

图 9.14   氩气氛围下 Al-12Si 钎料（0.17g）在 08Yu 钢（1）和 Z-1050 铝合金（2）上的铺展面积（S_s）

注：焊接设备为 KEMPPI 焊机 MasterTig MSL™ 2300 ACDC；钎焊参数为 I = 25 A，U = 12 V；FAF540 钎剂用量为 5g/m^2。

采用钎剂电弧钎焊铝合金-镀锌钢薄板搭接试样，试样尺寸为 120mm×40mm×1mm。

钎焊材料为 $\phi1.6mm$ 的 AK12（Al-12Si）填充焊丝和无腐蚀性的 FAF540 钎剂。

　　自动直流电弧钎焊结果表明，在以最佳参数自动化钎焊的条件下，活性钎剂使铝和镀锌钢之间形成了高质量的接头。电弧加热焊丝端部（熔滴与熔池短路过渡）降低了对母材的电弧热效应，并且保证了钢表面锌涂层的连续性。这种情况下钎缝始终呈多段形状，包括光滑的表面，以及光滑的铝与钢的过渡区（图 9.15，表 9.6）。接头背面形成了一个半径小于 0.1mm 的半月状焊点。光滑的钎缝表面和钎角减少了应力集中，这对那些刚度大的异种金属结构件的加工制造非常重要。

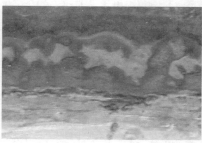

a) 过量的钎剂($30g/m^2$)

b) 钎料未熔合，铝-钢搭接接头间隙未填满

c) 成形较好的焊缝，钎剂用量$10g/m^2$

图 9.15　1050 铝合金和 08Yu 镀锌钢搭接接头自动直流电弧钎焊

（板厚 1.0mm，焊接速度 12mm/s）

表 9.6　电弧钎焊 1050 铝合金和 08Yu 镀锌钢薄板的焊接参数

接头	药芯焊丝 AK12（Al-12Si）	I_b/A	U_a/V	V_b/（mm/s）	钎焊方案
搭接长度 1~3mm	d_f = 1.6mm	50~52	9.0~9.5	12	

对 1050 铝合金/08Yu 镀锌钢接头微观组织（图9-16）进行分析，分析结果表明，在钢侧界面处形成了一个厚度小于 2μm 的均匀的 Al-Fe-Si 过渡层。铝基 α 固溶体相处于钎缝的中央区域。在固溶体晶间夹层中可以发现层片状分布的含有少量锌的 Al-Si 二元共晶相。铝侧界面呈波浪状，共晶相渗入铝晶粒内，渗透深度达 300μm。钎角中形成了锌的质量分数高达 40% 的 Al-Zn-Si 低熔点合金（表9.7）。铝表面的润湿角是 8°~10°，镀锌钢表面的润湿角是 28°~33°。

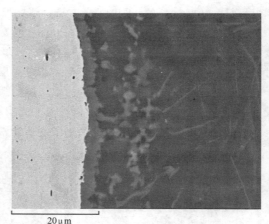

20μm

图 9.16　1050 铝合金和 08Yu 镀锌
钢钎焊接头的微观组织

前文已经指出，在钢-铝电弧钎焊接头中形成的锌涂层起到了扩散阻隔层的作用，它阻止了钢与铝之间的反应以及固态铝和液态熔化金属界面中 Al-Fe-Si 系金属间化合物脆性过渡层的生长。

铝/铝、钢/铝钎焊接头在室温下容易在铝及其合金处断裂。1050 铝合金/08Yu 镀锌钢搭接接头的抗剪强度不小于 1050 铝合金母材强度 τ_{1050} 的 95%，AD31 铝合金/08Yu 镀锌钢接头的抗剪强度为 AD31 铝合金强度 τ_{AD31} 的 75%~80%。

表 9.7　1050 铝合金和 08Yu 镀锌钢钎焊接头微区元素成分（质量分数）定量分析（%）

元素名称	Al	Si	Mn	Fe	Zn
过渡层（0~2μm）	63.62	4.56	—	31.23	0.59

注：TIG 工艺，$I=24A$，$v=1.5mm/s$。

9.5　铝的软钎焊

由于铝合金表面有一层致密的结合力强的氧化物，低熔点钎料（锡基、镉基、铅基、锌基合金）无法润湿其表面。有一类钎剂可以在温度低于 450℃ 时破坏铝表面的氧化物，并使得液态钎料可以在铝合金表面润湿。

例如，活性低温钎剂通常用于破坏氧化物 Al_2O_3，被铝从钎剂中置换出来的金属元素增加了母材表面的活性，和钎料发生反应在钎焊温度下分解的化合物可以形成一个气体氛围，它可以减少氧化物的生成，防止钎缝被氧化。无机活性钎剂是由氯化铵、氯化锡、氯化锌和溴化铋组成的混合盐。当温度高于 300℃ 时，在氧化铝薄膜缝隙内，卤化物和铝发生的化学反应可用反应式（9-5）~（9-7）表示

$$2Al(s)+3MeCl_2(l)=2AlCl_3(g)\uparrow+3Me(l) \tag{9-5}$$

$$Al(s)+MeCl_3(l)=AlCl_3(g)\uparrow+Me(l) \tag{9-6}$$

$$Al(s)+MeBr_3(l)=AlBr_3(g)\uparrow+Me(l) \tag{9-7}$$

其中，Me 在反应式（9-5）中是 Zn、Sn，在反应式（9-6）和反应式（9-7）中是 Bi。

液态金属渗入氧化膜下方并使氧化膜破裂分解，从而提高了钎料的润湿性和毛细间隙的填充效果。几乎所有反应发生时都会释放大量的热量和气态氯化铝，钎剂和它的残渣具有腐蚀性，因此需要专门清洗和去除。

第二类钎剂包括有机液态活性钎剂，它以卤化锡或单一的铵、锡、锌、铅、镉、铅或铋等的四氟硼酸盐（TFBs）形式存在。这类钎剂的一个重要优点是无腐蚀性。

钎焊铝时，液态有机钎剂（氨基醇或多元醇，有机酸）中四氟硼酸的效率是由气态氟化硼（BF_3）去除氧化铝薄膜的能力来体现的。在温度为 450℃时，氧化铝膜会发生下列反应

$$2BF_3+Al_2O_3 = 2AlF_3+B_2O_3 \tag{9-8}$$

在过量的氟化硼中，氧化硼将全部以（BOF）$_3$ 的形式蒸发。当温度为 240~300℃时，被金属还原的产物及在铝合金表面的沉积物将自发减少，此温度远远高于 100~160℃——大部分单一金属 TFBs 和四氟硼酸铵开始热分解的温度。例如，在 Zn（BF_4）$_2$·$6H_2O$ 热分解时，开始熔化温度为 87~107℃，在 152~195℃时发生分解反应

$$Zn(BF_4)_2 \cdot 6H_2O(s) \rightarrow Zn(BF_4)_2 \cdot 6H_2O(l) \rightarrow ZnF_2(s)+2BF_3(g)\uparrow+6H_2O(g)\uparrow \tag{9-9}$$

加热时液态钎料仅仅分布在涂层金属的表面，因为受到单一金属 TFBs 分解所产生的气体物质的阻碍，钎料的填缝效果很差。因此，铝合金搭接接头的钎焊应按照以下顺序进行：首先用钎剂活化母材表面，再将钎料涂覆在上面，之后在涂覆钎料的表面实施钎焊。

采用新型的合成无腐蚀性氮基 TFBs 和有机氮基金属 TFBs 可以避免仅含有单一金属 TFBs 的钎剂的缺点，它们具有很好的热稳定性。

钎焊时，上述化合物热分解生成挥发性气体产物。这些产物的化学成分决定了 TFBs 作为具有不同熔点的钎料的技术应用能力，尤其是其钎剂作用能力以及需要采取的安全措施。

金属 TFBs 复合化合物由预合成工艺制成，它们呈白色粉末状，在空气中很少水解，在羟基类（如甘油）或胺基类（如三乙醇胺）高沸点溶剂内的溶解度有限。由基本的原子吸附分析和滴定分析可知，HBF_4 与有机配合基摩尔比为 1：1 的复合化合物 HBF_4·L 的成分为 TFBs 和氮基的苯并三唑、苯并咪唑、吗啉、苄胺、叔丁胺、哌啶，而金属与有机配合基的摩尔比为 1：2 的 Me_2L_2（BF_4）$_2$ 化合物的成分为 Pb（Ⅱ）和苯并三唑以及 Zn（Ⅱ）和 Cd（Ⅱ）与吗啉。研究者使用热重量分析仪研究了有机氮基 TFBs 的热分解过程，提出了化合物的热分解机理。热分解机理指出，有机基的供电子能力决定了热转变过程的次序和特性，以及所研究化合物的热稳定性。

合成的复合化合物在 100~350℃的加热过程中经历了下列复杂的热化学过程：熔化、氟化氢和三氟化硼的升华、有机配合基的分解以及反应产物的氧化。

与上述过程相比，单一金属 TFBs 和四氟硼酸铵的热化学转变见式（9-10）

$$Me(BF_4)_2(s) \rightarrow MeF_2(s)+2BF_3(g) \tag{9-10}$$

$$L(*)HBF_4(s) \rightarrow L(*)HBF_4(l) \rightarrow L(g)+HF(g)+BF_3(g) \tag{9-11}$$

复合物的热分解过程如下：

1）对于含 Cd、Zn 的复合物与吗啉和苯并三唑，以及含 Pb 的复合物与哌啶

$$Me L_* (BF_4)_2 s \longrightarrow Me L_* (BF_4)_2 l \longrightarrow Me L_* F_2 l + 2BF_3 g \longrightarrow MeF_2 s + L \qquad (9\text{-}12)$$

2）对于含 Pb 的复合物与吗啉，以及含 Cd、Zn 的复合物与哌啶

$$Me L_* (BF_4)_2 s \longrightarrow Me L_* (BF_4)_2 l \longrightarrow Me F_2 s + Lg + 2BF_3 g \qquad (9\text{-}13)$$

表 9.8 和表 9.9 所列为低温钎剂中活性剂的分解温度，包括单一金属 TFBs、复合氮基 TFBs 以及氮基 Zn（Ⅱ）、Cd（Ⅱ）和 Pb（Ⅱ）TFBs。

表 9.8 不同基体的复合 TFBs 开始分解温度

基体	苯并三唑	苯并咪唑	吗啉	苄胺	叔丁胺	哌啶
pκα	1.61	5.50	8.33	9.33	10.78	11.12
分解温度/℃	201~204	172	128.9	184.5	44.5	106
$HBF_4 L \, T_{b.d}$/℃	130	145	290	120	220	200

注：pκα 是酸的电离常数 κα 的负对数。

表 9.9 不同基体的简单及复合金属 TFBs 开始分解温度

单一金属 TFBs	分解温度/℃	复合金属（氮基 TFBs）		
		Zn（Ⅰ）	Cd（Ⅱ）	Pb（Ⅱ）
$MeBF_4$	—	152	160	100
苯并咪唑	201~204	215	140	220
吗啉	128~130	215	280	300

TFBs 化合物的热分解温度范围不同：单一金属 TFBs 是 100~160℃，氮基 TFBs 是 120~290℃，而复合金属 TFBs 是 140~300℃。

上述钎剂在室温下以液态存放（溶剂是一元或多元醇，活性剂是耐热的氮基复合金属 TFBs）。

依据标准 DSTU ISO 209-1：2002，在 220~320℃温度范围内，用表 9.10 中的钎料和表 9.11 中的钎剂钎焊 1050 铝合金（Al 的质量分数为 99.5%）。根据五种特定钎焊温度和钎料、钎剂成分的试验结果，通过钎料铺展系数和钎焊接头成形能力来评估钎剂的活性。

表 9.10 软钎焊铝时所用的低温钎料

钎料	成分（质量分数，%）			T_{melt}/℃
	Sn	Pb	Zn	
SnPbZn	71	24	5	177
POS61	61	39	—	183
P200A	90	—	10	199~200

表 9.11 低温 TFB 钎剂的成分

编号	钎剂	溶剂	活性剂
1~6		三乙醇胺	LHBF₄（L）-苯并三唑，苯并三唑，吗啉，苄胺，叔丁胺，哌啶
7	F59A	三乙醇胺	镉和锌 TFBs
8	FTFA220	三乙醇胺	铅与苯并三唑的复合物
9	FTFA280	甘油	镉和锌与吗啉的复合物

由标准 JIS Z 3197—1986（日本）可知，铺展系数（F_s）的计算公式为

$$F_s = \frac{D-H}{D} \times 100\%$$

式中，D 是球的直径（mm），球的体积与试验用钎料的体积相等；H 是钎料铺展凝固后的熔滴高度（mm）。

使用光学和电子显微镜观察去除钎剂残渣后，铝合金表面凝固的钎料熔滴以及 T 形接头和搭接接头的情况。

在 230～320℃ 钎焊铝合金时，钎料铺展系数和钎焊接头性能会因四氟硼酸盐钎剂的成分不同而发生很大的变化（图 9.17）。从研究中可以看出，不同成分钎料的铺展效果受到钎剂的耐热性和钎剂中活性剂成分的影响。例如，钎剂 7 配套的 P200A 钎料的铺展系数是 71.2%；对于单一金属 TFBs 钎剂，该值为 61.2%～69%；对于钎剂 1～6，即氮基 TFBs（氮基为苯并三唑、苯并咪唑、吗啉、苄胺、叔丁胺、哌啶），该值是 89.1%；钎剂 8 为苯并三唑基 Pb（Ⅱ）TFBs 复合物，其铺展系数是 78.8%；钎剂 9 为吗啉基 Zn（Ⅱ）、Cd（Ⅱ）TFBs 复合物，其铺展系数是 86.9%。钎剂与铝合金发生热化学反应形成的金属涂层大大提高了钎料的润湿性和铺展性，可以促进形成良好的接头。

另外，在试验中发现，钎料润湿了 T 形接头上层金属板不到 10% 的区域，但是没有填满 0.1～0.5mm 宽的水平间隙，这是因为活性钎剂 1～6 的耐热性较差，它们在不同温度下分解形成了气体产物，见反应式（9-10）。

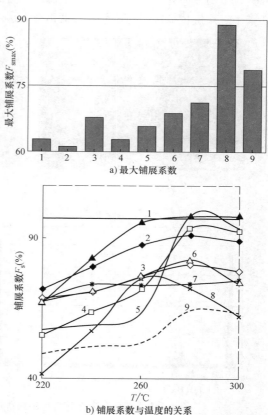

a) 最大铺展系数

b) 铺展系数与温度的关系

图 9.17　锡基钎料在 1350 铝合金表面的铺展系数（F_s）

注：图 a 中钎料为 Sn10Zn，钎剂为表 9.11 中的 1～9 号钎剂，
其中活性剂的浓度范围为 0.063～2.5(g/mole)/L；
图 b 1～4 对应的钎料分别为 Sn10Zn、Sn24Pb5Zn、Sn39Pb、
Sn25Cd20Zn，钎剂为 FTFA200；5 对应的钎料为
Sn24Pb5Zn，钎剂为 FTFA280；6～9 对应的钎料分别为
Sn10Zn、Sn24Pb5Zn、Sn39Pb、Sn25Cd20Zn，
钎剂为 F59A，活性剂浓度为 0.3（g/mole）/L。

已经证明，即使钎剂 8 和 9 完全分解，产物中也没有形成 HF 气体。与此同时，FTFA200 和 FTFA280 钎剂与铝合金发生活性反应的温度区间（240～300℃）高于钎剂（1～7）的熔点，而此温度下三氟化硼可以被某种溶剂吸收。耐热的苯并三唑基和吗啉基金属 TFBs 复合物钎

剂8和9极大地提高了钎料在铝合金上的润湿能力和钎料的填缝性能。

平板钎焊试样表面的光学和电子显微照片表明，加热时钎剂8、9与铝合金的化学反应导致在铝合金表面沉积了一层金属（或合金）涂层。这个复合的金属涂层位于钎料和铝合金的界面处，即在母材表面上的钎料熔滴周围（图9.18）。涂层的最大宽度约为几毫米。涂层特征区域的成分含有被铝合金从TFBs钎剂中还原出的铅、钙和锌元素。

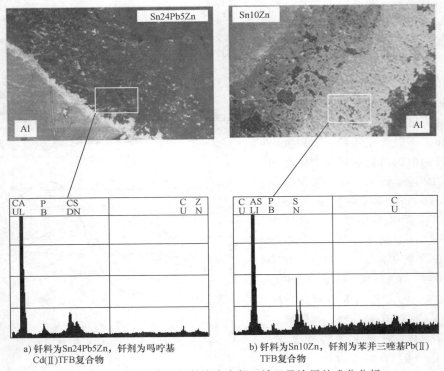

a) 钎料为Sn24Pb5Zn，钎剂为吗啉基　　　　　b) 钎料为Sn10Zn，钎剂为苯并三唑基Pb(Ⅱ)
　Cd(Ⅱ)TFB复合物　　　　　　　　　　　　　　TFB复合物

图9.18　铝合金表面钎料熔滴内部区域以及涂层的成分分析

对钎焊接头进行X射线光谱分析，可以得到在钎料和铝合金界面处，与铝合金接触的TFB钎剂发生反应还原元素的含量（表9.12）。

X射线光谱分析也表明，钎料和铝合金界面处的铝与钎剂发生反应，使得钎剂中的铅含量降低，从而造成界面处铅元素的含量升高（表面上铅的质量分数是2.41%，而接头处铅的质量分数为15.8%）（图9.19，表9.13）。合成的四氟硼酸盐类复合物的熔化温度和分解温度范围较宽，由于有机配合基或金属的置换，使其具有了更好的钎剂性能，从而使不同的钎料-钎剂-母材系统获得了最佳的技术兼容性。使用P200A钎料钎焊1050铝合金所得接头的室温抗剪强度是母材的40%~50%。

以上获得的试验结果促进了FTFA200和FTFA280钎剂的开发，以及电烙铁钎焊铝箔和无线电信号系统元件技术、电磁屏蔽装置的压力密封技术、通过热空气或火焰加热方式钎焊修复铝合金散热器管技术的发展。其中，无线电系统的钎焊元件满足电导率的要求；铝合金散热器成功地通过了10个大气压的气密性测试。钎剂及其残渣对铝合金是无腐蚀性的（pH＝7，根据乌克兰标准 PND50-975-84），通过水洗可以轻易去除。

表 9.12　钎焊温度 T_s＝280℃时铝合金接头过渡区微区元素成分（质量分数）定量分析　　（%）

钎料	钎剂	Sn	Zn	Pb	Cd	Al
P200A Sn10Zn	FTFA200	94.28	4.48	0.73	—	0.54
P200A Sn10Zn	FTFA280	94.43	4.91	—	0.12	0.54
Sn24Pb5Zn	吗啉基 Cd(Ⅱ)TFB 复合物	72.81	2.93	23.66	0.1	0.50

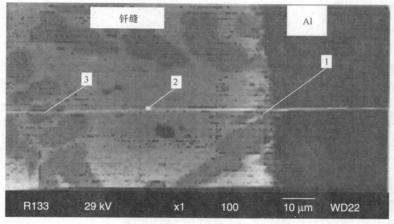

图 9.19　1050A 铝合金钎焊接头微观组织

（钎料为 Sn-20Cd-25Zn，钎剂为 FTFA200，钎焊温度 T_s＝280℃）

表 9.13　钎焊接头微区元素成分　　（%）

点(图 9-19)	微区化学成分(质量分数)				
	Sn	Cd	Zn	Al	Pb
1	39.2	43.3	1.3	0.3	15.8
2	77.0	19.0	3.9	0.1	0.0
3	0.06	0.74	99.2	0.0	0.0

9.6　结论及发展趋势

对于表面有致密氧化膜的铝合金而言，其构件之间理想的润湿状态和形成良好的接头是一个非常重要的科学和技术问题。

正如本章所述，当前铝合金高温钎焊的主要趋势之一是氯化物钎剂的去除，需要彻底清洗工件表面，去除具有腐蚀性的钎剂残渣。而使用氟化物钎剂，残留物不会导致焊接结构腐蚀断裂。目前，世界上许多国家在大体积产品的制造上成功使用了

NOCOLOK 钎剂，这证明其发展前景很好，人们将继续开发和使用具有若干优点的氟化物钎剂。特别是某些情况下，可以不使用钎料而通过钎剂中 Si 元素的置换，与 Al 发生反应形成 Al-Si 合金，从而发挥钎料的功能。上述两种氟化物钎剂的应用呈增长趋势。

而对于大体积铝合金构件，无钎剂真空钎焊的应用不会出现显著增长。这是由于其设备和工艺过程复杂，尤其是效率低。虽然许多国家在这方面做了很大的努力，但它们已经开始使用以前的连续炉钎焊铝合金，因为它的效率很高。因此，真空钎焊工艺仅适合在单件小型产品上使用。

非真空无钎剂钎焊需要纯净度很高的惰性气体氛围，目前被用于单个产品如大型热交换器的制造。

人们对 300~500℃ 的钎焊温度区间越来越感兴趣，因为所有的变形铝合金、热处理强化铝合金和铸造铝合金的钎焊都在这一温度区间内应用。有人开发了一种钎焊铝合金的新型无腐蚀性氮基金属四氟硼酸盐钎剂，它的钎焊温度区间接近 300℃。在所需的温度区间内，这种复合物在钎焊时发生受体-供体键的断裂，生成气体还原剂（BF_3）以及低熔点金属中间层，这些都将促进良好接头的形成。我们认为，未来这一领域将会得到迅速发展。特别是这些钎剂因其优势已被用于铝合金和不同牌号钢的高频钎焊和电弧钎焊。

使用锌基钎料电弧加热钎焊铝或铝合金与镀锌钢板，是用钎剂钎焊铝合金的强大竞争对手。该工艺无需钎剂，局部加热就可以实施，其成本很低并可以获得令人满意的接头。但该工艺需要专门的先进设备。

最后应当指出，最近几年使用的许多钎剂、钎料和工艺成功地解决了铝合金与钢软、硬钎焊时的众多问题。

9.7　参考文献

B. Phillips, C.M. Warshaw, and I. Mockrin. Equilibria in KAlF₄-Containing Systems. *Journal of The American Ceramic Society*, Vol. 49, No. 12 (1966), pp. 631–634.
Solvay Fluor und Derivate. THE NOCOLOK® Flux Brazing Process (1997). 20 pp.
R.S. Timsit, B.J. Janeway. A Novel Brazing Technique for Aluminum. *The Welding Journal*, Vol. 73, No. 6 (1994), pp. 119s–128s.
L.F. Mondolfo. *Structure and Properties of Aluminium Alloys*, Translated from English. M.: Metallurgiya, 1979. 640 pp.
H. Song, A. Hellawell. Solidification in the system Al-Ge-Si: The phase diagram, coring patterns, eutectic growth, and modification. *Metallurgical and Materials Transaction A*, Vol. 21, No. 2 (1990), pp. 733–740.
US Pat. 6019856, 1 February 2000. *Solderless aluminum brazing.* T. Born (Holle, DE), H.-J. Belt (Burgwedel, DE), and Solvay Fluor und Derivate GmbH (Hannover, DE).
US Pat. 6432221, 13 August 2002. *Fluxing agents.* U. Seseke-Koyro (Vellmar, DE), J. Frehse (Hannover, DE), A. Becker (Lachendorf, DE), and Solvay Fluor und Derivate GmbH (Hannover, DE).

A.A. Andreiko, E.V. Panov, B.V. Yakovlev, V.F. Khorunov, and O.M. Sabadash. Fusibility and chemical interaction in the K, Al, Si/F salt system. *Ukr. Chem. Journal*, Vol. 63, No. 9 (1997), pp. 121–124.

NIST-JANAF Thermochemical Tables. 3rd ed. M.W. Chase and others. Thermal Group. Dow Chemical USA, Midland, Michigan. *J. Phys. Chem. Ref. Data*, Vol. 14, Suppl. 1 (1985), 1856 pp.

T. Takemoto, A. Matsunawa, and A. Kitagawa. Decomposition of non-corrosive aluminium brazing flux during heating. *J. Mater. Sci. Lett.*, Vol. 15, No. 4 (1996), pp. 301–303.

V.F. Khorunov, O.M. Sabadash. Reactive fluoride flux for brazing of aluminium and dissimilar joints. *Adhesion of Melts and Brazing of Materials*, Ed. 39, 2006. pp. 68–75.

V.F. Khorunov, O.M. Sabadash. Peculiarities of interaction of fluxes of the KF-AlF_3-K_2SiF_6 system with aluminium during brazing. *Proc. of Conf. 'Brazing. Modern Technologies, Materials, Structures, and Experience of Operation of Brazed Structures'*. Society 'Znaniye', 23–24 April 2003. M.: TsRDZ. pp. 126–129.

V.N. Eremenko, N.D. Lesnik, T.S. Pestun, and V.R. Ryabov. Kinetics of spreading of aluminium-silicon melts over iron. In: *Wetting and Surface Properties of Melts and Solids*. Kiev: Naukova Dumka Naukova Dumka, 1972. pp. 39–41.

M. Roulin, J.W. Luster, G. Karadeniz, and A. Mortensen. Strength and Structure of Furnace-Brazed Joints between Aluminium and Stainless Steel. *The Welding Journal*, May 1999, pp. 1s–5s.

V.F. Khorunov, O.M. Sabadash. High-temperature flux brazing of aluminium to steel 12Kh18N10T. *Proc. of Scient.-Pract. Seminar 'Brazing in Instrument Making and Machine Building. Technology and Materials'*, 9–10 December 2003, St Petersburg, 'IVA'. pp. 13–17.

O.M. Sabadash, V.F. Khorunov. Technology for flux brazing of aluminium to corrosion-resistant steel. *Proc. of Seminar 'Brazing-2004'*. M.: TsRDZ. 2004. pp. 53–56.

M. Kuroda, A. Uenishi, H. Yoshida, and A. Igarashi. Ductility of interstitial-free steel under high strain rate tension: Experiments and macroscopic modeling with a physically-based consideration. *International Journal of Solids and Structures*, Vol. 43 (2006), pp. 4465–4483.

T. Siewert, I. Samardzic, and S. Klaric. Application of an On-Line Weld Monitoring System. *1st International Conference on Advanced Technologies for Developing Countries*, 12–14 September 2002. Slavonski Brod, Croatia. pp. 1–6.

J. Brukner. Arc welding of steel to aluminium. *Avtomaticheskaya Svarka*, No. 11 (2003), pp. 185–187.

V.R. Ryabov, D.M. Rabkin. *Welding of dissimilar metals and alloys*. M.: Mashinostroyeniye, 1984. 239 pp.

O.M. Sabadash, V.F. Khorunov. Flux brazing of aluminium to steel by using arc heating. *Proc. of Seminar 'Brazing-2010'*. M.: TsRDZ. 10102010. pp. 73–77.

A.M. Nikitinsky. *Soldering and brazing of aluminium and its alloys*. M.: Mashinostroyeniye, 1983. 192 pp., il il.

N.F. Lashko, S.V. Lashko. *Brazing of metals*. 2nd ed. M.: Mashinostroyeniye, 1967. 367 pp., il il.

B.A. Maksimikhin. *Brazing of metals in instrument making*. Ed. by P.I. Petrov. L.: TsBTI, 1959. 116 pp.

US Pat. 3988175, In.Cl.[2] B23K 35/34 *Soldering flux and method*. D.L. Rutledge, G.T. Ozaki (USA); Bethlehem Steel Co (USA). No. 499959; Filed 23 August 1974;

Publ. 26 October 1976; Nat.Cl. 148–26. 6 pp.

US Pat. 4496612, In.Cl.[3] B05D 3/04, B23K 35/34 *Aqueous flux for hot dip metallizing process*. J.E. McNutt, R.J. Scott (USA); E.I. Pont de Nemous and Co. (USA). No. 565773; Filed 27 Desember 1983; Publ. 29 January 1985. Nat.Cl. 427–310. 4 pp.

US Pat. 4802932, In.Cl.[4] B23K 35/34 *Fluoride-free flux compositions for hot galvanization in aluminum-modified zinc bath*. J. Billiet (Belgium); Dionne & Cantor (USA). No. 27293; Filed 4 November 1987; Publ. 7 February 1989; Nat.Cl. 148–23. 3 pp.

US Pat. 3074158, In.Cl.[2] B23K 35/34 *Flux composition and method of using same to solder aluminum*. W.D. Finnagan (USA); Kaiser Aluminum & Chemical Co. (USA). No. 494573; Filed 15 March 1955; Publ. 22 January 1963; Nat.Cl. 29–495. 4 pp.

US Pat. 3330028, In.Cl.[3] B05D 3/04, B23K 35/34 *Soldering flux and method of soldering with same*. C.H. Elbreder (USA), Frontenac Mo. (USA), D. Berryman, G. Garner (USA); both of Lemay. Mo. No. 317030; Filed 17 October 1963; Publ. 11 July 1967; Nat.Cl. 29–495. 2 pp.

US Pat. 2801943, In.Cl.[2] B23K 35/34 *Composition of matter for soldering aluminium*. M.L. Freedman (USA); Horizons Inc. (USA). No. 501730; Filed 15 April 1955; Publ. 6 August 1957; Nat.Cl. 148–23. 2 pp.

V.E. Khryapin. *Solderer's Handbook*. 5th ed. Reviewed and supplemented. M.: Mashinostroyeniye, 1981. 348 pp., il il.

US Pat. 2788303, In.Cl.[2] B23K 35/34 *Soldering flux*. R.L. Ballard, D.C. Burch (USA); Essex Wire Co. (USA). No. 441154; Filed 2 February 1954; Publ. 9 April 1957; Nat.Cl. 148–23. 1 p.

S.V. Lashko, N.F. Lashko. *Brazing of metals*. 4th ed. Reviewed and supplemented. M.: Mashinostroyeniye, 1988. 376 pp., il il.

Brazing manual. 3rd ed. Ed. by I.E. Petrunin. Reviewed and supplemented. M.: Mashinostroyeniye, 2003. 480 pp., il il.

US Pat. 22286298, In.Cl.[2] B23K 35/34 *Aluminum soldering flux*. M.E. Miller (USA); Aluminum Company of America (USA). No. 410041; Filed 8 September 1941; Publ. 16 June 1942; Nat.Cl. 148–23. 1 p.

US Pat. 3655461, In.Cl.[2] B23K 35/34; B23K35/36 *Flux for aluminum soldering*. D.L. Rutledge, G.T. Ozaki (USA); Sanyo Electric Works Ltd. (USA). No. 05/069131; Filed 2 September 1970; Publ. 26 October 1976; Nat.Cl. 148–23. 4 pp.

I.G. Ryss. *Chemistry of fluorine and its inorganic compounds*. M.: Gostekhnauchizdat, 1956. 718 pp.

T.V. Ostrovskaya, S.A. Azmirova. Chemical transformations of magnesium, calcium, strontium, zinc and cadmium tetrafluoroborates in heating. *Journal of Inorganic Chemistry*, Vol. 4 (1970), No. 3, pp. 657–660.

Manual of Chemistry. 3rd ed. Reviewed and supplemented, in 5 volumes. Main properties of inorganic and organic compounds. Vol. 2. Leningrad: Khimiya, 1971. 1168 pp.

A.N. Chebotarev, M.V. Shestakova, and T.M. Shcherbakova. Complex tetrafluoroborates of copper (II) and zinc (II) with nitrogen-bearing organic bases. *Journal of Inorganic Chemistry*, Vol. 38 (1993), No.2, pp. 273–275.

A.N. Chebotarev, M.V. Shestakova, V.F. Khorunov, and O.M. Sabadash. Complex tetrafluoroborates of lead (II) with nitrogen-bearing organic bases. *Ukr. Khim. Zhurnal*, Vol. 66 (2000), No. 6, pp. 88–92.

A.N. Chebotarev, M.V. Shestakova, V.F. Khorunov, and O.M. Sabadash. Synthesis and physical-chemical properties of complex tetrafluoroborates of zinc (II) and cadmium

(II) with nitrogen-bearing organic bases. *Ukr. Khim. Zhurnal*, Vol. 66 (2000), No. 8, pp. 81–86.

V.F. Khorunov, V.G. Samoilenko, A.N. Chebotarev, I.P. Bezhaeva, and A.P. Slonimsky. Tetrafluoroborate fluxes for soldering. *Avtomat. Svarka*. (1990), No. 6, pp. 64–66.

A.N. Chebotarev, M.V. Shestakova, V.F. Khorunov, and O.M. Sabadash. Peculiarities of thermal transformations of tetrafluoroborate salts of nitrogen-bearing organic bases – promising components for soldering fluxes. *Proc. of the 1st Intern Scient.-Pract. Conf. 'Protection of Environment, Health and Safety in Welding Production'*, 11–13 September 2002, Odessa. Odessa: Astroprint, 2002. pp. 657–664.

V.F. Khorunov, O.M. Sabadash, and A.N. Chebotarev. Soldering of aluminium using low-temperature fluxes containing tetrafluoroborate activators. *Proceedings of the 3rd Int. Seminar in Precision and Electronic Technology 'INSEL-99'*, Warsaw, 1999. pp. 185–189.

O.M. Sabadash, V.F. Khorunov. Materials and technology for flux soldering of aluminium and aluminium to stainless steel. *Avtomat. Svarka*. (2005), No. 8, pp. 69–74.

O.M. Sabadash. Soldering aluminium by using tin-base solders and reactive flux. *Adhesion of Melts and Brazing of Materials*. 40th Ed. 2007. pp. 82–90.

E. TolesGeorge. Aluminum brazing for high production rates. *Can. Mach. and Metalwork*, 83 (1972), No. 10, pp. 72–73, 106.

第 10 章　气体保护铝钎焊

H. Zhao，Creative Thermal Solutions 公司，美国

R. Woods，美国

【主要内容】　紧凑型铝热交换器被广泛应用于汽车工业，预期其未来在加热装置、通风装置、空调及冰箱（HVAC&R）工业中的市场应用会迅速增长，而气体保护钎焊（CAB）是目前用于生产紧凑型铝热交换器的最先进的大规模生产技术。本章展示了利用 CAB 技术制造紧凑型铝热交换器（如微通道热交换器）的过程；介绍了铝合金以及薄板钎焊的冶金原理、钎料的选择及使用；讨论了氟化物钎剂以及最新的钎剂改良及工艺方面的进展，探索了钎焊过程中熔化铝钎料的润湿性和流动行为，包括一些钎料和母材反应的现象；讨论了具有优良耐蚀性的 CAB 热交换器材料的最新发展以及耐蚀性测试方法。

10.1　引言

过去 30 年，汽车上使用的传统型铜/黄铜热交换器几乎已经完全被由钎焊技术制造的铝热交换器取代。重量的减轻及成本的降低促进了这种改变，而先进的铝真空钎焊技术使这一改变成为现实。随着气体保护铝钎焊技术的应用，进一步节省生产成本成为可能，现在也已成为大多数汽车热交换器部件所采用的先进制造技术。预测 CAB 技术将在加热装置、通风装置、空调及冰箱（HVAC&R）制造中铝冷凝器钎焊这一持续增长的市场中扮演越来越重要的角色，在该领域中，对以铝代铜寄予了期望。

气体保护铝钎焊过程有以下特点：

1）应严格控制水分含量以及氮气保护气氛的氧含量。

2）需要使用氟化物钎剂去除表面氧化物。

到目前为止，散热器和加热器的芯管都是用非常经济高效的轧制板材制造的，预镀薄层钎料后再与未镀钎料的翅片钎焊形成接头。最近，冷凝器的生产开始向 CAB 技术方向转变，并且中冷器的产量增加，两者都使用了未镀钎料的挤压成形微通管道，因此，必须将钎料镀在翅片上。尽管汽车铝热交换器已经成功地获得应用，但仍需进一步追求低成本、轻量化、高强度和优良的耐蚀性。这些领域的研究及进步对钎焊铝热交换器的持续发展和形成优势技术是至关重要的。

10.2　气体保护钎焊（CAB）铝的应用

如上所述，过去 30 年气体保护铝钎焊技术在很大程度上已经取代了真空钎焊，该

技术现在正在成为制造汽车热交换器最常用的方法。最新的 CAB 微通道热交换器集合了高紧凑度下的优异传热性能，基于多端口挤压管技术的显著减重性能和新型设计的空气侧传热表面结构，如百叶窗散热片，这些具有吸引力的特点有望增加微通道热交换器的市场渗透力，从而使其进入 HVAC&R 工业领域，取代固定系统中的传统型机械组装圆铜管/铝翅片式冷凝器。图 10.1 所示为一个铝微通道冷凝器和一个与其具有相同尺寸的家用空调系统的铜管冷凝器。试验研究表明，微通道冷凝器系统具有更好的热性能在，而且与铜管冷凝器系统相比，它需要的制冷剂容量更低（Park 和 Hrnjak，2002）。CAB 炉的先进设计也能够生产更多具有 HVAC 系统的微通道换热器。图 10.2 所示即为一个微通道热交换器组件的实例（Shah 和 Sekulic，2003）。

a) CAB铝微通道冷凝器　　　　　　b) 一个圆铜管/铝翅片式冷凝器

图 10.1　空调系统中的冷凝装置

（图片由伊利诺斯大学空调及制冷中心提供）

铝合金的不断发展改善了材料的挤压性、钎焊性、耐蚀性和室温及高温力学性能（Nordlien 等，2011）。这些性能的提升允许逐步减薄热交换器的管壁以及减小微通道管的直径。这样的创新不但使制冷剂容量的减少成为可能，而且使挤压管可以适用于以二氧化碳为制冷剂的冷却系统中，在高压环境下工作的冷凝器和蒸发器（Hrnjak，2011）。但仍需进一步提高用于制造钎焊中冷器的铝合金的高温强度、薄壁管的疲劳性能和钎焊过程中的抗凹陷性（刚度）。在减重和管壁逐步减薄的同时，CAB 过程中这种非常薄的部件的变形问题正逐步受到关注。相比传统热交换器的制造，连接这种薄壁结构时，对钎焊条件的合理控制更为重要。

钎焊热交换器零件的组装通常采用自动化操作，然而对于一些比较复杂的零件，仍会采用手工组装的方式，尤其是在工厂中生产一些小批量产品（例如在大批量生产市场化产品之后）时。组装后，需要进行一系列预钎焊步骤，如清洗、脱脂、添加钎剂，以及最后的烘干（Swidersky，2001），随后铝热交换器被放进一个钎焊炉的加热区里，每一步骤的合理控制对成品的质量都非常重要。预钎焊组装和热交换器的夹具应该使包覆钎料和未包覆钎料的部件实现良好的接触，以便获得成形良好的钎角。然而，为了避免散热片坍塌，作用于零件上的压力不能太大。为了获得良好的表面状态以便能够均匀

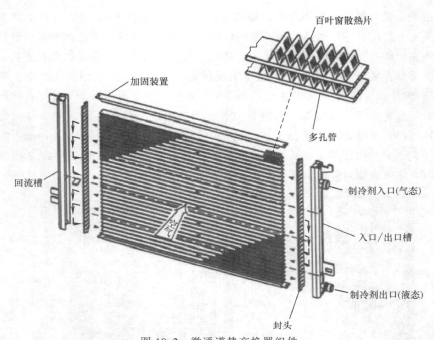

图 10.2 微通道热交换器组件

（图片由 Delphi Thermal Systems，Lockport，NY 提供）

地涂覆钎剂，应该完全清除零件上的固体污染物和润滑油，这是确保接头完整性和可接受的焊后表面的必要条件（Swidersky，2001）。传统的水洗和当前流行的热脱脂是生产中最常用的清理方法。均匀、良好的钎剂涂覆对保证熔化钎料在母材上具有良好的润湿性而言是必要的，尽管很多场合中钎剂的涂覆量低于 $2g/m^2$，更常见的用量接近 $5g/m^2$，偶尔会高于 $10g/m^2$。这些涂覆了钎剂的表面就像满是灰尘的汽车的表面（Solvay Fluor，2012a）。高的钎剂用量将弥补其他不利条件的影响，例如，具有复杂几何形状的接头设计或者使用难钎焊合金（如含镁合金）作为热交换器部件材料。

　　CAB 炉最基本的类型包括：①间歇式炉，它可以满足具有不同尺寸和几何形状的各种钎焊产品的不同需求；②连续式炉，它更适用于具有相似或固定设计和尺寸的大批量热交换器的生产，图 10.3 所示为一台连续式 CAB 炉。热交换器组件通过传送带被送到 CAB 炉中并经受辐射或者对流加热，通过多区（5~6区）加热在炉内获得合适的温度分布，每个区的温度可以通过自动或人工控制来调节。通过氮气在炉中的流动实现惰性气体氛围，以保持低于 100ppm 的氧浓度和低于 -40℃ 的露点

图 10.3 连续式 CAB 炉的炉体结构

（不包括预钎焊部分）

（图片由 AFC-Holcroft 公司提供）

（Garcia 等，2010）。最高钎焊温度应该在钎料熔化温度区间内，必须低于芯材的熔点并远高于钎剂的熔点，以保证充分去除氧化物。铝热交换器的最佳钎焊温度是 595~600℃。钎焊接头质量与钎焊加热曲线和通过热流的整个热交换器芯材及主体的温度均匀性有直接关系。美国焊接学会（AWS）铝钎焊规范（AWS C3.7M/C3.7，2011）指出：炉中钎焊在达到热平衡后，任何检测热电偶的测量温度与设定温度之差不得超过±3℃。

10.3 气体保护铝钎焊涉及的材料

密度低和热传导性高使铝合金成为制造换热设备的理想材料。除此之外，铝还有成形性、耐蚀性优良和价格相对便宜等优点。

锻造铝合金采用常用的国际四位数字体系牌号命名，第一位数字代表主要的合金元素（表 10.1）。锻造合金可以分成两种类型：非热处理合金和热处理合金（Hatch，1984）。对于热处理合金，通过正确的热处理工序可提高合金的强度。这种铝合金通常包含以下一种或多种元素：Cu、Mg、Si 或者 Zn，它们在高温和低温下在铝基体中的溶解度显著不同（Hatch，1984），在较低温度下析出金属间化合物（$CuAl_2$、Mg_2Si 或者 $MgZn_2$）使合金对热处理更敏感。更多有关钎焊和热处理的细节将在 10.5.4 节讨论。对于非热处理合金，必须通过固溶强化和退火应变硬化提高其力学性能（Hatch，1984）。表 10.1 所列为常用锻造铝合金及其应用实例（Kaufman，2000）。

表 10.1 常用锻造铝合金及其应用实例

铝协会命名		合金成分	主要特点	应用实例
非热处理合金	1xxx	纯铝	高耐蚀性、成形性、导电性	包装材料、化学设备、电子产品
	3xxx	Al-Mn	高成形性、耐蚀性、中等强度	热交换器、炊具、化学设备
	4xxx	Al-Si	高流动性、中等强度	铸造、金属连接
	5xxx	Al-Mg	优良的耐蚀性、韧性，合适的强度	建筑、汽车、制冷业、海运业
热处理合金	2xxx	Al-Cu	良好的高温强度	航空和汽车结构
	6xxx	Al-Mg-Si	高耐蚀性、优良的可挤压性、适中的强度	建筑、结构件、海运、车架、管线
	7xxx	Al-Zn-Mg	非常高的强度，很多合金有高的韧性	航空工业

注：AA 为铝协会。

10.3.1 铝合金芯材

表 10.2 所列为 CAB 铝热交换器中常用的铝合金芯材，包括热处理合金和非热处理合金。高纯铝（AA1xxx）和 AA3003（含锰）是非热处理合金，这些合金的力学性能可以通过冷加工来改善（Kaufman，2000；Schwartz，2003）。AA3003（锰的质量分数略大于 1%）是在 CAB 铝热交换器中使用最广泛的合金之一。锰提高了合金的强度，但是，它通常和铁结合形成金属间化合物，导致材料塑性降低（Hatch，1984）。锰对铝合金的熔点影响很小。添加少量的镁可以进一步提高合金的强度，如 AA3005（Magnusson 等，

1997；Miller 等，2000）。需要权衡的是，由于削弱了氟化物钎剂的效果以及形成了复杂的氧化物，钎焊含镁铝合金更加困难（Bolingbroke 等，1997）。这些比较稳定的氧化物会降低钎料在合金表面的润湿性。

表 10.2　热交换器中常用铝合金钎焊芯材的成分（Zhang 和 Zhuang，2008）

合金	合金元素质量分数（%）（标定成分）					熔化温度/℃	
	硅	铜	锰	镁	铝（最小值）	固相线	液相线
AA1100	—	0.12	—	—	余量	643	657
AA1145	0.3	—	—	—	余量	646	657
AA3003	—	0.12	1.2	—	余量	643	655
AA3005	0.6	0.3	1.2	0.4	余量	629*	654*
AA6063	0.4			0.7	余量	615	655
AA6951	0.3	0.3		0.4	余量	616	654

注："*"表示数据来源为 Aleris 公司资料（2010）。

　　用于制造热交换器的热处理铝合金通常含镁和硅，如 AA6000 系合金。这些合金的固相线温度比纯铝更低（表 10.2）（Brazing Handbook，2007；Schwartz，2003）。然而，适合采用 CAB 技术连接的合金的镁含量非常低。因此，含镁母材的过热可能不是一个问题。通常，CAB 和火焰钎焊含镁铝合金需要更多的钎剂。CAB 镁的质量分数大于0.7% 的铝合金时，通常不建议使用常规的氟化物钎剂（Johansson 等，2003）。当在钎焊过程中使用比 CAB 中更快的加热速率时，如火焰钎焊，允许铝合金芯材中镁的质量分数更高（0.5%～0.7%）。10.4.2 节将讨论镁对发挥钎剂作用的不利影响的机制。

10.3.2　钎料

　　Al-Si 系合金通常作为铝钎焊用钎料，它被美国焊接学会（AWS）命名为 BAlSi 系钎料（Brazing Handbook，2007）。Al-Si 系合金的下列特点使它们成为钎焊铝合金的钎料：①钎料的基本成分与母材类似，可确保有良好的润湿性、材料的兼容性和实现良好的冶金结合；②钎料的固相线温度至少比母材低 40℃，可避免母材在加热过程中熔化；③固相线和液相线之间的温度差相对较小，可对钎焊工艺和熔化钎料的流动性进行良好的控制；④钎料的耐蚀性与母材相似，可保证钎焊接头具有良好的耐电化学腐蚀性能；⑤钎料成形性较好，而且根据工艺需求可以制成各种形式，如线、箔、粉末等。表10.3 中列出了常用 CAB 铝用钎料的成分和熔化温度（Brazing Handbook，2007）。

表 10.3　常用钎料的成分和熔化温度

合金	AWS 牌号	合金元素（质量分数，%）						熔化温度/℃	
		Si	Cu	Mn	Mg	Zn	Al（最小值）	固相线	液相线
AA4343	BAlSi-2	6.8～8.2	0.25	0.1	—	0.2	余量	577	617
AA4145	BAlSi-3	9.3～10.7	3.3～4.7	0.15	0.15	0.2	余量	521	585
AA4047	BAlSi-4	11.0～13.0	0.3		0.1	0.2	余量	577	582
AA4045	BAlSi-5	9.0～11.0	0.3	0.05	0.05	0.2	余量	577	599

　　图 10.4 所示为 Al-Si 二元相图的富铝侧，在液相线和固相线温度之间的液、固两相区中，在一定钎焊温度（T_{peak}）和已知硅含量（C_0）的情况下，可以计算出熔化钎料的液相比例。计算熔化钎料液相比例的方程式（10-1）称为杠杆定律，其依据是熔化前后硅的含量平衡。

$$f_L = (C_0 - C_S)/(C_L - C_S) \tag{10-1}$$

式中，C_0 是合金中硅元素的初始浓度；C_S 和 C_L 分别是在钎焊温度 T_{peak} 时，部分熔化钎料中固相和液相部分硅元素的浓度。

　　图 10.5 所示为钎焊后 Al-Si 钎料凝固后的宏观和微观组织，图中 Al-Si 共晶混合物是钎焊接头的主要成分，表明钎料成分与 Al-Si 共晶合金相似。图 10.5b 为共晶组织的放大图，白色相是 Al 固溶体，少量浅灰色颗粒是 α-Al（FeMn）Si 金属间化合物相，含 Fe 和 Mg 的金属间化合相（来自母材的溶解）是在钎料凝固时形成的。一些研究对这些金属间化合物相的组织和成分进行了详细的分析（Dehmas 等，2006；Lacaze 等，2005）。黑色 Si 颗粒以薄片形式散布在基体上（Gray 等，2006），图 10.6 所示为片-管钎焊接头共晶区域的 SEM 图像。

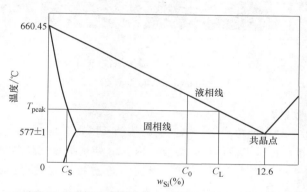

图 10.4　Al-Si 钎料合金相图（Massalski，1986）

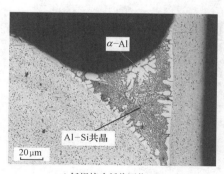

a) 钎焊接头低倍图像

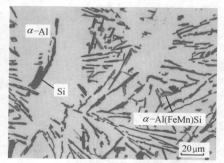

b) 钎焊接头高倍图像

图 10.5　钎焊后凝固钎料的微观组织

（照片由 Sapa Technology 公司提供）

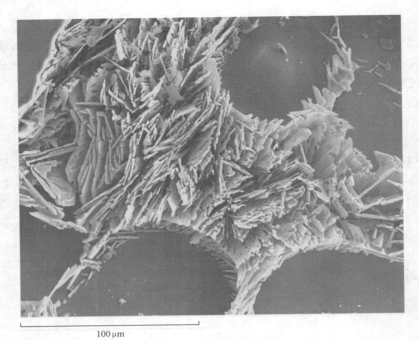

图 10.6　钎焊接头共晶区域的 SEM 图像

（照片由 Innoval Technology 公司提供）

10.3.3　钎焊薄板材料

　　研究者发明了一种用两层或多层三明治结构的叠层复合材料轧制成形的钎焊薄板材料，如图 10.7 所示，提供了一种在热交换器内部深处接头填充钎料的方便有效的方法（Brazing Handbook，2007）。Al-Si 钎料（包覆层）与芯材紧密结合，首先经过热轧，然

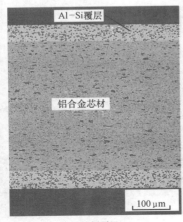

a) 双侧覆层

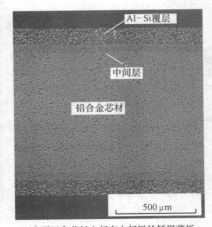

b) 在覆层和芯材之间有中间层的钎焊薄板

图 10.7　腐蚀后的铝钎焊薄板

（Sapa Technology 公司提供）

后冷轧减薄，通常还要经历多道退火过程。中间覆层金属通常是 AA3003 或者类似的合金，有时复合在轧制成形板中用于提高钎焊性和耐蚀性。

　　在热交换器的制造中，钎焊薄板最广泛的应用是作为翅片与挤压管进行钎焊。其他应用包括缝焊管、折叠板管、蒸发器的分离器和杯板。通常使用的复合铝合金包括亚共晶 AA4045 和 AA4343 合金。实际应用时，要求熔化的覆层具有很好的流动性。成分与 Al-Si 二元共晶合金相似的 AA4047 钎料，由于其熔化温度区间狭窄，可被用作覆层材料。

　　在钎焊过程中，由于 Si 在高温下的扩散系数较高，其从钎料向邻近的芯材发生固态扩散（Gao 等，2002）。图 10.8 所示为光学金相照片，照片显示了熔化前后芯材和熔覆层之间的界面状态，例如，把试样分别加热到 570℃ 和 620℃，保温 5min，然后淬火到室温。覆层中 Si 含量的降低导致覆层的液相线温度升高，钎焊后留在表面未熔化钎料的量增加（Gao 等，2002；Terrill，1996）。覆层的残余物主要是 α 相固溶体（Al-Si），而钎焊时富 Si 熔体流向接头区（Gao 等，2002）。最近，DSC（差示扫描量热法）分析被用于研究 Si 元素从覆层扩散到芯部的影响（Turriff 等，2010）。

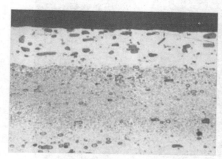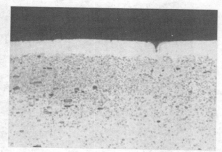

a) 峰值温度570℃，保温时间5min　　　　b) 峰值温度6200℃，保温时间5min

图 10.8　Si 元素从覆层扩散到芯材的钎焊薄板

（肯塔基大学制造中心钎焊实验室提供）

　　熔化的流动覆层形成的接头质量受很多因素的影响，如初始覆层厚度、Si 含量和加热条件等。例如，一个较慢的加热速率（尤其是在高温范围内）可以延长 Si 元素的扩散过程，导致覆层中更多 Si 元素被消耗（Gao 等，2002）。当钎焊薄板的覆层较厚时，钎焊后会产生大量的残余物（Zhao 和 Sekulic，2006）。真空环境中的铝钎焊试验表明，把 Si 的质量分数从 5% 提高到 9% 可以提高形成接头流动覆层的比例（Sontgerath 等，1996）。传统方法是采用杠杆定律 [式（10.1）] 预测钎焊中的有效流动液态钎料数量，但往往会低估剩余钎料的数量（Terrill，1996；Woods 和 Robinson，1974）。研究者（Zhao 和 Sekulic，2006）根据菲克扩散定律和用于预测钎焊后剩余覆层数量的非平衡理论，发展了一种更加综合的模型。还有一些试验研究了 Si 颗粒的尺寸影响流动钎料比例的机理（Sontgerath 等，1996；Gray 等，1999）。研究发现，形成接头的流动钎料随着 Si 颗粒尺寸的减小而增加，这表明 Si 颗粒尺寸的减小为 Si 颗粒和 Al 基体之间提供了更大面积的界面区，结果是覆层熔化更均匀和流动性更好（Sontgerath 等，1996）。但研究同时发现在 CAB 中,只有当钎剂量降至 $2g/m^2$(Gray 等,1999)或者钎焊温度相对较低时(Doko 等,2005),Si 颗粒尺寸的影响才比较显著。

多层钎焊薄板的微观组织如图 10.7b 所示。夹在覆层和芯材之间的 Al 或者 Al 合金(如 AA3003)中间层被用作扩散阻隔层(Kuppan,2000)。中间层不仅限制了 Si 从覆层向芯材合金扩散,还限制了芯材合金中的 Mg 元素向覆层扩散,因此,可以使材料具有更好钎焊性,并使钎焊薄板的耐蚀性更好。

当覆层板被用于钎焊时,有时可以观察到液相从熔化钎料渗透到母材深处,如图 10.9 所示。这种现象被定义为液膜迁移(LFM)(Woods,1997),经常出现于钎焊前已经过回火热处理的材料中。研究者认为这种现象与应变诱导晶界迁移类似(Wittebrood,2009)。LFM 行为会导致焊后微观组织发生变化,从而引起钎焊性和钎焊构件力学性能的下降。此外,LFM 影响区包含了金属间化合物相富集的晶界(Woods,1997)。有关 CAB 铝钎焊过程中液膜渗透机制的详细研究现已有报道(Yang 和 Woods,1997;Wittebrood 等,2000;Nylen 等,2000;Wittebrood,2009)。

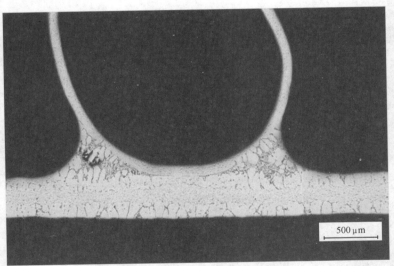

图 10.9　液膜迁移的钎焊片/管的横截面照片(Sapa Technology 公司提供)

10.4　氧化物和钎剂

铝表面的氧化物结构稳定,清理后的金属表面如果再次暴露在空气或水中,氧化膜会再次迅速形成(Jordan 和 Milner,1956、1957;Hatch,1984;Shapiro,2010)。一项研究表明,当新生的铝表面暴露在干燥的氧气中时,铝氧化膜的厚度会迅速增加并在几分钟内达到大约 1nm(Hunter 和 Fowle,1956)。为了描述合金熔化过程中铝氧化物的影响,在热台显微镜下加热一小片 AA4343 钎料(表面经过一系列由粗到细的 SiC 砂纸和抛光布打磨处理),采用光学显微镜观察合金表面形态的改变。图 10.10a 所示为温度低于 Al-Si 合金固相线温度（577℃）时的钎料表面，在大块 Al-Si 合金熔化后，表面覆盖了一层透明的氧化物固态薄层。当试样被加热到 Al-Si 合金固相线温度（图 10.10b、c）以上时，观察覆层指定位置的流动性，结果表明，合金部分熔化，液相在氧化膜下面流动，但由于受到合金表面氧化膜的限制不能自由流动。

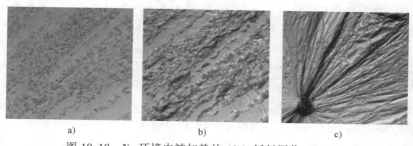

a)　　　　　　　　　b)　　　　　　　　　c)

图 10.10　N_2 环境中被加热的 Al-Si 钎料图像（×200）

（肯塔基大学制造中心钎焊实验室提供）

钎焊两个铝制部件时，为了使熔化钎料自由流动到被焊接区域并确保母材表面良好的润湿性，必须在钎料熔化之前清除固有的氧化膜。在 CAB 过程中，清除氧化膜的任务是通过涂覆在铝表面的一种氟化物基钎剂（氟铝酸钾化合物）来完成的（Swidersky，2001）。接下来的章节回顾了在较高温度时通过钎剂破裂和清除氧化膜的机制，以及在钎剂改良和应用方法方面的发展。

10.4.1　CAB 钎剂

传统的铝钎焊方法使用氯离子钎剂清除铝表面的氧化膜。事实上，Al_2O_3 不溶于氯离子钎剂，如在浸渍钎焊时。机械去除理论认为，熔化钎剂通过氧化膜的裂缝和缺陷渗入氧化物和基体的界面中（如在加热时），最终导致氧化物与金属表面分离（Jordan 和 Milner，1956、1957；Terrill 等，1971）。当使用这些钎剂时，钎焊后必须彻底清理工件，去除水分和残留的腐蚀性钎剂。由于盐浴钎焊使用了腐蚀性较大的酸性物质，因此受到环境安全法规的严格限制。

采用非吸湿性氟铝酸钾钎剂的先进 CAB 工艺在 20 世纪 70 年代后期得到了发展（Garcia 等，2010），使用这些钎剂的钎焊叫作 NOCOLOK®（注册商标：德国汉诺威 Solvay Fluor 公司）钎焊技术（Cooke 等，1978；Garcia 等，2010）。熔化钎剂在铝表面的润湿性优良，而且能够去除钎料和基体表面的氧化层，还能够抑制氧化物进一步生成。钎焊后凝固的钎剂呈薄膜状，仍然保留在合金表面，它在水中的溶解度很小（Garcia 和 Swidersky，2011）。残留在合金表面的钎剂像玻璃一样光滑，对合金的腐蚀性很小，并能为合金提供一定的防护（针对其他腐蚀性介质）（Schwartz，2003），但热交换器交替的热膨胀和冷却可能会引起钎剂的破裂和脱落。钎焊后，将在母材和接头表面重新形成氧化膜（Swidersky，2012）。

通常认为，铝钎焊过程中用 NOCOLOK 钎剂去除氧化物是通过氧化物在熔化钎剂中的溶解来实现的，因为铝在氟化物混合物中是可溶的（Zhang 和 Zhuang，2008；Robert

等，1997a）。早期用热台显微镜研究 NOCOLOK 钎剂去除铝表面氧化物机理的试验工作表明，氟化物钎剂是通过溶解氧化铝起作用的（Field 和 Steward，1987）。然而，最近通过在实验室玻璃管式炉上安装高分辨率摄像机进行拍摄并研究，结果表明，NOCOLOK 钎剂去膜机理与氯化物钎剂机械去膜机理是类似的，即液态钎剂通过裂缝渗入氧化膜，在热铝基体显著热膨胀的作用下，整个氧化膜被抬起并与母材分离。大量的原始氧化物浮在液态钎剂上，只有少量氧化物被钎剂溶解（Swidersky，2012）。

通常 NOCOLOK 钎剂是一种稳定的白色粉末。在钎焊温度下，它是两种 KF-AlF$_3$ 化合物的混合物，即 K$_3$AlF$_6$ 和 KAlF$_4$。图 10.11a 所示为已公开的新的 KF-AlF$_3$ 体系相图（Chen 等，2000）。图 10.11b 所示为当钎剂被加热到铝钎焊温度时，KF-AlF$_3$ 化合物的相变细节。成功的钎焊要求在钎料熔化前必须有少量钎剂先熔化。图 10.11b 表明，在 E$_2$ 共晶点钎剂的熔化温度最低，约为 558℃。该处 KF-AlF$_3$ 化合物中 AlF$_3$ 的含量为 44.5%（摩尔分数）。钎剂的效果取决于是否能准确控制 KAlF$_4$ 和 K$_3$AlF$_6$ 这两种化合物形成共晶 KF-AlF$_3$ 化合物的成分比例（Garcia 等，2010）。相图也展示了熔化温度稍高，但仍低于钎料熔化温度的化合物成分。例如，纯 KAlF$_4$ 的熔点为 575℃，而在另一个共晶点 E$_3$（AlF$_3$ 的摩尔分数为 51%），其熔点为 572℃（Chen 等，2000；Zhang 和 Zhuang，2008）。

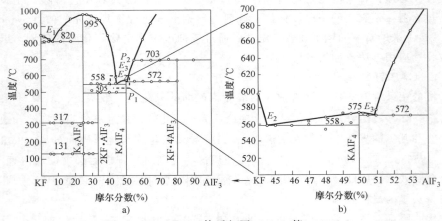

图 10.11　KF-AlF$_3$ 体系相图（Chen 等，2000）

从 CAB 炉中排出的气体中总是含有少量的 HF。一种理论认为 HF 是在温度高于 560℃ 时形成的，这是由于 KAlF$_4$ 与其他 KF-AlF$_3$ 化合物相比有更高的蒸气压而开始蒸发（Robert 等，1997b），随后 KAlF$_4$ 与空气中的水分发生反应，产生了有毒的气体 HF（Garcia 等，2010）。在给出的化学反应中，其中一种反应为

$$2KAlF_4 + 3H_2O \rightarrow 2KF + Al_2O_3 + 6HF$$

反应加速了 KAlF$_4$ 的蒸发，导致钎剂成分向远离共晶点（图 10.11 中的 E$_2$ 点）转变。水分含量太高时，钎剂经常产生"干燥"的表面并失去去除氧化膜的作用（Solvay Fluor document，2012a）。因此，有效控制炉中的惰性气体（低于 100ppm 的氧浓度和低于-40℃ 的露点）对维持良好的钎焊条件极其重要。对炉中排出气体进行适当处理以防

止 HF 污染环境是非常有必要的（例如，可使用充满活性氧化铝的干燥洗涤器：Al（OH）$_3$+3HF→AlF$_3$+3H$_2$O）。

向组装好的铝热交换器中添加钎剂，通常采用将钎剂粉末的水悬浮液喷射到零件上的方式，即所谓的湿法涂敷钎剂。涂覆钎剂的部件必须完全干燥后才能进入钎焊炉（Garcia 等，2010）。作为一种替代方法，干法涂敷钎剂方法（如静电喷涂钎剂）已被应用，因此不再需要使用浆状钎剂（Garcia 等，2010）。过去几年也开发了其他应用方法，在组装热交换器前在铝部件上预涂敷钎剂。例如，钎剂与有机粘结剂混合后直接涂覆在热交换器片或部件上。也相应研发了钎涂和 Al-Si 药芯焊丝技术，主要用于火焰钎焊。在这些情况下，钎焊部件没有包覆钎料，一种含有 Al-Si 合金粉末、钎剂和有机胶的膏状钎料被放置在接头部位。这对于具有复杂几何形状的组件中难以到达或被挡住位置的钎焊非常有效。钎剂和 Al-Si 钎料的混合物可以制成棒状或环状，从而在钎焊过程中无需再使用钎剂。然而由于混合物成分本身的性质，钎料棒非常脆，因此其实际应用非常有限。

10.4.2　钎剂用量和铝合金中的镁

研究表明，铝表面最初形成的氧化膜是不定形的，它是无序分子的聚集体（Kubaschewski 和 Hopkins，1953；Shapiro，2010）。室温下，氧化膜的厚度约为 5nm（Jordan 和 Milner，1956、1957）。高温下，热暴露会导致氧化膜层厚度增加并促进其转变成晶体结构（γ-Al$_2$O$_3$）（Kubaschewski 和 Hopkins，1953；Van Beek 和 Mittemeijer，1984）。例如，500℃退火处理钎焊薄板所产生的氧化膜比室温下的氧化膜厚 4 倍（Gray 等，2011）。环境湿度的增加也会导致氧化膜厚度的显著增加。例如，室温下将湿度从 50% 增加到 100%，9 天后 AA3003 合金氧化膜的厚度增加了 50%（Zähr 等，2010）。另有研究发现，在 5 年时间内，暴露在 100% 湿度环境中的纯铝表面的氧化膜是暴露在 52% 湿度环境中的氧化膜厚度的 8 倍（Godard，1967）。有人提出，在铝表面至少存在两种氧化膜：一种是毗邻金属的致密的屏障型氧化膜；另一种是外渗透层，它是通过致密氧化物与外部环境物质（如水分）之间的反应产生的（Hunter 和 Fowle，1956）。在制造过程中，钎焊薄板经过一系列的热处理，也将导致最终产品产生更厚的氧化膜（Gray 等，2011）。

从应用角度来说，氧化膜厚度增加通常会给钎焊带来更大的困难。对于 CAB 产品，在热交换器表面钎剂用量的最佳经验值是 5g/m^2（Slovay Fluor document，2012a）。为了获得良好的钎焊效果，人们对氧化膜厚度和钎剂用量的匹配问题开展了一些研究，发现当钎剂用量很少时（小于 5g/m^2），氧化膜厚度对钎焊性的不利影响十分显著。增加钎剂用量通常能克服由较厚氧化膜层造成的钎焊困难。例如，在钎剂用量为 2g/m^2 时，与大约 4nm 厚的氧化膜相比，厚度大于 10nm 的氧化膜将会明显降低覆层钎料的流动性。当钎剂用量增加到 5g/m^2 时，使用同样的系列试样，覆层钎料的流动性仅有很小的差别（Gray 等，1999）。

除了氧化膜厚度，合金成分也会影响 CAB 过程的钎焊性。通常在铝合金中添加 Mg 以达到增强接头力学性能的目的。然而，在 CAB 铝钎焊过程中，在芯材合金中添加 Mg 会降低系统的钎焊性（Garcia 等，2010）。当在焊接过程中加热含 Mg 合金时，由于 Mg 蒸发而产生的浓度梯度导致 Mg 从材料芯部扩散到材料表面，并与表面的氧化膜和钎剂发生反应，形成了很难清除的复杂氧化膜。一项对铝合金（其中 Mg 的质量分数为 2.4%~8%）在干燥空气中形成的氧化膜的研究表明（Brouckere，1945），氧化膜的成分主要取决于温度，例如，当温度超过 350℃时，在 Al_2O_3 的上面形成了 MgO 膜（Kubaschewski 和 Hopkins，1953）。利用实时傅里叶变换红外光谱法（FTIR）对含 Mg 铝合金在钎焊过程中形成氧化膜的最新研究也表明，Mg 导致 Al_2O_3 转变成 $MgAl_2O_4$ 尖晶，并最终形成 MgO（Gray 等，2011）。Mg 与钎剂反应形成 K-Mg-F 化合物（Garcia 等，2010）。钎剂成分的改变导致其熔化温度急剧升高，从而导致清除铝表面氧化膜的效率大大降低。当铝合金中的 Mg 含量相对较少时（如低于 0.3%），增加钎剂用量有助于改善合金的钎焊性（Gray 等，1999）。然而对于 Mg 含量较高的合金，必须调整钎焊工艺，如提高加热速率、大幅增加钎剂用量以及控制惰性气体环境，从而获得较好的钎焊效果。较慢的加热速率使得 Mg 向表面过度扩散，导致 Mg 和钎剂发生过度反应（Johansson 等，2003）。

一项研究表明，当 CABMg 含量相对较高（0.5%）的铝合金时，使用含有 2% Cs 的 NOCOLOK 钎剂足以获得令人满意的钎焊结果（Garcia 等，2001）。最近研发的添加 Cs 化合物的钎剂配方已被证明对于改善高 Mg 铝合金的钎焊性是很有效的，并已被应用于商业钎焊中。图 10.12 所示为 AA6061（含有 0.8%~1.2% 的 Mg）和 AA3003 合金/AA4045 合金（无 Mg）钎焊薄板在 CAB 炉中钎焊的试样，两种试样分别使用了常规 NOCOLOK 钎剂和添加了 Cs 的 NOCOLOK 钎剂。结果发现，使用常规钎剂时（图 10.12a），钎料不能润湿含 Mg 母材 AA6061，未能形成接头；使用含 Cs 钎剂则显著改善了接头成形效果（图 10.12b）。

在一些高 Mg 铝合金的应用中，保证合金强度是至关重要的，一种可选的方法是使用多覆层钎焊薄板（图 10.7b）。这种产品的生产成本高，但却是 CAB 过程中处理高 Mg 芯材合金的有效手段。正如 10.3.3 节所讨论的，夹层作为扩散阻隔层，减少了 Mg 向覆层的扩散。

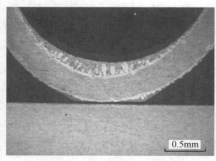 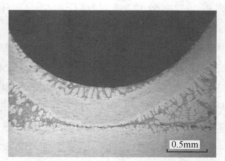

a) 使用常规NOCOLOK钎剂，未形成接头　　　b) 使用含Cs的NOCOLOK钎剂钎焊的接头

图 10.12　AA6061 和 AA3003/AA4045 钎焊薄板的钎焊结果横截面图像

10.4.3　CAB 钎剂的改性

为了拓展 CAB 技术在铝钎焊中的应用，已进行了很多针对钎剂改性的研究

（Chen 等，1997；Garcia 等，2001）。上节已经提到了铯化合物的应用，已公布的 CsF-AlF$_3$ 体系相图表明，共晶成分为 42%～58%（摩尔分数）的钎剂的熔化温度低至 471℃（Chen 等，1997），而且它对钎焊含 Mg 铝合金很有效（Zhang 和 Zhuang，2008）。在用低熔点 Al-Zn 钎料钎焊铝时，使用了一种低熔点的 Cs-F-Al 商用钎剂（www.aluminum-brazing.com）。在 CAB 铝钎焊中，NOCOLOK/Cs 钎剂（Cs-K-Al-F 复合物，熔化温度为 545～570℃）可以改善 Al-Si 钎料钎焊含 Mg 铝合金的钎焊性。这表明 Cs 通过与 Mg 反应，形成了 Mg-Cs-F 化合物作为 Mg 的缓冲区，从而抑制了钎剂与 Mg 之间的反应，保持了钎剂的活性（Garcia 等，2010）。但由于 Cs 的价格高，含 Cs 钎剂相对比较昂贵。

含 Si 钎剂基本上是 NOCOLOK 钎剂与纯 Si 粉末的混合物。当将含 Si 钎剂置于接头处时，不需要额外添加钎料。在钎焊过程中，Si 扩散到 Al 母材，通过与 Al 反应形成低熔点合金。这种相互作用的直接结果是原位生成 Al-Si 表面层，它在高于 577℃（Al-Si 合金共晶温度）时熔化，并通过毛细作用流入接头（Timsit 和 Janeway，1993）。图 10.13 所示为采用含 Si NOCOLOK 钎剂钎焊 AA3003 基板和翅片接头的横截面

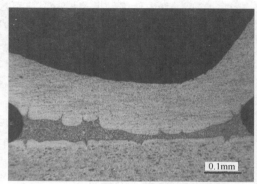

图 10.13　使用含 Si NOCOLOK 钎剂的 CAB 接头

图像。在热交换器的制造中，含 Si NOCKLOK 钎剂主要应用于钎焊无钎料覆层的翅片和管。

一种含 Zn NOCOLOK 钎剂被用来改善铝钎焊产品的耐蚀性，它是一种单组元钎剂（KZnF$_3$ 化合物）。含 Zn NOCOLOK 钎剂被涂敷到铝合金表面，CAB 过程在固态下发生以下反应（Slovay Fluor 资料，2012a）

$$6KZnF_3+4Al \rightarrow 6Zn+3KAlF_4+K_3AlF_6$$

反应产物包括氟铝酸钾和 Zn，氟铝酸钾有利于去除氧化铝，而 Zn 在 Al 基体中的溶解度较高。Zn 扩散到铝合金基体表面，形成富 Zn 扩散区，由于其电化学腐蚀电位较低，可作为阳极牺牲层。研究发现，在钎焊温度下，较高的钎剂用量和较短的保温时间有助于保持铝合金表面 Zn 的高浓度。这种富 Zn 薄层可以为芯材提供很好的牺牲阳极保护，从而可提高其耐蚀性（Orman 等，2008）。一项研究采用热喷涂技术将 Al-12Si 涂层、Zn 和 KAlF$_4$ 钎剂的混合粉末沉积到热交换器管表面，提供了一种简单的预钎焊准备过程（Yoon 等，2007）。

另一种改性的钎剂产品是含 Li 的 NOCOLOK 钎剂，它是 NOCOLOK 钎剂和锂冰晶石（Li$_3$AlF$_6$）的混合物。据称，这种钎剂在 CAB 过程中像常规 NOCOLOK 钎剂一样有效，带有钎剂残留物的焊后铝表面与冷却液的反应减弱，耐蚀性得到提高（Slovay Fluor，2012a）。

10.5　气体保护钎焊（CAB）工艺

在紧凑型铝热交换器气体保护钎焊（CAB）过程中，熔化钎料的流动和接头成形受很多因素的影响，如加热、冷却循环、炉内气氛、钎料成分、基体材料的表面形态、钎剂用量以及装配夹具的设计等。钎焊工艺也对钎焊件的力学性能有着重要影响。本节将对 CAB 过程中熔化钎料润湿流动行为的基本理论以及钎料/母材相互反应的一系列现象展开讨论，也回顾了 CAB 工艺对材料力学性能的影响。

10.5.1　润湿和铺展

当在 CAB 过程中使用钎焊薄板时，薄覆层熔化后通过毛细作用使液态钎料流进被连接部件的间隙中。熔化的覆层润湿母材并与铝合金基体相互作用，凝固后形成冶金结合。如上节所述，CAB 过程中钎料熔化之前，钎剂层会发生少量熔化。熔化钎剂去除了表面氧化膜并抑制了氧化膜的重新生成，从而改善了熔化钎料的流动性和润湿性（Slovay Fluor 资料，2012c）。熔化覆层在铝基体表面的润湿和铺展可能会受到钎剂液膜以及液/固界面相互作用、二元合金成分等其他因素的影响。座滴法润湿/铺展试验是研究钎料在铝合金表面润湿性时常用的试验方法之一。经典杨氏方程［式（10-2）］描述了在静态条件下表面张力和平衡润湿角之间的关系（De Gennes，1985），如图 10.14 所示。当平衡润湿角 $\theta_E \leqslant 90°$ 时，通常认为可润湿；当 $\theta_E > 90°$ 时，通常认为不可润湿（De Gennes 等，2004）。基本方程如下

$$\sigma_{SV} = \sigma_{SL} + \sigma_{LV} \cos\theta_E \qquad (10\text{-}2)$$

根据式（10-2），液/气或液/固界面表面张力降低会导致润湿角减小，因而润湿效果很好。杨氏方程是建立在没有发生相互作用的惰性润湿体系基础上的，例如，液/固界面上没有金属间化合物相的生成和/或基体的溶解/腐蚀。

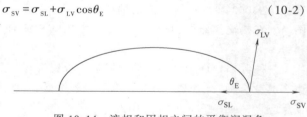

图 10.14　液相和固相之间的平衡润湿角

对于铝钎焊，很难确定熔化铝合金的实际表面张力。因为受其他因素影响，表面到处存在薄的氧化膜及钎剂液膜（Hatch，1984）。合金化元素对液态铝的表面张力有不同的影响。在氩气环境中，700～740℃温度范围内的试验表明，在 Al 中添加 Si 和 Cu 对液态金属表面张力的影响很小。然而大量增加合金化元素，如 Bi、Ca、Li、Mg、Pb、Sb 和 Sn，会导致表面张力显著降低（Hatch，1984）。有人在合金成分优化方面做出了持续不断的努力，并开发了一些用于无钎剂气体保护铝钎焊的钎料（Schwartz，2003；Garcia 等，2010）。在第 19 章中详细讨论了无钎剂铝钎焊技术。此外，液态铝合金的表面张力往往会随着温度的升高而降低（Hatch，1984），这就是提高钎焊温度往往会导致钎料在基体表面润湿性变好的原因之一。

用热台显微镜进行座滴法润湿试验，使进一步了解熔化钎料铺展的动力学行为成为

可能。例如，通过试验研究已经获得了 CAB 过程（钎焊峰值温度高于 580℃，氮气保护气氛）中 Al-Si 钎料在 AA3003 和 AA6061 基体上润湿铺展过程的动力学行为。图 10.15 所示为用热台显微镜观察到的熔化 AA4047 钎料在含 Mg AA6061 铝合金基体上的铺展过程图像，图 10.15a 和 b 分别使用了常规 NOCOLOK 钎剂和含 Cs 钎剂。从图中可以看出，含 Cs 钎剂很好地改善了钎料在含 Mg 铝合金表面的润湿性。图 10.16a、b 所示分别为 AA4343 和 AA4047 钎料在不含 Mg 的 AA3003 铝合金表面的润湿行为。

a) NOCOLOK钎剂

b) 含Cs的NOCOLOK钎剂

图 10.15　AA4047 钎料在 AA6061 铝合金母材上的座滴法试验结果
（Creative Thermal Solutions 公司提供）

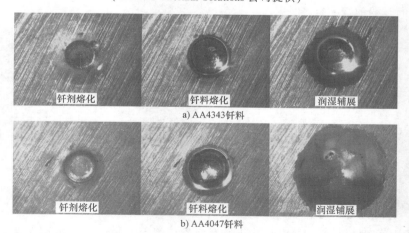

a) AA4343钎料

b) AA4047钎料

图 10.16　Al-Si 钎料在 AA3003 铝合金母材上的座滴法试验结果
（Creative Thermal Solutions 公司提供）

众所周知，当表面张力和黏性力占主导地位时，常用幂律关系 $R^n \sim t (n = 1/10)$ 描述液滴在非反应性基体表面的铺展动力学行为（Tanner，1978）。进一步的研究结果获得了适合于描述不同润湿系统铺展动力学的 $R^n \sim t$ 幂律关系（$n = 2 \sim 10$）（Levinson 等，

1988；Biance 等，2004；Mortensen 等，1997）。有人研究了 Al-Si 钎料在相对光滑的 AA3003 铝合金表面的润湿性，发现对于亚共晶钎料 AA4343（Al-8Si），n 的取值接近于 Tanner 定律预测的数值 10。然而，熔化 AA4047（Al-12Si）合金的铺展动力学一般不符合这种幂律关系（Zhao 和 Sekulic，2008、2009）。Al-12Si 钎料的铺展速度比亚共晶 Al-8Si 钎料更快，铺展面积更大。这表明下列因素可能会造成不同钎料润湿行为的区别：在正常钎焊温度下（约 600℃）（表 10.3），亚共晶钎料 AA4343 呈现半固态，如共晶 Al-Si 液体和固态 α-Al 固溶体的混合物，因此，Al-8Si 合金的等效黏度比完全熔化的共晶 Al-12Si 合金高。而这种差异将导致更为缓慢的铺展速度。流动性主要受黏度和毛细作用力的控制。Al-12Si 钎料相对较快的铺展速度也表明，惯性力等其他因素是主导因素之一。至少在扩散的初始阶段，可以控制润湿行为（Zhao 和 Sekulic，2008、2009）。当钎焊部件具有复杂的几何形状时，可利用 Al-12Si 共晶钎料的良好流动性。Al 基体表面形态的改变也对熔化钎料的润湿行为有重要影响。例如，一项研究表明，通过粗磨增大铝的表面粗糙度值，可使 Al-12Si 钎料在 AA3003 合金基体上铺展得更充分（Zhao 和 Sekulic，2009）。

　　角沟试样填缝试验经常被用于评估所选钎料或基体上钎料覆层的润湿性。图 10.17a 所示为其试验装置，将一个弯曲的金属片放置在一个平的金属试片上，并用一段不锈钢丝将弯片的两条"腿"垫起来（Bolingbroke 等，1997），即形成了一个间隙逐渐增大的接头，钎料可以沿着这个接头流动，用流动距离来衡量钎焊性（Miller 等，2000）。当在一个透明的玻璃炉中进行这一试验时，可根据最终的润湿距离和在规定钎焊条件下液态钎料的流动速度定量评估钎料的钎焊性和流动性。图 10.17b 所示为在玻璃炉中进行试验的情况。

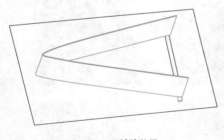 

a）试验装置　　　　　　　　　b）真实钎焊过程的视频截图

图 10.17　原位检测液态钎料在渐增间隙接头中的填缝过程

10.5.2　钎焊过程中母材和钎料的相互作用

　　10.3.3 节中已讨论了 CAB 过程中 Al-Si 钎料中的 Si 扩散到不含 Si 的母材中的行为，扩散程度取决于热循环升温阶段的时间及温度。当覆层熔化时，液态钎料和固态母材之间的相互作用变得更加强烈，导致母材被大量消耗。当在接头位置存在液态金属，即液态或多或少保持"静态"时，称之为溶解。当液态钎料流动并溶解母材时，将在母材上留下一条沟槽而形成缺陷，称之为溶蚀。溶蚀程度受很多因素的影响，例如，液态金属的流动速率、影响界面相互作用的材料成分以及温度和时间。通常，溶解后会留下一个完整且面积很大的接头。除非暴露于腐蚀环境中，否则不会引起任何特别的问题。然而，母材或管芯合金的严重溶蚀会引起各种问题，这些问题不仅发生在生产过程中（如漏管），还会出现在之后热交换器的使用过程中。图 10.18 所示为由于溶蚀引起的母材严重消耗，疲劳失效发生在因为溶蚀而变薄的管材区域（Slovay Fluor 资料，2012c）。

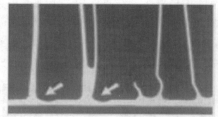

a) 管芯溶蚀　　　　　　　　　b) 由于管芯溶蚀导致的强度失效

图 10.18　热交换器制造过程中的严重溶蚀现象

钎焊温度过高、保温时间过长都会增加母材的溶解程度。研究表明，与在适当钎焊温度（595℃）下延长保温时间相比，过高的钎焊温度（如高于 610℃）对母材溶解程度的影响更加明显（Solvay Fluor 资料，2012c）。图 10.19a、b 所示分别为钎焊温度为600℃和610℃时 CAB 接头的横截面情况。实际上，经常存在一定程度的芯材溶解和/或轻微腐蚀，因为这两种现象，工业上通常允许母材厚度减少 10%甚至更多（Solvay Fluor 资料，2012c）。

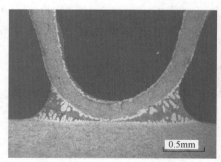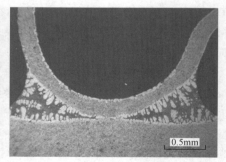

a) 最高温度600℃钎焊AA3003板和　　　　b) 最高温度610℃钎焊AA3003板和
　　AA3003/AA4343翅片　　　　　　　　　　AA3003/AA4343翅片

图 10.19　温度对钎焊接头母材溶解的影响
（Creative Thermal Solutions 公司提供）

除了钎焊工艺外，合金成分是影响液态钎料和固态母材之间相互作用的另一个重要因素。在液态钎料中，如果 Si 的浓度较高，则将不可避免地引起母材溶解或者溶蚀等问题。上节已讨论过，共晶 Al-12Si 合金通常比亚共晶合金（如 Al-8Si）具有更好的流动性。然而，在薄壁钎焊应用中，应该避免使用近共晶 Al-Si 钎料，因为母材溶解或溶蚀会导致灾难性失效（Solvay Fluor 资料，2012c）。

从 Al-Si 合金平衡相图（图 10.4）中可以看出，在亚共晶合金中，Si 含量较低将导致熔化温度区间变宽。在典型的钎焊温度（600℃）下，亚共晶合金（如 AA4343）呈现为液/固混合物的形式（通常称为糊状区），并且会在一定条件下发生液相和固相分离，即"熔析"现象（Brazing Handbook，2007；Schwartz，2003）。这种相分离往往会在基体表面钎料的初始位置留下少量凸形残余钎料，但大部分钎料已经流走。图 10.20a 所示为用 AA4343 钎料 CAB 两块 AA3003 板块的 T 形接头。结果发现，毛细作用力从糊状钎料中吸取液体，液体迅速填充两板之间的间隙，并在原来钎料棒的位置形成了主要的固态 α 相，如图 10.20b 所示。流动液态钎料中的 Si 含量比原始钎料更高，而且容易与基体发生反应（溶解/溶蚀），尤其是在较高的钎焊温度下。

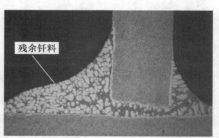

a) 玻璃CAB管式炉中拍摄的T形接头　　　　b) 有残余钎料区的钎焊接头的横截面
中钎料开始熔化的视频截图

图 10.20　CAB 过程中由于熔析形成的残余钎料

在实际应用中，低的加热速率和/或复杂的接头设计可能导致稍高于固相线温度（577℃）时出现的部分液体在达到峰值温度前流失。发生这种情况时，大部分固态熔渣会留在初始表面，不利于接头的形成，必须采用机械方法予以清除（Brazing Handbook，2007）。

10.5.3　CAB 过程中毛细流动的控制

微通道热交换器的制造包括钎焊挤压管与管头。毛细作用会使熔化钎料流进微通道中，阻塞制冷剂通道，薄管壁可能因此而发生溶蚀/溶解，将严重减少用于形成接头的钎料量。

为了研究可能存在的问题，在玻璃钎焊炉中进行了微通道管和管头的 CAB 试验。管头被部分切开，以便观察到管头内部接头的形成过程。采用 Al-12Si 棒状钎料，在管头和微通道管之间捕捉到的接头形成的一系列彩色图像如图 10.21 所示。当钎料熔化时，首先填充到管和管头的间隙中，如图 10.21a 所示。然而在持续加热 20s 后，当接近峰值温度 600℃时，大量液态金属铺展并流入了微通道中。一旦熔化钎料到达微通道口，由于毛细作用，钎料将迅速填充到通道里。因此，对钎料量、基体表面形态、接头几何形状以及钎焊工艺（如峰值钎焊温度和保温时间）进行控制，对解决诸如微通道阻塞等问题十分必要。

10.5.4　CAB 过程中力学性能的改善

很多铝合金，如 Al-Cu 合金和 Al-Mg-Si 合金，是可热处理合金（表 10.1）。通过适

a) 钎料在管头和挤压管形成接头 b) 钎焊过程中熔化钎料阻塞微通道 c) 钎焊后被阻塞的微通道

图 10.21 钎料阻塞微通道的原位拍摄照片

(Creative Thermal Solutions 公司提供)

当的热处理，可以在过饱和 Al 固溶体中形成小的原子簇或者金属间化合物颗粒，从而可以提高合金的强度（Callister，2003）。这种相的转变过程被称为析出强化或者时效硬化（Callister，2003；Hatch，1984）。当钎焊可热处理合金时，钎焊热循环也可用于固溶处理（Brazing Handbook，2007）。通常认为只含少量 Mg（质量分数为 0.2% ~ 0.6%）的铝合金，如 AA3005 合金，是不可热处理的。然而，当这些含 Mg 合金被用作钎焊薄板的芯材合金时，在钎焊热循环过程中，Si 从覆层扩散到芯材，将形成 β 相金属间化合物 Mg_2Si（Goodrich 等，2001），这对改善热交换器钎焊后的强度有重要的影响。

图 10.22 所示为钎焊热循环被用于铝合金固溶处理的情况。对于时效硬化铝合金来说，相对于室温溶解度，在高温 T_1 时，合金化元素在 Al 基材料中有较高的溶解度。在固溶处理过程中（如在 600℃ 左右的钎焊温度下），合金元素（如 Si 和 Mg）溶解在 Al 基体中。钎焊后迅速淬火到室温，以防止形成粗大的金属间化合物颗粒（Callister，2003；Hatch，1984）。在 CAB 过程中，由于冷却介质难以进入工件以及钎焊部件的尺寸问题，很难迅速冷却。例如，所选铝合金的第一阶段固溶处理的最佳经验冷却速率是 1℃/s（Magnusson 等，1997；Stenqvist，2001），比通常 CAB 的热循环冷却速率稍快。Kooij 等人研究了时效处理后钎焊冷却速率对合金力学性能的影响（Kooij 等，1999），所选铝合金经过了 20 ~ 90℃/min 范围内的不同冷却速率的时效处理。结果发现对于所有被研究的合金，屈服强度随着冷却速率的提高而增加。一旦实现高效淬火，材料将处于非平衡状态，而呈现过饱和状态（Callister，2003）。时效硬化的下一阶段是沉淀热处理。过饱和材料被加热到高于室温（自然时效温度）的 T_2 温度（图 10.22），此时合金元素的扩散速率显著提高（Callister，2003）。例如，Al-Mg-Si 合金在时效硬化的第二阶段中，形成了细小弥散的 β 析出相颗粒（如 Mg_2Si）（Holmestad 等，2010）。在 160 ~ 175℃ 范围内，可以对 AA6000 系合金进行持续 6 ~ 20h 的人工时效（Hatch，1984）。人工时效是一种很

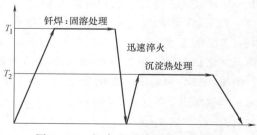

图 10.22 铝合金时效硬化热处理的

工艺制度（Callister，2003）

有效的强化方式，但却显著增加了生产成本。

　　钎焊和淬火后，在周围介质温度下，可热处理铝合金开始自发强化，这个过程称为自然时效（Callister, 2003; Hatch, 1984）。一项研究表明，钎焊两种 AA3000 系合金经自然时效后，其强度显著提高（Kooij 等，1999）。两种合金的成分为 $MgSi_2$ 和 Al-Cu-Mg 析出相。为了获得有效的强化效果，需要延长自然时效时间至数周（Stenqvist, 2001）。自然时效的最大优势就是节省成本，因为不需要额外加热到一定温度（图 10.22 中的 T_2）。同时发现，与人工时效相比，自然时效后的合金具有更好的耐蚀性（Magnusson 等，1997）。

　　当车辆热交换器工作时，如果热交换器中的介质温度合适，将产生人工时效效应。如散热器管里的发动机冷却液工作温度为 80～100℃（Stenqvist, 2001）。如果是气冷热交换器，则工作温度会更高。Kooij 等人研究了较高温度下（80℃、120℃和200℃）生命周期测试中 Al-Mg-Si 散热器管（钎焊后）的时效硬化作用和腐蚀行为（Kooij 等，1999）。当散热器在低于 100℃ 的温度下工作时，在一个模拟生命周期测试中，可以发现，达到 1400h 之后合金的力学性能稳步提高；在生命周期测试中，在 120℃ 下运行 700h 后，强度达到最大值。没有证据显示 1400h 发生了过时效。

10.6　CAB 铝热交换器中的腐蚀

　　众所周知，对于传统的浸渍钎焊铝部件，必须完全去除残留钎剂，因为氯化物钎剂具有腐蚀性（Schwartz, 2003）。氯化物钎剂具有较高的吸湿性，可以从环境中吸取水分，因此为铝表面发生腐蚀创造了条件。当在 CAB 过程中使用 NOCOLOK 钎剂时，一般不需要进行焊后清洗，因为残留钎剂不溶于水（Schwartz, 2003）。研究表明，在正常工作条件下，残留钎剂不与通常使用的冷却剂、制冷剂、油和聚亚烷基二醇润滑剂发生反应（Swidersky, 2001）。

　　然而，基于 HVAC&R 工业中热交换器管中以铝代铜的趋势以及环境友好型制冷器的发展，要求进一步研究不同工作和环境条件下腐蚀对 CAB 铝热交换器的影响。例如，新发明的冷却剂和制冷剂中的添加物可能与钎剂残留物发生反应，因此除了成本因素外，减少钎剂用量的更重要原因是解决腐蚀问题。

10.6.1　CAB 热交换器的腐蚀类型

　　铝表面稳定的氧化层会对钎焊造成影响，但是它也可以作为保护层，用来确保铝合金在正常工作条件下具有良好的耐蚀性。当金属铝暴露在水中或者空气中时，其表面会快速形成氧化铝薄膜，且该氧化膜的厚度随着温度的升高或者空气中湿度的增加而增加（Hatch, 1984; Shapiro, 2010）。Al 是一种非常活泼的金属，没有氧化膜的保护，其价值将低于其他常用金属（如 Cu 和 Fe）。因此，当铝表面的氧化膜被破坏时，其耐蚀性相对较差（Zhang 和 Zhuang, 2008; Hatch, 1984）。影响铝合金耐蚀性的因素很多，如合金成分、微观组织、工作液体的类型和 pH 值以及环境条件等（Hatch, 1984）。工作和环境条件对铝热交换器的耐蚀性提出了要求。例如，许多汽车热交换器常常置于车的前部，总是暴露在极其恶劣的腐蚀环境中，如道路和海洋的盐雾环境、汽车尾气中的杂质以及洗车后残留的清洁剂。极端情况下，受腐蚀的铝热交换器将导致系统泄漏和冷却剂流失，而其更换是非常昂贵的，并且有些情况下将导致发动机的损坏。另一种情况下，或许不会发生泄

漏，但是腐蚀将导致热交换单元的热传导能力极大地降低（例如，板/管接头由于钎角腐蚀而发生脱焊）（Melander 和 Woods，2010）。图 10.23 所示为服役了 6.5 年的汽车钎焊铝冷却器，明显可以观察到，CAB 接头处已经被腐蚀并且层片已经剥落。与此类似，扩大钎焊铝热交换器在 HVAC&R 领域中的应用的关键因素在于，了解暴露在各种不同气氛和环境状态下的铝热交换单元的腐蚀行为（Ellerbrock，2011）。

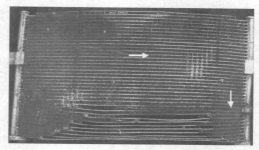

图 10.23　一个使用了 6.5 年的钎焊铝
冷却器（Sapa Technology 公司提供）

用于 CAB 热交换器的铝合金，总是包含不同的物相和合金元素。其耐蚀性取决于不同热交换部件合金之间电化学电位的差别以及合金自身中不同金属间化合相的微电势的差别。铝合金的腐蚀电位通常随着所添加合金元素 Mn、Cu、Si、Mg、Zn 的顺序依次降低，例如，Al-Mn 合金的腐蚀电位比 Al-Zn 合金要高得多（Meijers，2002）。因此在一些热交换器中，添加 Zn 的翅片合金可保护用作管件及头部的 Al-Mn 合金或 Al-Mn-Mg 合金。将 Zn 涂覆在冷凝管的表面，钎焊时它与 Al 反应形成一个阳极牺牲表面层。部分牺牲合金也常被辊轧覆盖在热交换器管材的内表面来提供阳极保护，从而降低冷却液的腐蚀作用。但是一般来说，近年来冷却液的化学性质有所提高，并且在正常维修的系统中，冷却液的侧面腐蚀现象很罕见。

服役中的钎焊铝热交换器的腐蚀可以分为以下几种：①电化学腐蚀；②点状腐蚀；③晶间腐蚀；④侵蚀腐蚀；⑤比较少见的裂纹和糊状腐蚀，这种腐蚀起始于裂纹处，是由于局部形成了差异充气电池或者下层沉积物造成的。图 10.24 所示为钎焊铝热交换器服役中常见的点状腐蚀和晶间腐蚀。

a) 点状腐蚀　　　　　　　　　　b) 晶间腐蚀

图 10.24　热交换器服役中的腐蚀类型

（Melander 和 Woods，2010；© NACF International，2010）

在特定条件下，钎焊后凝固钎料中的不同物相可导致钎缝产生电偶腐蚀，如图 10.25 所示，管/头接头使用的钎料为 Al-Si 合金。钎焊接头包含一些初生的 α-Al 树枝晶和 α-Al 与片状的纯 Si 交替的共晶。在腐蚀环境下，因为相邻的 Si 片具有高阴极性，共晶中的 α-Al 被优先腐蚀。初生 α-Al 由于被 Si 颗粒隔开，所以大部分没有被腐蚀。这种微屈电偶腐蚀会导致钎焊接头中出现多孔结构，严重时，接头端部会出现漏液的情况。

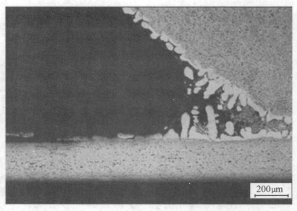

图 10.25　钎焊接头的微区电偶腐蚀
（Melander 和 Woods，2010；© NACE International，2010）

10.6.2　CAB 热交换器的腐蚀控制

1. 空气腐蚀

在 19 世纪 80 年代初期，汽车钎焊热交换器中以铝代铜极大地提高了部件的耐蚀性。在那个年代，真空铝钎焊在不到一年的时间里就被普遍应用于"雪带"设备中。亚表面牺牲腐蚀保护原理的发现解决了腐蚀问题，而导致部件快速穿孔的点蚀或晶间腐蚀模式被一种侧面腐蚀模式所取代（Woods 等，1991）。腐蚀沿着平行于管面的方向传播，而不是向材料内部渗透，在 CAB 热交换器中也同样如此。这种利用了亚表面牺牲层腐蚀特性的"棕带效应"（也叫"高密度沉淀带"，BDP）的合金被称为"长寿命合金"（Miller 等，2000）。"棕带效应"的基本原理是，钎焊热循环过程中 Si 从覆层向内扩散，与芯材合金的过饱和固溶体中的 Mn 发生相互作用，形成了牺牲层。在 Si 扩散区域形成了细小的 α-Al（Fe，Mn）Si 相，减少了附近的 Mn 含量，并降低了 Mn 消耗带的腐蚀电位（相对于富 Mn 区的芯材而言降低了 30~40mV）。这些弥散相导致了"棕带效应"，可以在焊后钎焊薄板的横截面金相图片中清晰地看到该效应，如图 10.26a（Melander 和 Woods，2010）所示。在芯材合金中添加一些 Cu 可以增加棕带区的保护作用。这是因为在钎焊热循环过程中，Cu 可以从富 Cu 区的芯材中扩散到无 Cu 的包覆层，在表面下方形成 Cu 的浓度梯度，从而进一步降低了扩散区的腐蚀电位（相对于芯部合金）。与此相反，Si 从覆层扩散到界面区的固溶体中，增加了扩散区的腐蚀电位。因此，Mn 含量减少和 Cu 向外扩散的累积效应足以弥补 Si 向内扩散的影响（Meijers，2002）。图 10.27 所示为计算出来的元素的扩散分布情况以及钎焊薄板表面下方不同深度区域的腐蚀电位分布情况。侧面腐蚀是在恶劣使用环境中发现的典型腐蚀模式，在酸性海水的盐雾试验（SWAAT）（ATSM G85-09，2009）中也出现了这种腐蚀模式。这是评估长寿命材料质量的最常用的试验（Melander 和 Woods，2010）。对采用回收的滚压成形管制造的长寿命散热器的评估已经证明，散热器的服役寿命有望达到 10 年以上（Melander 和 Woods，2010）。不幸的是，这种保护性棕带效应没有出现在挤压管中，所以冷凝器过早腐蚀失效的现象仍然存在。

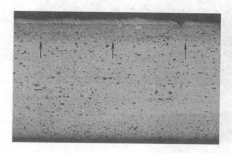 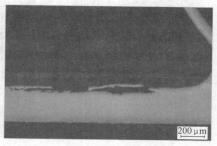

a)"温和"环境服役后出现在亚表面的棕带　　　b) SWAAT试验21天后典型的侧面腐蚀

图 10.26　长寿命钎焊薄板的微观组织

(Melander and Woods, 2010; © NACE International, 2010)

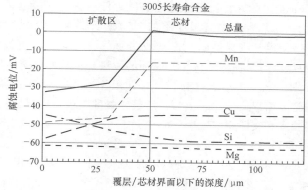

图 10.27　加热速度 30℃/min，600℃保温 3min 的钎焊热循环下由于元素扩散浓度梯度形成的芯材内部电位的计算变化曲线（Sapa Technology 公司提供）

有人通过在铸态合金中掺杂大量的 Ti，研究了一种管贯穿的保护机制（Wade 和 Scott, 1986），通过控制铸造工艺条件，使 Ti 偏析到铸锭芯部。挤压成板材后，富集 Ti 的中心区被保留下来，在遭受腐蚀的过程中，其相对于低 Ti 含量表面为阳极。图 10.28 所示为 SWAAT 试验后由于 Ti 的偏析导致铝板中心腐蚀的试样。铸锭中额外添加的 Ti 以及棕带效应有时被综合应用于制造 CAB 热交换器用超长寿命合金（Stenqvist, 2001）。其原理是，一旦棕带被消耗掉，将在板中心线侧面方向发生进一步的腐蚀，从而延长管贯穿时间。然而实际上，在大尺寸的铸锭中很难产生必要的 Ti 偏析，所以 Ti 效应很罕见。

薄壁微挤压管在汽车散热器中的应用极大地改善了热交换器的热性能。由于挤压过程的实质，不能用富 Si 覆层的板材来制造挤压管。因此，棕带耐腐蚀机制不能应用于微通道管中。这些管在连接时必须喷涂钎料（如 Al-Si 粉、含 Si 钎剂）或者用复合翅片钎焊。为了改善管材的耐蚀性，对合金微观组织和合金成分的有效控制至关重要（Brazing Handbook, 2007；Gray, 2006），尤其是在管壁厚度越来越小，以及 HVAC&R 系

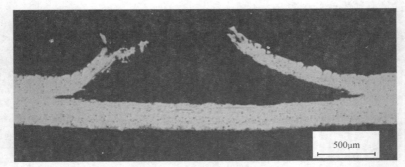

图 10.28　中心线存在 Ti 偏析的钎焊薄板的腐蚀（Sapa Technology 公司提供）

统中微通道热交换器的应用日益扩大的趋势下。针对不同的热交换器部件，可以选择适当的合金成分实现管腐蚀保护的措施。例如，利用电化学牺牲阳极机制，能给管材提供有效的腐蚀保护。Zn 是少数几种比铝的腐蚀电位更低的常规元素之一（Hatch，1984），所以 Zn 经常被添加到翅片合金中（最高添加 2%），以增加片和管之间的腐蚀电位差。翅片材料的这种发展使得为管提供阴极保护成为可能，而不表现出极强烈的翅片腐蚀（Magnusson 等，1997）。另一种控制挤压管腐蚀的方法是在装配热交换器之前把 Zn 涂层沉积到管表面。Zn 具有较低的熔点（420℃），且在 Al 中具有较高的溶解度，在钎焊过程中很容易扩散到管表面形成薄层，成为挤压管芯材的阳极牺牲层，从而实现管的腐蚀保护。然而很多实验室和实际研究表明，CAB 过程中 Zn 主要集中在钎角内，使接头本身成了其他部件的阳极牺牲区。这就导致了管片之间的脱焊（图 10.23），以及如前所述的热效率损失（Janseen 等，2011）。可以用含 Zn 钎剂替代 Zn 涂层，相对于直接沉积 Zn 的方法（如电弧喷涂），使用含 Zn 钎剂具有 Zn 含量更低和管表面的 Zn 更均匀的优点。因此，焊后钎角中 Zn 的浓度更低，引起接头侵蚀和脱焊的选择性腐蚀倾向可降至最低（Janseen 等，2011）。炉内环境也会影响钎角中的 Zn 含量（Lochte 和 Sucke，2011）。用于钎焊散热器的炉子可能被 Zn 浓度较高的 Zn 涂层/含 Zn 材料污染，随后，从这些含 Zn 材料中蒸发出来的 Zn 会导致更多的 Zn 在钎焊接头中聚集（Lochte 和 Sucke，2011）。

除了致力于合金材料的发展，合理设计和装配热交换器，以减少其在腐蚀环境中的暴露是非常重要的（Nordlien 等，2011）。例如，由于持续暴露在潮湿和酸性环境中，热交换器的一些特定区域会发生腐蚀失效，可以通过更好的排水设计抑制水和其他污染物在热交换器中的聚集来避免这种失效。

2. 冷却液侧腐蚀

以前汽车热交换器的内部腐蚀相对外部腐蚀而言几乎不算问题。事实上，若干年后，当使用合理清洁的补充水时，冷却剂配方和抑制剂的改良有效地阻止了冷却剂对热交换器的腐蚀。当发生失效时，往往归咎于失效的冷却剂或者被污染的水。如前文所述，许多管材都有一种腐蚀电位比管芯合金低的内部或临水的牺牲覆层，尽管很多试验已经证明了这些内部覆层的作用，但在实际应用领域对于其效果却缺乏令人信服的证据。图 10.29 所示为管内 Al-Zn 合金内覆层表面的少量点蚀，在其他地方出现了冲刷腐蚀（图 10.30），这些覆层不能提供任何保护，需要通过对冷却剂的正确维护和降低局部液体流动速度（低于 2m/s）来控制冲刷腐蚀（Shah 和 Sekulic，2003）。

a) 管内表面(Sapa Technology公司提供)　　　　b) 横截面(Melander和Woods，2010；
　　　　　　　　　　　　　　　　　　　　　　　　　ⓒ NACE International，2010)

图 10.29　AA7072（Al-Zn）内覆层散热器管的点蚀

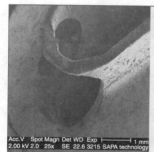

图 10.30　内覆层散热器管的冲刷腐蚀（Sapa Technology 公司提供）

10.6.3　耐蚀性的测试方法

由于实际使用中热交换器的腐蚀是缓慢的，实验室中加速腐蚀试验的研究方法已经被应用于材料研发项目中用以模拟实际工作状态（Melander 和 Woods，2010）。这种加速试验的目的是预测热交换器在长时间使用后的耐蚀性。SWAAT 已经被广泛应用于汽车工业很多年了，目的就是模拟钎焊热交换器暴露于外部的腐蚀环境。研究发现，SWAAT 在 2～3 天内会产生晶间腐蚀或点蚀形貌，这也在使用几年后的散热器中得到了证明（Scott 等，1991）。其他测试方法如中性盐雾试验（ASTM B117-09，2009）和铜加速乙酸盐雾试验（CASS）（ASTM B368-09，2009），也被用来评估钎焊铝热交换器的耐蚀性。最近，有人发布了一项有关散热器工作 6～10 年后综合性能的研究报道（Melander 和 Woods，2010）。通过比较 SWAAT 结果和从在恶劣环境下使用多年的汽车热交换器中采集的腐蚀样品可以推断出，SWAAT 适合测试暴露在恶劣道路条件下的汽车热交换器的耐蚀性。然而，这些测试不能完全反映在相对温和但仍有腐蚀性的环境下工作的汽车的腐蚀情况。SWAAT 的缺点主要是耐久性试验时间相对较长和重复性低（Meijers，2002），但是到目前为止，还没有广泛被人们认可的替代加速腐蚀试验的方法。

在静态 HVAC&R 系统中，使用 CAB 铝微通道热交换器的趋势也带来了一些问题，即目前使用的加速测试方法是否适合这些新的应用。另外，SWAAT 的试验条件可能太严苛而不能模拟静态 HVAC&R 系统中热交换器的使用环境，即使是在沿海地区（Norgren 和 EK，2009）。最近，ASHRAE（美国采暖、制冷和空调工程师协会）提出了一项研究课题，在以前制定的真空钎焊铝热交换器腐蚀标准（Scott 等，1991）的基础上，开发了一项针对 HVAC&R 系统 CAB 微通道热交换器的新的腐蚀测试（Ellerbrock，2011；Norgren 和 Matter，2011）。

为了测试 CAB 铝热交换器的内部耐蚀性，经常需要使用高腐蚀性溶液，如"OY"（Oyama River）水。这项测试是日本发展的，测试采用一种腐蚀性非常强的溶液，即含有 NaCl、$FeCl_2$、$CuCl_2$ 和 $NaSO_4$ 的去离子水溶液。这项测试往往在较高的温度（88℃）下进行，以至于在很短的时间里就发生了管内腐蚀（Melander 和 Woods，2010）。然而值得怀疑的是，OY 测试方法是否能代表除了最苛刻腐蚀环境的其他现场使用环境条件。因此，不同制造厂家制定了改进的测试方法。例如，一些企业使用了稀释的 OY 水或者改性、温和的酸性成分。在北美或欧洲，经常使用 ASTM 腐蚀液甚至更稀的溶液。很难比较不同腐蚀液的测试结果，令人遗憾的是文献中也很少发表关于晶间腐蚀的数据。比较在瑞典南部使用了 6~10 年的散热器与 OY 水耐蚀性测试结果时发现，两者的腐蚀形貌不具有相似性（Melander 和 Woods，2010）。然而，由于缺乏对抑制剂和/或补充水质量的关注，一些热交换器在使用很短的时间后就失效了。所以，即使根据 OY 水测试结果设计内覆层，有时也会发生灾难性的腐蚀。

对于 CAB 汽车铝热交换器的内、外腐蚀试验，需要制定一个行业标准，而且要加大对服役的 CAB HVAC&R 热交换器的关注。

10.7　参考文献

Aleris document (2007), 'Aluminum heat exchanger materials', available from: http://www.aleris.com/sites/default/files/1829_AL_HeatExchanger_Br_oB_2010-09-23_RZ_WEB.pdf (accessed 10 March 2011).

ASTM B117-09 (2009), 'Standard practice for operating salt spray (Fog) apparatus', West Conshohocken, Pennsylvania, ASTM International.

ASTM B368-09 (2009), 'Standard test method for copper-accelerated acetic acid-salt spray (Fog) testing (CASS Test)', West Conshohocken, Pennsylvania, ASTM International.

ASTM G85-09 (2009), 'Standard practice for modified salt spray (Fog) testing', West Conshohocken, Pennsylvania, ASTM International.

AWS C3.7M/C3.7 (2011), 'Specification for aluminum brazing', Miami, Florida, American Welding Society.

Biance A L, Clanet C and Quere D (2004), 'First steps in the spreading of a liquid droplet', *Physical Review E*, 69, 016301-1–016301-4.

Bolingbroke R K, Gray A and Lauzon D, (1997), 'Optimisation of Nocolok™ brazing conditions for higher strength brazing sheet', SAE paper #971861.

Brazing Handbook (2007), 5th Edition, Miami, Florida, American Welding Society.

Brouckere, L De (1945), 'An electron-diffraction study of the atmospheric oxidation of aluminium, magnesium and aluminium-magnesium alloys', *Journal of the Institute of Metals*, 71, 131–147.

Callister W D (2003), *Materials Science and Engineering – An Introduction*, Massachusetts, John Wiley & Sons.

Chen R, Cao J and Zhang, Q Y (1997), 'A study of the phase diagram of AlF3-CsF system', *Thermochimica Acta*, 303, 145–150.

Chen R, Wu G H and Zhang Q Y (2000), 'Phase diagram of the system KF-AlF3', *J. Am. Ceramic Soc.*, 83, 3196–3198.

Cooke W E, Wright T E and Hirschfield J A (1978), 'Furnace brazing of aluminum with a non-corrosive flux', SAE paper #780300.

De Gennes P G (1985), 'Wetting: Statics and dynamics', *Review of Modern Physics*, 57, 827–863.

De Gennes P G, Brochard-Wyart F and Quere D (2004), *Capillarity and Wetting Phenomena – Drops, Bubbles, Pearls, Waves*, New York, Springer-Verlag.

Dehmas M, Valdés R, Lafont M C, Lacaze J and Viguier B (2006), 'Identification of intermetallic precipitates formed during re-solidification of brazed aluminum alloys', *Scripta Materialia*, 55, 191–194.

Doko T, Yanagawa Y and Tanaka S (2005), 'Change in the brazeability of brazing sheets with different Si particle size in Al-Si filler alloy layer', *Furukawa-sky review*, No.1, 27–32. Available from: http://www.furukawa-sky.co.jp/review/001/01_abst05.pdf (in Japanese, accessed 24 July 2011).

Ellerbrock D (2011), 'Considerations for HVAC accelerated corrosion testing and future directions', *2nd International Congress Aluminum Brazing Technologies for HVAC&R Aluminum-Verlag*, Düsseldorf, Germany.

Field D J and Steward N I (1987), 'Mechanistic aspects of the Nocolok flux brazing process', SAE paper #870186.

Gao F, Zhao H, Sekulic D P, Qian Y and Walker L (2002), 'Solid state Si diffusion and joint formation involving aluminum brazing sheet', *Materials Science and Engineering A*, 337, 228–235.

Garcia J, Massoulier C and Faille P (2001), 'Brazeability of aluminum alloys containing magnesium by CAB process using cesium flux', SAE paper #2001-01-1763.

Garcia J, Swidersky H-W (2011), 'Solubility characteristics of potassium fluoroaluminate flux and residues', *2nd International Congress Aluminum Brazing Technologies for HVAC&R Aluminum-Verlag*, Düsseldorf, Germany.

Garcia J, Swidersky H-W, Schwarze T and Eicher J (2010), 'Inorganic Fluoride Materials from Solvay Fluor and their Industrial Applications', in *Functionalized Inorganic Fluorides: Synthesis, Characterization & Properties of Nanostructured Solids* (ed. A. Tressaud), Chichester, UK, John Wiley & Sons Ltd.

Godard H P (1967), 'Oxide film growth over five years on some aluminum sheet alloys in air of varying humidity at room temperature', *J. Electrochem. Soc.*, 114, 354–356.

Goodrich H S, Connor Z M and Murty G S (2001), 'Aging response and elevated temperature strengthening in brazing sheet core alloys of 3xxx series aluminum', SAE paper #2001-01-1725.

Gray A, Butler C and Bosland A (2011), 'A real time FTIR study of the oxidation behavior of clad sheet during controlled atmosphere brazing', *2nd International Congress Aluminum Brazing Technologies for HVAC&R Aluminum-Verlag*, Düsseldorf, Germany.

Gray A, Flemming A J and Evans J M (1999), 'Optimizing the properties of long-life brazing sheet alloys for vacuum and NOCOLOK brazed components', *VTMS 4 Conference Proceedings*, London.

Gray A, Swidersky H W and Orman L (2006), 'Reactive Zn flux – an opportunity for controlled Zn diffusion and improved corrosion resistance', *AFC-Holcroft 11th International Invitational Aluminum Brazing Seminar*, Livonia, Michigan.

Hatch J E, editor (1984), *Aluminum: Properties and Physical Metallurgy*, Metals Park, Ohio, American Society for Metals.

Holmestad R, Marioara C D, Ehlers F J H, Torsæter M, Bjørge R, *et al.* (2010), 'Precipitation in 6xxx aluminum alloys', *Proceeding of 12th International Conference on Aluminum Alloys*, 5–9 September, Yokohama, Japan, 30–39.

Hrnjak, P (2011), 'New opportunities for Al microchannel heat exchangers', *2nd International Congress Aluminum Brazing Technologies for HVAC&R Aluminum-Verlag*, Düsseldorf, Germany.

Hunter M S and Fowle P (1956), 'Natural and thermally formed oxide film on aluminum', *J. Electrochem. Soc.*, 103, 482–485.

Janssen H, Nordlien J H, Schluter S, Insalaco J and Sicking R (2011), 'Recent alloy development for HVAC&R applications', *2nd International Congress Aluminum Brazing Technologies for HVAC&R Aluminum-Verlag*, Düsseldorf, Germany.

Johansson H, Stenqvist T and Swidersky H W (2003), 'Controlled atmosphere brazing of heat treatable alloys with cesium flux', IMechE paper C599/013/2003.

Jordan M F, Milner D R (1956–7), 'The removal of oxide from aluminum by brazing fluxes', *Journal of the Institute of Metals*, 85, 33–40.

Kaufman J G (2000), *Introduction to Aluminum Alloys and Tempers*, Materials Park, OH, ASM International.

Kooij N D A, Hurd T J, Burger A, Vieregge K and Haszler A (1999), 'High-strength heat-treatable aluminum alloys for CAB brazing', *VTMS 4 Conference Proceedings*, London.

Kubaschewski O and Hopkins B E (1953), *Oxidation of Metals and Alloys*, London, Butterworths Scientific Publications.

Kuppan T (2000), *Heat Exchanger Design Handbooks*, Marcel Dekker, New York.

Lacaze J, Tierce S, Lafont M C, Thebault Y, Pébère N, *et al.* (2005), 'Study of the microstructure resulting from brazed aluminum materials used in heat exchangers', *Materials Science and Engineering A*, 413–414, 317–321.

Levinson P, Cazabat A M, Cohen Stuart M A, Heslot F and Nicolet S (1988), 'The spreading of macroscopic droplets', *Revue Phys. Appl.*, 23, 1009–1016.

Lochte L and Sucke N W (2011), 'Zinc: Angel or devil for brazing of aluminum heat exchangers', *2nd International Congress Aluminum Brazing Technologies for HVAC&R Aluminum-Verlag*, Düsseldorf, Germany.

Magnusson A, Scholin K, Mannerskog B, Stenqvist T and Ortnas A (1997), 'Improved material combination for controlled atmosphere brazed aluminum radiators', SAE paper #971786.

Massalski T B (1986), *Binary Alloy Phase Diagrams, American Society for Metals*, Metals Park, Ohio, American Society for Metals.

Meijers S (2002), *Corrosion of aluminum brazing sheet*, PhD thesis, Technical University of Delft.

Melander M and Woods R A (2010), 'Corrosion study of brazed aluminum radiators retrieved from cars after field service', *Corrosion*, 66, 015005-1–015005-14.

Miller W S, Zhuang L, Bottema J, Wittebrood A J, De Smet P, *et al.* (2000), 'Recent development in aluminium alloys for the automotive industry', *Material Science and Engineering A*, 280, 37–49.

Mortensen A, Drevet B and Eustathopoulos N (1997), 'Kinetics of diffusion-limited spreading of sessile drops in reactive wetting', *Scripta Materialia*, 36, 645–651.

Nordlien J H, Daaland O, Lian K A and Espedal A (2011), 'Multiport extruded tube alloy development for HVAC&R applications', *2nd International Congress Aluminum Brazing Technologies for HVAC&R Aluminum-Verlag*, Düsseldorf, Germany.

Norgren S and Ek L (2009), 'Corrosion performance & testing of CAB aluminum heat-exchanger samples for HVAC&R', *1st International Congress Aluminum Brazing Technologies for HVAC&R Aluminum-Verlag*, Düsseldorf, Germany, 16–17 June 2009.

Norgren S and Matter J (2011), 'Accelerated corrosion test methods for condensers for stationary HVAC&R', *2nd International Congress Aluminum Brazing Technologies for HVAC&R Aluminum-Verlag*, Düsseldorf, Germany.

Nylen M, Gustavsson U, Hutchinson B and Örtnas A (2000), 'The mechanism of braze metal penetration by migration of liquid films in aluminum', *Material Science Forum*, 331–337, 1734–1742.

Orman L, Swidersky H W and Gray A (2008), 'Reactive zinc flux – An opportunity for controlled zinc diffusion and improved corrosion resistance – Part II', *5th International Aluminium Brazing* Congress, Düsseldorf, Germany, 6–8 May 2008.

Park C Y and Hrnjak P (2002), 'R-410A air conditioning system with microchannel condenser', *Proceedings of the 9th Purdue Refrigeration Conference*, University of Purdue.

Robert E, Olsen J E, Danek V, Tixhon E, Ostvold T, *et al.* (1997a), 'Structure and thermodynamics of alkali fluoride-aluminum fluoride-alumina melts – Vapor pressure, solubility, and Raman spectroscopic studies', *J. Phys. Chem. B*, 101, 9447–9457.

Robert E, Olsen J E, Gilbert B and Ostvold T (1997b), 'Structure and thermodynamics of potassium fluoride-aluminum fluoride melts – Raman spectroscopic and vapor pressure studies', *Acta Chemica Scandinavica*, 51, 379–386.

Schwartz M (2003), *Brazing*, 2nd edition, Materials Park, OH, ASM International.

Scott A C, Woods R A and Harris J F (1991), 'Accelerated corrosion test methods for evaluating external corrosion resistance of vacuum brazed aluminum heat exchangers', SAE paper #910590.

Shah R K and Sekulic D P (2003), *Fundamentals of Heat Exchanger Design*, New York, Wiley.

Shapiro, A E (2010), 'Brazing Q&A', *Welding Journal*, 89, 18–20.

Solvay Fluor document (2011), 'Post Braze Flux Residue and Engine Coolants'.

Solvay Fluor document (2012a), 'Brazing dictionary', available from: http://www.aluminium-brazing.com/sponsor/nocolok/Html/Dictionary/index.html (accessed 10 March 2011).

Solvay Fluor document (2012b), 'Nocolok® Li flux', available from: http://www.aluminium-brazing.com/sponsor/nocolok/Files/PDFs/31403.pdf (accessed 10 March 2012).

Solvay Fluor document (2012c), 'filler metal management in NOCOLOK® flux brazing of aluminum', available from http://www.aluminium-brazing.com/sponsor/nocolok/Files/PDFs/31352.pdf (accessed 10 March 2012).

Sontgerath J A H, Kooij N D A, Vieregge K and Haszler A (1996), 'The effect of microstructure on flow behavior of braze clad material', *Materials Science Forum*, 217–222, 1721–1726.

Stenqvist T (2001), 'A new high strength aluminum alloy for controlled atmosphere brazing', SAE paper #2001-01-1727.

Swidersky H W (2001), 'Aluminum brazing with non-corrosive flux, state of the art and trends in NOCOLOK® flux technology', *6th International Conference on Brazing, High Temperature Brazing and Diffusion Bonding*, Aachen, Germany.

Swidersky H W (2012), Personal communication.

Tanner L H (1978), 'Spreading of silicone oil drops on horizontal surface', *J. Phys. D*, 12, 1473–1484.

Terrill J R (1966), 'Diffusion of silicon in aluminum brazing sheet', *Welding Journal*, 45, 202–209.

Terrill J R, Cochran C N, Stokes J J and Haupin W E (1971), 'Understanding the mechanisms of aluminum brazing', *Welding Journal*, 50, 833–839.

Timsit R S and Janeway B J (1993), 'A novel brazing technique for aluminum and other metals', *J. Mater. Res.*, 8, 2749–2752.

Turriff D M, Corbin S F and Kozdras M (2010), 'Diffusion solidification phenomena in clad aluminum automotive braze sheet', *Acta Materialia*, 58, 1332–1341.

Van Beek H J and Mittemeijer E J (1984), 'Amorphous and crystalline oxides on aluminum', *Thin Solid Films*, 122, 131–151.

Wade K D and Scott D H (1986), 'Aluminum Alloys, Physical and Mechanical Properties', 2, 1141, Engineering Materials Advisory Services.

Wittebrood A (2009), *Microstructural changes in brazing sheet due to solid-liquid interaction*, PhD thesis, Technical University of Delft.

Wittebrood A, Kooij C J and Vieregge, K (2000), 'Grain boundary melting or liquid film migration in brazing sheet', *Materials Science Forum*, 331–337, 1743–1750.

Woods R A (1997), 'Liquid film migration during aluminum brazing', SAE paper #971848.

Woods R A and Robinson I B (1974), 'Flow of aluminum dip brazing filer metals', *Welding Journal*, 53, 440s–445s.

Woods R A, Scott A C and Harris J F (1991), 'A corrosion resistant alloy for vacuum brazed aluminum heat exchangers', SAE paper #910591.

Yang H S and Woods R A (1997), 'Mechanisms of liquid film migration (LFM) in aluminum brazing sheet', SAE paper #971849.

Yoon S, Kim H J and Lee C (2007), 'Fabrication of automotive heat exchanger using kinetic spraying process', *Surface & Coatings Technology*, 201, 9524–9532.

Zähr J, Fussel U, Ullrich H J, Turpe M, Grunenuald B, *et al.* (2010), 'Influence of the natural aluminum oxide coat on thermal joining', *DVS Berichte*, 263, 296–303.

Zhang Q Y and Zhuang H S (2008), *Brazing and Soldering Manual*, 2nd edition, Beijing, China Machine Press, in Chinese.

Zhao H and Sekulic D P (2006), 'Diffusion controlled melting and re-solidification of metal micro layers on a reactive substrate', *Heat Mass Transfer*, 42, 464–469.

Zhao H and Sekulic D P (2008), 'Wetting kinetics of a hypo-eutectic Al-Si system spreading over an aluminum substrate', *Materials Letters*, 62, 2241–2244.

Zhao H and Sekulic D P (2009), 'The influence of surface topography on wetting kinetics of solders and brazes', *4th International Brazing and Soldering Conference Proceedings*, Orlando, FL.

第 11 章　先进陶瓷基复合材料与金属的活性钎焊

R. Asthana，威斯康星大学斯陶特分校，美国

M. Singh，美国航空航天局格伦研究中心，美国

【主要内容】　先进陶瓷基复合材料（CMCs）在许多方面都表现出超越传统陶瓷材料的优异性能，并在很多要求苛刻的应用中表现出很大的潜力。近净成形制备陶瓷基复合材料零部件具有很大的挑战性，并且在很多先进应用中要求采用稳定、可靠的集成技术，如钎焊。本章综述了陶瓷基复合材料与金属钎焊技术的研究现状，重点论述了钎焊陶瓷基复合材料所面临的挑战和科学问题；列举了 SiC-SiC、C-SiC、C-C、ZrB_2 基超高温复合材料，以及氧化物陶瓷基、氮化物陶瓷基和硅化物陶瓷基复合材料的钎焊实例，讨论了有关界面微观组织、成分和力学性能的近期研究结果。尺寸效应、对时间-温度-环境具有依赖性的热疲劳性能、接头设计原则、寿命预测分析以及用于 CMC/金属钎焊复杂结构装配的工装夹具等，将是未来研究的重点。

11.1　引言

陶瓷基复合材料（CMCs）具有高于金属基和高分子基复合材料的高温性能，具有比陶瓷优异的断裂韧性和抗热振性能。它通过裂纹偏转、裂纹尖端钝化、相变增韧以及摩擦桥联等机制来克服陶瓷材料的低韧性。陶瓷基复合材料是一个庞大的陶瓷基材料体系，由分布在连续陶瓷相（基体）中的不连续、片状陶瓷（增强相）组成，同时保留了各组成部分的性能特点、几何特点以及陶瓷相之间的界面性能。陶瓷基复合材料的性能是可以调整的，其性能的重新组合是可以实现的，并且整体性能可能与原组分的性能明显不同。不同于金属基和高分子基复合材料，调整陶瓷基复合材料性能的关键目标是增韧而不是增强。纤维和基体的界面较弱，需要在脱黏纤维滑移过程中通过裂纹偏转和摩擦应力来增加韧性。因此，使用具有固有脆性的陶瓷如 SiC 和 Al_2O_3（断裂韧性为 3~5MPa · $m^{1/2}$）组合所制备的陶瓷体系，其韧性大大超过了陶瓷相的韧性。值得注意的是，复合材料中纤维和基体的固有脆性在很大程度上没有改变。因此，可以通过改变界面来获得设计块体复合材料性能的最大自由度（但严格地讲这是不正确的，因为界面成形的加工条件同样会在一定程度上改变纤维和基体材料的性能）。为了获得具有令人满意性能的复合材料，需要研发使纤维和基体形成最佳界面结合的技术。

纤维、晶须、颗粒、片晶和层压板是陶瓷基复合材料中比较常见的增强体形态。最近几年，大量基于碳化物（SiC、TiC）、氧化物（Al_2O_3、ZrO_2、SiO_2）、氮化物（Si_3N_4、BN、AlN）、硼化物（TiB_2、ZrB_2、HfB_2）以及玻璃和玻璃-陶瓷等的陶瓷基复合材料得到了广泛的应用。许多陶瓷基复合材料已被证实具有较好的性能，包括 SiC-SiC、SiC-

Al_2O_3、C-SiC、$SiC-Si_3N_4$、$TiC-Si_3N_4$、$Al_2O_3-ZrO_2$、$TiC-Al_2O_3$等。这些先进的 CMCs 已被证实可以在诸如传热结构、排气喷嘴、涡轮泵叶盘、燃烧器衬套、辐射燃烧器、热交换器等的高性能高温系统，以及经受热、磨损、冲蚀和腐蚀的系统中使用。例如，C/C-SiC 复合材料一般用于制备轻质的制动盘。首先通过化学气相沉积（CVI）或高分子高温分解方法制备 C-C 复合材料，然后向 C-C 复合材料中渗透 Si，使其与 C-C 复合材料反应生成 SiC。设计含金刚石、CBN、B_4C 和类似硬质颗粒的陶瓷基复合材料，可用于制造在高温和高速切割条件下使用的刀具。许多这类复合材料的最初开发针对的是超声速飞行器的热结构和先进火箭推进器的推力室。与此同时，人们也研发了应用于超高温（2173~2773K）结构的其他复合材料。例如，以高熔点金属 Zr、Ti、Hf 和 Ta 的硼化物为基体的复合材料，具有高的熔化温度、高硬度、低挥发性、良好的抗热振性和高的热导率，在 2173~2773K 的温度范围内短时间服役时，能够表现出令人满意的性能。它们还具有良好的抗氧化性，并可通过使用添加剂（如 SiC）使其性能得到进一步改善。关于先进 CMCs 的加工、制造和性能等方面的综合论述可以在相关文献中找到（Taylor，2000；Zweben，2002；Lamon，2005；DiCarlo 等，2005；Corman 和 Luthra，2005；Krenkel，2005；Lewis 和 Singh，2001；Chawla，1987）。

由于陶瓷材料固有的脆性及加工困难等问题，制备陶瓷和陶瓷基复合材料部件时，首选近净成形技术，但仍然可以应用许多先进技术，如采用分层制造工艺，将复杂的实体离散成几何形状简单的层片进行加工，最终实现复杂结构部件的组装。此外，在实际组件中，这些陶瓷基复合材料必须与其他材料，如耐高温金属和合金组合在一起，这就需要发展和运用稳定可靠的连接技术和集成技术。通过下述工艺可以实现陶瓷基复合材料和单片陶瓷的连接：扩散连接，熔焊，胶接，活性金属钎焊，氧化物、玻璃和氮氧化物钎料钎焊，反应成形等（Schwartz，1994；Locatelli 等，1995；Singh 和 Asthana，2007b、2008；Suryanarayana 等，2001）。

11.2 异种材料的钎焊

钎焊是一种相对简单和经济有效的连接方法，广泛应用于陶瓷和陶瓷基复合材料的连接。陶瓷钎焊使用粉末状、膏状或丝状形态的金属或非晶钎料，钎料在接头区域润湿并铺展，最后凝固形成接头界面。使用金属钎料的陶瓷钎焊一般对陶瓷表面进行预金属化，或通常使用含有活性金属如 Ti 的钎料箔、膏或丝材，活性金属通过与陶瓷发生化学反应促进钎料的润湿性和流动性。Ti 是最常用的活性金属，它能够与陶瓷反应形成化合物，增加了连接强度。例如，Ti 可与氧化物陶瓷反应，形成 TiO、TiO_2 和 Ti_2O_3；可与碳化硅、氮化硅和硅铝氧氮陶瓷反应，形成硅化钛、碳化钛和氮化钛。其他的反应钎料包含 Zr、Cr、Nb 和 Y 元素。钎焊通常是在有高纯度惰性气氛的真空炉中进行的，但贵金属的钎焊是在空气中进行的，以形成氧化物黏结剂（如 $Ag-Cu_2O$）。钎料在基板上必须有良好的润湿性和黏附性，延展性要好，能够抑制晶粒长大，可抗蠕变和氧化，并应与母材的热胀系数较为接近，热传导率要高，熔点应高于接头工作温度但低于母材熔化温度。人们已经设计和生产了大量用于陶瓷基复合材料钎焊的商用钎料合金（表 11.1）。

表 11-1　用于钎焊 CMC/CMC 及 CMC/金属的商用钎料合金

钎料	成分（%）	T_L/K	T_s/K	E/GPa	YS/MPa	CTE/（×10^{-6}/K）	K/（W/m·K）	EL（%）
Cu-ABA[1]	92.8Cu-3Si-2Al-2.25Ti	1297	1231	96	279	19.5	38	42
MBF-30[2]	Ni-4.61Si-2.8B-0.02Fe-0.02Co	1327	1257	—	—	—	—	—
MBF-20[2]	Ni-6.48Cr-3.13Fe-4.38Si-3.13B	1297	1242	—	—	—	—	—
Ticuni[1]	15Cu-15Ni-70Ti	1233	1183	144	—	20.3	—	—
Ticusil[1]	68.8Ag-26.7Cu-4.5Ti	1173	1053	85	292	18.5	219	28
Palcusil-15[1]	65Ag-20Cu-15Pd	1173	1123	—	379	—	98	23
Palcusil-10[1]	59Ag-31Cu-10Pd	1125	1097	—	327	18.5	145	18
Palcusil-5[1]	68Ag-27Cu-5Pd	1083	1080	—	333	17.2	208	11
Silcoro 75[1]	75Au-20Cu-5Ag	1168	1158	—	—	—	—	—
Cusil-ABA[1]	63Ag-35.3Cu-1.75Ti	1088	1053	83	271	18.5	180	42
Cusil[1]	72Ag-28Cu	1053	1053	83	272	19.6	371	19
Incusil-ABA[1]	59Ag-27.3Cu-12.5In-1.25Ti	988	878	76	338	18.2	70	21
Palco	65Pd-35Co	1492	1492	151.8[3]	341	14.3[4]	35	43
Palni	60Pd-40Ni	1511	1511	152.6[3]	772	15.0	42	23

注：CTE—热膨胀系数；T_L—液相线温度；T_s—固相线温度；E—杨氏模量；YS—屈服强度；K—热导率；EL—延伸率。
① 摩根先进陶瓷。
② Metglas 公司。
③ 下限值，根据混合物规则测定。
④ 由特纳方程测定（Chawla，1987）。

钎料多为箔带、粉末、膏状和丝状形式。粉末和膏状钎料中通常含有有机黏结剂，必须在焊前将其去除。箔带和丝材钎料尤其适用于具有复杂结构的连接。膏状和粉末钎料在接头表面会残留来自有机黏结剂的有害残渣。非金属元素如 B、Si 和 P 会使钎料合金变脆，导致边缘开裂，使板带的连续生产变得非常困难，因此难以加工成钎料箔和薄带，这一问题已经通过快速凝固钎料组分以产生韧性的非晶态 Ni、Co、Cu、Ti 和 Zr 基合金得到解决，这些合金可加工成箔状。

非金属钎料包括玻璃（或玻璃与晶体材料的混合物），如 SiO_2-MgO-Al_2O_3 和 CaO-TiO_2-SiO_2（CTS 玻璃）复合钎料。采用玻璃作为钎料是因为很多烧结陶瓷会在晶界处产生大量非晶相，玻璃填料和这些非晶相能形成良好的润湿和连接。钎焊氧化物陶瓷的另一种方法（主要方法）是钼-锰法，在此方法中专门配制含有粉末状的 Mo（或 MoO_3）、Mn（或 MnO_2）和玻璃形成化合物涂料（或料浆），涂覆到陶瓷表面。涂覆涂料的陶瓷在 1500℃ 和湿氢的条件下烧制，使陶瓷中产生的玻璃成分扩散到 Mo 层中形成牢固的结合。一般而言，使用玻璃作为钎料焊接陶瓷和陶瓷基复合材料时，接头韧性差、杨氏模量低和对应力腐蚀的敏感性是主要问题。

当对金属基板进行氧化处理（实现氧化物/陶瓷连接）或对陶瓷表面金属化（实现金属/金属连接）时，陶瓷-金属钎焊也变得可行，接头强度得到提高。采用溅射法、气相沉积或热分解反应沉积的方法在陶瓷表面制备活性金属膜（例如，Ti 膜覆盖的 Si_3N_4、Ti 膜覆盖的部分稳定氧化锆，Cr 膜覆盖的碳，以及 Hf、Ta 或 Zr 膜覆盖的 Si_3N_4）。在陶瓷表面预涂覆含钛化合物（如 TiH_2），可使陶瓷上形成一层可湿润的 Ti 层，钎焊后冷却和凝固，形成高强度接头。

11.2.1 润湿性

润湿性是钎焊陶瓷基复合材料/金属时需要重点考虑的因素，高温润湿性数据可作为评价材料钎焊性的有效指标。陶瓷基复合材料具有空隙结构，润湿性控制着液体在平面上的铺展速度和间隙中的毛细渗透。可以在已有文献中获得大量有关玻璃和金属合金在单片陶瓷上的润湿角测量结果。

大多数情况下，含有活性金属（如 Ti）的钎料能够润湿氧化物、碳化物、氮化物和碳基体，而且平衡润湿角可以从开始时的大钝角降低到很小的值（接近零）。虽然目前并没有润湿性的测试标准，但其测量对试验条件极端敏感，一般采用润湿角 θ 模型表征润湿性（图 11.1a），它由 Young-Dupre 方程定义

$$\sigma_{LV}\cos\theta + \sigma_{LS} = \sigma_{SV} \tag{11-1}$$

式中，各个 σ 是固体（S）、气体（V）、液体（L）三相之间的界面能。$\theta < 90°$ 时，固体被液体润湿；$\theta > 90°$ 时，固体不被液体润湿。极限值 $\theta = 0°$ 和 $\theta = 180°$ 定义为完全润湿和完全不润湿。这个非常简练的方程，是从热力学因素、复杂的流体动力学以及控制液体在固体上铺展行为的界面现象推导得出的。尽管来自各方面的研究结果提出了润湿角模型应用于高温下化学反应体系的局限性（Sobczak 等，2005；Asthana 和 Sobczak，2000），该方程还是被广泛用作评价钎焊合金润湿性的基础（Jacobson 和 Humpston，2005）。

对式（11-1）进行了修正，将其用于增加了反应自由能 ΔG_r 的反应体系，化学反应使润湿角从 θ_0 减小至 θ。经过修正后的方程为

$$\cos\theta = \cos\theta_0 + \frac{(\sigma_{SL} + \sigma_{SL}^0 - \Delta G_r)}{\sigma_{LV}} \quad (11\text{-}2)$$

式中，θ_0 和 σ_{SL}^0 分别是润湿角和反应前的固-液界面能。此外，界面能 σ_{SL} 与固体表面的吉布斯形成自由能（ΔG）、基体的化学计量比、温度和气氛有关（Eustathopoulos 等，1999）。ΔG 表征了固体的化学稳定性，ΔG 的值越负，对应的润湿角越大。换句话说，随着固体稳定性的增加，液态金属对固体的润湿性降低。下面将讨论一些高温体系润湿性的例子。

石墨和金刚石都是共价态的高熔点固体，具有类似的稳定电子结构和较强的共价键结合特征。位于元素周期表第Ⅳ、Ⅴ和Ⅵ的 B 族金属（Cu、Ag、Au、Zn、Cd、In、Ge、Sn、Pb、Bi 等）表现出对碳很弱的化学亲和力。因而纯 Ag 和 Cu（大量钎料的基体金属）不能润湿石墨（$\theta = 137° \sim 140°$）。与此相反，过渡金属在高温时与碳有相当强的相互作用和较大的黏附功（$20 \sim 25$ kcal/mol），黏附功 W_{ad} 被定

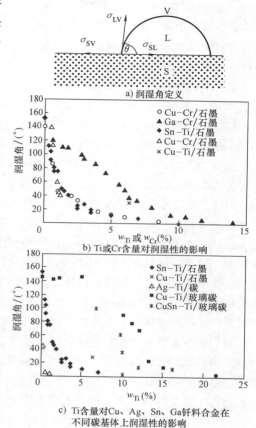

a）润湿角定义

b）Ti或Cr含量对润湿性的影响

c）Ti含量对Cu、Ag、Sn、Ga钎料合金在不同碳基体上润湿性的影响

图 11.1　润湿角的定义以及 Ti 和 Cr 含量对钎料合金在不同碳基体上润湿性的影响

义为 $W_{ad} = \sigma_{LV}(1 + \cos\theta)$。其结果是，在 Cu 中添加 Cr、V、Co 等合金化元素可以减小钎料在石墨上的润湿角（Eustathopoulos 等，1999），Cr、V 元素改善润湿性的效果最明显。

Ag、Cu 和 Ni 通常被用做钎料的基体金属。这些纯金属在熔点温度时的表面张力 σ_{LV} 非常大，不能在陶瓷基复合材料表面润湿。例如，Ni 的 σ_{LV} 值为 1796N/m（在 1728K），Ag 的 σ_{LV} 为 925N/m（在 1233K），Cu 的 σ_{LV} 为 1330N/m（在 1359K）（Keene，1993）。表面张力随温度变化的数据显示，这些金属在温度超过其熔点时的 σ_{LV} 值少量下降，所以通过提高温度来改善润湿性的效果有限（对容易氧化的金属，如 Al 来说，这种情况比较复杂，因为温度升高，形成的气态亚氧化物 Al_2O 和氧化物溶解入液态金属，从而除去了表面氧化物）。在 Ni 中加入少量的 Ti 或 Cr 可改善润湿性和铺展性，形成良好的连接（Li，1992；Grigorenko 等，1998）。图 11.1b、c 所示为 Ti 和 Cr 含量对钎料合金在不同类型碳基体上的润湿角的影响。试验结果同样表明，通常短的钎焊时间即可实现最大程度的铺展。例如，熔化的 Cu-Ti 和 Cu-Sn-Ti 合金与玻璃态碳基体接触（Li，

1992；Standing 和 Nicholas，1978）几分钟后，润湿角 θ 便接近零。

商业钎料中除了活性金属如 Ti 以外，还包含为了实现其他目标（如降低钎焊温度、提高钎料流动性等）而添加的合金元素。这些合金元素能够与基体表面发生反应而相互结合。例如，Cu-ABA 钎料中的 Si 和 Ti（表 11.1）通过与碳形成碳化钛（TiC 和亚化学计量比碳化物 $TiC_{0.95}$、$TiC_{0.91}$、$TiC_{0.80}$、$TiC_{0.70}$、$TiC_{0.60}$ 和 $TiC_{0.48}$）、碳化硅或三元化合物 $Si_xTi_yC_z$，提高了钎料的润湿性。纯硅与碳反应，润湿角降低（Si/C 的润湿角 θ 约为 $0°$）（Whalen 和 Anderson，1976）。AgCu 钎料在钎焊温度下的热力学条件有利于形成 TiC 和 SiC。在 1193~1323K 温度范围内，通过 $Ti+C \rightarrow TiC$ 反应形成的 TiC 的吉布斯自由能（ΔG）为 $-174 \sim -169$kJ。在同样的温度范围内，通过 $Si+C \rightarrow SiC$ 反应形成的 SiC 的吉布斯自由能（ΔG）为 $-62.4 \sim -61.1$kJ。除碳化物之外，提高润湿性的界面金属氧化物（如 TiO），是通过钎料中的 Ti 与真空钎焊炉气氛中残留的氧气发生反应生成的（TiO 是 Ti 的稳定氧化物，它甚至能在约 10^{-28}atm 的低氧气分压下形成）。相似地，商业钎料如 Ticuni（表 11.1）中的 Ni 与 Cu、Au 和 Ag 相比，与碳具有更好的亲和力，并在碳/金属界面发生偏析。虽然在 Ni-C 体系中没有稳定的碳化物，但由于液态 Ni 与固体 C 的相互作用可能形成亚稳态碳化镍，将导致 Ni 在 C 上具有合适的润湿性和相对较低的润湿角（$68° \sim 90°$）。然而，Ticuni 的主要成分为 Ti（质量分数约为 70%），其与碳强烈反应，形成碳化镍的可能性较小。类似的原因也适用于钎料中的其他合金元素。

钎料的冶金结合和相变影响着钎焊过程中的固-液反应。在 AgCuTi 钎料 Ticusil（表 11.1）中，该合金系统含有一个液相溶解度间隙。三元合金 Ag-Cu-Ti 相图显示，Ti 的原子分数为 5% 的 Ag-Cu 共晶合金将合金分为贫 Ti 液相和富 Ti 液相，后者中 Ti 的原子分数远远大于 5%。富 Ti 液相与陶瓷复合材料中的碳或碳化硅发生反应，形成冶金结合。贫 Ti 液相在凝固时形成 Ag（Cu，Ti）固溶体和共晶相的混合物。在富 Ti 液相凝固过程中，在钎料基体中会产生 Ag（Cu）析出相和金属间化合物，如 AgTi、Ti_2Cu_3 和 $TiCu_2$。

复合材料表面的化学和结构不均匀性会影响材料的润湿性和钎焊性。表面粗糙度、纤维排列、纤维编织样式、表面化学不均匀性和表面缺陷都将显著影响润湿角和钎料的流动性（Sobczak 等，2005）。当前对复合材料润湿角的测量的研究还不充分（Asthana 等，2010），这在连接科学和技术中是一个研究方向。

由表面粗糙度造成的润湿角的滞后性显著地影响着润湿性，其造成的接头应力集中显著影响连接强度。一般来说，表面粗糙度除了促进摩擦结合外，还可以增加润湿体系中的接触（结合）面积和化学反应，但是由于脆性陶瓷的缺口效应，较大的表面粗糙度值也可能增加应力集中。概括表面粗糙度的影响可能比较困难，因为表面处理（如机械加工、研磨和抛光）不仅降低了表面粗糙度值，还可能导致表面和亚表面的损伤（晶粒或纤维脱出和形成孔洞）。另外，机械加工和研磨可能会产生残余应力。在一些陶瓷材料中，可以通过钎焊前热处理基底材料来改善由磨削引起的损伤。但是，对于碳而言，抛光后真空加热可能会造成表面二次粗化（Sobczak 等，2005）。这是因为即使在抛光过程中有些气孔随晶粒的分离而闭合，但随后在真空热处理过程中伴随着气体的排出，这些晶粒发生了移动，从而导致表面粗糙度值增加。

在钎焊应用中，需要根据由不同化学相和纤维结构导致的复合材料的表面化学和形态不均匀性，对钎料的润湿性和铺展行为进行评估。Ag 基和 Pd 基活性钎料在 C-C 与 SiC-SiC 复合材料中的润湿性试验（采用座滴法）（Asthana 等，2010）显示出润湿铺展的不均匀性和各向异性，大量钎料渗透入母材，Ti 富集在界面处，熔滴/CMC 母材连接处及周围发生了元素溶解和再分配，以及在具有较低层间抗剪强度的复合材料基板中有产生层间剪切裂纹的倾向。图 11.2 所示为 C-C 复合材料上凝固的 Ticusil 钎料熔滴伴随着钎料的渗透显示出良好的润湿性，并且由于残余应力而在接触面边缘产生了裂纹。从这些高温座滴试验中获得的润湿角数据，可以得出钎料在不均质复合材料表面的实际铺展速率。然而，这些测量的润湿角不是平衡润湿角，因为它们不符合 Young-Dupre 方程。

11.2.2   渗透

对于孔隙率较大的（图 11.2）复合材料，钎焊接头处经常出现钎料渗透。钎料渗透进多孔母材，导致待焊面部分区域无钎料填充，阻碍了接头的形成。如果满足临界湿润条件，即当润湿角 $\theta < 90°$ 时，钎料将渗透到多孔母材中。这是因为孔隙自发渗透所需要的毛细作用压力 P_c（孔隙入口处液体前沿的压力差）应该为负值，其中 $P_c = -2\sigma_{LV}$ $\cos\theta / r$，σ_{LV} 是钎料表面张力，r 是有效孔隙半径。因此，当 $\theta < 90°$，$P_c < 0$ 时，熔化钎料

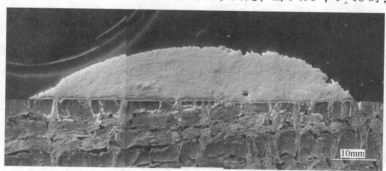

a) Ag-Cu-Ti(Ticusil)钎料在C-C复合材料上的座滴法试验

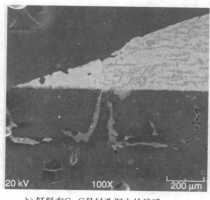

b) 钎料在C-C母材孔洞中的渗透

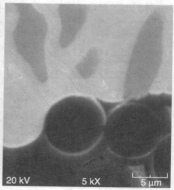

c) C-C和Ticusil熔滴的界面

图 11.2   钎焊接头处的钎料渗透

具有毛细作用；当 $\theta > 90°$，$P_c > 0$ 时，需要外部压力促使液体进入孔隙。流体阻力、重力、反复压缩和降压，以及多孔基体弯曲结构引起的液体流动方向的改变等因素，将导致外部压力下降。这些作用力支配着流体运动方程和孔洞内流体的动力学性能。

活性钎料在多孔母材上的渗透程度也取决于反应产物的形成所带来的体积变化、孔隙率及反应层的连续性。例如，Cu-Ti 合金能够同时在多孔石墨上润湿和浸渍，但 Cu-Cr 合金形成的反应层是非常致密的，能够有效密封碳基体中的开口孔隙，从而阻止熔体的渗透。用 Ti 代替 Cr，则反应形成的 TiC 层是不连续的，并具有非均匀的结构，熔化钎料向孔隙渗透（Sobczak 等，1997），直到液体补给耗尽或母材完全被熔化钎料所渗透。即使是致密的反应层，熔体渗透和反应层生成的相对速度是决定渗透动力学的关键因素。如果反应速度慢，则在反应产物阻碍液体流动前，会发生明显的熔体渗透。人们已经建立了用来研究这些效应的理论模型，加深了对其机理和动力学的理解（Asthana，2002、2000；Sangsuwan 等，2001）。

11.3　陶瓷基复合材料的钎焊

陶瓷基复合材料和单片陶瓷的钎焊方法均是基于表面金属化、活性钎焊，以及使用韧性中间层和复合钎料。在陶瓷基复合材料与金属的连接过程中，复合材料组分（如纤维和基体）的润湿特性和反应性，钎焊过程中复合材料制造技术的兼容性，是必须解决的问题。区别于颗粒或短纤维增强复合材料，连续纤维增强复合材料需要采用不同的钎焊方法。因为纤维排列影响到组件的性能，设计接头和钎焊过程必须保护纤维排列的完整性。相反地，研究表明表面纤维的取向会影响接头的抗剪强度（Janczak-Rusch，2011；Morscher 等，2006）。平行于纤维方向的钎缝和垂直于纤维方向的钎缝的强度不同。此外，在纤维和颗粒增强的陶瓷基复合材料中，不同的界面形貌及界面区域会影响润湿性、钎料铺展、化学反应和载荷传递等特性。图 11.3 所示为 SiC-SiC 复合材料的部分润湿区域中，在碳化硅纤维上凝固的钎料前沿、反应层以及由于局部应力导致的贯穿纤维的裂纹。陶瓷/陶瓷钎焊时可形成高强度接头的钎料对陶瓷/金属接头来说也许不是

 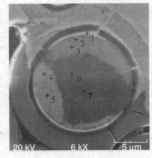 

a) 与熔化钎料接触前由化学气相渗透法制备的SiC-SiC复合材料中的SiC纤维

b) 与Cusil-ABA钎料部分润湿的SiC钎维

c) SiC-SiC复合材料中部分润湿的SiC纤维(存在表面反应区和润湿前沿处的横向裂纹)

图 11.3　SiC 纤维及其贯穿裂纹

最好的，除非这种钎料具有很好的韧性，能够缓解陶瓷基复合材料和金属因为热胀系数严重失配而产生的残余应力。

陶瓷基复合材料/金属的接头强度取决于许多因素，其中包括活性金属的含量和间隙厚度。对含 Ti 活性钎料来说，相对高的 Ti 的质量分数（但通常小于 10%），有利于获得高强度接头，Ti 含量大于 10%将对接头强度不利。在 Ag-Cu-Ti 钎料中添加合金元素（如 In），能够提高 Ti 的活性，从而允许减少 Ti 的添加量（Nicholas，1998）。增强 Ti 的活性能够促进钎焊反应进行并形成碳化钛和其他相。已经有人在尝试建立钎焊反应层生长理论模型。例如，Torvund 等人（1996）用 Ag-Ti 钎料反应钎焊 $ZrO-Al_2O_3$，对耦合反应层生长建模，分析了陶瓷/钎料界面钛氧化层的演变和随后的冷却过程中反应产物的分解情况。通过模型可计算各反应层的厚度，并与钎料合金中的活性元素浓度建立了直接关系。

钎焊间隙对陶瓷基复合材料/金属接头强度的影响是很难概括的，虽然一些研究表明，小间隙有利于获得较高的接头强度（Janczak-Rusch，2011），但其他人（Steffier，2004）指出，通过增加钎料层的厚度可以提高接头强度。例如，使用 AgCuTi 钎料钎焊 SiC-SiC 复合材料与 304 不锈钢及无氧铜，钎料层厚度增加一倍时接头强度也增加一倍（Steffier，2004）。

钎焊陶瓷基复合材料时需要考虑的一个重要问题是表面涂层对钎焊过程的影响。在纤维和陶瓷基复合材料上，常用复合涂层和多功能涂层作为扩散阻挡层，起到抗氧化、抗腐蚀、抑制热降解和促进兼容性的作用。例如，在 C-C 复合材料上涂覆有 SiC 或 Si_3N_4，而且其中还可以含有抗氧化元素，如 B、Ti 和 Si。在高温下工作时，这些元素在 C-C 复合材料内形成玻璃态氧化物相，可以密封在表面涂层中因 CTE 失配而引起的裂纹。这就抑制了氧向多孔性复合材料基体的扩散，并可延缓其氧化降解。钎焊陶瓷基复合材料的另外一个重要的问题是，在焊前还是焊后涂覆表面涂层。这个问题非常重要，因为大多数用于陶瓷基复合材料的表面涂层都是在温度为 1273～1673K 时进行涂覆的，即超过了普通钎料的熔化温度。此外，必须考虑添加到复合材料中抑制玻璃相形成的元素对钎料润湿性和黏附性的影响。

虽然陶瓷基复合材料和陶瓷钎焊过程中存在许多变量，但本质上，其基本过程包括以下步骤：将钎焊箔放置或黏贴在金属和复合材料母材之间；在真空条件下（10^{-6}torr，1torr = 133.322Pa）加热被焊件至钎焊温度；在钎焊温度下恒温保持一段时间，随后缓慢冷却到室温。在此过程中，需要选用合适的夹具、载荷，以及处理和解决由于与固定夹具发生物理接触而可能造成的接头污染等问题。以 SiC-SiC、C-SiC、C-C 和 ZrB_2 为基体的陶瓷基复合材料已经实现了与自身、高温金属和合金，如钛、铜包钼片和镍基高温合金（Inconel 625 和 Hastelloy）的钎焊。表 11-2 中列出了一些经过试验验证的陶瓷基复合材料/金属钎焊接头。

11.3.1　SiC-SiC 复合材料

耐热和耐磨损的 SiC-SiC 复合材料已经在燃烧器衬套、排气喷嘴、再入热保护系统、热气体过滤器、高压热交换器和聚变反应堆（Lamon，2005；DiCarlo 等，2005）中得到应用。表 11.3 中列出了一些 SiC-SiC 和 C-SiC 复合材料及其性能。

表 11.2　CMC/金属钎焊接头

复合材料	金属基体	钎　　料
C-C[a,f]	Ti	Silcoro-75[h]，Palcusil-15[h]
C-C and SiC-SiC	Ti	Ticuni，Cu-ABA，Ticusil
C-SiC[i]	Ti and 镍基合金	MBF-20[h]
C-C[a,f]	Ti and 镍基合金	MBF-20[h]，MBF-30[h]
SiC-SiC	镍基合金	MBF-20[h]，MBF-30[h]
C-SiC[i]	镍基合金	MBF-30[h]
C-SiC[a,i]	Ti，Inconel 625	MBF-20[h]，MBF-30[h]
SiC-SiC	Ti	MBF-20[h]
SiC-SiC	Ti	MBF-30[h]
C-SiC[a,i]	Incotel625	Incusil-ABA[h]，Ticusil[h]
C-SiC[a,i]	Inconel625	Cu-ABA[h]，Cusil[h] Cusil-ABA[h]
C-SiC[a,b,i]	Ti	Cusil-ABA[g,h]
SiC-SiC[a,b,j]	Ti	Cusil-ABA[g,h]
C-SiC[b,i]	Ti，Inconel625，包覆铜的钼	Ticusil[g]
SiC-SiC,[b,j] C-SiC,[a,i] C-C[f]（T 300）	Ti，Inconel625，包覆铜的钼	Ticusil[g]
C-C[c,d,e]	Ti，Inconel625 包覆铜的钼	Ticusil[g]
C-C,[c,d,e] C-SiC,[a,b,i] SiC-SiC[a,b,i]	Cu-clad Mo[k]	Cusil-ABA[g]
C-C[c,d,e]	Ti and Inconel 625	Cusil-ABA[g]
SiC-SiC[a,b,j]	Ti	Cusil-ABA[g]
C-SiC[a,b,i]	Ti	Cusil-ABA[g]
ZS，ZSS，ZSC	Ti，Inconel 625，Cu-clad-Mo	Cusil-ABA，Ticusil，MBF-20，MBF-30，Plalco，Palni

注：a：抛光；b：不抛光；c：3D 复合材料（CVI 碳基），Goodrich 公司；d：接头中的取向纤维；e：接头中的非取向侧；f：树脂碳基体中的 T300 碳纤维，C-CAT，TX；g：钎焊膏；h：钎料箔；i：化学气相渗透 SiC 基体中的 T300 碳纤维，GE 能源集团复合材料；j：浸渗碳化的硅基中胺磺酰基 SiC 纤维，GE 能源集团复合材料，DE；k：H. C. Stack 公司。

表 11.3　一些 C-SiC 和 SiC-SiC 复合材料及其性能

复合材料	UTS /MPa	E/GPa	抗弯强度 /MPa	ILSS /MPa	CTE /(×10⁻⁶/K)	K/(W/m·K)
CVI C-SiC[④]（42%~47%纤维）	350	90~100	500~700	35	3.0[①] 5.0[②]	14.3~20.6[①] 6.5~6.9[②]
LPIC-SiC[④]	250	65	500	10	1.16[①] 4.06[②]	11.3~12.6[①] 5.3~5.5[①]
HiPerComp SiC-SiC(22%~24% fiber)[③]	—	285		135[③]	3.5[①] 4.07[②]	33.8[①] 24.7[②]
2D SiC-SiC(0/90Nicalon fabric，40% fiber)[①]	200	230	200	40	3.0[⑤]，1.7[⑥]	19[⑤]，9.5[⑥]
NASA 2D SiC-SiC panels(N24-C)[②]	450	210		<7	4.4[⑦]	41[⑧]

注：ILSS—层间抗剪强度；UTS—抗拉强度。

① Lamon，2005。
② DiCarlo 等，2005。
③ Corman 和 Luthra，2005。
④ Krenkel，2005。
⑤ 平面内值。
⑥ 全厚度值。
⑦ 从室温到 1000℃ 的平均值（DiCarlo 等，2005）。
⑧ 平均值。

　　利用 Ag-Cu-Ti、Ni-Cr-B、Si-Ti、Si-Cr 和 Si-Ti 钎料合金已经实现了这些复合材料与其自身、可伐合金、钛、高温合金以及其他高温合金的钎焊。Singh 和 Lara-Curzio（2001）首先提出用 Si-Ti 钎料合金进行 SiC-SiC 复合材料的钎焊。后来，Riccardi 等人（2004a、2004b）使用 Si-16%Ti（原子分数）共晶合金钎焊了 SiC-SiC 复合材料。这些研究者还使用熔点分别为 1390℃ 和 1490℃ 的 Si-44%Cr 共晶合金和 CrSi$_2$ 金属间化合物真空钎焊了 SiC-SiC 复合材料。钎焊温度足够低，以避免纤维与 Si-Cr 合金接触而造成降解。Riccardi 等人的研究结果表明，接头界面连接良好、无缺陷且轮廓清晰，而且 Si-Si、Cr-C 和 Si-Cr 形成了共价键，增强了结合力。接头界面轮廓清晰意味着发生了直接化学键合而没有发生相互扩散或相变。接头在室温和 600℃ 时强度高（71MPa），而且失效发生在基体材料而不是在接头中，由此可知接头强度高于基体。Liu 等人（2010）开发了一种使用 Ni-56Si 钎料合金、可伐合金和 Mo 作为中间层的复合材料钎焊技术。他们还对 Ni-Si 钎料合金在 SiC 陶瓷上的润湿性进行了座滴法试验，结果表现出非反应润湿的特性，平衡润湿角为 23°。钎焊时，使用 Ni-Si/Mo/Ni-Si 结构作为中间层。因溶解和相互扩散，在可伐合金/Mo 和 Mo/Ni-Si 处形成了两个界面层，而没有观察到中间层与 SiC 发生任何反应。

　　在另一项研究中，Steffier 和 Tengar（2001）采用 Ag-Cu-Ti 钎料（Cusil-ABA 和 Ticusil）钎焊了 SiC-SiC 复合材料与 304 不锈钢及无氧铜。然后对单搭接钎焊接头进行剪切性能测试，获得的最大接头抗剪强度为 25MPa，并指出不能简单地通过增加搭接长度来增强接头，但可以通过设计一系列短的阶梯状搭接接头从而获得更高的强度（图 11.4d）。

a) 不规则的纤维分布形貌(1)

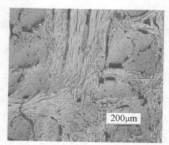

b) 不规则的纤维分布形貌(2)

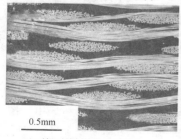

c) 不规则的纤维分布形貌(3)

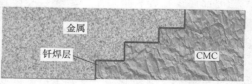

d) 阶梯状接头示意图

图 11.4　不均匀的纤维分布形貌（French 和 Cass，1998）以及可提高 CMC/金属钎焊接头强度的阶梯状接头示意图（Steffier 和 Tengar，2001）

各种类型的 SiC 纤维（Nicalon，Tyranno，Sylramic 等）被用于制造 SiC-SiC 陶瓷基复合材料，并且 CMCs 的组成、形貌、表面特性、组织结构和物理、力学性能的变化决定了陶瓷基复合材料的性质以及钎焊性。例如，用平行和垂直的 Tyranno-SA™ 纤维制备的碳化硅纤维增强的陶瓷（SA-Tyrannohex）不仅具有致密、牢固、坚韧、导热的特点，还因其优异的高温稳定性而被计划应用于先进的核聚变和裂变反应堆、航空发动机热端部件以及其他领域。最近，用 Ag-Cu-Ti 合金钎料（Matsunaga 等，2011）实现了这些陶瓷基复合材料自身的钎焊。钎焊形成了富含 Ti、C 和 Si 的界面区域（1~2μm 厚），而且有 Si 残留在 Ag-Cu 共晶钎料和 Ti-C 夹层中（由原子比推测是 TiC），这促进了润湿和连接。因此，TiC 相可能首先在 SiC 纤维附近形成，然后 Si 可能通过 TiC 层扩散，并和 Ti 反应形成钛硅化物。显微观察发现，反应生成的 TiC 有 0.5μm 厚（Matsunaga 等，2011）。

在接头中生成 TiC 和钛硅化合物（$TiSi_2$、Ti_5Si_3、$Ti_5Si_3C_x$），这从热力学角度来看是可能的（$\Delta G<0$），而生成 $TiSi_2$ 和 Ti_5Si_3 的量可能比 TiC 少（随着 SiC 在熔化钎料中的溶解和液相中 Si 的饱和，钛硅化合物可以在冷却和凝固过程中形成）。已有报道称，在 SiC-SiC 钎焊和扩散连接的接头中，有形成 Ti-C、Ti-Si、Cu-Si、Cu-Ti 相的大量化学反应发生，其中 Ti 既可用作钎料的成分，又可用作中间层（如在扩散连接）。

人们已成功钎焊了其他不同类型的 SiC 纤维的复合材料，包括采用 Ag-Cu-Ti 钎料和非晶态 Ni-Cr-Si-B 钎料，对化学气相渗透（CVI）的 SiC-SiC 和料浆浇注、熔渗（MI）的 SiC-SiC 复合材料与 Ti、Inconel 625 和 Haterlloy 合金进行钎焊（Singh 等，2008a；Singh 和 Asthana，2008b、2011a）。在可供选择的钎料体系中，难熔共晶粉末 Si-B 和 Si-Y 与非晶态镍基钎料被用于促进溶解、化学反应和强化母材，以实现可靠连接。图 11.5~图 11.8 所示为 SiC-SiC 复合材料

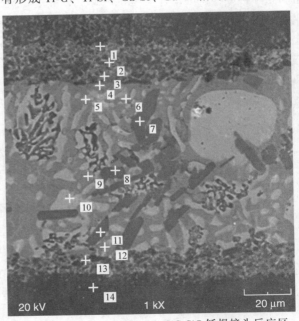

图 11.5　SiC-SiC/Cusil-ABA/SiC-SiC 钎焊接头反应区和基体组织 1~14—能谱（EDS）测量化学成分的位置

的接头界面 SEM 图。显微观察发现，虽然共晶粉末 Si-Y（图 11.7）和 Si-B（图 11.8）促进了 SiC-SiC/Ti 的连接，但 Si-B 钎料钎焊接头中的残余应力却使复合材料因层间剪切（ILS）而失效（图 11.8d、e）。为解决这一问题，研究者已经提出采用具有较高层间抗剪强度和应力缓释层的陶瓷基复合材料进行钎焊。使用 Ag-Cu-Ti 钎料（Ticusil，表11.1）钎焊的 SiC-SiC/Ti 接头的努氏硬度分布情况如图 11.9a 所示。该体系中能形成具

有平滑硬度测试梯度的可靠接头。抛光及未抛光表面的 SiC-SiC/Ti 接头抗剪强度测试的
主要结果如图 11.9b 所示，并将其与具有相似接头的 C-SiC/Ti 和 C-C/Ti 体系的抗剪强
度做了比较。当采用表面抛光的陶瓷基复合材料基体时，SiC-SiC/Ti 的抗剪强度显著提
高；然而在 C-SiC/Ti 接头中，表面抛光并没有表现出有利的作用。

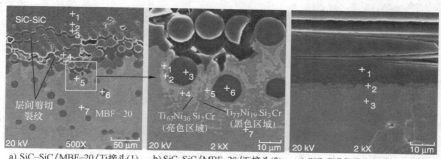

a) SiC–SiC/MBF–20/Ti接头(1) b) SiC–SiC/MBF–20/Ti接头(2) c) SiC–SiC/MBF–20/Si–B/Ti接头

图 11.6　SiC-SiC/MBF-20/Ti 接头和 SiC-SiC/MBF-20/Si-B/Ti 接头

注：图 a、b 所示接头化学结合良好，但复合材料中出现了层间剪切裂纹。

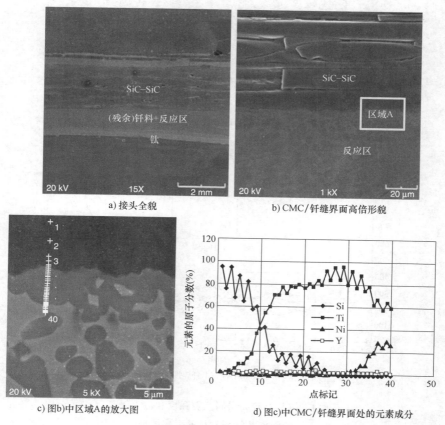

a) 接头全貌　　　　　　　　　b) CMC/钎缝界面高倍形貌

c) 图b)中区域A的放大图　　　d) 图c)中CMC/钎缝界面处的元素成分

图 11.7　SiC-SiC/MBF-20+Si-Y 共晶钎料/Ti 钎焊接头

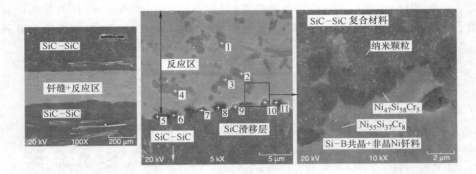

a) SiC-SiC/MBF20+Si-B共晶钎料/SiC-SiC钎焊接头全貌以及CMC/钎缝界面区域

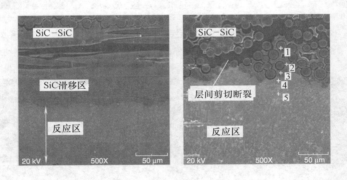

b) SiC-SiC/MBF20+Si-B共晶钎料/Ti钎焊接头中，在CMC基体中存在层间剪切裂纹

图 11.8　SiC-SiC/MBF20+Si-B 钎焊

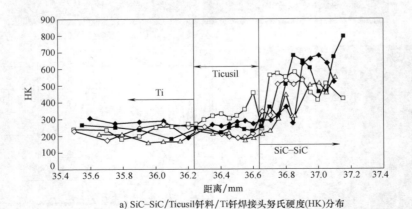

a) SiC-SiC/Ticusil钎料/Ti钎焊接头努氏硬度(HK)分布

图 11.9　具有较高层间抗剪强度和应力缓释
层的陶瓷基复合材料的焊接结果

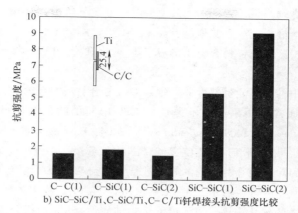

b) SiC–SiC/Ti、C–SiC/Ti、C–C/Ti钎焊接头抗剪强度比较

图 11.9　具有较高层间抗剪强度和应力缓释层的陶瓷基复合材料的焊接结果（续）

（1）—表面未抛光　（2）—表面抛光

11.3.2　C-C 复合材料

C-C 复合材料可以用于制造弹道导弹鼻锥，航天飞机的鼻罩、前缘，飞机和汽车的制动系统和热核反应器中的高热通量部件。该材料可用作在高温下服役的结构材料，或者要求耐热冲击或具有低热胀系数的领域。含有高热导率碳纤维的 C-C 复合材料已被证实是出色的散热材料，并且因重量减少而具有较低的膨胀特性。高弹性模量（HM）和超高弹性模量（UHM）碳纤维的轴向电导率分别为 $120 \sim 300 \mathrm{W/m \cdot K}$ 和 $500 \sim 1100 \mathrm{W/m \cdot K}$（Taylor，2000）。已经成功地使用多种钎料实现该复合材料与多种金属和合金的钎焊，包括 Nimonic 合金（Moutis 等，2010）、钛（Singh 等，2005、2007、2008；Qin 和 Feng，2007）、Ti-Al 金属间化合物（Wang 等，2010）、铜合金（Salvo 等，1995；Appendino 等，2004；Centeno 等，2011）、铜包钼（Singh 等，2007、2008a）、不锈钢（Liu 等，1994）及其他合金。总地来说，这些研究探讨了 C-C 复合材料钎焊的热力学和界面动力学反应、第二相析出、界面组织形成和力学性能等问题。

用 Ag-Cu-Ti 作为活性钎料钎焊 C-C 复合材料和 Ti，接头形成碳化钛（TiC）和亚化学计量比的碳化物，如 $TiC_{0.95}$、$TiC_{0.91}$、$TiC_{0.80}$、$TiC_{0.70}$、$TiC_{0.60}$ 和 $TiC_{0.48}$。此外，也形成了一些 Cu-Ti 金属间化合物，如 $TiCu$、Ti_3Cu_4、Ti_2Cu_3、Ti_2Cu 等。在接头中，这些反应层中的特殊空间排列是由反应化学计量数决定的。例如，据报道（Qin 和 Feng，2007）在 C-C 附近形成了 TiC 层和 TiCu 层，同时在 Ti 基材附近形成了 Ti_3Cu_4 层和 Ti_2Cu 层。随着钎焊温度和时间的增加，反应层的厚度增加。含 Ti 和 Si 的活性钎料（如 Cu-ABA）钎焊接头可以形成碳化硅和碳化钛，见 11.2.1 节中的讨论。接头结构、几何形状和中间层的影响也同样得到了证实。例如，在选用 Ag-Cu-Ti 钎料时，由于钎料在 C-C 复合材料表面孔隙中的渗透和固化，提高了 C-C/金属钎焊接头的强度（Wang 等，2010）。

与 Ag-Cu-Ti 钎料相比，Pd 基钎料的使用温度更高。商用 Pd-Co 和 Pd-Ni 钎料对 C-C 有着非常好的润湿性（Asthana 等，2010），润湿角很小。在 Pd-Ni 合金中添加 Si 和 Cr，能够显著改善润湿性和反应性；Pd-Ni-Si 系合金钎料在 C-C 复合材料上的润湿性随着 Cr

含量的增加而提高（Chen 等，2010），这是由于形成了铬碳化合物 $Cr_{23}C_6$。钎料的冷却和凝固使过饱和溶液中形成了其他相，如 Pd-Si、Pd_2Si 和 Pd_3Si 金属间化合物。由于反应和凝固，在接头区域的钎料合金中形成了富 Ni 区和贫 Pd 区，但与 C-C 能形成良好的连接。

热核反应堆中的高热通量部件需要钎焊 C-C 复合材料与铜合金，其接头具有优异的抗热疲劳性能。通常采用添加或不添加低 CTE 中间层的方法进行钎焊（Centeno 等，2011；Garcia-Rosales 等，2009；Appendino 等，2004；Casalegno 等，2009）。针对这种应用，Ferraris 及其同事研究了 C-C 复合材料的连接，他们（Appendino 等，2004；Casalegno 等，2009）采用几种不同的方法进行了掺杂 Si 的 C-C 复合材料与 Cu 和 CuCrZr 合金的钎焊。在其中一种方法中，将 Cr 和 Mo 沉积在 C-C 复合材料表面后进行热处理，以形成微米级尺寸的碳化物层。使涂覆碳化物的表面与 Cu 箔接触，在加热时，多孔碳化物层中发生毛细渗透，形成无孔隙、无裂纹的接头，然后将这些样品直接与其他合金进行钎焊。在另一种方法中（Appendino 等，2003），使用 Ti-Cu-Ni 合金钎料进行焊接。在 30~450℃温度范围下经过约 50 个循环周期后，接头的热疲劳性能稳定，并且强度与 C-C 复合材料的层间抗剪强度相当。此前，Ferraris 及其同事（Salvo 等，1995）曾用柔软而有韧性的半固态 Cu-Pb 合金作为热连接层。半固态合金具有非树枝状的球形微结构和优异的流动特性，要获得这种特性，首先需要对部分凝固的合金浆料进行机械或电磁搅拌，然后长时间保持部分凝固状态，以使初始凝固树枝晶合并和球化。但事实证明该方法不是非常成功，因为 Cu-Pb 合金对 C-C 的润湿性差（温度为 983K，氩气保护条件下的润湿角为 101°~104°），导致接头强度非常低（1.5~3MPa）。通过使用活性钎料或进行表面改性来改善润湿性的方法可以提高接头强度。

图 11.10 所示为不同的 C-C/金属钎焊接头的连接界面。陶瓷基复合材料/钎料界面（图 11.10a~d）和钎料/金属基体的界面（图 11.10e~g）的接头显微组织显示，在所有情况下，都得到了无孔隙、无裂缝，形成紧密物理接触的接头。在含 Ti 钎料的钎焊接头中，Ti 优先在 C-C/钎料界面析出。C-C 复合材料基体和金属基体（如 Ti 和铜包钼）之间发生合金元素的相互扩散。在采用 Ag-Cu-Ti 活性钎料钎焊铜包钼与 C-C 复合材料时，因为钎焊温度低于 Cu 的熔点（1359K），Cu 层未发生变化，Cu 层和韧性钎料有利于应力的缓解。Ag-Cu-Ti 钎料层显示出特有的两相共晶结构，即浅灰色富 Ag 区和暗色富 Cu 区（图 11.10a）。在这些合金中也形成了金属间化合物，如 AgTi、Ti_2Cu_3 和 $TiCu_2$。C-C 复合材料具有多孔结构，活性钎料合金可在短时间内（5min）渗入纤维孔隙深度几百微米处（图 11.10c）。据报道，因为孔隙中的反应性渗透，在多孔石墨基体上的 Cu-Ti 活性钎料熔滴体积会逐渐缩小。事实上，高 Ti 含量（28%）的 Cu-Ti 熔滴在多孔石墨基材上会迅速渗透并完全消失。多孔基材可以吸附掉界面上熔化的钎料，留下的钎料量不足以参与反应形成接头。因此，通过钎料在表面孔隙内渗透和凝固形成的摩擦连接接头，是以损失装配面的反应和连接为代价的。

C-C 复合材料与钛管部件的钎焊已应用在 Brayton 和热电能量转换系统中。钛的质量小（密度为 $4507kg/m^3$），热胀系数相对较低（$8.6×10^{-6}/K$），与 C-C 复合材料的热胀

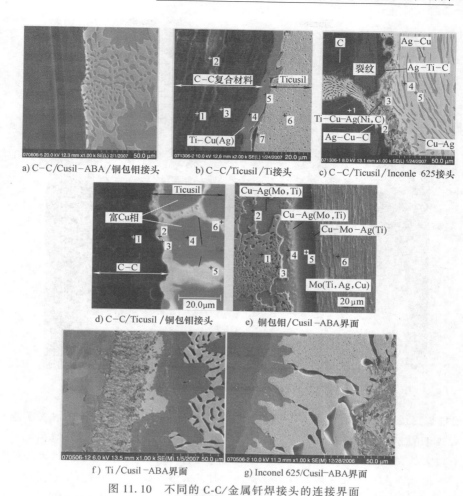

a) C-C/Cusil-ABA/铜包钼接头　　b) C-C/Ticusil/Ti接头　　c) C-C/Ticusil/Inconle 625接头

d) C-C/Ticusil /铜包钼接头　　e) 铜包钼/Cusil-ABA界面

f) Ti/Cusil-ABA界面　　　　　g) Inconel 625/Cusil-ABA界面

图 11.10　不同的 C-C/金属钎焊接头的连接界面

系数（20~250℃时为 0~1.0×10^{-6}/K）有适当的差异。这些性能使 Ti 适于制造热管系统中承受热或冷液体介质的管状部件。在制造轻质热交换器时，使用一种柔性、低密度的马鞍形材料（Poco 石墨泡沫）作为中间层，可实现钛管与高导热性的 C-C 复合材料的连接，这种马鞍形的材料能够协调弹性应变，防止开裂。这种泡沫的热胀系数低（其内表面的热胀系数是 1.02×10^{-6}/K，外表面的热胀系数是 -1.07×10^{-6}/K），与 C-C 复合材料的热胀系数相当，这有利于减少残余应力和扭曲变形。使用 Ag-Cu-Ti 钎料连接 C-C 复合材料/Poco 泡沫/Ti 时（Singh 等，2008b），泡沫中的间隙和孔洞被填满（膏状钎料表现出比箔带钎料更好的渗透特性），接头连接良好（图 11.11）。

　　在使用不同钎料以及待焊面的纤维取向不同的情况下，对使用或不使用马鞍形材料（石墨泡沫）的 C-C/Ti 钎焊接头进行拉伸及剪切性能测试。测试结果显示，直接钎焊的 C-C/Ti 对接拉伸接头的抗剪强度较低 [1.5~9.0MPa，误差为 ±（0.09~1.62）MPa]（Morscher 等，2006）。抛光的 C-C 试样的接头强度略高于未经抛光的试样。对于钛管与

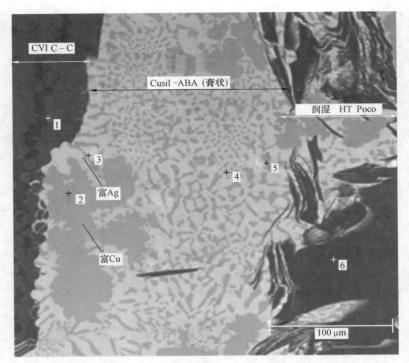

图 11.11　C-C 复合材料/Cusil-ABA/HT Poco 石墨泡沫钎焊接头组织

C-C 板钎焊形成的 C-C/Ti 接头，平均抗剪强度不仅取决于钎料类型，还取决于连接区域碳纤维束的方向。与纤维束平行于钛管轴向的接头相比，纤维束垂直于钛管轴向的接头具有较大的失效载荷（Morscher 等，2006）。显然，这是由于相对于纤维束与钛管轴向平行的情况而言，当纤维束垂直于钛管轴向时，大量的纤维束与钛管实现了连接。图11.12a 所示为采用三种不同的活性钎料合金（Ticuni、Ticusil 和 Cusil-ABA，表 11.1）钎焊的板-管接头的抗剪强度，其标准偏差范围是±(0.04～0.13) MPa。接头的承载能力受焊接区域和纤维束取向的影响。例如，表面纤维束垂直于钛管轴向的接头强度高于那些表面纤维束平行于钛管轴向的接头（图 11.12a）。

对于 Ti 管/泡沫/ C-C 板夹层结构，采用平滑和有沟槽的两种泡沫表面形式进行拉伸和剪切试验（图 11.12b）（Singh 等，2008b）。人们发现，在管-泡沫接头中凹槽越浅应力越大，在拉伸或剪切试验中接头强度超过 12MPa。无论使用何种 C-C 类型的复合材料，或以最大连接面积将 Ti 管钎焊到弯曲泡沫板上，或以最大接头应力将 Ti 管钎焊到平坦泡沫板上，断裂总是发生在石墨泡沫上（图 11.12c）。

C-C 复合材料与铜包钼钎焊结构可以提高热传导性能，同时可最大程度地降低由于热膨胀失配产生的残余应力。铜包钼与不同的陶瓷基复合材料钎焊时，铜层厚度对接头有效热效率影响的理论推测结果（基于一维、稳态热传导和平面接头）如图 11.13 所示。因为铜包钼的导热性和热胀系数取决于铜层厚度，这对连接有利（Harper，2003）。

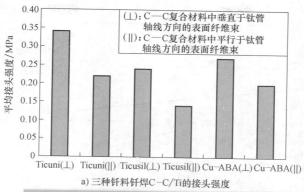

a) 三种钎料钎焊C–C/Ti的接头强度

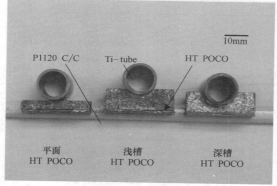

b) Ti管/Poco石墨泡沫/C–C复合材料钎焊接头(使用平滑及有沟槽的石墨泡沫)

c) 使用Cu–ABA钎料钎焊的Ti管/Poco石墨泡沫/C–C复合材料钎焊接头的断裂面

图 11.12　使用马鞍形 Poco 石墨泡沫的钎焊结果

例如，铜包钼的热导率（钼板每侧包铜层厚度为钼板厚度的 27%）是 224W/m·K，其热胀系数（$8.2×10^{-6}$/K）是纯铜（$16.5×10^{-6}$/K）的一半左右，只比 C–C 复合材料的热胀系数（$2.0~4.0×10^{-6}$/K）略高。此外，铜包钼具有高的塑性，能够协调应力。通过控制钼板上轧制包铜层的厚度，可以对 C–C 复合材料和铜包钼之间热胀系数的不匹配进行设计以降低应力，同时可保持较高的热导率。C–C 复合材料与铜包钼连接界面的微观组织（图 11.10）显示出了优异的连接性能。

11.3.3　C-SiC 复合材料

碳纤维增强碳化硅（C-SiC）复合材料在航空航天和汽车领域应用广泛，并且比

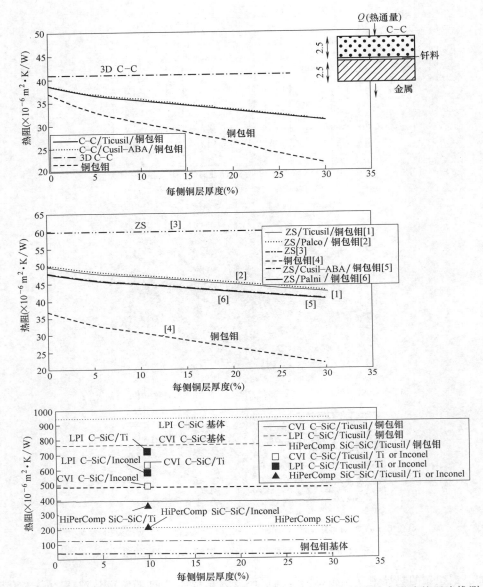

图 11.13 铜层厚度对铜包钼与不同陶瓷基复合材料钎焊接头有效热效率影响的理论推测

C－C复合材料更加耐用。该复合材料是通过 CVI、聚合物渗透和高温分解（PIP）、硅 MI 等方法制备的，并且经评估可以在工业燃气涡轮发动机、燃烧室衬垫组件、整流罩和火箭推进器的喷嘴扩张系统以及排气锥、发动机护翼和喷气式发动机的火焰稳定器中使用。表 11.3 中列出了一些具有代表性的 C-SiC 复合材料的力学性能和热力学性能。

有关 C-SiC 与 Ti、Inconel 625、Ni、铜包钼和其他金属的钎焊现已有报道（Liu 等，2011；Wang 等，2011；Lin 等，2007；Zhang 等，2002；Singh 和 Asthana，2011b）。在采用

Ti-Ni-Nb 活性钎料真空钎焊的 C-SiC/Nb 接头中（Liu 等，2011），钎料中的 Ti 和 Nb 均与 C-SiC 发生了反应，形成了很好的接头。该韧性钎料释放了接头中的热应力，且在 293K、873K 和 1073K 时，接头强度值分别达到了 149MPa、120MPa 和 73MPa。

　　除了采用常规活性钎料外，研究者也采用复合钎料钎焊了 C-SiC 复合材料与金属。使用含有分散纤维的复合钎料可以获得最大的接头强度，要高于用不含纤维的钎料获得的最大接头强度。分散的纤维可以缓解热应力并强化钎料，这些都有利于提高接头强度。例如，使用（Ag-6Al）+Ti+C 钎料（Ag、Al、Ti 混合粉末以及短碳纤维）可以导致 TiC 层与碳纤维发生化学反应，从而可以获得良好的接头组织，接头强度高，抗氧化性好（Wang 等，2011）。类似地，使用含短碳纤维的 Ag-Cu-Ti 钎料钎焊 C-SiC 与 Ti（Lin 等，2007），纤维与 Ti 发生反应，在纤维上生成 TiC 层，在钎料中生成 TiC_x 颗粒。短纤维均匀分布在钎料层中，并且与钎焊表面平行。

　　本章作者研究了复合材料表面状态对 C-SiC/金属钎焊接头整体性的影响（Singh 和 Asthana，2011b）。利用 CVI 方法制备复合材料，在表面抛光和不抛光两种状态下，采用两种 Ag-Cu-Ti 钎料（Cusil-ABA，$T_L = 815℃$；Ticusil，$T_L = 900℃$）钎焊复合材料与 Ti、Inconel 625 及铜包钼。研究发现，表面抛光对连接性能的影响强烈地依赖于所焊母材的类型。例如，使用 Cusil-ABA 钎料钎焊 C-SiC/铜包钼，未抛光的 CMC 基体表面产生了细小裂纹，而抛光后的 CMC 基体表面则没有裂纹。相应地，在使用 Ticusil 钎料的 C-SiC/Inconel 625 钎焊接头中，抛光和未抛光的 CMC 基体表面都有裂纹产生，但是，在使用 Ticusil 钎料的 C-SiC/铜包钼钎焊接头中，抛光和未抛光的 CMC 基体都没有开裂。不同金属基体和钎料层之间热胀系数和屈服强度的较大差异导致了不同的热应变，即不同体系的应变协调能力不同。在 C-SiC/Cusil-ABA/铜包钼钎焊接头中热应变（$\Delta\alpha\Delta T$）相对较低（1.944×10^{-3}），但在 C-SiC/Ticusil/Inconel 625 钎焊接头中却比较高（7.876×10^{-3}）。这些热应变的差异与复合材料表面状态的不同，都将导致接头性能的差异。另外，焊前表面抛光能部分或全部去除涂覆在 C-SiC 复合材料表面的 SiC 涂层，这也会影响到润湿性和连接性。

　　C-SiC/金属钎焊接头的微观组织也表明，钎焊冷却后的残余应力是导致裂纹和界面连接不良的原因，而不是由于熔化钎料在粗糙的（如未抛光）复合材料表面润湿性较差。图 11.14 所示为 C-SiC 复合材料与不同金属钎焊接头的显微组织和努氏硬度分布情况。C-SiC/钎料界面存在 Ti 和 Si 元素富集的情况，可能是由于伴随钎料成分在 C-SiC 复合材料中的扩散，形成了钛硅化合物。接头努氏硬度分布情况说明，表面处理对接头硬度未产生影响。

11.3.4　超高温陶瓷复合材料

　　过渡金属二硼化物 ZrB_2（密度为 $6090kg/m^3$）和 HfB_2（密度为 $11200kg/m^3$）的熔点大于 3200K，已被确定为可以在极端环境中应用的材料，如从太空返回地球大气层时经历超高温环境（$2173 \sim 2773K$）的空间飞行器的零部件。向这些硼化物中加入添加物，如 SiC 和 C，可以提高其热力学性能及抗氧化性。目前，人们已对这些二硼化物基

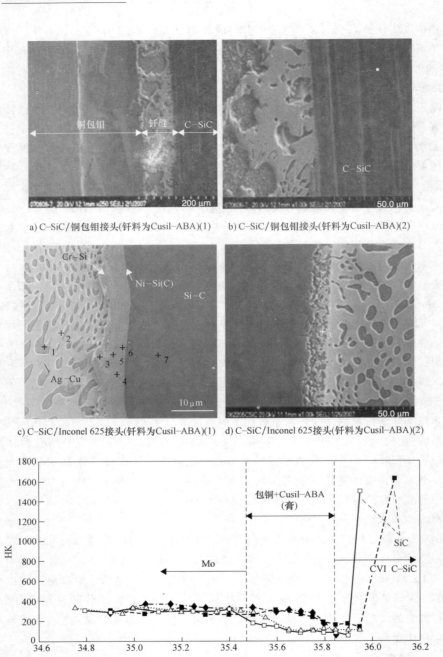

a) C-SiC/铜包钼接头(钎料为Cusil-ABA)(1)   b) C-SiC/铜包钼接头(钎料为Cusil-ABA)(2)

c) C-SiC/Inconel 625接头(钎料为Cusil-ABA)(1)   d) C-SiC/Inconel 625接头(钎料为Cusil-ABA)(2)

e) C-SiC/Cusil-ABA/铜包钼接头中的努氏硬度分布情况

图 11.14   C-SiC 复合材料与不同金属钎焊接头的显微组织和努氏硬度分布情况

超高温陶瓷（UHTC）复合材料的物理性能、力学性能、热和热力学性能进行了广泛的研究（Gasch 等，2005；Zhu 等，2008；Bellosi 和 Babini，2007；Sciti 等，2006；Monteverde 等，2002；Levine 等，2002；Tang 等，2007）。由 UHTC 复合材料制造的部件需要被连接到其他材料上，包括远离热区的金属。在这种情况下，只有 UHTC 材料可以暴露在超高温环境中，而起冷却作用的接头应位于热区以外。因此，使用金属钎料进行钎焊，可能是一种连接 UHTC 复合材料与其他材料的可行方法。

对二硼化物基复合材料连接的研究还比较少。Muolo 等人（2003）使用 Ag-Zr 钎料（$T_L = 1323K$）连接了 ZrB_2 基耐火材料与 Ti-Al-V 合金，本章作者之前也使用 Ni 基非晶钎料（$T_L = 1327K$）连接了 UHTC 复合材料自身和 Ti（Singh 和 Asthana，2007a），并使用 AgCuTi 和 Pd 基钎料钎焊了 UHTC 复合材料与铜包钼（Singh 和 Asthana，2009、2010；Asthana 和 Singh，2009）。Pd 基钎料（$T_L = 1492 \sim 1511K$）除了具有优良的抗氧化性外，还比大多数 Ag 基和 Ni 基钎料有更高的使用温度。其他研究者（Passerone 等，2006、2007、2009；Voytovych 等，2007）研究了 Ag、Cu、Au、Ni 与二硼化钛陶瓷的润湿性和相互作用。然而，关于 Pd 基合金在 ZrB_2 陶瓷上的润湿角数据很少。已测得在 1773K 时，过渡金属 Co 和 Ni 在 ZrB_2 上的润湿角分别为 39° 和 42°（Passerone 等，2006、2007）。这表明 Pd 基钎料 Palco 和 Palni（表 11.1）也可能润湿 ZrB_2 和 ZrB_2 基复合材料。

本章作者使用多种不同钎料钎焊了三种 ZrB_2 基复合材料与 Ti、铜包钼和 Inconel 625。这些复合材料标记为 ZSS、ZSC 和 ZS：ZSS［ZrB_2+20（体积分数）SiC_p+35（体积分数）SiC_f］，包含 SCS-9a 纤维和 SiC 微粒；ZSC［ZrB_2+14（体积分数）SiC_p+30（体积分数）C_p］，包含 SiC 和碳微粒；ZS（ZrB_2+ 20v/o SiC_p），包含 SiC 微粒。这些复合材料是通过热压制成的，但 ZSC 和 ZS 复合材料实现了完全致密化；相对地，热压 ZSS 复合材料具有约 30% 的残余孔隙率和微裂纹，这是由 SCS-9a 纤维（热胀系数为 4.3×10^{-6}/K）和基体之间热膨胀失配产生的残余应力导致的。

研究者使用两种含 B 的非晶态 Ni 基钎料合金（MBF-20 和 MBF-30）进行了这三种 ZrB_2 基 UHTC 复合材料（ZSS、ZSC 和 ZS）与 Ti 的钎焊。复合材料成分（如 Zr、Si）和 Ti 向熔化 Ni 基钎料合金中的溶解导致了溶质再分布，形成了相互作用区和微裂纹。使用 Cusil-ABA、Ticusil，Pd-Co 和 Pd-Ni 钎料钎焊这三种复合材料与铜包钼（表 11.1），均得到了连接良好的无裂纹接头。使用 Pd-Co 和 Pd-Ni 钎料钎焊接头反应区的厚度比使用 Cusil-ABA 和 Ticusil 钎料的厚度大得多。有趣的是，与用 Cu 层钎焊的复合材料与铜包钼的接头不同，Cu 层充当了应力吸收中间层（Cu 的延伸率为 55%），在用 Pd-Co 钎料连接 ZSC 自身时出现了微裂纹，并且 Pd 向 ZSC 中渗透。

在使用 Pd-Co 钎料钎焊 ZSS 自身时，母材中存在的微裂纹和孔洞促进了钎料渗透，导致 Pd 出现在远离钎焊基体的相互作用区中，并形成了少量的扩散反应区。与 Palco 钎料不同，Palni 钎料钎焊的 UHTC 接头质量较差，并有大量裂纹。与 Pd-Co 钎料（延伸率为 43%，屈服强度为 341MPa）相比，Pd-Ni 钎料较低的延伸率（23%）和较高的屈服强度（772MPa）抑制了应力释放，导致接头质量较差。一些 UHTC 复合材料/金属钎焊接头的微观组织如图 11.15a～c 所示，ZS/Palni/Ti 钎焊接头的努氏显微硬度如图 11.15d 所示。在复合材料基体（图 11.15b）中，黑色分散片状相是 SiC_p，连续浅灰色相是 ZrB_2。接头相互作用区较宽，且由于钎焊导致了 ZSS 复合材料中 SCS-9a 纤维的降解，如图 11.16 所示。

Si 和 Zr 从 ZS、ZSS 和 ZSC 复合材料中扩散并溶解在熔化钎料中，导致溶液过饱和，经冷却和凝固形成金属间化合物相，如 Pd_3Zr、Pd_2Zr、$PdZr$ 和 $PdZr_2$。同样地，在 Pd-Co 合金中可以形成 $CoZr$、$CoZr_2$ 和 Co_2Zr。此外，在相互作用区可以形成硅化物和复杂的三元化合物。在这些复杂的多组分系统中，进行化学反应动力学和热力学的详细分析是困难的。然而，简单的热力学分析可以证明一些观点。例如，在 Zr_2B 或 SiC 与钎料中的 Ni、Pd、Co 之间发生的化学反应可以形成硼化物（Ni_2B、Ni_3B、CoB、Pd_5B）、硅化物（$CoSi_2$、Ni_2Si、$PdSi$）和碳化物（Ni_3C、CoC、PdC）。作为温度（$T \leqslant 1700K$）的函数，Zr_2B 或 SiC 和 Ni、Co 之间反应自由能（ΔG）的计算结果表明，Ni 与 SiC 反应形成 Ni_2Si 的 $\Delta G < 0$。与此相反，Zr_2B 与 Ni 或 Co 反应形成 Ni_2B、Ni_3B、CoB 的 ΔG 是正值。同样地，SiC 与 Ni 或 Co 反应形成 $CoSi_2$ 和 Ni_3C 是不太可能的。这些基于元素热力学计算的预测仅供参考。实际上，基于简单的热力学理论推算认为不可能存在的某些反应产物，却在实际的接头中形成了。例如，Zr_2B 与 Ni 反应形成 Ni_2B 的 $\Delta G > 0$，但在正常的钎焊条件下得到的 $Au-Ni/Zr_2B$ 接头中，使用电子探针显微分析（EPMA）确定存在 Ni_2B 相（Voytovych 等，2007）。对于 $Au-Ni/Zr_2B$ 接头，虽然 Ni 和 Zr_2B 反应形成 Ni_2B 的 $\Delta G > 0$（$4Ni + ZrB_2 = 2Ni_2B + Zr$），但由于 Ni-Zr 混合溶液的负熔值较大，同样会引起化学反应（Voytovych 等，2007）。

11.3.5 其他复合材料

大量其他陶瓷基复合材料与金属的成功钎焊已见报道。这些复合材料包括 SiC 晶须增强的 Al_2O_3、SiC 和 Si_3N_4 纤维增强的玻璃，石英纤维增强的 SiO_2，莫来石-莫来石，TiN 颗粒增强的 Si_3N_4，AlN 颗粒增强的 TiB_2 等。在金属和陶瓷基复合材料之间添加热胀系数介于两母材之间的柔性层，有利于提高接头强度（Kramer，2010；Dixon，1995）。例如，可伐合金（热胀系数为 $7 \times 10^{-6}/℃$）或殷钢（热胀系数为 $11.35 \times 10^{-6}/℃$）可以首先与金属母材焊接，随后将它们与 CMC 钎焊。然而，在许多 CMC 系统中，即使无柔性层，也能形成良好的接头，见后面的讨论。采用复合钎料合金可以使复合材料与金属接头的性能得到改进（Blugan 等，2007；Janczak-Rusch，2011）。例如，使用 SiC 增强的钎料实现了 Si_3N_4-TiN 复合材料与钢的钎焊，接头表现出良好的润湿性和连接性，且 TiN 颗粒在接头内分布均匀。

已有人开展了关于氧化物陶瓷复合材料（如莫来石-莫来石）与高温合金（如 Haynes-230®）钎焊的研究（Piazza 等，2003），先使用由 Ti 和 Zr 活化的 Cu-Zn 合金对复合材料表面进行预金属化，随后使用 Cu 钎料钎焊，形成良好的接头。其他研究包括采用 Ag-Ti 钎料钎焊 ZrO_2 增强的 Al_2O_3 与金属（Torvund 等，1996），碳化钨-镍金属陶瓷与复合涂层钎焊（Lu 和 Kwon，2002），Si-Ti-C-O 纤维强化的 CMC 与钢的钎焊（Nakamura 等，1999），以及 SiC 晶须增强的 Al_2O_3 与钢的钎焊（Qu 等，2005）。Zhao 等人（2011）

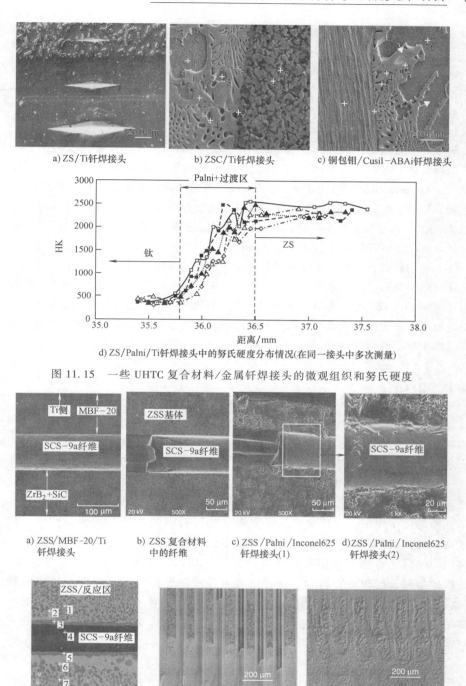

a) ZS/Ti钎焊接头　　　b) ZSC/Ti钎焊接头　　　c) 铜包钼/Cusil-ABAi钎焊接头

d) ZS/Palni/Ti钎焊接头中的努氏硬度分布情况(在同一接头中多次测量)

图 11.15　一些 UHTC 复合材料/金属钎焊接头的微观组织和努氏硬度

a) ZSS/MBF-20/Ti　　b) ZSS 复合材料　　c) ZSS/Palni/Inconel625　　d)ZSS/Palni/Inconel625
钎焊接头　　　中的纤维　　　钎焊接头(1)　　　钎焊接头(2)

e) ZSS/Palco/铜包钼钎焊接头　f) ZSS/Palni/铜包钼钎焊接头(1)　g) ZSS/Palni/铜包钼钎焊接头(2)

图 11.16　SiC-SiC 复合材料与熔化钎料接触后 SCS-9a SiC 纤维的反应和降解

使用 Ag-Cu 共晶钎料真空钎焊化学镀镍的石英纤维增强 SiO$_2$ 复合材料与殷钢，钎焊参数为 1073~1163K，保温 5~35min。接头强度受 Cu-Ni 共晶的相对数量和镀镍层厚度的影响，在特定数量的 Cu-Ni 共晶和镀镍层厚度下可获得最大的抗剪强度。Mattia 等人（2005）采用热压法制备了 AlN/TiB$_2$ 陶瓷复合材料，并采用座滴法试验评价了 Ag-Cu 和 Ag-Cu-Ti 钎料合金在该复合材料上的润湿性。Ag-Cu 合金及纯 Ag 和纯 Cu 金属的润湿性很差，但是 Ag-Cu-Ti 合金却表现出了良好的润湿性。

对于硅酸盐基复合材料，已开展了 Si$_3$N$_4$ 纤维增强的堇青石玻璃-陶瓷与 Ti 和不锈钢零件的钎焊研究（Dixon，1995），以及 SiC 纤维增强的硼硅玻璃基复合材料与 Mo 的钎焊研究（Janczak-Rusch 等，2005）。对于 SiC 纤维增强的硼硅酸盐玻璃基复合材料与 Mo 的连接，使用了两种类型的钎料：非晶钎料和活性钎料 Ag-Cu-In（Incusil-ABA，钎焊温度为 740℃）。对于非晶钎料钎焊，Mo 基体表面必须是粗糙的，以确保能良好地连接。Ag-Cu-In 活性钎料钎焊接头的强度比非晶钎料的高。进行了待焊面平行或垂直于复合材料纤维方向的钎焊，接头力学性能测试显示，在平行纤维方向的接头中，断裂总是发生在复合材料的层间；而在垂直纤维方向的接头中，接头断裂于界面处，说明钎缝是接头薄弱区。Incusil-ABA 钎料和硼硅玻璃基体钎焊钎缝中形成了脆性反应层，但 SiC 纤维和钎料之间没有发生反应。接头具有比较高的负载能力，玻璃基体复合材料的热降解作用可以忽略不计。

11.4 小结

先进陶瓷基复合材料，如 SiC-SiC、C-C、C-SiC、UHTC 复合材料和氧化物、氮化物和硅酸盐基复合材料正逐渐成为可设计的复合材料，具有可与其他材料连接的潜力。这些复合材料已与一些金属及其合金，如 Fe、Ti、Ni 和 Cu 及其合金实现了钎焊。已有许多用于复合材料自身钎焊的成熟钎料，在使用或不使用经表面改性处理和缓释应力的金属中间层的情况下，应用这些钎料可以成功地获得良好的接头。由于相互间的化学作用，如溶解、活性金属（如钎料中的 Ti）与陶瓷的化学反应，得到了良好的润湿性和结合强度。研究者测量了 CMC 及其钎焊接头的显微组织、成分、寿命和力学性能、物理性能和热性能。需要评估以下因素对最佳接头设计的影响，如纤维的排列，层间剪切行为，纤维及复合涂层的作用，耐氧化性，热疲劳和机械疲劳，应力-断裂行为，以及在服役条件下物理、化学和力学性能随时间的退化。需要对结构中使用的钎焊接头进行寿命评价。显然，CMC/金属的钎焊是新兴的研究和发展领域。

11.5 致谢

衷心感谢美国俄亥俄州克利夫兰国家宇航局格伦研究中心的 Mike Halbig 先生提供的有益建议。

11.6　参考文献

Appendino P, Casalegno V, Ferraris M, Grattarola M, Merola M, *et al.* (2003), 'Joining of C–C composites to copper', *Fusion Eng. Design*, 66(8), 225–229.

Appendino P, Ferraris M, Casalegno V, Salvo M, Merola M, *et al.* (2004), 'Direct joining of CFC to copper', *J. Nuclear Mater.*, 329–333, 1563–1566.

Asthana, R (2000), 'Dissolutive capillary penetration with expanding pores and transient contact angles', *J. Colloid Interface Sci.*, 231, 398–400.

Asthana R (2002), 'Interface- and diffusion-limited rise of a reactive melt with a transient contact angle', *Metall. Mater. Trans.*, 33A, 2119–2128.

Asthana R and Singh M (2009), 'Joining of ZrB$_2$-based Ultra-high Temperature Ceramic Composites Using Pd-based Braze Alloys', *Scr. Mater.*, 61(3), 257–260.

Asthana R and Sobczak N (2000), 'Wettability, spreading and interfacial phenomena in high-temperature coatings', *JOM-e*, 52(1). The Minerals, Metals and Materials Society (TMS), Warrendale, PA, USA. (http://www.tms.org/pubs/journals/JOM/0001Asthana/Asthana-0001.html)

Asthana R, Singh M and Sobczak N (2010), 'Wetting behavior and interfacial microstructure of palladium- and silver-based braze alloys with C–C and SiC–SiC composites', *J. Mater. Sci.*, 45(16), 4276–4290.

Bellosi A and Babini GN (2007), 'Development and properties of ultra-high temperature ceramics – opportunities and barriers to application', in Freiman S (ed.) *Global Roadmap for Ceramics and Glass Technology*, Wiley, pp. 847–864.

Blugan G, Kübler J, Bissig V and Janczak-Rusch J (2007), 'Brazing of silicon nitride ceramic composite to steel using SiC-particle-reinforced active brazing alloy', *Ceram. Int.*, 33, 1033–1039.

Casalegno V, Salvo M, Murdaca S and Ferraris M (2009), 'One-step brazing process for CFC monoblock joints and mechanical testing', *J. Nucl. Mater.*, 393(2), 300–305.

Centeno A, Pintsuk G, Linke J, Gualco C, Blanco C, *et al.* (2011), 'Behaviour of Ti-doped CFCs under thermal fatigue tests', *Fusion Eng. Design*, 86(1), 121–125.

Chawla KK, *Composite Materials – Science and Engineering*, Springer, New York, 1987, p. 212.

Chen B, Xiong H, Mao W and Cheng Y (2010), 'Wettability and interfacial reactions of PdNi-based brazing fillers on C–C composite', *Trans. Non-Ferrous Soc. of China*, 20(2), 223–226.

Corman GS and Luthra KL (2005), 'Silicon melt infiltrated ceramic composites (HiPerComp™)', in Bansal NP (ed.), *Handbook of Ceramic Composites*, Kluwer Academic Publishers, New York, pp. 99–115.

DiCarlo JA, Yun HM, Morscher GN, Bhatt RT (2005), 'SiC-SiC composite for 1200°C and above', in Bansal NP (ed.), *Handbook of Ceramic Composites*, Kluwer Academic Publishers, New York, pp. 77–98.

Dixon DG (1995), 'Ceramic Matrix Composite-Metal brazed joints', *J. Mater. Sci.*, 30, 1539–1544.

Eustathopoulos N, Nicholas MG and Drevet B (1999), *Wettability at High Temperatures*, Pergamon, Boston, pp. 281–282.

French JD and Cass RB (1998), 'Developing Innovative Ceramic Fibers', *Ceramic Bulletin*, May, 61–65.

Garcia-Rosales C, Pintsuk G, Gualco C, Ordas N, Lopez-Galilea I, *et al.* (2009), 'Manufacturing and high heat-flux testing of brazed actively cooled mock-ups with Ti-doped graphite and CFC as plasma-facing materials', *Phys. Scr.*, T138, No. 014062.

Gasch MJ, Ellerby DT and Johnson, SM (2005), 'Ultra-high temperature ceramic composites', in Bansal NP (ed.), *Handbook of Ceramic Composites*, Kluwer Academic Publishers, New York, pp. 197–224.

Grigorenko N, Poluyanskaya V, Eustathopoulos N and Naidich Y (1998), in Bellosi A *et al.* (eds), *Interfacial Sci. of Ceram. Joining*, Kluwer Acad. Publ., Boston, pp. 69–78.

Harper CA (2003), *Electronic Materials and Processes Handbook*, McGraw-Hill, New York.

Jacobson DM and Humpston G (2005), 'Principles of Brazing', ASM International, Materials Park, OH, p. 224.

Janczak-Rusch, J (2011), 'Ceramic component integration by advanced brazing technologies', in Singh M, Ohji T, Asthana R and Mathur S (eds), *Ceramic Integration and Joining Technologies*, Wiley, Boston.

Janczak-Rusch J, Piazza D and Boccaccini AR (2005), 'Joining of SiC fibre reinforced borosilicate glass matrix composites to molybdenum by metal and silicate brazing', *J. Mater. Sci.*, 40(14), 3693–3701.

Keene BJ (1993), 'Review of data for the surface tension of pure metals', *Int. Mater. Revs.*, 38(4), 157–192.

Kramer DP (2010), 'Method of joining metals to ceramic matrix composites', US Patent 7857194.

Krenkel W (2005), 'Carbon fiber-reinforced silicon carbide composites (C-SiC, C-C-SiC)', in Bansal NP (ed.), *Handbook of Ceramic Composites*, Kluwer Academic Publishers, New York, pp. 117–148.

Lamon J (2005), 'Chemical vapor infiltrated SiC-SiC composites (CVI SiC-SiC)', in Bansal NP (ed.), *Handbook of Ceramic Composites*, Kluwer Academic Publishers, New York, pp. 55–76.

Levine SR, Opila EJ, Halbig MC, Kiser JD, Singh M, *et al.* (2002), 'Evaluation of ultra-high temperature ceramics for aeropropulsion use', *J. Euro Ceram. Soc.*, 22, 2757–2767.

Lewis D III and Singh M (2001), 'Post-processing and assembly of ceramic-matrix composites', *ASM Handbook, vol 21: Composites*, ASM International, Materials Park, OH, pp. 668–673.

Li JG (1992), 'Kinetics of wetting and spreading of Cu-Ti alloys on alumina and glassy carbon substrates', *J. Mater. Sci. Lett.*, 11, 1551–1554.

Lin G, Huang J and Zhang H (2007), 'Joints of carbon fiber-reinforced SiC composites to Ti-alloy brazed by Ag-Cu-Ti short carbon fibers', *J. Mater. Proc. Technol.*, 189(1–3), 256–261.

Liu GW, Valenza F, Muolo ML and Passerone A (2010), 'SiC/SiC and SiC/Kovar joining by Ni-Si and Mo interlayers', *J. Mater. Sci.*, 45(16), 4299–4307.

Liu JY, Chen S, and Chin BA (1994), 'Brazing of vanadium and carbon–carbon composites to stainless steel for fusion reactor applications', *J. Nuclear Mater.*, 212–215, 1590–1593.

Liu YZ, Zhang LX, Liu CB, Yang ZW, Li HW, *et al.* (2011), 'Brazing C-SiC composites and Nb with TiNiNb active filler metal', *Sci. Technol. Weld. Joining*, 16(2), 193–198.

Locatelli MR, Tomsia AP, Nakashima K, Dalgleish BJ and Glaser AM (1995), 'New strategies for joining ceramics for high-temperature applications', in *Key Engineering Materials*, vols 111–112, pp. 157–190.

Lu SP and Kwon OY (2002), 'Microstructure and bonding strength of WC reinforced Ni-base alloy brazed composite coating', *Surf. and Coat. Techn.*, 153, 40–48.

Matsunaga T, Lin H-T, Singh M, Asthana R, Kajii S, *et al.* (2011), 'Microstructure and mechanical properties of joints in sintered SiC fiber-bonded ceramics brazed with Cusil-ABA™'(unpublished).

Mattia D, Desmaison-Brut M, Tetard D and Desmaison J (2005), 'Wetting of HIPAlN-TiB$_2$ ceramic composites by liquid metals and alloys', *J. Eur. Ceram. Soc.*, 25(10), 1797–1803.

Monteverde F, Bellosi A and Guicciardi S (2002), 'Processing and properties of ZrB$_2$-based composites', *J. Eur. Ceram. Soc.*, 22(3), 279–288.

Morscher GN, Singh M, Shpargel TP and Asthana R (2006), 'A simple test to determine the effectiveness of different braze compositions for joining Ti tubes to C-C composite plates', *Mater. Sci. Eng. A*, 418(1–2), 19–24.

Moutis NV, Jimenez C, Azpiroz X, Speliotis Th, Wilhelmi C, *et al.* (2010), 'Brazing of carbon–carbon composites to Nimonic alloys', *J. Mater. Sci.*, 45, 74–81.

Muolo ML, Ferrera E, Morbelli L, Zanotti C and Passerone A (2003), 'Joining of zirconium boride based refractory ceramics to Ti6Al4V', in *Proc. of the 9th International Symposium on Materials in a Space Environment*, June 2003, Noordwijk, The Netherlands, compiled by Fletcher K, ESA SP-540, Noordwijk, Netherlands: ESA Publ. Div., pp. 467–472.

Nakamura M, Mabuchi M, Saito N, Yamada Y, Nakanishi M, *et al.* (1999), 'Joining of Si-Ti-C-O fiber reinforced ceramic composite and Fe-Cr-Ni stainless steel', *Key Eng. Mater.*, 164–161, 435–438.

Nicholas MG (1998), *Joining Processes: Introduction to Brazing and Diffusion Bonding*, Kluwer Academic.

Passerone A, Muolo ML and Passerone D (2006), 'Wetting of Group IV diborides by liquid metals', *J. Mater. Sci.*, 41, 5088.

Passerone A, Muolo ML, Novakovic R and Passerone D (2007), 'Liquid metal/ceramic interactions in the (Cu, Ag, Au)/ZrB$_2$ systems,' *J. Euro. Ceram. Soc.*, 27, 3277–3285.

Passerone A, Muolo ML, Valenza F, Monteverde F and Sobczk N (2009), 'Wetting and interfacial phenomena in Ni-HfB$_2$ systems,' *Acta Mater.*, 57, 356–364.

Piazza D, Boccaccini AR, Kaya C and Janczak-Rusch J (2003), 'Hochtemperatur-Löten von einem Mullit-Mullit Verbundwerkstoff', in *Verbundwerkstoffe*, Hrsg. Degischer, pp. 702–707.

Qin Y and Feng J (2007), 'Microstructure and mechanical properties of C-C composite/TC4 joint using AgCuTi filler metal', *Mater. Sci. Eng. A*, 454, 322–327.

Qu S, Zou Z and Wang X (2005), 'Shear strength and fracture behavior of SiC$_w$–Al$_2$O$_3$ composite-carbon steel brazed joints', *Key Engineering Materials*, 297–300, 2441–2446.

Riccardi B, Nannetti CA, Petrisor T, Woltersdorf J, Pippel E, *et al.* (2004a), 'Issues of low activation brazing of SiC$_f$–SiC composites by using alloys without free silicon', *J. Nucl. Mater.*, 329, 562–566.

Riccardi B, Nannetti CA, Woltersdorf J, Pippel E and Petrisor T (2004b), 'Joining of SiC based ceramics and composites with Si16Ti and Si-18Cr eutectic alloys', *Int. J. Mater. Product Technol.*, 20(5–6), 440–451.

Salvo M, Lemoine P, Ferraris M, Montorsi MA and Matera R (1995), 'Cu-Pb rheocast alloy as joining materials for CFC composites,' *J. Nuclear Mater.*, 226, 67–71.

Sangsuwan P, Orejas JA, Gatica JE, Tewari SN and Singh M (2001), 'Reaction-Bonded Silicon Carbide by Reactive Infiltration', *Ind. Eng. Chem. Res.*, 40, 5191–5198.

Schwartz MM (1994), *Joining of Composite Matrix Materials*, ASM International, Materials Park, OH.

Sciti D, Guicciardi S, Bellosi A, Pezzotti G (2006), 'Properties of a pressureless sintered ZrB$_2$-MoSi$_2$ ceramic composite', *J. Amer. Ceram. Soc.*, 89, 2320.

Singh M and Asthana R (2007a), 'Joining of advanced ultra-high-temperature ZrB$_2$-based ceramic composites using metallic glass interlayers', *Materials Science & Engineering A*, 460–461, 153–162.

Singh M and Asthana R (2007b), 'Brazing of advanced ceramic composites: Issues and challenges', *Ceramic Trans.*, 198, 9–14.

Singh M and Asthana R (2008a), 'Characterization of brazed joints of carbon-carbon composites to Cu-clad-Mo', *Compos. Sci. Tech.*, 68(14), 3010–3019.

Singh M and Asthana R (2008b), 'Advanced joining and integration technologies for ceramic-matrix composite systems', in Krenkel W (ed.), *Fiber-Reinforced Ceramic Composites*, Wiley-VCH, pp. 303–325.

Singh M and Asthana R (2009), 'Joining of ZrB_2-based UHTC composites to Cu-clad-Mo for advanced aerospace applications', *Int. J. Appl. Ceram. Technol.*, 6(2), 113–133.

Singh M and Asthana R (2010), 'Evaluation of Pd-base brazes to join ZrB_2-based ultra-high temperature composites to metallic systems', *J. Mater. Sci.*, 45(16), 4308–4320.

Singh M and Asthana R (2011a), 'Initial characterization of brazed SiC–SiC composite-to-metal joints' (unpublished).

Singh M and Asthana R (2011b), 'Effect of composite surface preparation on joining response of C-SiC composites brazed to metallic systems' (unpublished).

Singh M and Lara-Curzio E (2001), 'Design, fabrication and testing of ceramic joints for high temperature SiC-SiC composites', *Trans. ASME*, 123, 288–292.

Singh M, Shpargel TP, Morscher GN and Asthana R (2005), 'Active metal brazing and characterization of brazed joints in titanium to carbon-carbon composites', *Mater. Sci. Eng. A*, 412, 123–128.

Singh M, Asthana R and Shpargel TP (2007), 'Brazing of C-C composites to Cu-clad Mo for thermal management applications', *Mater. Sci. Eng. A*, 452–453, 699–704.

Singh M, Asthana R and Shpargel TP (2008a), 'Brazing of ceramic-matrix composites to Ti and Hastelloy using Ni-base metallic glass interlayers', *Mater. Sci. Eng. A*, 498, 19–30.

Singh M, Morscher GN, Shpargel TP and Asthana R (2008b), 'Active metal brazing of titanium to high-conductivity carbon-based sandwich structures', *Mater. Sci. Eng. A*, 498(1–2), 31–36.

Sobczak N, Singh M and Asthana R (2005), 'High-temperature wettability measurements in ceramic-metal systems: Some methodological issues', *Current Opinion in Solid State & Mater. Sci.*, 9(4–5), 241–253.

Sobczak N, Sobczak J, Ksiazek M, Radziwill W and Morgiel J (1997), in *Proc. 2nd Int. Conf. on High-Temp. Capillarity*, Eustathopoulos N and Sobczak N (eds), Foundry Research Institute (Krakow), pp. 97–98.

Standing R and Nicholas M (1978), 'The wetting of alumina and vitreous carbon by Cu-Sn-Ti alloys', *J. Mater. Sci.*, 13, 1509–1514.

Steffier WS (2004), 'Brazing SiC/SiC composites to metals', NASA Tech Briefs, September 2004, p. 5.

Suryanarayana C, Moore JJ and Radtke RP (2001), 'Novel methods of brazing dissimilar materials', *Advanced Materials & Processes*, March, 29–31.

Tang S, Deng J, Wang S, Liu W and Yang K (2007), 'Ablation behavior of ultra-high temperature ceramic composites', *Mater. Sci. Eng. A*, 465, 1–7.

Taylor R (2000), 'Carbon-matrix composites', in *Comprehensive Composite Materials*, Elsevier Science Ltd., Boston, 4, pp. 387–426.

Torvund T, Grong O, Akselsen OM and Ulvensoen JH (1996), 'A model for coupled growth of reaction layers in reactive brazing of ZrO_2-toughened Al_2O_3', *Metall. Mater. Trans.*, 27(11), 3630–3638.

Voytovych R, Koltsov A, Hodaj F and Eustathopoulos N (2007), 'Reactive versus non-reactive wetting of ZrB₂ by azeotropic Au-Ni', *Acta Materialia*, 55, 6316–6321.

Wang H, Cao J and Feng J (2010), 'Brazing mechanism and infiltration strengthening of C-C composites to TiAl alloys joint', *Scr. Mater.*, 63(8), 859–862.

Wang ZP, Huang JH, Zhang H and Zhao XK (2011), 'Reactive composite brazing of C$_f$-SiC composites to Ti alloy with (Ag-6Al) + Ti + C composite filler materials', *Mater. Sci. Technol.*, 27(1), 49–52.

Whalen JT and Anderson AT (1976), 'Wetting of SiC, Si$_3$N$_4$, and Carbon by Si and Binary Si Alloys', *J. Amer. Ceram. Soc.*, 34(4), 378–383.

Zhang JJ, Li SJ, Duan HP and Zhang Y (2002), 'Joining of C-SiC to Ni-based superalloy with Zr/Ta composite interlayers by hot-pressing diffusion welding', *Rare Metal Mater. Eng.*, 31 Suppl 1: 393–396.

Zhao L, Zhang L, Tian X, He P and Feng J (2011), 'Interfacial microstructure and mechanical properties of joining electroless nickel plated quartz fibers reinforced silica composite to Invar', *Mater. Design*, 32(1), 382–387.

Zhu S, Fahrenholtz WG and Hilmas GE (2008), 'Enhanced densification and mechanical properties of ZrB₂-SiC processed by a preceramic polymer coating route', *Scr. Mater.*, 59, 123–126.

Zweben C (2002), 'Metal Matrix Composites, Ceramic Matrix Composites, Carbon Matrix Composites and Thermally Conductive Polymer Matrix Composites', in Harper CA (ed.), *Handbook of Plastics, Elastomers and Composites*, Chapter 5, 4th ed., McGraw-Hill, New York, pp. 321–344.

第 12 章　金属与陶瓷的钎焊

S. Hausner 和 B. Wielage，开姆尼茨工业大学，德国

【主要内容】　本章主要介绍了金属-陶瓷钎焊技术的现状，接头质量取决于合适的钎料和钎焊工艺，描述了金属与陶瓷钎焊中存在的普遍问题。阐述了金属-陶瓷的钎焊工艺及检测方法。介绍了选定母材/钎料组合的钎焊接头的微观组织和强度特征。最后，介绍了用高效能感应钎焊工艺替代常规炉中钎焊工艺进行金属-陶瓷钎焊的最新研究成果，并对感应钎焊和炉中钎焊的工艺、接头微观组织和强度进行了对比分析。

12.1　引言

　　科技的发展使得人们对材料的使用需求越来越高，高强、轻质和更长的使用寿命成为材料领域关注的热点。传统的金属材料已经越来越不能满足这些要求，陶瓷凭借其优异的材料性能为科技发展提供了全新的可能。陶瓷具有高的硬度，优异的耐热性和耐磨性，优良的隔热和绝缘性能，以及良好的抗氧化性和耐蚀性。同时，陶瓷呈现出密度小的特性，这些优质性能使得陶瓷具有较大的应用前景。在电气工程领域，陶瓷元件因其电阻值大的特性而被广泛用于制造高压绝缘体；在高温技术领域，陶瓷元件因其良好的热稳定性而被广泛应用于制造工业炉；在机械和设备工程中，陶瓷材料也因其优良的耐磨性和耐蚀性而被广泛应用于导向装置、滑动轴承、滚动轴承中；同时，陶瓷因其良好的耐化学腐蚀性被用于制造化工行业中的设备，如泵。近几十年来，随着陶瓷生产工艺和制造技术不断发展，新型陶瓷不断涌现，进一步推动了陶瓷材料的应用。

　　陶瓷可分为三类：硅酸盐陶瓷、氧化物陶瓷和非氧化物陶瓷。它们的主要区别在于玻璃相的含量：在硅酸盐陶瓷中，如瓷、滑石、堇青石和莫来石等，玻璃相的含量是相当高的；而氧化物陶瓷（氧化铝、氧化锆等）和非氧化物陶瓷（碳化硅、氮化硅、碳化硼等）中不存在玻璃相或者玻璃相的含量较少。在工程技术中使用的大多数陶瓷为氧化物陶瓷和非氧化物陶瓷。氧化铝（Al_2O_3）是一种最重要的氧化物陶瓷，它由于综合性能良好，在电气工程、机械工程、化学工业和高温应用等多个领域被广泛使用。近年来，氧化锆（ZrO_2）陶瓷变得越来越重要，尤其是因为其具有非线性高断裂韧性特征。此外，氧化锆陶瓷具有相对较高的热胀系数，有利于实现与金属的连接。由于氧化锆属于多晶相转化物，需要 MgO 或 Y_2O_3 使立方晶型结构稳定。碳化硅（SiC）、氮化硅（Si_3N_4）、碳化硼（B_4C）和氮化硼（CBN）是重要的非氧化物陶瓷。这些陶瓷的基本成分是碳化物、氮化物或硼化物。由于它们主要是以共价键结合的，因此表现出优异的力学性能和热稳定性。近年来，金属-陶瓷复合材料变得越来越重要。陶瓷基复合材料

（CMCs）通常由熔融的聚合物陶瓷前驱体浸渍，或者将陶瓷纤维植入陶瓷基体中制备而成。金属基复合材料（MMCs）是通过将陶瓷颗粒或纤维加入金属基体中制成的。本章没有对这些材料进行分析，而是主要介绍了金属-陶瓷化合物的钎焊方法。由于陶瓷的热胀系数很小，钎焊陶瓷与金属是困难的。可用的陶瓷材料的种类非常多，应根据性能需求进行合理选择。

陶瓷虽然具有许多优点，但也不是毫无缺点。陶瓷的脆性高，加工性能较差，并且根据种类不同，或多或少表现出低的抗热振性能。此外，陶瓷材料非常昂贵，所以它们只用在真正需要发挥其特殊性质的地方。在本章中，陶瓷与其他材料，特别是与金属的连接，具有非常重要的意义，可以通过连接方法生产具有特定功能的金属-陶瓷组件。为确保陶瓷适用于整个系统，友好性设计是必要的。必须指出的是，与金属不同，陶瓷材料的滑移系少，不具有任何塑性变形的能力来缓解应力，进而导致裂纹自发扩展，尤其是拉伸应力会对陶瓷产生致命影响。通过对陶瓷的友好性设计，使拉伸应力和弯曲应力传递到金属中，而陶瓷一般可承受较高的压缩应力。

如上所述，陶瓷的缺点使得金属-陶瓷组件的连接工艺适用范围有限，往往造成生产成本较高（如磨损等）。一些连接方法（如铆接）由于不耐冲击荷载而不能使用。金属-陶瓷组件可通过压力配合、形状配合或材料配合机制进行连接。常见的压力配合和形状配合连接方法有过盈配合、夹具、螺纹、铸造、黏结和插塞。压力配合和形状配合连接的优点是组件具有可拆装性，因此，这些方法多应用于部件需要更换或者替代的情况，但受结构设计因素的制约。由这些连接方法获得的结构组件热稳定性较低，不能承受高温负荷。例如，带有可更换的陶瓷切削刀片的刀柄或火花塞等，都是通过这些方法制备的。

与机械连接接头相比，材料配合接头具有平滑的受力分布情况和有效设计的组件形状。这些连接方法包括胶接、钎焊和一些非钎焊的焊接方法。常用的黏结剂有环氧树脂、聚乙烯、聚甲基丙烯酸酯或聚酰胺。但是，这些组件的热稳定性非常差（约200℃）。用于焊接金属和陶瓷的方法有扩散焊接、摩擦焊接和超声波焊接，这些焊接方法需要很高的技术工艺和专用技能，应用相对较少。

12.2　金属和陶瓷的钎焊

钎焊具有极大的灵活性和通用性，被广泛应用于金属和陶瓷的连接。钎焊可以获得真空密封性好、热稳定性良好、强度较高的连接组件。金属和陶瓷的钎焊已经在电气工程等领域得到广泛应用。目前，绝缘结构零部件、电流馈入装置、大功率电子管、传感器、晶闸管和二极管的外壳均采用金属-陶瓷钎焊组件；工具类，如电钻、切割冲头和锻模均使用金属-陶瓷钎焊组件；常见于发动机结构中的 Si_3N_4 涡轮增压器转子与金属轴也是钎焊而成的；钎焊技术在航空航天领域以及核工业领域中也应用广泛。图 12.1 所示为金属-陶瓷钎焊组件实例。

如上所述，陶瓷的高性能归因于其离子/共价键具有很强的原子结合力，与金属

（以金属键结合）相比，其原子结构不同，这就造成了钎焊陶瓷与金属时，有两个重要的难题：第一个问题起因于陶瓷的极性键结构，它们具有高的表面张力，从而使陶瓷不能被传统的金属熔体润湿；第二个问题是由于金属与陶瓷具有不同的热物理性质（热胀系数和弹性模量），钎焊过程中会产生很大的内应力。

 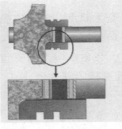 

a) 金属-陶瓷电离真空计组件　　b) 陶瓷涡轮增压器转子　　c) 电流馈入装置

图 12.1　金属-陶瓷钎焊组件实例

传统的金属熔体难以润湿陶瓷，这是由于陶瓷和金属的原子结构不同，从而导致两个被连接材料不兼容。在金属键中，原子核被电子（电子气）随机地包围。

然而，陶瓷的离子/共价键是非常稳定的闭壳型电子组态。因此，在金属钎焊中，焊缝之间可以发生冶金反应，而在金属-陶瓷钎焊中这是不可能发生的。钎料在陶瓷表面形成熔滴，但没有发生润湿（润湿角 $\theta = 180°$，图 12.2a）。钎料在陶瓷上只有很小的黏附力，该黏附力可以通过外延效果（结构调整）或电势差来实现。尽管键结构不同，人们还是研发出了两种方法来实现金属-陶瓷的成功连接：一是陶瓷金属化，二是活性钎焊。

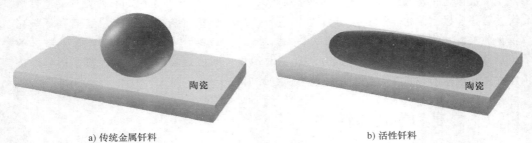

a) 传统金属钎料　　　　　　　　　　　　　　　　b) 活性钎料

图 12.2　陶瓷表面的润湿行为对比

12.3　金属化陶瓷的钎焊

当钎焊金属化陶瓷时，在钎焊之前应将金属层涂覆于陶瓷上，这有利于钎料和陶瓷基体之间的界面润湿。金属化的方法有多种，用 Mo/Mn 或 W/Mn 的金属化已经在工业领域中有所应用。

在这种情况下，陶瓷金属化需在陶瓷表面用硝化纤维素等有机黏结剂将 MoO_2 和 Mn

或 MnO 的粉末（粒径为 $1 \sim 2\mu m$）混成浆料，涂覆在陶瓷表面上，厚度为 $10 \sim 25\mu m$。

在 $1000 \sim 1800℃$ 温度范围内且处于潮湿的 H_2/N_2 气氛下，氧化物被还原，部分金属与陶瓷反应形成玻璃相；另一部分被烧结，形成可润湿性的金属层（厚度约为 $10\mu m$）。玻璃相位于烧结金属层和陶瓷之间，具有非常小的热胀系数（$\alpha_{玻璃相} < \alpha_{陶瓷}$）。因此，在冷却过程中玻璃相中产生了压缩应力。也可以在陶瓷表面施加一个厚度为 $2 \sim 4$ 微米的 Ni 或 Cu 层来改善润湿性。金属化后的陶瓷就可以被传统的 Ag 或 AgCu 基等真空钎料所润湿（表 12.1）。除了用 Mo/Mn 进行金属化之外，也可用 W/Mn 实现金属化。金属化层的结合强度对于连接质量来说至关重要。采用螺栓拉

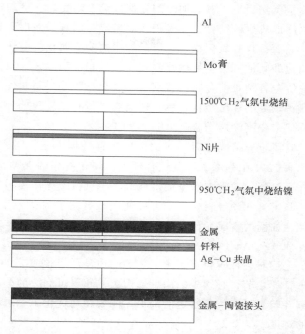

图 12.3　Mo/Mn 法陶瓷金属化

力测试仪按照 ASTM F19-64 标准测试涂层的强度，强度一般为 $70 \sim 200MPa$。Mo/Mn 或 W/Mn 金属化的方法在实际应用中很普遍，特别是在电气工程中被用于大规模地生产氧化铝部件，如高功率电子管或电流馈入装置。虽然该方法过程复杂，需要大量的操作经验（包括两个必要的热处理过程，如图 12.3 所示），但已经成为普遍采用的连续生产方法。

表 12.1　真空钎焊金属化陶瓷用钎料

钎料	质量分数(%)				固相线温度 $T_s/℃$	液相线温度 $T_L/℃$	钎焊温度 $T/℃$
	Cu	In	Pd	Ag			
Ag-Cu	28	—		72	780	780	830
Ag-Cu-In	25	14.5		61.5	630	705	755
Ag-Cu-In	27	10		63	685	730	780
Ag-Cu-Pd	31.5	—	10	58.5	824	852	900
Ag-Cu-Pd	21	—	25	54	901	950	1000
Ag-Pd	—	—	5	95	970	1010	1050

　　另一种金属化工艺是在陶瓷表面涂覆活性或难熔金属的盐溶液（如含有 Li 的化合物或元素周期表中ⅣA 副族的盐），对涂覆后的陶瓷进行干燥和热处理，将金属盐还原成纯金属。该金属与陶瓷反应，形成键合，从而使陶瓷表面可以被传统钎料润湿。

陶瓷金属化也可以用有机黏结剂（所谓的玻璃料技术）把金属粉末和玻璃料的混合物置于陶瓷上，然后加热陶瓷使玻璃料熔化。在冷却过程中，金属粉末、陶瓷和玻璃相之间形成机械结合，在陶瓷表面形成可润湿的涂层。贵金属大多用做该类涂层材料。

然而，只有氧化物陶瓷可以利用这些金属化的方法。最近的研究涉及非氧化物陶瓷金属化的其他方法，如热喷涂和物理气相沉积工艺，包括磁控溅射法、离子镀和气相沉积法等。各种难熔金属，特别是 Ti，被作为涂层材料使用。然而，单独依靠涂覆工艺难以获得较高的涂层结合强度，还需要进行真空退火处理，通过基体和涂层材料之间的化学反应来提高涂层结合强度。

有了金属薄膜层后，无论使用何种钎焊方法，陶瓷表面都可以被传统金属钎料润湿。表 12.1 中列举了一些适合钎焊金属化陶瓷的典型钎料合金体系。采用这些钎料进行陶瓷钎焊，通常在真空或惰性气氛中进行，无需使用钎剂。

除了这些硬钎料外，也可以使用软钎料（钎焊温度低于 450℃）。在特定电气工程领域，如温度敏感元件的连接经常使用软钎焊，这种情况下需要采用贵金属来进行金属化，如 Ag、Ag/Pd、Ag/pt、Au 等。

上述对各种陶瓷金属化工艺的阐述显示了该工艺的复杂性，但也有其有利的方面。实施钎焊之前，必须先采用热处理工艺获得可润湿的金属涂层。该过程需要许多技术工作和经验，只有具备特定的知识才能成功地优化工艺过程，这增大了用户之间重复性操作的难度。

12.4　金属-陶瓷的活性钎焊

与前面提到的金属化工艺相比，活性钎焊作为一种直接钎焊的方法，具有工艺和技术上的明显优势。在钎焊过程中，陶瓷和钎料之间直接润湿，不再需要前处理工序，钎料甚至可以直接与非氧化物陶瓷进行润湿。活性钎料主要是基于 Ag 基或 Ag-Cu 基体系，其中 Cu 的质量分数占 Ag-Cu 共晶体系的 28%。除此之外，Cu 基、Au 基和 Pd 基的活性钎料也常被使用（表 12.2）。钎料合金中含有表面活性元素（通常为质量分数为 1% ~ 4% 的 Ti，以及 In、Zr、Hf 和 Nb），通过与陶瓷的化学反应使得钎料可以直接润湿陶瓷（图 12.2b）。

在活性钎焊过程中，润湿的物理化学机制是非常复杂的。加入钎料中的活性元素与陶瓷发生化学反应，活性金属元素使得钎料和陶瓷母材之间发生化学反应，因此，可生成一种金属或类金属结构的反应产物。界面反应区包含金属和（或）非金属的组分。反应区组织结构的化学改性会导致表面张力显著降低，使反应区可以被钎料润湿。在金属材料的钎焊中，冶金反应关系着润湿性和接头的形成，而对于陶瓷的钎焊，界面处新相的形成是至关重要的。根据不同的陶瓷，反应区有氮化物、氧化物、硅化物或碳化物等，并且这些反应产物都非常脆。因此，Ti 含量不仅影响着润湿性，还影响着接头的力学性能。反应区的形成受化学反应进程的影响。钎焊参数，如钎焊温度、保温时间、活性元素的种类和浓度，以及被焊母材的材质都是至关重要的影响因素。

在钎焊中，陶瓷被活性元素解离。因此，反应产物取决于陶瓷母材的选择。在一般情况下，解离的化学反应可用如下方程式表示

$$M\text{-}N+A \longrightarrow AN+M$$

或

$$M\text{-}N+A \longrightarrow AM+N$$

式中，M-N 是一种包含金属-非金属元素的陶瓷；A 是一种活性金属。

反应产物取决于被焊母材，可以依据可能发生的总反应的热力学平衡对反应产物进行预测。最常用的氧化铝、氧化锆和氮化硅陶瓷的反应产物已经被不同的学者证明。对于氮化硅陶瓷，Ti 作为活性元素时，首先形成的反应产物是氮化钛，然后是硅化钛。对于氧化铝陶瓷，当 Ti 为活性元素时，TiO 是主要反应产物，同时生成 Ti-O_x 相、Ti-Al 相和更复杂的化合物。对于氧化锆和 Ti，通常形成 Ti_xO_y 反应层，钛氧化物的形成减少了 ZrO_2 陶瓷中的氧含量，从而导致了非整比饱和 ZrO 的生成。

表 12.2 中列举了部分商用活性钎料。钎料通常为 $50 \sim 300 \mu m$ 厚的箔带或薄带，也可以是膏状，特殊情况下可为丝状。由于掺杂了 Ti，钎料失去流动性，必须直接放置于待焊面上，毛细效应不能起作用。也可以用丝网印刷工艺来涂覆钎料，但在这种情况下，对氧敏感的活性元素的氧化风险增加，需要增加活性金属元素的含量。根据钎料合金成分不同，硬钎焊温度一般为 $700 \sim 1050 ℃$。含有 Sn、Pb 的钎料是软活性钎料，为了实现对陶瓷的润湿，需要在高于 $600℃$ 的温度下进行钎焊。然而有利的是，这些合金在很低的温度下仍可以保持熔化状态，从而降低了接头中的残余热应力。相应地，这些接头的耐热能力也较差。

表 12.2　商用活性钎料

活性钎焊钎料	化学成分(质量分数,%)							熔化区间/℃	钎焊温度/℃
	Ag	Cu	Ti	In	Ni	Al	其他		
AgCu26.5Ti3	70.5	26.5	3	—	—	—	—	$780 \sim 805$	$850 \sim 950$
AgCu34.2Ti1.8	64	34.2	1.8	—	—	—	—	$780 \sim 810$	$850 \sim 950$
AgCu25.2Ti10	64.8	25.2	10	—	—	—	—	$780 \sim 805$	$850 \sim 950$
AgCu34.5Ti1.5	64	34.5	1.5	—	—	—	—	$770 \sim 810$	$850 \sim 950$
Ag-Ti	96	—	4	—	—	—	—	970	$1000 \sim 1050$
AgIn1Ti0.6	98.4	—	0.6	1	—	—	—	$948 \sim 959$	$1000 \sim 1050$
AgIn1Ti1	98	—	1.0	1.0	—	—	—	$948 \sim 959$	$1000 \sim 1050$
AgCu19.5In5Ti3	72.5	19.5	3	5	—	—	—	$730 \sim 760$	
NiTi67	—	—	67	—	33	—	—	$942 \sim 980$	
CuNi15Ti70	—	15	70	—	15	—	—	$910 \sim 970$	
AuNi3Ti0.6	—	—	0.6	—	3	—	96.4Au	$1003 \sim 1030$	
SnAg10Ti4	10	—	4	—	—	—	86Sn	$221 \sim 300$	$850 \sim 950$
PbIn4Ti4	—	—	4	4	—	—	92Pb	$320 \sim 325$	$850 \sim 950$

注：© Woodhead Publishing Limited，2013。

硬钎料的选择，特别是活性元素含量的选择，取决于陶瓷母材，它们会影响活性金属的热力学活性。对于 ZrO_2 陶瓷来说，钎料中 Ti 的质量分数必须高于 2%；而对于 Al_2O_3 陶瓷分散体来说，钎料中含有质量分数为 1% 的 Ti，就能保证有足够的润湿性；对于 Si_3N_4 陶瓷，钎料中 Ti 的质量分数可以低于 1%。合金化元素也能影响钛的活性，例如，Sn、In、Ag 表现出了增强湿润性的作用。表 12.3 比较了部分商用活性钎料对典

型工程陶瓷的钎焊性。

表 12.3　部分商用钎料对典型工程陶瓷的钎焊性比较

钎料	Al_2O_3	Al_2O_3-TiC	Al_2O_3-ZrO_2	ZrO_2	Si_3N_4	SiC	B_4C	AlN	PKD
AgCu19.5In5Ti3	+	+	+	+	+	+	+	+	+
AgTi	+	+	+	+	–	O	O	–	–
AgCu26.5Ti3	+	+	+	+	+	+	+	+	+
AgCu34.5Ti1.5	+	+	+	+	+	+	+	+	+
AgIn1Ti1	+	+	+	+	O	O	O	O	–
AgSn89.5Ti4	+	+	+	+	+	+	+	?	+
AuNi3Ti0.6	+	+	+	+	+	O	–	?	+

注：“+”表示适用；“O”表示在一定的条件下适用；“–”表示不适用；“?”表示暂不明确。

　　当选择钎料时，必须综合考虑良好的润湿性和一定的韧性，必须确保活性元素对陶瓷表面具有足够的润湿性和较强的黏附性。然而，反应产物不仅影响润湿行为，而且影响接头的力学性能。因此，应对活性元素的含量加以控制，既不能形成太宽的反应区，也不能使接头脆化。

12.5　影响金属-陶瓷钎焊接头力学性能的因素

　　如上所述，活性钎焊接头的质量既受冶金因素影响，又受所产生应力的影响。在焊接过程中，金属和陶瓷物理性质的差异（热胀系数和弹性模量）会在接头中产生显著的残余应力。图 12.4 所示为不同陶瓷与金属的热胀系数比较。除了氧化锆，其他陶瓷母材与金属的热胀系数差异都很大。在冷却过程中，这些差异会产生很大的残余应力，将严重影响接头质量，甚至会造成焊后接头过早失效。当温度下降到钎料固相线温度以下时，由于金属的热胀系数高（图 12.5），金属的收缩量大于陶瓷，从而导致在钎焊接头中产生了热应力。

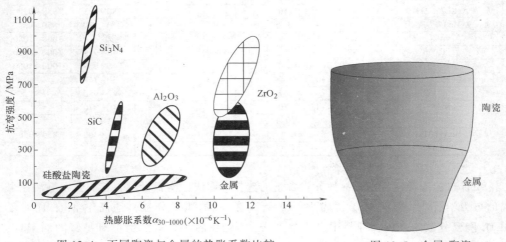

图 12.4　不同陶瓷与金属的热胀系数比较　　　　　图 12.5　金属-陶瓷

接头应力示意图

残余应力的大小不仅取决于热胀系数，也受弹性系数和接头形状的影响。在靠近钎缝的陶瓷边缘，拉应力特别高（奇点，图 12.6）。由于陶瓷所能承受的拉应力较低，这种应力对陶瓷母材来说很致命，应尽可能通过适当的结构设计予以缓解。

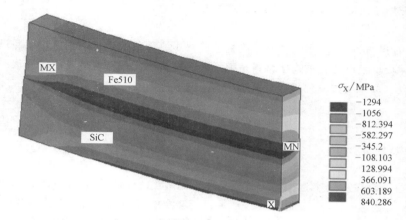

图 12.6　金属-陶瓷钎焊接头中热应力的有限元模拟结果

除了结构设计之外，还有很多缓解残余热应力的方式。通过增加 Ag 基或 AgCu 基钎料钎焊的韧性钎缝的宽度，可通过塑性变形释放残余应力，提高接头强度。然而，在增宽的钎缝中 Ti 含量相应增加，会导致脆性相形成。因此，通常可选择插入中间层，如软性中间层（如 Cu 或 Ni）或热胀系数相匹配的中间层（如 W、Mo、Ta）。这些中间层在钎焊过程中不会熔化而是与钎料相互作用，韧性中间层，可通过塑性变形使得热应力减少或消除。在钎缝中插入热胀系数相匹配的中间层，可通过吸收应力来缓解陶瓷内应力。有时这两种缓解热应力的方法可组合使用。另外，可以通过在钎料中掺入颗粒或短纤维来调整热胀系数，然而，这种设计方法还没有在实践中得到应用。梯度过渡中间层也处于研究和开发过程中，通过使用粉末冶金工艺或热喷涂工艺来实现中间层的梯度过渡。为了降低残余应力，应尽量选择热胀系数相匹配的钎焊金属，如热胀系数相对较低的 Kovar 合金和 Invar 合金。另外，用铁素体钢代替奥氏体钢也有利于缓解接头应力，因为体心立方结构材料的热胀系数低于面心立方结构材料。

接头强度与钎焊过程息息相关。选择合适的钎焊温度、保温时间及加热和冷却速率，可以获得良好的润湿性，并形成最少的脆性相。图 12.7 所示为典型的温度-时间钎焊工艺曲线（参见 12.6 节）。应当尽量选择较低的冷却速度，如 5K/min，从而通过塑性变形来缓解部分热应力。

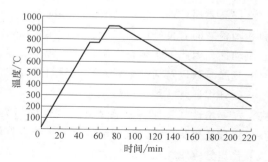

图 12.7　典型的温度-时间钎焊工艺曲线

有限元法（FEM）可以用来计算钎

焊接头中的残余热应力（图12.6）。为确保应力预测的可靠性，需要获取大量的材料数据，尤其是一些具有温度敏感性的被连接材料的性能数据。在考虑可操作性的前提下，通过应力计算对金属-陶瓷接头进行结构优化设计。接头形状不同，计算过程也不同，尤其是当把增塑效应考虑在内时，计算过程非常复杂。通常为了简化计算，认为材料是弹性的。

Munz的和Iancu提出了一种预测陶瓷非临界中心部位残余应力的方法。假设接头是由无限延伸板材组成的，被连接材料是弹性的，接头区无偏转且呈双向应力状态，根据此简单假设，可以用如下公式计算残余应力

$$\sigma_K = -(T_1 - T_0)\frac{E_K}{1-\nu_K}\left(\frac{\sum i\left(\frac{E_i \alpha_i h_i}{1-\nu_i}\right)}{\sum i\left(\frac{E_i h_i}{1-\nu_K}\right)} - \alpha_K\right)$$

式中，E_i是所涉及的被连接材料的弹性模量；E_K是陶瓷的弹性模量；ν_i是所涉及的被连接材料的泊松常数；ν_K是陶瓷的泊松常数；α_i是所涉及的被连接材料的热胀系数；$T_1 - T_0$是固相线与室温的温度差；h_i是所涉及被连接材料的厚度；σ_K是陶瓷中的残余应力。

式（12-1）对接头残余应力做了一个简单、近似的估计，是一种非常简化的计算方法。当考虑接头的几何形状或中间层加入对应力的缓解作用时，可以使用这个公式进行计算。然而，当需要进一步优化接头的结构设计时，应选择有限元分析方法。

12.6　钎焊工艺的准备和操作

下面将对钎焊工艺的准备和实施进行描述。硬钎焊样品的制备工序和传统高温钎焊类似，要求母材和钎料干净、无油脂；采用超声波清洗方法去油，然后在热空气中干燥；进行超声清洗前，应用砂纸轻微打磨钎料，使表面粗糙。

陶瓷的表面粗糙度对接头强度有着决定性的影响。陶瓷母材应尽量无气孔、裂纹和缺口。因为在打磨时，这些缺陷有向陶瓷内部扩散的风险。但在很多文献中，关于钎焊前对陶瓷表面的处理方法存有争议。有些资料显示，经打磨或抛光后的钎焊接头强度更高。

样品表面处理后应尽快装配，装配方式以便于施加压力为宜，适当加载可以确保钎料和陶瓷之间有良好的面接触，从而实现均匀润湿。此外，需要重申的是，活性钎料没有流动性，因此，必须将它们直接放置于钎焊表面上。当设计钎焊夹具时，必须考虑母材的热胀系数以及活性钎料对所有材料的高润湿能力。

硬钎焊通常在炉中进行，但感应加热也是可行的。钎料中活性元素与氧的亲和性很高，需要惰性气氛保护。氧和其他气体的污染程度严重影响接头的形成，污染程度过高，将导致接头形成过程中活性金属不能发挥活性作用，因为在钎焊过程中活性元素已被氧化。钎焊工艺绝大多数是在高真空（$<10^{-4}$ mbar）下进行的。虽然也可以使用惰性保护气体，但是它们会导致接头质量降低。惰性保护气体通常使用氩气（纯度

>99.998%)，也可以使用氦、氖和氩-氖。

　　图 12.7 所列为金属-陶瓷钎焊过程中的温度-时间工艺曲线图。一般情况下，首先将接头加热到比钎料的固相线温度低 50~150℃，保温一定时间，以确保接头部分区域受热均匀。然后再加热到钎焊温度，在钎焊温度下的保温时间应选择为使焊接区域温度达到均匀分布为宜。通常情况下，保温时间为 5~10min。应避免保温时间过长，因为随着保温时间的延长，形成的脆性反应产物也会相应增加。为减小接头中的残余应力，焊后的冷却速度应相对较慢，常用的冷却速度是 5K/min。图 12.8 所示为 Al_2O_3 和 Fe-Ni 合 金 FeNi42（Mat. No. 1. 3917；ASTM F29，F30）钎焊接头抗弯强度（四点弯曲试验）与冷却速率的关系（见 12.9 节）。

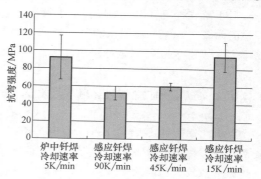

图 12.8　抗弯强度（四点弯曲试验）
与冷却速率的关系
（样品几何尺寸：9mm×3mm×50mm；
钎缝厚度：50~70μm）

　　除了用活性钎料直接钎焊外，金属-陶瓷接头也可以使用所谓的玻璃粉钎焊法直接钎焊。玻璃钎料是具有低软化温度的特种玻璃，也可以使用高熔点玻璃钎料。玻璃钎料对陶瓷有良好的润湿性，适用于玻璃、金属和陶瓷的软钎焊。然而，它们的应用相对较少，这是由于该类接头的脆性较高，对连接部分的热胀系数差异非常敏感。

　　金属陶瓷接头的硬钎焊也可以采用 RAB（反应空气钎焊）方法，主要使用银基钎料，其所添加的氧化物组分 CuO 能够润湿陶瓷。这种在空气中钎焊的工艺已被广泛研究，尤其是用于燃料电池的钎焊。

12.7　金属-陶瓷钎焊接头的检测方法

　　金属-陶瓷钎焊接头的检测方法包括强度测试（主要是弯曲试验）和光学、扫描电子显微镜分析。由于陶瓷材料的强度值通常比较离散，金属-陶瓷接头的抗弯强度与平均强度相比，也会有高达±50%的离散值。威布尔概率图和形状参数被用作评价陶瓷钎焊接头强度的标准。三点弯曲试验测量的强度值一般高于四点弯曲试验测量的强度值，这是因为对于陶瓷材料而言，体积对强度的影响很大。当承受应力时，体积越大，四点弯曲试验的失效概率较高，直接导致强度值下降。所以，在评价接头强度时，需要明确测试方法是三点弯曲还是四点弯曲试验。另外，由于强度值是几何相关的，因此测试样品的几何形状也需明确。所以接头强度值之间不能相互转化，测量数据只能用于定性比较。

　　此外，也可通过剪切试验来测量接头强度。在剪切试验中，利用特定试验设备使对接试件发生剪切断裂破坏。由于几何相关性，测试结果之间的相互转化也相当复杂。而广泛用于金属材料的拉伸试验很少应用于金属-陶瓷钎焊接头强度的测量，因为一方面，对陶瓷材料进行固定夹持时容易导致其碎裂；另一方面，陶瓷本身的抗拉伸能力很差。

　　对于某些特定应用，如电力电子设备，人们也比较关注钎缝的气密性。通常利用泄漏检测设备（如氦气泄漏试验）对接头气密性进行检查。根据不同的应用要求，对金属-陶瓷钎焊接头也可以进行耐热冲击性能、耐蠕变性能和抗氧化性等测试。

12.8　金属-陶瓷活性钎焊接头实例

　　以氧化铝和铁-镍合金 FeNi42（Mat. No. 1.3917；ASTM F29，F30）为例，对金属-陶瓷活性钎焊接头的微观组织进行分析。该铁-镍合金有合适的热胀系数，在居里温度以下热胀系数较低，因此接头内应力较低。本文使用的氧化铝陶瓷的纯度为 99.7%，钎料合金是商用活性钎料 Ag-26.5%Cu-3%Ti（质量分数）（表 12.2）。图 12.7 所示为典型的钎焊温度-时间工艺曲线。以 15K/min 的加热速率在真空炉中进行钎焊试验，当温度升至钎料合金的固相线温度以下 150K 时，保温一定时间对样品充分加热，然后继续升温至钎焊温度 900℃保温 5min。为了通过塑性变形来缓解热应力，冷却速度应尽量低（5K/min）。

　　图 12.9 所示为金属-陶瓷钎焊接头的光学显微照片。在与陶瓷的界面处形成的反应层清晰可见，该反应层是活性金属与陶瓷进行化学反应形成的钛氧化物。钛可以形成各种热力学性能（结合能）彼此非常接近的亚氧化物和氧化物。Bang 和 Liu 对钛和氧化铝的相互反应及其产物进行了研究。该钎料也与金属相互作用，在金属一侧，可以看到一条连续的反应带，显示出热胀系数相匹配的母材钎焊接头的特性。铁-镍合金的主要成分，即 Fe 和 Ni 元素扩散到 AgCu 基体中，并与活性钛相互作用，形成金属间化合物。钎缝由 Ag-Cu 共晶与铜枝晶初晶组成。

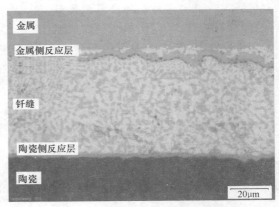

图 12.9　金属-陶瓷（Al_2O_3 + FeNi42）
钎焊接头的光学显微照片

12.9　金属-陶瓷接头的感应钎焊

　　近年来，由于能源价格上涨、资源减少和 CO_2 排放量的增加，节能问题越来越成为研究的焦点。在这种情况下，调整生产过程使其变得更加节能则成为关键的一环。因此，作为"生产工程中的节能生产和工艺创新"（eniPROD®）精英集群计划下的一个子项目，高能效的金属和陶瓷感应钎焊工艺被用于替代传统的炉中钎焊工艺。在感应钎焊中，特别是钎焊大型部件以及单个零件和小批量时，局部加热具有高效节能的潜力。炉中加热是一种间接加热方法，热量必须通过辐射和/或对流的方式传递到组件中，故这种加热方法损耗高、处理时间长。相反地，感应加热则是直接加热方法，热量在工件上直接产生，电能几乎没有损失就转化为热量，效率非常高。感应加热基于电磁感应原理，并且是一种可以用于加热所有导电材料的电热过程。交变电流通过电感器产生交变电磁场，当导电材料被置于交变磁场中时，由于材料自身存在电阻，便会在材料内部形成涡流，产生热量。产生的热量尤其取决于材料的导电性和透磁率，以及交变磁场的频率。金属-陶瓷的感应钎焊存在两个基本问题：

1) 由于陶瓷没有导电性或者导电性很低，不能被感应加热。然而，为了确保陶瓷的润湿，必须有一个最低加热温度（见 12.4 节）。

2) 与炉中钎焊相比，感应钎焊工艺的优势在于彻底改变了对工艺的控制，其特点是加热速度更快，保温时间更短和冷却速度更快（图 12.10）。

感应钎焊除了在节能方面具有潜力外，加热时间更短，这对温度敏感部件的钎焊也是有利的。然而，必须通过试验探究不同工艺过程控制对接头质量的影响。特别是保温时间对陶瓷润湿性的影响，以及冷却速度对接头强度的影响，这两者都是至关重要的。

已经有文章表明，金属-陶瓷（甚至是非导电陶瓷）接头都可以通过感应钎焊成功地实现连接，感应钎焊接头的质量与炉中钎焊接头的质量相当。对这两个过程的微观组织和强度特性（四点弯曲试验）进行对比，研究不同的过程控制对接头质量的影响。氧化铝（纯度为 99.7%）和氧化镁-稳定氧化锆被用做陶瓷基体材料；铁镍合金 FeNi42（Mat. No. 1.3917；ASTM F 29，F 30），铁镍钴合金 FeNi29Co18（Mat. No. 1.3981；ASTM F 15）和不锈钢 Cr18Ni10（Mat. No. 1.4301；AISI 304）被用做金属母材；商用活性钎料（AgCu26.5Ti3）箔被用做钎料。接头微观组织分析的样品大小为 10mm×15mm，陶瓷高度为 9mm，金属高度为 3mm（图 12.11a）。四点弯曲测试样品的几何形状依据 DVS Merkblatt3102 标准，弯曲试样的总长度为 50mm，钎焊截面积为 9mm×3mm（图 12.11b）。

感应钎焊试验（所使用感应系统的频率范围为 10~25kHz）在可抽真空的石英管中进行，使用了不同的温度-时间工艺曲线（表 12.4 中的曲线 2 和曲线 3）。为了进行对比，在高温真空炉中用典型的温度-时间工艺曲线（表 12.4 中的曲线 1）进行传统钎

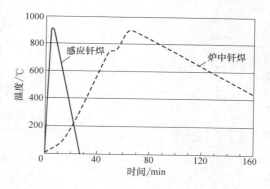

图 12.10　炉中钎焊和感应钎焊的
温度-时间热循环曲线比较

焊。对于这两个过程，在真空（约 10^{-4} mbar）下用制造商建议的 900℃ 钎焊温度进行钎焊。

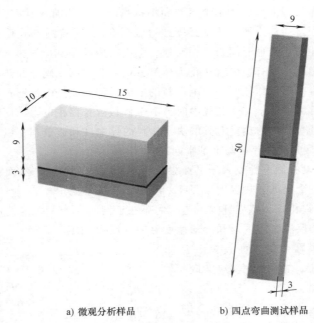

a) 微观分析样品　　　　　　　　b) 四点弯曲测试样品

图 12.11　样品几何尺寸

表 12.4　温度-时间工艺曲线

钎焊工艺曲线	加热速率/(K/min)	保温时间/min	冷却速率/(K/min)
1(炉中)	15	5	5
2(感应)	350	1	90
3(感应)	150	2	45

　　为了确保陶瓷的润湿，必须通过钎料或金属母材的热传导对陶瓷进行加热。因此，必须调整加热速率。当加热速率过快时，陶瓷将不能被充分加热和润湿。图 12.12 表明，当加热速度为500K/min 时，陶瓷待钎焊面无法形成连接。在界面较暗的区域，钎料与陶瓷的反应确实已经发生，但在另一些区域仍然可以看到陶瓷原本的明亮色，说明该区域的润湿不足。对于本文所使用的试

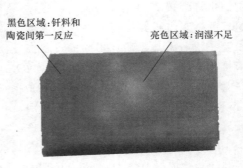

黑色区域:钎料和陶瓷间第一反应　　　　亮色区域:润湿不足

图 12.12　过快的加热速度钎焊后的连接界面

样尺寸，最佳的加热速率为 100~200K/min，这样可以保证陶瓷被充分加热和润湿。但这些参数并不能适用于全部钎焊工艺，因为所需的加热速率在很大程度上依赖于所使用的材料和连接件的几何形状，必须根据待钎焊的部件调整加热速率。

图 12.13 ~ 图 12.15 所示 Cr18Ni10 和 Al$_2$O$_3$ 钎焊接头光学显微照片，图 12.16 ~ 图 12.18 所示为感应钎焊试样（钎焊工艺曲线 2 和 3，表 12.4）以及炉中钎焊试样（钎焊工艺曲线 1，表 12.4）的 SEM 照片。表 12.5 所列为感应钎焊和炉中钎焊接头区域元素面分布图的对比分析。三种工艺过程获得的金属-陶瓷接头均包括三个典型区域：金属和钎料反应区（1）、焊缝剩余钎料区（2）以及钎料与陶瓷反应区（3），如图 12.13 ~ 图 12.15。不同的钎焊工艺对应的各个区域微观组织有明显差异。对钎焊工艺曲线 2（图 12.13）的感应钎焊来说，加热速率快、保温时间短，钎料和母材之间的界面反应层较薄（约 2μm，如图 12.16a 所示）。能谱（EDX）分析表明，该反应层主要是由来自钎料的钛和铜，以及来自母材的铁和镍元素组成（表 12.5）。相较于其他两种钎焊方法，此方法由于保温时间短，金属母材几乎不受影响（图 12.16a）。这一点可以通过焊缝的 EDX 分析结果予以验证（图 12.19）。相较于炉中钎焊，钢中铁、镍和铬的含量极少。

图 12.13　感应钎焊接头
（表 12.4 中的钎焊工艺曲线 2）

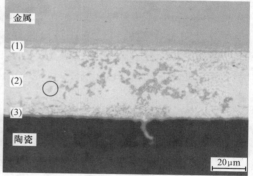

图 12.14　感应钎焊接头
（表 12.4 中的钎焊工艺曲线 3）

由于加热速率快、保温时间短，钎料和陶瓷之间的反应区厚度很小（约 0.8μm，如图 12.16b 所示）。钎料与陶瓷的反应不剧烈。EDX 分析表明，该反应区大多含有钛、铜、银和铝元素。元素面分布图（表 12.5）还表明，金属侧的钛含量比陶瓷侧的钛含量高。

钎缝中央是细小的共晶结构（图 12.13），富含钎料的主要成分银和铜。银基体中含有细小弥散的黑色金属间化合物；在共晶组织内部，也有较大的黑色析出物存在。在钎缝中存在钛，表明有 Cu$_3$Ti 之类的金属间化合物形成。

对于采用表 12.4 中钎焊工艺曲线 3 的感应钎焊接头，钎料和金属母材之间反应区的厚度约为 3.5μm（图 12.17a）。反应区和钎缝的 EDX 分析（图 12.19）表明，由于保温时间较长，金属母材与钎料之间的相互作用更加剧烈，所以这两个区域中的铁、铬和镍元素的含量略高。

钎料和陶瓷之间的反应区也更加明显（厚度约为 1.3μm，如图 12.17b 所示）。对钎缝（图 12.19）的 EDX 分析显示，由于钎料与陶瓷之间更剧烈的反应，使得钎缝中的铝含量较高。此外，在陶瓷侧的反应区中也检测到了金属母材中的铁和镍元素。这些元素经由钎缝扩散到陶瓷侧，侧面反映出钎料与金属的反应更剧烈。

同样地，在钎缝中可以观察到Ag-Cu共晶组织及 CuTi 析出相（图 12.14）。此外，也存在尺寸较大的富 Cu 相，如图 12.14 中的圆圈所示。

传统的炉中钎焊（表 12.4 中的钎焊工艺曲线 1）在金属侧（约 8μm，如图 12.18a 所示）

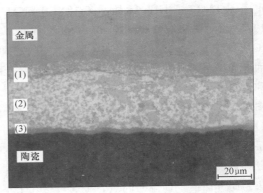

图 12.15　炉中钎焊接头
（表 12.4 中的钎焊工艺曲线 1）

以及陶瓷侧（约 2.2μm，如图 12.18b 所示）的反应区最厚。两个反应区的 SEM 图像表明，该钎料与两种被焊母材之间发生了剧烈的相互作用。在钎缝（图 12.19）和在陶瓷侧（表 12.5），EDX 分析检测到了由金属侧扩散的铁、镍和铬元素。元素面分布图还表明，与感应钎焊相比，陶瓷侧的钛含量比金属侧的钛含量更高。

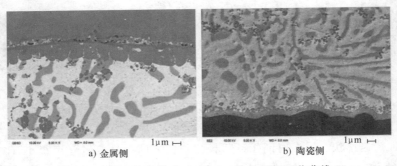

a) 金属侧　　　b) 陶瓷侧

图 12.16　感应钎焊接头（表 12.4 中的钎焊工艺曲线 2）

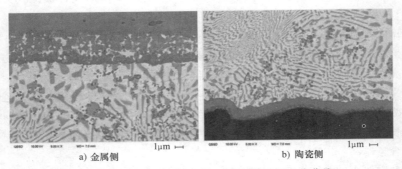

a) 金属侧　　　b) 陶瓷侧

图 12.17　感应钎焊接头（表 12.4 中的钎焊工艺曲线 3）

表 12.5　感应钎焊和炉中钎焊接头区域元素面分布图比较

感应钎焊工艺 2(表 12.4)	炉中钎焊工艺 1(表 12.4)
SEM	
Ag	Ag
Cu	Cu
Ti	Ti
Fe	Fe
Cr	Cr

（续）

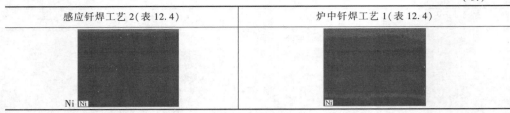

| 感应钎焊工艺 2（表 12.4） | 炉中钎焊工艺 1（表 12.4） |

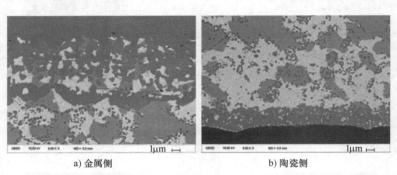

a) 金属侧   b) 陶瓷侧

图 12.18　炉中钎焊接头组织（表 12.4 中的钎焊工艺曲线 1）

由图 12.15 来看，共晶组织消失，存在大尺寸的富 Cu 相。相对于感应钎焊，黑色 CuTi 析出相的分布更加弥散。

由于接头形状对强度的影响非常大，需要对每个钎焊接头的微观组织进行单独研究。感应钎焊接头中的物相相对偏聚，而炉中钎焊接头中的 CuTi 相更加细小弥散，有利于提高接头强度。关于反应层厚度对强度的影响没有普遍适应的理论。在陶瓷侧以及金属侧，感应钎焊的反应层比炉中钎焊的薄（图 12.20）。较厚的反应层未必对接头强度有利。本文所连接的陶瓷为氧化物陶瓷，界面反应产物在提高润湿性的同时，也会导致接头脆性。反应层的最佳厚度取决于所要连接材料的组合。

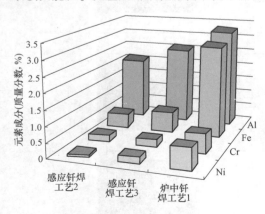

图 12.19　没有反应区的钎缝 EDX 分析结果
注：图中各工艺见表 12.4。

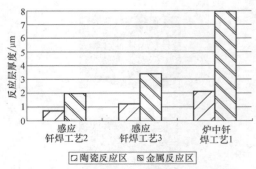

图 12.20　反应层厚度的比较
注：图中各工艺见表 12.4。

强度试验表明，当钎焊氧化铝陶瓷时，陶瓷裂纹形式为典型的凹裂纹，这是由热胀系数不同导致的（图 12.21a）。钎缝的微观组织对强度没有影响。但必须再次强调，强度在很大程度上取决于样品的几何形状。因此，对于不同组件的几何形状，强度可以表现得完全不同。此外，当钎缝较窄（50～75μm）时，也可能导致陶瓷凹裂纹的出现。因此，若要单独研究工艺过程的影响，需要控制钎缝宽度一致，统一使用单层钎料箔带。当钎缝较宽或有韧性中间层存在时，钎焊接头容易成为薄弱点，导致裂纹在钎缝中产生。在这种情况下，钎缝的微观组织对于强度来说至关重要。

当钎焊氧化铝陶瓷时，裂纹形式总是如图 12.21a 所示，因此，受冷却速度影响的接头残余热应力对强度有较大影响。对于 FeNi42 和 Al_2O_3 材料组合，不同冷却速度下感应钎焊与传统炉中钎焊的接头抗弯强度如图 12.8 所示。随着冷却速度的降低，残余应力可通过塑性变形而减少，所以抗弯强度增加。炉中钎焊的接头抗弯强度为 93MPa，而通过感应加热，以 15K/min 的速度冷却也可以获得水平相当的接头抗弯强度，为 94MPa。此外，由其他被焊材料组合也可以发现，感应钎焊获得的接头强度更稳定、离散度更小，这是其有利的一面。

当钎焊氧化锆陶瓷时，裂纹会出现在钎缝和陶瓷之间的界面上（图 12.21b）。因此，保温时间、反应层厚度和润湿性对接头强度的影响较大。通过适当调整感应钎焊的保温时间，获得的接头强度可以与炉中钎焊的接头强度相当。

因此，根据所使用的陶瓷不同，如果各自的钎焊参数调节得当，则感应钎焊接头的性能可以与炉中钎焊相当。

采用感应加热时也必须注意到，由于是通过金属母材的热传

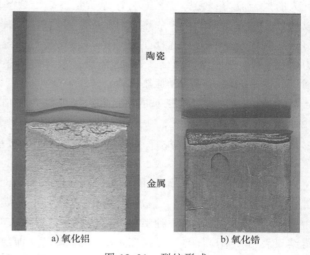

陶瓷

金属

a) 氧化铝   b) 氧化锆

图 12.21 裂纹形式

导对陶瓷进行加热，在陶瓷内部会产生一个温度梯度，同样会产生内应力，这些内应力可能与热应力相互叠加。要研究其如何影响接头的力学性能，则必须对每个相应组件进行分析。

12.10 结论

陶瓷材料具有一系列优异的性能（见 12.1 节）。由于人们对材料的要求不断增加，陶瓷将成为一种替代传统材料的非常重要和有意义的材料。在这种情况下，陶瓷和金属

的连接也会有举足轻重的意义。由于钎焊有着相当大的灵活性和普遍性，它已经成为一种广泛使用的连接陶瓷和金属的标准工艺（见 12.2 节）。借助钎焊方法，可以生产出强度高、热稳定好的真空密封构件。然而，由于陶瓷由离子/共价键组成，而金属是金属键，原子结构的不同将导致陶瓷不能被传统的金属熔体润湿。为了改善陶瓷的润湿性，研究者开发出两种不同的金属-陶瓷钎焊工艺：金属化陶瓷钎焊（见 12.3 节）和活性钎焊（见 12.4 节）。钎焊金属化陶瓷时，在钎焊工艺之前将金属镀覆到陶瓷上，这有利于钎料在陶瓷基体上的润湿。通过传统真空钎焊，可以用 Ag 基或 AgCu 基钎料润湿金属化陶瓷。由于金属化是一个非常复杂的过程，因此开发出了另一种方法，即活性钎焊，可以在钎焊过程中直接润湿陶瓷。商用活性钎料大多是 Ag 基或 Ag-Cu 基体系添加表面活性元素（通常为 1%～4%（质量分数）的 Ti，还有 In、Zr、Hf 或 Nb）而成，通过活性元素与陶瓷的化学反应直接润湿陶瓷。根据钎料成分不同，钎焊温度范围一般为 700～1050℃。由于活性元素对氧的亲和力高，钎焊需在真空或惰性气体中进行。12.6 节论述了钎焊工艺的准备和操作。

金属和陶瓷物理性质（热胀系数和弹性模量）的差异，导致在冷却过程中会产生巨大的残余应力，它将显著影响钎焊质量，甚至会导致不能连接（见 12.5 节）。但可以通过几个方面来减小残余热应力。除了合适的结构设计外，较低的加热和冷却速率也可以缓解残余热应力。选择热胀系数与陶瓷接近的金属，也可以缓解接头中的残余应力，如 Kovar（可伐）合金或 Invar 合金，它们的热胀系数相对较低。增宽韧性钎缝或插入软性中间层也可以缓解热应力。

评价金属-陶瓷钎焊接头的质量时，需要综合评估接头的微观组织和强度性能（见 12.7 节）。大多数情况下，一般采用四点弯曲试验评估金属-陶瓷钎焊接头强度。也可以根据应用需求做进一步性能测试，如气密性、耐热冲击性、耐蠕变性和抗氧化性测试。

12.8 节举例描述了金属-陶瓷活性钎焊接头的微观组织和强度特性。此外，感应钎焊作为高效节能的方法，已被用于替代传统炉中钎焊（见 12.9 节）。对感应钎焊和炉中钎焊的原理，以及这两种工艺过程获得的钎焊接头的微观组织和强度进行了比较。所得结果表明，感应加热同样可以进行金属-陶瓷（即使是不导电的陶瓷）钎焊。感应钎焊可以方便地运用到制造过程中，特别是在连续生产中，因此它是一个替代传统炉中钎焊工艺的非常有意义和高效节能的方法。为了确保润湿，必须通过钎料或金属热传导的方式对陶瓷进行加热。因此，必须选择合适的加热速率。根据被连接陶瓷不同，选择最佳的钎焊参数（包括保温时间及冷却速度），感应钎焊的接头性能可以与炉中钎焊相当。

12.11　致谢

感谢由欧洲联盟（欧洲区域发展基金）和萨克森自由州资助的"生产过程中节能生产和工艺创新" eniPROD®）的精英集群计划。

12. 12　参考文献

Nicholas M G (1990), *Joining of Ceramics*. London: Chapman and Hall, ISBN 0 412 36750 5.

Schwartz M (1990), *Ceramic Joining*. ASM International, Materials Park, Ohio 44073.

Boretius M, Lugscheider E, Tillmann W (1995), *Fügen von Hochleistungskeramik. Verfahren – Auslegung – Prüfung – Anwendung*. Düsseldorf: VDI-Verlag.

Kollenberg W (2004), *Technische Keramik. Grundlagen, Werkstoffe, Verfahrenstechnik*. Essen: Vulkan-Verlag.

Verband der Keramischen Industrie (2003), *Technische Keramik*. Lauf: Fahner, ISBN: 3-9241578-77-0.

Tietz H D (1994), *Technische Keramik*. Düsseldorf: VDI Verlag.

Salmang H, Scholze H (2007), *Keramik*. Berlin, Heidelberg, New York: Springer.

IPT-Albrecht GmbH (2010), *Hochleistungstechnologie für Forschung und Produktentwicklung*. Available from: http://www.ipt-albrecht.de [Accessed 9 June 2010].

Pfeiffer Vacuum (2010), Available from: http://www.pfeiffer-vacuum.com [Accessed 9 June 2010].

Schmoor H (2003), Aktivlöten – aktuelle und potenzielle Anwendungen. In: H P Degischer: *Verbundwerkstoffe. 14. Symposium Verbundwerkstoffe und Werkstoffverbunde*. pp. 691–696. Weinheim: Wiley-VCH Verlag.

Naidich J V (1981), The wettability of solids by liquid metals. In: *Progress in surface and membrane science*, edited by: D A Cadenhead and J F Danielli, Vol. 14, New York: Academic Press.

ASTM F 19-64 (2005), *Standard Test Method for Tension and Vacuum Testing Metallized Ceramic Seals*. Philadelphia: American Society for Testing and Materials.

Zigerlig B (1981), *Metall-Keramik-Technologie im Elektronenröhrenbau bei BBC und Prüfung metallisierter Aluminiumoxidkeramik*. Referat am 24.09.1981 im Rahmen des DVS/DKG-Gemeinschaftsausschusses W3.

Mizuhara H, Oyama T(1991), Ceramic/Metal Seals. *ASM Handbook, Vol. 4: Ceramic and Glasses*, ASM International, Materials Park, Ohio 44073.

Mayer H, Heinicke E (1999), Elektrische Isolation mit Aluminiumoxid. Oxidkeramik-Metall-Verbundbauteile. *Vakuum in Forschung und Praxis* 11, 2, pp. 83–85.

DVS (2005), Merkblatt 3102 *Herstellen von Keramik-Keramik- und Keramik-Metall-Verbindungen durch Aktivlöten*. Düsseldorf: DVS.

Tillmann W, Buschke I, Lugscheider E (1995), Herstellungsmöglichkeiten von hochtemperaturbeständigen Verbunden nichtoxidischer Ingenieurskeramiken mittels verschiedener Lotkonzepte. *DVS-Berichte* 166, pp. 110–114.

Bang K S, Liu S (1994), Interfacial reaction between alumina and Cu-Ti filler metal during reactive metal brazing. *Welding Journal* 73, 3, pp. 54–60.

Suganuma K (1990), Joining silicon nitride to metals and to itself. In: *Joining of ceramics*, edited by M G Nicholas, London: Chapman and Hall.

Klomp J T (1987), Interface chemistry and structure of metal-ceramic interfaces. In: *Fundamentals of diffusion bonding*, edited by Y Ishida, Amsterdam, Oxford, New York, Tokyo: Elsevier Science Publishers, p. 43.

Nicholas M G, Crispin R (1985), The role of titanium in active and activated brazing of alumina. *Fortschrittsberichte der deutschen keramischen Gesellschaft*, Bd. 1, p. 3.

Hanson W B, Ironside K I, Fernie J A (2000), Active metal brazing of zirconia. *Acta mater.* 48, pp. 4673–4676.

Pak J J, Santella M L, Fruehan R J (1990), Thermodynamics of Ti in AgCu Alloys. *Metallurgical Transactions Part B* 21, 2, pp. 349–355.

Nicholas M G (1986), Active Metal Brazing. *Br. Ceram. Trans. J.* 85, pp. 144–146.

Lugscheider E, Tillmann W (1992), Herstellung von Keramik-Metall-Verbunden – konstruktive und fügetechnische Aspekte. *VDI Berichte* 965.1, pp. 227–240.

Maier H R, Magin M, Fischer S (1995), Abbau und Steuerung von Verbundspannungen in Keramik-Metall-Verbunden – Fortschritte bei experimentellen und theoretischen Analysen. *DVS-Berichte* 166, pp. 155–160.

Schüler H (2001), *Simulation von Lötprozessen beim Metall-Keramik-Löten.* Dissertation. TU Chemnitz.

Munz D, Iancu O T (1988), Spannungszustände in der Verbindung und ihre mathematische Erfassung. Unterlagen zum Seminar 'Fügen von Hochleistungskeramik', Seminar der Technischen Akademie Wuppertal.

Sugunama K (1990), Recent advances in joining technology of ceramics to metals. *ISIJ International* 30, 12.

Frey T, Haubenreich A, Girmscheid R, Metzler P E (2003), *Vergleichende Festigkeitsuntersuchungen an Mg-PSZ und Aluminiumoxid*, Schriftenreihe der Georg-Simon-Ohm-Fachhochschule Nürnberg 20, ISSN:1616-0762.

Wielage B, Hoyer I, Hausner S (2010), Niederenergetische Verbindungsverfahren – Metall-Keramik-Aktivlöten. In: *Energieeffiziente Produkt- und Prozessinnovationen in der Produktionstechnik*, ISBN 978-3-942267-00-7, Chemnitz, pp. 307–324.

Wielage B, Hoyer I, Hausner S (2010), Beitrag zum Induktionslöten von Metall-Keramik. In: *DVS-Bericht* Bd. 263: Hart- und Hochtemperaturlöten und Diffusionsschweissen, ISBN 978-3-87155-589-3, Düsseldorf, pp. 331–336.

Wielage B, Hoyer I, Hausner S (2011), Induktionslöten der Fe-Ni-Legierung 1.3917 mit Al_2O_3 unter Verwendung eines Ag-Cu-Ti-Aktivlotes. In: *Tagungsband zum 18. Symposium Verbundwerkstoffe und Werkstoffverbunde*, ISBN 978-3-00-033801-4, Chemnitz, pp. 387–392.

Wielage B, Hoyer I, Hausner S (2011), Induktionslöten von ZrO_2 und der Kovar-Legierung FeNiCo29 18. *Keramische Zeitschrift* 63, 5, pp. 344–348.

ASTM F 29-97 (2009), *Standard Specification for Dumet Wire for Glass-to-Metal Seal Applications*. Philadelphia: American Society for Testing and Materials.

ASTM F 30-96 (2009), *Standard Specification for Iron-Nickel Sealing Alloys*. Philadelphia: American Society for Testing and Materials.

Dabbarh S, Pfaff E, Ziombra A, Bezold A (2010), 'Reactive air brazing' sauerstoffleitender Keramik mit CrNi-Stahl. In: *DVS Berichte* 263, pp. 338–343.

Batdorf S B, Sines G (1980), Combining data for improved Weibull parameter estimation. *J. Am. Ceram. Soc.* 63, pp. 214–218.

ASTM F 15-04 (2009), Standard Specification for Iron-Nickel-Cobalt Sealing Alloy. Philadelphia: American Society for Testing and Materials.

Kar A, Mandal S (2007), Characterization of interface of Al_2O_3-304 stainless steel braze joint. *Materials Characterization* 58, 6, pp. 555–562.

第 13 章　金属和 C/C 复合材料的钎焊

【主要内容】　碳/碳（C/C）复合材料和金属的钎焊是高性能应用领域中一项必要的制造技术。本章叙述了 C/C 复合材料和金属钎焊的原理，包括钎料在 C/C 复合材料上的润湿性以及复合材料与被焊金属热胀系数的差异；列出了可能用于钎焊 C/C 复合材料和各种金属的商用钎料；阐述了纤维取向对 C/C 复合材料/钛合金钎焊接头强度的影响，以及解决 C/C 复合材料和金属热胀系数不匹配问题的方法。

13.1　引言

　　碳/碳（C/C）复合材料的应用已经开始从航空航天领域向高速列车等新领域发展。这些领域主要应用了 C/C 复合材料的一些优良性能，包括耐高温性、密度小、杨氏模量极高和比强度大等。然而，C/C 复合材料不易与金属或陶瓷进行连接，因为常规的电弧焊会熔化和破坏 C/C 复合材料的结构而导致其某些重要性能下降，通常采用机械连接方法。钎焊被认为是唯一有希望连接 C/C 复合材料的技术。本章介绍了 C/C 复合材料和金属钎焊技术的发展现状。

　　开篇简要介绍了 C/C 复合材料的性能，同时也分析了钎焊过程中出现的现象，另外，还论述了钎焊 C/C 复合材料和金属的钎料合金的性能。目前，还没有可推荐的钎焊 C/C 复合材料的商用钎料合金，对钎料的要求以及钎焊过程中需要考虑的因素还在讨论中。

13.2　C/C 复合材料

　　C/C 复合材料是以石墨为基体，通过碳纤维增强的复合材料。C/C 复合材料具有良好的性能，包括耐高温性、密度小和几乎可以忽略的热变形等。C/C 复合材料自从最初在军事和航空航天领域开始应用，就被认为是一种可以解决轻质、耐高温问题的材料。

　　现在，C/C 复合材料有望在下一代火箭发动机上得到应用。目前火箭发动机的工作温度大约为 1600℃，以后有望提高到 2000℃。另外，要求制造更加轻量化的发动机，延长其工作寿命，以便能够在可回收系统中服役。而 C/C 复合材料能够满足这些特殊的要求。欧洲宇航防务集团（EADS）已经开始研发这种使用 C/C 复合材料的火箭发动机，当前正在评估阶段（Knoche 等，2006）。针对下一代火箭发动机，也已经利用 C/C 复合材料制造出了喷管喉衬（Vignoles 等，2010；Li 等，2011），并开展了其在传统火箭鼻锥上应用的研究（Yamamoto 等，1996）。在 2011 年巴黎航展上，欧洲宇航防务集团宣布了研发超音速巡航项目的目标，该项目将在发动机的热端部件和机身结构处使用 C/C 复合材料（Steelant，2010）。日本宇宙航空研究开发机构（JAXA）在 20 世纪 90 年代也探索了一个相似的超音速巡航计划，来研制具有 C/C 复合材料涡轮盘的 ATREX（空气涡轮冲压发动机膨胀循环系统）发动机（Goto 等，2003）。

　　C/C 复合材料最新的应用是国际热核聚变实验反应堆（ITER）的偏滤器，该反应堆是世界上最大的托克马克核聚变反应堆，目前正在法国的卡达拉舍建设。这个反应堆具有一个巨大的环形真空室，高温等离子体被约束在强磁场区域内。图 13.1 所示为反应堆交叉过滤的一部分，它的底部为偏滤器，从这里排出热量和氦灰。用 C/C 复合材料制成直接面向高温等离子体的装甲壁板来保护偏滤器。在 C/C 复合材料装甲壁板内部，用插入的铜合金管来冷却，管壁和装甲壁板孔洞之间的间隙用钎焊技术进行修补，以此保证热量的传递。相似的技术也被应用于熔化反应釜热防护壁板的制造，英国牛津郡的 Joint European Torus 项目正在开展这项实验（Hirai 等，2007）。

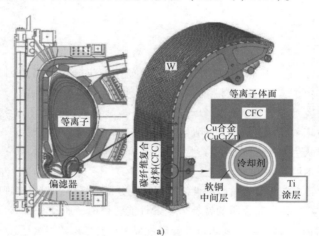

a)

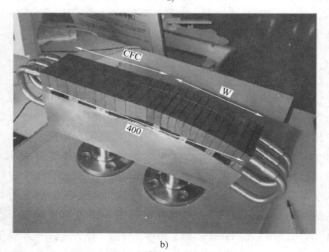

b)

图 13.1　ITER 偏滤器外靶板和原型（Ezato 和 Suzuki，2009）

C/C 复合材料的另一个潜在应用领域是高速列车，由于它具有良好的性能和对环境友好的特点而受到了全世界各国政府的关注。在未来，日本的高速列车可能会装备由 C/C 复合材料制造的盘式制动系统（Okezawa 等，1997；Takemoto 等，1998）。当高速列车从 350km/h 减速时，盘式制动系统的试验温度超过 1000℃，这就要求其材料具有较高的耐高温能力。当前钢质锻造制动盘不能支持其在如此高的温度下工作，而 C/C 复合材料能够满足高温和高强度的要求。

C/C 复合材料的应用正在向各个领域延伸。然而，在现有水平下，C/C 复合材料仍然是需要量身定制和价格相对较高的材料。如果 C/C 复合材料与其他材料的连接技术能够得到发展，那么 C/C 复合材料与金属及陶瓷的复合结构将得到大力推广应用。如果可行的话，C/C 复合材料的价格将会降低，而且将向更多的应用领域延伸。

1. C/C 复合材料的结构

C/C 复合材料以碳纤维为增强材料，以石墨为基体。碳纤维具有高模量和高抗拉强度（Mallick，2007）。碳纤维从石墨化前驱体，如织物或沥青中制造，而织物的前驱体是单纤维，如人造纤维、石碳酸和丙烯酸纤维等。最常见的织物前驱体是丙烯酸纤维或者聚丙烯酰胺（PAN）纤维，而沥青前驱体是从石油中生产的。

碳纤维的另一种常用制造方法是气相沉积生长工艺。气相沉积生长碳纤维（VGCF）是在过渡金属催化剂作用下通过高温分解碳氢化合物而制得的。该工艺与碳纳米管制造工艺相似。然而，VGCF 方法只能制造短纤维，其长度只有几厘米（Jayasankar 等，1995；Mishra 和 Ting，2008；Mukai 等，2000）。

表 13.1 中列出了中间相沥青、PAN 纤维和 VGCF 性能的比较。这三者的差异源于石墨结晶时的温度，且石墨结晶温度会影响纤维的耐蚀性。在沥青碳纤维中，石墨晶体随机地位于纤维轴之间；而相反地，VGCF 中石墨晶体排列在与轴线平行的部位，像树木上的年轮一样。这种有序的排列产生了像石墨一样的高密度，同时也使其具有优良的力学性能。PAN 碳纤维通过在其中间随机排列的石墨晶体，像树木的年轮一样向外延伸。因此，PAN 碳纤维具有沥青和 VGCF 的共同性质。石墨结晶温度影响纤维的耐蚀性。下面将介绍 C/C 复合材料中的纤维在钎焊过程中与钎料中的活性元素发生的化学反应。VGCF 具有较高的耐蚀性，PAN 碳纤维居中，而沥青碳纤维最低。

表 13.1　碳纤维的性能比较

性　　能	中间相沥青[①]	PAN[②]	VGCF[③]
直径/μm	10	7	5~8
密度/(g/cm³)	1.98	1.75~1.93	2.20
抗拉强度/MPa	3500	3800~5900	5000~8000
拉伸模量/GPa	200	290~590	500

① Nippon Graphite Fiber 公司。

② TORAY Industries 公司。

③ Inagaki，2009。

碳纤维生产出来以后，会被用于编织碳网，织物的空间结构可以是一维、二维或三维的。在一维结构中，所有纤维都指向一个方向；二维结构中具有两个或更多的纤维方向，在编织的各个方向上均类似于普通的纺织品；三维结构可以通过缝合多个织物来编织。无论采用何种维度，大块的 C/C 复合材料都是通过堆积这些薄的织物达到所需要的厚度，然后利用塑料或沥青把它们黏结在一起，加热到一定温度，生成碳纤维增强石墨基体的复合材料。然而，这种织物内部有许多孔隙，通过重复浸渍沥青或其他石墨化的渗透物可以减少孔隙，之后利用化学气相沉积技术最终填充孔隙。

2. 力学性能

由于以 PAN 或沥青制备的碳纤维比石墨的密度小，所以以这些纤维增强的 C/C 复合材料的密度比石墨要小。石墨的平均密度是 $2.2g/cm^3$，而 PAN 或沥青碳纤维用在 C/C 复合材料中，其密度将降到 $1.7 \sim 2.2g/cm^3$ 之间。表 13.2 中列出了密度在 $1.4 \sim 2.0g/cm^3$ 之间的商用 C/C 复合材料的性能。由于复合材料内部在进行碳化工艺过程中生成了孔隙，其密度在某种程度上比预期的还要小。复合材料生产过程中从前驱体中分解的气体未能完全排出，以孔洞形式保留在复合材料中。通过重复的碳化工艺，能够填满这些孔洞，但全部致密化需要很长时间，并且成本很高，实际应用中极难达到，这就意味着 C/C 复合材料内部必然存在大量的孔洞。

表 13.2　几种商用 C/C 复合材料的性能

性　　能	Tokarec，CC26NF[①]	Tokarec，CC27MFP[①]	Across，AC300[②]	Across，FC500[①]
密度/(g/cm^3)	1.40	1.62	1.7	1.5
抗弯强度/MPa	100	170	250	98
抗拉强度/MPa	100	150	250	170
热胀系数/[$\mu m/(m \cdot K)$]	0.8	0.8	$0 \sim 1$	$0 \sim 1$
热导率/[$W/(K \cdot m)$]	2.6	8		
典型应用	管	坩埚	结构件	紧固件

[①] Tokai Carbon 公司。

[②] Across 公司。

C/C 复合材料具有很强的各向异性，可以根据使用需求进行特殊定制，通过改变碳纤维和基体结构的组合，使 C/C 复合材料的特点能够满足设计需要。虽然通过多层叠加可以增加 C/C 的均匀性，但其改善效果有限。C/C 复合材料的热胀系数（CTE）同样存在各向异性。以 2D 交叉法编织的 C/C 复合材料叠层间的热胀系数有 $\pm 0.1\mu m/(m \cdot K)$ 的波动，截面上的 CTE 约为 $10\mu m/(m \cdot K)$，这与纯钛 [$8.6\mu m/(m \cdot K)$]、纯铁 [$11.8\mu m/(m \cdot K)$]、碳的质量分数为 0.3% 的碳钢 [$11.5\mu m/(m \cdot K)$] 或者马氏体型不锈钢 [SUS410，$10.4\mu m/(m \cdot K)$] 相类似。随着结晶温度发生变化，石墨的 CTE 从 $2\mu m/(m \cdot K)$ 增加为 $26\mu m/(m \cdot K)$（Martin 和 Entwisle，1963），而 C/C 复合材料的 CTE 降至 $10\mu m/(m \cdot K)$ 左右，处于中等水平。

13.3　C/C 复合材料与金属钎焊用钎料

13.3.1　C/C 复合材料的润湿性

C/C 复合材料中包含碳纤维和石墨基体，钎料在这两种材料上的润湿情况类似。在石墨上润湿，要求钎料中含有碳化物形成元素，如 Cr、Mn、Mo、Si、Ti、V 或 Zr 等，这些含有碳化物形成元素的合金叫作活性钎料合金（Donnelly 和 Slaughter，1962）。在钎料中，活性元素是保证钎料润湿 C/C 复合材料所必须添加的成分。

表 13.3 所列为 C/C 复合材料及石墨钎焊用钎料中的 Ti 含量对润湿性的影响（Ikeshoji 等，2010）。C/C 复合材料的基体由两层互锁编织管构成，钎料中 Ti 的质量分数为 0.2%~70%。润湿试验在真空中进行，试样升温到 250℃，保温 1800s，然后继续升温至钎料固相线以下 20~30℃。对于 $w_{Ti}=70\%$ 的 Ti 基钎料，其固相线温度为 960℃，加热温度为 930℃；对于 $w_{Ti}=1.75\%$ 的钎料，其固相线温度为 830℃；而 $w_{Ti}=0.2\%$ 的钎料的固相线温度为 650℃。之后试样被快速加热到钎料液相线温度之上。对 $w_{Ti}=70\%$ 钎料而言，其最高钎焊温度为 1000℃；而 $w_{Ti}=1.75\%$ 和 $w_{Ti}=0.2\%$ 的钎料，其最高钎焊温度均为 900℃。在加热停止后，试样随炉冷却。

表 13.3　不同钎料的润湿试样形貌

钎料合金	C/C 复合材料		石墨	
	上平面	侧面	上平面	侧面
（1）70Ti				
（2）1.75Ti				
（3）0.2Ti				—
（4）0.2Ti		—		

注：1.（1）70Ti-15Cu-15Ni；（2）Ag-35.25Cu-1.75Ti；（3）Al-0.8Fe-5.3Si-0.2Ti；（4）Al-6.3Cu-0.3Mn-0.2Si-0.2Ti。

2. 背景中每格边长为 6.35mm。

w_{Ti} = 1.75%的钎料在 C/C 复合材料和石墨上的润湿性非常好，而 w_{Ti} = 0.2%的钎料不能很好地润湿这两种材料。钎料与 C/C 复合材料基体之间的冶金反应使钎料具有很好的润湿性。然而，w_{Ti} = 70%的钎料将导致过度润湿，熔化的钎料渗入 C/C 复合材料和石墨基体中，侧视图（表 13.3）给出了一个平坦的表面，在两者表面没有残余钎料。这些结果表明，活性钎料中的碳化物形成元素的含量必须适当。值得注意的是，熔化的活性钎料可能渗入 C/C 复合材料基体中。另外，因为钎料在石墨上也有相似的润湿行为，可以通过活性钎料在 C/C 复合材料上的润湿性试验，来预测润湿石墨基体的活性钎料所需的活性元素含量。

Singh 等人测量了随着 Ti 含量的减少，金属-Ti 二元合金钎料在石墨上的润湿角变化情况（图 13.2）（Singh 等，2005b）。结果发现，铜钛二元合金钎料中的 Ti 的质量分数至少需要达到10%，才能润湿石墨；当石墨基体呈玻璃态时，Ti 的质量分数则需要达到15%才能实现润湿。相比较而言，银钛合金钎料中 Ti 的质量分数只需要达到2%，其润湿性就很好。

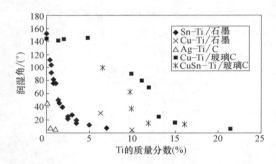

图 13.2　金属-Ti 二元合金钎料在石墨上的润湿角（Singh 等，2005b）

注：数据来自于 Standing 和 Nicholas，1978；Li，1992；Grigorenko 等，1998；Humenik 和 Kingery，1954；Naidich，1981。

Ag-Ti 二元合金对石墨的润湿性和对 C/C复合材料相似（图 13.3）（Okamura 等，1996）。纯银不能润湿 C/C 复合材料，但是仅仅增加1%（质量分数）的 Ti 就可以对复合材料进行润湿，在 Ag 中增加2%~3%的 Ti 能够获得最小润湿角。上述试验结果表明，Ag-Ti 合金钎料中 Ti 的最佳质量分数为2%左右。

在钎焊过程中，为了降低熔点，Ag 通常以 Ag-Cu 合金钎料的形式使用。Ti 可以溶解在 Ag 和 Cu 中，因此，Ti 在 Ag-Cu 合金中的质量分数超过2%时就表现出活性。

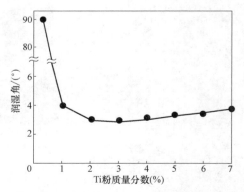

图 13.3　Ti 含量对 Ag-Ti 钎料在 C/C 复合材料上润湿角的影响（温度：1123K）（Okamura 等，1996）

另外，Cu 和 Ti 很容易形成金属间化合物，这意味着 Ti 的有效含量会低于其名义含量，因此，Ag-Cu-Ti 合金中 Ti 的质量分数应为 3%~4%。然而，在实际应用中可以改变其含量。Cusil ABA® 是钎焊 C/C 复合材料和金属的最有潜力的钎料，该钎料为 Ag-Cu 合金箔和 Ti 薄片的三明治结构，这种结构抑制了 Ti 在 Cu 中的固溶和 Cu-Ti 金属间化合物的形成，有利于最大限度地发挥 Ti 的活性。正因为如此，Cusil ABA 钎料的 Ag-Cu 合金中只含有 1.75% 的 Ti。

除了钎料中含有 Ti 元素外，含有 Cr 元素也可以润湿 C/C 复合材料（Chen 等 2010）。Ni-Cr-Pd 合金在增加 Cr 含量时具有更好的润湿性，当 Cr 的质量分数为 12% 时，润湿角大幅降低。Cr 作为活性元素和形成 $Cr_{23}C_6$ 反应层的元素，提高了钎料的润湿性，因此，Pd-(35.2)Ni-(12~25)Cr、Ni-33Cr-24Pd-4Si 和 Ni-14Cr-10.5P-0.1Si（BNi-7）都能较好地润湿 C/C 复合材料基体（Chen 等，2010；Liu 等，1994）。

图 13.4 所示为不同活性钎料在 C/C 复合材料上的润湿角。在 Ag-35.3Cu-1.75Ti（Cusil ABA）、Ag-Cu-1.8Ti、Ag-Cu-2Ti 和 Ni-72Ti 中以 Ti 为活性元素；BNi-7、BNi-2、39Ni-33Cr-24Pd-4Si 和 30Ni-40Cr-30Ge 则以 Cr 为活性元素。39Ni-33Cr-24Pd-4Si 钎料具有最小的润湿角（3.5°），在形成 Cr_xC_y 和 Pd 固溶体溶解石墨的共同作用下，才获得了这样小的润湿角（Okamura 等，1996）。48Ni-31Mn-21Pd、Palni®（Pd-40Ni）和 Palco™（Pd-35Co）则利用 Pd 作为活性元素，根据 C-Pd 二元合金相图，Pd 在室温时可溶解一部分石墨。

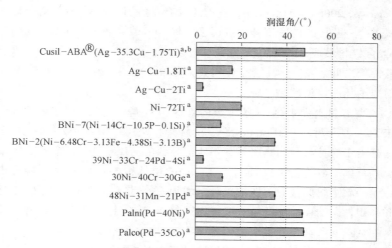

图 13.4　钎料在 C/C 复合材料上的润湿角（数据来源为 a：Okamura 等，1996；b：Asthana 等，2010）

13.3.2　C/C 复合材料钎焊用钎料

钎焊 C/C 复合材料和金属的钎料并不是唯一的。正如之前提到的，C/C 复合材料中包含碳纤维和石墨基体，其性能接近于石墨，因此从某种意义上说，钎焊石墨的钎料也可以用于钎焊 C/C 复合材料。表 13.4 总结了可以用于石墨钎焊的商用钎料，这些钎料大部分含有 Ti 元素，将其作为形成碳化物的活性元素。

表 13.4 推荐用于石墨钎焊的商用钎料

制造商	类别	标称含量(%)	温度范围/℃
Wesgo Metals	Copper–ABA®	Cu-3Si-2Al-2.25Ti	1025–1050
	Nioro®–ABA™	Au-15.5Ni-1.75V-0.75Mo	970–1020
	Ticuni®	Ti-15Cu-15Ni	960–1100
	Ticuni-60®	Ti-15Cu-25Ni	920–980
	Silver–ABA®	Ag-5Cu-1Al-1.25Ti	920–950
	Ticusil®	Ag-26.7Cu-4.5Ti	920–960
	Cusil–ABA®	Ag-35.2Cu-1.75Ti	830–850
	Cusin–1–ABA®	Ag-34.2Cu-1Sn-1.75Ti	810–860
	Incusil®–ABA®	Ag-27.2Cu-12.5In-1.25Ti	720–750
BrazeTec	BrazeTec®–CB1	Ag-19.5Cu-5In-3Ti	850–950
	BrazeTec®–CB4	Ag-26.5Cu-3Ti	850–950
	BrazeTec®–CB10	Ag-25.2Cu-10Ti	850–950
Titanium Brazing	TiBraze®375	Ti-37.5-Zr-15Cu-10Ni	850–900
	TiBrazeAl®462	Al-5.3-Si-0.8-Fe-0.3-Cu-0.2Ti	650–680
	TiBrazeAl®655	Al-6.3-Cu-0.3-Mn0.2-Si-0.2-Ti-0.2Zr	650–670
Lucas–Milhaupt	Hi–Temp 095	Cu-9.5Ni-38Mn	950–1090
Tokyo Braze	TB–608T	Ag-28Cu-2Ti	780–800
	TB–629T	Ag-24Cu-14In-2Ti	620–720

（温度标度：500 700 900 1100，温度/℃）

表 13.5 中列出了金属与钎料的推荐组合，最初由 Singh 和 Asthana 创建的结果上标注有①，而标注②~④的是后续增加的。Singh 和 Asthana 的工作是评估接头的质量，他们以接头显微组织的冶金稳定性为基础来定性评估，同时还描述了接头显微组织和强度的详细情况（Singh 等，2005a、2005b、2006；Singh 和 Asthana，2007；Morscher 等，2006；Asthana 等，2006）。如前所述，目前还没有专门用于钎焊 C/C 复合材料的商用钎料，但据报道，一些已有的商用钎料可用于钎焊 C/C 复合材料与金属（表 13.6）。

Ag-Cu-2Ti 钎料最适合钎焊 C/C 复合材料与 Ti。Cusil ABA 中的 Ti 以薄带形式放置于 Ag-Cu 共晶箔之间。Ag-Cu-Ti 合金化需要大概 4% 的 Ti，因为 Cu 和 Ti 形成金属间化合物时，需要消耗一定量的 Ti。

对于 C/C 复合材料和难熔 Ni 基合金的钎焊，Ni 基钎料被认为是一种合理的选择。然而，对于 C/C 复合材料和 Hastelloy 合金的钎焊，采用 MBF-20 或 MBF-30 无法实现连接，这可能是由于两种材料的热胀系数不匹配导致的。Hastelloy 合金的热胀系数与复合材料不同，其范围一般为 $11 \sim 16 \mu m/m \cdot K$，而叠层结构的 C/C 复合材料的热胀系数为 $0 \sim 1 \mu m/m \cdot K$。除了热胀系数不匹配以外，增加 Cr 含量可以提高其在 C/C 复合材料上的润湿性和钎焊性。Ag-Cu-Ti 钎料可以钎焊难熔 Ni 基合金与 C/C 复合材料。但是由于钎焊界面存在 Ag-Cu 共晶层，接头使用温度不超过 800℃。

表 13.5 C/C 复合材料与不同金属或合金的钎焊性

金属	钎料合金	连接质量	备注
Ti	Ticuni[1]	好	σ_{max}：$0.21 \sim 0.32$MPa*
	Ticusil[1]	好	σ_{max}：$0.14 \sim 0.24$MPa*
	Cu-ABA[1]	好	σ_{max}：$0.19 \sim 0.26$MPa*
	Cusil-ABA[1,2]	好	τ_{max}：$10 \sim 35$MPa
	MBF-20[1]	好	
	MBF-30[1]	好	

（续）

金属	钎料合金	连接质量	备注
Hastelloy（Ni-Cr-Mo 合金）	MBF-20[1]	差	
	MBF-30[1]	差	
Inconel 625（Ni-Cr-Fe-Mo 合金）	Ticusil[1]	好	
	Cusil-ABA[1]	好	
SUS316	BCu-1[3]	好	延展性差
	BNi-7[3]	好	
Cu	Ag-Cu-1.8Ti[4]	好	τ_{max}:12~18MPa
	Ag-28Cu-2Ti[4]	好	τ_{max}:12~18MPa
	Cu-30Ti[4]	好	τ_{max}:3~10MPa
	39Ni-33Cr-24Pd-4Si[4]	好	τ_{max}:1~8MPa
	BNi-7[4]	好	τ_{max}:1~10MPa
	Cu-50Pb（Rheocastl）[5]	好	τ_{max}:1.5MPa
Cu-1Cr	Ag-28Cu-2Ti[4]	好	τ_{max}:14~18MPa
30Cu-70W 薄层	Ag-28Cu-2Ti[4]	好	τ_{max}12~18MPa
W	Cu-Cr[6]	好	

注：1. σ_{max}—抗拉强度；τ_{max}—抗剪强度。

　　2. 试样形式是管/片接头（Morscher 等人，2006）。

[1] Singh 和 Asthana，2007。

[2] Okamura，等人，1996；Li 等人，2011。

[3] Liu 等人，1994。

[4] Ikeshoji 等人，2011。

[5] Salvo 等人，1995。

[6] Koppitz 等人，2007。

表 13.6　适合连接 C/C 复合材料与金属或合金的商用钎料

名　称	成分组成	备　注
Ticuni[1]	15Cu-15Ni-70Ti	
Ticusil[1]	Ag-26.7Cu-4.5Ti	
Cusil-ABA[1]	Ag-35.3Cu-1.75Ti	包覆箔
TB-608T[3]	Ag-28Cu-2Ti	
BCu-1	99.9Cu	
Cu-ABA[1]	Cu-3Si-2Al-2.25Ti	
MBF-20[2]	Ni-6.48Cr-3.13Fe-4.38Si-3.13B	BNi-2 非晶合金
MBF-30[2]	Ni-4.61Si-2.8B-0.02Fe-0.02Co	BNi-3 非晶合金
BNi-7	Ni-14Cr-10.5P-0.1Si	
BCu-1	99.9Cu	
Gemco[1]	Cu-12Ge-0.25Ni	

[1] Wesgo，Morgan Advanced Ceramics，Hayward，CA，美国。

[2] Metglas 公司，Conway，SC，美国。

[3] Tokyo Braze 有限公司，日本东京。

也可以采用 Ni 基钎料钎焊不锈钢与 C/C 复合材料（Liu 等，1994）。BNi-7（Ni-14Cr-10.5P-0.1Si）钎料能够实现 316 不锈钢与 C/C 复合材料的连接，但接头的韧性不好，微观组织分析表明，C/C复合材料的界面处Cr元素贫化，在钎缝中心形成了富Ni层，从而导致接头变脆。

Ag-Cu基或Ni基钎料可以钎焊Cu合金与C/C复合材料。Cu的热胀系数是16.5μm/m·K，尽管和C/C复合材料的热胀系数相差较大，但是Cu具有相对较低的杨氏模量，为110~128GPa，而Hastelloy合金的杨氏模量是190~210GPa，和Hastelloy合金相比，由于Cu合金具有弹性变形能力，可以缓解在钎焊过程中产生的残余热应力。

含Ti、Cr或Si元素的活性钎料可以直接钎焊C/C复合材料，适量添加这些元素可以增加钎料在C/C复合材料上的润湿性，有利于形成可靠的接头。然而，C/C复合材料和金属的热胀系数不匹配仍然是一个主要的障碍，将在后续章节中叙述降低接头残余热应力的技术。

13.3.3 液态钎料的渗透

C/C复合材料是多孔的，在纤维和基体的界面处存在孔洞，有些孔洞在C/C复合材料的表面张开（图13.5a），将在制造工艺中介绍这些孔洞是如何形成的。除了孔洞之外，C/C复合材料内部还具有较弱的部分，即在纤维的界面、纤维和基体界面处的一些石墨无法实现结晶，在微观尺度上这些部分是多孔的，类似于金属内部的晶界。

当采用活性钎料钎焊C/C复合材料时，液态钎料会渗入复合材料表面的孔洞中。图13.5b所示为C/C复合材料/纯Ti钎焊接头的横截面微观组织，对应的钎料为Ag-35.25Cu-1.75Ti（CuSil-ABA）。液态钎料渗入纤维和基体界面的孔洞处，并且沿着纤维层界面进行扩散和填满孔洞。在钎焊界面附近明显观察到液态钎料流入纤维层之间的基体中，这说明石墨基体与活性钎料之间发生了反应。当增加钎料中的Ti含量时，活性钎料的渗入会更加明显。图13.6所示为钎料熔滴在C/C复合材料上铺展的横截面微观结构（Asthana等，2010），这是Ti的质量分数为4.5%的活性钎料（Ag-26.7Cu-4.5Ti，即Ticusil）的熔滴轮廓。当保温300s时，活性钎料渗入C/C复合材料界面的深层并沿着纤维层扩展。在图13.6的中心，可以看到亮白色组织包围着黑色碳纤维，这表明纤维周围的钎料与石墨发生了反应，同时钎料过量渗入，导致在熔滴边缘界面处的母材产生裂纹。

C/C复合材料本身是多孔的，所以活性钎料的渗入是不可避免的，但渗入的钎料被认为是引起C/C复合材料界面裂纹和界面溶蚀的原因。因此，在钎焊工艺中需要采取避免钎料渗入的保护措施，目前该问题还未得到有效解决。如果C/C复合材料表面的

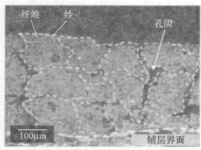

a) C/C复合材料横截面（焊前）

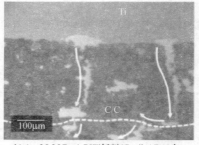

b) Ag-35.25Cu-1.75Ti钎料(Cusil-ABA)向
与纯钛钎焊的C/C复合材料一侧渗透

图13-5　C/C复合材料中的孔隙和纤料的渗透

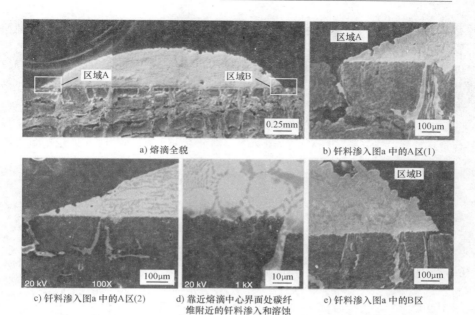

a) 熔滴全貌　　　　　　　　　　　b) 钎料渗入图a 中的A区(1)

c) 钎料渗入图a 中的A区(2)　d) 靠近熔滴中心界面处碳纤　e) 钎料渗入图a 中的B区
　　　　　　　　　　　　　　维附近的钎料渗入和溶蚀

图 13.6　Ag-26.7Cu-4.5Ti（Ticusil）钎料在 C/C
复合材料表面的润湿性试验（800℃/300s）

孔洞可以弥补，那么液态钎料将不会渗入复合材料内部，例如，通过物理气相沉积碳涂层可以作为一种填满 C/C 复合材料表面孔洞的有效方法。

13.3.4　C/C 复合材料的钎焊参数

　　C/C 复合材料和石墨的钎焊工艺几乎一样，然而 C/C 复合材料的复合结构导致其在钎焊时会与石墨有一些不同。

　　C/C 复合材料的多孔结构意味着其很容易吸收水和气体，钎焊前必须对其进行烘干处理，典型的烘干条件是在 150~200℃以上保温超过 1h，最好的干燥条件是在真空或惰性气体保护下进行。如果不烘干，而是直接将潮湿的 C/C 复合材料加热到超过 800℃时，水将在其表面分解并形成 CH_4、CO 和 CO_2，这些反应将导致 C/C 复合材料性能恶化。

　　除了需要真空或惰性气体保护外，钎焊 C/C 复合材料和金属时也需要降低氧分压，以此尽可能减少 C/C 复合材料、金属和钎料的氧化。

　　钎焊温度一般依据钎料熔点来选择，并非越高越好，一个原因是热胀系数不匹配，另一个原因是液态钎料容易渗入 C/C 复合材料。活性钎料对石墨的润湿性好，很容易流入 C/C 复合材料的孔洞中，因此钎焊时间不宜过长。

13.4　C/C 复合材料的各向异性及其与金属的钎焊

13.4.1　2D 叠层及纤维取向对钎焊性的影响

　　如前所述，C/C 复合材料的热胀系数具有各向异性。2D 正交叠层 C/C 复合材料在叠层平面上的热胀系数是 $0~1\mu m/m \cdot K$，但是横截面上的热胀系数大约是 $10\mu m/m \cdot K$。

热胀系数不匹配对钎焊结果影响很大，说明 C/C 复合材料和金属的钎焊性会受到热胀系数各向异性的影响。

Ikeshoji 等人（2009）研究了 2D 正交叠层 C/C 复合材料和纯 Ti 的钎焊（图 13.7），还研究了 2D 正交叠层 C/C 复合材料类型对接头强度的影响。碳纤维的排列类型包括未编织的短长度纤维板层、典型的 ［0°/90°］ₛ纤维正交叠层（积层方向与钎焊界面不同）。其中，未编织的短长度纤维板层基体不能形成牢固的钎焊接头；而 2D 正交纤维的复合材料钎焊时，钎焊接头可以达到一个很高的强度水平。图 13.8 所示为接头的断

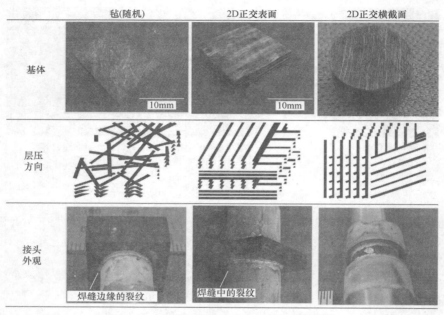

图 13.7　不同类型 C/C 复合材料的钎焊接头

注：用 Ag-35.25Cu-1.75Ti 钎料（Cusil-ABA®）钎焊 2D 叠层 C/C 复合材料/纯 Ti 接头。

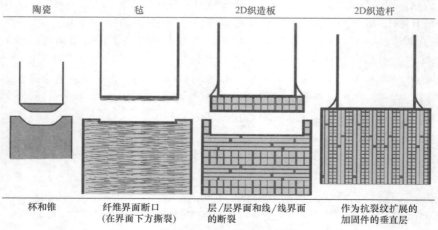

图 13.8　叠层取向对钎焊接头强度的影响

裂类型，2D C/C 复合材料和金属之间未形成牢固的接头，因为纤维叠层表面不能承受热胀系数不匹配所产生的压应力。2D 正交叠层的表面可以与金属实现钎焊连接，但是接头强度较弱。活性钎料的渗入削弱了 C/C 复合材料基体并产生裂纹，这是由热胀系数不匹配产生的压应力导致的结果。当叠层的横截面和金属钎焊时，可以获得高强度的接头，这是由于在这个方向上，复合材料与金属的热胀系数差减小的结果。

13.4.2　钎焊界面上纤维排列对钎焊接头强度的影响

当 C/C 复合材料叠层的横截面被钎焊到金属上时，叠层的各向异性影响钎焊接头的强度（Ikeshoji 等，2011）。如图 13.9 所示，研究了三个叠层角度的 2D 正交 C/C 复合材料，在它们表面用 Cusil-ABA 钎料钎焊纯钛，结果发现叠层角度不同，钎焊接头的抗剪强度各不相同。$[0°/90°]_S$ 的叠层材料对应的接头具有最高的抗剪强度值，

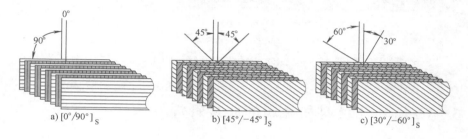

a) $[0°/90°]_S$　　b) $[45°/-45°]_S$　　c) $[30°/-60°]_S$

图 13.9　2D 正交 C/C 复合材料的角度（叠层顶面是与金属钎焊的待焊面）

$[45°/-45°]_S$ 和 $[30°/-60°]_S$ 的叠层对应的接头具有相当的抗剪强度值，其值约为 $[0°/90°]_S$ 的一半（图 13.10）。大多数接头在 C/C 复合材料内部开裂，但是 $[45°/-45°]_S$ 和 $[30°/-60°]_S$ 的叠层接头在钎焊界面开裂。接头界面的显微组织表明，钎料沿纤维向 C/C 内部渗透，裂纹起源于渗透钎料的尖端处（图 13.11）。裂纹尖端处的应力在 $[0°/90°]_S$ 材料的中较低，因此 $[0°/90°]_S$ 材料的接头具有最高的抗剪强度。钎料在 C/C 复合材料内部剧烈地扩散，使得在钎焊界面层处产生了孔洞。$[45°/-45°]_S$ 和 $[30°/-60°]_S$ 材料的接头可以使得钎料向两个方向扩散，相比较而言，$[0°/90°]_S$ 材料接头中钎料只向一个方向扩散，因此钎料扩散不充分，导致接头在钎料与母材界面处断裂。

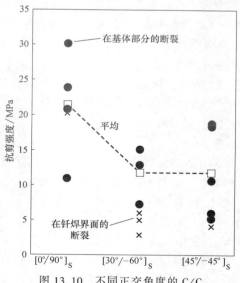

图 13.10　不同正交角度的 C/C
复合材料与 Ti 钎焊接头的抗剪强度

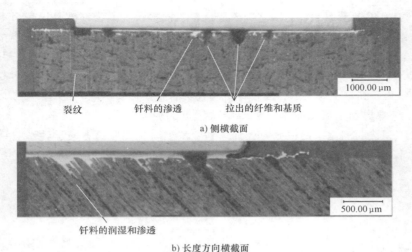

裂纹　　　　钎料的渗透　　　拉出的纤维和基质

a) 侧横截面

钎料的润湿和渗透

b) 长度方向横截面

图 13.11　 [45°/-45°]ₛ 剪切接头的横截面

13.5　C/C 复合材料和金属的间接钎焊方法

　　活性钎料的应用使直接钎焊 C/C 复合材料和金属成为可能，然而该方法的应用限制了钎料的选择和材料的组合，主要问题是钎料的润湿性和热胀系数的不匹配，这可以通过表面改性技术和添加过渡层等方法来解决。

13.5.1　改善钎料对 C/C 复合材料润湿性的表面改性技术

　　如前所述，C/C 复合材料不容易被润湿，可以看作是多孔材料，但可以通过使用含有碳化物形成元素的活性钎料来解决润湿难题。液态钎料一旦润湿C/C，便会渗入其内部孔洞中。表面改性技术能够解决钎料润湿和渗入的问题。

　　在制造国际热核实验反应堆的偏滤器时，通过对 C/C 复合材料表面进行铬改性，以使其可以与 CuCrZr 合金进行钎焊（Salvo 等，2008）。在 C/C 复合材料表面，通过涂浆方式沉积高纯度铬。在 1300℃高温下，对 C/C 复合材料进行 1h 的热处理，促使 Cr-C 化合物形成。如图 13.12 所示，Cr-C 层沿着 C/C 复合材料的表面形成，封闭了其表面

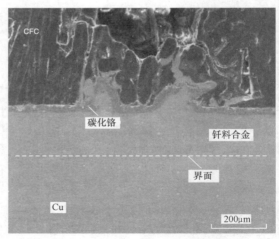

图 13.12　用 Gemco（R）合金钎焊
C/C 复合材料/Cu/CuCrZr 接头的
SEM 照片（Salvo 等，2008）

的孔洞。Cr-C 层提高了液态钎料的润湿性，同时也阻止了液态钎料向 C/C 母材中渗入。

传统的 Mo-Mn 法是 C/C 复合材料表面金属化的常用方法，因为 Mo 和 Mn 容易形成碳化物。一般的 Mo-Mn 方法用的是钼、氧化钼、锰和氧化锰的浆料混合物。为了减少氧化物含量，在潮湿环境中将陶瓷基体上的浆料加热到 1500℃。然而对于 C/C 复合材料而言，潮湿的环境会使 C/C 分解，因此，不应该在浆料中加入这些氧化物。另外，应该在惰性气氛中进行烧结。这种处理方法也同样被应用在镍层烧结工艺中。镍层烧结后，表面改性的 C/C 复合材料基体可以进行钎焊。通过 Mo-Mn 法获得的金属化表面可以被绝大多数不含活性元素的普通钎料润湿。

另一种防止活性钎料渗入 C/C 复合材料基体中的方法是在钎焊界面插入金属薄片。例如，钎焊纯 Ti 与 C/C 复合材料时，可插入一个 200μm 厚的纯铜薄片，对应的接头强度与不插入薄片的接头相当（Ikeshoji 等，2010），且数据稳定性更好。

13.5.2　添加中间层方法

C/C 复合材料的热胀系数比绝大部分金属低（表 13.7）。残余热应力的近似计算公式为

$$\frac{(\alpha_1 - \alpha_2) E_1 E_2}{(E_1 + E_2) \Delta T}$$

式中，α 和 E 分别是热胀系数和弹性模量；ΔT 是钎焊温度和室温的温度差。

当 2D 的 C/C 复合材料的层压面（$\alpha_1 = 0\mu m/m \cdot K$，$E_1 = 110GPa$）和纯 Ti（$\alpha_2 = 8.6\mu m/m \cdot K$，$E_2 = 105GPa$）钎焊的温度达到 850℃时，C/C 复合材料中的残余压应力近似达到 381MPa。当压应力超过 C/C 复合材料的抗压强度 150MPa 时，基体将发生断裂。相比较而言，当钎焊 2D 的 C/C 复合材料横截面（$\alpha_1 = 8\mu m/m \cdot K$，$E_1 = 5GPa$）和纯 Ti 时，残余压应力变成了 2.3MPa。这个例子仅是一个近似计算结果，不能完全证明残余热应力的产生受热胀系数差异和钎焊温度的支配。可以利用有限元分析对残余热应力进行精确计算（Liu 等，1994）。

表 13.7　不同材料的热胀系数

基体	热胀系数 /(μm/m·K)	杨氏模量/GPa
C/C 复合材料	0~1(层压面 xy) 1~12(横截面 z)	50~300 3~100
Cu	16.5	110~128
CuCrZr*	15.7	128
Nb	7.3	105
W	4.5	411
Ti(等级-7)	8.6	105
Ti-6Al-4V(等级-5,退火)	8.6	113
SUS316	16	196
SUS304	17.3	193~200

*Sha 等，2011。

通过在 C/C 复合材料和金属之间添加中间层可以减小接头的残余热应力（表13.8）。Okamura 等人钎焊 Cu-Cr 合金、Cu-W 合金与 C/C 复合材料时，以高导电性无氧铜片作为中间层，测定了不同厚度铜片对应的钎焊接头的抗剪强度，结果表明，2mm厚的铜片能够有效提高两种接头的抗剪强度。有人对 C/C 复合材料和 316 不锈钢也进行了相似的钎焊试验（Liu 等，1994），以铌板和钨板作为中间层，2mm 厚的金属片可以有效提高接头的抗剪强度。中间层不但可以有效减小接头的残余热应力，而且可以提高其疲劳强度。国际热核实验反应堆偏滤器所用的 C/C 复合材料中间有 CuCrZr 冷却管穿过（Casalegno 等，2008），其制造过程一般分为三步：首先将纯铜浇注在表面经过 Cr改性的 C/C 复合材料的孔洞里；然后使用 Gemco 合金钎料对 CuCrZr 冷却管与纯铜进行钎焊；最后，将 C/C 复合材料/Cu 块与 Cu/CuCrZr 管钎焊在一起，纯铜中间层共计 2~3mm 厚（图 13.13）。铜中间层可有效提高接头在 ITER 工作环境下的疲劳强度（Greuner 等，2009）。

表 13.8　中间层对 C/C 复合材料与金属钎焊接头性能的影响

基体	中间层	钎料	备注
Cu-1Cr[①]	Cu（0~4mm）	Ag-Cu-2Ti	2mm 时，τ_{max}：14~18MPa
30Cu-70W 烧结体[①]	Cu（0~4mm）	Ag-Cu-2Ti	2mm 时，τ_{max}：12~18MPa
SUS316[②]	Nb（0~5mm）	BNi-7	2mm 时，τ_{max}：18.5MPa
SUS316[②]	W（0~5mm）	BNi-7	2mm 时，τ_{max}：13.2MPa

注：BNi-7 为 Ni-14Cr-10.5P-0.1Si；τ_{max} 为抗剪强度。
① Okamura 等，1996。
② Liu 等，1994。

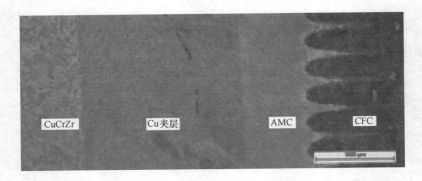

图 13.13　双中间层的 C/C 复合材料/Cu 钎焊接头组织（Greuner 等，2009）
注：照片清晰地显示出含有 Cu 中间层的接头质量良好。

13.6　结论

C/C 复合材料和金属的钎焊主要受三方面的限制：钎料在 C/C 复合材料上的润湿

性、液态钎料向 C/C 复合材料中渗入，以及 C/C 复合材料与金属热胀系数不匹配。钎料在 C/C 复合材料上的润湿问题可以通过使用活性钎料来解决，钎料中含有碳化物形成元素，如 Ti 或 Cr 等，它们可在 C/C 复合材料表面形成反应层，从而改善了钎料的润湿性。液态钎料的渗入是由于 C/C 复合材料本身的多孔性所致，目前的试验表明应该避免深度渗入，因为钎料渗入会成为裂纹源。热胀系数不匹配的问题可以通过在 C/C 复合材料中编织纤维来解决，或者通过改变纤维的取向来缓解。另外，在钎焊界面引入中间层会大幅降低接头中的残余应力。

虽然上述问题可以通过现有的钎料和工艺来解决，但是，发展 C/C 复合材料钎焊专用钎料才是更好的解决方法。此外，在解决材料连接问题时，不同工作条件需要不同钎焊方法与其配合。绝大多数 C/C 复合材料的应用目前仅限于航空航天和高端科学领域，随着金属连接技术的发展，将推广应用于更广泛的领域。

13.7　参考文献

Asthana, R., Singh, M. and Shpargel, T. *Brazing of ceramic-matrix composites to Ti using metallic glass interlayers*. 30th International Conference on Advanced Ceramics and Composite, 2006, Cocoa Beach, Florida, USA.

Asthana, R., Singh, M. and Sobczak, N. 2010. Wetting behavior and interfacial microstructure of palladium- and silver-based braze alloys with C-C and SiC-SiC composites. *Journal of Materials Science*, 45, 4276–4290.

Casalegno, V., Salvo, M., Ferraris, M., Smeacetto, F., Merola, M. *et al.* 2008. Non-destructive characterization of carbon fiber composite/Cu joints for nuclear fusion applications. *Fusion Engineering and Design*, 83, 702–712.

Chen, B., Xiong, H. P., Mao, W. and Cheng, Y. Y. 2010. Wettability and interfacial reactions of PdNi-based brazing fillers on C-C composite. *Transactions of Nonferrous Metals Society of China*, 20, 223–226.

Donnelly, R. G. and Slaughter, G. M. 1962. The Brazing of Graphite. *Welding J.*, 41, 461–469.

Ezato, K. and Suzuki, S. 2009. ITER Divertor Prototypes Pass High Heat Flux Test 'Prototypes Fabricated by JAEA Withstand High Heat Flux'. *JAEA R&D Review*.

Goto, K., Hatta, H., Kogo, Y., Fukuda, H., Sato, T. *et al.* 2003. Carbon-carbon composite turbine disk for the air turbo ramjet engine (ATREX). *Advanced Composite Materials*, 12, 205–222.

Greuner, H., Swirth, B., Boscary, J., Chaudhuri, P., Schlosser, J., *et al.* 2009. Cyclic heat load testing of improved CFC/Cu bonding for the W 7-X divertor targets. *Journal of Nuclear Materials*, 386–388, 772–775.

Grigorenko, N., Poluyanskaya, V., Eustathopoulos, N. and Naidich, Y. 1998. Kinetics of spreading of some metal melts over covalent ceramic surfaces. In: Bellosi, A., Kosmac, T. and Tomsia, A. (eds) *Interfacial Science of Ceramics Joining*. Boston: Kluwer Academic Publishers.

Hirai, T., Bondarchuk, E., Borovkov, A. I., Koppitz, T., Linke, J., *et al.* 2007. Development and testing of a bulk tungsten tile for the JET divertor. *Physica Scripta*, T128, 144–149.

Humenik, M. and Kingery, W. D. 1954. Metal-Ceramic Interactions: III, Surface Tension and Wettability of Metal-Ceramic Systems. *Journal of the American Ceramic Society*, 37, 18–23.

Ikeshoji, T.-T., Kunika, N., Suzumura, A. and Yamazaki, T. *Brazing of Copper-coated Carbon/Carbon Composites to Titanium Alloys*. 4th International Brazing and Soldering Conference, 2009, Orlando, Florida, USA. American Welding Society.

Ikeshoji, T. T., Suzumura, A. and Yamazaki, T. *Brazing of C/C composites and titanium alloys with inserting OFHC copper foil*. Brazing, High Temperature Brazing and Diffusion Bonding LÖT2010, 2010, Aachen, Germany. DVS, 23–28.

Ikeshoji, T.-T., Amanuma, T., Suzumura, A. and Yamazaki, T. *Shear strength of brazed joint between titanium and C/C composites with various cross-ply angles*. JSME/ASME 2011 International Conference on Materials and Processing ICMP2011, 2011, Corvallis, Oregon, USA. JSME.

Inagaki, M. 2009. *Carbon, Old but New Materials*. Tokyo: Morikita Publishing Co., Ltd.

Ishikawa, T., Hayashi, Y., Fukunaga, H., Matsushima, M. and Noguchi, T. 1991. Experimental examination of theory of CTE (coefficient of thermal-expansion) control technology. *JSME International Journal Series I – Solid Mechanics Strength of Materials*, 34, 178–186.

Jayasankar, M., Chand, R., Gupta, S. K. and Kunzru, D. 1995. Vapor-grown carbon-fibers from benzene pyrolysis. *Carbon*, 33, 253–258.

Knoche, R., Koch, D., Tushtev, K., Horvath, J., Grathwohl, G., *et al.* Interlaminar properties of 2D and 3D C/C composites obtained via rapid-CVI for propulsion systems. *Proceedings 5th European Workshop on Thermal Protection Systems and Hot Structures*, 17–19 May 2006, Noordwijk, The Netherlands.

Koppitz, T., Pintsuk, G., Reisgen, U., Remmel, J., Hirai, T., *et al.* 2007. High-temperature brazing for reliable tungsten-CFC joints. *Physica Scripta*, T128, 175–181.

Li, J. G. 1992. Kinetics of wetting and spreading of Cu-Ti alloys on alumina and glassy carbon substrates. *Journal of Materials Science Letters*, 11, 1551–1554.

Li, K. Z., Shen, X. T., Li, H. J., Zhang, S. Y., Feng, T. and Zhang, L. L. 2011. Ablation of the carbon/carbon composite nozzle-throats in a small solid rocket motor. *Carbon*, 49, 1208–1215.

Liu, J. Y., Chen, S. and Chin, B. A. 1994. Brazing of vanadium and carbon-carbon composites to stainless-steel for fusion-reactor applications. *Journal of Nuclear Materials*, 212, 1590–1593.

Mallick, P. K. 2007. *Fiber-Reinforced Composites: Materials, Manufacturing, and Design*, 3rd Ed., Boca Raton: CRC Press.

Martin, W. H. and Entwisle, F. 1963. Thermal expansion of graphite over different temperature ranges. *Journal of Nuclear Materials*, 10, 1–7.

Mishra, D. K. and Ting, J.-M. 2008. Multi-centimeter length vapor grown carbon fibers for industrial applications. *Diamond and Related Materials*, 17, 598–601.

Morscher, G. N., Singh, M., Shpargel, T. and Asthana, R. 2006. A simple test to determine the effectiveness of different braze compositions for joining Ti-tubes to C/C composite plates. *Materials Science and Engineering A-Structural Materials Properties Microstructure and Processing*, 418, 19–24.

Mukai, S. R., Masuda, T., Hashimoto, K. and Iwanaga, H. 2000. Physical properties of rapidly grown vapor-grown carbon fibers. *Carbon*, 38, 491–494.

Naidich, Y. V. 1981. The wettability of solids by liquid metals. In: Cadenhead, D. A. and Danielli, J. F. (eds) *Progress in Surface and Membrane Science*. New York: Academic Press.

Okamura, H., Kajiura, S. and Akiba, M. 1996. Bonding between carbon fiber/carbon composite and copper alloy. *Quarterly Journal of Japan Welding Society*, 14, 39–46.

Okezawa, K., Takahashi, K., Matsui, A., Morimoto, T., Seto, T. *et al.* 1997. Development of C/C Composites Disk Brake of High Speed Shinkansen. *Mitsubishi Heavy Industry*

Technical Review, 34, 406–409.

Salvo, M., Lemoine, P., Ferraris, M., Appendino Montorsi, M. and Matera, R. 1995. Cu–Pb rheocast alloy as joining material for CFC composites. *Journal of Nuclear Materials*, 226, 67–71.

Salvo, M., Casalegno, V., Rizzo, S., Smeacetto, F., Ferraris, M. *et al.* 2008. One-step brazing process to join CFC composites to copper and copper alloy. *Journal of Nuclear Materials*, 374, 69–74.

Sha, J. J., Hao, X. N., Wang, J. and Gao, X. W. *Numerical analysis of thermally-induced residual stresses in plasma facing components for fusion reactor*. 2nd International Conference on Manufacturing Science and Engineering, ICMSE 2011, 9 April 2011–11 April 2011, Guilin, China. Trans Tech Publications, 1614–1620.

Singh, M. and Asthana, R. 2007. Brazing of Advanced Ceramic Composites: Issues and Challenges. In: Ewsuk, K. (ed.) *Characterization and Control of Interfaces for High Quality Advanced Materials II: Ceramic Transactions*. Wiley-American Ceramic Society.

Singh, M., Shpargel, T. P., Morscher, G. and Asthana, R. 2005a. Active metal brazing of carbon-carbon composites to titanium. In: Singh, M., Kerans, R. J., Laracurzio, E. and Naslain, R. (eds) *High Temperature Ceramic Matrix Composites 5*. Westerville: American Ceramic Society.

Singh, M., Shpargel, T. P., Morscher, G. N. and Asthana, R. 2005b. Active metal brazing and characterization of brazed joints in titanium to carbon-carbon composites. *Materials Science and Engineering A – Structural Materials Properties Microstructure and Processing*, 412, 123–128.

Singh, M., Shpargel, T., Asthana, R. and Morscher, G. N. 2006. Effect of composite substrate properties on the mechanical behavior of brazed joints in metal-composite system. In: Stephens, J. J. and Weil, K. S. (eds) *Brazing and Soldering*. AMS International and AWS.

Standing, R. and Nicholas, M. 1978. The wetting of alumina and vitreous carbon by copper-tin-titanium alloys. *Journal of Materials Science*, 13, 1509–1514.

Steelant, J. 2010. Hypersonic Technology Developments with EU Co-Funded Projects *AVT-185 RTO AVT/VKI Lecture Series*. von Karman Institute, Rhode St Genèse, Belgium.

Takemoto, T., Sakagami, S., Yamashita, Y. and Nakajima, S. 1998. Friction characteristics evaluation of carbon/carbon composite produced by the carbon powder sintering method. *SEI Technical Review*, 152–157.

Vignoles, G. L., Aspa, Y. and Quintard, M. 2010. Modelling of carbon-carbon composite ablation in rocket nozzles. *Composites Science and Technology*, 70, 1303–1311.

Yamamoto, M., Atsumi, M., Yamashita, M., Imazu, I. and Morita, S. 1996. Development of C/C composites for OREX (orbital reentry experimental vehicle) nose cap. *Advanced Composite Materials*, 5, 241–247.

第 14 章　切削材料的钎焊

W. Tillmann、A. Elrefaey 和 L. Wojarski，多特蒙德工业大学，德国

【主要内容】　钎焊的一个重要应用就是生产切削和机加工工具。本章对切削材料钎焊用钎料进行了概述，介绍并讨论了相关工艺问题及其解决方法。通过选择正确的钎料和进行正确的接头设计可以获得高的接头强度。

大多数硬质合金是由一种坚硬的材料（如碳化钨）和金属黏结剂构成的。由于碳化物含量高，必须考察其润湿性和界面反应。加入活性元素有助于促进反应润湿。陶瓷刀具材料的钎焊需要使用活性钎料来获得润湿和界面反应，本章对此进行了介绍。

界面效应或物理特性不匹配可能会弱化接头，采用合适的钎料与合适的钎焊工艺能显著提高接头质量。基于有限元方法的应力计算，有助于优化接头设计，降低应力水平。

14.1　引言

在所有可以将原材料加工成有用的产品的制造过程中，机加工工艺过程始终是最重要的操作之一，而切削工具对于机加工操作的效率和可靠性具有至关重要的作用。因此，人们对切削工具的选择和制造给予了极大的关注。切割、机加工、锯削或钻孔工具往往带有可拆卸的刀头，刀头由传统材料（如硬质合金和陶瓷）组成，如图 14.1 所示。然而，含有金刚石和/或立方氮化硼的超耐磨材料具有比传统材料更优良的机械加工性能并被广泛地用作刀具材料。但由于超耐磨材料的成本很高，人们开发并优化了一些制造技术，以减少刀具中超耐磨材料的使用量，其中一种技术是制造镶刃刀具。镶刃刀具由刀体和超耐磨材料构成的耐磨切削刃组成，刀体通常是由碳化钨类硬质合金制成的。超耐磨刀具的切削刃采用钎焊工艺连接到刀体的一个角或一条边上。钎焊接头足以承受切削力和切削热，并且钎焊是一种可以方便地连接小耐磨切削刃的方法（Webb 和 Eiler，2010）。然而，钎焊并不是一项容易完成的连接方法，材料成分、物理特性和润湿性的差异会给钎焊带来一些困难。此外，最终的接头强度是多种因素共同作用的结果，包括接头间隙、使用的钎料、接头界面、钎焊工艺和钎焊参数等。

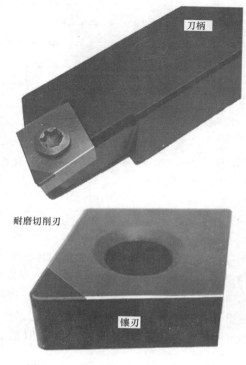

刀柄

耐磨切削刃

镶刃

图 14.1　带有可更换刀头的切削刀具

　　钎焊技术面临的挑战是，首先要找到能够满足当今多种商业需求的解决方案，同时以最低的成本和环保的方式得到满足性能需求的接头。本章旨在探索控制切削材料钎焊质量的最常见的因素，如母材的润湿性、使用的工艺、钎料的选择以及冶金和机械方面的挑战。更具体地说，本章着重介绍了切削材料钎焊技术的创新发明和发展新趋势。此外，本章将展示并讨论最常见的代表性切削材料的钎焊实例，以此详细探讨一些相关概念。本章的目的是为技术人员、设计人员和工程专业的学生提供基础知识并开发其应用这项技术的潜能。

14.2　切削材料

　　随着世界工业的发展，要求不断发展和改善切削工具的材料及几何形状。当制造商寻求提升整体生产能力的途径时，切削工具往往备受关注。有些技术对切削工具有极高的要求，如高速切削和干切削。由于不同的加工应用需要不同的切削工具材料，很多类型的工具材料，从高碳钢到陶瓷和金刚石，被用作目前金属加工工业的切削工具。认识到工具材料之间存在差异这个事实是很重要的，如图 14.2 所示（Kalpakjian 和 Schmid，2006）。以下将简要讨论切削材料的主要类型以及它们不同的特性和应用。

14.2.1 硬质合金

硬质（或烧结）合金在世界上大部分地区以坚硬的金属而得名，是一系列由粉末冶金技术制成的很硬的难熔耐磨合金。它是通过一种在烧结温度下为液相的黏结金属，把细小的碳化物或氮化物颗粒黏结起来的。早期的硬质合金因为太脆而不适合工业应用，但人们很快发现在碳化钨粉中混入 10% 的金属如 Fe、Ni 或 Co，在 1500℃ 时压坯烧结可以获得低孔隙率、高硬度、高强度的产品（（Jones 等，2004）。碳

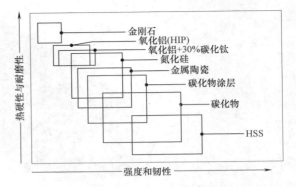

图 14.2　不同刀具材料的性能差异示意图
HIP—热等静压　　HSS—高强钢

化钨（WC）是最常用的硬质相，而钴（Co）合金是最常用的黏结相。这两种材料形成了硬质合金结构和等级的基础。其他类型的硬质合金也已被开发出来。除了这些简单的 WC-Co 成分，硬质合金还可能含有不同比例的碳化钛（TiC）、碳化钽（TaC）或碳化铌（NbC）和其他成分。硬质合金的金属黏结相还可以是含有如镍、铬、铁、钼等元素的钴合金或用这些金属完全替代钴。这种材料组合使它们适合用作金属切削工具（Sandvik, n. d.）。

在很多情况下，精加工（尤其是特殊合金的旋转磨削）工具用以 Ni 和 Ni（Mo）合金或某种钢为黏结金属的 TiC 基金属陶瓷制造。尽管 Ni 及 Ni 合金是使用最广泛的黏结材料，但 Fe-Ni 合金也是有吸引力的。TiC 基金属陶瓷因具有低密度、较高的机械强度、高的抗氧化性和低（接近钢）的热胀系数等性能而经常被使用。以钢为黏结剂的碳化钛金属陶瓷被用作高周疲劳冲压材料以及冲裁模具材料。这种材料的一个关键特征是有可能通过改变其成分来获得特定的物理和化学性质，确保其具有最佳的抗磨损、抗变形、抗断裂、耐腐蚀和抗氧化等性能。这种材料由于价格比较昂贵且断裂强度较低，通常用于制作工具的切削刃，通过钎焊或夹紧的方法将切削刃与钢刀体连接，夹紧的切削刃通常是可更换的（Klaasen 等，2003；Laansoo 等，2004）。

14.2.2　带涂层的硬质合金

带耐磨化合物涂层的硬质合金刀具性能优良，使用寿命长，是切削工具制作材料中发展最快的一种。与没有涂层的硬质合金刀具相比，使用带涂层的硬质合金刀具可显著提高机加工速度。最早的带涂层的刀具是采用化学气相沉积（CVD）工艺在传统的 WC 基体上涂覆一层薄薄的碳化钛涂层。此后，随着多种单一成分和多重成分涂层的硬质合金的不断发展，扩大了带涂层的硬质合金刀具的应用范围，这些涂层的成分有钛、铪、锆的碳化物和氮化物以及铝和锆的氧化物（Cubberly 和 Bakerjian, 1989）。在更高的速度下，以 TiC-Al$_2$O$_3$ 和 TiC-Al$_2$O$_3$-TiN 为涂层的工具的应用比以 TiC-TiCN-TiN 为涂层的工具多。当在较高的速度下加工钢材时，氧化铝涂层提供了良好的抗月牙洼磨损能力。上

述材料在加工钢铁材料时性能很好，但是不建议在加工铝或钛时使用这些材料（Davis，1995）。

研究者在硬质合金上测试了常用于高速钢刀具的物理气相沉积（PVD）涂层工艺，获得了没有任何损伤的界面。对 PVD 涂层工具的后续切削试验证实，与 CVD 涂层刀具相比，该工具的寿命有所增加。有人推荐了一组适用于重切削或断续切削的特殊 PVD 涂层硬质合金刀具（Whinety，1994）。在所有标准刀具结构中，有多种可以获得切削所需几何形状的刀片。毫无疑问，带涂层的硬质合金最适合作为切削钢铁材料合金的通用刀具材料，它的成功开发是其大约占所有可转位刀片材料销售额的 60% 的原因。

14.2.3 陶瓷

陶瓷刀具在高温硬度、化学稳定性和耐热、耐磨性方面远远优于烧结碳化物，但其断裂韧性和强度差。它们非常适合加工铸铁、硬钢和高温合金。氧化铝和氮化硅基陶瓷是两种可用的陶瓷切削刀具。氧化铝基陶瓷应用于钢铁材料和一些非铁金属材料的高速半精加工和精加工。氮化硅基陶瓷一般用于铸铁和高温合金的粗加工和重切削。近几年来，人们采用一些方法使陶瓷刀具的强度和韧性得到了显著提高，因此其综合性能也得到了提高（Whitney，1994），这些方法包括：

1）通过添加 TiO_2 和 MgO，使 Al_2O_3 陶瓷的烧结性、微观结构、强度和韧性得到了一定程度的改善。

2）向 Al_2O_3 粉末中加入适量的部分稳定或完全稳定的氧化锆以实现相变韧化。

3）等静压和热等静压（HIP）。

4）引进一种合适的烧结技术来制造氮化物陶瓷（Si_3N_4），这种材料具有良好的韧性，但用其加工钢材时易产生积屑瘤变形。

5）向 Al_2O_3 粉末中加入一种碳化物，如 TiC（5%~15%）以提高韧性和热导率。

6）采用 SiC 晶须增强氧化物或氮化物陶瓷，以提高刀具的强度、韧性和寿命，从而显著提高生产率。

7）通过添加合适的金属（如 Ag）来增韧 Al_2O_3 陶瓷，同时赋予陶瓷良好的导热性和自润滑性能，这种新颖且廉价的刀具仍处于试验阶段。

14.2.4 金刚石

由工业级单晶金刚石制成的切割工具已经使用了很多年。然而，在许多情况下，需要使用多晶金刚石工具。多晶金刚石（PCD）工具是将细金刚石晶体压实并使其在高压高温下结合在一起。通常，将金刚石钎焊到一个标准的硬质合金刀片上形成一个单刃刀具，然后对该刀具进行磨削加工，使金刚石表面很光滑。PCD 刀具非常适合加工非铁金属和非金属研磨材料（Rufe，2002）。把多晶金刚石坯料钎焊到钨或碳化钨硬质合金基体上，可以生产出不仅具有高硬度和耐磨性，还具有较高强度和抗冲击性能的切削工具（Cubberly 和 Bakerjian，1989）。

金刚石工具最常见的应用包括铜和铝合金的高速切削加工，这是加工铝合金汽车车轮的标准做法。金刚石工具的另一个常见应用是加工如硬塑料、花岗岩、大理石等非金属材料。所以在 PCD 比碳化物更耐磨，所以在相同的操作条件下，与碳化物相比，

PCD 刀具可以用在更高的切削速度下，或者具有更长的寿命。

14.2.5 立方氮化硼

立方氮化硼（CBN）是目前可用的、仅次于金刚石的最硬材料。镶嵌刀片（如 PCD）和整体 CBN 刀片工具都是可以使用的。整体刀片工具的成本大约是镶嵌刀片工具的 3 倍，但它可以提供多个切削刃并且是更强韧的刀具材料。CBN 具有极高的硬度、韧性、化学和热稳定性以及耐磨性等，使其既适用于高去除率加工，也适用于精密加工，并可赋予产品优异的表面完整性。这种独特的工具广泛并有效地用于多种材料的加工，包括高碳钢和高合金钢、非铁金属及其合金、特种合金（如 Niard、Inconel Nimonic）以及许多非金属材料，这些材料很难用传统工具进行加工，因为它们在温度高达 1400℃ 时依然很稳定。

CBN 必须与价格较低的、用于切削硬度为 55~63HRC 钢材的陶瓷刀具相竞争。精细氧化铝/碳化硅陶瓷的价格为单刃 CBN 刀具的 10%，并且它可以有 4~8 个切削刃。在评价高性能、高成本切削刀具材料，如 CBN 时，综合考虑加工操作的整体经济性是比较明智的。

整体 CBN 刀片比其他刀片更适合铣削高强钢（硬度超过 60HRC）。整体 CBN 刀片有极好的韧性，如果运用得当，可以承受最大的加工阻力而不产生碎片和断裂（Whitney，1994）。

14.3 控制接头质量的主要因素

为了辨别影响钎焊工艺的因素，作者对相关文献进行了详细的研究。影响接头质量和强度的参数变化很大，本节认为主要的影响因素有润湿性、工艺和设备、钎料以及接头的冶金和力学性能，并对这些因素进行了介绍和讨论。这些因素对钎焊接头的几何形状和微观组织有重大影响，并最终决定接头性能。

14.3.1 润湿

实现钎焊的关键物理现象是润湿。液体必须牢固地黏附在基体表面并快速流过这些表面，然后填充部件之间的狭窄间隙。应该具有良好的润湿性，以保证完全填充间隙。连接界面处的任何孔洞都会显著降低接头的力学性能。针对具体的钎焊应用，良好的润湿性是选择钎料的最重要的判据（Dudiy，2002）。本书第 1 章对润湿现象进行了详细的描述。润湿性是指熔化钎料黏附在固态金属表面的能力，当冷却至低于钎料固相线温度时，将与金属形成牢固的接头。润湿性不仅与钎料的性质相关，也与其和被连接材料（陶瓷等）之间的相互作用程度相关。有相当多的证据表明，为了得到良好的润湿性，在某些金属母材表面流动的熔化金属必须能够与这些母材发生溶解或与其实现合金化（Olson 等，1993）。

刀具材料的表面润湿可以通过两种方法获得：钎焊前在表面制备促进润湿的涂层（金属化），或在钎料中添加促进润湿的元素（活性钎焊）。在活性钎焊工艺中，活性金属如 Ti、Cr、Zr 等用于活化反应和改善钎料对刀具材料的润湿性。应用活性金属钎料时，要求连接过程在氧分压非常低的真空中或在低露点的干燥惰性气体气氛中进行，以防止活性元素与气氛发生反应。如果不能满足这些条件，则钎焊之前材料表面必须金属化。多种工艺，如热喷涂、电镀、电子束和激光喷涂、气相沉积（化学的或物理的）和热等静压等可用于表面金属化。然而最常用的技术是钼-锰法（Liu 等，2007；Akelsen，1992）和金属粉末混合工艺（Kohl，1967）。金属化陶瓷的连接可以采用常规的钎料进行（典型的钎料有 BCu、BAg 和 BAu 系钎料），金属氧化物的还原有助于促进润湿和铺展。

一些研究报告报道了活性钎料成分对其在工具材料上润湿性的影响（Tillmann 等，2009a、2010a）。研究了商用活性钎料和特制钎料在 CVD 金刚石厚膜和硬质合金基体上的润湿性。此外，还研究了 Ti 和 Cr 对钎料润湿性的影响。结果表明，所研究的钎料在 CVD 金刚石上的润湿性优于在硬质合金上的润湿性。表 14.1 中列出了本研究所用的活性钎料。图 14.3a 所示为钎料在 CVD 金刚石上的润湿角测量值，并与硬质合金上的润湿角测量值（图 14.3b）进行了比较。所研究的大多数活性钎料在 CVD 金刚石上具有良好的润湿性。用 Ti 或 Cr 作为活性元素的 AgCu 基钎料和特制的 CuSn 基钎料在金刚石上的润湿角为 7°~14°。从研究结果中还可以看出，钎焊温度对润湿角的影响不明显，在钎焊温度下保温时间的影响也不明显。另一方面，活性元素 Ti 改善钎料在金刚石上的润湿性比 Cr 在特制钎料中的效果更好。图 14.4 所示为 CuSnTi1.5 和 CuSnCr3 钎料在 CVD 金刚石基体上的润湿情况和润湿角测量值。

表 14.1 用于 CVD 金刚石和硬质合金钎焊的活性钎料

钎料	成分(质量分数,%)	活性元素浓度(质量分数,%)
CB4	70.5Ag;26.5Cu	3Ti
Incusil ABA	59Ag;27.25Cu;12.5In	1.25Ti
NiBSi-M	Ni-3.2B	4.5Si
L-Ni$_2$	Ni-3Fe;3B	4.5Si;7Cr
L-Ni$_3$	Ni-3B;0.5Fe	4.5Si
L-Ni$_6$	Ni-11P	改性 3Cr
定制	Cu-18Sn	1.5Ti or 3Cr

在另一项研究中，研究了 Cu-Cr、Cu-Ni-Cr、Cu-Si-Cr 和 Cu-Ni-Si 合金在烧结 SiC 上的润湿行为。在 Cu 基合金中添加 Cr 明显改善了合金在 SiC 上的润湿性。由于 Cu-Cr 或者 Cu-Ni-Cr 合金和 SiC 之间的反应，生成了含有 Cr_3C_2 和 Cu 相及 C 相混合物的双层界面反应层。Cu-Si-Cr 合金中 Si 含量高于某临界值时，会抑制双层界面层的形成但仍可获得良好的润湿；而 Cu-Ni-Si-Cr 合金中 Cr 含量低时，则会抑制双层界面层的形成，但是当 Cr 含量高时，会促进双层界面层的形成。存在界面反应时的润湿角总是最小的（Xiao 和 Derby，1998）。

活性钎料形成的反应层对钎料在母材表面的润湿性有显著影响。不含 Ti 的 CuAg 合金熔滴不能润湿氧化铝，润湿角大于 90°，这是贵金属/离子共价键氧化物体系的典型

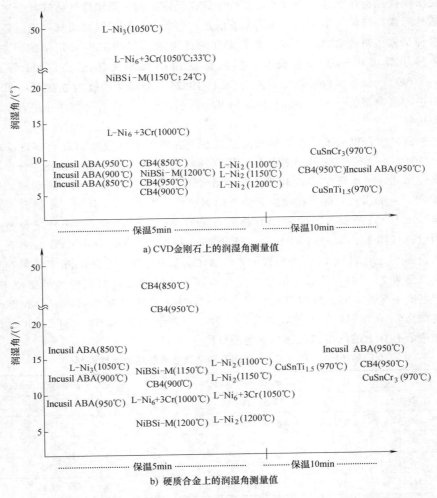

图 14.3　CVD 金刚石上的润湿角测量值与硬质合金上的润湿角测量值的对比

特征。添加 3% 和 8%（原子分数）的 Ti 将导致润湿角急剧减小，稳定状态时达到 10°，这是金属/金属体系的典型特征，但不包括金属/陶瓷体系。这是因为通过含 Ti 合金与氧化铝之间的相互反应，在界面上形成了连续的 M6X 型 Ti_3Cu_3O 和 Ti_4Cu_2O 化合物层，当 Ti 的原子分数降低到 0.7% 时，将不再形成 M6X 型化合物，此时润湿受 $Ti_{1.75}O$ 氧化物层控制。这种界面化学结构变化使润湿角显著增大，从 10° 增大到 60°～65°（Voytovych 等，2006）。

　　总的来说，润湿是一个复杂的物理现象，在不同长度和时间尺度涉及很多微妙的过程。与液体表面张力比较，润湿大致受液体和固体之间黏附强度的控制。然而，即使在这一简单的水平，长期以来人们对金属材料润湿的微观机制仍缺乏了解，这对试验和理论都提出了挑战。

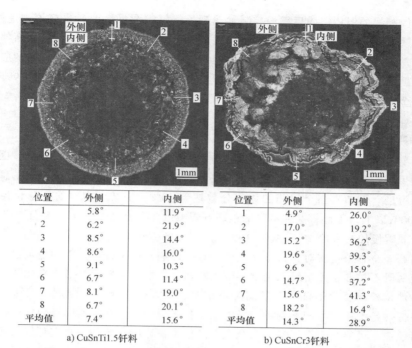

位置	外侧	内侧
1	5.8°	11.9°
2	6.2°	21.9°
3	8.5°	14.4°
4	8.6°	16.0°
5	9.1°	10.3°
6	6.7°	11.4°
7	8.1°	19.0°
8	6.7°	20.1°
平均值	7.4°	15.6°

a) CuSnTi1.5钎料

位置	外侧	内侧
1	4.9°	26.0°
2	17.0°	19.2°
3	15.2°	36.2°
4	19.6°	39.3°
5	9.6°	15.9°
6	14.7°	37.2°
7	15.6°	41.3°
8	18.2°	16.4°
平均值	14.3°	28.9°

b) CuSnCr3钎料

图 14.4　CuSnTi1.5 和 CuSnCr3 钎料对 CVD 金刚石的润湿情况

14.3.2　工艺和设备

本节力图介绍与切削材料钎焊接头制造相关的最重要的问题。值得注意的是，由于篇幅所限，这里将简要介绍技术及应用，而尽量详细地介绍工艺过程。

1. 加热方式

一般来讲，在典型钎焊工艺中都使用了数种不同热源，如火焰钎焊、炉中钎焊、红外钎焊、感应钎焊、浸渍钎焊、激光钎焊以及电阻钎焊。通常使用 BAg、BCu、Cu-Mn和 Cu-Mn-Ni 钎料实现硬质合金工具和钢的火焰钎焊和感应钎焊。这些钎料也在可控气氛炉中、真空中，或者在保护气氛的感应钎焊设备中使用，后者使用得较少。另一方面，许多陶瓷，特别是如 Al_2O_3 和 ZrO_2 的氧化物，其热导率比金属低。这一特点导致与大多数金属和合金相比，将陶瓷加热到某一温度需要更长的时间，并且采用局部加热技术很难加热均匀。另外，大多数陶瓷是绝缘体，特别是在低温时，因此不能通过感应方式直接加热。用金属或石墨加热座可以对陶瓷进行感应加热，但是这种方法由于很难控制而不推荐使用。因为陶瓷独特的电性能和热性能，非常适合炉中钎焊。对于大多数应用，真空或者惰性气体中控制气氛钎焊是最常用的陶瓷钎焊工艺（AWS，1991）。

因为陶瓷不像金属那样可以快速加热，在钎焊过程中要控制加热速率，使得两种材料保持在相同的温度。一旦熔化，钎料将流向温度最高的区域。如果陶瓷-金属接头的金属部分先于陶瓷部分达到钎焊温度，那么钎料将从接头部位流失，这会导致接头不完整或者根本形成不了接头。在最大程度上解决该问题的一种技术，是均匀加热组件至略低于钎料固相线的温度，随后缓慢控制加热到最终钎焊温度。同时也应该避免陶瓷/金属接头的快速冷却。如果冷却得过快，金属部件的冷却速度将比陶瓷快，从而加剧残余应力问题。此外，控制冷却速度，允许韧性钎料在由于热胀系数不匹配产生的应力下发生一定程度的塑形变形，从而可降低室温下接头中的残余应力水平（AWS，1991）。

钎焊金刚石时可以使用与钎焊金属相同的设备，特别是电阻加热炉、感应加热设备、气体焊炬等离子热源。当使用含有钛、铬、钒和其他活性元素的活性钎料时，钎焊应当在高真空下进行，这是保护金刚石的最有效方式（Naidich 等，2007）。

到目前为止，钎焊金刚石时需要考虑的最重要的问题是金刚石的石墨化，因为金刚石一旦发生了石墨化就会失去理想的力学性能。石墨化的发生取决于金刚石的种类、氧化程度及温度。例如，当金属相的体积分数达到10%，烧结金刚石的石墨化温度可以提高到700℃以上。因此，这种材料的最高钎焊温度应限制在1000℃，并且要求在700~1000℃之间缓慢加热和冷却（AWS，1991）。

金刚石完全石墨化将对其力学性能产生有害影响，但是钎焊过程中也可以利用石墨化，使金属既不扩散也不溶解入金刚石中。然而，金刚石比较容易形成碳化物。在钎焊热循环中严格控制温度不仅对有效润湿很重要，也直接影响接头强度。从这个观点来看，真空钎焊是常用于生产金刚石工具的连接技术。然而，在长时间钎焊加热过程中会发生过度反应，可能会对金属基体和金刚石产生不良影响。此外，真空环境的还原性也会降低金刚石石墨化的初始温度。在空气中，当温度为500~900℃时，就可以在金刚石表面检测到石墨（Naidich 等，2007）。

为了避免以上问题，可采用惰性气体保护感应加热方法来钎焊金刚石工具。感应钎焊的优点包括可以进行局部加热以及可以精确控制加热速度和加热温度，从而降低对金刚石的损害或使其最小化（Chattopadhyay 等，1991；Xu 等，2006）。使用感应钎焊工艺时，尤其是在钎焊不同形状的工具时有一个缺点，由于必须重新设计和制造感应线圈，使得工艺过程变得更加复杂。解决这个问题的途径是对一个狭窄区域进行加热以启动钎焊过程，并且在钎焊过程中连续、充分地加热整个焊接区域。高能量密度和低能量输入的激光束可以满足这类钎焊的要求，其热处理时间短、热影响区小，从而可使基体的变形降至最小，并且可以提高钎焊金刚石工具的生产率（Zhao 等，2009；Jiang 和 Zhang，2010）。其他设备，如高真空红外系统和电阻炉，也可用来钎焊金刚石工具（Radtke，2009）。一般来说，针对特定的应用选择钎焊工艺时，需要考虑多种因素。表 14.2 中列出了一些钎焊加热方法的特征（Schwartz，2003）。

同样值得注意的是，钎焊温度下的保温时间对于控制接头强度至关重要。图 14.5 所示为保温时间对金刚石-金属连接强度的影响。保温时间相对较短时（0.5min），对于（Cu-Ga）-1.1%Ti 钎料，钎焊接头强度约为327MPa；延长金刚石和金属的接触时间，钎料中的钛含量增加到 1.5%~1.8%，接头强度明显降低。接头强度随着温度和时间的增加而降低，金刚石-金属界面和断裂面区域向金刚石内部移动的深度增加，以及碳化物中间层的厚度增加等现象，使得扩散过程是导致软化的主要因素的假设成立，并且可以对软化现象进行如下解释。因为碳原子扩散到金属中的扩散系数 D_1 和金属元素扩散到金刚石中的扩散系数 D_2 不同，在金刚石晶体近表面区域 $D_1 \gg D_2$，在某些区域随着空位密度的增加，可以合并成微观孔洞和宏观孔洞。空位、微孔和位错的形成破坏了金刚石晶体的完整性，并形成扩散流 C→Me 和 Me→C 的差异，从而"松弛"和软化了金刚石晶体。

表 14.2 一些钎焊加热方法的特征

方法	特征					
	经济成本	使用成本	是否需要钎剂	生产率	可加热的零件外形复杂程度	可加热工件大小
火焰加热	高	中等/高	是	中等	低	大
炉中加热(大气)	中等/高	中等/高	是/否	高/低	高	大
炉中加热(真空)	高	低	否	高/低	高	大
感应加热	中等/高	中等/高	是/否	低	中等	中等
红外加热	中等	低	是/否	低	高	中等

2. 接头设计

当熔化钎料将两种不同材料连接到一起时，每种材料热胀系数（CTE）之间的差异是非常重要的。用于切削刀具材料（硬质合金、陶瓷、金刚石、钢等）的 CTE 明显不同。因此，钎焊后被连接材料冷却时，各种材料的收缩量不同，导致在接头中产生应变，应变程度与材料的种类和冷却曲线有关。图 14.6 所示为采用 50%Cu-50%Ti（原子分数）钎料直接钎焊（真空，1000℃，5min）Si_3N_4 与金属或者与氧化物陶瓷（Al_2O_3、ZrO_2 和 MgO）的接头强度数据以及热胀系数错配度之间的关系。尽管数据分散程度大，但可以看到随着错配度增大，接头强度

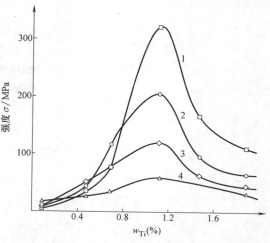

图 14.5 Cu-Ga-Ti 钎料钎焊金刚石的接头强度与 Ti 含量的关系（钎焊温度为 1000℃）
钎焊时间：1—0.5min；2—1min；3—2min；4—5min

降低（Naka 和 Okamoto，1985）。使用铝钎料时也观察到了类似的趋势（Naka 等，1989）。因此，产生的热压力有时会超过材料的弹性应力，这样就会出现裂纹。在接头设计中，必须考虑这个因素。

选择钎料使用形式时，必须考虑钎焊接头的尺寸和形状。结构比例均匀、长度不过大（不超过 12.7mm）或者表面积较大的构件的钎焊，不存在严重的问题。通常，在组件中可观察到正常的应变，因为产生的应力很容易被钎焊材料吸收或释放。然而，接头

很长时（超过 12.7mm）应变会增大。在很多情况下，采用铜或镍芯来吸收收缩应力（图 14.7a）。对于长度超过 76.2mm 的构件，有必要将钎焊件分成小段，如图 14.7b 所示。因为钎料连接小段的端部将有助于释放可能产生在大长度构件中的过大应力（AWS，1991）。

只钎焊一个表面通常可以释放或者减小应力。此外，在夹具上装配组件时，通常应在组件上施加超过正常应力值的预应力，将工件从夹具中拆下冷却后使其处于平直状态。

另一个对接头有明显影响的因素是接

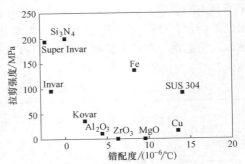

图 14.6 CTE 错配度对 Si_3N_4/金属和 Si_3N_4/氧化物陶瓷钎焊接头抗剪强度的影响（使用 50%Cu-50%Ti 钎料在真空中直接钎焊，1000℃/5min）

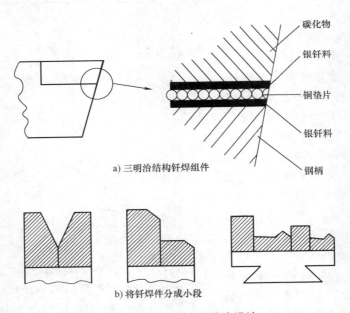

a) 三明治结构钎焊组件

b) 将钎焊件分成小段

图 14.7 调节应力的接头设计

头间隙，小接头间隙对于钎焊来说更好。因为钎焊依赖于毛细作用力，必须提供一个没有阻碍且完整的毛细通道使钎料流出并允许钎料流入接头。如果钎焊接头没有缺陷，则接头强度取决于接头的厚度（Schwartz，1995）。

3. 表面准备和清理

清理待焊表面是获得良好且可重复使用的钎焊接头所需的工序。装配前必须去除两个待焊表面所有阻碍熔化钎料润湿、流动和扩散的障碍。超声波清洗或用温和的洗涤剂擦洗可以有效去除松散颗粒和一些有机油脂。金属污染物可通过在稀释酸中浸泡，然后用中性溶剂清洗的方法予以去除。硬质合金表面，特别是烧结表面应该通过喷砂或者用碳化硅或金刚石砂轮抛磨去除所有的表面积碳。对于陶瓷表面，钎焊前进行抛光处理，或者加热到非常高的温度进行热处理的方法是可取的，因为通常用于陶瓷部件成形的抛光操作会产生大量近表面的微观裂纹。这种表面损伤可能导致陶瓷/金属接头在冷却过程中由于残余应力而产生裂纹（AWS，1991）。

4. 温度和时间

钎料的温度直接影响接头表面的润湿性，选择钎焊温度时，需要了解钎料的润湿性和流动性。显然，钎焊温度必须高于钎料的固相线温度并低于母材的熔点。钎料可能是在一个温度范围内熔化的复杂合金，在这个范围内选择钎焊温度可以得到最好的钎焊质量。钎焊温度过高或者钎焊时间过长，

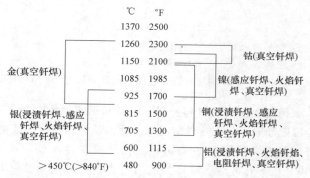

图 14.8　一些钎料的典型钎焊温度和适用的钎焊方法

钎料和母材会发生合金化。所有钎焊中都会发生这个过程，在某些情况下必须对其进行控制以防止弱化接头。一些钎料的典型钎焊温度和适用的钎焊方法如图 14.8 所示。

对 Ag-Cu-Ni 钎料的研究表明，当钎焊温度保持不变时，保温时间从 1min 增至 10min，接头强度将发生显著变化。观察发现钎料和母材之间过度扩散，从而导致接头强度变差（Etter 等，1978）。有时甚至会出现液相线和固相线之间的温度差异太大的问题。在用 Ni-Cr-Si 合金钎焊 Si_3N_4 和 SiC 的试验中，发现在熔化温度范围内有大量的 Si 从母材进入钎缝，这会导致含有裂纹和孔洞的接头过度脆化（Ceccone 等，1995；Knott 和 Semakula，2000）。

很多研究表明，钎焊温度和钎焊时间是钎焊质量的控制因素，尤其是对于接头强度而言。当在一个管状电阻炉内采用 Ag-Cu-Ti 钎料钎焊碳化硅晶须增强氧化铝陶瓷复合材料（$SiCw/Al_2O_3$）和碳钢时，连接温度和保温时间强烈影响界面反应。当钎焊温度低或者保温时间短时，复合材料与钎料之间的界面反应不充分，连接界面强度和反应层强度都比较低，因此接头强度也低。随着钎焊温度升高或保温时间延长，界面反应变得充分，界面连接强度和反应层强度增加，接头强度也随之提高。然而，当钎焊温度太高或者保温时间太长时，反应层将变得非常厚且脆，导致近界面热应力明显增加，接头强度降低。钎焊温度和保温时间对接头强度的影响如图 14.9 所示（Qu 等，2005）。据 Chiu 等人（2008）报道，当使用铜和青铜合金作为钎料在真空炉中钎焊 WC-Co 硬质合金与碳钢时，几乎具有相同的趋势，即随着钎焊温度的提高和保温时间的增加，Fe-Co-Cu 反应层的厚度增加，这对接头强度有利。Tillmann 等人（2009b）研究了在大气条件下感应钎焊金属陶瓷与钢的接头，发现也存在这一现象。

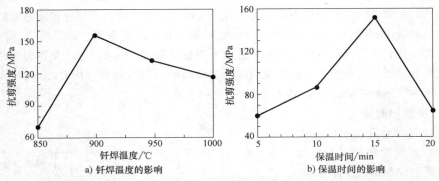

图 14.9　钎焊温度和保温时间对 SiC/Al₂O₃-碳钢接头强度的影响

使用 Ag-Cu-Ti 钎料钎焊金刚石和钢或硬质合金（碳化钨）时，接头强度取决于钎焊温度和时间。在这种情况下，动力学控制钎料与金刚石和碳化钨的扩散和反应，并与钎焊温度和保温时间密切相关，导致在界面处形成了 TiC。在较低的钎焊温度（如850℃）下有可能获得良好的结合力，但必须延长钎焊时间；在较高的钎焊温度（如920℃）下，结合强度降低，这可能是由界面碳化物层厚度增加引起的（Santos 等，2004；Buhl 等，2010）。

14.4　钎料

为得到高质量的钎焊接头，钎料必须具备四个基本特征。第一，钎料必须具有满足使用要求的力学性能和物理性能，这些性能包括塑性、韧性、耐蚀性、导电性和导热性，以及耐高温和耐疲劳性能。钎料应与被焊接母材的 CTE 相匹配，或者在与被焊母材 CTE 存在很大差异时，钎料的 CTE 应介于不同母材的 CTE 之间。第二，钎料的熔点应低于母材的固相线温度，但又应尽可能高以满足工作温度要求。第三，钎料成分必须足够稳定，不能发生分解和液化。此外，钎料的化学成分必须与母材兼容，避免产生不良反应或后续的腐蚀。第四，钎料必须具有润湿母材表面形成连续优质接头的能力（Steven 和 Mukasa，2000）。

14.4.1　用于硬质合金工具钎焊的钎料

Ag 基钎料、Cu-Zn 钎料和 Cu 合金常用于硬质合金的钎焊。一般推荐使用含 Ni 的 Ag 基钎料，因为 Ni 能改善润湿性。也经常使用 RBCuZn-D 和 BCu 钎料，特别是对于在钎焊后需要进行热处理的硬质合金。BCu 钎料直到 540℃ 仍保持其使用强度，但需要在氢气气氛炉中钎焊才能得到最好的效果。85Ag-15Mn 和 85Cu-15Mn 钎料通常用于使用温度高的钎焊接头，也可用于需要润湿 Ti 基或 Cr 基碳化物的场合。此外，含 B 的 BNi 钎料和 60Pd-40Ni 钎料已被成功地用于钎焊镍基和钴基碳化钨、碳化钛以及碳化铌陶瓷。钎料也可以具有缓冲或减振的效果，从而有助于提高硬质合金的使用寿命，这通常是通过下面三种方式中的一种来实现的。第一种方式是使用软钎料，如含 50%Ag 并含有镉

（Cd）的钎料。这是一种纯粹的缓冲效果，但不应使用 Cd，因为其有毒，大多数工业化国家的法律规定不允许使用 Cd。第二种方式是使用 Mn，Mn 虽然是硬金属，但是它具有吸收效应，更像是一个减振器。第三种方法是使用三层金属的三明治结构，其典型结构为钎料/铜/钎料。在钎焊过程中，铜退火至极软状态（Schwartz，2003）。

在高温下使用的硬质合金钎焊接头通常采用 Au-18Ni 及铜基 Cu-10Co-5Mn 钎料。使用这些钎料的钎焊接头经历较高的熔化温度，将增加产生高热应力的可能性。此外，铜基钎料由于含锰量高，其具有较低的耐蚀性。有研究结果表明，Ni-Pd 基钎料 MBF-1002 显示出了好的高温强度、良好的耐蚀性和抗熔蚀性能（Bose 等，1986）。然而，室温下邻近接头的硬质合金部件易发生脆性断裂。此外，接头金相分析表明，在硬质合金的界面上形成了有害的微孔洞。孔洞的形成是由钴从硬质合金中析出造成的，钎焊温度越高，钴的析出越强烈。为了寻找熔化温度较低的钎料，Rabinlkin 和 Pounds（1989）研究了大量非晶态钎料。为了减少钎缝中的钴含量，他们研制了含有钴和钼的 Ni-Pd 基钎料 MBF-1011。钼的作用是维持钎料具有低的熔化温度，并降低钎料中原子的整体流动性。这种合金在快速凝固时形成韧性的非晶箔带，界面上伴有中量钴的析出而产生少量孔洞。凝固后形成的钎缝为共晶混合物，具有有利的形态：圆形的金属间化合物颗粒（Ni，Pd，Co，Mo）$_3$Si 相均匀地分布在韧性的 β-（Ni，Pd，Co，Mo）固溶体基体中。在所有研究的钎料中，采用非晶态 MBF-1011 钎料钎焊的试样具有最高的抗剪强度。

14.4.2 用于陶瓷钎焊的钎料

如前所述，为了便于钎焊而预先金属化的陶瓷，可以采用 Ag-Cu 和 Au-Ni 钎料。Ti 或 Zr 的氢化物也可以在金属陶瓷界面分解形成紧密的连接。非金属化陶瓷的钎焊通常使用 Cu-X 或 Ag-Cu-X 钎料，这里的 X 通常是一组元素，如 Ti、Zr 和 Hf 以及 Ti-Zr 合金（通常添加 Be）。

有人还尝试了研制铝基钎料。结果表明与含钛钎料相比较，铝基钎料在氧化铝上的润湿角较大。考虑到在熔化温度下纯铝液体的表面自由能低，发生连接的可能性相对较小。这一观察表明，使用铝基钎料需要更高的温度（最低 1050℃）。因此，这种钎料的使用可能存在临界条件。另一方面，向铝基钎料中添加铜可以提高其在氧化铝上的润湿性。在这种情况下，当 Cu 的质量分数为 4% ~ 30% 时，润湿角接近 50°（Naka 等，1984）。

在许多情况下，钎焊接头不需要承受高温。根据 Kapoor 和 Eagar 的研究（1989a、1989b），研制比铜基和银基钎料熔化温度低的锡基钎料，可以将残余应力降至最低。尽管润湿角测量结果表明，钎焊温度至少需要达到 900℃，但较低的凝固温度及足够小的凝固温度区间，可以降低残余应力。但应避免钛的原子分数超过 2%，因为 Ti 的原子分数为 4% ~ 40% 时会大幅度增加凝固温度范围（180 ~ 650℃）（ASM，1973；Akelsen，1973）。

14.4.3 用于金刚石钎焊的钎料

多种钎料已被用于金刚石或其他含碳磨料的硬钎焊或软钎焊。这类钎料可以分成两组，第一组包括不与碳发生化学反应的金属或合金。当使用这组钎料时，为了保证其与金刚石的化学结合，应在金刚石表面涂上一层具有金属特性的金属膜（中间层），该中间层可与金刚石形成强连接，从而使薄膜与金属钎料之间产生有效的润湿和连接。第二组包括与碳有足够高的化学亲和力的钎料，其含有碳化物形成元素，能够与金刚石形成强黏结力。化学活性元素的含量通常不高，为 1% ~ 10%（Naidich 等，2007）。

　　如前所述，熔化温度是钎焊金刚石的钎料最重要的性质之一，钎料熔化温度不应超过金刚石快速石墨化的温度。将 28% 的铜添加到纯银中时，将形成银铜共晶，共晶平衡温度为 779℃。该合金体系构成了广泛应用于金刚石钎焊的三元和四元银基钎料。锌、镉和锡等金属的加入，降低了钎料的熔点，有利于提高金刚石工具的性能。少量钛的加入可以大大提高钎料在金刚石上的润湿性。但随着钛含量的增加，接头强度降低，这是因为 TiC 层厚度和金属间化合物数量增加了。根据 Chen 等人（2009）的研究，Ti 的质量分数必须低于 4%。

　　一些研究者提出，采用含铬、硼、硅、钛和铁等元素的镍基高温钎料钎焊金刚石和金刚石/金属切削工具时，检测到了薄的反应层，说明表面的金刚石部分分解形成了（Cr，Si）碳化物。润湿性试验表明，添加铬可以促进金刚石表面的润湿反应，如图 14.10 所示（Tillmann，2003a）。

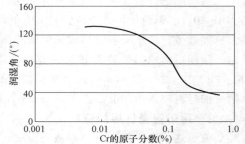

图 14.10　添加 Cr 元素对钎料在
金刚石上润湿性的影响

　　关于添加 Ti 元素的 Cu-Sn 钎料已有很多描述和研究。根据 Kizikov 和 Lavrinenko（1973）的报道，从金刚石工具的生产率来看，最佳成分比例为 20%Sn、10%Ti 和 Cu，钎焊温度采用 960℃。Cu-Sn-Ti 钎料可能具有最好的综合性能，特别是与 Ag-Cu 合金相比较，其具有较高的强度和耐蚀性；而与 Ni 基钎料相比，其熔点低（Klotz 等，2008）。

14.5　焊接接头中的诱导应力

　　钎焊接头的生产包括使钎料熔化的钎焊热循环过程。熔化钎料在母材的表面发生界面反应，凝固后将被焊组件连接起来。在钎焊过程中，钎焊温度的变化导致连接部件在加热时伸长，而在冷却过程中收缩。如果没有实现连接，则在热循环结束后，材料在钎焊温度和室温下都不会产生应力，如图 14.11（Ian-cu，1989）所示。

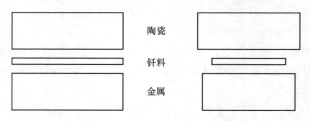

图 14.11　不同材料的自由收缩

邻近材料的变化，包括热胀系数不匹配、连接件的相变，以及不同的材料弹塑性，使得残余应力的产生不可避免。通常，CTE 低的材料受压应力，而 CTE 高的材料受拉应力，如图 14.12（lancu，1989）所示。

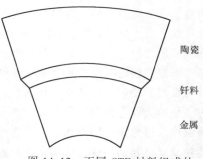

图 14.12　不同 CTE 材料组成的
接头的变形情况（室温下）

尤其是对于陶瓷材料和金属钎焊接头，必须考虑其中产生的残余应力。这是由于两种材料的热胀差异太大，以及陶瓷的塑性小到可以忽略并具有高杨氏模量（图 14.13），这些因素导致残余应力无法通过塑性变形而释放（Tillmann 等，2010b）。较高的热应力导致接头承受外部载荷的抗力下降，甚至在钎焊后的冷却过程中就发生了永久性失效。

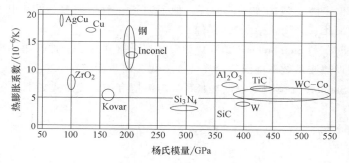

图 14.13　不同材料的热物理性能

因此，必须考虑金属-陶瓷材料钎焊接头的热应力状态，通过选择最合适的设计工艺来减少接头的永久性破坏。为此，近年来对于影响应力水平的因素进行了大量的研究，获得了一些降低应力的措施。引入了评估钎焊接头内应力分布情况的分析模型和数值模型，但只有结合适当的测量方法，理论计算才能提供良好的结果（Wang 等，1996）。

可应用的测量技术分为无损检测和破坏性方法。无损检测方法利用的是光衍射或中子衍射，根据布拉格定律，残余应力将导致材料晶体结构的畸变。因此，以无应力状态为参照的衍射角位移与残余应力水平相关，则可以根据杨氏模量计算残余应力。使用 X 射线，只可以检测到近表面的残余应力状态。为了得到材料内部的应力，有必要使用高强度光源，如同步加速器光源。另一种情况是利用中子衍射，因为中子的穿透能力强，可以达到材料的内部。但是中子的分辨率低，可分辨体积为 $1mm^3$ 量级。因此，必须在高分辨率和高穿透深度之间进行选择（Pintschovius 等，1997；Galli，2007）。

破坏性方法基于去除材料使得残余应力得到释放。由于切除材料将导致刚度降低，试样变形使得应力得到释放。因为陶瓷材料的高硬度和耐磨性，在磨削加工及钻孔加工中材料剥离与钻孔通常很困难，因此必须非常小心，以防止加工过程中产生应力。此外，这些方法只能测定沿加工方向的总应力分布情况，而不能应用在接头局部应力集中的位置（Galli，2007）。

因此，基于衍射法的无损检测经常被用于验证或修正钎焊接头表面应力分布的计算结果。在这方面，Iancu 建立了评估残余应力的二维分析模型，并对计算结果与 X 射线衍射测量结果进行了比较（Iancu 和 Munz，1989）。因为建模仿真都是基于一定的假设，所以必须限制和规定有效的几何形状和材料性能。这个模型只适用于宽度无限大、具有线弹性特征材料的层片状接头。在这种背景下，忽略塑性变形将导致残余应力超过预估值。为了使应力计算值与测量值之间的误差最小化，Iancu 推荐用标准温度替代钎料的固相线温度，通常选择固相线温度作为产生残余应力的起始温度。为了确定这个标准温度，他建议降低起始温度，以便根据在表面任意点测量的应力来降低应力计算值。

Iancu 使用这种方法，通过测量陶瓷外侧和钢侧的应力，研究了 ZrO_2 与钢钎焊接头的应力情况（Iancu 和 Munz，1989）。在降低起始温度以匹配陶瓷外侧测得的残余应力水平之后，在某些情况下，钢侧的残余应力测量值和计算值之间的误差在一定范围内变化，但均显著低于测量值的 50%。此外，他证明了该模型能够预测由接头两侧厚度变化引起的应力变化，该变化受刚度的影响。

由 Malzbender 和 Steinbrech（2004）针对多层系统建立了一种有用的模型。在 Iancu 的模型中，假设热胀系数不随温度的变化而变化，而是固定在 $(T_{钎焊}-T_{室温})/2$ 的温度。Malzbender 和 Steinbrech 模型则假设热胀系数与温度有关，关系式如下

$$\sigma_{\mathrm{res},\,i,\,y} = \left(\frac{1}{r}-\frac{1}{r_0}\right)\frac{E_i}{1-\nu_i}(y-y_{\mathrm{na}}) + \left(\frac{E_i}{1-\nu_i}\sum_{j=1}^{n}\frac{E_j}{1-\nu_j}t_j\int_{T_0}^{T}(a_j-a_i)\mathrm{d}T\right)\left(\sum_{j=1}^{n}\frac{E_j}{1-\nu_j}t_j\right)^{-1}$$

$$\frac{1}{r}-\frac{1}{r_0} = \frac{1}{D^*}\sum_{i=1}^{n}\frac{E_it_i\left(2\sum_{j=1}^{i-1}t_j+t_i\right)\sum_{j=1}^{n}\frac{E_j}{1-\nu_j}t_j\int_{T_0}^{T}(\alpha_j-\alpha_i)\mathrm{d}T}{2\sum_{i=1}^{n}E_iw_it_i}$$

式中，σ 是应力；r 是曲率半径；E 是杨氏模量；ν 是泊松比；y-y_{na} 是距中轴的距离；α 是热胀系数；T 是温度；t 是层厚；D^* 是抗弯刚度；w 是层宽；n 是层数。下角标 "res" "0" "i" 和 "j" 分别代表结果值、起始值、第 i 层和第 j 层。

Schüler 采用 Ag-Cu 基钎料对 SiC 与钢进行了钎焊，研究了钨中间层的影响，在研究中扩展了上述分析模型的分析能力（Schüler，2001）。研究表明，正确的设计可以明显降低残余应力，不合理的设计则可能导致陶瓷中的拉应力增大。可见，正确的接头设

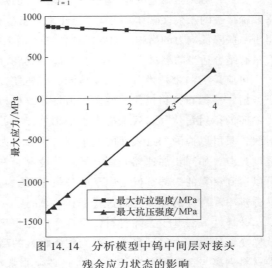

图 14.14　分析模型中钨中间层对接头
残余应力状态的影响

计是至关重要的（图 14.14）。

可见，导致应力产生的主要因素是热胀系数不匹配以及连接件的刚度大。因此，该模型对于具有较低成形性和优异弹性性能的材料显示出了良好的适应性。但另一方面，这个模型不能解释用铜替换钨层时应力水平降低的原因。尽管铜的 CTE 高，应力却降低了，其原因是铜存在大量的滑移面，成形性好，因此具有松弛应力的能力（Schüler，2001）。

为了获得非线性特性材料复杂的应力分布情况，而避免考虑接头几何形状带来的限制，数值模拟方法得到了越来越多的使用并不断被完善。数值模拟方法复现真实应力情况的精度高，其中最常见的方法是有限元法，它将研究对象分解成数个具有简单形状的部分，解决每个单独部分的数学问题，以确定整个研究对象的响应。

由于计算能力的快速发展，计算结果更精确，计算速度更快。此外，在有限元分析中，材料模型的复杂性不断增加，实现了材料性能的快速再现。在 20 世纪 90 年代，仅仅能够对钎焊接头进行线弹性模拟，而且与分析模型相比几乎没有优势，线弹性数值计算最有价值的优势在于可以忽略接头几何形状的复杂性，以及与温度有关的材料性能的限制。目前，弹塑性模型的应用最多，它可用于钎料常见的不同塑性。要建立这些模型，合适的钎料及母材的数据库是非常重要的。在这种情况下，对接头区域建模有三种不同的方法（Mackerle，2003）。

在最简单的方法中，假设接头区域与钎料具有相同的性能。因此，不需要考虑反应产物。尽管如此，这个模型仍是一个功能强大的接头几何形状的设计工具。Schnee 在研究切割砂轮时开发了这个模型（Schnee 等，2010），他的目标是在一条工业生产线上优化切割轮的制造。他发现放置在钢轮和硬质合金刀片之间的钎料箔的宽度是影响应力水平的重要参数，并给出了理想宽度。此外，模拟计算出的最大应力位置与实际断裂路径相吻合。

另外，此模型经常被用于研究降低金属-陶瓷材料钎焊接头应力的不同方法。这些研究可以分成五个不同的步骤：

1）选择合适的材料。

2）降低刚度。

3）在接头区域应用中间层。

4）钎料的强化。

5）钎焊后对接头进行热处理。

大多数情况下，可选择的材料是非常有限的，每个应用领域需要特殊的性能，使得可应用的材料种类很少。然而，选择高 CTE 陶瓷和低 CTE 金属，如 Kovar 合金，对于减小 CTE 错配度是有利的。此外，钎料应具有最高的 CTE，如果具有中等的 CTE 值，则会使接头中形成最不利的应力状态（Galli，2007）。

Lancu 的研究显示，连接部件各自的厚度和刚度对最终的应力水平有显著影响。由于工业应用中几何因素的限制，通常不可能改变部件的厚度，可以选择适用的钎料。Eager 和 Park 用不同的 Ni 箔对 Si_3N_4 与 Inconel 718 进行了瞬时液相钎焊（图 14.15）

（Park 等，2005）。根据有限元计算结果以及 X 射线衍射测量结果，选择合适的中间层可显著降低接头区域的残余应力水平。然而，该方法减小了钎焊面积，从而降低了接头对外部载荷的承载能力。有研究发现，尽管一定程度的孔隙会减小接头面积，接头强度却增加了。但很多情况下由于钎料润湿和流动的原因，这种方法并不常用。

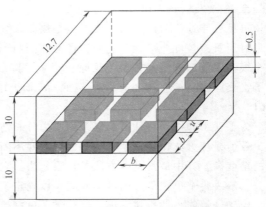

图 14.15　用来降低残余应力的钎料装配形式

　　使用中间层的目的是通过它来增加接头区域的韧性，或者通过使用低 CTE 中间层使应力最高处从陶瓷材料转移到中间层。铜常被用做中间层，因为它具有低的屈服应力和高的塑性延伸率。对于高或低 CTE 错配度接头，低屈服应力都特别有利于降低接头残余应力（Galli，2007）。然而，由于铜在高温以及化学腐蚀环境中的耐蚀性较差，限制了其应用。另一方面，具有低 CTE 的中间层，如钼或钨，已在众多的实际应用和理论研究中得到了分析。Schüler 应用分析模型从理论上预测，Si_3N_4-不锈钢接头中的应力会因为厚的钨中间层而降低，这一理论预测被 Tae-Woo 的残余应力测量结果所验证（Tae-Woo 等，2001）。Tae-Woo 发现，当中间层厚度增加时，陶瓷内部的残余应力显著降低；当厚度超过一定值时，断裂路径将如预想般从陶瓷转移到中间层，临界厚度取决于接头设计。综合两种方法，使用多层中间层可利用高塑性和低 CTE 的全部潜能，从而获得高强度接头（Park 等，2002；Bissing 等，2007）。

　　另一种很有效的方法是采用低 CTE 的颗粒或纤维材料来增强常用钎料，以降低钎料的 CTE 值。为了使增强相进入接头区域，钎料通常以粉末形式使用，粉末中混入低 CTE 材料。另外，Elsener 和 Klotz 提出了一种基于 CuSnTi 系的新型膏状钎料，钎焊过程中会在接头区域形成均匀弥散的 TiC 纳米颗粒。TiC 颗粒的形成是有机黏结剂与钎料中 Ti 反应的结果（Elsener 和 Klotz，2007）。可能的增强相是 SiC、TiC 或 ZrO_2 粉末以及碳纤维，这些增强的活性钎料与常规钎料相比，其接头强度得到了显著提高。使用含有 30%（体积分数）SiC 的 Incusil ABA 钎焊的 Si_3N_4/钢接头与没有增强相的接头相比，前者的平均强度提高了 20% 以上（Blugan 等，2007）。然而，应用增强钎料时需要解决一些问题，例如，克服增强相较差的化学相容性，以及防止颗粒的团聚甚至解离（Galli，2007）。

　　第三种方法是热处理，这是降低残余应力的实用方法。这种方法常用于金属材料的应力释放并经常用于生产线上。在钎焊接头中钎焊热循环也会使应力降低。应力释放的原因是类似的，例如，退火使得接头强度提高（Blugan 等，2007）。这可以通过有限元模型的优点来解释，有限元模型考虑了金属材料的黏弹性以及蠕变特性（Qiao 等，2003；Wielage 等，2009）。因此，采用有限元分析方法对接头性能进行预测变得更加可靠、精确，使人们对应力状态和应力的影响因素有了更深入的理解。现在，这些模型不仅被用于计算拉伸应力，也越来越多地被用于记录接头使用过程中的应力演变情况，从而有助于优化组件（Cazajus 等，2001；Tillmann 等，2010c）。

14.6 研究实例

本节将着重介绍切削材料钎焊的一些重要应用。重点是讨论在钎焊过程中各种钎焊参数与接头的冶金特性和力学性能之间的关系。

14.6.1 硬质合金工具的钎焊

为了利用硬质合金独特的性能，如优异的耐磨性、高的抗压强度、高硬度和刚度，同时使其固有脆性的影响降到最低，将硬质合金与韧性材料连接起来使用是更加经济有效的方法。钢和非铁金属合金被广泛用来与硬质合金联合使用，但是不易获得高质量的 WC-Co 等硬质合金和结构钢的钎焊接头。这是由于在钎焊和/或冷却过程中，由于热收缩和膨胀产生了残余应力，进而导致了裂纹和其他缺陷的产生。解决这个问题的有效方法是钎焊后采用热处理工艺降低残余应力，即在钎焊冷却过程中的某一温度下对接头试样进行保温。钎焊后的热处理使得接头在应力集中区域发生局部塑性变形，从而释放了部分残余应力。为了有效降低残余应力，保温温度应不低于 450℃。但温度也不宜过

高，因为保温温度过高会造成硬质合金的再结晶，降低其强度；此外，过高的保温温度还会导致钎料中一些元素挥发，如铜基钎料中的锌，而这会影响钎焊接头的性能。最佳热处理工艺是钎焊后将试样从钎焊温度缓慢冷却到450℃，然后在一个恒定的温度（250℃）下保持1h，再用4~5h缓慢冷却到室温，可参见 Zhang 等人（2007）的报道。图 14.16 所示为热处理前后钎焊接头的强度差异。CuZnMn 钎料钎焊接头的强度在热处理后达到263.81MPa，增加了 11.8%；CuZnMnCo 钎料热处理后的钎焊接头强度达到了 285.08MPa。

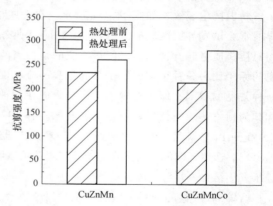

图 14.16 WC-Co/结构钢钎焊接头热处理前后的强度差异

另一个问题是在较长钎焊时间下 WC 晶粒的剧烈粗化。Lee 等人（2006）报道的一种解决方法是添加 VC、Cr_3C_2、TaC、TiC 或 Mo_2C 来抑制晶粒的长大，每一种添加物都各有利弊。Cr_3C_2 对提高耐蚀性是非常有用的，这一点在不同含量 Cr_3C_2 的 WC-Co 合金与碳钢在不同条件下的钎焊试验中得到了验证。试验发现，增加 Cr_3C_2 的含量确实阻止了 Co_3W_3C 的形成，进而抑制了 WC 晶粒的粗化。但是，当 Cr_3C_2 的含量达到或超过 1%时，因为在中间层形成了非常脆的 Cr_7C_3 相而使得接头的抗剪强度恶化，这就削弱了起

初加入 Cr_3C_2 的作用。钎焊规范为 1050℃/10min，使用了复合钎料，碳钢侧为 100μm 厚的 Cu-1Zn-0.7Si 钎料箔，WC-Co 侧为 40μm 厚的 Ni-15Cr-3.7B 非晶态箔，界面上形成的金属间化合物最少。推荐 Cr_3C_2 的含量为 0.5%，此时钎焊接头的抗剪强度最高，达到了 370MPa。此外，由于钢和硬质合金之间可能存在碳，WC 可能脱碳，这会导致形成脆性的 η 碳化物（$Me_6C/Me_{12}C$），而接头脆性会明显降低接头质量。采用合适的钎料、使用中间层或者选择合适的钎焊条件，可减少有害碳化物的形成。图 14.17 所示为硬质合金和钢的一个钎焊接头。接头中形成的 Co-Fe 相作为碳迁移的桥梁，导致形成了脆性碳化物，使接头力学性能下降，并且改变了接头的整体可靠性（Tillmann，2003b）。

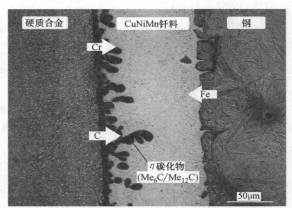

图 14.17　硬质合金与钢钎焊接头的显微组织

硬质合金与钢钎焊接头的常见缺陷如图 14.18 所示。由于制造缺陷导致母材表面不规则，可能是钎料不足或产生界面润湿不良区域的原因，而这会导致在钎料内产生裂纹，如图 14.18a 所示。在一些情况下观察到，钎焊材料之间 CTE 的差异通常会诱发界面区域裂纹（图 14.18b）。此外，如前所述（Tillmann，2009），η 碳化物对接头质量起有害作用。值得注意的是，当两种金属之间的相互扩散不均匀，一种金属的原子比另一种金属的原子具有更高的流动性，并更快地扩散通过界面时，就会产生一种常见的缺陷，即由这种不平衡导致的在两种金属的界面处形成的空穴或空位，通常称其为柯肯达尔空位或者柯肯达尔孔洞。在 Al-Au、Au-Sn、Au-Pb、Au-Sn/Pb、Cu-Au、Cu-Pt 和 Pt-Ir 薄膜偶中也观察到了这种现象。通过正确选择扩散物质可以避免柯肯达尔孔洞出现。选用正确的钎料与合适的钎焊工艺可以明显改善接头质量。退火有时可以与热等静压方法结合，并已被用于抑制柯肯达尔孔洞的形成（Dini，1993）。

含镍和/或锰的钎料可以改善难润湿硬质合金的润湿性。表 14.3 中列出了一些用于这类部件钎焊的特殊钎料（Saru Silver，n. d.）。

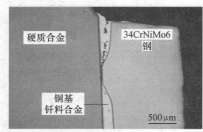

a）母材表面不规则引起的缺陷

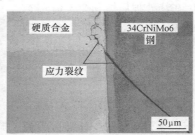

b）钎焊材料CTE不同引起的缺陷

图 14.18　硬质合金与钢钎焊接头的常见缺陷

表 14.3 用于碳化物钎焊的钎料

| 标称化学成分(质量分数,%) | | | | | 熔点 /℃ | 钎焊温度 /℃ | 国际标准 | | 主要应用 |
Ag	Cu	Zn	Ni	其他			IS 2927	AWS A5.8	
50	15.5	15.5	3	16Cd	645~690	660	BACuAg12	BAg-3	具有极好力学性能的通用钎料,Ni 改善了其在碳化物上的润湿性。较低的流动性适用于较宽间隙的钎焊接头,能较好地承受高应力
49	16	23	4.5	7.5Mn	625~705	690	—	—	Mn 的添加增加了对含钛和钽的难润湿碳化物的润湿性,这种碳化物在正常钎焊条件下很难润湿
49	27.5	20.5	0.6	2.5Mn	670~690	690	—	—	用于碳化钨和难润湿基体的钎焊
40	30	28	2	—	671~779	780	BACuAg18	BAg-4	润湿性好的经济型钎料,广泛用于硬质合金切削刃的钎焊
40	30	25	5	—	660~860	860	—	—	用于碳化钨和不锈钢的钎焊
27	38	20	5.5	9.5Mn	680~830	840	SC9	—	具有良好润湿性能的经济型钎料,用于硬质合金和钢的钎焊。镍和锰的添加改善了对含钨和钼材料的润湿性
—	50	39.7	10	0.3Si	890~920	910	—	RBCuZn-D	用于钎焊碳化钨,也用于钢、铸铁、可锻铸铁以及镍和镍合金的钎焊
1	50	39.7	9	0.3Si	890~920	910	—	—	Nibro 钎料加入 1% 的银,以提高接头强度
—	97		3	0.03B	1080~1100		—	—	用于无钎剂炉中钎焊,填充间隙可达到 0.5mm
—	86.5	—	2.5	11Mn	965~995	—	—	—	具有极好的填缝性能,由于钎料中含有 Mn,需要在惰性气氛中钎焊。也可在空气中使用钎剂钎焊,相当于 J&M C 牌号的铜基钎料
—	86	10	—	4Co	980~1030	—	—	—	用于岩石钻头的钎焊,具有较好的润湿性和强度。相当于 J&M D 牌号的铜基钎料

（续）

标称化学成分（质量分数，%）					熔点 /℃	钎焊温度 /℃	国际标准		主要应用
Ag	Cu	Zn	Ni	其他			IS 2927	AWS A5.8	
—	57	39	—	2Mn2Co	890~930	930	—	—	适用于硬质合金凿岩钻头和类似的承受冲击载荷接头的钎焊，相当于 J&M F 牌号的铜基钎料
—	96.6	—	2.7	0.7Si	1090~1100	1100	—	—	最适用于硬质合金凿岩钻头的钎焊
—	55	35	6	4Mn	880~920	910	—	—	改进的低熔点 Nibro 钎料，用于碳化物、工具钢、不锈钢和镍合金的钎焊

14.6.2 陶瓷工具的钎焊

正如本章前面谈论的，钎焊陶瓷时有两个主要问题：第一个问题是大多数金属和合金对陶瓷的润湿性差；第二个问题是陶瓷和金属的物理性能之间存在差异。有两种方法可以改善润湿性。第一种方法是使待连接表面预金属化，随后在真空或保护气体中进行钎焊；第二种方法是使用活性钎料直接钎焊，活性钎料中含有少量反应活性很强的金属，能够通过形成界面反应层来诱发润湿反应。表 14.4 总结了广泛用于陶瓷钎焊的商业钎料的化学成分及其固相线温度、液相线温度（do Nascimento 等，2003）。表 14.5 中则列出了陶瓷/陶瓷或者陶瓷/金属钎焊接头示例以及相应的合适钎料（Mizuhara，1986）。

表 14.4 钎焊陶瓷的商用钎料（质量分数）   （%）

商用名称	Ag	Cu	Ti	Au	Sn	其他	固相线温度 T_S/℃	液相线温度 T_L/℃
Cusil ABA[①]	63.00	35.25	1.75	—	—	—	780	815
Cusil1 ABA[①]	63.00	34.25	1.75	—	1.00	—	775	806
Silver ABA[①]	92.75	5.00	1.25	—	—	1.00Al	860	912
Incusil ABA[①]	59.00	27.25	1.25	—	—	12.50In	605	715
Ticusil[①]	68.80	26.70	4.50	—	—	—	830	850
Gold ABA[①]	—	—	0.60	96.40	—	Ni-3.00	1003	1030
Nioro ABA[①]	—	—	—	82.00	—	15.60Ni-0.75Mo-1.75V	940	960
CB1[②]	72.50	19.50	3.00	—	—	5.00In	730	760
CB2[②]	96.00	—	4.00	—	—	—	—	970
CB4[②]	70.50	26.50	3.00	—	—	—	780	805
CB5[②]	64.00	34.50	1.50	—	—	—	770	810
CB6[②]	98.00	—	1.00	—	—	1.00In	948	959
CS1[②]	10.00	—	4.00	—	86.00	—	221	300

① 美国加州 Wesgo 钎料公司。

② 德国 Degussa 公司。

表 14.5 陶瓷/陶瓷或者陶瓷/金属钎焊接头示例

陶瓷基体	待焊母材	钎料合金	温度/℃
PSZ	PSZ	70%Ag,27%Cu,3%Ti	850
PSZ	球墨铸铁	70%Ag,27%Cu,3%Ti	860
PSZ	410 不锈钢	81%Au,18%Ni,1%Ti	1000
PSZ	1010 钢	70%Ag,27%Cu,3%Ti	850
PSZ	铜	70%Ag,27%Cu,3%Ti	850
PSZ	NiFeCo 合金	60.5%Ag,24%Cu,14%In,1.5%Ti	770
$2\%Al_2O_3$,$13\%Y_2O_3$,余量 Si_3N_4	$2\%Al_2O_3$,$13\%Y_2O_3$,余量 Si_3N_4	97%Cu,3%Zr	1125
$2\%Al_2O_3$,$13\%Y_2O_3$,余量 Si_3N_4	韧性金属	70%Ag,27%Cu,3%Ti	850
$3.5\%Al_2O_3$,$13\%Y_2O_3$,余量 Si_3N_4	NiFeCo 合金	60.5%Ag,24%Cu,14%In,1.5%Ti	770
$3.5\%Al_2O_3$,$13\%Y_2O_3$,余量 Si_3N_4	1010 钢	70%Ag,27%Cu,3%Ti	850
$2\%Al_2O_3$,$13\%Y_2O_3$,余量 Si_3N_4	410 不锈钢	60.5%Ag,24%Cu,14%In,1.5%Ti	770
$99\%SiC$,$1\%B_2O_3$	铜	60.5%Ag,24%Cu,14%In,1.5%Ti	770
$99\%SiC$,$1\%B_2O_3$	1010 钢	60.5%Ag,24%Cu,14%In,1.5%Ti	770

对于第二个问题,实际上,有多种方法可以将陶瓷-金属接头的残余应力降到可以令人接受的水平。第一种方法是选择热胀系数相同或相近的陶瓷和金属,这种方法虽然有效,但往往不实际,因为接头的组件往往是根据其他原因选择的,如强度、耐蚀性、耐氧化性。另一种减小应力的方法是使用缓释中间层,即在陶瓷和金属之间插入一层很薄的高韧性材料或与陶瓷热胀系数接近的材料来得到理想的接头。针对陶瓷/金属体系,已经发展了多种使用不同中间层的方法,如软金属层(Nicholas 和 Crispin,1982)、复合中间层(Kawasaki 和 Watanabe,1987)、分层中间层(软金属/低热胀系数的硬金属)(Koizumi 等,1987;Suganuma 等,1987)。中间层材料通过自身的变形或者将陶瓷与最大应力集中部位隔离的方法来调节残余应力。钎焊后进行热处理和适当的接头设计也可以释放应力(AWS,1991)。

一个有趣的研究是对钎焊 Si_3N_4/TiN 陶瓷复合材料与钢的中间层进行评估,使用了两种含 Ti 活性钎料:CB6(Ag98.4%,In 1%,Ti0.6%,质量分数)和(Cu74.5%,Sn14%,Ti10%,Zr1.5%)合金(质量分数)。此外,还研究了添加或不添加 WC 颗粒增强相的双层钎料体系的性能(Blugan 等,2004)。研究了图 14.19 中的 6 个不同接头发现,双层钎料体系的使用成功地使接头的抗弯强度超过了商用钎料 CB6 的钎焊接头强度。双层(CuSnTiZr+Incusil 15)钎料钎焊的 Si_3N_4/TiN 与钢的接头,其平均强度约为400MPa,最高强度达到了 474MPa。与之比较,使用 CB6 时,平均强度为 311MPa,最高强度为 375MPa。图 14.20 所示为钎焊接头的 SEM 照片。双层钎料体系可以减小冷却过程中的热应力,从而提高了接头的抗弯强度;此外,该体系能够阻止有害反应(如脆性 Laves 相的形成,如图 14.20a、b 所示)发生,也改变了钎焊区域的化学性质。另一方面,WC 颗粒增强相在理论上可以降低钎料的 CTE 值。然而,接头的平均强度比没有颗粒增强的接头降低了 40%。颗粒不仅影响钎焊区域的热胀系数,还可以改变发生在多层钎焊中的化学反应(图 14.20c)。断口表面的光学显微镜和 SEM 观察证实了钎缝中存在孔洞，并且在孔洞附近有断裂/撕裂/裂纹，表明孔洞可能是由于在钎料中加入了 WC 颗粒产生的。这一结果表明，不能仅根据热胀系数和杨氏模量来选择强化材料。在同一作者的进一步研究中，用体积分数分别为 10% 和 30% SiC 颗粒与 Incusil ABA 钎焊相同的材料。与 WC 相比，用 SiC 作为强化材料得到了更好的结果：Incusil ABA + 30% SiC（三明治箔带体系）钎焊接头在室温下的四点弯曲强度平均值接近 400MPa；与之比较，只使用 Incusil ABA 时，接头在室温下的四点弯曲强度平均值为 330MPa。在 250℃下测试，由于接头残余应力松弛，使用 Incusil ABA+10% SiC 的接头，其平均弯曲强度大约为 520MPa（Blugan 等，2004）。

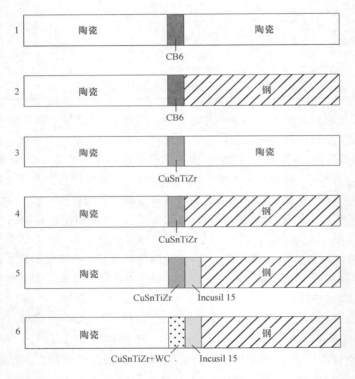

图 14.19　陶瓷/钢钎焊接头的不同设计示意图

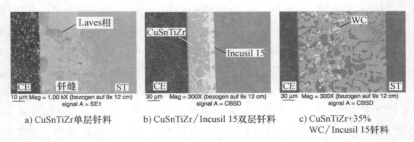

a) CuSnTiZr单层钎料　　b) CuSnTiZr/Incusil 15双层钎料　　c) CuSnTiZr+35%
WC/Incusil 15钎料

图 14.20　不同钎料钎焊陶瓷–钢接头的 SEM 照片（CE 代表陶瓷，ST 代表钢）

最近的一项研究使用 Ag-Cu-Ti+Mo 复合钎料（He 等，2010）钎焊 Si_3N_4 陶瓷与 42CrMo 钢，得到了无缺陷的接头，研究了 Mo 颗粒含量对接头显微组织和力学性能的影响。研究结果是，含有 10%（体积分数）Mo 颗粒的接头的抗弯强度最高，达到了 587.3MPa，接头强度比没有添加 Mo 颗粒时的平均强度高 414.3%。

14.6.3　金刚石工具的钎焊

金刚石材料的钎焊工艺可以是单段式工艺或两段式工艺。单段式工艺使用活性钎料，熔化时，钎料润湿金刚石表面并与碳原子之间形成很强的界面键合；两段式工艺是指预先在金刚石上涂覆金属薄膜（金刚石被金属化），然后使用钎焊金属的传统钎料进行钎焊。

金刚石和钎料之间的界面碳化物反应是控制接头性能的关键因素，与氧化物或一氧化物陶瓷的活性钎焊相反，金刚石的钎焊不要求使用活性极强的钎料来促进界面反应。高性能的陶瓷需要钛、锆或铪等难熔金属来诱发润湿反应，而中等活性的金属（如铬或硅）就能成功地润湿金刚石（Tillmann 和 Osmanda，2005）。

一项研究以激光束为热源，在氩气的保护下，采用 Ni 基钎料（Ni-Cr-B-Si）将金刚石颗粒钎焊到钢基体上。在激光钎焊工艺过程中，Ni-Cr 合金能很好地润湿金刚石颗粒和钢基体。在金刚石颗粒和钎料的界面反应区域，Ni 基钎料中的 Cr 聚集在金刚石颗粒的表面，形成了两种化合物（Cr_7C_3 和 Cr_3C_2），从而在金刚石颗粒和钎料之间形成了良好的连接。图 14.21 所示为使用 Ni 基钎料钎焊金刚石的 SEM 图像。在钎料和钢基体之间也获得了很好的连接。因此，借助 Ni-Cr 活性钎料的桥接效应，金刚石颗粒与钢基体之间形成了很强的连接，从而可满足重负载磨削的要求（Yang 等，2008）。

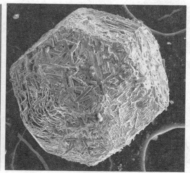

a) Ni 基钎料钎焊金刚石的 SEM 图像　　　　b) 金刚石表面形成的碳化物

图 14.21　Ni 基钎料钎焊金刚石的 SEM 图像和金刚石表面形成的碳化物

CVD 金刚石和硬质合金之间的接头因其应用较广而常常被研究。活性钎料（如银基或铜基钎料）常被用于这种接头的钎焊。已有研究结果证明，活性元素含量较低（如 Ti 的质量分数为 1.25%）的钎料，能在金刚石和硬质合金之间产生可靠的界面反应层。图 14.22 所示为 AgCuInTi1.25 钎料对金刚石和硬质合金的良好润湿性和有限的界面反应层。而当活性元素的含量较高（如 Ti 的质量分数为 3%）时，则在金刚石和硬质合金上形成了较厚的界面反应层，这会对接头力学性能产生有害影响，尤其是在钎焊温度不是尽可能低时（Tillmann 等，2009a）。

图 14.22 AgCuInTi1.25 钎料钎焊金刚石/硬质合金接头的 SEM 照片

通过钎焊方法将金刚石刀片连接到钢基体上，制造出用于干法或湿法研磨的金刚石刀具已有许多年的历史。金刚石刀具有很多种类型，被用于多个工业领域，例如，在建筑业中用来切削石头、混凝土、沥青、砖块、玻璃和陶瓷；在信息技术工业中，用来切削半导体材料；在珠宝行业中切削钻石，包括金刚石。使用真空钎焊炉将人造金刚石颗粒钎焊在圆形刀具的边缘，且都在刀具的外切割边缘。依据制造商推荐的刀具应用范围，真空钎焊的刀具可以切削多种不同材料，从混凝土到砖石建筑，从石头和砖头到钢、各种铁，甚至塑料、瓦片、木头和玻璃。细小的人造金刚石磨粒可使最终的加工表面更光滑，不会在陶瓷上产生碎屑，也不会在钢上产生毛边。较大的金刚石磨粒虽然切削速度快，但是会引起碎屑、飞边和裂纹（Litchfield，2005）。

需要注意在加热时，界面反应区铁族金属的存在会导致金刚石石墨化，使钎焊接头的强度大大降低。在这种情况下，最好使用难熔金属钼、钨、铌、钽等。但是，使用这些金属作为结构材料是受限制的。当金刚石工具使用钢模或支承体时，需采取措施阻止铁、锰和镍原子渗入界面反应区，可通过增加金属化涂层的厚度并采用两段式钎焊技术来实现这一目标。

14.7　结论和未来发展趋势

钎焊技术的发展和创新主要集中在两个方面：钎料和钎焊工艺。最近几年，从成熟钎料改型而来的新型钎料已经出现在了世界市场上，这种改进有些是改善钎焊接头的性能，如强度、润湿性和耐蚀性，特别高温下的耐蚀性；有些是降低材料的费用。因此，活性钎料或者涂层材料的选择，接触面和钎焊参数的优化对切削工具的强度控制起着至关重要的作用。

　　在不久的将来，纳米技术可能成为影响钎焊科学的非常有前景的技术，其在许多工业领域成为创新的驱动力。一种有趣的钎焊方法是建立在尺寸效应和放热反应结合的基础上。所有的化学反应都涉及能量的转换，放热反应释放出的热能被用于连接。

　　利用先进的薄膜沉积技术以及类似放热反应的高温合成技术可以制造非常致密的多层薄膜材料。这种活性多层薄膜由成百上千的纳米尺度的两种或多种被称作反应物的材料交替叠加而成。对薄膜施加一定的局部热量，它将发生自蔓延高温合成（SHS）（Qiu，2007）。到目前为止，已报道了 Ti/B、Ni/Si、Zr/Si、Rh/Si、Ni/Al、蒙奈尔（7Ni：3Cu）/Al、Ti/Al、Pd/Al、Pt/Al 和 CuO_x/Al 等多层材料体系的自蔓延反应。

　　反应多层薄膜通常使用 PVD 技术，如磁控溅射和电子束气相沉积方法制造。PVD方法需要使材料发生蒸发，该材料被称作靶材，蒸发物沉积在靶材基体上。蒸发沉积的速度可控，薄膜层的生长厚度范围从纳米级到微米级。多层薄膜也可以使用冷轧技术制造。使用时，将纳米薄片和钎料薄片放在两个待连接部件之间，施加小的压力使钎料流动润湿整个表面。可利用电或热引发反应，9V 的电池就足以产生电离所需的短路电流。

通过改变纳米薄膜的厚度和成分，可以控制连接过程的最高温度、速度和绝对热输入。图 14.23 为多层薄膜自蔓延反应示意图（Kim 等，2008）。

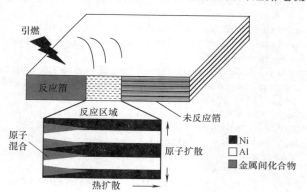

　　利用反应多层薄膜作为局部热源来熔化钎料并实现部件间的连接，可以显著改进传统的软钎焊和硬钎焊技术。到现在为止，这种工艺唯一的局限性是其用作热源和钎料的适用性问题。其他应用正被研发，例如，经过优化

图 14.23　多层薄膜自蔓延反应示意图

的多层体系可作为钎料，也可作为较高能量的薄膜。薄膜的化学性质会产生更多的热量和能量，以熔化具有较高熔化温度的钎料。同时利用尺寸效应和放热反应进行连接的最大优势就是可使热量直接释放到连接区域。因此，和传统连接方法相比，其热输入大大降低，接头不会承受由热引起的机械应力。此外，由于自蔓延速度很快，使得连接过程时间较短。

　　尽管真空钎焊技术被广泛用于多种切削材料的连接，当连接部件由在高温还原性气氛中容易受损的材料组成时（如高温燃料电池和无 CO_2 发电设备的分离隔板），真空钎焊是不合适的。最近几年，一种名为反应空气钎焊（RAB）的工艺越来越受到人们的重视，可以用其替代真空钎焊。RAB 的优势是可以连接对还原性气氛和真空敏感的材料。RAB 钎料由贵重金属基体（如 Ag）和反应成分（大多数情况下是 CuO）组成，反

应成分改善了钎料在陶瓷和氧化金属表面的润湿性,因此钎焊可以在空气中进行。和真空钎焊中的镍基钎料相比,RAB 中贵金属基钎料的成本有所增加,但其工艺成本和设备投资低,因而可以补偿其钎料成本的增加。目前正在对其进行深入研究以改进工艺和提高接头性能。在这方面,因为 CuO-Ag 钎料的高温应用受到该体系中存在的共晶转变的限制(Darsella 和 Weil,2007),少量的 Pd(最高摩尔分数为 5%)被成功用来拓宽使用温度范围。此外,在 CuO-Ag 钎料中添加 0.5% 的氧化钛(TiO$_2$),可以增加 RAB 过程中其在氧化铝表面的润湿性(Weil 等,2006)。

14.8 参考文献

Akelsen O M (1992), 'Review: Advances in brazing of ceramics', *J Mater Sci*, 27, 1989–2000.

ASM International (1973), *Metals Handbook, Metallography, Structures and Phase Diagrams*, American Society for Metals.

AWS (1991), *Brazing Handbook*, Miami, Florida, USA.

Bissig V, Janczak-Rusch J and Galli M (2007), 'Selection and design of brazing fillers for metal-ceramic joints', *THERMEC International Conference on Processing and Manufacturing of Advanced Materials*, 5, 539–543.

Blugan G, Janczak-Rusch J and Kuebler J (2004), 'Properties and fractography of Si$_3$N$_4$/TiN ceramic joined to steel with active single layer and double layer braze filler alloys', *Acta Mater*, 52, 4579–4588.

Blugan G, Kuebler J, Bissig V and Janczak-Rusch J (2007), 'Brazing of silicon nitride ceramic composite to steel using SiC-particle-reinforced active brazing alloy', *Ceram Int*, 33, 1033–1039.

Bose D, Datta A, Rabinkin A and DeCristofaro N H (1986), 'High strength nickel-palladium-chromium brazing alloys', *Weld J*, 65, 23s–29s.

Buhl S, Leinenbach C, Spolenak R, and Wegener K (2010), 'Influence of the brazing parameters on microstructure, residual stresses and shear strength of diamond–metal joints', *J Mater Sci*, 45, 4358–4368.

Cazajus V, Lorrain B, Welemane H and Karama M (2001), 'Residual Stresses in Ceramic Metal Assembly after Brazing Process', *Advances in Science and Technology*, 45, 1543–1550.

Ceccone G, Nicholasa M G, Peteves S D, Kodentsov A A, Kivilahti J K, *et al.* (1995), 'The Brazing of Si$_3$N$_4$ with Ni-Cr-Si Alloys', *J Eur Ceram Soc*, 15, 562–563.

Chattopadhyay K, Chollet L and Hintermann H E (1991), 'Induction brazing of diamond with Ni-Cr hardfacing alloy under argon atmosphere', *Surf Coat Technol*, 45, 293–298.

Chen Y, Hong J X, Fu Y C and Su H H (2009), 'Effect of Ti addition on shear strength of brazing diamond and Ag based filler alloy', *Key Eng Mater*, 416, 264–268.

Chiu L H, Wang H F, Huang C P, Hsu C T and Chen T C (2008), 'Effect of brazing temperature on the microstructure and property of vacuum brazed WC-Co and carbon steel joint', *Adv Mater Res*, 47–50, 682–685.

Cubberly W and Bakerjian R (1989), *Tool and Manufacturing Engineers Handbook*, Society of Manufacturing Engineers.

Darsella J T and Weil K S (2007), 'The effect of palladium additions on the solidus/liquidus temperatures and wetting properties of Ag–CuO based air brazes', *J Alloys and Compd*, 433, 184–192.

Davis J R (1995), *Tool Materials*, ASM International, American Society for Metals.

Dini J W (1993), *Electrodeposition – The Materials Science of Coatings and Substrates*, William Andrew Publishing/Noyes, Westwood, New Jersey, USA.

do Nascimento R M, Martinelli A E and Buschinelli A J A (2003), 'Review article: Recent advances in metal-ceramic brazing', *Cerâmica*, 49, 178–198.

Dudiy S (2002), *Microscopic Theory of Wetting and Adhesion in Metal-Carbonitride Systems*, PhD, Chalmers University of Technology, Göteborg University, Göteborg, Sweden.

Elsener H R and Klotz U E (2007), 'Modifizierte Aktivlote – entstanden durch Zersetzung von organischen Bindern und in-situ gebildeten TiC Nanopartikeln', *8. Internationales Kolloquium Hart- und Hochtemperaturlöten und Diffusionsschweissen*, 243, 27–31.

Etter D E, Egleston E E and Jaeger RR (1978), *Migration of iron, nickel, cobalt and chromium associated with silver brazing during ceramic-to-metal joining*, Technical Report No. MLM-2526, Monsanto Research Corp, Miamisburg, OH, USA.

Galli M (2007), *The constitutive response of brazing alloys and residual stresses in ceramic-metal joints*, Ecole Polytechnique Federale de Lausanne, Lausanne.

He Y M, Zhang J, Sun Y and Liu C F (2010), 'Microstructure and mechanical properties of the Si_3N_4/42CrMo steel joints brazed with Ag-Cu-Ti plus Mo composite filler', *J Eur Ceram Soc*, 30, 3245–3251.

Iancu O T (1989), *Berechnung von thermischen Eigenspannungsfeldern in Keramik/ Metall-Verbunden*, progress report VDI, Universität Karlsruhe.

Iancu O T and Munz D (1989), 'Residual thermal stress in a ceramic/solder/metal multilayered plate', *3rd International Conference on Joining Ceramics, Glass and Metal, Oberursel*, 257–264.

Jiang Z and Zhang C (2010), 'Analysis on microstructure of laser brazing diamond grits with a Ni-based filler alloy', *Adv Mater Res*, 97–101, 3879–3883.

Jones F D, Ryffel H H, Oberg E, McCauley C J and Heald R M (2004), *Machinery's Handbook*, Industrial Press.

Kalpakjian S and Schmid S R (2006), *Manufacturing Engineering and Technology*, Pearson Education, Upper Saddle River, NJ.

Kapoor R R and Eagar T W (1989a), 'Oxidation Behavior of Silver and Copper Based Brazing Filler Metals for Silicon Nitride/Metal Joints', *J of the American Ceramic Society*, 72(3), 448–454.

Kapoor R R and Eagar T W (1989b), 'Tin-based reactive solders for ceramic/metal joints', *Metall Trans*, 20B, 919–924.

Kawasaki A and Watanabe R (1987), 'Finite element analysis of thermal stress of the metal/ceramic multi-layer composites with compositional gradients', *J Jpn Inst Met*, 51, 525–529.

Kim J S, LaGrange T, Reed B W, Taheri M L, Armstrong M R, *et al.* (2008), 'Imaging of transient structures using nanosecond in situ TEM', *Sci*, 321, 1472–1475.

Kizikov E D and Lavrinenko I A (1973), 'A study of adhesion and contact interaction between copper–tin–titanium alloys and diamond', *SintetAlmazy*, 6, 21–25.

Klaasen H, Kübarsepp J, Laansoo A and Preis I (2003), 'Dual compounds "cemented carbide-steel" produced by diffusion bonding', *Proc of Eur Powder Metall Conf*, 20–22 October, Valencia, 155–159.

Klotz U E, Liu C, Khalid F A and Elsen H R (2008), 'Influence of brazing parameters and alloy composition on interface morphology of brazed diamond', *Mater Sci Eng A*, 495(1–2), 265–270.

Knott S K and Ssemakula M E (2000), 'An experimental investigation into factors affecting the braze strength of CBN cutting tools', *Scientific Literature Digital Library and*

Search Engine (CiteSeerX).

Kohl W H (1967), *Handbook of Materials and Techniques for Vacuum Devices*, Reinhold Publishing Corp, New York.

Koizumi M, Takagi T, Suganuma K, Miyamoto Y and Okamoto T (1987), *High Tech Ceramics*, Elsevier Amsterdam.

Laansoo A, Kübarsepp J and Klaasen H (2004), 'Diffusion welding and brazing of tungsten free hardmetals', in *Proc. of 7th Intl Conf on Brazing, High Temperature Brazing and Diffusion Welding, DVS*, Aachen, 27–30.

Lee W B, Kwon B D and Jung S B (2006), 'Effects of Cr_3C_2 on the microstructure and mechanical properties of the brazed joints between WC-Co and carbon steel', *Int J Refract Met Hard Mater*, 24, 215–221.

Litchfield M W (2005), *Renovation: Completely Revised and Updated*, Taunton Press, Newtown, Connecticut.

Liu G, Qiao G, Wang H and Jin Z (2007), 'Microstructure and Strength of Alumina-Metal Joint Brazed by Activated Molybdenum–Manganese Method', *Key Eng Mater*, 353–358, 2049–2052.

Mackerle J (2003), 'Finite element analysis and simulation of machining: an addendum. A bibliography (1996–2002)', *International Journal of Machine Tools and Manufacture*, 43(1), 103–114.

Malzbender J and Steinbrech R W (2004), 'Mechanical properties of coated materials and multi-layered composites determined using bending methods', *Surface and Coatings Technology*, 176(2), 165–172.

Mizuhara H (1986), *Method of brazing ceramics using active brazing alloys*, US Patent No. 4591535, 27 May 1986.

Naidich Y V, Umanskii V P and Lavrinenko L A (2007), *Strength of the Diamond–Metal Interface and Brazing of Diamonds*, Cambridge International Science Publishing Ltd, Cambridge UK.

Naka M, Hirono Y and Okamoto I (1984), 'Wetting of alumina by molten alumina and alumina-copper alloys', *Trans JWRI*, 13, 201–206.

Naka M, Kubo M and Okamoto I (1989), 'Brazing of Si_3N_4 to metals with Al filler (Report II): Si_3N_4/Fe, Ni, Cu, Al or SUS304 joint', *Trans JWRI*, 18, 195–198.

Naka M and Okamoto I (1985), 'Wetting of Silicon Nitride by Copper-Titanium or Copper-Zirconium Alloys', *Trans JWRI*, 14, 19–34.

Nicholas M G and Crispin R M (1982), 'Diffusion bonding stainless steel to alumina using aluminum interlayers', *J Mater Sci*, 17, 3347–3360.

Olson D L, Siewert T A, Liu S and Edwards G R (1993), *ASM Handbook: Welding, Brazing, and Soldering*, ASM International.

Park J W, Mendez P F and Eagar T W (2002), 'Strain energy distribution in ceramic-to-metal joints', *Acta Materialia*, 50(5), 883–899.

Park J W, Mendez P F and Eagar T W (2005), 'Strain energy release in ceramic-to-metal joints by ductile metal interlayers', *Scripta Materialia*, 53(7), 857–861.

Pintschovius L, Schreieck B and Eigenmann B (1997), 'Neutron, X-ray, and finite-element stress analysis on brazed components of steel and cemented carbide', *MAT-TEC – Analysis of Residual Stresses from Materials to Bio-Materials*, Gournay-Sur-Marne, 307–312.

Qiao G J, Zhang C G and Jin Z H (2003), 'Thermal cyclic test of alumina/Kovar joint brazed by Ni-Ti active filler', *Ceramics International*, 29(1), 7–11.

Qiu X (2007), *Reactive Multilayer Foils and Their Applications in Joining*, MSc thesis, Tsinghua University.

Qu S, Zou Z and Wang X (2005), 'Shear strength and fracture behavior of SiCw/Al_2O_3 composite-carbon steel brazed joints', *Key Eng Mater*, 297–300, 2441–2446.

Rabinkin A and Pounds S (1989), 'Brazing cemented carbides: Specifics, braze optimization, and custom-designed Metglas^R brazing filler metals', *Int J of Refract Met Hard Mater*, 8, 224–231.

Radtke R P (2009), *Thermally Stable Diamond Brazing*, US Patent No. 7487849 B2, 10 Feb 2009.

Rufe P D (2002), *Fundamentals of Manufacturing*, Society of Manufacturing Engineers, USA.

Sandvik Hard Materials, *Cemented carbide, Sandvik new developments and applications*, catalogue, [online], available at: http://www.sandvik.com/sandvik/0130/HI/SE03411.nsf/88c2e87d81e31fe5c1256ae80035acba/651f6e334db04c46c125707600562c88/$FILE/Cemented%20Carbide.pdf [accessed 07 April 2011].

Santos S I, Casanova C A, Teixeira C R, Balzaretti N M and Jornada J A (2004), 'Evaluation of the adhesion strength of diamond films brazed on K-10 type hard metal', *Mater Res*, 7, 293–297.

Saru silver, *Brazing solutions*, brochure, Sardhana Road, UP, India. Available from: http://www.sarusilver.com/catalogue.pdf [accessed 1 December 2011].

Schnee D, Zenk C, Hafner T, Meyer U, Magin M, *et al.* (2010), 'Einfluss der Bandbreite von Schichtloten auf die Festigkeit der Verbindung von Hartmetall und Stahl bei Sägeblättern', *9th International Conference Brazing, High Temperature Brazing and Diffusion Welding*, 263, 226–229.

Schüler H (2001), *Simulation von LötprozsseinbeimMetall-Keramik-Löten*, TU Chemnitz.

Schwartz M M (1995), *Brazing for the Engineering Technologist*, Chapman and Hall, London.

Schwartz M M (2003), *Brazing*, ASM International, Materials Park, Ohio.

Steven K K and Mukasa E S (2000), 'An experimental investigation into factors affecting the braze strength of CBN cutting tools', *Scientific Literature Digital Library and Search Engine (CiteSeer X)*, http://www.faim2000.isr.umd.edu/faim/export/Faim20 (accessed 22 May 2011), http://citeseerx.ist.psu.edu/viewdoc/summary?doi=10.1.1.41.5433.

Suganuma K, Okamoto T, Koizumi M and Shimada M (1987), 'Joining of silicon nitride to silicon nitride and to Invar alloy using an aluminium interlayer', *J Mater Sci*, 22, 359–364.

Tae-Woo K, Hwi-Souck C and Sang-Whan P (2001), 'Re-distribution of thermal stress in a brazed Si_3N_4/stainless steel joint using laminated interlayers', *J Mat Sci Let*, 20, 973–976.

Tillmann W (2003a), 'Concepts for innovative cutting tools based on modern joining technologies', *International Conference on Welding and Joining of Materials*, 20–27 October 2003, Lima, Peru.

Tillmann W (2003b), 'Einsatz von Diamantwerkzeugen in der Gesteinsbearbeitung', *Werkstoffwissenschaftliche Schriftenreihe*, 61, 73–79.

Tillmann W (2009), 'Löten artungleicher Verbunde', *Hartlöten und Hochtemperaturlöten seminar*, Technische Akademie Esslingen (TAE), Ostfildern, Germany.

Tillmann W and Osmanda A M (2005), 'Production of diamond tools by brazing', *Mater Sci Forum*, 502, 425–430.

Tillmann W, Osmanda A M and Yurchenko S (2009a), 'Investigations of contact angles of active brazing fillers on diamond-layers by optical 3D-microscopy', *Proc 4th Int Brazing & Soldering Conf*, 26–29 April 2009, Florida, USA.

Tillmann W, Osmanda A M, Yurchenko S, Magin M and Useldinger R (2009b), 'Strength Properties of Induction Brazed Cermets', *Proc Int Conf High Perform P/M Mater*, 25–29 May, Reutte, Austria.

Tillmann W, Osmanda A M, and Yurchenko S (2010a), 'Untersuchung der Einflüsse unterschiedlicher Aktivlote und Lötprozessparameter auf die Fügezonenausbildung und die Eigenschaften von CVD-Diamantdickschicht-Hartmetall-Lötverbunden', *Proc LÖT 2010*, 15–17 June 2010, Aachen.

Tillmann W, Wojarski L and Lehmert B (2010b), 'Investigation of mechanical and metallurgical properties of brazed ceramic and cemented carbide joints', *IIW 2010 – International Conference on Advances in Welding Science & Technology for Construction, Energy & Transportation*, Istanbul, 337–341.

Tillmann W, Wojarski L and Lehmert B (2010c), 'The Quality of Brazed Ceramic and Cemented Carbide Joints. A Mechanical and Metallurgical Assessment', *Advances in Science and Technology*, 108(64), 108–114.

Voytovych R, Robaut F and Eustathopoulos N (2006), 'The relation between wetting and interfacial chemistry in the Cu Ag Ti/alumina system', *Acta Mater*, 54, 2205–2214.

Wang X L, Hubbard C R, Spooner S, David S A, Rabin B H, *et al.* (1996), 'Mapping of the residual stress distribution on a brazed zirconia-iron joint', *Mater Sci Eng A*, 211(1–2), 45–53.

Webb S W and Eiler J T (2010), *Cutting tool inserts and methods to manufacture*, US Patent No. 7824134 B2, 2 Nov 2010.

Weil K S, Kim J Y, Hardy J S and Darsell J T (2006), 'Improved Wetting Characteristics in TiO_2-Modified Ag-CuO Air Braze Filler Metals', *Proc 3rd Int Conf on Brazing and Soldering*, 120–124, ASM International, Materials Park, OH, USA.

Whitney E D (1994), *Ceramics Cutting Tools – Materials, Development and Performance*, William Andrew Inc, Park Ridge, New Jersey, Noyes Publications.

Wielage B, Hoyer I and Weis S (2009), 'Contribution to creep behavior of Al_2O_3-particle-reinforced SnAg solders', *4th International Brazing and Soldering Conference*, Orlando, 49–54.

Xiao P and Derby B (1998), 'Wetting of silicon carbide by chromium containing alloys', *Acta Mater*, 46, 3491–3499.

Xu Z, Xu H, Fu Y, Xiao B and Xu J (2006), 'Induction brazing diamond grinding wheel with Ni-Cr filler alloy', *Mater Sci Forum*, 532–533, 377–380.

Yang Z, Xu J, Fu Y and Xu H (2008), 'Laser brazing of diamond grits with a Ni-based brazing alloy', *Key Eng Mater*, 359–360, 43–47.

Zhang J, Jin LY, Xu JC and Liu XQ (2007), 'Microstructure and properties of brazing joint between YG8 cemented carbide and A3 steel', *Solid State Phenomena*, 127, 265–270.

Zhao B, Xu X, Cai G and Kang R (2009), 'Experimental research on laser brazing of diamond grits with a Ni-based filler alloy', *Key Eng Mater*, 416, 396–400.

第 15 章 钎涂技术

H. Krappitz，Innobraze 公司，德国

【主要内容】 虽然通常情况下钎焊被视为连接技术，但本章将介绍使用钎焊作为涂层技术的可能性，这可为表面功能涂层的应用提供新颖独特的解决方案。本章将详细介绍钎涂技术中的一些基本问题，包括工艺、冶金问题和力学性能，以及通过钎焊制备涂层的多种方法；给出各种钎涂技术的应用实例；通过对钎涂技术的概述，说明这一相对不为人知的涂层技术可为其他成熟的涂层技术提供补充。钎涂作为一种优越的解决方案极有可能在涂层技术的应用中占有一席之地。

15.1 引言

钎焊通常被视为连接技术。但是由于其特殊的功能，钎焊可为部件在严苛工作条件（机械的、热的及化学的负荷或这些负荷的组合）下应用表面功能涂层提供新颖独特的解决方法。

钎焊通过形成冶金结合从而得到高强度接头，它也可以作为一种涂层技术制备具有高黏结强度的涂层。与大多数焊接工艺相比，钎焊也可用于性质差异较大的材料的连接。针对特定的应用，采用粉末冶金方法，钎焊可为许多不同材料组合制备涂层。本章将介绍不同金属混合物、金属和碳化物，甚至是使用特殊钎料钎焊的金属和陶瓷材料（包括金刚石和立方氮化硼）的涂层制作方法。

接下来介绍一些与涂层相关的钎焊基础知识，以及使用钎焊作为涂层技术的不同方法。首先介绍众所周知的表面包覆技术，即使用钎料和钎剂形成表面硬质合金固体包覆层；还将介绍制造和应用耐磨表面的方法，耐磨表面由在钎料基体中添加的硬且尖锐的硬质合金颗粒组成；然后详细阐述了在表面预烧结特定成分的薄片，以及这种成分制成的聚合物绿色胶带在修复受损表面方面的应用。对于提高耐磨性，一种方法是使用碳化物和填充金属的悬浮液制备高碳化物浓度的涂层；另一种方法是使用碳化物和钎料层形成具有特定几何形状的涂层。

以上涂层可用于实现表面耐磨和修复，以及抗氧化和耐腐蚀等目的。在工程设备中，可能需要性能非常特殊的涂层，如自润滑涂层、特定孔隙率涂层或具有特殊物理或化学性质的涂层。本章将介绍这些应用的一些实例。

15.2 钎涂的基本知识

几乎所有采用钎焊工艺制备的涂层都包含两种甚至更多种组分，通常使用粉末或粉

末制品制备。钎焊过程中至少一种组分保持固态，而在钎焊温度下，其他组分中至少有一种将形成液相。未熔化粉末颗粒之间的间隙形成熔化组分的毛细通道。熔化组分被视为钎料，可加热到其液相线以上的温度或加热到介于其固相线与液相线之间的温度。在钎焊温度下，钎料熔化并润湿未熔化的组分，从而形成致密的涂层材料层。同时，一些过量的钎料润湿待涂覆基体，并在涂层与基体表面之间形成强连接，从而形成具有一定厚度和特定形状的均匀表面层（图 15.1）。

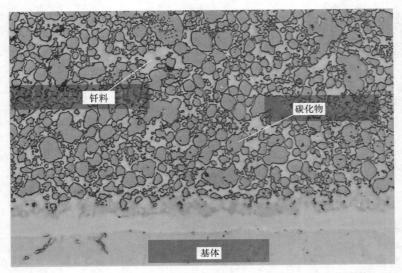

钎料

碳化物

基体

图 15.1   钎焊涂层结构（镍钎料基体中含有未熔化的碳化物颗粒）

15.2.1   冶金方面的考虑

钎涂过程中，钎料熔化时可以溶解相当数量的非熔化材料，这取决于该材料在钎料中的溶解度。同时，钎料元素扩散进入非熔化粉末和基体中。上述反应的强度取决于系统中的冶金成分、非熔化粉末的比表面积和钎焊参数。钎料和非熔化粉末表面之间的接触面积较大时将增强界面反应。此外，固体粉末颗粒之间的狭窄间隙形成了短的扩散路径，因而根据菲克扩散第一定律，扩散通量提高，这也使反应强度有所增加。这种效果可能对所需的涂层性能产生不利影响。例如，熔化材料产生过量的液相和随后的变形，液相甚至会流出涂层，从而可能导致产生废品。因此，必须保持固相和液相比例相平衡，使钎料能够润湿和致密化，但涂层中应具有足够的固态组分以保持轮廓清晰而精确。

此外，冶金不兼容性可能导致脆性相的生成，并可能在表面产生无法接受的裂纹。但是对于大多数应用，钎料和非熔化组分之间的扩散过程对于获得所需的涂层性能是非常重要的。15.3.3 节将介绍涡轮机部件钎焊修复的应用实例。

除了上述钎涂涂层中的两种组分，还可能需要向涂层系统中添加其他组分，以获得表面的特殊功能，或者加强钎料对非熔化组分的润湿性。例如，可以添加活性元素 Ti，以实现对陶瓷材料，如立方氮化硼（CBN）或金刚石砂粒的润湿。

15.2.2　孔隙率和堆积密度

几乎所有在表面上应用涂层的目的都是获得低孔隙率的涂层。但是，任何体积的粉末都是颗粒的堆积，由固体颗粒和颗粒之间的自由空隙组成。颗粒体积与松散材料总体积之比称为堆积密度。堆积密度在很大程度上取决于颗粒的堆积次序、颗粒的形状和颗粒尺寸的分布。为了获得致密的钎涂涂层，所用"原生态"的涂层材料在钎焊前就应该具有较高的致密性。对这种系统进行建模是困难的，因为对于不同尺寸颗粒的无序堆积结构，没有可用的分析方法来计算其填充密度。然而，已有模型可计算特定堆积结构颗粒的堆积密度（Steinhaus，1999）。对于单一尺寸的球体，当其形成面心立方结构排列时可以获得最高的堆积密度（图 15.2）。在这种情况下，理论上的最大堆积密度约为 74%。在实际条件下，颗粒将不会处于面心立方点阵的最佳位置，而且这样的颗粒直径不是恒定的且不是完美的球形。试验结果表明，气体雾化制备的球形 NiCrSiB 金属粉末，当颗粒尺寸为 10～106μm

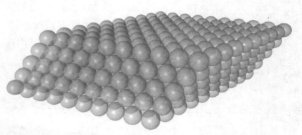

图 15.2　面心立方排列球体的最大堆积密度

时，其堆积密度为 63%～67%，这取决于致密化的方法。对于形状不规则的颗粒，堆积密度将进一步降低，这取决于颗粒的形貌。

另一方面，仔细选择粒度分布可以增加堆积密度。加入第二种粒度的非熔化颗粒可以大大提高堆积密度。第二种粒度颗粒的最大尺寸可按如下方法获得：细颗粒尺寸应与粗颗粒之间的自由空隙尺寸匹配。对于球形颗粒，添加到第一种粒度中的第二种粒度颗粒的最大直径按图 15.3 所示方法计算。该计算表明，较细颗粒的尺寸应为较粗颗粒尺寸的 1/6，从而使较细颗粒可以进入较粗颗粒之间的自由空隙中，而不降低较粗颗粒的堆积密度。例如，试验中最佳的粉末混合物是在约 20μm 大小的粗碳化物粉末中添加 2～4μm 的细碳化物粉末，成功地使堆积密度增加到 70%。

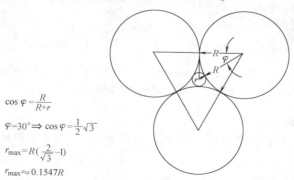

$$\cos \varphi = \frac{R}{R+r}$$

$$\varphi = 30° \Rightarrow \cos \varphi = \frac{1}{2}\sqrt{3}$$

$$r_{max} = R\left(\frac{2}{\sqrt{3}} - 1\right)$$

$$r_{max} \approx 0.1547R$$

图 15.3　位于第一种球形颗粒中间的第二种颗粒的最佳晶粒尺寸

钎焊工艺应用于涂层技术的目的在于将多孔的颗粒堆积转化为具有最小孔隙率的致密的化合物层。在无孔隙涂层的情况下，采用这种工艺制备的结构中，非熔化颗粒之间的自由空隙完全被钎料填充。这决定了产生致密涂层所需钎料的最低含量。例如，对于堆积密度为64%的非熔化粉末，填充非熔化颗粒之间自由空隙所需钎料的最小体积分数为36%，还需要一些钎料以形成涂层和基体之间的接头。涡轮部件的钎焊修复是钎涂技术的重要应用之一，根据相关规范，所需钎料的比例为40%~60%（Pratt 和Whitney，2010；Budinger 等，1993；Wayne 和 Budinger，2002）。

如果涂层是由非熔化材料和钎料组成的均匀混合物（图 15.4），则钎料本身对系统的堆积密度也有贡献。含有体积分数为40%的钎料时，非熔化材料对最大堆积密度（如64%）的贡献只占60%。在这种情况下，非熔化颗粒的堆积密度将只是 $0.6 \times 64\% = 38.4\%$。因此，钎焊过程中形成无孔致密涂层，但涂层收缩率为36%。如果钎料作为第二层加入涂层，则情况将有所不同（图 15.5a）。在这种情况下，由于钎料在钎焊过程中的渗入，非熔化颗粒可以形成高堆积密度（图 15.5b）。因此，非熔化层不必收缩就可达到完全致密。这使得涂层在钎焊前后的几何形状几乎是一致的。

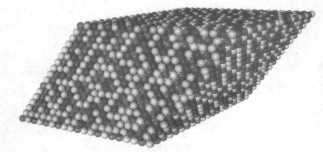

图 15.4　非熔化材料（黑色球体）和钎料（浅色球体）均匀混合

a) 钎料层(浅色球体)在非熔化材料层(黑色球体)上面　　　b) 钎料渗入非熔化材料层

图 15.5　钎料层在非熔化材料层上面或渗入非熔化材料层

15.2.3　强度性能

由于可以通过钎涂工艺实现许多不同的材料组合，因此无法像其他涂层工艺那样给出其通常的强度值。然而，有时需考虑涂层与基体的结合强度。钎涂在材料界面之间形成连接，结合强度与常规钎焊接头强度相当。如果涂层材料和基体材料具有相似的物理和力学性能，则接头的强度接近母材的强度。异种材料界面的不连续性对强度有很大影响，特别是热胀系数（CTE）不同时可导致涂层中高的内应力。在最坏的情况下，应力可能会很高，以致由于裂纹平行于界面扩展而导致涂层完全脱落。图15.6 所示为由热胀系数差异导致的热失配应力。CTE 不同的两种材料加热到钎焊温度时，将根据其热胀系数膨胀。钎料润湿基体，并且在随后的冷却过程中凝固形成牢固的结合。在进一步的冷却过程中，接头的两个组元不能同时收缩，因为根据材料常数，一个组元会阻碍另一组元的收缩。所产生的 CTE 失配

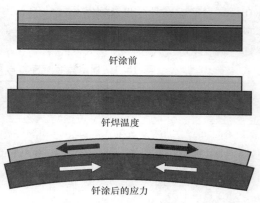

钎涂前

钎焊温度

钎涂后的应力

图 15.6 热胀系数差异导致的热失配应力

应力如果达到足够高的水平，则可能导致接头完全失效。利用异种材料作为涂层时，这种应力对涂层的结合强度有重要影响。失配应力的大小不仅与材料的组合相关，还与待涂层部件的形状和结构设计相关。15.3.1 节将讨论将 CTE 失配应力水平降至最低的方法。

15.3 钎涂的分类

本节将介绍通过钎焊制备涂层的不同钎涂技术。

15.3.1 分段包覆

分段包覆技术可以被视为一种连接技术，也可以被视为一种涂层技术，并在两者之间形成关联。典型的应用是将硬质合金板或其他耐磨材料分段钎焊到部件的表面上。该钎涂技术可应用到工具行业、采矿业、木材和纸加工业，以及矿物处理中。可通过钎焊获得最高的接头强度和热稳定性。图 15.7 所示为由硬质合金刀片钎焊的铣刀工具，这些工具是在纯氢还原性气氛传送带炉内以 1080℃ 的温度钎焊的。钎料为 0.2mm 厚、成分为 CuMn12Ni3 的箔带。硬质合金段可以是一个具有良好几何形状的单件，或在表

图 15.7 钎焊的硬质合金铣刀工具

面区域较大的情况下，组装形成镶嵌类的表面。炉中钎焊、火焰钎焊和在空气中感应加热都是常用的加热方法。当在空气中钎焊时，须用钎剂在钎焊过程中除去表面氧化物层。硬质合金的润湿通常很困难，尤其是当硬质合金中含有少量的 Co 黏结相和 Ti、Ta或 Nb 的碳化物，包括众所周知的碳化钨时。硬质合金钎焊用钎剂通常比标准钎剂的腐

蚀性高，以便去除具有更高化学稳定性的氧化物。为了获得高强度的接头，需要使用特殊成分的钎料。最常见的成分是 Ag 基或 Cu 基，加入一定量的 Mn、Ni 或 Co，以改善润湿性（表 15.1）。

表 15.1　硬质合金钎焊常用钎料（ISO 17672, 2010）

名称	成分(质量分数,%)	熔化温度/℃
Ag 449	Ag:49.0,Zn:23.0,Cu:16.0,Mn:7.5,Ni:4.5	680~705
Cu 470a	Cu:60.0,Zn:39.7,Si:0.3	875~895
Cu 773	Cu:48.0,Zn:41.8,Ni:10.0,Si:0.2	890~920
Cu 595	Cu:84.2,Mn:12.5,Ni:3.3	965~1000
Cu 141	Cu:99.9,P:0.03	1085

用特殊钎料和钎剂钎焊的接头，其抗剪强度能够高于 $300N/m^2$。但是，钢和硬质合金的热胀系数之比在 2∶1 范围内，如 15.2.3 节介绍，这可能导致接头中存在高的内应力。最大限度地减小这种应力的方法包括部件的合理设计以及选择适当的钎料。设计应确保钢基体对碳化物涂层提供刚性支承，以避免在碳化物包覆层中由于弯曲产生拉伸应力。

选择低熔点钎料可以减小钎焊温度和室温之间的温度差，从而抑制了由于温差而产生的总的热收缩。出于这个原因，低熔点银基钎料经常用于钎焊硬质合金板。这种钎料的另一个优点是其高韧性和相对较低的屈服强度。基体和涂层之间钎料层的塑性变形可以非常有效地抑制 CTE 失配应力。如果韧性钎料层的厚度尽可能大，就可以获得降低应力的最佳结果。然而在毛细钎焊时，钎焊间隙应限制在 0.2~0.3mm，以保持熔化钎料填充毛细间隙。为了克服这种限制，并使用更厚的钎料层，可采用特殊的箔带，它由韧性非熔化铜箔与两侧包覆的低熔点银钎料组成。这些所谓的"三明治钎料箔"允许大的塑性变形，经常用于关键部件的碳化物钎焊。对于熔点较高的钎料，也可以使用以镍网作为中间层的三明治箔（Bronny 和 Schimpfermann，2011）。

也可以改进该钎焊工艺以降低 CTE 失配应力的水平。从钎焊温度开始冷却时，低的冷却速率使钢基体有足够的时间在高温下产生塑性变形。这样的蠕变效应有助于降低接头中的应力水平。对于某些具有较大表面积部件的关键应用，甚至可以在冷却过程中拉伸钢部件，或者在随后的热处理过程中对钢部件进行机械校直，校直将诱导钢部件产生拉应力，从而导致钢的塑性变形。但是，硬质合金部件在校直时受到的是压应力，由于硬质合金承受压应力的能力比承受拉应力的能力好得多，所以这种校直过程有效降低了内应力。可以采用此技术在大表面积工具，如长度为 1000mm 及以上的工业用切纸刀上制备碳化物涂层。

为了适应极端条件下的磨损，可以选择以多晶金刚石（PCD）、化学气相沉积金刚石或硬质合金为支承的氮化硼部件，并应用于纤维板和金属基复合材料机加工件，以及石油及天然气钻探工具。石油和天然气钻探工具需要具有最高的可靠性和强度，因为在钻井过程中更换切削头可能耗费巨大的成本。除了常用的银基和铜基钎料之外，特殊的含金钎料（兼具最高的强度和韧性）也可用于这些应用。使用 Au-Cu-Mn 合金钎料（Tank，1997），接头的抗剪强度可达到 800MPa 以上。图 15.8 所示为钎焊在钢柄上的硬质合金钻头（带 PCD 切削头）。在后续步骤中，该工具将被钎焊到石油和天然气钻探工具的切削头上。

图 15.8　石油和天然气钻探工具上的
钎焊 PCD 切削头（WEG，2008）

15.3.2　研磨表面

当表面需要承受强烈的摩擦或对于研磨工具，钎焊提供了卓越的解决方案。硬质颗粒通过粉碎硬质合金或采用陶瓷材料碎屑制成，将其嵌入金属基体中并通过钎焊连接到部件表面上，金属基体由钎料形成。为了产生这种涂层，应先在工具或部件表面上涂上黏结层。黏结层可以是特殊的胶或是合适的钎料膏，它应提供足够的黏结力。然后将碳化物颗粒喷到研磨表面，一些颗粒将黏在表面上，而过量的没有黏结的材料则在重力的作用下与部件分离。如果不使用钎料膏，则可将适量的钎料添加到表面上。钎料可选择铜基、铜-锡、镍或银-铜合金。

采用保护气氛或真空钎焊工艺，钎料熔化后润湿碳化物颗粒，并与基体形成连接。由于接头形成了坚固的材料连接，颗粒不必如烧结或电镀涂层那样完全嵌入金属基体中。通过适当调整钎料用量，颗粒因有大量的自由切削刃而显示出优异的性能，与烧结切削工具相比，其效率得到了提高。图 15.9 所示为采用钎焊工艺制备的研磨涂层表面。在连续式氢气保护气氛网带炉内，采用 CuSn6 钎料将粉碎的碳化钨粗颗粒钎焊到碳钢基体上。

研磨表面涂层可应用于模具工业，这些模具用于磨削或切削操作。图 15.10 所示为锯片的一部分。采用铜基钎料将碳化钨钎焊到刀盘表面上，该刀盘用来切割多孔混凝土和类似的建筑材料。

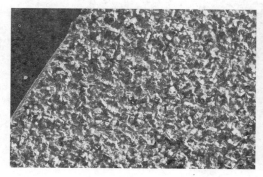

图 15.9　在保护气氛下钎焊的
研磨涂层表面

放大图

图 15.10　采用钎焊工艺制备的
带有碳化钨涂层的锯片

除了碳化钨，其他硬质颗粒也可以用于制备研磨工具。将 Ti 或 Zr 等活性元素添加到钎料中，在适当的钎焊气氛和温度下，钎料甚至会润湿陶瓷材料。立方氮化硼以及金刚石砂粒可用于生产磨削极硬材料的工具。

15.3.3　钎焊在表面修复中的应用

燃气涡轮部件在高温、腐蚀性和高负荷的条件下工作，要求其具有高可靠性。因此，要采用高性能材料制造地面燃气轮机和航空发动机的燃气涡轮工作叶片及导向叶片。耐热性和高温强度好的特殊镍基和钴基高温合金特别适合上述应用。新发展的材料包括单晶叶片以及金属间化合物，如钛铝金属间化合物。

服役一定时间后，这些部件将发生损坏，如裂纹、点蚀和材料损耗。由于成本高，需要可靠的修复方法，以使损坏的部件可以重复使用，修复后的部件应如新部件一样能够可靠地工作。由于大多数熔焊技术会损害这些高性能材料的结构，因此，钎焊技术是修复损坏的涡轮工作叶片和导向叶片的最好的解决方案。Lugscheider 等人（1995）和 Wayne、Budinger（2002）给出了更加详细的信息。

1. 预烧结片

应用预烧结片是修复损坏的燃气涡轮部件的一个行之有效的方法。第一步，将与母材（金属基体粉末）成分类似的粉末和第二种粉末混合，即所谓的扩散钎焊，再与有机黏结剂混合，然后制成具有一定厚度的黏片或黏带，接着对这种黏带单轴施压获得高密度黏带。最后，在可控气氛下烧结这些黏带形成金属片材。在接近钎料的液相线温度进行烧结，因此烧结为液相烧结过程。典型的扩散钎料中含有硼作为降熔元素，在烧结温度下，钎料中会形成一定量的熔化相，而母材粉末的固相线温度高于烧结温度。由于存在液相，在相对较短的烧结加热时间内，就可获得具有低孔隙率的材料。液相的形成对时间和温度等烧结参数很敏感。

第二步，将金属片加工成所需形状。图 15.11 所示为由 NiCrCo 母材粉末（In939）和 NiCrCoB 钎料（DF3）制成的预烧结成形体条带的几何形状（左图）和显微组织（右图），该成形体条带可用于燃气涡轮的钎焊修复。在显微组织中，明亮的区域为 In939 高熔点颗粒，这些颗粒嵌在钎料基体上。将预成形件和涡轮部件装配定位后焊在一起，然后钎焊到表面上；再添加一些膏状钎料，在基体和涂层之间形成连接。钎焊前需要对部件进行特殊清洗以去除表面上的杂质和氧化物，从而保证涂层在基

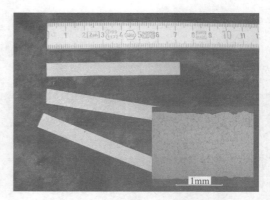

图 15.11　用于燃气涡轮叶片钎焊修复的预烧结成形体条带

体上适度润湿。在烧结和钎焊加热过程中，预成形钎料中的硼可以在镍-钴合金中迅速扩散，从而降低了钎料中的硼含量。由于这种效果，涂层的重熔温度大大提高，涂层可

应用于高温工作环境中。

预烧结成形件的钎焊热循环过程需要在非常洁净的可控气氛中进行，因此，钎焊时预烧结片中应没有有机黏结剂残留。经过烧结热处理的预烧结片具有低的孔隙率，因此，其在钎涂过程中几乎不发生进一步收缩。对于简单的几何形状，预烧结片提供了简单且可靠的解决方案；然而，当涂覆复杂的三维形状时，将很难获得与基体适应的配合。

2. 聚合物黏结带

除了预烧结片，另一种技术也被成功地应用于涡轮部件磨损表面的修复。将母材粉末和钎料粉末混合在一起，并采用合适的聚合物加工成柔性垫料。有许多不同成分的母材和钎料的应用，常用成分和组合见相关文献（Sulzer，2011）。采用常规的切削或冲压操作，可以很容易地将聚合物黏结垫料原料加工成所需的任何形状。这种柔性垫料预制件可以很容易地用胶固定到表面上的适当位置。对这种胶的主要要求是，在随后的钎焊过程中，无论是在室温下还是在高温下，柔性垫料应保持原装配位置。与此同时，钎焊后母材和涂层之间的界面上不应该残留任何有害物质，这种残留物会削弱接头并降低连接强度。

钎焊热循环包括以下步骤。第一步，在保护气氛或真空中加热至约 600℃，黏结剂通过热脱黏缓慢分解，加热速率应相对缓慢，以避免黏结剂分解的蒸气产生气泡。第二步，在洁净的真空气氛下，缓慢升温至液相烧结温度，此温度一般略高于钎料的液相线温度；保温一段时间，保温时间比常规钎焊工艺的保温时间长，以使钎料和母材粉末之间充分扩散。没有通用的钎焊温度和保温时间建议，因为这些参数在很大程度上取决于母材和钎料粉末的成分、混合物中二者的比例和两种粉末的冶金反应，以及涡轮部件的需求。

在液相烧结时，涂层的密度将增大到几乎完全致密。这需要无序堆积的粉末结构收缩约 40%，收缩是三维的，会导致预成形带的尺寸发生变化。出于涂层制备的目的，最好只允许收缩发生在垂直于表面的方向，而其他尺寸应保持稳定。如果在烧结过程中通过胶将涂层材料固定在涡轮部件的表面以阻碍在其他两个方向上的收缩，则这在很大的程度上是可以实现的。图 15.12 所示为涂有硬质颗粒的叶尖。将由母材粉末、钎料粉末和立方氮化硼镶嵌颗粒制成的柔性装配片钎焊到叶尖部位，以防

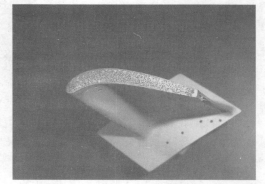

图 15.12　在耐热 MCrAlY 金属基体上钎焊的
有 CBN 颗粒的涂层（位于涡轮叶片叶尖）

止叶尖磨损。所获得的涂层成为可磨耗密封部件，这有助于通过减小旋转叶片和壳体（罩）之间的间隙来提高燃气涡轮的效率。

15.3.4 聚合物黏结带在磨损防护中的应用

磨损防护是钎涂工艺的主要应用。可以制得具有良好性能和接近最终尺寸及精确轮廓的表面，这降低了对难加工耐磨涂层材料的高成本加工要求。

不同于涡轮部件的表面修复，非熔化相通常是一种金属碳化物，碳化钨（WC 和 W_2C）是最常用的，其他的碳化物也被使用，如碳化铬、碳化钛或碳化钒。钎料主要是镍基合金，也可以使用一些低熔点铁基合金甚至是高韧性的铜基钎料，这取决于应用的要求（Koschlig，1994；Schwarz，2003）。图 15.13 所示为高碳化物含量的 NiCrBSi 金属基碳化铬涂层的结构。该图说明采用该涂层技术可以获得非常高的碳化物含量。

图 15.13　高碳化物含量的 NiCrBSi 金属基碳化铬涂层的结构

除了润湿过程，在碳化物和金属基体之间不应该有过多的扩散或合金化，因为这会导致脆性相的形成，如 η 碳化物。因此，对于含有碳化物体系的钎焊，必须修改钎焊参数。钎焊温度应尽可能低，但要保证钎料能够适当地润湿和流动；钎焊保温时间应短，以避免过度合金化。但是，这些冶金要求与液相烧结获得低孔隙率的要求相矛盾。为了克服这个问题，开发了两层或多层聚合物黏结带工艺。

使用多层聚合物黏结带时，黏结带中的钎料组分与碳化物是分离的。这使得在体系中形成了高堆积密度的纯碳化物层垫。通过简单的切削或冲压操作，很容易使该碳化物层垫形成所需的几何形状。该层垫的厚度在 0.5~3mm 之间变化。这种聚合物黏垫由于具有高柔韧性，可以与磨损件的弯曲表面相匹配（图 15.14）。Gill（2006）和 Innobraze（2012）给出了该过程的详细描述。

图 15.14　聚合物黏结粉末制成的柔性黏垫

采用合适成分的胶将碳化物黏垫连接到一个需要保护的表面上，然后在第一层碳化物黏垫的顶部叠放尺寸相同，只含纯钎料粉末的第二层。钎料用量由与碳化物垫厚度相关的第二层的厚度控制。

随后在氢气氛炉或真空炉中，在约 1100℃下生成最终的涂层。熔化钎料渗入碳化物层，同时实现碳化物层与基体材料的钎焊。图 15.15 为连续带式炉中钎涂过程示意图。这种涂层的性能见表 15.2。可见，涂层材料的性能与通常用作母材的钢的性能有很大差别，特别是平均热胀系数（CTE）对失配应力有重要的影响，原因参见 15.2.3 节。WC/NiCrBSi 涂层具有低的 CTE，当该涂层大面积用于钢件时，会导致产生高的失配应力。但 $Cr_3C_2/NiCrBSi$ 涂层的热膨胀性能与结构钢非常接近，因此涂层构件的应力大大降低。

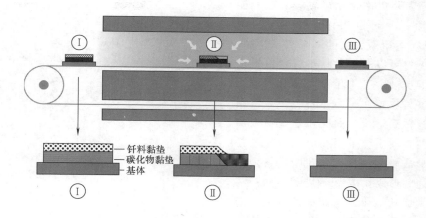

钎料黏垫
碳化物黏垫
基体

图 15.15　连续带式炉中钎涂过程示意图

表 15.2　钎涂涂层的性能

涂层类型	硬度（HV10/HRA）	密度/(g/cm^3)	热导率/$(10^{-6}/K)$
WC/NiCrBSi	1240/88	13.0	8.1
$Cr_3C_2/NiCrBSi$	1150/86	7.0	11.4
WC/CuMnNi	—/64	13.1	9.6

　　碳化物原料的堆积密度已达到最大值 70%（体积分数），因此，碳化物带无需收缩就可获得完全致密的涂层。熔化钎料渗入碳化物黏垫并填充碳化物颗粒之间的自由空间，最终有可能获得具有极高碳化物含量的完全致密的涂层。由于没有收缩，最终涂层的尺寸和轮廓与碳化物原料相同，而碳化物原料带很容易加工。

　　图 15.16 所示的剥皮机切削刃是涂层接近最终轮廓的一个实例。在切削刃上可见框架形的涂层，该涂层由 NiCrBSi 基+碳化钨组成，并钎焊到基体上。材料的硬度远高于 85HRA，使刀尖可以在严重磨损条件下具有耐磨性。这种硬且耐磨材料的任何机械加工都是困难且昂贵的。但是，这种碳化物黏垫原料可以很容易地通过简单的切削或冲压操作形成所需的形状，并且在渗透钎焊过程中，仍保持其初始形状。昂贵的金刚石研磨

图 15.16　通过渗透钎焊制备带有柔性
碳化物涂层的剥皮机切削刃

过程仅用于锐化切削刃。这节省了生产成本，并且考虑到切削寿命和可靠性，赋予了部件优异的性能。

由于其可以制备精确轮廓涂层的能力，钎涂甚至可以用作成形工艺。图15.17 所示为研磨轨迹的一个测试样品。碳化物型材可以通过对软垫材料原料进行简单的切削加工来生产。然后将原始碳化钨型材放置在平直钢板上，并使用模板进行精确定位。向碳化物型材中加入适量的钎料后，采用在氢气中渗透钎焊工艺形成表面结构，并在碳化物型材和钢板之间形成强接头。使用这种技术，可以非常成功地生产纸浆磨浆盘。对于充满磨料添加剂的纸浆处理来说，这种

图 15.17 渗透钎焊制造的碳化物
条带形成的研磨轨迹

磨浆盘的寿命比采用铸铁金属型制造的传统磨浆盘长许多倍。

多层聚合物黏结带还可以生产具有特殊性能的不同层数的涂层。例如，可以在高碳化物含量的表面层和钢基体之间插入高韧性、低热胀系数的缓释中间层，以降低 CTE 应力。随着层数的增加，甚至有可能在涂层中制成准梯度结构，使得在母材和涂层表面之间实现材料性能的平滑过渡。

15.3.5 浆料浸透钎焊的应用

通过对涂层数量、形状，以及材料性能方面的控制，可以实现涂层材料的精确应用，如制造多层结构材料或钎料。但对于某些应用，这不是必需的。以低成本大量生成耐磨件可能需要简单而可靠的工艺，而钎涂可以提供经济的解决方案。可以将磨损件浸入浆料中以获得保护层，该浆料是在液体粘结剂中加入钎料和碳化物而成的。典型的浆料由约 20%（质量分数）的黏结剂，20%~50%的非熔化颗粒（碳化物）和 30%~60%的钎料组成。但是，一些浆料不含任何非熔化组分，而是在低于固相线和液相线的温度下钎焊，使一些钎料处于非熔化状态，以避免其过度流动。

浆料中黏稠的黏结剂是为了保持金属和碳化物颗粒的均匀分布，从而使其黏结在耐磨部件的表面上。这种黏结剂由溶剂、树脂或聚合物增稠剂和流变添加剂组成。添加剂可提高固体颗粒的抗沉淀性，避免施加浆料的涂层下垂，或改善液体浆料在磨损部件表面上的润湿性。干燥后，添加剂有助于增强表面涂层的黏附性，并改善原料的操作性能。黏结剂的成分选择必须避免干扰钎焊工艺，并避免蒸发分解产物对炉子产生任何不利影响。

制备涂层时，将部件浸入料浆中，一定厚度的涂层将沉积在部件上，这取决于料浆的黏度和其在钢表面上的润湿性。然后使溶剂干燥，这主要是在空气炉中的高温环境下进行的。最后，将干燥的零件放置在保护性气氛下的钎焊炉中，黏结剂的聚合物将在温度接近 500℃时发生降解。进一步加热，钎料熔化并润湿非熔化颗粒和耐磨部件表面，

形成致密的涂层。

　　这种涂层可应用在农产品或设备的机械加工设备上。图 15.18 所示为销钉辊轧机。将碳化钨和镍磷共晶钎料 NiP11 混入有机黏结剂基体中制成浆料，对销钉进行钎涂。把 100 个销钉插入料架并浸入浆料中同时钎涂。浸渍后，干燥黏附的浆料，并在真空炉中以 1020℃ 的温度钎焊销钉。此应用展示了获得高硬度涂层的一种经济有效的解决方案。

图 15.18　钎涂销钉的销钉辊轧机

15.3.6　悬浮液喷涂

　　有机黏结剂中的钎料和碳化物也可以通过喷涂工艺沉积在耐磨件的表面。含有尺寸范围狭窄的均匀弥散分布的微细颗粒的喷涂浆料也被称为悬浮液。对这种用于喷涂的悬浮液进行改性，使其在高剪切速率下具有低黏度，同时在低剪切速率下具有高的黏度和屈服强度。这种流变行为称为结构黏度。借助这一特性，可使用常规的喷枪在室温下采用高剪切速率的喷涂工艺实现浆料沉积（Krappitz，2006）。喷涂沉积后悬浮液不再受切应力，因此其黏度增加，从而防止了悬浮液流失。

　　应用这一技术制备的涂层厚度为 0.05~0.3mm。采用这种方法单道喷涂的涂层最终厚度约为 0.1mm，而更厚的涂层可以通过多层喷涂技术获得，在每层喷涂工序之间增加热空气中的干燥处理工艺。

　　悬浮液喷涂与喷漆所用的设备和方法非常类似，因此应用情况也类似。可对研磨轨道和狭缝筛等几何形状复杂的构件进行喷涂，采用特殊的喷涂设备还可以对管和弯头的内表面进行喷涂。此外采用自动化程序控制喷涂工艺，可以制备非常光滑且厚度可控的涂层。

　　悬浮液沉积层干燥后，将涂覆的部分在保护性气氛炉中或在真空炉中钎焊。获得的涂层呈现出非常低的孔隙率（<1%）和高碳化物含量。硬质相的含量高，当其高于 60%（体积分数）时，将产生高的硬度值（约 65 HRC）。对在标准条件以及部件服役条件下磨损行为的研究结果表明，与氮化物、硼化物或热喷涂涂层相比，这种涂层的耐磨性显著增加。

　　图 15.19 所示为双螺旋挤压机的一部分，在涂覆了碳化铬涂层的耐蚀性基体中加入了 NiCr14P10（BNi-7）钎料，并在真空炉中钎焊（1020℃）。这台机器用于加工陶瓷体，其寿命可以显著延长。该实例表明，采用悬浮液喷涂工艺，甚至可以在非常复杂的几何形体上涂覆

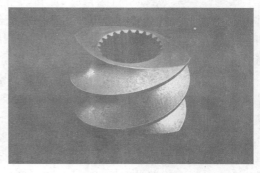

图 15.19　双螺旋挤压机的一部分

具有恒定厚度的光滑涂层。

钎涂层的另一大优点如图 15.20 所示。狭缝筛用于机械分离浆料中的固、液相。许多筛条组合形成平坦的表面或形成具有窄间隙的筛篮。在分离过程中，浆料在压缩负荷下通过筛板表面，可能会造成组件的过度磨损。为解决这一问题，可在筛板的工作表面涂覆光滑的硬质材料层，从而形成耐磨涂层，且不能在筛板的窄间隙中形成桥接。这可通过喷涂碳化物和钎料悬浮液来实现。喷涂可以沉积非常均匀的含碳化物材料层，

图 15.20　用悬浮液喷涂碳化钨涂层的狭缝筛

并在钎焊后保持狭窄的间隙仍然通畅。其他制备硬质合金涂层的方法的应用则非常有限。

可以用较高黏度的浆料获得更厚（2.5mm）的喷涂涂层，Lugbauer（2009）对此进行了介绍。采用该方法制备的耐磨板表面光滑均匀，并且钎焊后可以进行冷成形加工。

研究表明，悬浮液涂层也可以通过感应钎焊（Kortenbruck，1998）以及高密度红外加热钎焊（Knappitz 等，2001）来制备。这些方法无需使用加热炉就可制备涂层，大型部件可以不用加热整个组件而选择性地涂覆即可。然而到现在为止，这些热源的应用仍然非常有限。

15.4　功能涂层

除了磨损和腐蚀防护，功能涂层还可以满足其他要求。高摩擦系数表面通过防止滑动来提高安全性，这对于提高操作设备的可靠性非常有效。对于这样的应用，可采用图15.9 所示的表面。采用铜基或镍基钎料将具有锋利边刃的碎金属或碳化物颗粒钎焊到表面上。其应用包括电梯的紧急制动片或造纸工业中夹具的制造。

与高摩擦系数表面不同，嵌入固体润滑剂的涂层能够改善摩擦表面的摩擦性能并有利于减少摩擦和磨损。用加入石墨的复合物连接片可制备自润滑表面。图 15.21 所示为具有嵌入石墨颗粒（暗相）的铜锡层的显微组织，可以提升涂层的紧急运行特性。

核聚变研究需要小于 10^{-7}mbar 的超高真空度（UHV），等离子体产生的残余重氢-超重氢和氦排放反应产物必须在反应器内被泵抽走。为了产生这种极高的真空度，需要使用具有极大比表面积的材料，如沸石或活性炭，它们可以吸收气体分子，从而使压力下降到超高真空的条件。聚变试验中，为了使表面冷却到低温操作温度，必须制备具有极大比表面积且有最佳热流量的低温吸附面板。这可以通过使用 Ag-Cu-Ti 共晶钎料将活性炭颗粒钎焊到铜板表面来解决。在试验中，这种解决方案与高温陶瓷胶相比显示出

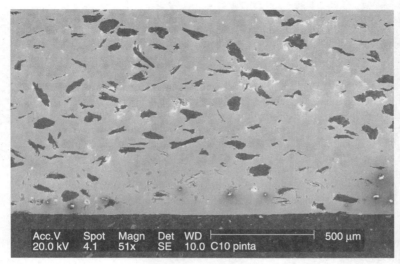

图 15.21 嵌入石墨颗粒 (暗相) 的铜锡层的显微组织

了优异的性能。图 15.22a 所示为要钎焊的低温吸附板，图 15.22b 所示为高倍图像。

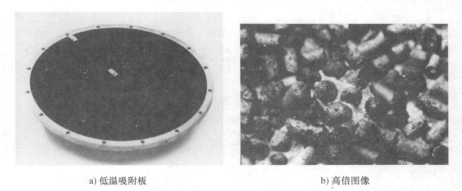

a) 低温吸附板   b) 高倍图像

图 15.22 用 AgCu27Ti3 钎料将活性炭在 950℃下真空钎焊到低温吸附铜板表面

15.5 结论

上面的应用实例证明，钎焊为其他行之有效的涂层工艺提供了补充方案。钎涂工艺的特殊性和可行性在于，这种涂层技术可以提供卓越的解决方案。

15.6 参考文献

Bronny, M. and Schimpfermann, M. (2011), 'Hartlöten von HW-Schneidwerkzeugen', Umicore AG & Co. KG; Hanau, available from: http://www.technicalmaterials. umicore.com/de/bt/BT_HartloetenHW.pdf [accessed August 2011].

Budinger D., Ferrigno S. and Murphy W. (General Electric Company) (1993), 'Alloy powder mixture for brazing of superalloy articles', United States Patent 5240491, 31 August 1993.

Gill, C (2006), 'Tungsten carbide for extruder wear parts', *Feed International*, February, Watt Publishing, Rockford, IL, USA.

Innobraze (2012), 'BRAZECOAT® – the convincing solution against wear', available from: http://www.innobraze.com [accessed January 2012].

ISO 17627 (2010), *Brazing — Filler metals*, Beuth-Verlag, Berlin.

Kortenbruck, G. (1998), *Einsatzmöglichkeiten der Löttechnologie zur Herstellung verschleißfester Funktionsschichten*, Thesis, Aachen University of Technology, Shaker Verlag, Aachen, Germany.

Koschlig, M. and Krappitz, H. (1994) *The BrazeCoat process, wear resistant coatings close to final contour built up by using organic-binder-bonded carbide and brazing preforms*, Degussa AG, Hanau, Germany; available from Innobraze GmbH, Esslingen, Germany.

Krappitz, H. (2006), 'Build-up Brazed Wear-protection Coatings', in Bach, F., Laarman, A., Möhwald, K. and Wenz, T., *Modern Surface Technology*, Wiley-VCH Verlag, Weinheim, Germany, 239–252.

Krappitz, H., Smith, R. and Blue, C. (2001), 'Braze infiltrated wear coatings from powder suspensions', *Proceedings of the 6th international conference Brazing, High Temperature Brazing and Diffusion Welding*, Aachen, Germany, May 2001, DVS-Verlag.

Lugbauer, M. (2009), 'Creating a new technology', Paper presented in Herzogenburg, Austria, May 2009, available from: http://www.eriknetwork.net/erikaction/presentations/Day2-Busatis-Innovation-Assistant.pdf [accessed August 2011].

Lugscheider, E., Schmoor, H. and Eritt, U. (1995), 'Optimization of repair-brazing processes for gas turbine blades', *Brazing, High Temperature Brazing and Diffusion Welding, conference proceedings*, Aachen, Germany, DVS-Verlag, 259–262.

Pratt & Whitney (2010), Specification PWA 1185, 'Cobalt Alloy Filler Metal'.

Schwarz, M. (2003), *Brazing*, 2nd ed., ASM International, Materials Park, Ohio, USA, p. 229.

Steinhaus, H. (1999), *Mathematical Snapshots*, 3rd ed., New York: Dover Publications, pp. 202–203.

Sulzer (2011), *Braze Materials Guide*, Sulzer Metco, Wohlen, Switzerland, April 2011.

Tank, K. (De Beers Industrial Diamond Division) (1997), *Method of bonding two bodies together by brazing*. European Patent EP 0636445 B1, 1 October 1997.

Wayne, C. and Budinger, D. (General Electric Company) (2002), *Turbine engine component having wear coating and method for coating a turbine engine component*, United States Patent 6451454, 17 September 2002.

WEG Wirtschaftsverband Erdöl- und Erdgasgewinnung e.V (2008), *Erdgas Erdöl – Entstehung, Suche, Förderung*, Wirtschaftsverband Erdöl- und Erdgasgewinnung e.V, p. 17.

第 16 章 电子封装及其结构
应用中的金属-非金属钎焊

C. A. Walker，桑迪亚国家实验室，美国

【**主要内容**】 金属-非金属钎焊是一种应用于制造气密性电子封装产品、电力工业中的绝缘装置和涡轮机部件等的焊接方法。钎焊为材料工程师将新的工程材料应用于先进应用领域和极端工作环境提供了可能。本章将讨论三种常用的金属-非金属钎焊方法：在非金属待焊面预覆一层金属涂层后再进行焊接的传统钎焊方法、不需要金属涂层的活性钎焊方法，以及不需要预金属化的采用特殊钎料直接钎焊的方法。

16.1 引言

与其他永久性连接方法相比，钎焊技术最独特的优点也许在于能有效地连接异种材料。特种焊接技术已经发展到可以连接不同种类的金属，如钢铁材料与非铁金属或镍基高温金与铜合金的水平。但是，钎焊不仅能够连接不同种类的金属，还能够连接金属与非金属。目前，只有钎焊被证明具有实现金属与非金属常规、可靠和永久连接的能力，例如，商业领域中应用的高压绝缘装置、光学传感器和真空安全装置等都可以采用钎焊工艺制作。当软钎焊方法被用于连接异种材料时，只能在低温环境中应用，在高强度的永久性接头结构应用中一般不被认可。金属-非金属钎焊技术是经过时间证明的，可用于电力工业中的高电压、高电流装置以及绝缘装置制造的连接方法，它还能够为现代材料工程师或设计者提供大量开发性能独特的新工程材料的先进应用的机会，例如，蓝宝石或氧化物陶瓷与易加工金属或合金连接结构具有优异的耐化学性和高电压绝缘性能。氧化物和氮化物陶瓷与耐热合金连接结构可用于热废气环境中，如用于涡轮机。非金属表面的金属化可以提高钎料的润湿性和流动性，在很多情况下，应用先进钎焊技术可以达到节约时间和成本的目的。

从应用的角度来说，本章的目的是使设计者和工程师熟悉一些概念，这对于更好地设计和确定金属-非金属钎焊组件的焊接工艺是很有必要的。本章内容包括三种最常用的连接金属-非金属的方法：在非金属被连接表面预覆金属涂层钎焊的方法；应用含有活性金属的钎料钎焊的方法；能使用普通钎料直接钎焊的特殊金属-非金属体系以及相应的气密性封装产品和高可靠性装置。另外，本章将详细阐述不同钎焊方法的试样尺寸、典型的钎焊热循环工艺和抗拉强度。

16.2 钎焊设计和详细说明

在进行金属与陶瓷钎焊之前，有必要仔细研究试样焊接过程变形图（Nascimento 等，2003）。图 16.1 所示为金属-陶瓷钎焊件二维示意图中单一方向上的焊后残余合成应力，在这里，金属母材的热胀系数（α_M）比陶瓷母材（α_C）要高。在少数情况下，例如，钎焊难熔金属钼、钨和其他合金与氧化铝陶瓷时，$\alpha_M < \alpha_C$，并且合成应力的方向相反。当焊接异种材料，特别是金属与非金属时，了解钎焊装配中可能存在残余应力是至关重要的。更重要的是要认识到，对于任何给定的材料，钎焊温度越高以及焊件尺寸越大，残余应力也会越大。许多金属-陶瓷钎焊件的失效正是因为忽视或忘记了这条重要规律。

16.2.1 钎焊的功能要求

对于所有钎焊件来说，需要对整个钎焊过程进行系统的思考，包括分析接头功能、选择合适的材料、设计钎焊接头以及满足钎焊装配固定的要求。这种“过程的系统观念”第一次由 Budde（1963）提出，并随着金属-陶瓷钎焊技术的发展经历了持续的改进和升级。在开始制造产品时就要考虑这个观念，以确保钎焊工程师或设计者在设计钎焊部件或组件时能够考虑到各种影响因素。

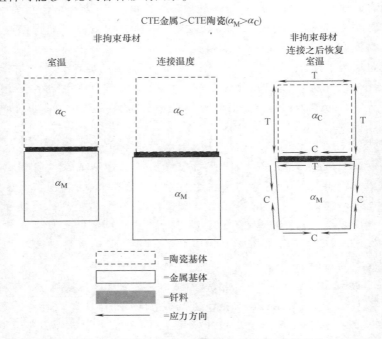

图 16.1　金属-陶瓷钎焊件二维示意图中单一方向上的焊后残余合成应力

α_M—金属母材的热胀系数　α_C—陶瓷母材的热胀系数

T—拉伸　C—压缩

　　分析接头功能时，必须考虑许多因素，包括服役温度、重复热循环、承载或承压、高温氧化或腐蚀环境、电性能要求及连接要求等。更多关于钎焊整体设计的内容可参见《美国焊接手册》（AWS，2007）第 5 版的第 2 章以及 Jacobson 和 Humpston（2005）编写的《钎焊原则》第 1 章。

16.2.2　钎焊材料的选择

　　在第二阶段——材料选择中，可以在对比完材料性能与之前列出的接头功能分析要求后对候选材料进行筛选和淘汰。各种常用于制造金属-非金属钎焊结构的金属材料和非金属材料的物理与力学性能见表 16.1。在材料选择阶段，有两个关键因素在一开始就必须考虑到：①金属与非金属材料的热胀系数存在差异；②液态钎料金属在非金属表面的润湿性很差。当选择金属-陶瓷钎焊方法时，提升液态钎料金属对陶瓷或其他非金属材料润湿性的方法将在本章后面介绍。下面几节将介绍如何进行材料选择和制造，并以一种典型的金属-非金属钎焊件为例，分析讨论材料选择过程。例如，设计者需要制造高真空室中的光学透明观察窗装置，在随后的过程中，钎焊件将通过焊接或者螺纹紧固的方式与法兰连接。为了保证材料选择过程的简单性，假设观察窗装置的服役条件和工作环境只有最小的影响。

表 16.1　可选择的金属和非金属材料的物理与力学性能

材　　料		热胀系数，线性 /（μm/m·℃）（20~1000℃）	屈服强度 /MPa	抗弯强度 /MPa	延伸率或断裂韧性[①]
金属	SS316/SS304	19.8	210	—	58%
	Kovar(可伐合金)	11.3	345	—	30%
	Ni	8.5	207	—	30%
	Mo	6.5	415	—	2%~17%
	W	5.2	750	—	1%~4%
非金属	94%~96% Al_2O_3	7.2~8.5		275~350	4.0~5.0MPa·$m^{0.5}$
	98%~99% Al_2O_3	8.2~9.8		330~400	4.0~5.4MPa·$m^{0.5}$
	蓝宝石[②]	8.3~9.0		480~895	6.0MPa·$m^{0.5}$
	氮化硅	3.1~3.3		650~900	2.2~8.5MPa·$m^{0.5}$
	碳化硅	4.3~4.6		400~440	4.6MPa·$m^{0.5}$

注：金属为退火状态。热胀系数（CTE）数据为 0~1000℃温度范围内的平均值。

① 金属为延伸率（%）；非金属为断裂韧性。

② 蓝宝石的 CTE 随晶体取向不同而有所变化。

16.2.3　金属母材的选择

　　对于母材热胀系数的差异或失配来说，必须考虑到钎焊件将在热循环以及任何极端服役环境下所承受的残余应力（Rosebury，1965）。因为通常非金属材料的强度和断裂韧性远低于与它们钎焊的金属，在陶瓷中，可以用两种方法产生一个可接受的较小的残余压应力，并避免接头中产生残余拉伸应力：选用和陶瓷材料热胀系数接近的金属或合金；或者进行钎焊接头设计，使得焊件中的非金属部分处于压应力状态。对于大多数钎焊件来说，热膨胀合金如 Fe-Ni-Co 或 Fe-Ni 合金可以满足所需要的热胀系数要求。有许多难熔金属，如 Mo、W 和 Ni 满足接头功能的实例，当钎焊接头尺寸增加时，必须减小陶瓷和金属部件的热胀系数失配度，以保证获得质量良好的焊件。选择被焊金属时，必须努力确保接头功能不损失。在真空室观察窗钎焊件案例中金属母材的选择上，设计者挑选了一种低热胀系数的金属，如 Ni、Mo 或可伐合金，这些金属材料有着和氧化铝陶瓷或蓝宝石接近的热胀系数（表16-1）。然而，假如设计者选择钎焊方法实现观察窗金属母材与典型的不锈钢真空法兰的连接，可伐合金将是合理的选择。尽管奥氏体型不锈钢如 SS304 和 SS316 有着远高于表16-1所列材料的热胀系数，当钎焊的观察窗尺寸较小时，也可以使用奥氏体型不锈钢。钎焊件中由热胀系数不匹配导致的残余应力的大小与母材尺寸成正比关系。

16.2.4　非金属母材的选择

氧化铝陶瓷是许多陶瓷结构件和高电压绝缘装置的优选材料。氧化铝陶瓷相对廉价且容易获得，并且商用金属成分体系中有94%～97%都可对其金属化。高纯度（>99%）氧化铝很难金属化，并且不像低纯度氧化铝那样容易用活性钎料来钎焊。当有多种材料可选时，在最终决定之前必须考虑到易获得性、实用性和成本等因素。例如，根据光学透明性的要求，表16.1中适于制作简单的钎焊真空观察孔的材料是蓝宝石。有许多高温透明材料适合制造真空室观察孔，这要取决于最终用户的需求，如在可见光、红外或紫外光谱范围内的光线传播要求。商业上的高真空设备厂家在其资料中提供了选择观察孔材料的指导意见，非常有助于最终材料的选择。对于钎焊工程师来说，确定一种最实用的钎焊观察孔材料与金属外壳材料的方法是职责所在。

16.2.5　钎料的选择

第三个需要被考虑的材料是钎料，其选择取决于功能需求。应避免使用高应力、低韧性的钎料，好的候选钎料一般是铜基、银基或者金基的。通过形成金属氧化物、氮化物或碳化物来提高非金属材料润湿性的活性钎料与常规钎料的工艺温度范围类似。对选择钎料有帮助的指导手册和资料可以在商业钎料制造厂家网站如 Wesgo Metals（2009）和 Lucas-Milhaupt（2011）中找到。此外，许多钎料厂家还提供钎料的力学性能和物理性能的信息。例如，对于可伐合金-蓝宝石玻璃钎焊观察窗，有很多合适的钎料可供设计者选择。基于简化工艺和不对蓝宝石玻璃预金属化的要求，选用了一种活性钎料。因为在金属-非金属钎焊时，低抗拉强度、高延伸率的钎料比高硬度、低塑性的钎料更合适，所以使用了高银钎料如 97Ag-1Cu-2Zr 或者 98Ag-2Zr。随着经验的积累，钎焊工程师将会发现许多钎料都可以满足使用要求。由此，钎料的选择最终取决于实用性、成本以及其他因素，如与预期钎焊方法及设备要求相适应。

16.2.6　钎焊接头设计

整个设计过程中的一个重要部分是钎焊接头的设计。钎焊接头设计中看上去无害的改变将导致一系列的反应。例如，设计者决定用栓-套筒式接头而不是用搭-剪接头来制造电馈通。这个看起来很小的决定能有效地减少活性钎料的用量，但需要额外的材料对陶瓷部件内部进行金属化处理，而金属化过程也需要消耗额外的资源。图 16.2 所示为需要额外增加的标准金属化处理过程。由于最终的钎焊接头设计需要考虑很多因素，鼓励钎焊设计者充分利用各种资源和设计指导手册，如 AWS Brazing Handbook（2007）来帮助设计钎焊接头。一些需要记住的小窍门是：合理设计的钎焊接头在钎焊温度时会保持合适的钎焊接头间隙；应该避免钎焊接头长度超过 2.5mm，否则将需要太多钎料而不易实现填充，并且钎料过多将导致形成过大的钎角和产生高应力。对于大尺寸的钎焊件，必须通过钎料获得热胀系数逐渐降低的呈梯度分布的接头，以降低接头应力。例如，钎焊 SS316 不锈钢与铌，然后再与蓝宝石钎焊。接头尺寸的减小将导致热胀系数失配程度相应减小，进而导致钎焊接头残余应力减小。此外，选择满足设计和服役要求的熔点最低的钎料通常会降低钎焊件中的残余应力。例如，活性钎焊可伐合金-蓝宝石观察窗，在带有扩孔的可伐合金底面上放置一个圆的蓝宝石玻璃形成一个简单的搭-剪接头，将会形成一个稳定的、应力最小的装置。随着观察窗直径增大到 75mm 以上，设计者将通过前面提到的梯度 CTE 方法使观察窗装置中的残余应力最小化。

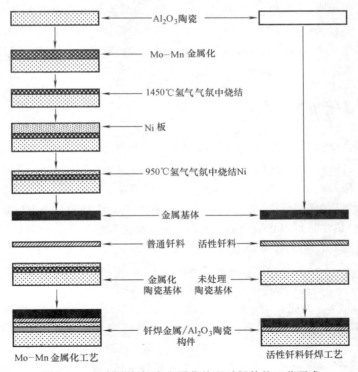

图 16.2　必须进行标准金属化处理时额外的工艺要求

16.2.7　钎焊装配和固定

设计一个钎焊接头最后需要考虑的是钎焊装配和固定。理论上，金属-陶瓷装配是依靠自重固定的：每个部件以及钎料都以合适的顺序放置在一起。但实际上，使用与液态钎料不发生润湿的夹具对于在钎焊热循环下保持各部件处于合适的位置是很有必要的。

为了达到上述目的，夹具必须与钎焊组件的热胀系数相近。夹具应具有较低的热容量并和选择的钎焊工艺兼容。选择或设计夹具时考虑不全面带来的后果便是焊后加工量大、成品率低。Schwartz（2003）研究了合理的夹具设计和钎焊生产率之间的关系。对于活性钎焊可伐合金-蓝宝石玻璃观察窗所选的搭-剪接头设计，一个吸引人的特征就是所要求的夹具量最少。钎料被冲压或剪切成与待焊面相同的尺寸，置于可伐合金与蓝宝石玻璃之间。唯一的要求是要对观察窗钎焊装配件进行预加载，计算出待焊面的面积，在蓝宝石玻璃的中央位置施加 $30\sim50g/cm^2$ 的压力。如果一次钎焊多个装配件，则在装配件之间要保持适当的空间，以保证所有的装配件都可以均匀受热。

16.2.8 钎焊设计的一条捷径

对于那些常见的金属-陶瓷钎焊和相应的钎焊工艺，建议在钎焊设计时考虑针对母材和钎料选择的一条捷径：母材采用含 94% 氧化铝的陶瓷，ASTM-F15（UNS：K94610）Fe-Ni-Co 密封合金（如常见的可伐合金）作为金属基底；采用含 Ti 的 Ag 基材料，如 Cusil-ABA 作为钎料。有经验的钎焊装配设计者或制造商认识到，可以用这三种材料来生产大多数金属-陶瓷钎焊件，并且可以满足所有的功能要求而不需要对陶瓷母材金属化。如果对钎焊接头有特殊要求而不能使用活性钎焊工艺，则必须使用金属化处理工艺并采用一种传统钎料替代活性钎料。如上述材料配置不能满足任何接头的功能要求，则有经验的设计者可以按照需求改变不合适的母材。

16.3 金属化方案

当材料和钎焊方法选定后，才能选择金属化的类型和具体方法。金属化方案由很多因素决定，包括成本、实用性、接头几何结构、钎焊温度和服役温度。如前面所述，非金属表面如常见的氧化铝陶瓷，包含氧化铝和各种玻璃氧化物，以及一定的氮化物与碳化物。氧化物和其他非金属的表面能较低，会阻止传统钎料的润湿与铺展（Kapoor 和 Eagan，1988）。通过机械或化学处理方式在低表面能的母材上涂覆金属涂层或复合涂层以实现表面金属化，提高了表面能，进而改善了润湿性。目前有很多种金属化方法（Nascimento 等，2003），下面主要介绍两种方法：① 在 Mo-Mn 金属化表面上再镀一层 Ni（Mo-Mn/Ni）；② 薄膜沉积。

16.3.1 Mo-Mn 金属化

Mo-Mn/Ni 涂层技术发展了几十年，已证明其可以对氧化物陶瓷如氧化铝进行金属化（Phillips，1969）。图 16.2 对这一技术进行了详细的描述，作为该技术发展过程中的一部分，一定要确保厚度的均匀性与尺寸的可控性。Mo-Mn 金属化层可以通过刷镀或利用自动化设备如丝网印刷机或机器人喷涂来获得。不管用哪种方法，关键是要对金属镀液不停地进行搅拌以保证成分均匀，否则将导致涂层厚度不均匀。在空气中晾干或在热灯泡下烘干后，将金属化的部件放置在气体保护炉中，并在湿氢气氛（露点温度约为30℃）或湿氢和氮气的混合气氛中，加热到大约 1500℃，保温 $30\sim45min$ 后缓慢冷却。在冷却过程中，需要检查涂层质量以及厚度是否均匀，检查合格之后准备镀镍。将部件放入镀槽中，在已金属化的表面上再镀一层软镍层。之后再次检查部件并准备进行镍致密化过程。将组件再次放置于加热炉中并采用与 Mo-Mn 涂层工艺中相同的混合气体进行保护，但这次是加热到 900℃ 保温 30min。冷却之后再次检查部件，以确保所有需镀表面的镀层质量。整个镀层厚度以 0.025mm 为宜，其中致密镍层的厚度为0.0075 ~ 0.010mm。Mn-Ni 镀层工艺对于大批量生产非常经济高效，但这类金属化涂层技术由于有额外的工艺要求，使得其在产量较小和应用单一的产品生产方面不具吸引力。检索相关文献可以获得许多关于这类涂层的有价值的信息资源，这些资源也能够为陶瓷表面金属化的商业应用服务。

16.3.2　薄膜金属化

　　像 Mo-Mn/Ni 金属化涂层一样，薄膜金属化涂层也能提高非金属母材待焊面的表面能，使其像金属表面一样。早期的文献如 Reed 和 McRae（1965）描述了运用薄膜蒸发技术将金属沉积在陶瓷表面的方法，类似于现在的电子束沉积或者溅射方法，可以获得一个 2 ~ 3 层的复合涂层（活性金属层+贵金属层）（Walker 和 Hodges，2008）。对于三层涂层体系来说，阻隔层的作用是防止贵金属层向活性金属层（反应层）扩散。活性金属是典型的元素周期表中的ⅣB 族元素，如钛、锆或铪。具有形成稳定化合物的能力是实现充分的化学反应和冶金结合的必要条件，因此，钛元素是最常用的活性元素。通常反应层厚度为 250 ~ 500nm 对于成功地钎焊是足够的。如果需要中间层来减少反应层向熔化钎料中扩散，可以使用一个 100 ~ 200nm 厚的难熔金属层。顶层（最外层）一般都使用贵金属，如金、钯、铂，厚度为 250 ~ 500nm。在选择材料体系时，相图很关键，它可以帮助确定可能生成的脆性金属间化合物相以及接头强度、气密性降低的可能性。例如，当需要使用低熔点的 Ag-Cu-In 钎料时，将薄膜金属化体系中最外层的 Au 层换成 Pt 层，可以避免形成 Au-In 金属间化合物。Jacobson 和 Humpston 的著作《Principle of Brazing》（2005）对于钎焊工程师在相图使用方面很有价值。由于薄膜能够被熔化的钎料迅速溶解，在今后的技术发展中，建议对焊件进行适当的分析和表征。

16.4　钎焊方法的选择

　　金属-非金属钎焊最常用的三种方法是传统钎焊、活性钎焊和直接钎焊。从用途和普及性上来讲，活性钎焊仍然长期居于第二位，尤其是在金属-陶瓷钎焊方面。直接钎焊在三种钎焊方法中是最不常用的。下面首先讨论最常用的金属-陶瓷钎焊方法——传统钎焊。下面对钎焊方法的详细说明将有助于钎焊设计者选择最合适的钎焊方法。

16.4.1　传统钎焊

　　现今广泛应用的传统钎焊方法在未来将会持续扮演这样的角色。传统钎焊使用常规或传统钎料，对于金属-陶瓷钎焊来说首选银基钎料。钎焊设计者或工程师可以获得大量关于生产气密性好、强度高的金属-陶瓷钎焊件所需的钎料选择和钎焊热循环建议方面的历史数据（Rosebury，1965；Kohl，1967）。并且普通钎料的价格要低于活性钎料的价格。只要金属化涂层均匀且工艺稳定，钎焊过程就能顺利进行。传统钎焊的缺点是需要使用金属化涂层对非金属母材待焊面进行改性，使其能被液态钎料很好地润湿。在一些应用领域和复杂结构中，金属化过程既复杂、昂贵且耗费时间。为了使金属-陶瓷接头有更高的服役温度，需要提升钎焊温度，而这将导致金属涂层快速溶解到液态钎料中。如 Mo-Mn/Ni 涂层，Ni 层完全溶解到钎料中，形成了气密性差的低强度接头。如前所述，金属化过程复杂、成本高，并且在一些情况下难以实现。但是，对于大批量生产形状简单的产品来说，传统钎焊方法最有效。

16.4.2 活性钎焊

金属-陶瓷活性钎焊的应用越来越广泛。这种方法不使用金属化涂层的特点不仅能够显著降低产品成本，还能够大量节约从产品设计阶段到成品阶段所用的时间。因为设计师和工程师越来越熟悉活性钎焊的接头设计，在设计初始阶段就已考虑到钎焊接头的设计特点。设计师需要知道，可以参照金属化涂层的传统钎焊接头设计活性钎焊接头，这一点很重要。但实际上却不是这样，许多传统钎焊金属-陶瓷的接头设计并不适用于活性钎焊方法。活性钎焊技术需要使用特殊的钎料合金，这种合金中包含能形成稳定的氧化物、碳化物或者氮化物的元素，如钛、锆或铪（Kapoor 和 Eagan，1989）。尽管其他元素，如铬、钒和钼已经被成功应用于活性钎料（Hosking 等，2000），IVA 族元素在商业应用上仍是最成功的。当前，完全合金化的活性钎料成分是可用的，可以通过在传统钎料上涂覆一层活性钎料层来实现应用。在 Vianco 等人（2003）的报道中，对于形成气密性好的致密钎焊接头而言，钎料中只需含有少量的活性金属元素。

在功能要求、材料选择、接头设计和装配固定的要求都满足后，便可以进行活性钎焊。在所有的无钎剂炉钎焊工艺中，焊件必须清理干净，且操作时必须使用无污染的手套或指套。活性钎焊接头设计允许将钎料预置在金属-非金属待焊面之间。对于金属待焊面，适宜的标准加工表面粗糙度值是 $Ra1.5\mu m$；而对于非金属待焊面，建议不超过 $Ra0.8\mu m$。需要仔细确认所有使用的夹具都不会与液态钎料接触。惰性气体保护、高真空以及还原气体气氛保护都适用于活性钎焊。为了获得稳定的高质量接头，建议真空度不低于 $1.3\times10^{-3}Pa$。

16.4.3 直接钎焊

众所周知，直接钎焊过程与活性钎焊过程有相似之处：钎料提前放置在金属与非金属待焊面之间，加热钎料至完全熔化后再冷却。两种钎焊方法都可用于制造气密性封装产品和高压开关（Walker 等，2010）。但是，直接钎焊过程需要在裸露的非金属表面进行而不使用特定的活性钎料。通过比较传统钎焊和活性钎焊时的键合机制和材料的相互作用，可以更好地理解这两种钎焊方法的区别。之前讨论的活性钎焊过程，IVA 族元素（如钛）从熔化钎料中扩散迁移，与非金属表面反应形成氧化物、氮化物或碳化物，形成强且稳定的化学键。但是，在直接钎焊中，钎料中不含活性元素或稳定的氧化物形成元素。事实上，用于直接钎焊的钎料一般是传统的金基或银基钎料，在典型的钎焊温度下，材料的吉布斯自由能不足以形成氧化物（Coughlin，1954）。直接钎焊的关键是金属母材与非金属母材的反应，这个反应发生在熔化钎料中。当金属母材在熔化钎料中具有有限的溶解度，能迁移到非金属母材中形成相对稳定的化学键合时，直接钎焊可以进行。直接钎焊可用于密封产品的生产，但其抗拉强度不到用活性钎料钎焊或常规陶瓷-金属钎焊试样性能的 50%（Stephens 等，2005）。当材料的 CTE 匹配得较好时，如铌与氧化铝陶瓷或单晶蓝宝石的连接，可以用直接钎焊方法，接头能够满足甚至会超过功能需求。与活性钎焊不同，为获得均匀一致的接头，非金属母材的表面粗糙度值需要小于 $Ra0.2\mu m$。虽然在实际应用中未必有效，但研究表明，当接头载荷增加时，接头强度会相应提高（Marks 等，2001）。因为不需要金属化涂层，可以使用传统钎料，直接钎焊是连接金属-非金属的最廉价的方法。但是，较低的接头强度和有限的材料选择范围限制了直接钎焊的应用。对于特殊的材料搭配（如铌和蓝宝石），直接钎焊仍是一种不被人熟知但用途很广的方法。

16.4.4　钎焊方法的选择

选择合适的钎焊方法焊接特定的金属-陶瓷组件与选择合适的操作工具完成特定的任务是一样的。通常工具箱中包含几种功能相似的不同工具，选择正确的工具将使得任务中的困难减少，更易完成并得到一致性良好的结果。选择钎焊方法的关键步骤是了解可用设备的能力。某些设备如高真空炉可用于传统钎焊、活性钎焊以及直接钎焊过程。只要污染气体（如氧气和水蒸气）的含量维持在低水平，如几个 ppm 时，用惰性气体保护或还原气氛保护炉就可以进行传统钎焊和直接钎焊。还原气氛可以应用于很多场合，但如果金属母材（如钽、钛、钛合金）对氢脆敏感，则还原气氛会破坏焊件。然而，并不是每个人的工具箱里都有所有工具。很多情况下，设计者必须用现有的设备完成给定的任务，因此，一些有特殊要求的钎焊方法将无法使用。选择钎焊方法其次需要考虑钎焊接头的设计。如果钎料能够被预置在接头合适的位置，则传统钎焊、活性钎焊和直接钎焊方法都能实现很好的连接。但是，对于特定的接头形状，如果需要通过毛细作用使钎料被拉入或者吸入钎缝中，则只能用传统钎焊方法。正如之前提到的，选择传统钎焊方法时，必须在非金属母材待焊表面涂覆金属涂层。直接钎焊在一些有限的材料体系和钎料体系中应用较好，但要求待焊面很平滑。大多数设计者很少用第三种钎焊方法——直接钎焊。设计者必须考虑选择钎焊方法的成本。传统钎焊方法对金属和非金属母材表面光洁度的要求不是很严格，母材的加工成本很低。金属化涂层额外增加了成本，这取决于应用何种金属化方法以及加工数量，其成本变化范围很大。虽然钎料成本与母材、装配和夹具成本相比是最少的，但活性钎焊过程中使用的活性钎料的成本是传统钎焊钎料成本的近 5 倍，相比较而言，进行金属化可以节约成本。总的来说，钎焊方法的选择取决于所需的设备、接头设计以及非金属母材表面金属化涂层的成本。资深的设计工程师可以根据设计特点决定使用何种钎焊方法，从而避免出现被迫使用一种特定钎焊方法的情况，特别是当他们的工具箱中没有相应工具时。

16.5　完成钎焊操作

钎焊炉热循环与之前讨论过的所有金属-陶瓷钎焊方法非常相似。典型钎焊工艺曲线是以 10~15℃/min 的速度升温到钎料固相线温度以下 25~40℃，再进行一定时间的均温过程以使焊件达到热平衡。然后升温到钎料液相线温度以上 20~30℃并保温一段时间。标准冷却速率是 10~25℃/min，当冷却到合适的温度时，用干净的手套或指套将焊件从炉中取出。

如果真空炉加热区的温度比环境室温高 20~30℃，那么所需抽真空泵的时间会大大减少。无论何时炉子均不允许暴露在空气中，当湿度很大时这点特别重要。对于活性钎焊，希望非金属表面的钎角较小，这对接头是有利的，可以在钎焊温度下延长保温时间，但大多数情况下 2~5min 的保温时间就足够了。Wakler 等人（2010）报道了保温时间为 240min 时得到的良好结果。通常来说，不控制炉温冷却速度对小尺寸焊件来说不会带来损害；对于大尺寸焊件以及热胀系数显著不同的母材组合，在冷却过程中的高温段设置多次保温，实施阶梯式冷却或者慢速冷却可以释放应力。在钎焊热循环过程中将高真空气氛转换成分压气氛，是一种用于避免高蒸气压钎料在加热区以及整个炉腔中蒸发的方法。建议在较高的炉温下使用这种方法，具体温度值取决于使用何种母材。直到炉腔达到合适的真空度后才能实施分压工艺，经过一段合适的保温时间后，炉内气氛可从高真空转换为压强为 100~250Pa 的惰性气体。例如，一种银基钎料在 850℃钎焊温度下的蒸气压为 $2.5×10^{-2}$Pa，钎焊时需要在 600℃下保温以实现热平衡，此时银的蒸气压为 $8.0×10^{-6}$Pa。经过足够长的保温时间之后，将钎焊炉内气氛转换为分压气氛，使钎焊过程中银的蒸发量降至最少。

16.6　焊件测试

根据可选的母材和钎料体系制造钎焊测试试样。当有几种可供使用的候选材料时，通常进行筛选试验作为最终选择过程的一部分。用拉伸或剪切试样来模拟接头的几何形状以及焊件服役时承受的载荷。图 16.3 所示为按 ASTM F19 标准（ASTM，2005）制造的纽扣状拉伸钎焊试样，该试样可用于两个独立的测试：氦气检漏测试和抗拉强度测试。ASTM F19 标准《金属陶瓷密封件抗拉强度和真空性能测试标准方法》详细描述了拉伸试样的几何形状和尺寸以及正确测试程序所需的夹紧装置示意图。对于关键的应用来说，在焊件正式生产前，先对焊件进行适当的测试和分析以确保所选择的钎焊工艺能够完全满足质量要求是很重要的。应向所有相关人员强调其重要性，尤其是要了解非金属母材对接头脆性断裂和失效机制敏感的情况。在测试和评估过程中，工程师的正确判断是很重要的，特别是当焊件之前被判定为 A 级接头或 B 级接头时（等级划分标准由美国焊接协会制定）（AWS，2008c）。在 AWS C3.6M/C3.6：2008 "炉中钎焊规范"中提到："A 级接头可以承受高应力和/或周期应力，接头失效会导致人身和财产的重大危险，或导致重大的工作故障"。B 级接头的定义为："B 级接头可以承受较低或中等的应力和/或周期应力，接头失效会导致人身和财产的重大危险，或导致重大的工作故障"。建议产品工程师熟知 AWS C3.2 "评估钎焊接头强度的标准方法"（AWS，2008a）、AWS C3.3 "设计、制造和测试关键钎焊件的操作建议"（AWS，2008b）和

AWS C3.6 "炉中钎焊规范"。因为这些规范对于制定合适的测试计划和其他质量保证规定至关重要。

图 16.3　可用于两种独立测试（氦气检漏测试和抗拉强度测试）的钎焊试样

16.7　所选材料组合的测试结果及其分析

对所有待选的材料组合和钎焊工艺，将根据测试结果和接头组织分析确定最终选择。按 ASTM F19 标准制造的纽扣状陶瓷钎焊拉伸试样可用于表征预期结果。然而需要注意的是，纽扣状拉伸试样的几何形状，是一种有效的陶瓷-金属-陶瓷钎焊结构的"平衡"装配，虽然有时可以得到较好的结果，但产品设计却无法复现，尤其是当产品中待钎焊的金属母材较厚或钎焊面积较大时，将导致钎焊件的残余应力较大。表 16.2~表 16.5 列出了针对电子封装件或高压绝缘体常用的陶瓷母材，采用不同钎料、金属化以及钎焊方法获得的纽扣状钎焊接头拉伸试样的测试结果。表 16.2 所列为采用传统钎焊方法钎焊 FeNiCo 合金、可伐合金与 94%氧化铝陶瓷的结果。陶瓷表面预金属化采用两种方法：Mo-Mn/Ni 复合涂层以及磁控溅射钛 Ti-Au 镀层。正如表 16.2 所列，Au 基和 Ag 基传统钎料的接头抗拉强度较高、气密性很好，达到了氦质谱仪泄漏检测设备的检测极限。图 16.4 所示为采用标准的金属化涂层（Mo-Mn/Ni 涂层）的传统纽扣状钎焊接头拉伸试样的代表性金相组织。Mo-Mn 金属化层和陶瓷母材之间有明显的反应层，薄 Ni 层使得可伐合金或其他母材的溶蚀程度达到最小，形成了无孔洞的良好接头。图 16.5 所示为采用磁控溅射镀膜的陶瓷与可伐合金的钎焊接头组织。从图 16.4 和图 16.5 中可以看出，这两种金属化方法的反应层界面大不相同。Mo-Mn 层与陶瓷中的玻璃相反应并在氧化铝表面形成良好的扩散（图 16.4）。但与陶瓷结合良好的磁控溅射 Ti 薄膜层仍留在陶瓷表面（图 16.5）。图 16.5 中已看不到磁控溅射 Au 薄膜层，因为它已扩散到钎焊接头中，钎料和陶瓷母材之间主要是 Ti 层。

表 16.3 所列为采用活性钎焊和直接钎焊方法对同一组母材——可伐合金与 94%氧化铝陶瓷钎焊的测试结果。表 16.2 和表 16.3 的数据表明，传统钎焊和活性钎焊方法的接头平均抗拉强度非常接近，直接钎焊的接头平均抗拉强度则较低。气密性测试结果也类似，较高强度接头的气密性较好。能谱仪（EDS）用于分析熔化钎料中活性元素的扩散情况。如图 16.6 所示，在活性钎焊试样接头中，大部分活性元素 Zr 穿过接头区并与陶瓷母材发生反应。从表 16.4 中可以看出使用活性钎焊的好处，比较大的工艺参数（时间、温度）对采用预金属化的传统钎焊接头的性能是不利的，但是，其对活性钎焊以及采用磁控溅射薄膜的传统钎焊接头性能则影响较小。这是因为 Ni 层被液态钎料所消耗，留下玻璃状的 Mo-Mn 表面，这个表面不能与传统钎料很好地结合，而钛薄膜金属化层与活性钎焊接头中的反应层仍然保持完整。如果产品生产工艺中的钎焊热循环时间较长或需要重复热循环，则这点需要重点考虑。

表 16.2　预金属化的传统钎焊纽扣状拉伸试样的接头平均抗拉强度

	钎料	金属化	纽扣状拉伸试样母材	金属中间层材料	峰值钎焊温度/℃（时间/min）	炉中气氛	平均抗剪强度/MPa
Mo-Mn 金属化	Au-62Cu-3Ni	Mo-Mn/Ni	94%Al₂O₃	Nb	1059(1)	UHV	90
	Au-62Cu-3Ni	Mo-Mn/Ni	94%Al₂O₃	Nb	1059(2)	UHV	71
	Au-62Cu-3Ni	Mo-Mn/Ni	94%Al₂O₃	Nb	1059(5)	UHV	57
	50Au-50Cu	Mo-Mn/Ni	94%Al₂O₃	可伐合金	1000(3)	H₂	118
	35Au-65Cu	Mo-Mn/Ni	94%Al₂O₃	可伐合金	1040(3)	H₂	100
	72Ag-28Cu	Mo-Mn/Ni	94%Al₂O₃	可伐合金	810(3)	H₂	99
	Au-13Ag-10Ge	Mo-Mn/Ni	94%Al₂O₃	可伐合金	495(3)	H₂	108
	Au-13Ag-10Ge	Mo-Mn/Ni	94%Al₂O₃	可伐合金	455(5)	H₂	111
镀膜金属化	50Au-50Cu	Ti-Au	94%Al₂O₃	可伐合金	1000(3)	H₂	102
	50Au-50Cu	Ti-Au	94%Al₂O₃	可伐合金	1020(10)	H₂	89
	50Au-50Cu	Ti-Pd-Au	94%Al₂O₃	可伐合金	1000(3)	H₂	111
	50Au-50Cu	Ti-Pd-Au	94%Al₂O₃	可伐合金	1020(10)	H₂	81
	72Ag-28Cu	Ti-Au	94%Al₂O₃	可伐合金	810(3)	H₂	90
	Ag-27Cu-10In	Ti-Pt	94%Al₂O₃	可伐合金	755(2)	Ar	91
	Ag-27Cu-10In	Ti-Pt	可伐合金	LTCC	755(2)	Ar	57
	Ag-27Cu-10In	Ti-Au	可伐合金	LTCC	755(2)	Ar	45
	Ag-27Cu-10In	Ti-Pd	可伐合金	LTCC	755(2)	Ar	26

注：1. 钎料成分中为质量分数。

　　2. UHV 表示在峰值钎焊温度下，真空度≤1.3×10⁻⁴Pa。

　　3. LTCC—低温共烧陶瓷。

表 16.3　活性钎焊和直接钎焊纽扣状拉伸试样的接头抗拉强度

	钎料	纽扣状拉伸试样母材	金属中间层材料	峰值钎焊温度/℃（时间/min）	炉中气氛	平均抗拉强度/MPa
活性钎焊	35Au-62Cu-2Ti-1Ni	94%Al$_2$O$_3$	可伐合金	1006,1026(6,8)	UHV/Ar	76,97
	35Au-62Cu-2Ti-1Ni	94%Al$_2$O$_3$	Nb	1059(1~5)	UHV	65,66
	97Ag-1Cu-2Zr	94%Al$_2$O$_3$	可伐合金	990(5)	UHV/H$_2$	106
	97Ag-1Cu-2Zr	94%Al$_2$O$_3$	可伐合金	965,985(3,5)	Ar	140,170
	97Ag-1Cu-2Zr	94%Al$_2$O$_3$	SS304L®	985(5)	UHV	114
	Cusil-ABA	94%Al$_2$O$_3$	可伐合金	1040(2)	H$_2$	100
	Cusil-ABA	94%Al$_2$O$_3$	可伐合金	825~1040(2~10)	Ar	97,76
	Cusil-ABA	94%Al$_2$O$_3$	可伐合金	825~1040(2~10)	UHV	110,76
	Cusil-ABA	94%Al$_2$O$_3$	Cu	855(5)	UHV	84
	Cusil-ABA	94%Al$_2$O$_3$	Nb	855(5)	UHV	115
	Incusil-ABA	94%Al$_2$O$_3$	可伐合金	755(5)	UHV	99
	Incusil-ABA	94%Al$_2$O$_3$	Nb	755(5)	UHV	80
直接钎焊	50Au-50Cu	94%Al$_2$O$_3$	Nb	1000(3)	UHV	61
	35Au-62Cu-3Ni	94%Al$_2$O$_3$	Nb	1060(1,3)	UHV	61,74
	35Au-62Cu-3Ni	94%Al$_2$O$_3$	Nb	1060(240)	UHV	96
	35Au-62Cu-3Ni	94%Al$_2$O$_3$	Nb	1060(120)	UHV	39
	92Au-8Pd	94%Al$_2$O$_3$	Nb	1270(4)	UHV	88

注：1. 钎料成分中为质量分数。
2. UHV 表示在峰值钎焊温度下，真空度≤1.3×10^{-4}Pa。
3. Cusil-ABA：63Ag-35.25Cu-1.75Ti；Incusil-ABA：59Ag-27.25Cu-12.5In-1.25Ti。

表 16.4　温度、时间和金属化类型对钎焊接头抗拉强度的影响

	钎料	金属化	非金属基体	金属基体	峰值钎焊温度/℃（时间/min）	炉中气氛	平均抗剪强度/MPa
镀膜金属化	50Au-50Cu	Ti/Au	94%Al$_2$O$_3$	可伐合金	1000(3)	H$_2$	102
	50Au-50Cu	Ti/Au	94%Al$_2$O$_3$	可伐合金	1020(10)	H$_2$	89
	50Au-50Cu	Ti/Pd/Au	94%Al$_2$O$_3$	可伐合金	1000(3)	H$_2$	111
	50Au-50Cu	Ti/Pd/Au	94%Al$_2$O$_3$	可伐合金	1020(10)	H$_2$	81
Mo-Mn金属化	Au-62Cu-3Ni	Mo-Mn/Ni	94%Al$_2$O$_3$	Nb	1059(1)①	UHV	90
	Au-62Cu-3Ni	Mo-Mn-Ni	94%Al$_2$O$_3$	Nb	1059(5)①	UHV	57
	50Au-50Cu	Mo-Mn/Ni	94%Al$_2$O$_3$	可伐合金	1028(23.5)②	H$_2$	92
	50Au-50Cu	Mo-Mn/Ni	94%Al$_2$O$_3$	可伐合金	1028(23.5)③	H$_2$	119

（续）

钎料		金属化	非金属基体	金属基体	峰值钎焊温度/℃（时间/min）	炉中气氛	平均抗剪强度/MPa
活性钎焊	Cusil-ABA	n/a	94%Al₂O₃	可伐合金	845(5)	H₂	99
	Cusil-ABA	n/a	94%Al₂O₃	可伐合金	1040(2)	H₂	100

注：1. 钎料成分中为质量分数。

  2. UHV 表示在峰值钎焊温度下，真空度 $\leqslant 1.3 \times 10^{-4}$ Pa。

  3. Cusil-ABA：63Ag-35.25Cu-1.75Ti。

① Ni 层厚度为 10.2μm。

② 液相线以上总时间，Ni 层厚度为 5.1μm。

③ 液相线以上总时间，Ni 层厚度为 10.2μm。

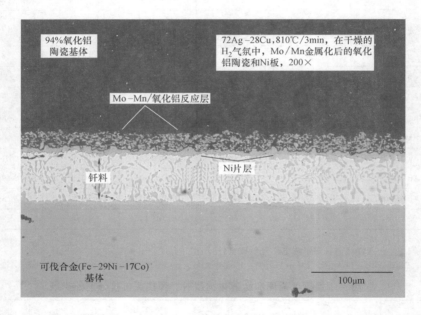

图 16.4 标准金属化涂层（Mo-Mn/Ni）传统钎焊纽扣状拉伸试样的典型接头金相组织

表 16.5 所列为 Nb 与氧化铝陶瓷钎焊时的纽扣状拉伸试样的性能数据。Nb 的热胀系数与氧化铝或者单晶蓝宝石很接近，这使 Nb 在金属-陶瓷钎焊中成为了理想母材。表 16.5 中的一部分接头是非金属-金属-非金属标准试样（ASTM F19），另一部分是结构相反的金属-非金属-金属非标准试样。这种不同材料组合结构的热胀系数（CTE）差别很大，会导致在焊后冷却时试样断裂有显著不同的结果。

表 16.6 所列为不同母材组合的抗拉强度和气密性检测试验结果。低温共烧陶瓷（LTCC）是一种玻璃-陶瓷材料，通常用于电子封装领域。但是，LTCC 材料（如 DuPont 951 Green Tape）的典型焊接方法是软钎焊，而不是材料工程师或设计者起初考虑的高温硬钎焊（Walker 等，2006）。

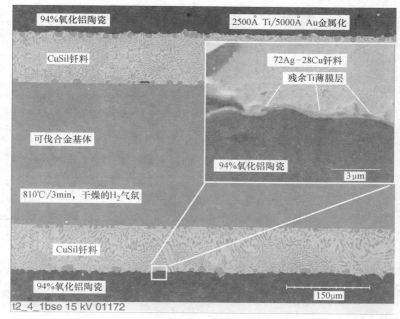

图 16.5 薄膜金属化陶瓷与可伐合金的传统钎焊

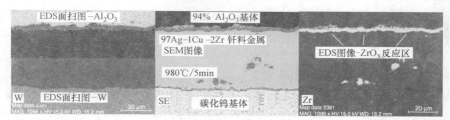

图 16.6 活性钎焊试样接头组织：大量的活性元素 Zr 扩散穿过界面并与陶瓷母材发生反应

表 16.5 活性钎焊和直接钎焊 Nb-氧化铝陶瓷和 Nb-蓝宝石的接头抗拉强度

钎料	纽扣状拉伸试样母材	金属中间层材料	峰值钎焊温度/℃（时间/min）	炉中气氛	平均抗剪强度/MPa
35Au-62Cu-3Ni	Nb	蓝宝石	1060(2)	UHV	35
35Au-62Cu-2Ti-1Ni	Nb	蓝宝石	1060(2)	UHV	22
97Ag-1Cu-2Zr	Nb	蓝宝石	985(5)	UHV	38
35Au-65Cu	Nb	蓝宝石	1060(240)	UHV	6
Cusil-ABA	94%Al_2O_3	Nb	855(5)	UHV	102
35Au-65Cu	94%Al_2O_3	Nb	1060(2)	UHV	55
35Au-65Cu	94%Al_2O_3	Nb	1060(240)	UHV	96
35Au-65Cu	94%Al_2O_3	Nb	1260(120)	UHV	39

注：1. 钎料成分中为质量分数。

2. UHV 表示峰值钎焊温度下的真空度≤1.3×10^{-4}Pa。

3. Cusil-ABA：63Ag-35.25Cu-1.75Ti。

表 16.6　非标准纽扣拉伸试样的接头抗拉强度

钎料	纽扣状拉伸试样母材	中间层材料	峰值钎焊温度/℃（时间/min）	炉中气氛	平均抗拉强度/MPa
63Ag-27Cu-10In	可伐合金	LTCC	755(3)	Ar	32
Incusil-ABA	可伐合金	LTCC	755(5)	UHV	55
Incusil-ABA	可伐合金	LTCC	755(5)	H_2	6
Incusil-ABA	可伐合金	LTCC	755(5)	Ar	3
Incusil-ABA	可伐合金	94%Al_2O_3	755(5)	H_2	61
Incusil-ABA	可伐合金	94%Al_2O_3	755(5)	Ar	48
35Au-62Cu-3Ni	Nb	蓝宝石	1060(240)	UHV	6
35Au-62Cu-3Ni	Nb	蓝宝石	1060(2)	UHV	35
35Au-62Cu-3Ni	Nb	蓝宝石	1060(2)	UHV	35
97Ag-1Cu-2Zr	Nb	蓝宝石	985(5)	UHV	38
82Au-18Ni	94%Al_2O_3	n/a	1000(5)	H_2	93
Nioro-ABA	94%Al_2O_3	n/a	1000,1020(5)	H_2	103,99
Nioro-ABA	98%Al_2O_3	n/a	1000,1020(5)	H_2	35,25

注：1. LTCC：低温共烧陶瓷。
　　2. UHV：钎焊温度下的真空度≤1.3×10⁻⁴Pa。
　　3. Incusil-ABA：59Ag-27.25Cu-12.5In-1.25Ti；Nioro-ABA：82Au-15.5Ni-1.75V-0.75Mo。

16.8　发展趋势

　　未来金属-非金属钎焊依然具有发展前景，这是因为材料将被用于更苛刻的服役环境，服役温度将比现在提高几百度，因此，对连接方法的实用性提出了要求。对于低压力应用，现有的钎焊技术可实现的接头服役温度为750~800℃，这受商用钎料和金属涂层以及与非金属连接的定膨胀合金的限制。涡轮发动机和涡轮机械持续增长的高效性需求使得许多产品依赖于金属-非金属连接，以利用氧化物和氮化物陶瓷固有的耐高温和耐蚀性能。但是陶瓷材料的断裂韧性较差，这对于关键的旋转结构非常不利，因此，需要与高强度、耐腐蚀的金属组合应用以达到预期效果。

　　由于当前商用的定膨胀合金不能满足服役温度的要求，需要通过冶金研究，开发一种可以在更高温度下实现连接的定膨胀合金，同时要研发高温钎料。制造高温钎焊件时第三个不能忽视的因素是非金属部件。当钎焊温度和服役温度提高时，非金属部件对整个焊件来说甚至更加关键。为了避免焊件中形成大的残余应力，金属母材和非金属母材的热胀系数应尽可能匹配。这是很重要的但容易被忽视的一点，由于陶瓷的晶体结构特性（热胀系数低）和金属合金母材的非晶结构特性（热胀系数高），使连接变得很困难。当用热胀系数高、韧性低的钎料连接这些材料时，可以预见接头性能将变得很差。

　　目前使用的非金属材料主要是92%~96%氧化铝陶瓷，需要研发与定膨胀合金热胀系数更匹配的具有耐蚀性、耐氧化性以及绝缘性能的非金属材料。未来持续推进金属-非金属钎焊技术的发展非常重要，因此，研究重点如下：高温钎料；高温金属化涂层体系；高温定膨胀合金；与定膨胀合金热胀系数更匹配的商用非金属材料。

16.9　最新的信息资源和建议

金属-非金属钎焊涉及多种钎焊材料和方法。在这个领域中，有很多可用的资源供读者获得更多其感兴趣的知识。下面为设计者和工程师从众多文献中选择性地列出了一些著作和出版物：《Brazing Handbook》，5 版（AWS，2007），这是一本最新的综合性钎焊手册，包括钎料成分信息以及金属-非金属钎焊等章节；《Schwartz's（1990）Ceramic Joining》，尽管是出版得很早的专著，但本书几乎包含了所有金属-陶瓷钎焊方面的有价值的信息；《Principles of Brazing》，Jacobson 和 Humpston（2005），本书包含了比前一本书更多的前沿性信息，特别是钎焊质量评估以及先前提到的钎焊过程中如何应用相图等方面的内容非常有用；活性钎焊技术的先驱 Mizuhara 出版的两本书是《Ceramic-to-Metal Joining：Past，Current and Future》（2000）和《High-reliability Joining of Ceramic to Metal》（Mizuhara 等，1989），这两本书从钎料研究者的视角提出了关于活性钎料作用的独特观点；Stephens 等人（2006）的会议论文"The evolution of a ternary Ag-Cu-Zr active braze filler metal for Kovar®/alumina braze joints"非常详细地描述了含活性元素 Zr 的 Ag 基钎料的研发结果。Stephens 的论文中介绍的 97Ag-1Cu-2Zr（质量分数,%）活性钎料已成为商用钎料，并且能生产抗拉强度最高的金属-陶瓷钎焊件。有关直接钎焊应用的信息比较少，Marks 等人（2001）的期刊论文"Ceramic joining IV. Effects of processing conditions on the properties of alumina joined via Cu/Nb/Cu interlayers"详细地描述了实验室中直接钎焊氧化铝陶瓷的方法以及相应的接头强度。此外，Song 等人（1997）发表了一篇信息价值非常高的论文"Extraordinary Adhesion of Niobium on Sapphire Substrates"。为了进一步理解复杂的金属-非金属反应层的形成过程和详细的微观组织分析，建议读者阅读 Dezellus 和 Eustathopoulos（2010），Hocking 等人（2000）的文章。钎焊设计者或工程师将发现，美国焊接协会标准《AWS C3.2M/3.2：Standard Method for Evaluating the Strength of Brazed Joints（AWS，2008a）》对金属-陶瓷钎焊方法的选择、钎焊工艺设计和接头测试等有极大参考价值。

16.10　参考文献

ASTM (2005) *Standard test method for tension and vacuum testing metallized ceramic seals*, West Conshohocken, Pennsylvania, American Society for Testing Materials.

AWS (2007) *Brazing handbook*, 5th Edition, Miami, Florida, USA, American Welding Society.

AWS (2008a) *AWS C3.2M/3.2:2008: Standard method for evaluating the strength of brazed joints*, Miami, Florida, American Welding Society.

AWS (2008b) *AWS C3.3M/3.3:2008: Recommended practices for the design, manufacture, and examination of critical brazed components*, Miami, Florida, American Welding Society.

AWS (2008c) *AWS C3.6M/3.6:2008: Specification for furnace brazing*, Miami, Florida, American Welding Society.

Budde F (1963) 'The package concept of ceramic-to-metal seals', *Advances in electron tube techniques, Proceedings of the sixth national conference*, New York, New York, The Macmillan Company.

Coughlin J (1954) *Bulletin 542, Contributions to the data on theoretical metallurgy: XII heats and free energies of formation of inorganic oxides*, Washington DC, Bureau of Mines.

Cusil-ABA® and Incusil-ABA® active brazing filler metals are registered trademarks of the Morgan Crucible Company plc, 1985.

Dezellus O and Eustathopoulos N (2010) 'Fundamental issues of reactive wetting by liquid metals', *Journal of Material Science*, 45, 16, 4256–4264.

Hosking F M, Cadden C H, Yang N Y C, Glass S J, Stephens J J, *et al.* (2000) 'Microstructural and mechanical characterization of actively brazed alumina tensile specimens', *Welding Journal*, 79, 8, 222s–230s.

Jacobson D M and Humpston G (2005) *Principles of brazing*, Metals Park, Ohio, ASM International.

Kapoor R K and Eagar T E (1989) 'Brazing alloy design for metal/ceramic joints', *Ceramic Engineering and Science Proceedings*, 10, 11–12, 1613–1639.

Kapoor R K, Podszus E S and Eagar T E (1988) 'Wettability of silver based reactive metal brazing alloys on alumina', *Wettability of brazing alloys*, 22, 8, 1277–1279.

Kohl, W H (1967) *Handbook of materials and techniques for vacuum devices*, New York, New York, Reinhold publishing company.

Kovar® low expansion metal alloy is a registered trademark of CRS Holdings, a subsidiary of Carpenter Technology Corporation, 1935.

Lucas-Milhaupt (2011) VTG/High Purity Silver, Gold, Palladium. https://www.lucasmilhaupt.com/en-US/products/fillermetals/vtghighpuritysilvergoldpalladium/12/ [Accessed 24 February 2012]

Marks R A, Suga J D and Glaeser A M (2001) 'Ceramic joining IV. effects of processing conditions on the properties of alumina joined via Cu/Nb/Cu interlayers', *Journal of Materials Science*, 36, 5609–5624.

Mizuhara H (2000) 'Ceramic-to-metal joining: past, current and future', *Advanced brazing and soldering technologies*, Metals Park, Ohio, ASM International.

Mizuhara H, Huebel E and Oyama T (1989) 'High-reliability joining of ceramic to metal', *Ceramic Bulletin*, 68, 9, 1591–1599.

Nascimento R M, Martinelli A E and Buschinelli A J A (2003) 'Review article: recent advances in metal-ceramic brazing', *Cerâmica*, 49, 310, 178–198.

Phillips W M (1969) *'TR32-1420:Metal-to-ceramic seals for thermionic converters, a literature study'*, NASA Technical Reports, Pasadena, California, Jet Propulsion Laboratory.

Reed L and McRae R C (1965) 'Evaporated Metallizing on Ceramics', *Bulletin of the American Ceramic Society*, 44, 1, 12–13.

Rosebury F (1965) *Handbook of electron tube and vacuum techniques*, Reading, Massachusetts, Addison-Wesley publishing company, Inc.

Schwartz M M (1990) *Ceramic joining*, Metals Park, Ohio, ASM International.

Schwartz M M (2003) *Brazing*, 2nd edition, Metals Park, Ohio, ASM International.

Song G, Remhof A, Theis-Bröhl K and Zabel H (1997) 'Extraordinary adhesion of niobium on sapphire substrates', *Physical Review Letters*, 79, 25.

Stephens J J, Hlava P F, Walker C A, Headley T A and Boettcher G E (2005) *Direct brazing process to alumina ceramic using conventional braze alloys and a niobium interlayer*, Annual TMS Meeting, San Francisco, California, USA.

Stephens J J, Hosking F M, Yost F G, Walker C A and Dudley E (2006) 'The evolution of a ternary Ag-Cu-Zr active braze filler metal for Kovar®/alumina braze joints', *Proceedings of the 3rd International Brazing and Soldering Conference*, Metals Park, Ohio, ASM International.

Vianco P T, Stephens J J, Hlava P F and Walker C A (2003) 'A barrier layer approach to limit Ti scavenging in FeNiCo/Ag-Cu-Ti/Al$_2$O$_3$ active braze joints', *Welding Journal*, 82, 9, 252s–262s.

Walker C A and Hodges V C (2008) 'Comparison of metal-ceramic brazing methods', *Welding Journal*, 87, 10, 43–50.

Walker C A, Trowbridge F R, Wagner A R (2010) 'Direct brazing of sapphire to niobium', *Welding Journal*, 89, 3, 50–55.

Walker C A, Uribe F, Monroe S L, Stephens J J, Goeke R S and Hodges, V C (2006) 'High-temperature joining of low-temperature co-fired ceramics', *Proceedings of the 3rd International Brazing and Soldering Conference*, Metals Park, Ohio, ASM International.

Wesgo Metals (2009), *Alloy Selection Chart*. Available from http://www.wesgometals.com/resources/alloy-selection/ [Accessed 24 February 2012]

第 17 章　玻璃和玻璃-陶瓷钎料的高温应用

M. Salvo、V. Casalegno、S. Rizzo、F. Smeacetto，A. Ventrella 和 M. Ferraris，

都灵理工大学，意大利

【主要内容】 玻璃-陶瓷具有可调的热学和热力学性能，可作为一种多功能钎料。这种材料不会受氧化的影响，并且可以在高于玻璃软化温度的条件下进行无压钎焊。适当的热处理可以减少玻璃相，从而提高玻璃-陶瓷的蠕变性能。本章介绍了玻璃和玻璃-陶瓷作为固体氧化物燃料电池的密封材料，以及作为 SiC 基材料的钎料的应用情况。

17.1　引言

玻璃-陶瓷具有可调的热学和热力学性能，可作为一种多功能钎料，这种材料不会受氧化的影响，并且可以在高于玻璃软化温度的条件进行无压钎焊。适当的热处理可以减小玻璃相，从而提高玻璃-陶瓷的蠕变性能。下面将介绍玻璃和玻璃-陶瓷的应用⊖：① 作为固体氧化物燃料电池的密封材料（钎料）；② 作为 SiC 基材料的钎料。

1）平板式固体氧化物燃料电池（SOFCs）制造和商业化的重要挑战之一就是密封材料的开发，长期暴露在 800℃ 的高温氧化和湿度降低环境下，要求这种密封材料能够保持热力学和热化学性能的稳定性。为了获得气密性良好的接头，平板式固体氧化物燃料电池制造中的一个关键问题就是陶瓷电解质与金属连接体的焊接（密封）。在诸多焊接材料中，玻璃、玻璃-陶瓷和玻璃基化合物是最适合的。本章综述和讨论了一些玻璃-陶瓷的成分及其在 SOFCs 服役状态下的性能。

2）SiC 基材料本身很脆，加工性能较差，这限制了它的应用。SiC 基材料的焊接是实现其在核能方面的应用以及高温应用的一项最具挑战性的技术，这些领域具有极端苛刻的工作环境，如循环以及瞬间热负荷、很高的热梯度、大剂量的高能中子等，对于焊接材料提出了很高的要求。本章将重点关注已经发表的以玻璃-陶瓷作为钎料方面的文献，同时也会讨论使用玻璃-陶瓷作为钎料的优点。

17.2　固体氧化物燃料电池中的玻璃及玻璃-陶瓷钎料

固体氧化物燃料电池（SOFCs）是高效能量转换装置，通过氧化物和燃料之间的电

⊖　根据 ASTM C162 标准，熔化态的玻璃是一种无机材料，它可以在特定条件下冷却而不发生析晶现象；玻璃-陶瓷是一种部分玻璃态、部分晶体态的固态材料，它是通过对玻璃析晶的控制而制成的。

化学反应来产生电能（Steele 和 Heinzel，2001）。在不同类型的燃料电池中，平板式由于其经济、高效以及力学性能可靠等优点，与其他类型的燃料电池相比在提升能量密度方面更具潜力。一个燃料电池装置单元由一个阳极（置于燃料中）、电解质和一个阴极（置于氧化物中）组成。平板式固体氧化物燃料电池是由一系列电池装置单元连接而成的，每一个单元都由阳极-电解质-阴极组成。连接体将一个电池单元的阳极和邻近电池单元的阴极连接起来。在大部分的固体氧化物燃料电池的堆叠设计中，连接体与电池的陶瓷部件密封在一起（图 17.1）。为了获得气密性良好的接头，制造平板式固体氧化物燃料电池的一个关键步骤是陶瓷电解质与金属连接体的密封（Jordan，2008）。目前，有五种主要的密封固体氧化物燃料电池方法，分别是钎焊、压封以及玻璃、玻璃-陶瓷和玻璃基化合物封接（Fergus，2005；Singh 等，2007；Le 等，2007；Bansal 和 Gamble，2005；Chou 等，2007b；Chou 等，2007c；Gross 等，2010；Wang 等，2011；Smeacetto 等，2008a）。在众多可能的连接（封接）材料中，玻璃、玻璃-陶瓷和玻璃基化合物是比较合适的。在设计 SOFCs 的封接玻璃时，必须首先考虑以下四种重要的热学性能，即玻璃转变温度（T_g）、玻璃软化温度（T_s）、热胀系数（CTE）和热稳定性。一种好的密封材料必须能在 800℃ 的高温氧化及湿度降低的环境中保持上千小时稳定的性能，而且要能经受在室温与工作温度之间频繁切换的热循环。在固体氧化物燃料电池密封材料的选择上考虑了很多玻璃态体系，包括磷酸盐、硼酸盐和硅酸盐（Mahapatra 和 Lu，2010a）。通过对玻璃成分、玻璃和玻璃-陶瓷的谨慎选择，研究者认为通过控制烧结和玻璃析晶制备的玻璃-陶瓷具有许多优点，原则上满足了理想封接材料的大部分要求，其强度远高于玻璃母材，更有利于固体氧化物燃料电池的封接。

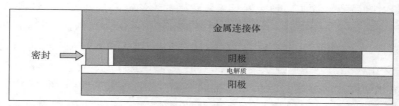

图 17.1　固体氧化物燃料电池（SOFC）装配示意图（图中尺寸未按实际比例绘制）

更重要的是，通过对结晶动力学和形成的结晶相的控制，可以控制玻璃-陶瓷的性能（如热胀系数）。为了研发一种合适的玻璃-陶瓷钎料，必须了解结晶动力学、密封性能及其与电池中其他部件接触时发生的化学反应。玻璃-陶瓷密封材料具有有良好的气密性，并且通常在高温以及一定环境条件下性能稳定。

通常，固体氧化物燃料电池中各部分的热胀系数分别是：陶瓷电解质（铱稳定氧化锆，YSZ）为 $10.5×10^{-6}/℃$；阳极（如 NiO-YSZ 复合材料）为 $10.0～14.0×10^{-6}/℃$；金属连接体（奥氏体、铁素体型不锈钢）为 $11.0～15.0×10^{-6}/℃$（Yang，2008）。通常所需要的玻璃-陶瓷密封材料的热胀系数为 $10.0～12.0×10^{-6}/℃$。近年来文献报道了很多硅酸盐基玻璃-陶瓷体系的成分，大部分用于固体氧化物燃料电池的成分可以分为以下几类：

1）含 BaO 的硼硅酸盐玻璃（Pascual 等，2006；Meinhardt 等，2008）。

2）SrO-Al_2O_3-La_2O_3-B_2O_3-SiO_2 玻璃密封系列（Mahapatra 等，2009；Chou 等，2007a；Goel 等，2010）。

3）含 CaO 和 MgO 的硼硅酸盐玻璃系列（Pascual 等，2007；Loehman 等，2002；Zhang 等，2008）。

4）含 NaO 的硅酸盐玻璃系列（Smeacetto 等，2009、2008a、2008b；Nielsen 等，2007；Chou 等，2011）。

Donald 等人（2011）和 Fernie 等人（2009）详细介绍了作为 SOFCs 连接和密封钎料的不同玻璃和玻璃-陶瓷体系，以及其与金属之间的界面反应。

在一些其他的连接过程中，当玻璃或玻璃-陶瓷与金属连接体这两类异种材料之间的界面化学反应和润湿性能够得到很好的控制时，可以获得好的连接或者密封。密封成形过程中，钎料/金属的界面反应并不是严重的问题（除非基体与反应产物的热胀系数差别较大），但却是影响固体氧化物燃料电池服役寿命的关键。

许多作者把研究的重点放在玻璃和玻璃-陶瓷与金属连接体的连接上。总之，必须牢记固体氧化物燃料电池的制造难点是陶瓷电解质与金属连接体的连接问题。极少数作者在他们对连接形貌特征的研究中展示了金属连接体/钎料/陶瓷电解质的"三明治"接头结构的 SEM 图像（Smeaetto 等，2009、2008a、2008b、2008c；Goel 等，2010；Lin 等，2011）。这点非常重要，因为 SOFCs 发展的一个关键挑战就是钎料与金属连接体以及陶瓷电解质的化学和热力学兼容性。

本章以一种含 Na 的硅酸盐基玻璃-陶瓷为例，介绍了固体氧化物燃料电池的玻璃-陶瓷钎料设计和特点。这是一种无钡且无氧化硼的含钠硅酸盐基玻璃。该研究中被用作金属连接体的是耐热合金 Crofer22APU（德国 ThyssenKrupp 公司制造，其 Cr 的质量分数为 22%，室温至 700℃ 的热胀系数为 $11.5×10^{-6}$/℃）和 AISI 430（室温至 500℃ 的热胀系数为 $11.9×10^{-6}$/℃）。金属连接体在 950℃ 的大气中进行预氧化。含 8%（摩尔分数）氧化钇的氧化锆圆片的厚度是 200μm（室温至 800℃ 的热胀系数为 $10.5×10^{-6}$/℃）。这种钎料的生产过程是：将玻璃与适当比例的氧化物、碳酸盐原材料在铂坩埚中以 1500℃ 的温度加热 1~2h，将熔化物浇注在黄铜平板上。通过差热分析（DTA）、热台显微镜（HSM）和膨胀测定法详细分析玻璃的热学和热力学性能。热台显微镜也被用于研究玻璃在 Crofer22APU 和 YSZ 基体上的润湿性。表 17.1 总结了玻璃的特征温度和热力学性能，以下章节将详细讨论其性能（玻璃成分/摩尔分数：53%~58% 的 SiO_2，6%~8% 的 Al_2O_3，24%~26% 的 CaO，10%~12% 的 Na_2O）。

表 17.1　SiO_2-Al_2O_3-CaO-Na_2O 系玻璃的特征温度和热力学性能

热胀系数 $\alpha_{玻璃}$ /(10^{-6}/℃) (150~450℃)	$\alpha_{玻璃-陶瓷}$ (10^{-6}/℃) (150~450℃)	T_g（玻璃化转变温度）/℃	Tx（结晶化温度）/℃	T_p（熔化峰值）/℃	T（黏度达到 10^4dPa·s 时的温度）/℃	T_{Fs}（开始收缩温度）/℃	T_{MS}（最大收缩温度）/℃	T_{HSF}（半球点温度）/℃	T_F（流动温度）/℃
9.6	10.7	670	881	904	1165	725	840	1163	1180

将预氧化后的 Crofer22APU 板放置在 YSZ 表面，在两者之间夹一层玻璃钎料（一种尺寸为 38~75μm 的玻璃粉末与酒精的混合物，其中玻璃粉末的质量分数为 40%）形成一种"三明治"结构，然后加热至 900℃ 保温 30min，制成连接试样，通过热台显微镜和膨胀测定法分析确定最佳焊接参数。通过 XRD 方法分析焊后接头的金相组织，利用扫描电镜（SEM）和能谱（EDS）分析接头试样的组织形貌特征。将 Crofer22APU/钎料/YSZ 接头试样在 H_2-3%H_2O（体积分数）气氛中加热到 800℃，保温 300~500h，再进行大气中热循环和热时效，这和固体氧化物燃料电池的工作状态（如 800℃ 在双相气氛中工作 500h）相同。

17.2.1　陶瓷电解质/金属连接体接头特征

图 17.2 所示为 Crofer22APU/钎料/阳极支承型 YSZ 接头形貌的 SEM 照片。接头的平均厚度为 150~200nm，观察到玻璃-陶瓷与 Crofer22APU 和 YSZ 之间的黏附性非常好。测得这种玻璃-陶瓷的热胀系数是 $10.7×10^{-6}$/℃，居于 Crofer22APU [$(11.2~11.5)×10^{-6}$/℃] 和 YSZ（$10.5×10^{-6}$/℃）的热胀系数之间。无论是 Crofer22APU/玻璃-陶瓷还是 YSZ/玻璃-陶瓷的界面上都没有出现裂纹。此外，测量了 Crofer22APU/玻璃-陶瓷界面处的维氏硬度，结果显示玻璃-陶瓷处于有利的压应力状态，裂纹优先沿平行于界面的方向扩展（图 17.3）。图 17.4 是玻璃-陶瓷与 YSZ 界面的放大图（图 17.2 中的长方形框区域），由图可见，界面完整、连续，没有气孔和裂纹。YSZ 电解质被用于制造阳极支承型多孔 NiO-YSZ 阳极。

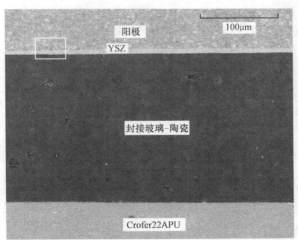

图 17.2　Crofer22APU /封接玻璃-陶瓷/阳极支承体
YSZ 电解质界面的横截面 SEM 形貌（Smeacetto，2008c）

观察 Crofer22APU 与玻璃-陶瓷的连接界面发现，玻璃-陶瓷与在大气中 950℃/2h 预氧化后的 Crofer22APU 成功焊合。Crofer22APU 在空气中预氧化使得在合金表面形成了铬锰氧化物层。图 17.5 所示为预氧化 Crofer22APU/SACN（硅-氧化铝-氧化钙-氧化钠-氧化玻璃-陶瓷）界面的横断面 SEM 照片。发现封接之前对金属连接体进行预氧化，可有效避免 Cr、Mn 和 Fe 扩散进玻璃-陶瓷，后面章节将讨论这对电池工作的影响。

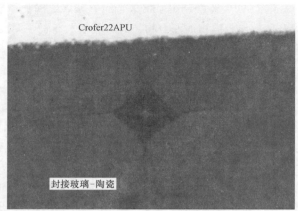

图 17.3　Crofer22APU/封接玻璃-陶瓷接头界面的
维氏硬度压痕：裂纹优先沿平行于界面的方向扩展（500×）

图 17.4　封接玻璃-陶瓷（左）/阳极支承体 YSZ 电解质（右）界面的横截面 SEM 形貌

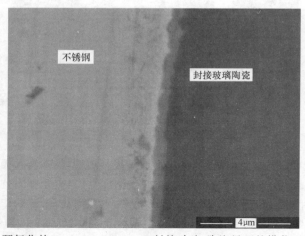

图 17.5　预氧化的 Crofer22APU/SACN 封接玻璃-陶瓷界面的横截面 SEM 形貌

　　为了测量玻璃-陶瓷与 Crofer22APU 的接头强度，将正方形的 Crofer22APU 片与玻璃-陶瓷焊接起来，获得一个"三明治"结构的试样。Smeacetto 等人（2008c）对 ASTM C633-0139 标准做了一些改变：通过在室温下进行单轴拉伸试验，来测定玻璃-陶瓷与 Crofer22APU 的接头强度，平均抗拉强度约为 6MPa。值得注意的是，断裂总是发生在玻璃-陶瓷内部，而不是在金属和玻璃-陶瓷的界面上，这表明玻璃-陶瓷与金属界面的黏附力非常好。

　　一些文献报道了不同的金属连接体上保护涂层的例子，主要是为了避免 Cr 蒸发导致的阴极"中毒"、封接材料和金属之间的反应、生成不利的反应产物引起金属膨胀和界面失效（Mahapatra 等，2010b；Chou 等，2008）。

　　使用相同的玻璃-陶瓷材料时，以 AISI 430 作为金属连接体材料能获得非常好的结果。必须引起重视的是，为了获得具有良好的 AISI 430/封接玻璃-陶瓷焊接接头，对 AISI 430 进行预氧化处理非常必要（900℃/2h，大气），否则，玻璃-陶瓷层在焊后将从 AISI 430 上完全脱落下来。

17.2.2　接头性能测试

　　本节介绍一些接头性能测试，测试条件为将 Crofer22APU/封接材料/YSZ 接头试样暴露在 H_2-3% H_2O（体积分数）气氛中，再进行大气中的热循环（从室温到 800℃），以及在固体氧化物燃料电池工作环境（如双重气氛）下暴露。

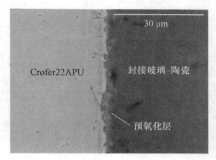

　　图 17.6 所示为 Crofer22APU/封接玻璃-陶瓷界面以及在 H_2-3% H_2O（体积分数）气氛中暴露 500h 后的 EDS 线扫描图像。很明显，在 Cr-Mn 氧化层和玻璃-陶瓷之间没有发生反应，因此，界面上没有生成新的产物（Smeacetto 等，2009）。

　　将热力学性能不同的固体氧化物燃料电池部件焊接在一起非常具有挑战性，因为接头组织需要具有良好的热循环稳定性。基于这个观点，在固体氧化物燃料电池服役时，封接材料必须能承受几百个热循环（从室温到 800℃）。任何在封接材料内部形成的裂纹，或者金属连接体与陶瓷电解质之间的黏附力不足都

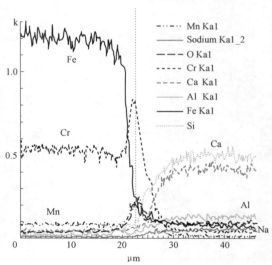

图 17.6　Crofer22APU/封接玻璃-陶瓷界面 SEM 形貌和在 H_2-3% H_2O 气氛中暴露 500h 后的 EDS 线扫描图像（Smeacetto 等，2009）

可能引起泄漏，导致燃料和氧化物混合，从而使得电池的性能和效率下降。

Crofer22APU/封接玻璃-陶瓷/YSZ 接头试样在大气中经 800℃/500h 的热循环和热时效试验表明，没有出现任何界面失效和裂纹；可观察到有少许 Cr 和 Mn 扩散到玻璃-陶瓷中（Smeacetto 等，2011a）。

17.2.3 固体氧化物燃料电池工作环境下的 Crofer22APU/封接玻璃-陶瓷/阳极支承体接头测试

该测试所涉及的材料包括：大气中经 950℃/2h 预氧化后的 Crofer22APU 板、一个含有 YSZ 薄层的 NiO-YSZ（含摩尔分数为 8% 的 Y_2O_3 稳定剂的 ZrO_2）阳极支承电池（ASC）基体以及一个由锰酸锶镧（LSM）/YSZ 反应层和 LSM 电流收集层组成的阴极。单个电池单元（SRU）（Crofer22APU 板/封接玻璃-陶瓷/ASC）是通过把电池放在涂覆了玻璃-陶瓷的 Crofer22APU 顶端封接而成的。图 17.7 所示为单电池单元和试验装置。

本试验评估了在开路电压（OCV）状态下经 800℃/460h 时效后 SRU 的电性能。发现 OCV 的值稳定在 1075mV，非常接近理论上的可逆电压 1080mV。

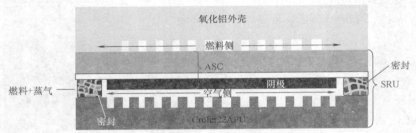

图 17.7　单电池单元和试验装置示意图
ASC—阳极支承电池　SRU—单电池单元

这个结果证明了用玻璃-陶瓷封接可有效地将气流与阴极/阳极面分隔开。为了验证这个假设，将测试后的 SRU 抛光后再进行 SEM 和 EDS 分析。

图 17.8 所示为在双重气氛下经 460h 热时效试验后的 SRU 接头组织 SEM 照片。在观察了几个接头的抛光横截面后，可以得出结论，尽管在切割操作时有应力作用，在整个接头中都没有发现任何裂纹；更重要的是，玻璃-陶瓷与 Crofer22APU 及 YSZ 间的黏附力仍然很好。玻璃-陶瓷与 Crofer22APU 以及与阳极支承体 YSZ 电解质之间的界面都没有发现裂纹，证明了其与两个基体之间具有良好的热力学兼容性。

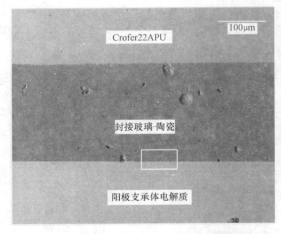

图 17.8　双重气氛中 460h 时效后的单电池单元接头横截面组织（Smeacetto，2011b）

17.2.4　未来趋势

在先进的平板式固体氧化物燃料电池商业化进程中，封接材料仍然是主要的技术壁垒之一。为了获得性能可靠、使用寿命长的接头，并且接头气密性能要满足例如开/关运转模式和断电模式等工作条件，制造过程中的一个关键问题仍然是电解质和金属连接体的焊接（密封）。修复等问题也有待解决，激光焊领域的一些前沿发现能够为此提供解决方案。

固体氧化物燃料电池的研发人员也在研究低温下（如650℃）工作的具有高离子电导率的材料。将固体氧化物燃料电池的工作温度从800℃降到650℃甚至更低，是实现其商业应用的根本步骤。这将显著降低所有涉及材料的热力学应变，同时会降低总体成本，维修也会变得简单。

17.3　玻璃或玻璃-陶瓷做钎料钎焊 SiC 基材料

考虑到结构和功能的作用，SiC 基材料（SiC，SiC/SiC，C/SiC）被应用于很多高温领域，如先进的核裂变和聚变系统、空间推进系统等（Snead 等，2011）。SiC 基材料的应用潜力主要来自于它们在恶劣环境中的独特的热力学性能，还有其在核领域应用中的低活性特点。但在大部分情况下，为了制造成最终产品，SiC 基材料的应用依赖于其自身或与其他材料的连接。

很多技术可以实现 SiC 基材料自身及与其他材料的连接：使用不同活性钎料的扩散焊（Cockeram，2005），瞬态共晶焊接方法（如纳米渗透瞬态共晶，NITE）（Katoh 等，2004；Hinoki 等，2005；Jung 等，2009），激光焊（Lippmann 等，2004），选区化学气相沉积（Harrison 和 Marcus，1999），玻璃-陶瓷焊接（Katoh 等，2000；Ferraris 等，2008、2011），固相置换反应（Henager 等，2007），陶瓷先驱体聚合物体系（Lewinsohn 等，2001），反应成形（Singh，1999）和钎焊（Riccardi 等，2004；Singh 等，2008）。

瞬时液相（TLP）焊接在两个待焊表面之间使用一个薄液相中间层。该方法已经应用于很多金属系统，并且能在比最终使用温度低的连接温度下形成接头。使用玻璃材料（如氮氧化物）作为中间层的 TLP 方法已被用于许多陶瓷材料的连接（Glass 等，1998）。

TLP 焊接已经被应用于一些核应用领域中的 SiC 基材料的连接：NITE（纳米渗透瞬态共晶）技术以尺寸小于 30nm 的 β-SiC 纳米粉末与 SiO_2、Al_2O_3、Y_2O_3 的混合物作为钎料，在 20~40MPa 的氩气气氛中焊接，温度范围为 1400~1900℃。关于此方法的详细报道见相关文献（Katoh 等，2004；Hinoki 等，2005）。就本章作者的了解而言，还没有任何关于中子辐射 NITE 焊接结果的报道，但是一篇关于用双离子辐射的 NITE 焊接 SiC/SiC 复合材料接头 TEM 分析的文献给出了较好的结果（Kishimoto 等，2007）。

Lippmann 等人（2004）通过局部熔化玻璃钎料（Al_2O_3，Y_2O_3，SiO_2 基）的激光焊方法连接 SiC。陶瓷构件焊后的气密性较好，接头可以承受 1600℃ 以上的高温。该技术可用于焊接陶瓷部件，但没有对 SiC/SiC 复合材料进行过试验。该技术的主要优点在于局部加热，避免了加热整个部件带来的不利影响。

Esposito 等人（1999）提出了一个不需施加压力焊接 SiC 的方法，使用一种 Al-Y-Si-O 玻璃中间层，加热到比玻璃熔点稍高的温度实现焊接。另一个使用玻璃中间层的连接方法是在加热到超过晶界软化温度时，对两个紧贴放置的液相烧结碳化硅片施加压力，形成直接焊接（Esposito 等，1999）。在连接温度下，晶界玻璃相在施加的压力和毛细作用力驱动下沿着界面流动，使两个相互接触的陶瓷表面连接在一起，提升它们之间的黏附力。在焊接热循环过程中需要施加压力的要求限制了这项技术只能在几何尺寸简单的试样上使用。然而与被焊陶瓷材料自身的强度相比，接头强度很高。

Perham 等人（1999）报道了用通过流延成形技术制造的董青石玻璃-陶瓷钎料钎焊 SiC 的方法。董青石玻璃-陶瓷保持非晶态并润湿 SiC 基体，随后的热处理过程使焊缝区结晶成一个多相中间层，其热胀系数（CTE）与 SiC 相近。SiC 与董青石玻璃-陶瓷接头的室温抗弯强度超过 500MPa，裂纹延伸在大块陶瓷里发生。

Lee 等人（1998）用一种 MgO、Al_2O_3 和 SiO_2 的混合粉末（MAS 钎料）焊接烧结 SiC，焊接规范为惰性气体气氛中加热到 1500℃，保温 30min。MAS 钎料和 SiC 反应生成一种碳氧化物玻璃接头中间层。接头抗弯强度为 342~380MPa，接近 SiC 母材 800℃时的抗弯强度。

Coon 和 Neilson（1989）研究了一种用 MgO-Li_2O-Al_2O_3-SiO_2 玻璃钎料焊接 SiC/SiC 的方法，焊接温度低于 1200℃，以避免钎料化合物的分解。

17.3.1 玻璃和玻璃-陶瓷焊接 SiC 基材料在核工业领域中的应用

在核能工业（裂变和聚变）领域，对 SiC 基材料焊接接头的要求非常苛刻：焊接材料必须与核反应环境兼容并且焊接技术必须遵循裂变核反应的设计，SiC/SiC 焊接组件有几米长、3mm 厚，必须用一种可行且可靠的方式将其焊接在一起（Giancarli 等，2002；Riccardi 等，2000）。在 Ehrlich 等（2001）、Riccardi 等（2000）、Tavassoli 等（2002）、Colombo 等（2000）、Katoh 等（2000）、Singh 等（1999）、Gasse 等（1997）、Lewinsohn 等（2002）和 Hinoki 等（2005）的文献报道中，关于核应用中 SiC/SiC 连接的可行方法非常少，钎焊是最值得期待的焊接技术之一。

使用玻璃和玻璃-陶瓷作为 SiC 基材料的焊接材料是因为它们具有独特的性能：气密性、可调性能（特征温度、热胀系数和在 SiC 基体上的润湿性）、LAM（低活性材料）、可能的中子放射稳定性、工作温度（高于 1000℃）下的热力学性能稳定性、易焊性（如无压焊接）、不易氧化性以及自密封性。

已经证实，很多硅酸盐玻璃在 SiC 基体上有很好的润湿性（Yurkov 等，1991）。一些用于焊接 SiC 基化合物的玻璃钎料以 MgO-Al_2O_3-SiO_2 系为基础，主要是基于以下三个原因：

1）它在 SiC 基体上的润湿角很小（小于 10°）。

2）可以自定义钎料的热胀系数，并将其调整到与 SiC 母材接近。

3）高温下，玻璃钎料和 SiC 反应生成的碳氧化物玻璃具有较高的高温强度。

如上所述，可以通过控制析晶来提高玻璃钎料的耐热性，这种方法称为玻璃-陶瓷法，采用该方法能够获得一种化学和热力学兼容性好的陶瓷或玻璃-陶瓷钎料。这种钎料的力学可靠性由残余非晶相的软化点温度决定，可以通过适当的热处理使非晶相的数量最小化（Hinoki 等，2005）。

放射性诱导蠕变和空洞膨胀是核反应堆材料的两个主要研究课题。由于放射剂量的增加以及在固定温度和固定剂量条件下应力增加使得材料尺寸增长，从而影响了材料的性能（Baldev 等，2008）。

除了以上提到的种种优点之外，玻璃-陶瓷钎料在焊接大尺寸结构（如核反应堆上的应用）方面也有优势：因为钎焊温度高于玻璃软化温度，焊接过程中不需要施加压力。核工业应用中的焊接材料应该是低活性材料（LAM）。有关 SiC 基化合物焊接材料（包括基于 $SiO_2-Al_2O_3-BaO-B_2O_3$，$SiO_2-Al_2O_3-MgO$ 和 $CaO-Al_2O_3$ 的玻璃-陶瓷）的活性及安全性的研究详见 Zucchetti 等人（2002）和 Ferraris 等人（2008）发表的文献。

在 Ferraris 等人（1998，2011b）和 Katoh 等人（2000）的文献中，SiC/SiC 复合材料和 SiC 可以用一种钙铝（CA）玻璃-陶瓷钎料钎焊，这种钎料不含氧化硼（不宜用于核聚变领域）并有较高的特征温度（软化点温度约为 1300℃）。

图 17.9 所示为 $CaO-Al_2O_3$ 玻璃-陶瓷钎焊 SiC 试样接头组织 SEM 照片。通过单搭接压剪试验方法测得 SiC/SiC 复合材料接头的平均室温表观抗剪强度是 28MPa，SiC 接头的表观抗剪强度为（36±8）MPa。通过扭转试验方法测得 SiC 接头的纯抗剪强度是（104±25）MPa。

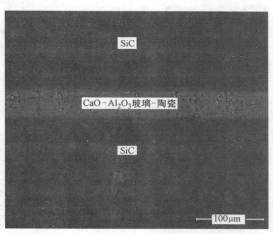

图 17.9　$CaO-Al_2O_3$（CA）玻璃-陶瓷钎焊 SiC 试样接头组织 SEM 照片（钎料厚度约为 50μm）

Ferraris 等人（2008）用一种低活性的 $SiO_2-Al_2O_3-Y_2O_3$（SAY）玻璃-陶瓷钎料焊接 SiC/SiC 复合材料（化学气相沉积 SiC，2D 复合材料）（图 17.10），比较了三种玻璃-陶瓷钎料钎焊接头与机械连接接头（榫接和类榫接）的可靠性。结果表明，钎焊接头性能很好，获得了高于 120MPa 的室温抗剪强度。

Ferraris 等人还进行了放射性环境下的焊接试验，经过 600℃，$16.3 \times 10^{24} n/m^2$ 或 820℃（31~32）$\times 10^{24} n/m^2$ 放射后，用 SAY 钎料焊接 SiC/SiC 复合材料。本研究有限的数据统计结果表明，第 2 种类型的 SAY 连接 SiC/SiC 接头试样的抗剪强度较高，达到 118MPa，而未经放射的接头强度为（122±10）MPa（Ferraris 等，2012）。

17.3.2　接头的抗剪性能测试

在航空和地面系统中，焊接以及集成技术的应用越来越多，需要更加重视失效预测模型分析，以及相关的安全标准。在应用预测模型分析和计算代码前必须经过试验验证。制定一个广为接受的陶瓷及陶瓷基复合材料接头力学性能测试标准仍然很难。对于相同母材接头的抗剪强度，不同的测试方法得到的数据结果不尽相同（Serizawa 等，2007；Ferraris 等，2010b；Ventrella 等，2010）。

当前大部分的单搭接或双搭接试验很难获得均匀的纯抗切应力状态，获得的是试样的表观抗剪强度而非纯抗剪强度；此外，文献报道中的许多不同的表观抗剪强度试验无法进行数据对比。

非对称四点弯曲试验（ASTM C1469-10，2010）是一种测量陶瓷及

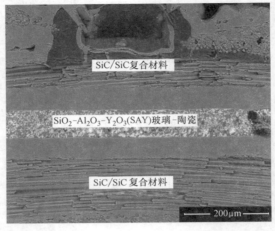

图 17.10 SiO_2-Al_2O_3-Y_2O_3（SAY）玻璃-陶瓷钎料钎焊 SiC/SiC 复合材料接头的背散射 SEM 照片

陶瓷基复合材料接头性能的 ASTM 标准试验方法，但是，当焊接材料的强度很高时，必须在焊接区域划出刻痕。当焊接材料的抗剪强度接近被焊母材时，ASTM C1469-10 测试方法就不适用了。

用扭转试验（ASTM F734-95，2006；ASTM F1362-97，2003）测量纯抗剪强度则不需要在试样上加工刻痕（Ferraris 等，2010a）。图 17.11 为一些试验方法的示意图。在图中第一行，试样承受扭转载荷；在其余的试验方法中，试样承受压剪载荷。

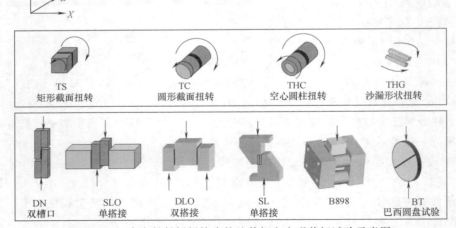

图 17.11 陶瓷材料钎焊接头的纯剪切和表观剪切试验示意图

17.3.3 未来趋势

玻璃和玻璃-陶瓷钎焊 SiC 基材料对于扩展 SiC 基材料的应用及其修复来说，是一

种有前景、无需施加压力、用户友好型的方式。玻璃和玻璃-陶瓷的成分范围非常广，可以用来焊接 SiC 基材料自身及其与异种材料。

关键问题仍然是非晶相的软化，必须采用合适的热处理方法将非晶相的数量降至最低，这方面的研究仍在进一步探索中。修复问题也亟待解决，在这个领域，激光焊展现出了一些优势。

有关玻璃-陶瓷钎焊 SiC 基材料接头的高温力学性能试验内容的公开文献非常少，对此，科学界急需努力寻求更可靠、更广为接受的解决方法。

此外，值得深入研究测试钎焊构件可靠性的合适方法。

最后，玻璃-陶瓷钎焊 SiC 基材料很有前景，但还缺少相关的数据结果，应该在核应用环境下开展进一步的试验工作。

17.4　参考文献

ASTM C1469-10 (2010), *Standard test method for shear strength of joints of advanced ceramics at ambient temperature.*

ASTM F1362-97 (2003), *Standard test method for shear strength and shear modulus of aerospace glazing interlayer materials.*

ASTM F734-95 (2006), *Standard test method for shear strength of fusion bonded polycarbonate aerospace glazing material.*

Baldev R, Vijayalakshmi M, Rao V P R and Rao S K B (2008), 'Challenges in materials research for sustainable nuclear energy', *Harnessing Materials for Energy MRS Bulletin*, 33(4), 327–340.

Bansal N P and Gamble E A (2005), 'Crystallization kinetics of a solid oxide fuel cell seal glass by differential thermal analysis', *J Power Sources*, 47, 107–115.

Chou Y-S, Stevenson J and Gow R N (2007b), 'Novel alkaline earth silicate sealing glass for SOFC. Part I. The effect of nickel oxide on the thermal and mechanical properties', *J Power Sources*, 168, 426–433.

Chou Y-S, Stevenson J and Gow R N (2007c), 'Novel alkaline earth silicate sealing glass for SOFC. Part II. Sealing and interfacial microstructure', *J Power Sources*, 170, 395–400.

Chou Y-S, Stevenson J W and Singh P (2007a), 'Novel refractory alkaline earth silicate sealing glasses for planar solid oxide fuel cells', *J Electrochem Soc*, 154, B644–B651.

Chou Y-S, Stevenson J W and Singh P (2008), 'Effect of aluminizing of Cr-containing ferritic alloys on the seal strength of a novel high-temperature solid oxide fuel cell sealing glass', *J Power Sources*, 185, 1001–1008.

Chou Y-S, Thomsen E C, Williams R T, Choi J-P, Canfield N L, *et al.* (2011), 'Compliant alkali silicate sealing glass for solid oxide fuel cell applications: Thermal cycle stability and chemical compatibility', *J Power Sources*, 196, 2709–2716.

Cockeram B V (2005), 'Flexural strength and shear strength of silicon carbide to silicon carbide joints fabricated by a molybdenum diffusion bonding technique', *J Am Ceram Soc*, 88, 1892–1899.

Colombo P, Riccardi B, Donato A and Scarinci G (2000), 'Joining of SiC/SiC$_f$ ceramic matrix composites for fusion reactor blanket applications', *J Nucl Mater*, 278, 127–135.

Coon D N and Neilson Jr RM (1989), 'Wetting of silicon carbide surfaces by MgO-Li$_2$O-Al$_2$O$_3$-SiO$_2$ glasses', *Ceram Eng Sci Proc*, 10, 1735–1744.

Donald I W, Mallinson P M, Metcalfe B L, Gerrard L A and Fernie J A (2011), 'Recent developments in the preparation, characterization and applications of glass- and glass–ceramic-to-metal seals and coatings', *J Mater Sci*, 46, 1975–2000.

Ehrlich K, Gasparotto M, Giancarli L, Le Marois G, Malang S and Van der Schaaf B (2001), *European Material Assessment Meeting*, June 2001 EFDA-T-RE-2.0.

Esposito L, Bellosi A and Landi S (1999), 'Interfacial forces in Si_3N_4- and SiC-based systems and their influence on the joining process', *J Am Ceram Soc*, 82, 3597–3604.

Fergus J W, 'Sealants for solid oxide fuel cells', *J Power Sources*, 2005, 147, 46–57.

Fernie J A, Drew R A L and Knowles K M (2009), 'Joining of engineering ceramics', *Int Mater Rev*, 54, 283–331.

Ferraris M, Casalegno V, Rizzo S, Salvo M, Van Staveren T O and Matejicek J (2012), 'Effects of neutron irradiation behavior on glass ceramics as pressure-less joining materials for SiC based components for nuclear applications', submitted to *Journal of Nuclear Materials*.

Ferraris M, Salvo M, Casalegno V, Ciampichetti A, Smeacetto F and Zucchetti M (2008), 'Joining of machined SiC/SiC composites for thermonuclear fusion reactors', *J Nucl Mater*, 375, 410–415.

Ferraris M, Salvo M, Casalegno V, Han S, Katoh Y, *et al.* (2011b), 'Joining of SiC-based materials for nuclear energy applications', *J Nucl Mater*, Vol., 417, 2011, 379–382.

Ferraris M, Salvo M, Casalegno V, Rizzo S and Ventrella A (2010a), 'Joining and integration issues of ceramic matrix composites for nuclear applications', *Ceram Trans*, 220, 173–186.

Ferraris M, Salvo M, Isola C, Appendino Montorsi M and Kohyama A (1998), 'Glass-ceramic joining and coating of SiC/SiC for fusion applications', *J Nucl Mater*, 258–263, 1546–1550.

Ferraris M, Ventrella A, Salvo M, Avalle M, Pavia F and Martin E (2010b), 'Comparison of shear strength tests on AV119 epoxy -joined carbon/carbon composites', *Composites: Part B*, 41, 182–191.

Gasse A, Saint Antonin F and Coing Boyat G (1997), 'Specific non-reactive BraSiC alloys for SiC–SiC joining', *Report CEA-Grenoble*. DEM n. DR 25.

Giancarli L, Golfier H, Nishio S, Raffray A R, Wong C P C and Yamada R (2002), 'Progress in blanket designs using SiC_f/SiC composites', *Fus Eng Des*, 61–62, 307–318.

Glass J, Mahoney F M, Quillan B, Pollinger J P and Loehman R E (1998), 'Refractory oxynitride joints in silicon nitride', *Acta Mater*, 46, 2393–2399.

Goel A, Pascual M J and Ferreira J M F (2010), 'Stable glass-ceramic sealants for solid oxide fuel cell', *Int J Hydrogen Energy*, 35, 6911–6923.

Gross S M, Federmann D, Remmel J and Pap M (2011), 'Reinforced Composite Sealants for SOFC applications', *J Power Sources*, 196(17), 5, doi:10.1016/j.jpowsour. 2011.02.002.

Harrison S and Marcus H L (1999), 'Gas-phase selective area laser deposition (SALD) joining of SiC', *Mater Des*, 20, 147–152.

Henager C H, Shin Y Jr, Blum Y, Giannuzzi L A, Kempshall B W and Schwarz S M (2007), 'Coatings and joining for SiC and SiC-composites for nuclear energy systems', *J Nucl Mater*, 367–370, 1139–1143.

Hinoki T, Eiza N, Son S, Shimoda K, Lee J and Kohyama A (2005), 'Development of joining and coating technique for SiC and SiC/SiC composites utilizing NITE processing', *Ceram Eng Sci Proc*, 26, 399–405.

Jordan R (2008), 'Is the future of SOFCs sealed in a glass?', *Amer Ceram Soc Bull*, 87, 26–29.

Jung H-C, Park Y-H, Park J-S, Hinoki T and Kohyama A (2009), 'R&D of joining technology for SiC components with channel', *J Nucl Mater*, 386–388, 847–851.

Katoh Y, Kohyama A, Nozawa T and Sato M (2004), 'SiC/SiC composites through transient eutectic-phase route for fusion applications. Part 1', *J Nucl Mater*, 329–333, 587–591.

Katoh Y, Kotani M, Kohyama A, Montorsi M, Salvo M and Ferraris M (2000), 'Microstructure and mechanical properties of low activation glass-ceramic joining and coating for SiC/SiC composites', *J Nucl Mater*, 283–287, 1262–1266.

Kishimoto H, Ozawa K, Hashitomi O and Kohyama A (2007), 'Microstructural evolution analysis of NITE SiC/SiC composite using TEM examination and dual-ion irradiation', *J Nucl Mater*, 367–370, 748–752.

Le S, Sun K, Zhang N, Shao Y, An M, *et al.* (2007), 'Comparison of infiltrated ceramic fiber paper and mica base compressive seals for planar solid oxide fuel cells', *J Power Sources*, 168, 447–452.

Lee H L, Nam S W, Hahn B S, Park B H and Han D (1998), 'Joining of silicon carbide using MgO-Al$_2$O$_3$-SiO$_2$ filler', *J Mater Sci*, 33, 5007–5014.

Lewinsohn C A, Colombo P and Reimanis I (2001), 'Stresses occurring during joining of ceramics using preceramic polymers', *J Am Ceram Soc*, 84, 2240–2244.

Lewinsohn C A, Jones R H, Colombo P and Riccardi B (2002), 'Silicon carbide-based materials for joining silicon carbide composites for fusion energy applications', *J Nucl Mater*, 307–311, 1232–1236.

Lin S-E, Cheng Y-R and Wei W C J (2011), 'Synthesis and long-term test of borosilicate-based sealing glass for solid oxide fuel cells', *J Eur Ceram Soc*, 31, 1975–1985.

Lippmann W, Knorr J, Wolf R, Rasper R, Exner H, *et al.* (2004), 'Laser joining of silicon carbide – a new technology for ultra-high temperature resistant joints', *Nucl Eng Des*, 231, 151–161.

Loehman R E, Dumm H P and Hofer H (2002), 'Evaluation of sealing glasses for solid oxide fuel cells', *Ceram Eng Sci Proc*, 23, 699–705.

Mahapatra M K and Lu K (2010a), 'Seal glass for solid oxide fuel cells', *J Power Sources*, 195, 7129–7139.

Mahapatra M K, Lu K and Bodnar R J (2009), 'Network structure and thermal property relation of a novel high temperature seal glass', *Appl Phys A*, 95, 493–500.

Mahapatra M K, Lu K, Liu X and Wu J (2010b), 'Compatibility of a seal glass with (Mn,Co)$_3$O$_4$ coated interconnects: effect of atmosphere', *Int J Hydrogen Energy*, 35, 7945–7956.

Meinhardt K D, Kim D S, Chou Y S and Weil K S (2008), 'Synthesis and properties of a barium aluminosilicate solid oxide fuel cell glass-ceramic sealant', *J Power Sources*, 182, 188–196.

Nielsen K A, Solvang M, Nielsen S B L, Dinesen A R and Larsen P H (2007), 'Glass composite seals for SOFC application', *J Eur Ceram Soc*, 27, 1817–1822.

Pascual M J, Guillet A and Durán A (2007), 'Optimization of glass–ceramic sealant compositions in the system MgO–BaO–SiO$_2$ for solid oxide fuel cells (SOFC)', *J Power Sources*, 169, 40–46.

Pascual M J, Lara C and Durán A (2006), 'Non-isothermal crystallisation kinetics of devitrifying RO-BaO-SiO$_2$ (R = Mg, Zn) glasses', *Eur J Glass Sci Tech B*, 47, 572–581.

Perham T J, de Jonghe L C and Moberly Chan W J (1999), 'Joining of silicon carbide with a cordierite glass-ceramic', *J Am Ceram Soc*, 82, 297–305.

Riccardi B, Fenici P, Frias Rebelo A, Fiancarli L, Le Marois G and Philippe E (2000), 'Status of the European R&D activities on SiCf/SiC composites for fusion reactors', *Fus Eng Des*, 51–52 , 11–22.

Riccardi B, Nannetti C, Petrisor T, Woltersdorf J, Pippel E, *et al.* (2004), 'Issues of low activation brazing of SiCf/SiC composites by using alloys without free silicon. Part 1', *J Nucl Mater*, 329–333, 562–566.

Serizawa H, Fujita D, Lewinsohn C A, Singh M and Murakawa H (2007), 'Numerical analysis of mechanical testing for evaluating shear strength of SiC/SiC composite joints', *J Nucl Mat*, 367–370, 1223–1227.

Singh M (1999), 'Design, Fabrication and Characterization of High Temperature Joints in Ceramic Composites', *Key Engineering Materials*, 415, 164–165.

Singh M, Asthana R and Shpargel T (2008), 'Brazing of ceramic-matrix composites to Ti and Hastelloy using Ni-base metallic glass interlayers', *Mater Sci Eng A*, 498, 19–30.

Singh M, Shpargel T P and Asthana R (2007), 'Brazing of stainless steel to yttria-stabilized zirconia using gold-based brazes for solid oxide fuel cell applications', *Int J Appl Ceram Technol*, 4, 119–133.

Singh R N (2007), 'Sealing technology for solid oxide fuel cells (SOFC)', *Int J Appl Ceram Technol*, 4, 134–144.

Smeacetto F, Chrysanthou A, Salvo M, Moskalewicz T, D'herin Bytner F, *et al.* (2011a), 'Thermal cycling and ageing of a glass-ceramic sealant for planar SOFCs', *Int J Hydrogen Energy*, 36, 11 895–11 903.

Smeacetto F, Chrysanthou A, Salvo M, Zhang Z and Ferraris M (2009), 'Performance and testing of glass-ceramic sealant used to join anode-supported-electrolyte to Crofer 22 APU in planar SOFCs', *J Power Sources*, 190, 402–407.

Smeacetto F, Salvo M, Ferraris M, Casalegno V and Asinari P (2008a), 'Glass and composite seals for the joining of YSZ to metallic interconnect in solid oxide fuel cells', *J Eur Ceram Soc*, 28, 611–616.

Smeacetto F, Salvo M, Ferraris M, Casalegno V, Asinari P and Chrysanthou A (2008c), 'Characterization and performance of glass-ceramic sealant to join metallic interconnects to YSZ and anode-supported-electrolyte in planar SOFCs', *J Eur Ceram Soc*, 28, 2521–2527.

Smeacetto F, Salvo M, Ferraris M, Cho J and Boccaccini A R (2008b), 'Glass–ceramic seal to join Crofer 22 APU alloy to YSZ ceramic in planar SOFCs', *J Eur Ceram Soc*, 28, 61–68.

Smeacetto F, Salvo M, Leone P, Santarelli M and Ferraris M (2011b), 'Performance and testing of joined Crofer22APU-glass-ceramic sealant-anode supported cell in SOFC relevant conditions', *Mater Letters*, 65, 1048–1052.

Snead L L, Nozawa T, Ferraris M, Katoh Y, Shinavski R and Sawan M (2011), 'Silicon carbide composites as fusion power reactor structural materials', *J Nucl Mater*, 417, 330–339.

Steele B C H and Heinzel A (2001), 'Materials for fuel-cell technologies', *Nature*, 414, 345–352.

Tavassoli A A F (2002), 'Present limits and improvement of structural materials for fusion reactors – a review', *J Nucl Mater*, 302, 73–88.

Ventrella A, Salvo M, Avalle M and Ferraris M (2010), 'Comparison of shear strength tests on AV119 epoxy-joined ceramics', *J Mater Sci*, 45, 4401–4405.

Wang S F, Chiu T W, Lu C M, Wu Y C and Yang Y C (2011), 'La_2O_3-Al_2O_3-B_2O_3-SiO_2 glasses for solid oxide fuel cell applications', *Int J Hydrogen Energ*, 36, 3666–3672.

Yang Z (2008), 'Recent advances in metallic interconnects for solid oxide fuel cells', *Int Mater Rev*, 53, 39–54.

Yurkov A L, Polyak B I and Murahver T V (1991), 'Interaction between silicon carbide and melt of aluminoborosilicate glass', *J Mater Sci Letters*, 10, 1342–1343.

Zhang T, Brow R K, Reis S T and Ray C S (2008), 'Isothermal crystallization of a solid oxide fuel cell sealing glass by differential thermal analysis', *J Am Ceram Soc*, 91, 3235–3239.

Zucchetti M, Ferraris M and Salvo M (2001), 'Safety aspects of joints and coatings for plasma facing components with composite structures', *Fus Eng Des*, 58–59, 939–943.

第 18 章　饮用水管道和其他配件钎焊用镍基钎料

I. Hoyer 和 B. Wielage，开姆尼茨工业大学，德国

【主要内容】　根据欧盟饮用水水质指令修正案的规定，饮用水中可允许的镍离子的含量已经从 50μg/L 降低到 20μg/L。该草案拟定的标准已经开始在欧洲实施，因此，需要调整和改变德国国家标准以适应欧洲和国际标准。例如，从 2008 年 6 月开始生效的 DIN EN 15664-1 标准规定了饮用水中金属元素的含量。因此，饮用水系统和设备中使用镍基钎料钎焊的热交换器，将会有镍离子含量超标的危险。很长时间以来，镍基钎料钎焊部件的应用标准是 DIN 50930-6 标准定义的 "5% 标准"。在目前的形势下，欧盟饮用水水质指令修正案中对镍基钎料的限定，将会导致钎料供应商和消费者蒙受严重的经济损失。在此之前，镍基钎料从来没有出现在危害性材料的名单之中。按照 DIN EN 15664-1 标准，正在进行对镍基钎料中镍离子向饮用水中释放情况的调查研究，这将致使镍基钎料被列入有害材料名单。

18.1　引言：耐蚀钎料的应用

含有硼、硅、磷等元素的镍基合金钎料是钎焊大尺寸、耐蚀接头的最理想选择，这些非金属元素的加入可以降低熔点并提高钎料对母材的润湿性。然而，它们也会导致在接头中形成脆性的金属间化合物相，其中铬硼化合物可以提高合金的耐蚀性，但也容易形成脆性的硼化铬。最坏的情况是这些相在钎缝中央以连续带形式分布（图 18.1），这将致使接头强度急剧下降。

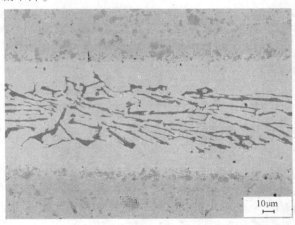

图 18.1　钎缝中央的带状连续脆性相（钎料为 Ni102）

镍基钎料接头性能对钎缝宽度的典型依赖性可以解释为：与短扩散路径严格一致的临界钎缝宽度可以避免带状脆性反应相的形成。根据所使用的钎料、钎焊温度和保温时间，临界间隙范围为 $50\sim200\mu m$。临界间隙调整后，非金属元素扩散到母材中的同时不会在钎缝中间形成脆性相反应带。而当钎缝宽度超过这一临界宽度时，脆性相的生成是不可避免的，如图 18.1 所示。然而，如此小的间隙需要很高的加工成本，虽然可以通过适当调节工艺参数来降低加工成本，例如，通过延长保温时间或适当的热处理工艺使已经形成的脆硬相固溶，从而减少其数量。但这会花费大量的时间，工艺成本也很高，并且会对金属母材造成破坏。除此之外，含磷的镍基钎料中磷的扩散速率低，使得硬脆相在固溶处理后不能完全消失。同时，由于硼的扩散速率高，会扩散至钎缝边缘或母材内部。硼与铬的亲和力较强，两者会反应生成硼化铬，从而导致母材中铬的含量降低。如果近钎缝处母材中铬的质量分数低于13%这一临界值，则其耐腐蚀能力是不够的。

虽然镍基钎料合金有产生硬脆相的风险，但由于其具有流动性极好、填缝性能良好和接头强度高等特点，仍被广泛使用。在很长一段时间内，镍基钎料合金仍是众多课题研究的主题，研究内容包括工艺技术和冶金方法。

18.2 饮用水装置的材料及其部件

饮用水的质量及其成分必须严格遵守相关标准，对化学成分以及微生物要求都有详细规定。选择适当的材料有利于保证饮用水装置系统中金属元素的含量不超标。

饮用水装置系统中材料的可用性受到技术条件（材料和饮用水之间的传质是否允许）、健康和安全条件以及饮用水气味、味道等的限制。某种材料是否能用于制造饮用水装置系统的部件取决于其是否符合饮用水标准中的特定参数（PW）。这个参数与消费者每周平均用水量有密切关系，根据式（18-1）对某种材料进行评估计算，该公式所使用的数据参照标准 DIN EN 15664-1，这一标准适用于小口径的具有装置参数 B 的管材

$$M(T_n) \leqslant W(15) = \mathrm{PW}\left(\frac{A}{B}\right) \tag{18-1}$$

式中，M 是浓度测量值 C 的算术平均数；T_n 是最后测量时的时间；PW 是参数值；A 是与被评价材料接触的饮用水面积和与测试标记接触的饮用水全部面积的比值，依据标准 DIN 50930-6；B 是装置参数，依据标准 DIN 50930-6。

满足以上方程式的材料即可用于饮用水装置系统，因为目前已有若干有效的标准（EN 15664-1 和 DIN 50930-6），所以对材料的评价是十分困难的，必须考虑到这一点。

表 18.1 中列出了某些饮用水装置系统的商用配件，如棒材、管材和阀门等的某些PW 参数值。

标准 DIN 50930-6 中包含了对 pH 值、有机碳总量（TOC）、酸碱含量以及某些材料使用过程中不可避免的伴生元素（如砷、硫、磷）的最大浓度值等的额外限制标准。它规定了下列材料的使用状态：碳钢和镀锌钢；铜，镀锡的铜和铜合金；不锈钢；铅。

表 18.1　依据 DIN 50930-6 标准的饮用水装置系统用材料的 PW 值

安装部件种类	材料	参数	参数值（PW）
管道和配件	铜	Cu	2g/m³
		Pb	10mg/m³
		Cd	5mg/m³
	镀锌钢	亚硝酸盐	0.5g/m³
		铵	0.5g/m³
	铅	Pb	10mg/m³
	碳素钢	Fe	200mg/m³
阀门和管接头	Cu-Sn-Zn 合金	Cu	2g/m³
		Pb	10mg/m³
		Ni	20mg/m³
	Cu-Zn 合金	Cu	2g/m³
		Pb	10mg/m³
		As	10mg/m³
	Cu-Ni 合金	Cu	2g/m³
		Ni	20mg/m³
热水器		Cu	2g/m³
		Ni	20mg/m³
		亚硝酸盐	0.5g/m³
		铵	0.5g/m³

　　虽然在这个标准中并没有明确列出镍及镍合金，但是一些关键领域，如生活设施、化学和食品工业等中的多层结构件（如板式热交换器和阀门等）经常使用镍基钎料。

　　饮用水装置系统的阀门表面通常涂覆一层铬来防止机械磨损并起装饰作用。在镀铬时，为了使铬层的黏附力更强，一般先电镀一层 0.5~25μm 厚的镍。某些构件具有敞口结构，因此其内表面也要镀镍。这样，部件只有一部分表面镀铬，在此后的应用过程中，仍然会向饮用水中释放镍离子。这样的阀门只适用于镍涂层与水接触面积不超过总面积的 20% 的情况。

　　依据 DIN EN 15664-1 标准，Werner 和 Klinger 对重金属离子的释放展开了研究。将镀镍水管的柔性连接软管放置于测试系统中，分别检测原始状态试样和去除镍镀层状态的试样，测试用水采用中等硬度的地下水，pH 值在 7.1~7.4 之间。在设计的停留时间过后取出试样，计算金属离子浓度的算数平均值。

　　结果表明，有时镍离子浓度会明显超过临界值 20μg/L，并且当连接软管的类型不同时，镍离子浓度不会立即增加，有的直到几个星期后才增加。而在试验过程中，它的浓度随后会降低到临界值，因此，不能忽略这种镍离子随时间延长自然渗入的情况。正是基于此，应该重新考虑饮用水装置中镀镍涂层构件的要求。

总的来说，这些数据表明镍基材料并不适用于这些领域，包括上面所说的板式热交换器。但由于它们的投资成本和操作成本较低，相对于目前工业上使用的管束式热交换器和螺旋式热交换器，使用镍基材料替代的成本较低。此外，板式热交换器还具有很好的传热能力，并且其紧凑的设计更适合较小的空间。在热交换器的制造技术上，几乎只使用 X5CrNiMo17-12-2 钢（1.4401）。板式热交换器是由多层压型金属板堆叠，并通过螺栓或钎焊实现连接的。这种板形结构形成了一组平行或阶层的狭窄管道系统。板式热交换器的结构如图 18.2 所示。饮用水的流动方向和加热后水的流动方向相反，它们被管道内的板隔开。这种板形结构导致了剧烈湍流的形成，加上板很薄，厚度约为150μm，因此传热效率得到了提高。

使用铜基或镍基钎料对热交换器进行高温钎焊-热处理，该过程要求真空度接近 5×10^{-4} mbar，在 1040℃ 先进行热处理，保温一定时间直到构件被加热均匀；之后升温到钎焊温度 1100℃，钎焊工艺过后在氮气气氛中快速冷却，使得不稳定的奥氏体钢（1.4401）经受固溶退火处理。热处理过程中第二相（碳化物和金属间化合物相）会溶解，而快速冷却又避免了其重新析出，因此，得到的奥氏体中的合金元素的含量与退火温度下的平衡浓度相比是过饱和的。对工具钢也可以使用相似的钎焊-热处理复合工艺进行钎焊和退火处理。

图 18.2 板式热交换器的结构

板式热交换器在使用时会暴露在高温、机械应力和腐蚀应力的环境中，因此应选用化学稳定性好的材料（包括钎料）。饮用水的最大允许温度是 60℃，而在加热时水温最高可以达到 90℃。饮用水在板式热交换器入口处的温度为 10~15℃，所以材料应具有较高的热稳定性。如果是在一个冷热交替的不均匀工作环境中，则热循环会导致裂纹的出现。一般情况下，饮用水管道内部由压力造成的机械应力约为 5bar，但最高也可能达到 20bar，尤其是在使用电磁阀等快速关闭的继电装置时。钎焊的热交换器有决定性的优势，因为不需要进行密封处理，与采用螺栓连接的热交换器相比，它可以承受更大的压力。尽管如此，热交换器使用的关键依然是下面将要提到的腐蚀应力的预防。

在过去，用于加热饮用水的由铜基钎料钎焊的板式热交换器往往存在严重的腐蚀破坏，其在供水一侧没有腐蚀或腐蚀较轻，而在饮用水一侧则会发生剧烈的腐蚀（图18.3）。这是因为在输送水系统中存在不同浓度的溶解氧。新的饮用水含氧量高；而在紧邻的热水循环系统中，氧气因为在短时间内发生的腐蚀被消耗光，所以几乎不存在。氧的存在往往可能导致阴极氧化还原反应，这是金属发生电化学（阳极）腐蚀的驱动力。因此，在富氧饮用水循环系统中发生腐蚀的风险较高。

虽然铜和不锈钢是具有高化学电势的耐蚀材料，但在两种材料的接头处也会形成腐蚀电池。铜的电极电势稍高于不锈钢，所以局部腐蚀和阳极溶解会发生在铜一侧。在导电性良好的水中（200~1000μS），上述反应会更加剧烈，因为在一个板式热交换器中，钢和铜基钎料表面的差异非常大。铜基钎料的溶解一方面会导致饮用水的泄漏，另一方面也会增加饮用水中铜离子的浓度。加热水和饮用水会混合在一起或者泄漏到外面，尤其是在使用镀锌钢管的暖水系统中，铜离子的浓度超出了限定值，会导致严重的腐蚀问题。为了防止装置中的铜合金部件出现点状腐蚀，不允许使用镀锌钢管。这就是德国标准协会在标准 DIN 1988-7（饮用水装置技术条例。第 7 部分：腐蚀危害的避免和基础理论）中规定不允许铜和镀锌钢管连接的原因。只有用于加热水的板式热交换器可以使用铜基钎料进行钎焊。这种腐蚀现象也取决于水的化学成分（盐、硫酸盐和氟化物浓度）。因为镍基钎料具有更好的耐蚀性，所以饮用水的加热系统中可以使用镍基钎料。

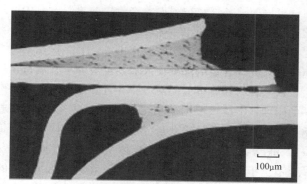

图 18.3　板式热交换器横截面边部形貌：饮用水一侧钎料
完全溶解，加热水一侧未发生腐蚀

18.3　现行饮用水规定及标准

2001 年 5 月 21 号修正的饮用水水质指令（DWD）在 2003 年 1 月 1 日开始实施，使得 EC 98/83 "人类使用水质量" 标准在国际法中得以实现。该指令对水中的病原体（微生物）、示值参数以及化学物质等做了直接限定，以确保饮用水的安全性，从而保护欧盟消费者的身体健康。2003 年初颁布的修正案中规定了饮用水中镍离子的浓度由 50μg/L 降低到 20μg/L，与此同时标准草案开始被采纳，并将德国国家标准与欧洲标准接轨。在安装饮用水系统时，镍基钎料往往被用于钎焊热交换器，因而存在镍离子浓度超标的危险。欧洲饮用水指令指出，要通过检测代表性水样每周的平均参数值来获得较为精确的镍离子浓度。DIN 50930-6 标准（管、水槽等设备内部的金属材料的腐蚀，第6 部分：饮用水质量的影响）对镍离子浓度做了规定；2008 年 6 月，其检测标准是 DIN EN 15664-1（金属材料对人类饮用水的影响——金属元素释放的评估——第 1 部分：设计和操作）。到目前为止，镍基钎料钎焊构件一直遵循 DIN 50930-6 标准中建立的"5% 标准"："镍基钎料在构件（如管道电加热器）中接触水的表面积不应超过整个构件与水接触表面积的 5%，而在其他所有情况下都要单独确认"。自从 DIN EN 15664-1 标准实施后，DIN 50930-6 的检测标准变得不确定，因为两者不完全一致。直到 2009 年 7 月，上述标准都是有效的，而这使得消费者非常迷惑。与此同时，DIN 50931-1 标准被撤销。

很多人都质疑过镍基钎料的使用，例如，Pajonk 曾说："由于镍基钎料会向饮用水中释放镍离子，随着欧洲饮用水指令的实施它将被永远被禁止使用。"为了实现进一步的工业化应用，人们开始寻找腐蚀检测结果良好的各种钎料。在实施 DIN EN 15664-1 标准之前，为了遵守饮用水指令，严禁私营企业使用镍基钎料，因为这些企业没有合适的检测手段。尤其是用镍基钎料箔带钎焊的板式热交换器，钎料与水接触的钎焊表面积大，导致限定参数值很难被检测出来。

进行适当的测试可以使镍基钎料被列入允许使用的材料（CPDW：与饮用水接触的结构产品）名单之中，但到目前为止该举措一直没有得到实施。这是因为其调查研究非常复杂且昂贵，尤其是对中小企业，实施难度极大。

饮用水中镍离子最大允许含量的降低使人们逐渐放弃了在制造饮用水装置过程中使用镍基钎料的想法。铁基钎料具有很大的潜力，并且其最大的优势是经济性良好。为了确保材料具有足够的耐蚀性，应该根据使用广泛的奥氏体型不锈钢选择铁基钎料的成分。奥氏体型不锈钢具有相对较高的镍含量，根据钢材的不同类型，镍的质量分数甚至可以高达 31%。Schwenk 等人早已证明，在奥氏体型不锈钢（以及研发的镍基钎料）中即使镍含量很高，也不至于导致镍离子浓度的增加。在具有低 pH 值的液体中也可以看出，即使有强腐蚀剂存在，镍离子析出的含量也没有增加。基于这些结果，DIN 50930-6 标准规定，允许在饮用水装置中使用不锈钢（无论成分如何）。没有必要过滤掉饮用水中的铁离子和铬离子，因为与镍氧化物相比，铁氧化物和铬氧化物在水中几乎是不溶解的。当使用一种与不锈钢成分相似的铁基钎料时，金属元素的含量不会超过欧洲饮用水指令规定的限定值。

18.4　测试装置和样品

目前并不知道是否有人已按照 DIN EN 15664-1 标准和 DIN 50931-1 标准对钎料进行了检测。在 Chemnitz，人们按照 DIN EN 15664-1 标准设计了一种测试装置（图 18.4），它的每一个测试单元（图 18.5）长 100mm，内径是（17±0.3）mm，内部放置 3 组试样，每组试样有 5 片。

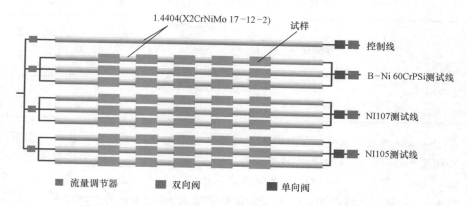

图 18.4　按照 DIN EN 15664-1 标准设计的测试装置示意图

测试的结果是在每条检测线上，试样与水接触的表面积和总表面积的比值是 0.9。研究者设计了三种不同钎料，并以 1.4404 不锈钢（X2CrNiMo17-12-2）为参照材料，这与 DIN EN 15664-1 标准（1.4401，X5CrNiMo17-12-2）不同，因为需要焊接。

试样内部用特定钎料钎焊或涂覆，钎料均匀地涂覆于内表面，随后在合适的钎焊温度下进行真空钎焊。该试验中选用的镍基钎料为标准的 NI105、NI107 以及 B-Ni60CrPSi 钎料（表 18.2）。

图 18.5　内表面涂覆钎料的试样

表 18.2　测试用钎料的成分及推荐钎焊温度

名称	化学成分(质量分数,%)	钎焊温度/℃
NI105	71Ni,19Cr,10Si	1190
NI107	76Ni,14Cr,10P	980
B-Ni60CrPSi	60Ni,30Cr,6P,4Si	1090

该装置使用一个可编程序控制器（PLC）监测和控制测试过程，以保证由 DIN EN 15664-1 标准定义的 24h 循环的连续性。这个过程模拟一个普通家庭的饮用水流速，一般情况下它的止流时间为 0.5~8h。根据表 18.3 进行抽样调查，因为在测试之前表中的两个标准都已经生效，所以可以结合测试周期进行灵活分析。

除了常规的 24h 周期之外，研究者还模拟了更长的止流时间，如假期中的止流时间。依据 DIN 50931-1 标准，研究者也进行了 48h（试验时间为 4 周）和 72h（试验时间为 12 周）止流时间的水样分析。

表 18.3 不同标准的测试周期（取出试样时间）的比较

标准	计划测试周										
	1	2	3	4	6	8	12	16	18	21	26
DIN 50931-1	×	×	×		×		×		×		×
DIN EN 15664-1			×			×	×	×		×	×
取出试样时间	×	×	×	×	×	×	×	×	×		×

在 Chemnitz 开展的试验中，测试装置与城市标准的饮用水装置（输送管道的材质为铜）相连。测试空间内的测试温度接近 20℃，水温根据季节的变化而变化。按照 DIN EN 15664-1 的规定，对被检测水的数据分析依据标准方法进行，结果见表 18.4。被监测水中 Cu 含量（最大 77μg/L）、Zn 含量（最大 60μg/L）的检测结果是在欧洲饮用水条令限制内（Cu 的最高含量为 2mg/L）。所有试样都是在有资质的实验室 Südsachsen Wasser GmbH 中进行分析的。每个抽样的测试体积约为 50mL，镍离子分析的测试误差为 15.9%。

表 18.4 Chemnitz 的测试水化学成分

参　　数	测 量 范 围	单　　位
pH 值	8.4~8.6	
20℃ 下的电导率	234~245	μS/cm
氧气溶解量	9.47~11.4	mg/L
pH 值为 4.3 时的酸容量	0.81~0.86	mmol/L
总有机碳（TOC）	1.6~1.7	mg/L
Ca	27.7~29.1	mg/L
Mg	5.7~6.2	mg/L
K	1.3~2.3	mg/L
Na	6.4~9.9	mg/L
磷酸-磷	0.04	mg/L
硅酸	5.22~7.61	mg/L
氧化物	19.9~21.2	mg/L
硝酸盐	15.5~16.6	mg/L
硫酸	35.5~39.8	mg/L
Cu(极限值:10μg/L)[①]	35~77	μg/L
Fe(极限值:50μg/L)[①]	20~30	μg/L
Mn(极限值:5μg/L)[①]	<20[②]	μg/L
Zn(极限值:50μg/L)[①]	10~60	μg/L
Ni	2	μg/L

① 测试值由 DINEN 15664-1 确定。测试水中，浓度超标的用粗体字标出。

② Südsachsen Wasser GmbH 使用的分析方法的检测极限值为 20μg/L。

18.5　测试结果

18.5.1　参数 *A* 和参数 *B* 的测定（参照 DIN 50930-6）

参数 *A* 是试样与水的接触面积（A_p）和总面积（A_g）的比值，这些面积的计算结果列于表 18.5 中。

试样的参数 $A = 0.0732$，参数 *B* 的值可以在标准 DIN 50930-6 中的表 3 中查到（DN10~DN25 时，$B = 1.0$）。

将镍浓度的参数值（$PW = 20\mu g/L$）以及参数 *A* 和参数 *B* 代入式（18-1），可计算出 *W*（15）为 $1.46\mu g/L$。测试过程最后 *M*（*T*）的平均值必须小于或等于 *W*（15）。表 18.6 中列出了 T_{21} 和 T_{26} 测试阶段的最大浓度和平均值，测试结果显示，试验过程最后镍离子的平均浓度小于 *W*（15）。因此，可认为试验用的镍基钎料适用于饮用水装置。

表 18.5　按 DIN 50930-6 标准计算参数 *A* 和 *B* 所需 A_p 和 A_g 计算结果

尺　　寸		计 算 过 程
试样与水的接触面积	$n_p = 15$ $d_{ip} = 17mm$ $l_p = 100mm$	$A_p = n_p d_{ip} \pi l_p$ $= 80111mm^2$
总面积	$n_r = 4$ $d_{ir} = 17mm$ $l_r = 5500mm$	$A_g = A_r - A_p = n_r d_{ir} \pi l_r - A_p$ $= 1094845mm^2$

注：A_g（mm^2）—总面积；A_p（mm^2）—试样与水的接触面积；$n_{p/r}$—试样/需要试样数量；$d_{ip/ir}$（mm）—试样/控制管道的内径；$l_{p/r}$（mm）—试样/控制管道的长度。

表 18.6　试验时间 T_{21} 和 T_{26} 时的镍离子浓度平均值和最大值

钎料	$C_{max}(T_{21})$ $/(\mu g/L)$	$C_{max}(T_{26})$ $/(\mu g/L)$	$M(T_{21})$ $/(\mu g/L)$	$M(T_{26})$ $/(\mu g/L)$	$M(T_{26}) \leqslant W(15)$ $[W(15) = 1.46\mu g/L]$
NI105	1.4	1.4	1.2	1.2	充分填满间隙
NI107	1.5	1.4	1.3	1.1	充分填满间隙
Ni60CrPSi	2.4	1.1	1.5	1.1	充分填满间隙

注：*C*（$\mu g/L$）—离子浓度；C_{max}（$\mu g/L$）—离子浓度的最大值；*M*（$\mu g/L$）—离子浓度的平均值；T_n（h）—试验时间

18.5.2　不同试验阶段止流时间的镍离子浓度

根据每个试验阶段止流时间的镍离子浓度绘制止流时间-浓度曲线（止流浓度曲线），镍离子的释放量通过试验过程中的平均浓度值展示。为了绘制每一条测试管道（*n*）的止流浓度曲线，每一个止流时间（*t*）和试验时间（*T*）时的镍离子浓度（c_n^*）都必须严格按照式（18-2）进行计算，c_n^* 等于每一条测试管道 c_n（*T*，*t*）的镍离子浓度减去控制管道的空白值（c_{CL}），即

$$c_n^*(T, t) = C_n(T, t) - c_{CL}(T, t)$$

$$(18-2)$$

镍离子浓度为负值表示其浓度低于检测极限。如果控制管道中镍离子的测量浓度低于检测极限，那么 $c_n^*(T,t)=c_n(T,t)$。

18.5.3 镍基钎料：NI105、NI107 和 Ni60CrPSi

研究者测量了 Ni60CrPSi、NI107 和 NI105 三种镍基钎料在饮用水中的镍离子浓度。结果是三种钎料的镍离子测量浓度均未超过饮用水法令规定的极限值。在按照式（18-2）绘制止流时间-浓度曲线时，应该用空白值（控制管道中的镍离子浓度）修正测试管道中的镍离子浓度，这会导致 c_n^* 出现负值的情况，可以理解为 c_n^* 低于浓度检测极限。然而，为了表示出测试管道中镍离子浓度，人们放弃了对 c_n^* 的修正，并将测试管道（NI105 钎料）和控制管道（1.4404 不锈钢）的止流时间-浓度曲线同时列出进行对比（图 18.6~图 18.11）。

控制管道和测试管道中的镍离子测量浓度值相近，这是因为在测量时参照材料 1.4404 不锈钢与水的接触面积较大。而镍基钎料在测试单元中与水的接触面积只占整个测试单元与水接触面积的 7%。在这种测试状态下，如与水的接触面积比约为 1：14（钎料与参照材料之比）的区域，镍离子浓度主要由参照材料决定。尽管如此，考虑到钎焊接头面积通常只占整个管道面积的 7% 以下，这个结果是非常好的。

1. 第 1~4 周

在试验开始的第 1 周，由于还没有形成钝化层，材料和饮用水之间发生了强烈的相互作用，所以镍离子检测浓度相对较高。第一周内经过 0.5h 和 8h 止流时间后的镍离子浓度测量值 [根据式（18-2）计算] 都没有超过限值：

$$c_n^*(1,0.5)=0.5\mu g/L$$

$$c_n^*(1,8)=2.4\mu g/L$$

这个结果表明，经过 8h 的止流时间后，镍基钎料中的大部分镍离子已释放到水中。接触部分的反应因为受到钝化层形成的影响而逐渐被抑制，通过镍离子浓度的降低反映出了材料的钝化效果。

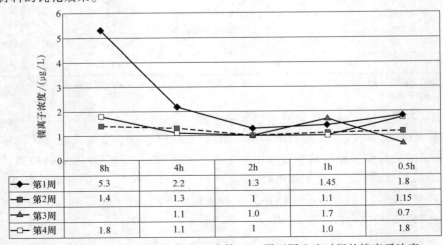

	8h	4h	2h	1h	0.5h
第1周	5.3	2.2	1.3	1.45	1.8
第2周	1.4	1.3	1	1.1	1.15
第3周			1.1	1.0	1.7	0.7
第4周	1.8	1.1	1	1.0	1.8

图 18.6　测试管道（NI105 钎料）中第 1~4 周不同止流时间的镍离子浓度

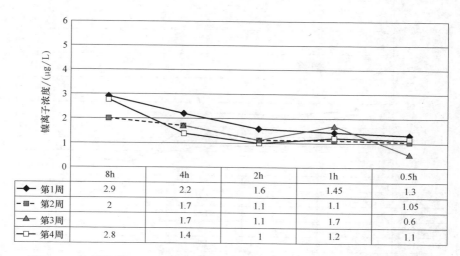

	8h	4h	2h	1h	0.5h
◆ 第1周	2.9	2.2	1.6	1.45	1.3
■ 第2周	2	1.7	1.1	1.1	1.05
▲ 第3周		1.7	1.1	1.7	0.6
□ 第4周	2.8	1.4	1	1.2	1.1

图 18.7　控制管道（1.4404 不锈钢）中第 1~4 周不同止流时间的镍离子浓度

2. 第 6~16 周

在第 10 周时钝化层已经形成，即使在很长的止流时间（4h 或 8h）内，镍离子的浓度也非常稳定，测试管道中镍离子浓度的测量值在 1.0~1.2μg /L 之间。

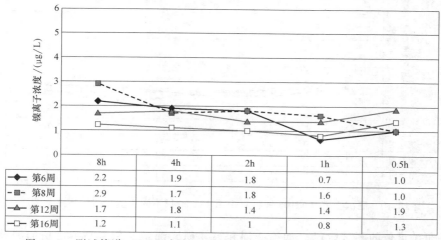

	8h	4h	2h	1h	0.5h
◆ 第6周	2.2	1.9	1.8	0.7	1.0
■ 第8周	2.9	1.7	1.8	1.6	1.0
▲ 第12周	1.7	1.8	1.4	1.4	1.9
□ 第16周	1.2	1.1	1	0.8	1.3

图 18.8　测试管道（NI105 钎料）中第 6~16 周不同止流时间的镍离子浓度

3. 第 18~26 周

导致材料表面形成钝化层的反应阻止了水和管道材料之间的相互接触，所以镍离子的浓度不再增加。从图中可以看出，镍离子浓度在试验的最后几周一直在 1.1~1.4μg/L 之间保持稳定。

图 18.12 所示为在整个 26 周的测试时间内，三种测试镍基钎料（NI105、NI107 和 Ni60CrPSi）和参照材料的平均镍离子浓度。无论哪种材料，在前 7 周内测量值有明显

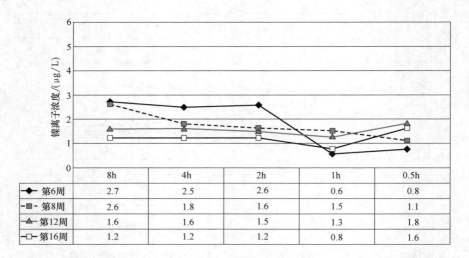

	8h	4h	2h	1h	0.5h
◆ 第6周	2.7	2.5	2.6	0.6	0.8
■ 第8周	2.6	1.8	1.6	1.5	1.1
▲ 第12周	1.6	1.6	1.5	1.3	1.8
□ 第16周	1.2	1.2	1.2	0.8	1.6

图 18.9   控制管道（1.4404 不锈钢）中第 6~16 周不同止流时间的镍离子浓度

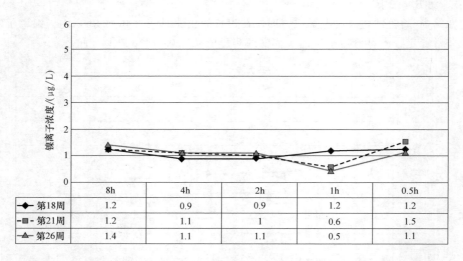

	8h	4h	2h	1h	0.5h
◆ 第18周	1.2	0.9	0.9	1.2	1.2
■ 第21周	1.2	1.1	1	0.6	1.5
▲ 第26周	1.4	1.1	1.1	0.5	1.1

图 18.10   测试管道（NI105 钎料）中第 18~26 周不同止流时间的镍离子浓度

变化，低浓度值的测试阶段（如第 2 周和第 4 周）通常紧随着高浓度值的测试阶段（如第 1 周和第 3 周），这是由测量允许误差相对较高（约为 16%）以及水成分的自然波动造成的。在第 6 周和第 18 周，由于钝化层的形成造成镍离子浓度显著降低；从第 19 周开始，镍离子的浓度几乎没有发生任何变化，所有测试材料的镍离子浓度值都在 0.9~1.5μg/L 之间。

该研究用不同的止流时间模拟用户正常用水的情况，也模拟了用户长时间不在的情况。例如，通过在 3 周（48h 止流时间）和 13 周（72h 止流时间）后取出试样的方式来模拟假期用水情况。图 18.13 所示为每一种止流时间的平均镍离子浓度。结果证明，

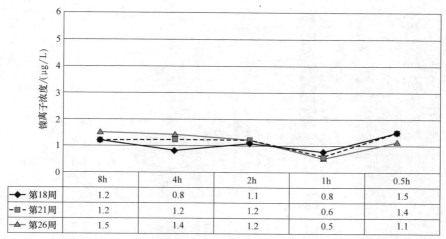

图 18.11　控制管道 （1.4404 不锈钢） 中第 18～26 周不同止流时间的镍离子浓度

止流时间在 0.5～8h 范围内，测试材料所在水中的镍离子浓度值低于规定的限值；48h 止流时间后，镍离子的浓度值稍微高于 72h 后的浓度值。造成这一现象的原因是钝化层在第 3 周 （48h 止流时间） 后仍没有充分形成。第 13 周时 （72h 止流时间） 镍离子浓度降低，认为是材料和饮用水之间的反应被钝化层抑制所致。在 NI107 钎料测试管道中，经过 72h 止流时间的镍离子浓度比 48h 后的更高，这种矛盾的现象只能解释为先前的分析不够精确。测试得到的最大浓度为 7.9μg/L，这表明即使经过长时间的止流，镍离子浓度也不会超过 20μg /L 的限值。

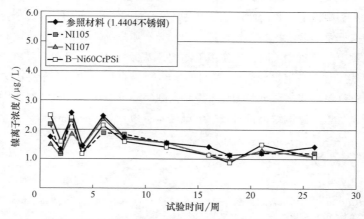

图 18.12　整个 26 周的测试时间内测量的各镍基钎料试样的平均镍离子浓度

总结按照标准 DIN EN 15664-1 对镍基钎料 Ni60CrPSi、NI105 和 NI107 进行动态测试的结果显示，没有任何止流时间 （即使为 72h） 的镍离子浓度超出限定值。随着试验的进行，材料表面钝化层的形成使镍离子浓度明显下降，直到测试结束镍离子浓度值基本保持稳定。

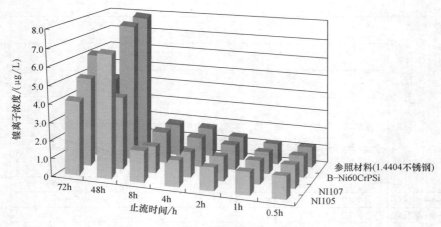

图 18.13 每个止流时间段的平均镍离子浓度

18.6 结论

在 2001 年 5 月 21 日开始生效的欧洲饮用水法令（DWD）中，饮用水中的镍离子允许浓度由之前的 50μg/L 降到 20μg/L，与此同时开始将标准草案改编或转化为德国国家标准，以适应欧洲标准。例如，DIN EN 15664-1 标准规定了饮用水中允许释放的金属离子的浓度，并从 2008 年 6 月开始生效。在饮用水装置系统中，镍基钎料常用于热交换器的钎焊，因此，就会存在镍离子浓度超出限值的风险。直到现在的 DIN 50930-6 标准中，构件接头中镍基钎料的使用被限定为 5%。对镍基钎料的使用禁令会给相关工业的不同部门带来严重的经济损失，如钎料生产厂商和用户等。镍基钎料还没有被列入许可使用的材料名单中。但研究表明，当使用不同的镍基钎料时，饮用水中镍离子的浓度并不会超出由欧洲饮用水法令规定的限值。我们用参照材料（1.4404 不锈钢）进行了重要的对比研究，所有钎料的测试结果并无显著区别。在一些分析中，镍基钎料所在水中的镍离子浓度甚至更低。这项测试结果只对较软的碱性水有效，如 Chemnitz 地区的水。

18.7 参考文献

Hoyer, I.: *Beitrag zur Entwicklung von Hochtemperaturloten auf Eisenbasis.* Dissertation. TU Chemnitz 2005.

Wielage, B.; Hoyer, I.: *Modifizierte Ni-Basis-Standardlote zum Hochtemperaturlöten von hochlegierten, stark korrosiv beanspruchten Stählen.* AiF Abschlussbericht. AiF-Nr.: 14.439 B. Chemnitz 2007.

Steffens, H.-D.; Dammer, R.: Thermodynamisch-metallkundliche Betrachtung während des Hochtemperaturlötens durch Zwangspositionierung der Fügepartner. In: *DVS-Berichte*, Band 92. Hochtemperaturlöten, S. 19–23. Düsseldorf: DVS-Verlag 1984.

Steffens, H.-D.; Wielage, B.; Dammer, R.; Lebküchner-Neugebauer, J.: Fertigungstechnische Beeinflussung der Erstarrungsvorgänge beim Hochtemperaturlöten unter Druckaufbringung. In: *Materialwissenschaft und Werkstofftechnik*, Bd. 22, Heft 6, S. 197–202, 1991.

Steffens, H.-D.; Wielage, B.; Weiss, B.-Z.: Beitrag zur Phasenanalyse in hochtemperaturgelöteten Verbindungen. In: *DVS-Berichte*, Band 92. Hochtemperaturlöten, S. 77–87. Düsseldorf: DVS-Verlag 1984.

Lugscheider, E.; Cosack, T.: Erosionsverhalten von Nickelbasisloten beim Hochtemperaturlöten. In: *Schweissen und Schneiden*, Bd. 41, Heft 7, S. 432–345, 1989.

Lugscheider, E.; Aulerich, M.: Innovative Fügetechniken für Mikrobauteile. In: *DVS-Berichte*, Band 192. Hart- und Hochtemperaturlöten und Diffusionsschweissen, S. 265–266. Düsseldorf: DVS-Verlag 1998.

Kim, D.S.: *Entwicklung niedrigschmelzender Hochtemperaturlote auf Silizidbasis zum Fügen von Stählen*. Dissertation. Technische Hochschule Aachen 1990.

Schittny, T.: *Untersuchungen zum Hochtemperaturlöten mit nicht kapillarem Lötspalt*. VDI.

Liessfeld, R.: Die neue Trinkwasserverordnung – wichtige Pflichten der Wasserversorger. *Energie Wasser Praxis*, Heft 1, S. 10–15, 2003.

N.N.: DIN 50930-6: Korrosion metallischer Werkstoffe im Innern von Rohrleitungen, Behältern und Apparaten bei Korrosionsbelastung durch Wasser. Teil 6: Beeinflussung der Trinkwasserbeschaffenheit. Berlin: Beuth-Verlag 2001.

Werner, W.; Klinger, J: Untersuchungen zur Nickelabgabe von flexiblen Anschlussschläuchen mit vernickelten Verbindern für Sanitärarmaturen. *Energie Wasser Praxis*, Heft 3, S. 67–71, 2009.

Pajonk, G.: Korrosionsschäden an gelöteten Plattenwärmetauschern. In: *Sonderbände der praktischen Metallographie*, Bd. 36, S. 371–378, 2004.

Stichel, W.: Korrosionsprobleme mit gelöteten Plattenwärmetauschern aus nichtrostendem Stahl. In: *Materials and Corrosion*, Bd. 49, Heft 3, S. 189–194, 1998.

Bargel, H.-J.; Schulze, G.: *Werkstoffkunde*. Berlin, Heidelberg: Springer Verlag 2005.

Kawe, W.; Martinez, L.: Hochtemperaturlöten von Plattenwärmetauschern. In: *VDI-Berichte*, Nr. 1072, S. 187–192, 1993.

Schneemann, K.: Schädigungen an austenitischen Stählen im Kraftwerk. In: *Nichtrostende Stähle im Kraftwerks- und Anlagenbau. Tagungsband zur 6. Jahrestagung Schadensanalyse 1994 in Würzburg*, S. 207–236. Düsseldorf: VDI-Verlag 1994.

N.N.: Gelötete Plattenwärmetauscher. Informationsbroschüre der Firma GEA Ecoflex.

Klümper, T.H. u.a.: Wasserverwendung – Trinkwasser – Installation. München, Wien: Oldenburg Industrieverlag 2000.

Köhler, S.: Schäden an gelöteten Plattenwärmetauschern bei der Erwärmung von Trinkwasser. In: *Materials and Corrosion*, Bd. 50, S. 227–232, 1999.

N.N.: DIN EN 14868: Korrosionsschutz metallischer Werkstoffe – Leitfaden für die Ermittlung der Korrosionswahrscheinlichkeit in geschlossenen Wasser-Zirkulationssystemen. Berlin: Beuth Verlag 2005.

N.N.: DIN EN 12502-1: Korrosionsschutz metallischer Werkstoffe – Hinweise zur Abschätzung der Korrosionswahrscheinlichkeit in Wasserverteilungs- und speichersystemen. Teil 1: Allgemeines. Berlin: Beuth Verlag 2005.

N.N.: DIN 1988-7: Technische Regeln für Trinkwasser-Installationen. Teil 7: Vermeidung von Korrosionsschäden und Steinbildung. Berlin: Beuth Verlag 2004.

Lugscheider, E.; Minarski, P.: Untersuchungen zur Korrosionsbeständigkeit hochtemperaturgelöteter Werkstoffe in Trinkwasser. In: *Schweissen und Schneiden*, Bd. 41, Heft 11, S. 590–595, 1989.

N.N.: DIN EN 806-4: Technische Regeln für Installationen innerhalb von Gebäuden für Trinkwasser für den menschlichen Gebrauch. Teil 4: Installation. Berlin: Beuth Verlag 2007.

Erning, J.W.; Klein, U.: Korrosion von kupfergelöteten Plattenwärmeübertragern – die Folgen. In: *VDI-Berichte*, Nr. 1765. Korrosionsschäden in der Industrie, S. 85–95. Düsseldorf: VDI-Verlag 2003.

N.N.: Verordnung zur Novellierung der Trinkwasserverordnung. DVGW Deutsche Vereinigung des Gas- und Wasserfaches 2001.

N.N.: DIN EN 15664-1: Einfluss metallischer Werkstoffe auf Wasser für den menschlichen Gebrauch – Dynamischer Prüfstandversuch für die Beurteilung der Abgabe von Metallen; Teil 1: Auslegung und Betrieb Berlin: Beuth-Verlag 2001.

N.N.: DIN 50931-1: Korrosionsversuche mit Trinkwässern. Teil 1: Prüfung der Veränderung der Trinkwasserbeschaffenheit. Berlin: Beuth Verlag 1999.

Schwenk, W.: Untersuchungen über die Nickelabgabe nichtrostender Chrom-Nickel-Stähle in Trinkwasser. In: *gwf. Das Gas- und Wasserfach. Ausgabe Wasser, Abwasser*, Bd. 133, Nr. 6, S. 281–286, 1992.

第 19 章　铝的无钎剂钎焊

D. K. Hawksworth，萨帕集团，加拿大

【主要内容】人们现在已经可以直接利用热能和不同的技术手段实现铝工件的钎焊，而无需使用粉末钎剂。清除表面氧化物，改善钎料对母材的润湿性与流动性，对钎焊接头的形成来说非常必要。可以通过对表面镀敷钎料板的铝合金表面和钎料合金进行改性，以及使用复合自钎铝钎料来实现。本章还介绍了不同的惰性气体保护钎焊技术以及相应的钎焊机理，包括镀镍铝合金的钎焊、钎料合金化、表面电化学处理以及复合钎料的发展概况等内容。

19.1　引言

自 20 世纪 70 年代末以来，铝钎焊工业的从业人员就一直在寻找一种方法，希望达到钎焊工件前不使用成分复杂、价格昂贵的钎剂的目的。同时，他们也在寻求对保护气氛中的氧含量和环境湿度敏感性不高的钎焊工艺，但这都很困难。精确控制与应用钎剂是进行惰性气体铝钎焊的一个关键步骤，也是决定焊接质量的一个重要因素。铝的钎焊之所以特别困难，是因为铝暴露在空气中时其表面会立刻生成一层氧化膜，从而阻碍了钎料的润湿，抑制了毛细流动，导致难以形成均匀的钎焊接头。为了使熔融钎料与母材紧密接触，清除表面氧化膜是必要的，可以使用无机盐作为钎剂，通过机械的方法清除；或者通过表面沉积金属与氧化铝及其下方的金属发生反应等手段予以清除。为了阻止熔融钎料发生再氧化，采用不含氧和水蒸气的惰性钎焊气氛是必要的。

总之，为了得到令人满意的接头，如果对表面清理、部件装配以及钎焊炉内气氛等因素控制得越少，则越需要通过增加钎剂量来进行补偿（图 19.1）。但是，增加钎剂量会损害钎焊产品的整体质量（外观不好、散热通道阻塞、热性能变差、冷却剂降解及性能下降）。

简化生产过程的需求、复杂热交换器设计的进步、对焊后渗入产品的残留钎剂最少化的需求，以及人们对环境、

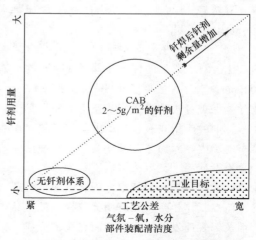

图 19.1　钎剂用量对可控气氛钎焊 CAB 工艺控制的影响

健康、安全越来越多的关注，都驱动了无钎剂钎焊技术的发展。

19.2　无钎剂钎焊的定义

　　无钎剂钎焊主要应用于铝部件的组装。在钎焊之前，通常是在惰性气体，如氮气的保护下，无需对部件或已组装的部件使用钎剂。无钎剂钎焊通常分为两种类型，即无钎剂体系（与真空钎焊相似）和自钎剂体系。

19.3　气体保护钎焊工艺的局限性

　　使用氟铝酸钾钎剂（$KF-AlF_3$ 体系，被称为 NOCOLOK 钎剂，在 20 世纪 80 年代由加拿大国际铝业公司（Alcan）发展起来）完成铝制汽车热交换器的大批量钎焊生产，已成为人们广为接受的工艺。热交换器（如散热器、冷凝器和蒸发装置）由带有搭接面的部件组装而成。这些搭接面主要位于外部，暴露在钎焊气氛中，应用钎剂相对容易。应用钎剂的方法包括在钎焊之前把组件浸泡在液态钎剂中、喷涂液态钎剂以及静电喷涂干喷钎剂。对于局部敏感的难焊区域，则需要使用料浆喷涂瓶或刷子。用于涂料型钎剂涂层的黏结剂也被用在一些组件上。

　　随着气体保护钎焊技术的提高，根据被焊组件的装配和钎焊炉条件，钎剂用量已经从常规的 $15\sim25g/m^2$ 下降到低于 $3g/m^2$，但总会有一些钎剂残渣和钎剂反应生成的氧化物留在钎焊后的表面上。当添加过量的钎剂后，熔化钎剂将在重力的作用下流动，并以大球状结晶盐的形式聚集在钎焊产品的下表面，或者形成一层薄薄的晶体，均匀覆盖在铝的表面上（取决于钎焊条件和表面的氧化物）。大量的焊后钎剂残渣会影响产品表面的均匀度和产品尺寸，还会产生钎剂粉尘。另外，钎焊部件内表面的钎剂颗粒会冲破束缚，阻塞微通道管口，据报道这会加速冷却液的降解，形成凝胶（Gershun 和 Woyciesjes，2006）。

　　成功的钎焊依赖于对炉内气氛中氧含量和露点的控制，以阻止钎料熔化与高活性钎剂氧化。对于典型的钎剂量低于 $3g/m^2$ 的气体保护钎焊来说，通常的标准是氧含量低于 100ppm，水分含量低于 128ppm（露点低于 -40℃）（Claesson 等，1995）。许多现代工业气体保护钎焊炉在工作状态下的氧含量可以控制在 50ppm 以下。

　　钎剂的应用在某种程度上阻碍了热交换器设计的进步，如带有高密度翅片组和紧密排布的小内径管的紧凑型热交换器、使用邦迪管代替焊管或螺旋式扰流焊管，以及复杂的叠板设计等。具有狭窄通道及有限端口复杂设计的热交换器组件内部的钎焊面积很大，如采用常规钎焊技术，则难以使用钎剂。在钎焊之前，大体积封闭内腔中的空气不易被惰性气体排空。在应用涂料钎剂的产品中，黏结剂的分解产物也会在钎焊过程中和钎剂及铝表面发生反应，抑制接头的形成。

　　热交换器设计也推动了高强度薄规格铝合金钎焊板的发展，这些铝合金材料常常含有一定量的不利于传统氟铝酸钾钎剂使用的镁元素。随着热交换器设计和生产工艺技术的发展，产生了简化生产工艺的需求。在处理细小的氟离子盐颗粒时，由于人们对健康、安全问题的关注以及污水处理对环境的影响，推动了不使用（或用量最小化）钎剂的钎焊技术和相应的钎后处理技术的发展。

可精密控制加热过程以及能够实现低氧、低湿度的现代化连续或半连续钎焊炉的发展，使得使用极少量钎剂钎焊甚至无钎剂钎焊成为可能。图 19.2 所示为铝钎焊技术以及相关工艺的发展过程。

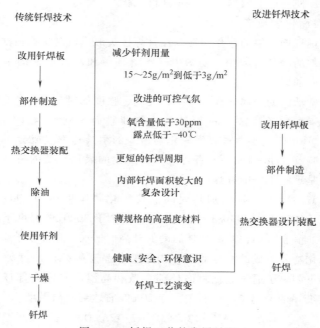

图 19.2　钎焊工艺的发展过程

19.4　无钎剂钎焊涉及的化学和冶金原理

19.4.1　金属键

为了在铝部件之间形成冶金结合，在临近表面处发生相变是十分必要的。在钎焊过程中，金属表面与内部都会发生化学冶金反应。临近表面的相变必须能让金属或合金贡献电子以形成"电子云"，电子云为整个固相所共有，于是就形成了金属（原子间）键。金属键的特征是可以导电、导热，这是电子在整个正金属离子基体中自由运动的结果。

在钎焊过程中，为了形成良好的钎焊接头与钎角，熔融钎料必须能够润湿并在钎焊板芯材合金表面流动。铺展和润湿受反应层厚度、形貌和成分的影响。润湿角受温度、时间及合金化（基体金属溶解）和成分的影响。这些因素都能改变界面能与润湿接近平衡的趋势，润湿是钎料在被连接表面上呈现的特征。为了实现很好的润湿，熔融钎料在其流动时应能够与一些金属溶解或合金化以形成一个薄反应层，接头强度受反应层的厚度和形态的影响。

表面洁净程度也会影响润湿。粉尘颗粒、油脂和机油的残留物、表面氧化物都会阻止熔融钎料的均匀润湿和铺展。因此，被焊表面不可以有这些污染物。金属表面吸收这些颗粒会显著降低固/气界面表面能，这会增大润湿角并妨碍润湿，所以焊前清理表面十分重要。表面氧化层和少量杂质会影响液/气界面表面能。钎剂的作用就是清除被焊部位的氧化物层，使基体金属露出并阻止其再氧化。

19.4.2 铝的表面化学反应

无论是否使用钎剂，铝的氧化与转变在钎焊接头形成机制中都扮演着重要角色，它会发生在待焊组件的准备过程中，受炉中气氛（如氧和水含量）的影响，同时也受工艺过程中受热情况的影响。

铝是一种非常活泼的金属元素，是一种硬度、强度都很高的白色金属。其暴露在氧气中能够在100ps内快速生成4nm厚的氧化物薄膜而达到稳定（Campbell等，1999；Emsley，1991）。氧化气氛条件对表面氧化物薄膜的生长速率、成分、表面形貌和结晶形态有重要的影响（Field，1989）。钎焊过程中发生的氧化转变的特性以及这些特性对钎料行为的影响是理解无钎剂钎焊的关键。

在500～600℃的温度下延长加热时间能使氧化物厚度达到100～400nm（Jordan，1956；Olefjord等，1994；Wittebrood等，1997）。在低于300℃的温度下，可以认为氧化物是一种连续的非晶态薄膜，其厚度随温度的升高而增加。在高温下会形成由非晶态氧化物膜和晶态氧化物膜组成的复合膜层。内层的非晶态氧化层厚度为1～1.5nm，氧化物的生长是低温下阳离子通过氧化膜向外部扩散和高温下氧向内部迁移的结果，见式（19-1）。增长和变厚的速率与温度有关，在20h左右达到极限厚度。

$$4Al^{3+} + 12e^- + 3O_2 \longrightarrow 2Al_2O_3 \tag{19-1}$$

氧化铝是两性化合物，主要用作基体物质（Srivatrava和Farber，1978）。它也会电离为弱酸性，Al_2O_3根据形成方法不同，表现为不同的多晶型和水合种类氧化物。有两种无水形式，如 α-Al_2O_3 和 γ-Al_2O_3；水合形式与AlO.OH和Al（OH）$_3$的化学计量有关。在360℃到550～590℃的潮湿氧化环境下，按式（19-2）形成水铝石；在低于450℃的温度下发生水铝石脱水，低结晶水铝石在350℃下脱水形成 γ-Al_2O_3 ［式（19-3）］。在高温下，铝直接与水反应生成结晶 γ-Al_2O_3 ［式（19-4）］。水可以来自外部环境，也可以来自水铝石的脱水 ［式（19-3）］。

$$2Al + 4H_2O \longrightarrow 2AlO.OH + 3H_2O \tag{19-2}$$

$$2AlO.OH \longrightarrow \gamma\text{-}Al_2O_3 + H_2O \tag{19-3}$$

$$2Al + 3H_2O \longrightarrow \gamma\text{-}Al_2O_3 + 3H_2 \tag{19-4}$$

19.4.3 钎焊过程中的氧化膜改性及相转变

用氟化物化学涂层对钎焊板表面改性的尝试已经获得了成功，利用氟离子与氧尺寸相近的特点，使其进入氧化物并占据氧的电位迁移位置，破坏了氧化物的生长（Prigmore，1993）。Al^{3+} 与氟离子之间形成的复杂盐进一步破坏了 Al^{3+} 阳离子的向外扩散。铝与氟离子形成一系列复杂的盐，从 AlF^{2+} 到 AlF_6^{3+}，也是氧化物薄膜中比较普遍的情形（Drazic 等，1983；Lorking 和 Mayne，1996）。人们认为，稳定的氟氧化物提高了钎焊过程中钎料的润湿性。

活性元素，如锂和镁，在微量氧的钎焊气氛中会形成厚而脆的结晶氧化膜。含镁铝合金在钎焊过程中形成了混合氧化物（Gray 等，2011）。镁从芯部扩散使得 Al_2O_3 转变成 $MgAl_2O_4$ 尖晶石，当该相饱和时则继续形成 MgO。氧化物内部的空隙被这些新的络合物占领，使得氧化物发生破裂，从而造成了熔融钎料的渗透与润湿。在铝硅钎料中形成的低熔点 Mg_2Si（553℃）也增加了钎料的活性并促进钎焊接头的形成。

19.5　无钎剂钎焊工艺

不论是使用自钎剂还是完全无钎剂，钎焊板的惰性气氛保护钎焊都已经获得了不同程度的成功。虽然这些材料的制造和准备比较复杂，但却简化了后续钎焊工艺。以下三种直接钎焊体系得到了发展：

1）钎焊板表面改性，包括化学改性和机械嵌入钎剂。

2）钎料改性。

3）钎料-钎剂复合材料。

每个体系中的钎焊接头形成机制都不相同。表面改性体系的钎焊机制类似于将传统钎剂添加到待焊组件中的过程。氧化物从表面开始破裂随后熔化，该行为由所使用的钎剂或涂层决定。在通常的气体保护钎焊中，在钎焊温度下，钎剂的行为主要是熔化、铺展以及溶解氧化膜（Field 和 Steward，1987；Jensen，1969）。表面改性体系的钎焊机制对表面条件（清洁度）、钎剂量、化学改性质量和钎焊气氛十分敏感。

钎料改性体系对钎焊气氛和氧化物状态极其敏感。钎焊气氛中的氧含量和露点十分关键，必须进行严格控制（图 19.3）。温度升高时，氧化物的化学反应以及热胀系数的差异导致钎焊时从下表面开始自然破裂。熔融钎料不能自发地润湿氧化物，导致钎焊接头的形成速度相对较慢，通常呈现为不规则形状的钎角并会在接头中形成气孔。

自钎剂复合钎料体系对气氛和表面条件最不敏感。在钎焊过程中，活性钎剂从钎料内部释放出来，并在氧化物表面下方沿着金属-氧化物界面发生作用，因此能够

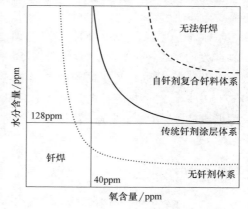

图 19.3　不同钎焊体系对钎焊气氛中氧含量和水分含量的敏感性

注：无钎剂体系要求非常低的氧含量和水分含量（低于 30ppm，露点为 -50℃）。对传统钎剂涂层体系的特殊限制是氧含量为 40ppm，水分含量为 128ppm（露点为 -40℃）。但是，自钎剂复合钎料体系的氧含量更高（>2000ppm），露点也更高（-7℃）。

抬起氧化物（以及任何表面残渣），露出非常活泼的熔融钎料层，该钎料层能够迅速润湿、铺展并流入被焊组件之间的间隙中，接头形成均匀、光滑的半月形钎角。

19.5.1 表面改性体系

不同的无黏结剂的钎剂涂层体系已得到广泛发展，包括使用等离子喷涂、冷喷涂动力金属化。福特汽车公司研制了预钎剂带，在轧制时将钎剂机械地嵌入带中（Evans，2000）。美国铝业公司（Alcoa）试验了采用高速喷涂的方法把钎剂嵌入钎焊板表面（Zhao 等，2007）。这些技术尽管已在小尺寸焊件上得到验证并用于生产钎焊样件，但并不适用于大体积钎焊板的改性。

钎焊板表面的化学改性涉及沉积金属（如镍），或形成在钎焊时能够改变表面氧化物行为的氟化物基化学涂层。20 世纪 70 年代末 80 年代初，通过在铝钎焊板上镀镍，发展了目前最成功的无钎剂钎焊体系（Cheadle 和 Dockus，1988）。该技术由加拿大 Dana 公司发明和掌握（长期生产），他们开发的在覆层钎焊板表面电沉积或化学沉积镍（或其他金属）的专利技术已用于大批量生产蒸发器、油冷却器和其他汽车热交换器。镍和铝硅合金之间的热反应导致表面氧化物充分破裂，并促进了钎料与母材的界面反应而形成接头（图 19.4）。康力斯公司（Corus）也研发了类似的镍钎焊专利技术（Mooij 等，2000），但还没有任何钎焊板的商业应用。

铝钎焊板上的氟离子化学涂层已得到一定的成功应用。这些技术经常与钎料改性（如 Bi）结合使用。氟离子化学涂层抑制了氧化膜的增长，钎焊时氟化物在氧化物/金属界面上十分活跃，它可以抬起氧化物，从而促进钎料的流动。

Childree（1999）称采用 NaF 或 KF 稀溶液浸泡覆层铝部件，可以提高钎焊质量而不需要额外使用钎剂。他认为氟氧铝酸盐的形成促进了熔融钎料的润湿。结合这项技术，添加（0.01% ~ 0.1%）的钙的钎料便能改善含镁铝合金的钎焊性。Safrany 等人于 2007 年发明了一种化学涂层方法，通过用一种碱性溶液对覆层钎焊板表面进行预处理，之后再用含有 K^+ 和 F^- 离子的硫酸电解液进行处理，K^+ 和 F^- 离子通过在电解液中加入（$KCl+NH_5F_2$）混合物的形式引入。pH 值低于 3 的电解液对于活化表面，促进稳定氟化物的形成是必要的（Safrany 等，2007）。

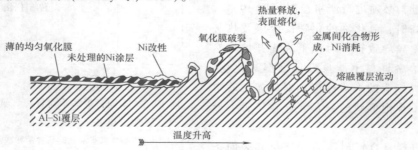

图 19.4　镍促进无钎剂钎焊机制示意图

注：镍与铝表面的放热反应能形成一种三元 Al-Si-Ni 共晶，可以有效地使氧化物破裂，促进熔融钎料流动。反应放热驱动钎料流动，生成一种 Al_3Ni 金属间化合物相，均匀地分布在熔融覆层上（加拿大 Dana 公司提供）。

19.5.2　钎料改性体系

铝硅钎料与镁、锂、铋、锶等元素合金化是一种常用的改善熔融钎料性能的方法（Schultze 和 Schoer，1973；Schmatz 和 Winterbottom，1983；Childree，1999）。表面活性元素（如锂）能够降低熔融钎料的表面张力，因此能够促进润湿。一些元素（如锶）能影响熔融钎料的黏度，因此可改善钎焊接头的毛细作用。许多专用钎料在严格控制钎焊气氛条件下用于无钎剂钎焊一些特定产品，在一些情况下，需要结合一层外覆层使用。这种多覆层钎焊板包括一个薄的非合金外层，其在钎焊时溶解入共晶钎料内层，从而使残余氧化物破裂。如果钎焊气氛是完全惰性的，确保不发生再氧化，则熔融钎料可以流入组件间隙并形成接头。

Furukawa 研发了一种多覆层无钎剂惰性气体保护钎焊工艺，称为渗出钎焊（Takeno 和 Suzuki，2005）。此工艺使用一种五层钎焊板，外层是高纯铝合金。这种技术依赖于部件之间能否形成紧密接触的搭接接头，将外部的氧排出。钎焊时较薄的外层溶解到熔融钎料里，造成表面氧化物的破碎。熔融钎料穿过破碎的氧化物渗出、润湿和形成接头，钎焊过程中无需使用钎剂。这种工艺依靠熔融钎料渗出氧化物表皮，在熔融钎料被氧化之前润湿待焊表面（图 19.5）。但这种无钎剂钎焊技术目前应用有限，不能用于钎焊低熔点的含铜铝合金、铸造铝合金和镁含量超过 1% 的铝合金。

Wittebrood 等人（2010）和 Kirkham 等人（2010）证明在低氧含量条件下，将改性铝硅合金包覆层钎焊到铝钎焊板上是可能的。在不同的氧含量下，用一种弯角填缝试样的钎焊试验方法去评价不同的无钎剂钎料的钎焊性能。当氧含量超过 30ppm 时，会形成不完整的钎焊接头，在一些情况下，要形成令人满意的钎焊接头，氧含量应低于 10ppm。钎焊接头的形成非常慢，熔融钎料通过残余氧化物的裂缝渗出，逐渐吸入紧密接触的连接面中。

Janssen（2010）证明，可以通过一种"盒中钎焊"的手段达到局部区域气体保护效果，形成良好的钎焊接头。此时，需要使用含镁、铟和铋等合金化元素的铝硅钎料。添加铟和铋能降低熔融钎料的表面张力，添加镁的作用是吸氧。为了使熔融钎料与芯材合金的相互反应程度最小，进行惰性气体保护无钎剂钎焊的时候，建议缩短钎焊热循环时间。

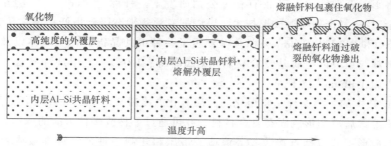

图 19.5　多覆层无钎剂渗出钎焊示意图

在加热过程中，内层 Al-Si 共晶钎料熔化并熔解了高纯度的外覆层，使得表面氧化物破碎。熔融钎料通过破裂的氧化物渗出并包裹住这些破碎的氧化物。如果渗出钎料不发生再氧化，则可以形成钎焊接头。

19.5.3　钎料-钎剂复合材料

自钎剂内衬钎料是一种在共晶钎料基体中加入弥散分布的细小钎剂颗粒的材料，它有两种不同的制造方法。第一种方法是将钎料粉末与一定比例的氟铝酸钾钎剂混合，然后压制成固态（Iwai，1992；Dromard，2004）。第二种方法是通过喷射成形工艺形成复合材料，并进一步制成衬板，作为钎焊板上的覆层（Ogilvy 等，2008）。

Showa 的专利（1994）描述到，将一种钎剂与钎料粉末的混合物压制成可与芯材叠压的钎料外皮（Koichiro，1995）。这种材料已被用于制造钎焊接头而无需额外使用钎剂。为确保成分均匀，采用碎化工艺制得钎剂和钎料粉末，混合粉末热压成硬块。这种材料内部包含相当数量的氧化物和相互连通的气孔，因此需要增加钎剂含量，这使得这种压制材料的延展性降低，在轧制和成形过程中有产生裂纹的倾向。目前，还未听说这项技术得到商业应用。

Iwai（1992）介绍了一种作为钎焊板覆层的自钎剂钎料。这种材料由混合粉末组成，包括纯度为 99.5% 的铝粉、硅粉、锌粉、锡粉、铟粉和一种（$KF+AlF_3$）共晶成分的钎剂粉。混合粉被放置在加热至 500℃ 的真空炉中。当炉中材料被加热到 480℃ 时进行热压工艺，产生的块状物再在 500℃ 下进行热挤压。当使用 5% 或 10% 的硅粉末以及 5%、8% 或 10% 的钎剂时可以得到较好的钎焊效果。在氮气保护下加热到 600~620℃ 保温 10min 进行了钎焊。据报道，在无氮气保护条件下也可进行钎焊。Dromard（2004）报道了一种类似的热等静压工艺，可以生产棒材钎料并轧制成适合钎焊的形状。在这种工艺中，将直径为 50~300μm 的 Zn-Al 合金粉末和 10% 的直径为 1~10μm 的氟铝酸盐钎剂混合。

Koichiro 的专利（1995）描述了一种用于制造复合钎料的流变铸造或触变成形方法。熔化的铝硅合金凝固成半熔化状态，然后加入钎剂粉并搅拌这种半熔化态混合物，随后冷却凝固。据报道，这种复合材料可被用于钎焊试样而无需额外使用钎剂。

可以确定到目前为止，上述三种工艺还没有实现商业应用。

用热压固态合金粉末和触变成形混合物作为自钎剂钎料，会形成过量的氧化物夹杂，从而将影响钎焊性。Sandvik Osprey 公司研发了一种称为 "cospray" 的在惰性气体保护下的金属-盐复合物喷射成形技术，可以把氧化物夹杂降到最低甚至将其完全清除。Sapa AB 公司和 Sandvik Osprey 公司合作发明了一种由共晶铝硅合金基体以及弥散分布的氟铝酸钾颗粒组成的金属基复合材料（Ogilvy 等，2008）。使用这种复合材料的钎焊已经被注册为 Trillium™ 技术。

Cospray 技术的主要原理是将熔化的金属雾化并冷凝成液滴，并加入氟铝酸钾颗粒。这些雾化流汇聚后冷却形成固态复合材料，并可通过一种或多种可能的成形工艺进行进一步加工。成形工艺包括直接收集、锻造、挤压和轧制一种覆层钎焊板或者复合钎焊板、线或垫片。这种喷射成形技术只会造成轻微的材料氧化，复合材料中低含量的氧并不影响钎焊时氟铝酸钾在待焊表面的钎剂效果。

喷射成形复合材料的组织特点是形成无宏观偏析的硅和铝的快速凝固相。大部分硅颗粒的平均直径小于 1μm，一般不超过 5μm（图 19.6）。喷射成形复合材料中的硅颗粒的尺寸比铸造成形（包括冷铸或流变铸造工艺）材料中的硅颗粒尺寸要小得多。微小的硅颗粒在钎焊时迅速熔化，促进了钎料的流动和接头成形。这些均匀分散的硅颗粒不需要额外添加元素（如锶）就可形成，而锶元素的作用是提供析出相的形核位置。众所周知，过量的锶不利于钎焊接头的形成。当要求形成非常薄的覆层时，这些弥散分布的硅颗粒就很有优势，它使得表面上形成一层连续的熔融金属薄膜而不是非均匀的局部金属熔池，因为非均匀的金属熔池可以与下方的芯材相互反应并溶解芯材，从而造成了不均匀的焊后冶金性能。

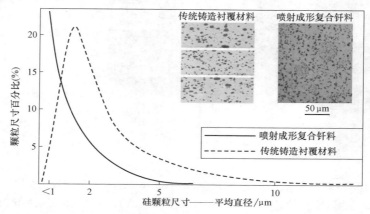

图 19.6　喷射成形复合钎料和传统铸造内衬覆层中的硅颗粒尺寸比较

注：喷射成形复合材料的显微照片显示了盐颗粒（黑色）与铸造衬覆材料中的硅颗粒尺寸相同。

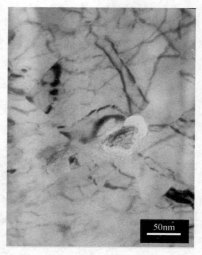

分散在金属基体内部的无机盐颗粒的尺寸分布特征是呈双峰型。在喷射成形基体内部可以观察到尺寸小于 1μm 的非常细小的盐颗粒。利用透射电镜可以观察到一些尺寸在 50nm 左右的颗粒，它们通常分布在晶粒三角交会处（图 19.7）。较大尺寸颗粒的显微偏析相和团聚块（尺寸为 5~200μm）是复合钎料中最后凝固的部分。差热分析显示，在 550℃ 左右有一个小的吸热峰（有时紧接着在 563℃ 时出现第二个熔化峰），对应于钎剂开始作用的温度。577℃ 时有一个尖锐的共晶吸热峰，对应铝硅合金的熔点。

人们已在实验室和工厂的气体保护钎焊炉中对复合钎料在很大范围内的钎焊进行了试验评估。证明随着钎剂活性的提高，复合钎料的性能非常稳定，不需要折衷使用普通

图 19.7　喷射成形的铝硅合金与氟铝酸钾复合物内部的晶粒三角交会处聚集的氟铝酸钾纳米颗粒的透射电镜照片（Innoval Technology, Sapa Heat Transfer 提供）

钎剂，特别是其他无钎剂体系来形成钎焊接头。

Yu 等人在 2012 年对气体保护条件变化较大的钎焊研究中发现，与使用钎剂涂覆的传统覆层钎焊板相比，喷射成形复合覆层（Trillium）钎焊板对氧含量和湿度的增加表现出更大的适应性。钎剂涂敷量为 $10g/m^2$ 的传统钎焊板对钎焊保护气氛的承受极限是氧含量约为 200ppm，露点温度为 -18℃。复合覆层钎焊板在氧含量超过 2000ppm，露点温度低于 -7℃ 的钎焊气氛下能生产出连续均匀的钎焊接头（图 19.8）。

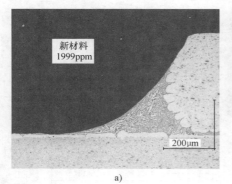
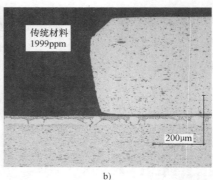

a)   b)

图 19.8   在氧含量为 1999ppm 条件下，Trillium 复合覆层钎焊板（左边）与钎剂涂覆量为 $10g/m^2$ 的标准 Al-Si 覆层钎焊板的钎焊接头横截面的比较（University of Kentucky，Sapa Heat Transfer 提供）

在实验室的玻璃炉中观察到钎焊接头中 Trillium 复合钎料的润湿和流动极为迅速，同时在钎焊板表面形成均匀、平整的焊渣，并形成光滑、匀称的钎角。这种活性很高的熔融钎料可以填充更大的间隙，形成光滑均匀的钎角，而且不会与芯材合金发生过度反应（图 19.9 和图 19.10）。残留的油渍对钎焊过程不会造成很大的影响，部件焊后的变色程度也比其他钎焊体系要轻。产品的焊后外观非常干净、有光泽（图 19.11），从复合钎料中释放出的钎剂在无覆层的表面也表现出了很强的分散能力。

图 19.9   喷射成形复合覆层散热器管和无钎剂封头的表面形貌和钎焊接头外观（Sapa Heat Transfer 提供）

图 19.10　板/板钎焊接头的显微横截面显示了喷射成形复合钎料
具有优良的填缝能力 （Sapa Heat Transfer 提供）

图 19.11　喷射成形复合覆层钎焊散热器
的外观 （Sapa Heat Transfer 提供）

　　复合覆层钎焊板与传统钎剂钎覆层焊板的钎焊机制的区别可以根据钎剂的位置与钎焊过程中钎剂的作用来解释 （图 19.12）。

　　应用在传统钎焊板表面的钎剂一般置于氧化物和其他任意残余物的外表面。在钎焊热循环过程中，被暴露在炉中气氛下的钎剂会与任何可能存在的残余氧和水分发生反应。当存在低含量的氧和水分时，会对炉中气氛的清理产生影响。然而，当氧和水分含量超过临界值时，接头会迅速恶化。钎剂反应产物包括 HF 和氧化铝，同时伴随着表面氧化层厚度的增加，尤其是在湿度很高的情况下，会消耗钎剂。反应钎剂的熔点也会迅速增加，经常造成熔盐结晶。这些因素综合起来抑制了表面氧化物的破裂，因此阻碍了钎料的流动和钎焊接头的形成。

　　复合钎料覆层钎焊板的钎剂从表面残余氧化物下方的钎料覆层内部开始起作用。只有当钎料开始熔化时，与熔融钎料不互溶的熔盐向表面偏聚，钎剂才开始起作用。在熔化之前，表面的氧化物保护钎剂不与炉中气氛和其他表面污染物反应。一旦钎料熔化，与钎料不互溶的熔融钎剂就会在金属与氧化物界面发生作用，分离氧化物，促使熔融钎料润湿、铺展并流入组件之间的窄间隙中，在冷却过程中形成良好的钎焊接头。

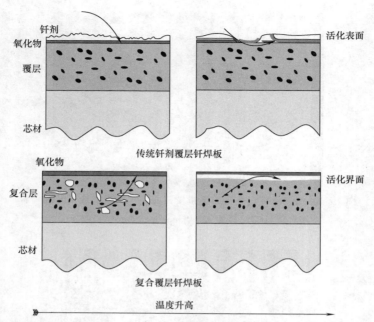

图 19.12　复合覆层钎焊板和传统钎剂覆层钎焊板的钎焊机制示意图

注：传统钎焊板的钎剂作用是活化氧化物表面。复合覆层钎焊板的钎剂作用开始于覆层内部，
并在覆层和氧化物界面上发生反应。

19.6　结论

综上所述，许多基于实际应用的无钎剂钎焊工艺已经得到了发展，并在不同程度上实现了工业应用。这些工艺的应用特点如下。

1. 表面改性体系

（1）镀镍钎焊板

1）有限的成功工业应用。

2）需要传统的气体保护钎焊条件。

3）镍和钎料之间的铝热反应破坏了表面氧化物，因此促进了润湿和钎焊接头的形成。

（2）氟离子化学涂层

1）氟离子络合物妨碍氧化膜的增长，促进了钎料流动和接头形成。

2）成功的试验室结果报道。

3）高质量钎焊所要求的钎焊气氛：氧含量低于 40ppm。

4）经常与钎料改性结合使用。

（3）不使用黏结剂的机械嵌合钎剂涂层　与传统钎剂体系具有相似的性能

2. 钎料改性体系

1）表面包覆和添加的活性合金化元素促进润湿和氧化物破裂。

2）氧化物破裂是钎料反应、润湿和形成钎焊接头的基础。

3）需要氧含量低于 30ppm 的十分干净的钎焊气氛，以阻止熔融钎料的再氧化。

4）镁作为除氧剂可以净化局部气氛，促进钎焊接头的形成。

3. 复合钎料体系

1）当钎料熔化时，钎剂会从熔融钎料内部释放出来。

2）相比其他体系对炉中气氛和表面污染物的敏感性较小。

3）钎料非常活泼，熔化迅速，可形成稳定的熔化层和均匀的钎焊接头。

19.7　参考文献

Campbell T, Kalia R, Nakano A, Vashishta P, Ogata S and Rodgers S, 1999, Dynamics of Oxidation of Aluminum Nanoclusters using Variable Charge Molecular-Dynamics Simulations on Parallel Computers, *Physical Review Letters* 82, 4866.

Cheadle B and Dockus K, 1988, *Inert Atmosphere Fluxless Brazing of Aluminum Heat Exchangers*, SAE paper 880446.

Childree D, 1999, *flux and fluxless brazing of Al-Si filler metals containing low levels of calcium*, IMechE C543/045, 493–514.

Claesson E, Engstrom H, Holm T and Scholin K, 1995, *Nitrogen Flow Optimization System in CAB (NOCOLOK) Furnaces*, VTMS Conference, London, England.

Drazic D M, Zecevic S K, Atanasoski R T and Despic A R, 1983, The effect of Anions on the Electrochemical Behaviour of Aluminium, *Electrochim. Acta* 28, 751.

Dromard J, 2004, *Fabrication of a brazing product by isostatic compression of a mixture of powders of scouring flux and filler metal to form a homogeneous solid block*, Patent Application FR 2855085.

Emsley J, 1991, *The Elements*, 2nd Ed., Oxford, Oxford University Press.

Evans, T, 2000, *Method for making brazing sheet*, US Patent 6120848.

Field D, 1989, Oxidation of Aluminium and its Alloys, *Treatise on Material Science and Technology*, Vol. 31, Academic Press, New York, pp. 523–537.

Field D and Steward N, 1987, *Mechanistic aspects of the Nocolok flux brazing process*, SAE Technical Paper Series, 870186, International Congress and Exposition, Detroit, Michigan, 23–27 February 1987.

Gershun A and Woyciesjes P, 2006, Engine coolants and coolant system corrosion, *ASM Handbook, Corrosion: Environments and Industries*, Vol. 13C, pp. 531–537.

Gray A, Butler C and Bosland A, 2011, *A real time FTIR study of the oxidation behaviour of clad sheet during controlled atmosphere brazing*, 2nd International Congress HVAC&R, Dusseldorf.

Iwai I, 1992, *A brazing agent and a brazing sheet both comprising an aluminum alloy containing a flux*, EP 0 552 567.

Janssen H, 2010, *Materials for Fluxfree Brazing*, 6th International Congress Aluminium Brazing, Dusseldorf, Germany, 5 May 2010.

Jensen B, 1969, *Phase and structure determination for new complex alkali aluminium fluorides*, Institute of Inorganic Chemistry, Norwegian Technical University, Trondheim.

Jordan M F, 1956–7, *Journal of the Institute of Metals*, 85, 33–35.

Kirkham S, Wittebrood A and Jacoby B, 2010, *The evolution of flux-free brazing of aluminium*, 6th International Congress Aluminium Brazing, Dusseldorf.

Koichiro F, 1995, *Production of flux-containing aluminium alloy brazing filler metal*, Japanese Patent JP7001185.

Lorking K F and Mayne J E O, 1996, *Brit. Corros. J.*, 1, 181–182.

Mooij J, Wittebrood A and Joseph J, 2000, *Brazing sheet product and method of its manufacture*, US Patent 6379818.

Ogilvy A, Hawksworth D and Abom E, 2008, *A brazing piece comprising a composite material including an inorganic flux*, UK Patent Application GB2447486.

Olefjord I, Stenqvist T and Karlsson Å, 1994, *Surface oxides of braze clad aluminium*, ICAA-4, Atlanta.

Prigmore R M, 1993, personal communication.

Safrany S, Mediouni M, Henry S and Dulac S, 2007, *Method for forming a conversion layer on an aluminium alloy product prior to fluxless brazing*, US Patent 2007/0204935.

Schmatz D and Winterbottom W, 1983, A fluxless process for brazing aluminium heat exchangers in inert gas, *Welding Journal*, 31–38.

Schultze W and Schoer H, 1973, Fluxless brazing of aluminum, *Welding Journal*, October, 644.

Srivatrava R D and Farber M, 1978, Thermodynamic Properties of GrpIII Oxides, *Chem. Rev.*, 78, 627.

Takeno S and Suzuki Y, 2005, *Development of Thermal Products Using the EB Method*, Furukawa Review No. 27.

Wittebrood A, Jacoby B and Kirkham S, 2010, *The Evolution of Flux-free Brazing of Aluminium*, 14th International Invitational Aluminium Brazing Seminar, Novi, MI, USA, 28 October 2010.

Wittebrood A, van der Veldt T, Vieregge K and Haszler A, 1997, VTMS 3, SAE971858.

Yu C-N, Hawksworth D, Lui W and Sekulic D, 2012, *Al brazing under severe alterations of background atmosphere: A new vs. traditional brazing sheet*, 5th International Brazing and Soldering Conference, Las Vegas, Nevada, USA, April.

Zhao Z, Gillispie B, Irish M and Rosen J, 2007, *Kinetic spray deposition of flux and braze alloy composite particles*, US Patent 00710029370.

本书由来自世界 19 家知名企业的钎焊专家编写而成。全书共分 19 章，分别从钎焊母材和钎料体系的冶金行为、钎焊工艺优化，以及钎焊结构力学、热学和腐蚀行为等方面深入阐述了各种技术问题，详细介绍了钎焊基础、材料、工艺及应用的相关内容。

　　本书可供从事钎焊研究与应用的科研人员使用，也可供焊接行业的相关技术人员、高校师生参考。

　　本书著作权合同登记 图字：01-2015-0418 号。

ELSEVIER

Elsevier （Singapore） Pte Ltd.

3 Killiney Road，#08-01 Winsland House I，Singapore 239519

Tel：（65）6349-0200；Fax：（65）6733-1817

Advances in Brazing：Science，Technology and Applications

Dušan P. Sekulić

Copyright © Woodhead Publishing Limited，2013

Published by Elsevier Ltd. All rights reserved.

ISBN-13：978-0-85709-423-0

This translation of Advances in Brazing：Science，Technology and Applications by Dušan P. Sekulić was undertaken by China Machine Press and is published by arrangement with Elsevier （Singapore） Pte Ltd.

Advances in Brazing：Science，Technology and Applications 由机械工业出版社进行翻译，并根据机械工业出版社与爱思唯尔（新加坡）私人有限公司的协议约定出版。

图书在版编目（CIP）数据

先进钎焊技术与应用/（美）杜森·P. 萨古利奇（Dušan P. Sekulić）主编；李红，叶雷译. —北京：机械工业出版社，2018.12
（国际制造业先进技术译丛）
书名原文：Advances in brazing：science，technology and applications
ISBN 978-7-111-60652-9

Ⅰ.①先… Ⅱ.①杜… ②李… ③叶… Ⅲ.①钎焊 Ⅳ.①TG454

中国版本图书馆CIP数据核字（2018）第179959号

机械工业出版社（北京市百万庄大街22号 邮政编码100037）
策划编辑：孔 劲 责任编辑：孔 劲 王海霞
责任校对：王 延 封面设计：鞠 杨
责任印制：张 博
三河市国英印务有限公司印刷
2019年1月第1版第1次印刷
169mm×239mm·27.5印张·605千字
0001—1900册
标准书号：ISBN 978-7-111-60652-9
定价：168.00元

凡购本书，如有缺页、倒页、脱页，由本社发行部调换

电话服务	网络服务
服务咨询热线：010-88361066	机 工 官 网：www.cmpbook.com
读者购书热线：010-68326294	机 工 官 博：weibo.com/cmp1952
010-88379203	金 书 网：www.golden-book.com
封面无防伪标均为盗版	教育服务网：www.cmpedu.com